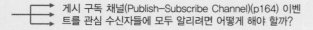

패턴 목록

게시 구독 채널(Publish–Subscribe Channel)(p164) 이벤트를 관심 수신자들에 모두 알리려면 어떻게 해야 할까?

경쟁 소비자(Competing Consumers)(p644) 메시징 클라이언트가 여러 메시지를 동시에 처리하려면 어떻게 해야 할까?

공유 데이터베이스(Shared Database)(p105) 서로 협력하면서 정보도 교환할 수 있게 애플리케이션들을 통합하려면 어떻게 해야 할까?

내용 기반 라우터(Content–Based Router)(p291) 단일 로직이 여러 시스템에 물리적으로 분산되어 있는 경우 어떻게 처리해야 할까?

내용 보탬이(Content Enricher)(p399) 수신한 메시지에 필요한 데이터 항목이 완전하지 않은 경우, 어떻게 기타 시스템과 통신할 수 있을까?

내용 필터(Content Filter)(p405) 메시지에서 일부 데이터만 필요한 경우, 메시지 처리를 어떻게 단순화할까?

노멀라이저(Normalizer)(p415) 의미는 같지만 기타 포맷으로 수신된 메시지는 어떻게 처리할까?

데이터 형식 채널(Datatype Channel)(p169) 수신자가 데이터 처리 방법을 결정할 수 있게 하려면 발신자는 어떻게 해야 할까?

동적 라우터(Dynamic Router)(p304) 효율적이면서도 목적지에 대한 종속성이 없는 라우터를 만들려면 어떻게 해야 할까?

리시퀀서(Resequencer)(p409) 순서가 뒤바뀐 메시지들의 순서를 바로잡으려면 어떻게 해야 할까?

메시지 디스패처(Message Dispatcher)(p578) 한 채널에서 메시지를 처리하는 여러 소비자를 조종하려면 어떻게 해야 할까?

메시지 라우터(Message Router)(p136) 개별 처리 단계들의 결합을 제거해 메시지를 조건에 따라 서로 다른 필터로 전달할 수 있게 하려면 어떻게 해야 할까?

메시지 만료(Message Expiration)(p236) 메시지가 오래되어 사용 중단이 필요한 때를 발신자는 어떻게 지정할 수 있을까?

메시지 버스(Message Bus)(p195) 서로 협력하면서도 잘 분리되어 있어, 애플리케이션의 추가나 제거 영향이 최소화되는 애플리케이션들은 어떤 아키텍처를 지닐까?

메시지 변환기(Message Translator)(p143) 서로 다른 데이터 포맷을 사용하는 시스템들이 메시징을 사용해 통신하려면 어떻게 해야 할까?

메시지 브로커(Message Broker)(p384) 메시지 흐름의 중앙 제어를 유지하면서, 어떻게 발신자의 목적지 결합을 제거할 수 있을까?

메시지 순서(Message Sequence)(p230) 큰 데이터를 메시징을 사용해 전송하려면 어떻게 해야 할까?

메시지 엔드포인트(Message Endpoint)(p153) 애플리케이션을 메시징 시스템에 접속시키려면 어떻게 해야 할까?

메시지 이력(Message History)(p623) 느슨하게 결합된 시스템에서 메시지 흐름을 효과적으로 분석하고 디버깅하려면 어떻게 해야 할까?

메시지 저장소(Message Store)(p627) 메시징 시스템의 느슨한 결합과 임시 보관 특성을 방해하지 않으면서, 메시지 정보를 보고하려면 어떻게 해야 할까?

메시지 채널(Message Channel)(p118) 애플리케이션들은 메시징을 사용해 어떻게 통신하는가?

메시지 필터(Message Filter)(p298) 컴포넌트는 불필요한 메시지를 어떻게 수신하지 않을 수 있을까?

메시지(Message)(p124) 메시지 채널로 연결된 애플리케이션들은 어떻게 정보를 교환할까?

메시징 가교(Messaging Bridge)(p191) 메시지가 메시징 시스템들 사이를 넘나들 수 있게 메시징 시스템들을 연결하려면 어떻게 해야 할까?

메시징 게이트웨이(Messaging Gateway)(p536) 애플리케이션의 나머지 부분으로부터 메시징 시스템 접근을 캡슐화하려면 어떻게 해야 할까?

메시징 매퍼(Messaging Mapper)(p619) 도메인 객체와 메시징 인프라의 독립성은 유지하면서, 이들 사이에 데이터를 이동시키려면 어떻게 해야 할까?

메시징(Messaging)(p111) 서로 협력하면서 정보도 교환할 수 있게 애플리케이션들을 통합하려면 어떻게 해야 할까?

멱등 수신자(Idempotent Receiver)(p600) 메시지 수신자는 중복 메시지를 어떻게 처리할 수 있을까?

명령 메시지(Command Message)(p203) 애플리케이션들은 프로시저 호출에 어떻게 메시징을 사용할 수 있을까?

무효 메시지 채널(Invalid Message Channel)(p173) 의미 없는 메시지를 수신한 경우, 수신자는 이 메시지를 어떻게 해야 할까?

문서 메시지(Document Message)(p206) 애플리케이션들은 데이터 전송에 어떻게 메시징을 사용할 수 있을까?

반환 주소(Return Address)(p219) 응답자는 응답 메시지를 전송할 채널을 어떻게 알까?

번호표(Claim Check)(p409) 시스템을 가로질러 전송되는 메시지의 데이터 크기를 정보 손실 없이 줄이려면 어떻게 해야 할까?

보장 전송(Guaranteed Delivery)(p239) 발신자는 메시징 시스템의 실패에도 어떻게 메시지 전송을 보장할 수 있을까?

복합 메시지 처리기(Composed Message Processor)(p357) 서로 다른 처리를 요구하는 여러 요소를 포함한 메시지를 처리하면서도, 전체 메시지 흐름을 유지하려면 어떻게 해야 할까?

 봉투 래퍼(Envelope Wrapper)(p393) 특별한 포맷을 가진 메시지 교환에 기존 시스템을 참여시키려면 어떻게 해야 할까?

 분산기 집합기(Scatter-Gather)(p360) 각 수신자에 메시지를 발신하고 수신해야 하는 경우, 전체 메시지 흐름은 어떻게 관리할까?

 분할기(Splitter)(p320) 메시지에 포함된 요소들을 각기 처리하려면 어떻게 해야 할까?

 상관관계 식별자(Correlation Identifier)(p223) 요청자는 수신한 응답이 어떤 요청에 대한 응답인지를 어떻게 알 수 있을까?

 서비스 액티베이터(Service Activator)(p605) 메시징 기술과 비메시징 기술 모두를 사용해 호출되는 서비스는 어떻게 설계할까?

 선택 소비자(Selective Consumer)(p586) 수신하려는 메시지만 선택하려면, 메시지 소비자는 어떻게 해야 할까?

 수신자 목록(Recipient List)(p310) 수신자들이 가변적인 경우 어떻게 메시지를 라우팅할까?

 수집기(Aggregator)(p330) 관련있는 개별 메시지들을 하나로 묶어 처리하려면 어떻게 해야 할까?

 스마트 프록시(Smart Proxy)(p630) 요청자가 지정한 반환 주소로 전송되는 응답 메시지 어떻게 추적할 수 있을까?

 영속 구독자(Durable Subscriber)(p594) 수신 중지 중 발생할 수 있는 구독 메시지의 누락은 어떻게 방지할 수 있을까?

 와이어 탭(Wire Tap)(p619) 포인트 투 포인트 채널을 지나는 메시지를 검사하려면 어떻게 해야 할까?

 요청 응답(Request-Reply)(p214) 애플리케이션은 언제 요청 메시지를 발신하고 어떻게 응답 메시지를 수신하는가?

 우회기(Detour)(p619) 검증, 테스트, 디버깅 등을 수행하는 단계로 메시지를 통과시키려면 어떻게 라우팅해야 할까?

원격 프로시저 호출(Remote Procedure Invocation)(p108) 서로 협력하면서 정보도 교환할 수 있게 애플리케이션들을 통합하려면 어떻게 해야 할까?

이벤트 기반 소비자(Event-Driven Consumer)(p567) 애플리케이션은 어떻게 사용 가능한 메시지를 자동으로 소비할 수 있을까?

 이벤트 메시지(Event Message)(p210) 애플리케이션은 이벤트 전송에 어떻게 메시징을 사용할 수 있을까?

정규 데이터 모델(Canonical Data Model)(p418) 서로 다른 데이터 포맷을 사용하는 애플리케이션들을 통합할 때, 어떻게 하면 의존성을 최소화할 수 있을까?

 제어 버스(Control Bus)(p612) 분산 환경에서 메시징 시스템을 효과적으로 관리하려면 어떻게 해야 할까?

 죽은 편지 채널(Dead Letter Channel)(p177) 메시징 시스템은 전달할 수 없는 메시지를 어떻게 처리해야 하는가?

 채널 어댑터(Channel Adapter)(p185) 애플리케이션과 메시징 시스템에 연결하려면 어떻게 해야 할까?

 채널 제거기(Channel Purger)(p644) 테스트나 운영 시스템을 교란하지 않게 채널 위에 남겨진 메시지들을 관리하려면 어떻게 해야 할까?

 테스트 메시지(Test Message)(p641) 컴포넌트가 메시지 처리 중 내부 오류로 인해 잘못된 메시지를 내보낸다면 어떤 일이 생길까?

 트랜잭션 클라이언트(Transactional Client)(p552) 클라이언트는 메시징 시스템과 함께 어떻게 트랜잭션을 제어할 수 있을까?

 파이프 필터(Pipes and Filters)(p128) 독립성과 유연성을 유지하면서 메시지에 대한 복잡한 처리도 수행할 수 있으려면 어떻게 해야 할까?

 파일 전송(File Transfer)(p101) 서로 협력하면서 정보도 교환할 수 있게 애플리케이션들을 통합하려면 어떻게 해야 할까?

포맷 표시자(Format Indicator)(p239) 변경을 고려한 메시지 데이터 포맷은 어떻게 설계하는 것일까?

포인트 투 포인트 채널(Point-to-Point Channel)(p161) 호출자는 정확히 한 수신자가 호출을 수행하거나 문서를 수신하는지 어떻게 확신할 수 있을까?

 폴링 소비자(Polling Consumer)(p563) 준비된 애플리케이션만 메시지를 소비하게 하려면 어떻게 해야 할까?

 프로세스 관리자(Process Manager)(p375) 설계 당시에는 필요한 단계가 알려지지 않았고 순차적이지 않을 수 있는 복합 처리 단계로 메시지를 라우팅하려면 어떻게 해야 할까?

 회람표(Routing Slip)(p364) 결정되지 않은 연속 처리 단계들로 메시지를 라우팅하려면 어떻게 해야 할까?

기업 통합 패턴
Enterprise Integration Patterns

기업 통합 패턴
Enterprise Integration Patterns

기업 분산 애플리케이션 통합을 위한 메시징 해결책

그레거 호프 · 바비 울프 지음
차정호 옮김

에이콘

머리가 부서질 것 같은 상태에서 겨우 원고를 마감하고 나타났을 때도
나를 기억해준 가족과 친구들에게
그레거

사랑스런 아내, 샤론(Sharon)에게
바비

이 책에 쏟아진 각계의 찬사

금융 서비스 분야의 비즈니스 및 소프트웨어 아키텍처에 대한 최신 트렌드를 상세하게 설명하고, 고객들이 투자한 기존 시스템을 지속적으로 활용하게 하면서도, 통합을 혁신적이고 경쟁력 있게 해주는 책이다. 이 책에서 설명하는 상세한 메시징과 워크플로우 패턴들은 이벤트 기반의 정보 집약적 환경에 즉시 적용 가능하다.

— **글렌 카메론**(Glenn Cameron) /
톰슨 파이낸셜(Thomson Financial)의 미들웨어 솔루션 아키텍처 담당 이사

게시 구독과 보장 전송과 같은 기본 패턴을 비롯해 메시징의 실제 사용 방법에 대한 높은 수준의 패턴들을 아키텍트들에게 제공하는 교과서다. 이 책에는 통합과 패턴에 관한 내용뿐만 아니라 메시징 기반 애플리케이션을 설명하는 내용과 개발에 관한 내용도 많이 담겨 있다. 회람표, 수집기, 리시퀀서 같은 패턴들은 통합 프로젝트뿐만 아니라 새로운 애플리케이션 개발 프로젝트에서도 개발자들에게 많은 도움을 줄 것이다.

— **폴 브라운**(Paul Brown) / 파이브사이트 테크놀로지스(FiveSight Technologies, Inc.) 대표

이 책은 매우 획기적인 성과다. 그동안 통합 분야는 일관성도 부족했고, 통합에 사용되는 언어는 혼란스러웠으며, 소프트웨어나 프로토콜 표준도 잘 지켜지지 않았다. 이 책을 통해 통합 분야의 벤더, 컨설턴트, 개발자, 최종 사용자 등 모든 사람이 공통 어휘를 사용해 의사소통을 시작할 수 있는 계기가 마련됐다. 통합의 모범 사례로 옮겨가는 중세의 어떤 개발이 통합 세계를 향한 공식화된 절차를 만들기 위한 르네상스 운동을 시작하려 한다면, 이 책이 바로 해답일 것이다. 모든 IT 아키텍트, 개발자, 통합 담당자 책장에 반드시 꽂혀 있어야 하는 책이다.

— **존 슈미트**(John Schmidt) / EAI 인더스트리 컨소시엄(EAI Industry Consortium) 임원

현재와 미래에 있어서 통합에 필요한 지식 토대를 제공해주는 책이다. 저자들은 수많은 지혜와 경험을 갈무리해 공유하는 수단으로 패턴을 이용했다. 나는 이 책을 검토하고 읽으면서 많을 것들을 배웠다. 앞으로도 이 책의 조언에 많이 의존하게 될 것이다.

— **루크 호만**(Luke Hohmann) / 『소프트웨어 아키텍처 2.0』의 저자

이 책은 메시징을 이용한 유용한 통합 접근 방법을 보여줄 뿐만 아니라, 각 접근 방법이 유용한 이유를 제대로 통찰할 수 있게 해준다. 저자들은 메시징을 이용한 통합을 패턴화했고 복잡한 문제를 채널로 해결하는 방법을 명확하게 제시했다.

— **데이브 차펠**(Dave Chappell) /
소닉 소프트웨어(Sonic Software)의 부사장 겸 최고 기술 책임자,
『Enterprise Service Bus』, 『Java Web Services』, 『Java Message Service』의 저자

기업 애플리케이션을 운영하거나 개발하는 경우, 새롭게 선호되는 접근 방법인 메시징을 이용한 애플리케이션 통합이 반드시 필요하게 될 것이다. 그때 이 책은 가장 중요한 참고 자료가 될 것이다. 바비와 그레거는 메시징을 이용한 애플리케이션 통합에 관한 지혜를 어려웠을 텐데도 훌륭하게 수집했고, 소프트웨어 전문가들의 의사소통 수단으로 선호되는 양식인 디자인 패턴으로 깔끔하게 정리했다. 이들의 노력으로 소프트웨어 전문가들은 기업 애플리케이션 통합의 설계와 토론을 위한 어휘들과 검증된 해결 방법을 지니게 됐다.

— **랜디 스태포드**(Randy Stafford) / 아이큐내비게이터사(IQNavigator, Inc.)의 수석 아키텍트

추천의 글

새로운 기술이 나오면 어떻게 해야 할까? 해당 기술을 배우면 된다. J2EE가 썬 마이크로시스템즈에서 처음 나왔을 때, 나는 (그것이 논리적인 선택일 듯해서) J2EE를 공부하게 되었다. 그때는 아직 관련 도서도 없을 때라서 명세서를 읽으며 EJB 기술을 공부했다. 그러나 기술 학습은 첫 번째 단계에 불과하고, 기술을 효과적으로 적용하는 방법을 아는 게 실제 목표였다. 플랫폼 기술을 안내자 삼아 작업을 수행할 수 있다는 점이 플랫폼 기술의 장점이다. 그리고 그 기술을 잘 사용하기만 하면 어떤 작업이든 해결할 수 있지만, 반대로 적절하게 사용하지 못하면 자주 어려움에 빠지게 된다.

내가 보기에, 지난 15년 동안 소프트웨어 개발자들은 프로그래밍과 설계라는 두 영역에 집착해 왔다. 더 구체적으로 말하자면, 프로그래밍과 설계를 효과적으로 하는 데 집착해 온 것이다. 자바와 C#을 사용해 가장 효과적으로 프로그래밍하는 방법을 알려주는 훌륭한 책들은 많은 반면에 효과적으로 설계하는 방법을 알려주는 책은 거의 없었는데, 드디어 이 책이 등장했다. 디팍 알루어^{Deepak Alur}와 댄 막스^{Dan Malks}와 함께 『코어 J2EE 패턴』을 저술하면서 우리는 J2EE 개발자가 더 나은 코드로 '설계'할 수 있게 도와주고 싶었다. 그 당시 우리가 내린 최선의 결정은 설계에 적용할 수 있는 구조물로서 패턴을 사용하는 것이었다. 썬 마이크로시스템즈의 기술자인 제임스 베티^{James Baty}도 "패턴은 디자인에 최적인 것 같다"고 했다. 나도 그 말에 동의하고, 그레거와 바비도 그렇게 생각하고 있어 다행이라고 생각한다.

이 책은 뜨겁게 성장하는 주제인 메시징을 이용한 통합에 초점을 맞춘다. 메시징은 통합의 열쇠일 뿐만 아니라 향후 수년 동안 웹 서비스에 지배적 관심 기술이 될 것이다. 오늘날 웹 서비스 세계는 여러모로 시끄럽다. 규격을 확정하고 기술에 초점을 맞추는 섬세하고 복잡한 노력이 진행 중이다. 그러나 문제 해결을 돕는 게 소프트웨어의 목표라는 점은 변함이 없다. J2EE와 닷넷의 초창기와 마찬가지로 웹 서비스에 도움이 되는 설계 방법이 아직은 많지 않다. 웹 서비스란 통합 문제를 해결하는 새롭고 열린 방법 중 하나라고 많은 사람이 말하고 나도 그 점에 동의하지만 그렇다고 해서 우리가 웹 서비스를 설계하는 방법을 알고 있는 것은 아니다. 그래서 보석 같은 이 책이 우리에게 등장한 것이다. 이 책에는 웹 서비스와 기타 통합 시스템을 설계하는 데 필요한 많은 패턴이 실려있다. 웹 서비스 규격들은 아직도 서로 싸움을 벌이고 있으므로 바비와 그레거에게는 웹 서비스 규격을 많이 적용한 예들은 의미가 없었을 것이다. 그래도 괜찮다. 규격이 표준이 되고 표준을 준수하는 솔루션 설계에 이 책에서 제시하는 패턴을 사용한다면 우리는 실제 보상을 받게 될 것이다. 그리고 그때서야 비로소 서비스 지향 아키텍처 설계의 다음 통합 목표도 알게 될 것이다.

이 책을 옆에 두고 읽으면, 당신의 소프트웨어 경력은 끝없이 높아질 것이다.

존 크루피(John Crupi)
메릴랜드의 베데스다에서

나는 『엔터프라이즈 애플리케이션 아키텍처 패턴』을 저술하던 중, 롤리 더럼^{Raleigh-}^{Durham}시에 위치한 카일 브라운^{Kyle Brown}의 사무실에서 개최된 비공식 워크숍에 참석했다. 운 좋게도 그곳에서 카일 브라운과 레이첼 라이니츠^{Rachel Reinitz}가 저술 중인 내 책을 심층적으로 검토해 주었는데, 이때 우리는 내 책에서 비동기 메시징 시스템을 다루지 않은 점을 알게 됐다.

내 책에 빈자리가 많기는 했어도 나는 모든 기업 개발 패턴을 책에 다 담으려고 하지도 않았다. 그러나 그중에서도 통합에서 점점 더 중요한 역할을 담당할 것으로 예상되는, 기업 소프트웨어 개발의 비동기 메시징은 특히 중요했다. 애플리케이션들은 서로 고립되어 운영될 수 없으므로 통합은 중요하다. 상호 협력을 고려하지 않고 설계된 애플리케이션들을 분해하지 않으면서도 통합할 수 있는 기술이 있다면 굉장한 이익을 얻게 될 것이다.

우리 모두는 통합이라는 퍼즐을 해결할 수 있다고 하는 다양한 기술 중에 메시징이 가장 적합한 기술이란 것에 동의했고, 메시지 기술의 효과적인 사용 방법을 어떻게 알릴지를 고민하고 있었다. 그러면서 메시지란 원래 비동기적이고 비동기 설계 방법과 동기 설계 방법 사이에 큰 차이가 있다는 것도 알게 됐다.

『엔터프라이즈 애플리케이션 아키텍처 패턴』을 저술 중이었던 나는 이 주제를 제대로 다루기에 충분한 공간과 에너지, 아니 솔직히 지식이 부족했다. 그러던 중 이 빈자리를 메워 줄 더 나은 방법을 찾아냈다. 이 일을 할 수 있는 사람을 찾은 것이다. 그렇게 그레거와 바비를 찾았고 이들은 이 도전을 받아들였다. 그 결과가 바로 여러분의 손에 쥔 이 책이다.

나는 이들이 한 일에 감사한다. 이미 메시징 시스템을 경험한 독자라면 이 책으로 그동안 어렵게 배웠던 많은 지식을 체계화할 수 있을 것이고 앞으로 메시징 시스템을 사용할 독자라면 이 책에서 메시징 기술의 귀중한 토대를 배울 수 있을 것이다.

마틴 파울러(Martin Fowler)
메사추세츠의 멜로즈에서

지은이 소개

그레거 호프^{Gregor Hohpe}

애플리케이션 개발 및 통합 서비스 전문 업체인 쏘트웍스^{Thoughtworks, Inc.}의 기업 통합 실무를 이끌고 있다. 기업 통합 설계와 구현에 대한 다양한 경험을 바탕으로 기업 통합, 웹 서비스, 서비스 지향 아키텍처를 주제로 한 수많은 논문과 기사를 발표해 왔으며 세계 기술 컨퍼런스의 단골 발표자이기도 하다.

바비 울프^{Bobby Woolf}

『The Design Patterns Smalltalk Companion』(Addison-Wesley, 1998)의 공동 저자이고, 「IBM Developerworks」나 「Java Developer's Journal」 등의 저널에 기고했으며, OOPSLA나 자바엣지^{JavaEdge} 또는 스몰토크 솔루션^{Smalltalk Solutions} 등과 같은 유명 컨퍼런스에서 튜토리얼을 발표하기도 했다.

감사의 글

대부분의 책들처럼 이 책 저술에도 오랜 시간이 걸렸다. 메시지 기반 통합 패턴 저술에 대한 생각은 마틴 파울러가 『엔터프라이즈 애플리케이션 아키텍처 패턴(일명 POEAA)』을 저술할 때인 2001년 여름까지 거슬러 올라간다. 처음에 카일 브라운[Kyle Brown]은 애플리케이션의 개발 방법을 설명하는 POEAA에 큰 관심을 두었고, 애플리케이션 통합과 관련해서는 간단하게 접근했었다. 그러다가 레이첼 라이니츠[Rachel Reinitz], 존 크루피[John Crupi], 마크 와이첼[Mark Weitzel], 마틴, 카일이 참여했다. 그 뒤 함께 진행한 연속 회의에서 애플리케이션 통합에 대한 아이디어가 시작됐다. 바비는 2001년 가을, 그레거는 2002년 초에 이 토론에 참여했다. 2002년 여름, 우리 그룹은 프로그램 패턴 언어[PLoP, Pattern Languages of Programs] 컨퍼런스에 두 편의 논문을 제출했다. 하나는 바비와 카일이 공동 저술했고 나머지 하나는 그레거가 저술했다. 컨퍼런스가 끝난 후 카일과 마틴은 다시 자신들의 책에 전념했고 그레거와 바비는 이 책의 바탕이 되는 논문들을 정리했다. 동시에 www.enterpriseintegrationpatterns.com 사이트를 열어 전 세계 통합 아키텍트와 통합 개발자들이 내용 발전에 빠르게 참여할 수 있게 했다. 책을 저술하면서 그레거와 바비는 책 제작에 공헌할 수 있는 사람들을 지속적으로 초대했다. 카일이 아이디어를 낸 후 약 2년이 지나 출판사에 최종 원고를 전달했다.

이 책은 수많은 사람이 참여하고 노력한 공동 작업의 결과다. 많은 동료와 친구들(우리가 책 저술 중 만난 많은 사람)은 사례를 만들 아이디어를 제공해 주기도 하고, 기술적 내용이 정확한지를 확인해 주기도 하고, 의견이나 비판도 제시해 주었다. 그들의 도움은 책의 최종 형태와 내용에 많은 영향을 주었다. 그들의 공헌을 인정하면서, 그들의 노력에 기꺼이 고마움을 표한다.

별도로 이 책을 위한 토대를 세워준 카일 브라운과 마틴 파울러에게 특별한 감사를 표한다. 마틴이 POEAA를 저술하지 않았거나 카일이 POEAA를 보완하기 위해 메시징 패턴을 논의할 그룹을 만들지 않았다면 아마 이 책도 없었을 것이다.

이 저술에 여러 저자가 참여하는 행운도 누렸는데, 콘라드 F. 디크루즈Conrad F. D'Cruz, 숀 네빌Sean Neville, 마이클 레티그Michael J. Rettig, 조너선 사이먼Jonathan Simon이 바로 그들이다. 그들이 저술한 장은 실제 패턴 적용에 추가적인 관점을 제공한다.

PLoP 2002 컨퍼런스에서 우리들의 워크숍 참석자들은 우리가 올바른 방향으로 갈 수 있도록 실질적인 조언을 주었던 사람들을 나열해 본다. 이들은 알리 아산자니Ali Arsanjani, 카일 브라운, 존 크루피, 에릭 에반스Eric Evans, 마틴 파울러, 브라이언 메릭Brian Marick, 토비 사버Toby Sarver, 조너선 사이먼, 빌 트러들Bill Trudell, 마렉 보칵Marek Vokac이다.

우리 초안을 시간을 들여 읽고 소중한 의견을 제시해 준 다음 검토자들에게 감사를 전한다.

리처드 헬름Richard Helm

루크 호먼Luke Hohmann

드라고스 메노레스큐Dragos Manolescu

데이비드 라이스David Rice

러스 루퍼Russ Rufer와 실리콘 밸리 패턴 그룹

매튜 쇼트Matthew Short

특별히 실리콘 밸리 패턴 그룹에서 우리 초안을 가지고 워크숍을 주최한 러스에게 감사하다. 다음 사람들에게도 감사를 전한다. 로버트 벤슨Robert Benson, 트레이시 비알릭Tracy Bialik, 제프리 블레이크Jeffrey Blake, 아자드 볼러Azad Bolour, 존 브루어John Brewer, 밥 에반스Bob Evans, 앤디 펄리Andy Farlie, 제프 글라자Jeff Glaza, 필 굿윈Phil Goodwin, 앨런 해리먼Alan Harriman, 켄 헤즈마노스키Ken Hejmanowski, 데보라 카다Deborah Kaddah, 리투라이 키르티Rituraj Kirti, 잰 루니Jan Looney, 크리스 로페즈Chris Lopez, 제리 루이스Jerry Louis, 타오홍 마Tao-hung Ma, 제프 밀러Jeff Miller, 스틸리안 판데브Stilian Pandev, 존 파렐로John Parello, 헤마 필레이Hema Pillay, 러스 러퍼Russ Rufer, 리치 스미스Rich Smith, 캐롤 디스틀데웨이트Carol Thistlethwaite, 데비 어틀리Debbie Utley, 월터 베니니Walter Vannini, 데이비드 비드라David Vydra, 테드 영Ted Young.

www.enterpriseintegrationpatterns.com 사이트에서 메일링 리스트를 찾아 등록하면 서로 생각과 아이디어를 공유할 수 있다. 메일링 리스트에 가장 적극적인 공헌자인 빌 트러들Bill Trudell에게 특별히 영광을 돌린다. 활동적인 게시자들은 다음과 같다. 벤카테스화 봄미네니Venkateshwar Bommineni, 던컨 크래그Duncan Cragg, 존 크루피, 포코 데게나Fokko Degenaar, 스하일레쉬 고사비Shailesh Gosavi, 크리스천 홀Christian Hall, 랄프 존슨Ralph Johnson, 폴 줄리어스Paul Julius, 오르얀 룬드버그Orjan Lundberg, 드라고스 메노레스큐Dragos Manolescu, 롭 미Rob Mee, 시리칸드 나라심한Srikanth Narasimhan, 숀 네빌Sean Neville, 롭 패튼Rob Patton, 커크 페퍼다인Kirk Pepperdine, 매튜 프리어Matthew Pryor, 소믹 라하Somik Raha, 마이클 레디그Michael Rettig, 프랭크 사우어Frank Sauer, 조나단 사이먼Jonathan Simon, 페데리코 스피나지Federico Spinazzi, 랜디 스탠포드Randy Stafford, 마렉 보칵Marek Vokac, 조 월니스Joe Walnes, 마크 웨잇젤Mark Weitzel.

자신의 '시그니처 시리즈'에 우리 책도 포함될 수 있게 해 준 마틴 파울러에게 감사하다. 그의 지지가 우리에게 자신감과 이 일을 완료하는 데 필요한 에너지를 주었다.

추천의 글을 써 준 존 크루피에게 감사하다. 그는 처음부터 이 책의 저술 과정을 살펴주고 유머 감각을 잃지 않고 계속 우리를 안내해 주었다.

마지막으로, 애디슨 웨슬리Addison-Wesley 출판사의 편집팀과 출판팀에게 공을 돌린다. 수석 편집자 마이크 헨드릭슨Mike Hendrickson, 제작 코디네이터인 에이미 플래이셔Amy Fleischer, 프로젝트 관리자인 킴 아니 멀케히Kim Arney Mulcahy, 교열 담당자인 케럴 랄이어Carol J. Lallier, 감수자인 레베카 라이더Rebecca Rider, 색인 작성자인 샤론 힐겐버그Sharon Hilgenberg, 재클린 듀셋Jacquelyn Doucette, 존 풀러John Fuller, 버나드 개프니Bernard Gaffney.

혹시 이름이 빠지거나 찬사를 듣지 못하게 된 사람들에게 사과한다. 그러나 언급한 사람이든 그러지 못한 사람이든 이 책이 더 나아지도록 도움을 준 모든 분들에게 감사하다. 이 책이 그들에게도 모두 자랑스럽기를 바란다.

옮긴이 소개

차정호 hinunbi@gmail.com

서강대학교 물리학과를 졸업하고 동 대학원에서 물리학 석사
학위를 취득했다. 청년 해커로 활동하다가, 효성 컴퓨터 전자
통신연구소, 소프트포럼, KB데이타시스템을 거쳐 바른모의
수석 컨설턴트로 재직 중이다. 현재 레드햇 코리아와 함께 기
업 통합 패턴을 바탕으로 한 애플리케이션 통합 인프라 구축
을 컨설팅하고 있다.

옮긴이의 말

이탈리아 반도에서 출발한 고대 로마는 "모든 길은 로마로 통한다"란 말이 생겨 나게 할 정도로 수많은 도로를 건설했다. 이렇게 건설된 도로는 로마를 군사, 경제, 문화적으로 통합시켰고, 이러한 기반 시설 덕분에 로마는 거대한 제국으로 성장할 수 있었다. 로마의 도로 포장 기술은 당시 건설했던 도로를 현재까지 사용할 정도로 시대를 초월했다. 독일은 1차 대전 패전 직후임에도 속도 제한 없는 아우토반 고속도로 건설을 시작해 현재 세계 최강을 다투는 자동차 생산 선진국이 되었다. 경제적으로 풍족하지 않던 1970년대에 건설한 대한민국의 고속도로도 산업 발전의 촉매가 되었다. 이들 모두 부강할 때 도로를 건설한 것이 아니라, 도로를 건설함으로 부강해졌던 것이다.

기업 내 애플리케이션들도 서비스와 데이터를 이용하기 위해 도로가 필요하다. 그럼 애플리케이션들 사이 도로는 어떻게 건설해야 할까? 다시 말해 애플리케이션들을 어떻게 통합해야 할까? 어떻게 통합해야 로마의 도로처럼 시대를 초월할 수 있을까? 『기업 통합 패턴 Enterprise Integration Patterns』는 이 질문에 해결책을 제시하는 책이다.

이 책은 2003년 마틴 파울러^{Martin Fowler} 시리즈로 출간됐다. 당시 애플리케이션 통합 분야는 수많은 시행착오를 경험했음에도 여전히 시행착오를 반복했고, 찾아낸 통합 해결책도 널리 알려지지 않았다. 이런 혼란스러운 시대에 이 책은 애플리케이션 통합의 여러 방법 중 비동기 메시징이 최상의 해결책이라는 점을 제시하고 이에 기반한 65개 패턴과 공통 어휘도 제시함으로, 비로소 패턴과 패턴 언어로 애플리케이션 통합에 대해 의사소통할 수 있게 했다. 이 책은 UML의 창시자 중 한 명인 그래디 부치^{Grady Booch} 교수가 OOPSLA 2005 컨퍼런스에서 가장 영향력 있는 패턴 책으로 언급할 만큼 애플리케이션 통합에 있어서 독보적인 책이다. 출간된 지 10년이 지났음에도 SOA 분야의 베스트 셀러로서 여전히 많은 독자들이 찾고 있으며, 독자들의 평가가 출간 당시보다 더 좋아지는 독특한 현상을 보이는 책이기도 하다.

특히 이 책이 여타 패턴 책들과 다른 점은 패턴 구현체가 통합 프레임워크나 기업 서비스 버스로 존재한다는 점이다. 통합 프레임워크인 아파치 카멜$^{Apache\ Camel}$, 스프링 인티그레이션$^{Spring\ Integration}$, ESB 미들웨어인 아파치 서비스믹스$^{Apache\ ServiceMix}$, 뮬 ESB$^{Mule\ ESB}$, 탈렌드 ESB$^{Talend\ ESB}$ 등 점점 많은 오픈 소스 프로젝트들이 '기업 통합 패턴'을 이용하거나 기반으로 삼고 있다. 이들 오픈 소스를 잘 활용하려면 '기업 통합 패턴'을 반드시 이해해야 한다. 상용 통합 제품들도 점점 이 책에 기재된 어휘를 사용해 가는 추세다.

고대 로마가 도로 건설을 소홀히 하면서 성 건축을 중심으로만 발전했다면, 지역적으로는 부유한 지역들이 생겨났겠지만, 부실한 도로 인프라로 인해 군사, 경제, 문화가 제대로 유통되지 못해 거대한 로마 제국이 될 수는 없었을 것이다. 마찬가지로 기업도 애플리케이션 통합을 소홀히 한다면, 애플리케이션들 간에 서비스와 데이터를 이용하는 일이 한계에 직면하게 될 테고, 이로 인해 기업 성장도 한계에 부딪칠 수 있게 된다. 그러므로 애플리케이션 통합은 기업의 모든 업무 처리 단계에 필수적이다.

이 책은 최상의 애플리케이션 통합 인프라에 필요한 해결책을 시대를 초월해 제시한다. 그러므로 기업 서비스를 위해 애플리케이션들을 통합해야 하는 아키텍트, 개발자, 운영자라면 누구나 이 책을 읽어야 할 것이다.

머리말

이 책은 메시징을 이용한 전사적 애플리케이션 통합에 대한 책이다. 특정 기술이나 제품에 맞게 쓴 책이 아니고, 아래와 같은 다양한 메시징 제품과 기술을 사용하는 개발자 및 통합 담당자들을 위해 쓴 책이다.

- 메시지 지향 미들웨어$^{MOM, Message-oriented middleware}$, IBM(웹스피어 MQ 패밀리 WebSphere MQ Family), 마이크로소프트(비즈톡^{BizTalk}), 팁코^{TIBCO}, 웹메소드^{WebMethods}, 씨비욘드^{SeeBeyond}, 비트리아^{Vitria} 같은 벤더에서 제공하는 EAI 제품

- 자바 메시지 서비스$^{JMS, Java Message Service}$ 제품. 상용 또는 오픈 소스로 J2EE 애플리케이션 서버에서 동작하거나 독립 제품으로 제공된다.

- 마이크로소프트 메시지 큐^{MSMQ}. 마이크로소프트 닷넷의 System.Messaging 라이브러리 등 마이크로소프트가 제공하는 API로 접근한다.

- 새로운 웹 서비스 표준과 관련 API. 비동기 웹 서비스(예: WS-ReliableMessaging), 썬 마이크로시스템즈[1]의 XML 메시징 자바 API$^{JAXM, Java API for XML Messaging}$, 마이크로소프트 웹 서비스 확장$^{WSE, Web Services Extensions}$과 같은 것들이다.

기업 통합은 N-계층 아키텍처 구조를 가지고 여러 컴퓨터에서 실행되는 분산 애플리케이션 개발을 넘어선다. 분산 애플리케이션에서는 각 계층의 애플리케이션이 단독으로 실행될 수 없지만, 통합된 애플리케이션들은 각각 느슨하게 결합되어 서로 조정해 가며 독립적으로 실행될 수 있다. 통합 애플리케이션들은 '보내고 잊기^{SAF,} $^{send and forget}$' 접근 방식을 이용해 네트워크를 거쳐 서로 데이터나 명령을 교환하는데, 이 접근 방법을 이용하면 발신자는 정보를 전송하고 정보가 메시징 시스템에 의

---

1 지금은 오라클에 인수됨 — 옮긴이

해 전송되는 동안, 즉시 기타 작업으로 이동할 수 있다. 그리고 발신자는 나중에 콜백을 거쳐 선택적으로 결과를 통보받을 수 있다. 비동기 호출 및 콜백의 설계가 동기 방식보다 더 복잡할 수 있지만, 비동기 호출은 성공할 때까지 반복 시도할 수 있으므로 통신은 훨씬 더 신뢰할 수 있다. 그리고 비동기 메시징에는 흐름 조절^{throttling}과 부하 분산^{load balancing} 같은 장점도 있다.

누가 이 책을 읽어야 하는가

이 책은 메시지 지향 통합 도구를 사용해 애플리케이션을 연결하려는 다음과 같은 애플리케이션 개발자와 시스템 통합 담당자들에게 도움이 된다.

- **애플리케이션 아키텍트와 개발자** 이 책은 애플리케이션들과 통합해야 할, 복잡한 기업 애플리케이션을 설계하고 구축하는 아키텍트와 개발자에게 필요하다. 애플리케이션 개발 환경으로는 자바 2 엔터프라이즈 에디션^{J2EE}, 또는 마이크로소프트 닷넷 프레임워크 같은 현대적인 기업 애플리케이션 플랫폼이 있다. 이 책은 애플리케이션들의 메시징 계층을 연결해 서로 정보를 교환할 수 있게 하는 방법을 설명한다. 그리고 애플리케이션 구축보다 애플리케이션 통합에 초점을 맞춘다. 그러므로 애플리케이션 구축에 관해서는 마틴 파울러의 『엔터프라이즈 애플리케이션 아키텍처 패턴』을 참조한다.

- **통합 아키텍트와 개발자** 이 책은 패키지나 커스텀 애플리케이션들을 연결하고 통합하는 방법을 설계하고 개발하는 아키텍트와 개발자에게 필요하다. 일부 독자는 IBM 웹스피어 MQ나 팁코, 웹메소드, 씨비욘드, 비트리아 같은 상용 통합 도구들을 사용한 경험이 있을 것이다. 이 도구들은 이 책에 소개된 패턴들을 포함한다. 이 책으로 아키텍트와 개발자는 통합에 대한 기본 개념을 이해하고 벤더 독립적인 어휘로 통합 아키텍처를 설계할 수 있다.

- **기업 아키텍트** 이 책은 기업의 소프트웨어 및 하드웨어 자산의 '큰 그림'을 유지해야 하는 아키텍트에게 필요하다. 이 책은 특정 기술만 포함하는 통합이든, 수많은 기술을 포함하는 대규모 통합이든, 동일한 방법으로 설명하는 일관된 어휘와 그림 표기법을 제공한다. 이 언어는 기업 아키텍트, 애플리케이션 아키텍트, 애플리케이션 개발자, 통합 아키텍트, 통합 개발자들 간의 의사 소통에 핵심적인 역할을 한다.

이 책에서 다루는 내용

이 책은 기업 애플리케이션 통합을 위한 비즈니스 케이스를 찾는 데 주력하지 않는다. 대신 비즈니스 케이스에 대한 해결 방법을 찾는 데 초점을 맞춘다. 독자들은 아래 항목들을 이해해 가며 기업 애플리케이션의 통합 방법을 배울 것이다.

- 기타 통합 기술과 비동기 메시징의 비교, 장점, 한계

- 필요한 메시지 채널을 애플리케이션이 결정하는 방법, 여러 소비자가 같은 메시지를 받을 수 있도록 제어하는 방법, 무효 메시지를 처리하는 방법

- 메시지를 발신할 때, 포함할 것과 메시지 속성을 특별하게 사용하는 방법

- 최종 목적지가 어딘지 모르더라도 최종 목적지로 메시지를 전송하는 방법

- 발신자와 수신자가 같은 형식의 메시지를 사용하지 않을 때 메시지를 변환하는 방법

- 메시징 시스템과 연동되는 애플리케이션 프로그램 설계 방법

- 기업에서 사용되는 메시징 시스템을 관리하고 모니터링하는 방법

이 책에서 다루지 않는 내용

제목에 '기업enterprise'이란 단어가 자랑스럽게 박힌 책들은 일반적으로 세 범주 중 하나에 해당될 가능성이 높다. 첫째, 전체 주제를 다루지만 실제 해결책을 구현하는 방법에 대한 자세한 지침은 부족한 책이거나 둘째, 실제 해결책을 구현하기 위한 구체적인 실무 지침은 제공하지만 다루는 범위가 제한적인 책이거나 셋째, 둘 모두를 시도하지만 마무리 짓지 못하고 출판 시기도 놓치는 책일 것이다. 우리는 둘째 방식을 선택했다. 책의 범위를 제한하더라도 더 나은 통합 방법을 만드는 데 도움이 되기를 바랐다. 저술 중에 검토는 했지만 세 번째 경우가 되지 않도록 배제한 주제들로는 보안, 복잡한 데이터 매핑, 워크플로우, 룰 엔진, 확장성, 견고성, 분산 트랜잭션 처리XA (턱시도Tuxedo 같은 것) 등이 있다. 이 책은 비동기 메시징을 강조한다. 비동기 메시징은 흥미로운 설계 이슈와 장단점으로 가득 차있고 다양한 통합 벤더가 제공하는 많은 소프트웨어로부터 깔끔한 추상성을 제공하기 때문이다.

이 책은 특정 메시징이나 미들웨어 기술을 학습하기 위한 책이 아니므로, 패턴을 설명하기 위해 사용한 예들에는 JMS, MSMQ, 팁코, 비즈톡, XSL 등의 다양한 기술이 모두 들어 있다. 하지만 이들의 사용법을 설명하기보다는 설계 자체와 설계로 인한 득실을 설명하는 데 초점을 맞췄다. 특정 기술을 자세히 학습하고 싶다면 참고 문헌이나 온라인으로 제공하는 자료들을 참조하기 바란다.

이 책의 구성

이 책의 제목처럼 본문의 대부분은 패턴들로 구성되어 있다. 패턴이란 애플리케이션 아키텍처, 객체 지향 설계, 비동기 메시징 아키텍처 기반 통합 등 '두루 적용되는' 간단한 해답을 찾기 어려운 분야에서 전문가들의 지식을 수집해 만든 검증된 해결 방법이다.

패턴은 특정한 설계 문제를 제시하고, 그 문제를 둘러싼 고려 사항을 설명하고, 다양한 제약^{forces}이나 동인^{drivers}으로부터 균형 잡힌 해결책을 제시한다. 일반적으로 패턴은 급조된 해결 방법이 아니고 오랜 시간 실제 사용하면서 발전해 온 해결 방법이다. 그러므로 패턴에는 개발자와 아키텍트들이 반복적으로 해결 방법을 적용하는 동안에 시행착오를 거치며 배운 수많은 경험이 녹아들어 있다. 다시 말해 패턴은 '발명품'이 아니고 현장에서 실제 애플리케이션 구축 중에 '관찰되고 발견된 것'들이다.

기업 통합 도구나 비동기 메시징 아키텍처를 사용한 경험이 있는 아키텍트나 개발자라면 이 책에서 설명하는 패턴들이 낯익을 것이다. 이 책의 패턴들도 실무자의 실제 사용 경험으로부터 수집됐기 때문이다. 그렇더라도 이 책을 볼 만한 가치는 여전하다. 이 책에 나오는 상세한 해결책과 해결책 사이의 관계를 읽으면 아키텍트와 개발자는 그동안 어렵게 익혔던 메시징 사용 방법에 확신을 더할 수 있을 것이다. 이 책은 경험이 미숙한 동료에게 효율적으로 정보를 전달하기 위한 통합 참고서로서도 활용될 수 있다. 마지막으로 통합 설계 시 동료들과 효율적으로 논의할 수 있는 공통의 어휘들로 이 책의 패턴 이름들을 활용할 수 있다.

이 책의 패턴은 다양한 프로그래밍 언어와 플랫폼에 적용된다. 패턴을 적용한다는 것은 코드를 잘라내 다른 곳에 붙여 넣는 일을 뜻하는 게 아니라, 특정 환경에 맞는 패턴을 이해하는 일을 의미한다. 이 책의 예에서는 다양한 환경에 패턴을 쉽게 적용할 수 있도록 JMS, MSMQ, 팁코, 비즈톡, XSL 등과 같은 인기있는 기술들을 사용해 패턴을 구현해 보였다. 또 좀 더 큰 일부 사례에서는 한 가지 해결책에 여러 패턴을 함께 사용하는 방법도 보였다.

비동기 메시징 아키텍처를 이용해 애플리케이션들을 통합하는 일은 도전적이고 흥미로운 일이다. 이 책을 저술할 동안 가졌던 이런 즐거움을 독자들도 함께 누리기를 바란다.

표지 사진

마틴 파울러의 이름이 들어간 여러 도서들의 표지에는 모두 다리 그림이 있다. 그런 면에서 보면 우리는 운이 좋았다. 통합에 관한 책에 가장 잘 맞는 주제만 선택하면 됐기 때문이다. 수천 년 동안 다리는 해안, 산, 도로의 양쪽에서 사람들을 연결해 주었다.

우리는 단순함으로 인해 드러나는 우아함과 아름다움을 느낄 수 있게, 일본 오사카 시 스미요시 타이샤 신사의 타이코 바시 사진을 선택했다. 이 신사는 선원의 수호신을 모신 신사로 원래 물 옆에 세워졌었는데, 흥미롭게도 토지 간척으로 물이 밀려나 지금은 거의 5km 내륙에 서있게 됐다. 새해가 되면 약 300만 명에 이르는 사람들이 이 신사를 방문한다.

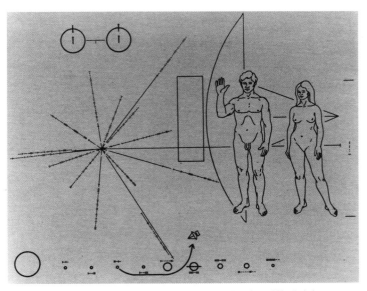

외계 생명체가 알아보기를 바라며 칼 세이건 박사가 고안한 메시지로,
금속판에 식각해 파이어니어 10호 위성에 실어 보냈다.

목차

8장   메시지 변환   389

9장   사잇장: 복합 메시징   425

10장   메시징 엔드포인트   531

들어가며

일반적으로 애플리케이션은 단독으로 운영되지 않는다. 판매 애플리케이션은 재고 애플리케이션과 인터페이스하고, 조달 애플리케이션은 경매 사이트와 연결되며, PDA 캘린더는 기업 캘린더 서버와 동기화된다. 애플리케이션들은 서로 통합될 때 더 나은 기능을 수행한다.

애플리케이션을 통합하려면 다음과 같은 근본 문제들을 해결해야 한다.

네트워크는 신뢰할 수 없다. 통합 솔루션은 컴퓨터에서 컴퓨터로 네트워크를 거쳐 데이터를 전송해야 한다. 단일 컴퓨터에서 실행하는 프로세스에 비해 분산 컴퓨터 프로세스에는 훨씬 더 많은 문제가 있다. 종종 통합해야 할 두 시스템은 대륙 사이에 떨어져 있어 이들 사이의 데이터를 전화선, LAN, 라우터, 스위치, 공공 네트워크와 위성 링크 등을 경유해 전달해야 한다. 각 단계마다 지연이나 중단이 발생할 수 있다.

네트워크 속도는 느리다. 네트워크를 통한 데이터 전송은 로컬 메소드 호출보다 몇 배 느린 명령을 여러 번 실행하는 과정을 포함한다. 단일 애플리케이션에서 접근했던 방법으로 광범위하게 분산된 시스템을 설계한다면 이 분산 시스템은 거의 재앙 수준의 성능을 보일 수도 있다.

애플리케이션들은 서로 다르다. 통합된 환경에서는 상이한 프로그래밍 언어, 상이한 OS 플랫폼, 상이한 데이터 포맷을 사용하는 시스템들 사이에 정보를 전송해야 한다. 통합 솔루션은 상이한 기술들과도 인터페이스할 수 있어야 한다.

변경은 피할 수 없다. 애플리케이션은 시간이 지남에 따라 변경된다. 통합 솔루션은 연결된 애플리케이션의 변경과 보조를 맞춰야 한다. 통합 솔루션은 쇄도하는 변경을 대응해야 하는 상황에 자주 부딪친다. 다시 말해 한 시스템이 변경되면 다른 모든 시스템도 변경돼야 한다. 통합 솔루션은 애플리케이션 간의 느슨한 결합loose coupling을 사용해 시스템 간 종속성을 최소화해야 한다.

오랫동안 개발자들은 이런 문제들을 네 가지 접근 방법으로 주로 극복해 왔다.

- *파일 전송*^{File Transfer}(p101): 한 애플리케이션은 파일을 쓰고 다른 애플리케이션은 나중에 파일을 읽는다. 애플리케이션들은 파일 이름과 위치, 파일 포맷, 파일을 읽고 쓸 시간 그리고 누가 파일을 삭제할지 상호 간에 동의해야 한다.

- *공유 데이터베이스*^{Shared Database}(p105): 애플리케이션들은 하나의 물리적 데이터베이스에 위치한 동일한 데이터베이스 스키마를 공유한다. 데이터 저장이 중복되지 않으므로 한 애플리케이션에서 다른 애플리케이션으로 데이터를 이전할 필요가 없다.

- *원격 프로시저 호출*^{Remote Procedure Invocation}(p108): 애플리케이션은 다른 애플리케이션들이 원격에서 접근할 수 있게 원격 프로시저와 같은 기능을 노출시킨다. 통신은 동기적이고 실시간에 발생한다.

- *메시징*^{Messaging}(p111): 애플리케이션은 메시지를 공통 메시지 채널에 게시한다. 다른 애플리케이션들은 나중에 채널에서 메시지를 읽을 수 있다. 애플리케이션들은 채널뿐만 아니라 메시지 포맷도 동의해야 한다. 통신은 비동기적이다.

이 네 가지 접근 방법은 본질적으로 같은 문제를 해결하지만 각 스타일마다 장단점이 있다. 필요한 경우 적절하게 통합될 수 있도록 애플리케이션의 각 포인트마다 다른 통합 스타일을 적용함으로 애플리케이션 통합을 해결할 수도 있다.

메시징이란?

이 책은 메시징^{messaging1}을 이용해 애플리케이션을 통합하는 방법을 설명한다. 메시징이 무엇인지 간단히 이해하려면 전화 시스템을 생각하면 된다. 전화 통화는 동기형태 통신이다. 전화 통화 시 상대방이 전화를 받을 수 있어야 상대방과 통화가 가능하다. 반면 음성 메일로는 비동기 통신을 할 수 있다. 음성 메일을 사용하면 수신자가 응답하지 않을 경우에도 호출자는 메시지를 남길 수 있고, 나중에 수신자는 (자신이 편리한 때에) 자신의 음성 사서함에서 대기 중인 메시지를 들을 수 있다. 음성 메일에

---

1 메시징은 메시지를 전달하는 기술이나 행위를 말한다. 메시지와 구별된다. – 옮긴이

서 호출자가 수신자에게 나중에 메시지를 들을 수 있게 메시지를 남길 수 있다는 점은 전화 통화 시 수신자가 전화기 앞에 있어야만 호출자의 메시지를 받을 수 있다는 점보다 호출자 입장에서 훨씬 더 편리하다. 음성 메일은 전화 통화를 메시지로 (적어도 일부라도) 만들고 나중에 들을 수 있게 대기시킨다. 이것이 메시징의 작동 방식이다.

메시징은 프로그램 간에 빠르고 신뢰할 수 있는 통신을 비동기 방식으로 가능하게 하는 전송 기술이다. 프로그램들은 메시지^{message}라 불리는 데이터 패킷을 전송함으로 상호 간에 통신한다. 또 큐^{queue}로 알려진 채널^{channel}은 프로그램을 연결하고 메시지를 전달하는 논리적 경로다. 채널은 메시지 컬렉션이나 배열처럼 동작하지만 여러 컴퓨터가 공유하고 여러 애플리케이션이 동시에 사용한다. 발신자^{sender} 또는 생산자^{producer}란 메시지를 작성해 채널에 메시지를 전송하는 프로그램이다. 수신자^{receiver} 또는 소비자^{consumer}란 채널에서 메시지를 읽음으로(그리고 삭제함으로) 메시지를 수신하는 프로그램이다.

메시지 자체는 일종의 데이터 구조에 불과하다. 즉, 문자열이나 바이트 배열, 레코드, 객체 같은 것이다. 메시지란 수신자에게서 실행될 명령에 관한 설명이나, 발신자에게서 발생한 이벤트에 관한 설명과 같은, 일종의 데이터라고 해석하면 된다. 메시지는 헤더^{header}와 본문^{body}이라는 두 부분으로 구성된다. 헤더에는 메시지에 대한 메타 정보$^{meta-information}$가 들어간다. 누가 메시지를 보내고 메시지는 어디로 갈 것인가 같은 정보들이 메타 정보이다. 이 정보는 메시징 시스템$^{messaging\ system}$에서 사용되며 메시지를 사용하는 애플리케이션은 이를 대부분 무시한다. 본문에는 애플리케이션에서 사용하는 데이터가 들어있는데, 메시징 시스템에서는 대부분 무시된다. 일반적으로 애플리케이션 개발자가 말하는 메시지란 메시지 본문 데이터를 가리킨다.

비동기 메시징 아키텍처는 강력하지만 개발 접근 방법에 대한 사고의 전환이 필요하다. 그리고 메시지와 메시징 시스템을 경험한 개발자들은 나머지 세 통합 접근 방법을 경험한 개발자들보다 상대적으로 적다. 그러므로 애플리케이션 개발자들은 이런 비동기 통신 플랫폼의 스타일과 특성을 낯설어 한다.

메시징 시스템이란?

일반적으로 메시징 시스템이나 메시지 지향 미들웨어MOM, Message-Oriented Middleware라고 부르는 별도의 소프트웨어 시스템이 메시징 기능을 제공한다. 데이터베이스 시스템이 데이터의 지속성을 관리하는 것처럼 메시징 시스템은 메시징을 관리한다. 애플리케이션이 데이터를 이용할 수 있게 하려면 관리자가 데이터베이스에 스키마를 생성해야 하는 것처럼, 관리자는 애플리케이션이 통신할 수 있게 메시징 시스템에 통신 경로인 채널을 구성해야 한다. 메시징 시스템은 메시지 송수신을 관리하고 조정한다. 데이터베이스 시스템의 주된 목적이 데이터 레코드를 안전하게 지속하는 것이듯이, 메시징 시스템의 주요 작업은 메시지를 발신자의 컴퓨터에서 신뢰할 수 있는 방식으로 수신자의 컴퓨터로 이동시키는 것이다.

본질적으로 컴퓨터와 컴퓨터를 연결하는 네트워크를 신뢰할 수 없으므로, 한 컴퓨터에서 다른 컴퓨터로 메시지를 이동시키려면 메시징 시스템이 필요하다. 애플리케이션들이 모두 정상이더라도 네트워크가 고장나면 데이터를 제대로 전송할 수 없게 된다. 이 경우 메시징 시스템은 계속해서 성공할 때까지 메시지 전송을 시도함으로 이런 한계를 극복한다. 이상적인 상황에서 메시지는 첫 번째 시도에서 성공적으로 전송되지만, 상황은 종종 이상적이지 않을 수 있다.

본질적으로 메시지는 다음의 다섯 단계를 거쳐 전송된다.

1. 생성create: 발신자는 메시지를 생성하고 데이터를 채운다.

2. 발신send: 발신자는 메시지를 채널에 쓴다.

3. 전달deliver: 메시징 시스템은 수신자가 사용할 수 있게 발신자의 컴퓨터에서 수신자 컴퓨터로 메시지를 이동시킨다.

4. 수신receive: 수신자는 채널에서 메시지를 읽는다.

5. 처리process: 수신자는 메시지에서 데이터를 추출한다.

다음 그림은 컴퓨터와 메시징 시스템이 전송을 수행하는 다섯 단계를 보여준다.

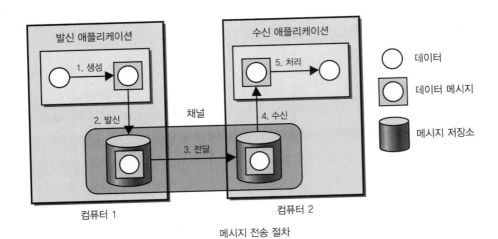

메시지 전송 절차

이 그림은 중요한 두 메시징 개념을 보여준다.

1. 보내고 잊기^{send and forget}: 2단계에서 발신 애플리케이션은 메시지 채널로 메시지를 발신한다. 메시지를 발신한 애플리케이션은, 메시징 시스템이 백그라운드에서 메시지를 전송하는 동안, 다른 작업으로 이동할 수 있다. 발신자는 수신자가 결국 메시지를 수신할 것이라고 확신할 수 있고, 수신할 때까지 기다리지 않아도 된다.

2. 저장과 전달^{store and forward}: 2단계에서 발신 애플리케이션이 메시지 채널로 메시지를 발신하면 메시징 시스템은 발신자 컴퓨터의 메모리나 디스크에 메시지를 저장한다. 3단계에서 메시징 시스템은 발신자 컴퓨터에서 수신자 컴퓨터로 메시지를 전달하고 수신자 컴퓨터에 다시 한 번 메시지를 저장한다. 이 저장과 전달 과정은 메시지가 발신자 컴퓨터에서 수신자 컴퓨터로 확실하게 도달될 때까지 여러 번 반복될 수 있다.

생성하고, 발신하고, 수신하고, 처리하는 단계는 불필요한 오버헤드처럼 보일 수 있다. 왜 간단하게 수신자에게 데이터를 전달하지 않는 것인가? 애플리케이션은 데이터를 메시지로 포장하고 메시징 시스템에 메시지를 저장해 메시징 시스템에 데이터 전달 책임을 위임한다. 데이터를 원자^{atomic} 메시지로 포장함으로써 메시징 시스템은 성공할 때까지 데이터 전송을 시도할 수 있고, 수신자는 안정적으로 정확히 하나의 데이터 수신을 보장받는다.

메시징을 이용하는 이유

메시징이 무엇인지 알았으므로 이제 더 나아가 "왜 메시징을 사용해야 하는가?"를 묻는다고 해도, 복잡한 해결 방법이 쉽게 설명되지 않는 것처럼, 이에 대한 대답도 간단하지는 않다. 즉석에서 답한다면 메시징이 *파일 전송*(p101)보다 즉각적이고, *공유 데이터베이스*(p105)보다 캡슐화가 우수하고, *원격 프로시저 호출*(p108)보다 안정적이라는 것이다. 그러나 이런 장점들은 메시징을 이용해 얻을 수 있는 장점들의 일부에 불과하다.

메시징에는 다음과 같은 구체적인 장점들이 있다.

- **원격 통신:** 메시징은 원격으로 분리된 애플리케이션들 사이 데이터 전송을 가능하게 한다. 같은 프로세스에 있는 두 객체는 메모리를 이용해 데이터를 공유할 수 있지만, 다른 컴퓨터로 데이터를 보내는 일은 훨씬 복잡하다. 이를 위해서는 컴퓨터에서 컴퓨터로 데이터가 복사돼야 한다. 이 말은 객체가 '직렬화 가능 serializable'해야 한다는 뜻이다. 다시 말해, 객체는 네트워크를 거쳐 전송될 수 있는 간단한 바이트 스트림으로 변환될 수 있어야 한다. 애플리케이션이 이런 변환을 담당하지 않아도 되게, 메시징이 변환을 담당한다.

- **플랫폼/언어 통합:** 원격 통신 방식으로 컴퓨터 시스템들을 연결하는 경우, 연결되는 임의의 기간에 임의의 팀이 독립적으로 각 시스템을 개발한 경우에, 시스템들은 시스템마다 서로 다른 언어, 기술, 플랫폼으로 운영된다. 이 경우에 애플리케이션들은 서로가 절충할 수 있는, 최소한의 공통분모를 사용하는 미들웨어 중립 지대가 필요하다. 이런 상황에서 메시징 시스템은 애플리케이션들 사이에 범용 변환기가 될 수 있다. 메시징 시스템은 공통 메시징 패러다임을 바탕으로 서로 다른 언어와 플랫폼을 가진 애플리케이션들이 자기 방식으로 다른 애플리케이션과 통신할 수 있게 해준다. *메시지 버스*(p195) 패턴은 이런 범용적인 연결의 핵심이다.

- **비동기 통신:** 메시징은 보내고 잊기 통신을 할 수 있다. 발신자는 메시지를 수신하고 처리하는 수신자를 기다릴 필요가 없다. 심지어 메시지를 전달하는 메시징 시스템도 기다릴 필요가 없다. 발신자는 메시지가 성공적으로 발신됐는지만 알면 된다. 즉, 메시징 시스템이 발신한 메시지를 채널에 성공적으로 저장했는지만 알면 된다. 메시지가 저장되면 발신자는 메시지가 백그라운드에서 전송되

는 동안 다른 작업을 수행할 수 있다.

- **시간 조절:** 동기 통신에서 호출자는 수신자가 호출을 완료할 때까지 기다리다가 결과를 수신하고 다음으로 진행한다. 이런 방식에서는 수신자가 빨리 호출을 완료해야 호출자도 빨리 다음 호출을 계속할 수 있게 된다. 비동기 통신에서 발신자는 자신의 속도에 맞게 수신자에게 요청을 제출할 수 있고 수신자는 발신자와 다른 속도로 요청을 처리할 수 있다. 이 방식으로 두 애플리케이션은 서로 기다리는 시간에 대한 낭비 없이 각각 최대 처리량을 실행할 수 있다(최소한 수신자가 메시지를 다 처리할 때까지).

- **흐름 조절:** 원격 프로시저 호출^{RPC} 시 문제로는 많은 발신자가 동시에 한 수신자를 호출함으로 수신자를 과부하로 만들 수 있다는 점을 들 수 있다. 이런 동시 다발 호출로 성능이 저하될 수 있고 심지어 수신자를 다운시킬 수도 있다. 메시징 시스템에서는 수신자가 요청을 처리할 수 있을 때까지 메시징 시스템 큐에 요청을 저장하므로, 수신자는 요청 처리 속도를 적절히 조절할 수 있다. 따라서 동시 다발적 요청에도 수신자에게 과부하가 걸리지 않는다. 비동기 통신에서 발신자는 이런 조절에 영향을 받지 않음으로 발신자의 처리 흐름도 수신자의 처리 완료를 기다리기 위해 중지되지 않는다.

- **신뢰 통신:** 메시징은 RPC가 제공할 수 없는, 신뢰할 수 있는 전송을 제공한다. 그 이유는 메시징은 메시지 전송에 저장과 전달 방식을 사용하기 때문이다. 메시지는 독립적인 원자 단위로 데이터를 감싼다. 발신자가 메시지를 발신하면 메시징 시스템은 메시지를 저장하고 메시지를 수신자 컴퓨터에 전달한다. 전달된 메시지는 다시 수신자 컴퓨터에 저장된다. 발신자 컴퓨터와 수신자 컴퓨터가 메시지를 저장하는 과정은 신뢰할 수 있다고 가정한다. (이 과정을 훨씬 더 안정적으로 만들려면, 메시지를 메모리 대신 디스크에 저장한다. *보장 전송*^{Guaranteed Delivery}(p239) 참조.) 수신자나 네트워크가 제대로 실행되지 않을 수 있기 때문에, 발신자 컴퓨터에서 수신자 컴퓨터로의 메시지 전달을 신뢰할 수 없다. 메시징 시스템은 성공할 때까지 메시지를 재전송함으로 이 문제를 극복한다. 메시징 시스템은 이런 자동 재시도로 네트워크 문제를 극복한다. 그러므로 발신자와 수신자는 이와 같은 전달 세부 사항을 걱정하지 않아도 된다.

- **비접속 작업:** 일부 애플리케이션은 네트워크 연결이 끊겨도 작동할 수 있다. 이런 애플리케이션들은 네트워크 연결이 복원되면 서버와 다시 동기화한다. 이런

애플리케이션들은 노트북이나 PDA 같은 플랫폼에 배포된다. 메시징은 이런 애플리케이션들의 동기화를 위한 이상적인 기술이다. 다시 말해, 애플리케이션은 동기화가 필요한 데이터를 생성하자마자 메시징 시스템의 큐에 저장하고 네트워크가 연결되기를 기다린다.

- **중재:** 중재자 패턴Mediator pattern[GoF]에 기재된 중재자처럼, 메시징 시스템은 메시지를 발신하고 수신하는 프로그램들 사이에서 중재자 역할을 한다. 메시징 시스템은 애플리케이션들의 통합을 위한 서비스나 디렉터리로 사용될 수 있다. 애플리케이션들은 직접 연결되지 않고 메시징 시스템을 통해 연결된다. 메시징 시스템은 고가용성high availability, 부하 분산load balancing, 네트워크 실패 시 우회 연결, 성능이나 품질을 위한 이중화redundant resources 등을 제공할 수 있다.

- **스레드 관리:** 비동기 통신 애플리케이션은 다른 애플리케이션이 작업을 수행하는 동안 응답을 기다리느라 자신의 실행 흐름을 중지하지 않는다. 대신 응답이 도착하면 호출자에게 알려주는 콜백callback을 사용한다(요청 응답(p214) 패턴 참조). 애플리케이션에서 많은 스레드가 중지 상태에 빠지거나 오랫동안 중지되는 경우, 작업 수행에 필요한 가용 스레드가 부족해질 수 있다. 또 중지 상태에 빠진 스레드들이 많아 애플리케이션이 다운된 경우, 다시 시작한 애플리케이션의 스레드들을 이전 상태로 복구하기가 어려울 수 있다. 콜백을 사용하는 경우, 응답을 기다리는 중지된 스레드들은 적은 수의 리스너들이다. 콜백은 대부분의 스레드들을 다른 작업에 사용할 수 있게 하고 다운 후에도 스레드의 복구를 용이하게 한다.

이렇게 애플리케이션이나 기업이 메시징을 이용해 얻을 수 있는 혜택은 많다. 이 장점들 중 일부는 애플리케이션 개발자에게 필요한 장점들이고 일부는 기업 아키텍트가 최상의 전략을 선택하기 위한 장점들이다. 이런 장점들 중 어느 것이 가장 중요한지는 애플리케이션의 요구에 따라 달라진다. 위 모든 장점은 메시징을 사용하는 훌륭한 이유다. 어떤 장점이든 가장 좋은 혜택을 제공하는 장점을 활용하면 된다.

비동기 메시징의 과제

비동기 메시징이 통합의 만병통치약은 아니다. 이것이 우아한 방법으로 분산 시스템의 통합에 관한 많은 문제를 해결하지만, 새로운 과제들도 만들어 낸다. 메시징 시스템의 문제는 구현하는 방식에 따라 달라지기도 하지만, 비동기 모델에는 다음과 같은 고유한 문제들이 있다.

- **복잡한 프로그래밍 모델:** 비동기 메시징에는 이벤트 기반 프로그래밍 모델이 필요하다. 더 이상 서로 다른 메소드를 호출하는 방식으로 애플리케이션 프로그램을 작성할 수 없다. 대신에 프로그램은 수신 메시지에 응답하는 이벤트 핸들러를 사용해야 한다. 이 경우 개발과 디버깅이 훨씬 복잡하고 어려워질 수 있다. 예를 들어 간단한 메소드 호출에도 요청 메시지, 요청 채널, 응답 메시지, 응답 채널, 상관관계 식별자^{correlation identifier}, 무효 메시지 큐^{invalid message queue}가 필요할 수 있다(요청 응답(p214) 참조).

- **순서 문제:** 메시지 채널은 메시지의 전송은 보장하지만, 언제 메시지가 전송될지는 보장하지 않는다. 그렇기 때문에 보낸 메시지의 순서가 바뀌는 경우가 생길 수 있다. 메시지가 서로에 의존하는 경우 특별히 주의해서 메시지의 순서를 다시 설정해 주어야 한다(리시퀀서(p409) 참조).

- **동기 시나리오:** 모든 애플리케이션이 보내고 잊기 모드로 작동하지는 않는다. 항공권을 찾는 사용자는 바로 탑승권 가격을 보고 싶을 것이다. 따라서 메시징 시스템은 필요한 경우 동기와 비동기 사이 간극을 메울 수 있어야 한다.

- **성능:** 메시징 시스템은 통신 부하를 약간 늘린다. 애플리케이션 데이터를 메시지로 변환하고, 메시지를 발신하고, 메시지를 수신하고, 메시지를 처리하는 부하가 추가된다. 큰 데이터를 전송하는 경우, 잘게 쪼개 전송하는 게 좋은 방법이 아닐 수 있다. 예를 들어 통합에서 두 시스템 간 정보를 동기화해야 하는 경우, 첫 번째 단계는 한 시스템에서 다른 시스템으로 관련된 모든 정보를 복제하는 것이다. 이런 대량의 데이터 복제에는 ETL^{extract(추출), transform(변환), load(적재)} 도구가 메시징보다 훨씬 더 효율적이다. 메시징은 데이터 복제 이후, 동기화 시스템을 유지하는 데 더 잘 맞는다.

- **제한된 플랫폼 지원:** 메시징 시스템을 모든 플랫폼에서 사용할 수 있는 것은 아니다. 대상 플랫폼이 메시징 시스템을 지원하지 않을 경우, FTP를 통한 파일 전송이 통합을 위한 유일한 선택일 수도 있다.

- **벤더 의존성:** 대부분의 메시징 시스템은 독점적 프로토콜에 의존하고 있다. JMS 같은 일반적인 메시징 규격은 실제 구현을 정의하지 않는다. 그 결과 서로 다른

메시징 시스템은 일반적으로 서로 연결되지 않는다. 이로 인해 통합의 통합이라는 새로운 통합 과제를 낳을 수도 있다(*메시징 가교*(p191) 패턴 참조)!

요컨대 비동기 메시징이 모든 문제를 해결해 주지는 않는다. 그리고 심지어 새로운 문제를 만들기도 한다. 이런 것들을 염두에 두고 메시징으로 해결할 수 있는 문제가 어떤 문제일지를 결정해야 한다.

비동기적으로 생각하기

메시징은 성공할 때까지 시도를 반복하는 비동기 기술이다. 반면 대부분의 애플리케이션들은 동기 함수 호출을 사용한다. 예를 들어 프로시저의 하부 프로시저 호출, 메소드의 다른 메소드 호출, RPC를 사용하는 원격지 프로시저 호출(CORBA와 DCOM 등) 같은 것들이다. 동기 호출에서는 하부 프로세스가 실행되는 동안 호출 프로세스는 중지된다. 하부 프로시저가 다른 프로세스에서 실행되는 RPC 시나리오에서도, 하부 프로시저가 호출자에게 제어(와 결과)를 리턴할 때까지 호출자의 실행 흐름은 중지된다. 반면 비동기 메시징을 사용하는 경우, 보내고 잊기 접근 방식을 사용하므로, 메시지를 발신한 후에도 호출자의 실행 흐름은 멈추지 않는다. 다시 말해 호출 프로시저는 하부 프로시저가 호출되는 동안에도 계속 실행된다(그림 참조).

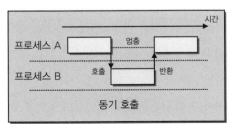
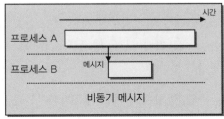

동기 호출과 비동기 호출의 차이

비동기 통신의 특징은 다양하다. 첫째, 더 이상 단일 스레드로 실행되지 않는다. 다중 스레드 환경에서 하부 프로시저들은 동시에 실행된다. 이런 다중 스레드 방식이 성능을 크게 높인다. 하부 프로세스들 중 일부만 외부 결과를 기다리고 대부분은 실행을 계속해서 그렇다. 그러나 이 방식은 디버깅을 아주 어렵게 한다. 둘째, 결과가 있는 경우 콜백 메커니즘을 이용해 결과를 획득한다. 콜백 메커니즘은 호출자가 결과를 기다리지 않고 다른 작업을 수행할 수 있게 하고, 처리된 결과를 통지로 받을 수 있게 한다. 그러나 이 경우 호출자는 다른 작업 수행 중에 도착한 결과도 처리할 수 있게 호출 상황을 기억하고 있어야 한다. 셋째, 비동기 하부 프로세스는 임의의 순서로 실행된다. 이 말은 실행 대기 상태인 하부 프로세스들 중에 임의의 하부 프로세스가 실행을 시작할 수 있다는 것을 의미한다. 게다가 하부 프로세스들의 실행은 독립적이다. 그러므로 결과가 도착했을 때, 호출자는 어떤 하부 프로세스에서 결과가 왔으며 어떻게 결과들을 결합할지를 알아야 한다. 비동기 통신에는 장점이 있지만 어떻게 하부 프로시저를 사용할지는 재고해야 한다.

분산 애플리케이션과 통합의 차이

이 책은 통합을 다루는 책이다. 즉, 독립적인 애플리케이션들이 함께 동작할 수 있는 방법을 다루는 책이다. 기업 애플리케이션에는 종종 여러 컴퓨터에 걸쳐 분산된 (클라이언트/서버 구조보다 정교한) N-계층 구조가 있다. 이 구조는 분산된 프로세스들을 서로 통신하게 한다.

왜 N-계층 아키텍처는 통합 애플리케이션이 아닌 분산 애플리케이션으로 간주되는가? 첫째, N-계층 아키텍처 통신은 서로 단단히 결합된다. 즉, 각 계층은 인접 계층에 직접적으로 의존한다. 한 계층은 다른 계층 없이 독립적으로 동작할 수 없다. 둘째, N-계층 아키텍처의 계층 간 통신은 동기화되는 경향이 있다. 셋째, (N-계층 또는 단일) 애플리케이션은 빠른 시스템 응답 시간을 요구하는 사용자 인터페이스를 갖는 경향이 있다.

반면, 통합에 참여한 애플리케이션들은 저마다 독립된 애플리케이션이므로, 느슨한 결합 방식으로 조직화되어 동작한다. 각 애플리케이션은 한 분야의 기능을 수행하고 다른 분야의 기능은 다른 애플리케이션에 위임한다. 통합 애플리케이션들은 응답을 기다리지 않는 비동기 통신을 사용한다. 이들은 응답 없이 작업을 진행하거나 응답이 준비될 때까지 다른 작업을 진행할 수 있다. 통합 애플리케이션들은 광범위한 시간 제약을 받는 경향이 있다. 애플리케이션들은 결과가 제공될 때까지 다른 작업을 진행할 수 있으므로 실시간으로 결과를 제공하는 사용자 애플리케이션들보다 대기시간에 조금 더 관대하다.

상용 메시징 시스템

비동기 메시징을 이용한 시스템 통합이 기업에 상당한 이익을 가져다 준다는 것을 알게 된 소프트웨어 벤더들은 메시징 미들웨어와 관련 툴들을 만들어 시장으로 뛰어들었다. 메시징 벤더의 제품들은 대략 다음과 같은 범주로 그룹화할 수 있다.

1. **운영체제:** 메시징이 중요한 공통 필수 요소가 됨에 따라, 운영체제나 데이터베이스 플랫폼에 필요한 소프트웨어 인프라가 통합되기 시작했다. 예를 들어 마이크로소프트 윈도우2000과 윈도우-XP 운영체제에는 마이크로소프트 메시지 큐^{MSMQ, Microsoft Message Queuing} 서비스 소프트웨어가 포함된다. 이 서비스는 COM 컴포넌트와 System.Messaging 네임스페이스, 마이크로소프트 닷넷 플랫폼 API를 제공한다. 마찬가지로 오라클은 데이터베이스 플랫폼의 일환으로 오라클 AQ를 제공한다.

2. **애플리케이션 서버:** 썬 마이크로시스템즈는 J2EE 1.2 규격에 자바 메시지 서비스를 추가했다. 이후 거의 모든 J2EE 애플리케이션 서버(예: IBM 웹스피어와 비이에이 웹로직 등)는 JMS 서비스를 제공한다. 썬은 J2EE JDK에 JMS의 참조 구현을 제공한다.

3. **EAI 제품:** EAI 벤더들은 기능적으로 풍부하지만 독점적인 제품을 공급한다. 이 제품들은 메시징, 비즈니스 프로세스 자동화, 워크플로우, 포털 등의 기능을 포괄한다. 이 시장의 주요 제품들로는 IBM 웹스피어 MQ, 마이크로소프트 비즈톡, 팁코, 웹메소드, 씨비욘드, 비트리아, 크로스월즈^{CrossWorlds} 등이 있다. 이 제품들 대부분은 클라이언트 API로 JMS를 지원한다. 반면 소닉 소프트웨어^{Sonic Software}나 피오라노^{Fiorano} 같은 벤더들은 JMS 호환 메시징 인프라 구현에 주로 초점을 맞추고 있다.

4. **웹 서비스 툴킷:** 웹 서비스 커뮤니티도 기업 통합에 많은 관심을 가지고 있다. 표준 기관들과 컨소시엄들은 웹 서비스(WS-Reliability, WS-ReliableMessaging, ebMS)를 바탕으로 신뢰할 수 있는 메시지 전달 표준 제정에 적극적으로 노력하고 있다. 벤더들은 웹 서비스 기반 제품에 라우팅, 변환, 관리 도구들을 제공해 주고 있는 추세다.

이 책의 패턴들은 특정 벤더에 종속되지 않으며 대부분의 메시징 솔루션에 적용될 수 있다. 그러나 불행하게도 벤더들은 메시징 솔루션을 설명할 때 자신들이 정의한 용어를 사용하는 경향이 있다. 이 책에서는 기술과 제품에 중립적이면서도 설명하기도 좋고 말하기도 좋은 패턴 이름을 선택하려 노력했다.

대부분의 벤더 메시징 제품들은 기능으로 이 책의 패턴들을 일부 포함한다. 이들은 패턴을 쉽게 적용할 수 있게 해주고 통합을 신속하게 개발할 수 있게 해준다. 특정 벤더의 용어을 잘 알고 있는 독자들은 대부분 이 책의 개념을 이해하기 쉬울 것이다. 특정 벤더의 용어에 익숙한 독자를 위해 패턴 언어에 해당하는 특정 벤더 용어를 알 수 있게 한 표를 만들었다. 이 표는 이 책의 패턴 이름을 가장 널리 사용되는 벤더 메시징 제품의 용어로 짝을 지어 준다.

기업 통합 패턴	자바 메시지 서비스(JMS)	마이크로소프트 MSMQ	웹스피어 MQ
메시지 채널	Destination	MessageQueue	Queue
포인트 투 포인트 채널	Queue	MessageQueue	Queue
게시 구독 채널	Topic	−	−
메시지	Message	Message	Message
메시지 엔드포인트	MessageProducer, MessageConsumer		

기업 통합 패턴	팁코	웹메소드	씨비온드	비트리아
메시지 채널	Subject	Queue	Intelligent Queue	Channel
포인트 투 포인트 채널	Distributed Queue	Deliver Action	Intelligent Queue	Channel
게시 구독 채널	Subject	Publish−Subscribe Action	Intelligent Queue	Publish−Subscribe Channel
메시지	Message	Document	Event	Event
메시지 엔드포인트	Publisher, Subscriber	Publisher, Subscriber	Publisher, Subscriber	Publisher, Subscriber

패턴 양식

이 책에는 패턴 언어를 형성하는 패턴이 많이 있다. 『디자인 패턴Design Patterns』, 『패턴 지향 소프트웨어 아키텍처POSA, Pattern Oriented Software Architecture』, 『코어 J2EE 패턴Core J2EE Patterns』, 『엔터프라이즈 애플리케이션 아키텍처 패턴Patterns of Enterprise Application Architecture』과 같은 책들은 컴퓨터 프로그래밍 기법을 문서화하는 데 패턴 사용을 유행시켰다. 크리스토퍼 알렉산더Christopher Alexander는 이 분야의 선구자로서 그의 책 『패턴 랭귀지A Pattern Language』와 『영원의 건축The Timeless Way of Building』에서 패턴 개념과 패턴 언어를 개척했다. 패턴은 결정을 제시하고 결정에 따른 고민을 제시한다. 패턴 언어는 패턴과 패턴을 연관성으로 얽은 패턴 관계망으로, 의사 결정 과정을 안내한다. 이런 접근 방법은 전문가의 지식을 문서화하는 강력한 테크닉으로, 사람들이 패턴 언어를 쉽게 이해하고 적용할 수 있게 한다.

패턴 언어는 문제가 발생한 곳에서 문제를 풀기 위한 다양한 해결 방법을 제시한다. 문제에 따라 풀어야 할 문제가 달라지므로, 문제에 따라 패턴을 적용하는 방법도 달라진다. 이 책은 애플리케이션에 메시징 도구를 사용하는 사용자를 위해 씌어졌다. 그러므로 애플리케이션의 메시징 문제를 풀 때 이 책이 큰 도움이 될 것이다.

책이 패턴 양식을 사용한다고 해서, 책이 풍부한 지식을 담고 있다는 것은 아니다. "이 문제에 직면하면, 이 해결책을 적용하라"라는 식으로 단순하게 말하는 것으로는 부족하다. 진정 패턴에서 무언가를 배우려면, 패턴은 왜 문제를 풀기 어려운지, 실제로 잘 맞지 않더라도 적용 가능한 해결책들을 두루 고려해야 하고, 제공된 해결책이 왜 최선인지를 설명해야 한다. 마찬가지로 패턴은 문제들을 넘나드는 패턴의 연결 고리를 제공해야 한다. 이런 방법으로 패턴 양식을 기술하면, 저자가 예측하지 못했을 문제도, 독자들은 해결책을 찾아 적용하는 능력을 기를 수 있게 된다. 이런 것들이 이 책이 달성하기 위해 노력한 목표다.

패턴은 규범적이어야 한다. 즉, 패턴은 무엇을 해야 할지를 설명해야 한다. 패턴은 문제를 설명하기만 해서는 안 된다. 패턴은 해결방법을 제시해야 한다. 패턴은 해야 할 결정을 나타낸다. 예를 들면 "메시징을 사용해야 하는가?"라거나 "여기에 명령 메시지를 사용하면 도움이 되는가?"와 같은 결정 말이다. 패턴과 패턴 언어는 문제에 대한 좋은 해결책의 선택을 돕는 규범적 방법론을 제공한다. 저자들은 독자들이 부딪칠 문제들과 관련된 경험이 없고 해결책들을 알지 못하더라도, 패턴과 패턴 언어는 독자들이 부딪칠 문제들을 해결하는 데 실질적인 도움을 준다.

패턴을 기술하는 양식은 책마다 다를 수 있는데, 우리는 알렉산드리안 양식 Alexandrian Form과 유사한 스타일을 사용했다. 이 스타일은 켄트 벡Kent Beck의 『스몰토크 모범 사례 패턴Smalltalk Best Practice Patterns』에서 유명세를 얻었다. 알렉산드리안 양식은 패턴을 산문체 스타일로 기술하므로, 우리도 알렉산드리안 양식을 선택했다. 그 결과 패턴들은 잘 정의된 일관된 구조를 갖게 됐다. 개별 하부 절의 머리글이 논의의 흐름을 방해하므로 없애버렸다. 탐색을 쉽게 하기 위해 스타일 요소를 사용했는데, 중요 정보 확인에 도움을 주는 그림, 강조 표시, 들여 쓰기 같은 것들이다.

패턴은 다음 구조를 따른다.

- **이름**Name: 이름은 패턴이 무엇을 하는지를 나타내는 패턴 식별자다. 우리는 설계자들이 대화하는 중에 패턴 개념을 쉽게 참조할 수 있고, 문장에서도 쉽게 사용할 수 있는 이름을 패턴 이름으로 선택했다. 이 책에 나오는 모든 패턴 이름은 기울임꼴로 표기했다(예: *경쟁 소비자*).

- **아이콘**Icon: 대부분의 패턴에는 패턴 이름과 더불어 아이콘이 있다. 많은 아키텍트가 다이어그램을 시각적인 의사소통 수단으로 사용하기 때문에, 패턴에는 이름이 있을 뿐만 아니라 시각적 언어에 해당하는 아이콘도 있다. 이 시각 언어는 패턴 구성의 기초가 된다. 즉, 더 크고 복잡한 해결책을 설명하기 위해 패턴 아이콘들을 결합할 수 있다.

- **상황**Context: 이 부분에서는 어떤 유형의 작업이 패턴으로 해결해야 할 문제를 유발하는지를 설명한다. 문제의 배경을 설명하고, 이미 적용했을지 모를 다른 패턴들도 언급한다.

- **문제**Problem: 여기에서는 직면하고 있는 어려움을 설명한다. 이 어려움은 질문으로 표현한다. 독자는 이 문제를 읽고 독자가 부딪친 문제와 패턴이 어떻게 관련되는지를 빠르게 확인할 수 있어야 한다. 문제는 나열식으로 구성된 한 문장으로 표현된다.

- **제약**Forces: 여기에서는 문제 해결을 어렵게 만드는 제약 사항들을 설명한다. 이 제약 사항들은 적용하면 좋을 것 같은 다른 대안을 고려하게 해 실제 해결책의 가치를 평가하는 데 도움을 준다.

- **해결책**^{Solution}: 여기에서는 문제를 해결하려면 어떻게 해야 하는지를 설명한다. 그리고 문제 때문에 발생한 상황뿐만 아니라, 다양한 상황에서 어떻게 해야 하는지도 설명한다. 패턴의 문제와 해결책을 이해한다면 패턴을 이해한 것이나 다름없다. 해결책 설명도 문제를 설명했던 스타일을 사용한다. 그러므로 문제 설명과 해결책 설명을 쉽게 알아 차릴 수 있을 것이다.

- **스케치**^{Sketch}: 알렉산드리안 양식의 가장 매력적인 특성 중 하나는 각 패턴에 해결책을 보여주는 스케치가 있다는 점이다. 대부분의 경우 패턴 이름과 스케치만 보고도 해당 패턴의 본질을 이해할 수 있다. 우리는 알렉산드리안 양식에 따라 패턴 해결책 설명 바로 다음에 해결책을 설명하는 스케치(그림)를 제공한다.

- **결과**^{Results}: 여기에서는 해결책의 적용과 제약의 해결을 추가적으로 부연하고, 패턴 적용의 결과로 발생할 수 있는 새로운 문제들도 고려한다.

- **다음**^{Next}: 이 부분에서는 고려할 만한 다른 패턴들을 나열한다. 패턴은 고립해서 존재할 수 없다. 일반적으로 패턴 적용 시 새로운 문제가 나오는데, 이 문제를 다시 다른 패턴으로 해결한다. 패턴들의 관계는 패턴 목록을 만드는 데만 그치지 않고 패턴 언어를 구성하는 데 사용된다.

- **사이드바**^{Sidebars}: 이곳에서는 조금 더 자세한 기술적 문제나 패턴의 변형을 설명한다. 이 영역은 나머지 문서 영역과 시각적으로 분리된다. 그러므로 사이드 바가 해당 패턴 적용과 관련이 없는 경우 건너뛸 수 있다.

- **예**^{Examples}: 패턴을 적용했거나, 적용할 수 있는 하나 이상의 예를 포함한다. 이 예들은 이미 알려진 간단한 예이거나 상당한 샘플 코드를 갖는 예일 수 있다. 예에는 많은 메시징 기술들이 사용됐으므로, 독자들은 예에 사용된 각 기술을 모두 잘 알지 못할 수도 있을 것이다. 이런 경우를 대비해 예를 보지 않더라도 패턴의 중요한 내용을 이해할 수 있도록 책을 구성했다. 그러므로 모르는 기술을 사용한 예는 건너뛰어도 좋다.

패턴으로 특정 문제를 해결할 수 있을 뿐만 아니라 지금은 인식하지 못하는 문제의 해결 방법도 알 수 있다는 점에서, 패턴으로 해결책을 설명하는 방식이 우아하다고 할 수 있다. 이 책의 메시징 패턴들도 존재하는 메시징 시스템의 해결뿐만 아니라 책 출판 후에 등장하는 새로운 문제들의 해결에도 잘 적용될 것이다.

다이어그램 표기법

통합은 애플리케이션, 데이터베이스, 엔드포인트, 채널, 메시지, 라우터 등등 많은 부분으로 구성된다. 통합을 설명하려면 컴포넌트(구성 요소)들을 수용할 수 있는 표기법을 정의해야 한다. 우리가 아는 바로는, 현재 개발되고 널리 사용 중인 표현 방법 중에, 통합의 모든 면을 설명할 수 있는 포괄적인 표현 방법은 없다. 통합 모델링 언어UML, Unified Modeling Language는 클래스 다이어그램과 상호작용 다이어그램으로 객체 지향 시스템을 설명하는 훌륭한 도구지만 메시징을 설명하는 의미론semantics을 포함하지 않는다. EAI UML 프로파일UML Profile for EAI[UMLEAI]은 컴포넌트들 사이 메시지 흐름을 설명하는 협업 다이어그램의 의미론을 확장한다. 이 표현은 정확한 시각 규격으로 매우 유용한데, 모델 주도 아키텍처MDA, model driven architecture의 일부로서 코드 생성의 기반으로도 사용될 수 있다. 그러나 우리는 두 가지 이유로 이 표기법을 채택하지 않기로 결정했다. 첫째, UML 프로파일은 우리의 패턴 언어로 설명된 모든 패턴을 표현하지 못했다. 둘째, 우리는 정확한 시각 규격을 만들려고 한 것이 아니라 패턴을 '스케치' 품질 정도로 표현할 이미지만 필요했다. 우리는 알렉산더의 스케치Alexander's sketch처럼 힐끗 보더라도 패턴의 본질을 전달할 수 있는 그림이 필요했다. 이런 이유로 우리는 새로운 '표기법'을 만들었다. 다행히 이 표기법은, 조금 더 공식적인 표기법과는 달리, 두꺼운 설명서를 읽을 필요가 없는 간단한 그림을 이용한 표기법이다.

| 메시지 | 채널 | 컴포넌트 |

메시징 솔루션의 시각적 표기법

이 간단한 그림은 채널을 거쳐 컴포넌트에 전송되는 메시지를 보여준다. 우리는 여기서 컴포넌트란 단어를 아주 느슨하게 사용했다. 즉, 컴포넌트는 통합될 애플리케이션이거나, 애플리케이션들 사이에서 메시지를 변환하거나 라우팅하는 중재자이거나, 애플리케이션의 특정 부분을 표현하는 것일 수도 있다. 일반적으로 컴포넌트가 중요 관심사이므로 채널은 화살표 머리를 가진 간단한 선으로 그리고 때때로 채널 자체를 강조하려는 경우 3차원 파이프로도 채널을 표시한다. 메시징 시스템에서는 XML 문서와 같이 데이터 구조가 트리 형식인 메시지가 많이 사용되므로, 메시지는 동그라미 루트 요소와 그 아래 사각형 요소들을 가진 작은 트리로 표시한다. 트리의 요소들은 어둡게 칠하거나 특정 패턴의 사용을 강조하기 위해 색상을 넣는다. 이렇게 메시지를 묘사하면 변환 패턴을 시각적으로 빠르게 설명할 수 있다. 즉, 메시지를 추가하거나, 정렬하거나, 제거하는 패턴을 쉽게 설명할 수 있다.

UML 표기법은 표준적인 설명 방법이므로 프로그램 설명이나 메시징 엔드포인트 설명에는 클래스 계층 구조를 묘사하는 UML 클래스 다이어그램을 이용하고 객체 사이 상호작용 묘사에는 UML 시퀀스 다이어그램을 이용한다(UML에 대한 재교육이 필요한 경우, [UML] 참조).

예와 사잇장

우리는 예를 구현할 때 다양한 통합 기술을 사용해 패턴의 광범위한 적용을 강조하려 했다. 이런 접근 방법에는 독자들이 예의 구현을 위해 사용된 기술에 익숙하지 않을 수 있다는 단점이 있다. 이런 이유로 우리는 예를 보지 않아도 책의 내용을 어렵지 않게 이해할 수 있도록 구성했다. 즉, 패턴 설명 부분에 모든 관련된 핵심 사항을 포함했다. 따라서 예를 건너뛰더라도 중요한 핵심들을 이해하는 데 어려움이 없을 것이다. 또 가능한 곳에서는 동일한 내용의 예를 서로 다른 기술로 구현해 보였다.

우리는 코드 예를 제시할 때 실행성^{runability}보다는 가독성^{readability}에 초점을 맞췄다. 코드 예는 해결책 설명의 잠재적인 모호함을 제거해 줄 것이다. 일반적으로 애플리케이션 개발자들과 설계자들은 구구한 설명을 읽기보다 30줄의 코드를 보는 것을 더 좋아한다. 이를 위해 우리는 해결책의 모든 내용을 보이기보다 가장 관련성 높은 메소드나 클래스만 종종 보였다. 우리는 또 오류 검사 부분을 대부분 생략해 구현된 코드의 핵심 기능을 강조했다. 대부분의 코드 예는 주석을 포함하지 않고 대신 코드 전후 단락에서 코드를 설명한다.

통합 패턴마다 의미 있는 예를 제공하는 일은 도전적이다. 일반적으로 기업 통합은 여러 시스템에 분산된 수많은 이기종 요소들로 구성된다. 마찬가지로 대부분의 통합 패턴은 고립된 단일 패턴에 의존하지 않고 의미 있는 해결책을 구성하는 여러 패턴으로 구성된다. 우리는 조금 더 포괄적이고 독립된 예를 사잇장(6, 9, 12장 참조)으로 만들어 패턴들 사이 협력 관계를 강조했다. 이와같은 여러 장에서는 메시징을 이용한 더욱 포괄적인 해결책을 설계하고 관련된 이해득실을 설명한다.

이 책의 샘플 코드들을 상용 제품에 적용 가능한 코드가 아닌 설명 수준의 코드로 취급해야 한다. 예를 들어 거의 모든 예에 견고성, 보안, 확장을 위한 고려 사항, 오류 검사가 빠져있다.

우리는 가능하면 예들이 무료 또는 시험 버전의 소프트웨어 플랫폼에서도 동작할 수 있게 노력했다. 경우에 따라 솔루션을 개발하는 것과 상용 도구를 이용하는 것 사이의 차이를 설명하기 위해 상업용 플랫폼(예: 팁코 엑티브엔터프라이즈와 마이크로소프트 비즈톡 등)을 사용하기도 했다. 우리는 독자들이 솔루션을 실행하기 위해 필요한 플랫폼을 접하지 못할지라도 교육적인 측면을 고려해 해당 플랫폼의 예를 실었다. 대부분의 예에서 JMS나 MSMQ 같은 기본인 메시징 프레임워크를 사용했다. 이것은 예를 더욱 명시적으로 만들고 복잡한 미들웨어 기능들의 사용으로 야기되는 혼란을 없애 조금 더 문제 자체에 집중할 수 있게 한다.

이 책의 자바 예는 J2EE 1.4 규격의 일부인 JMS 1.1 규격을 기반으로 하고 있다. 책이 출판될 때까지, 대부분의 메시징 서버와 애플리케이션 서버 벤더들은 JMS 1.1을 지원할 것이다. 오라클의 웹 사이트(http://www.oracle.com/technetwork/java/javaee/overview/index.html)에서 JMS 규격의 참조구현을 내려 받을 수 있다.

이 책의 마이크로소프트 닷넷 예는 닷넷 프레임워크 버전 1.1을 기반으로 하고 C#으로 작성했다. 마이크로소프트 웹 사이트(http://msdn.microsoft.com/net)에서 닷넷 프레임워크 SDK를 내려 받을 수 있다.

이 책의 구성

이 책의 패턴 언어는 다른 패턴 언어들과 마찬가지로 서로를 참조하는 패턴들의 관계망이다. 그러면서 동시에 큰 개념의 패턴들에서 상세한 패턴들로 내려가는 계층구조가 있다. 루트 패턴이라 부르는 이 큰 개념의 패턴들은 패턴 언어의 기반을 형성하고 나머지 상세 패턴들을 지원한다.

이 책은 추상화 수준과 주제 영역에 따라 패턴들을 장으로 묶었다. 다음 그림은 루트 패턴들과 각 장 사이의 관계를 보여준다.

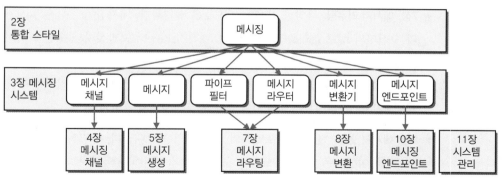

루트 패턴과 각 장의 관계

가장 기본적인 패턴은 *메시징*(p111) 패턴이다. 즉, 이 책은 메시징에 대한 책이다. 3장, '메시징 시스템'에서 기본 패턴인 메시징 패턴은 여섯 루트 패턴들로 나뉜다. 루트 패턴들은 *메시지 채널*(p118), *메시지*(p124), *파이프 필터*(p128), *메시지 라우터*(p136), *메시지 변환기*(p143), *메시지 엔드포인트*(p153) 패턴이다. 루트 패턴들은 차례대로 각각 독립된 장으로 기술된다. (*파이프 필터*(p128) 패턴은 예외다. 파이프 필터 패턴은 메시징뿐만 아니라 라우팅 패턴과 변환 패턴의 기초를 형성하는 널리 사용되는 아키텍처 스타일이다.)

패턴 언어를 여덟 장으로 나눠 설명하는데, 각 장은 아래 설명한 계층 구조를 따른다.

- **2장, 통합 스타일**: *메시징*(p111)을 포함해 애플리케이션 통합에 사용할 수 있는 다양한 접근 방법을 검토한다.

- **3장, 메시징 시스템**: 패턴 언어의 전체 개요를 설명하고 여섯 기본 메시징 패턴을 검토한다.

- **4장, 메시징 채널**: 애플리케이션이 필요한 채널을 결정하는 방법을 보여준다. 채널은 메시지가 따라갈 수 있는 논리적 경로로 애플리케이션은 채널을 거쳐 통신한다.

- **5장, 메시지 생성**: 메시지를 사용하는 다양한 방법과 메시지의 특별한 속성을 활용하는 방법을 설명한다. 메시지 채널이 확보되면 채널로 전송할 메시지를 생성해야 한다.

- **7장, 메시지 라우팅**: 다양한 라우팅 기술들을 설명한다. 메시징 솔루션은 발신자와 수신자의 정보 분리를 목표로 한다. 메시지 라우터는 발신자와 수신자 사이에 위치 독립성을 제공해 발신자가 발신한 메시지를 누가 처리하는지를 알지 않아도 되게 한다. 발신자는 메시지를 메시지 라우팅 컴포넌트에 전송하고 메시지 라우팅 컴포넌트는 메시지를 올바른 목적지까지 전달한다.

- **8장, 메시지 변환**: 변환기 컴포넌트의 설계 방법을 보여준다. 독립적으로 개발된 애플리케이션들은 메시지 포맷, 고유 식별자의 형식이나 의미, 문자 인코딩 같은 것들이 종종 서로 맞지 않는다. 따라서 이런 경우 발신 애플리케이션의 메시지 포맷을 수신 애플리케이션의 포맷으로 변환할 중간 컴포넌트가 필요하다.

- **10장, 메시징 엔드포인트**: 메시지를 발신하고 수신하는 애플리케이션 안의 계층을 설명한다. 메시징을 고려하지 않고 설계된 애플리케이션들도 필요에 따라 명시적으로 메시징 시스템에 연결돼야 한다. 이 계층이 메시지 엔드포인트다.

- **11장, 시스템 관리**: 실행중인 메시징 시스템을 테스트하고 모니터링하는 방법을 탐구한다. 메시징 시스템은 애플리케이션들이 통합되는 곳에 놓인다. 우리가 원하는 대로 메시징 시스템이 실행되고 있는지를 확인할 수 있는 방법을 설명한다.

이 여덟 개 장은 메시징을 사용해 애플리케이션을 연결할 때 알아야 할 내용들이다.

시작하기

저자와 독자 모두 내용이 방대한 책을 어디서부터 시작해야 할지 알기란 쉽지 않다. 내용을 모두 다 읽어도 좋지만, 이런 방법으로는 도움이 필요한 문제에 바로 접근하기가 어렵다. 그렇다고 갑자기 패턴 이야기를 시작한다면 절반 넘게 상영 중인 영화를 보기 시작하는 일이 되고 만다. 즉, 무슨 일이 일어나고 있는지는 볼 수 있지만 무슨 뜻인지는 이해할 수 없게 된다.

다행히 패턴 언어는 앞서 설명한 루트 패턴들과 그 외곽을 형성한다. 루트 패턴들은 패턴 언어의 총체적 개요를 제공하고 각각 메시징에 접근하는 출발점이 된다. 패턴을 모두 검토하지 않고 패턴 언어를 전반적으로 살펴보려면 3장의 기본적인 메시징 패턴부터 검토한다.

2장, '통합 스타일'에서는 네 가지 주요 애플리케이션 통합 기술에 대한 개요를 설명하고 최상의 통합 접근 방법으로서 *메시징*(p111)을 선택한다. 애플리케이션 통합에 따르는 이슈와 접근 방법들의 장단점이 익숙하지 않은 경우 2장을 읽는다. 이미 메시징이 좋은 통합 방법이란 확신이 있고 바로 메시징 사용 방법을 알고 싶다면 2장을 건너뛰어도 된다.

3장, '메시징 시스템'은 패턴 언어의 모든 루트 패턴들을 포함한다. (메시징(p111)은 예외로 2장에 포함된다.) 패턴 언어에 대한 개요를 보려면 3장에 있는 패턴들을 모두 읽는다. (적어도 훑어본다.) 특정 주제를 깊이 탐구하려면 해당 주제의 루트 패턴을 읽은 후 패턴 절 끝 부분에 언급된 패턴으로 이동한다. 이 패턴들은 루트 패턴의 이름을 딴 장에 나타난다.

2장과 3장 이후, 통합을 수행하는 메시징 개발자들은 메시징의 세부 방법들이 있는 장들에 관심이 있을 것이다.

- 시스템 관리자는 4장, '메시징 채널'에 가장 관심이 많을 것이다. 4장은 어떤 채널을 만들지에 대한 지침을 제공한다. 11장, '시스템 관리'는 실행중인 메시징 시스템을 유지하기 위한 방법을 설명한다.

- 애플리케이션 개발자는 메시징 시스템을 이용한 애플리케이션 통합 방법을 배우기 위해 10장, '메시징 엔드포인트'를 읽어야 한다. 5장, '메시지 생성'에서는 어떤 메시지를 언제 발신할지를 배운다.

- 시스템 통합 담당자는 7장, '메시지 라우팅'과 8장, '메시지 변환'에서 가장 많은 것을 얻을 것이다. 메시지 라우팅이란 적절한 수신자에게 도착하게 메시지를 유도하는 방법을 말한다. 그리고 메시지 변환이란 발신자의 메시지 포맷을 수신자의 메시지 포맷으로 변환하는 방법을 말한다.

패턴을 빠르게 읽을 때는 문제와 해결책만 읽는다. 그것만으로도 사용할 패턴에 대한 충분한 정보와 이미 알고 있던 패턴인지를 확인할 수 있다. 문제와 해결책 부분만으로는 이해가 부족한 경우 나머지 설명을 읽는다.

이 책이 패턴 언어를 다루므로 이 책에 제시된 순서대로 패턴을 읽을 필요는 없다. 컴포넌트들에 관련된 주제를 생각해 보고 관련된 문제를 논의하기 위해 순서대로 패턴을 나열했을 뿐이다. 문제 해결에 패턴을 사용하려면 먼저 적절한 루트 패턴을 찾는다. 루트 패턴 설명 절에는 패턴 적용에 앞서 적용이 필요한 다른 패턴에 대한 설명이 나온다. 마찬가지로 그 다음 절(패턴의 마지막 단락)에는 패턴 적용 이후 고려해 볼 만한 다른 패턴들에 대한 설명이 나온다. 이 책은 페이지 순서가 아닌, 서로 연결된 패턴 망을 따라 읽어야 더 큰 도움을 받을 수 있도록 구성됐다.

지원 웹 사이트

이 책에 대한 추가 정보와 기업 통합에 관련된 정보는 우리의 웹 사이트(www. enterpriseintegrationpatterns.com)를 참조한다. 의견이나 제안, 피드백이 있으면 우리의 이메일 계정(authors@enterpriseintegrationpatterns.com)으로 메일을 보낼 수 있다. 에이콘출판의 해당 페이지에서도 관련 정보를 볼 수 있다.

요약

이제 독자는 다음과 같은 기본 개념을 잘 이해하고 있어야 한다.

- 메시징이란 무엇인가
- 메시징 시스템이란 무엇인가
- 왜 메시징을 사용하는가
- 비동기 프로그램 방법과 동기 프로그램 방법의 차이
- 애플리케이션 통합과 애플리케이션 분산의 차이
- 메시징 시스템을 포함하는 상용 제품의 종류

메시징 사용과 관련해 아래와 같은 내용도 이해했을 것이다.

- 패턴의 역할
- 다이어그램에 사용된 표기법의 의미
- 예의 목적과 범위
- 책의 구성
- 학습 시작 방법

기본 개념과 책의 구성을 이해했을 것이므로 이제 본격적으로 메시징을 이용한 기업 애플리케이션 통합을 익혀 보기로 하자.

패턴을 이용한 통합 문제 해결

1장에서는 다양한 통합 문제 해결에 패턴을 어떻게 사용할 수 있는지를 설명하며, 이를 위해 일반적인 통합 시나리오를 검토하고 포괄적인 통합 예를 제시한다. 그리고 책에서 이야기하는 패턴을 사용해 해결책을 찾는다. 1장이 끝날 즈음이면 약 스무 개 정도의 통합 패턴들을 맛보게 될 것이다.

통합의 필요성

기업은 일반적으로 수천은 아니더라도 수백 개의 애플리케이션을 운영하는데, 애플리케이션들 중 일부는 자체적으로 구축되고, 일부는 제품으로 구입되고, 일부는 기존 시스템들을 결합해 운영한다. 그리고 애플리케이션들은 각각 다른 운영체제 플랫폼에서 멀티 티어로 운영된다. 서른 개의 웹 사이트와 세 개의 SAP 인스턴스, 그리고 수많은 부서별 시스템을 운영하는 기업을 찾기도 그리 어려운 일은 아니다.

우리는 다음과 같은 질문할 수 있을 것이다. 비즈니스는 왜 이렇게 복잡한 환경에서 돌아가는 걸까? 스파게티처럼 이렇게 꼬인 기업 아키텍처를 책임진 CIO를 해고해야 하는가? 그런데 이런 상황은 대부분 다음과 같은 이유들로 인해 발생한다.

첫째, 비즈니스 애플리케이션 개발은 어렵다. 거대한 단일 애플리케이션으로 모든 비즈니스를 운영하기란 불가능에 가깝다. ERP^Enterprise Resource Planning(전사적 자원 관리) 업체들은 지금까지 없었던 거대한 비즈니스 애플리케이션을 만드는 데 일부 성공했다고 볼 수 있지만 SAP, 오라클, 피플소프트^PeopleSoft 같은 헤비급 선수들도 일반 기업 비즈니스 기능의 일부분만 담당할 뿐이다. 오늘날 기업에서 가장 인기 있는 통합 포인트 중 하나가 ERP 시스템이라는 것만 보더라도 이 사정을 쉽게 이해할 수 있다.

둘째, 복수 애플리케이션 환경에서는 '최상'의 계정 패키지, '최상'의 CRM^Customer Relation Management(고객 관계 관리) 소프트웨어, '최상'의 주문 공급 시스템을 선택해 비즈니스 기능을 확대해야 한다. 일반적으로 IT 담당 부서는 모든 업무를 다 처리하는 단일 기업 애플리케이션에는 관심이 없다. 그리고 수많은 개별 비즈니스 요구를 모두 처리할 수 있는 그런 애플리케이션은 존재하지도 않는다.

벤더들은 이런 상황의 기업을 위해 특정 핵심 기능에 초점을 맞춘 애플리케이션들을 제공해 왔다. 그러나 소프트웨어 패키지에 새 기능을 추가하려는 지속적인 충동은 패키지 비즈니스 애플리케이션들 사이에서 점점 기능 침범을 일으켰다. 예를 들어 결제 시스템은 고객 관리 기능과 회계 기능을 통합하기 시작했다. 마찬가지로 고객 관리 소프트웨어 메이커는 분쟁이나 조정 같은 간단한 결제 기능을 구현하려고 한다. 시스템 간에 명확하게 기능을 분리해 정의하기는 어렵다. 결제와 관련된 고객 분쟁 해결 기능을 고객 관리로 볼 것인가 결제 기능으로 볼 것인가?

일반적으로 비즈니스와 상호작용하는 외부 고객, 비즈니스 파트너, 내부 고객 등은 시스템 경계를 생각하지 않는다. 이들은 실행 중인 비즈니스 기능이 얼마나 많은 내부 시스템에 영향을 미치는지에 관심이 없다. 예를 들어 고객은 자신의 주소를 변경한 후 결제가 접수됐는지 여부를 확인하는 전화를 할 수 있다. 기업 내에서 보면 이 간단한 요청도 고객 관리 시스템과 결제 시스템에 모두에 걸쳐 있을 수 있다. 고객 주문 시 여러 시스템을 조정해야 한다. 비즈니스는 고객 아이디를 확인하고, 고객 상태를 확인하고, 재고를 확인하고, 주문을 하고, 배송 견적을 받고, 판매 세금을 계산하고, 청구서를 보내는 일을 한다. 이 과정은 대여섯 시스템들에 걸쳐서 일어날 수 있다. 그러나 고객 관점에서 이것은 단일 비즈니스 트랜잭션이다.

애플리케이션들 사이에 공통 비즈니스를 처리하고 공통 데이터를 공유하려면 애플리케이션들을 통합해야 한다. 애플리케이션 통합은 기업 애플리케이션들 사이에 효율적이고, 신뢰할 수 있고, 안전한 데이터 교환을 제공해야 한다.

통합의 걸림돌

불행하게도 기업 통합은 결코 쉬운 일이 아니다. 정의에 따라 기업 통합은 다른 장소, 다른 플랫폼에서 동작하는 여러 애플리케이션을 처리해야 하고 모순적이지만 간단한 통합으로 만들어야 한다. 소프트웨어 벤더들은 인기있는 패키지 비즈니스 애플리케이션을 위한 인터페이스와 크로스 플랫폼, 크로스 랭귀지를 지원하는 EAI^{Enterprise} Application Integration(기업 애플리케이션 통합) 제품을 제공한다. 그러나 이런 패키지도 복잡한 통합의 일부만을 해결한다. 통합에 대한 진정한 도전은 비즈니스와 기술 문제 모두에 걸쳐 나타난다.

- 기업 애플리케이션을 통합하는 과정에서 기업 정치가 크게 변화해야 한다. 일반적으로 비즈니스 애플리케이션은 CRM, 결제, 금융 등 특정 기능 영역에 초점을 맞추고 있다. 이런 경향은 유명한 콘웨이의 법칙Conway's law의 연장처럼 보이는데, "시스템을 설계하는 조직은 부득이하게 조직의 의사소통 구조를 닮은 설계를 만들게 된다"는 게 콘웨이의 법칙이다. 많은 IT 그룹도 이와 같은 기능적 영역과 동일선상에 있다. 성공적인 기업 통합을 위해서는 컴퓨터들 사이 통신뿐만 아니라 비즈니스 부서와 IT 부서도 반드시 소통해야 한다. 애플리케이션들을 통합한 기업에서 각 애플리케이션은 통합된 애플리케이션과 서비스의 일부가 되므로 IT 부서가 특정 애플리케이션만 제어할 수 없게 된다.

- 일반적으로 통합의 넓은 범위 때문에, 통합 노력은 비즈니스에도 광범위한 영향을 미친다. 가장 중요한 비즈니스 기능의 처리가 통합 솔루션에 포함되자마자 통합 솔루션의 적절한 동작은 비즈니스에 핵심적 요소가 된다. 통합 솔루션에서 처리 실패, 오동작, 주문 분실, 엉뚱한 지급, 고객 민원 등이 발생하면 기업은 수백만 달러의 손해를 볼 수도 있다.

- 통합 솔루션을 개발하는 데 중요한 제약 중 하나는 통합 개발자들이 참여 애플리케이션들을 한정적으로만 제어할 수 있다는 점이다. 일반적으로 통합 솔루션에 연결된 애플리케이션들은 변경할 수 없는 기존 애플리케이션이거나 패키지 애플리케이션이다. 이런 환경에서 통합 개발자들은 애플리케이션 내 결함이나 오동작, 애플리케이션들 사이의 차이를 대처해야 할 상황에 자주 놓이게 된다. 이런 경우 애플리케이션 엔드포인트endpoint(말단)에 솔루션의 일부를 구현해 문제를 쉽게 풀 수도 있지만 정치적이거나 기술적인 이유 때문에 이런 선택은 불가능할 수 있다.

- 통합 솔루션의 광범위한 필요성에도 불구하고, 이 분야에서 사용할 수 있는 표준들은 몇 가지도 안 된다. XML, XSL, 웹 서비스의 출현은 확실히 통합 분야에서 표준에 기반을 둔 가장 중요한 진전이다. 그러나 웹 서비스의 과대광고는 시장의 새로운 분열 근거를 제공해 표준의 새로운 '확장'과 '해석'이라는 혼란을 야기했다. 이것은 시스템 통합에 복잡한 기술의 솔루션을 제공했던 CORBA의 확대에 주요 돌부리 중 하나였던 '표준 호환' 제품 사이 상호운용성 부족을 생

각나게 한다.

- 현재 XML 웹 서비스 표준은 통합 문제의 일부만을 해결한다. 예를 들어 XML 이 시스템 통합 분야에 쓰이는 공통어^{lingua franca}라는 빈번한 주장은 다소 오해의 소지가 있다. XML로 모든 데이터 교환을 표준화한다는 것은 모든 문서 작성에 로마 문자 같은 공통 문자를 사용한다는 것으로 비유할 수 있다. 로마 문자가 공통적으로 사용되기는 하지만 여전히 많은 언어와 방언이 사용되고 모든 사람이 다 로마 문자를 쉽게 이해하는 것도 아니다. 이는 기업 통합에도 적용된다. 공통 표현(예: XML)의 존재가 공통 의미론을 뜻하지는 않는다. 각 참여 시스템마다 '계정'의 개념은 다양한 의미와 내포, 제약, 가정을 지닐 수 있다. 시스템들 사이 의미론적 차이를 해결하는 작업이 매우 어렵고 시간도 많이 걸린다. 이것은 중요한 비즈니스 및 기술의 결정을 포함하기 때문이다

- EAI 솔루션을 개발하는 일은 그 자체로도 도전 과제이지만, 솔루션의 운영과 유지가 더욱 부담스러울 수 있다. EAI 솔루션의 분산적 성격과 결합된 기술 때문에 배포, 모니터링, 장애 해결 등과 같은 일들은 여러 기술을 결합해야 하는 복잡한 작업이 된다. 대부분의 경우 이런 기술들은 다양한 개인에게 분산되어 있고 심지어 IT 업무 내에 존재하지도 않는다.

EAI를 구축해본 사람이라면 EAI 솔루션이 오늘날 기업의 중요한 구성 요소라는 점을 증명할 수 있다. 하지만 EAI 솔루션은 IT 환경을 더 어렵게 만든다. (straight-through-processing, T+1, 애자일 엔터프라이즈^{agile enterprise} 같은 용어로 정의되는) 기업의 고차원적인 비전과 (System.Messaging.XmlMessageFormatter 메소드의 파라미터 사용 방법 확인과 같은) 실제 구현 사이에는 상당한 거리가 존재한다.

통합 패턴이 도울 수 있는 것

기업 통합을 꿰뚫는 답은 없다. 우리들이 보기에 통합이 쉽다고 주장하는 사람은 천재이거나(적어도 우리들보다 똑똑하거나), 놀라울 정도로 무식한 사람이거나(긍정적으로 생각해서), 통합이 쉽다고 믿게 해서 금전적인 이익을 챙기려는 사람이다.

통합이 광범위하고 어려운 주제임에도 불구하고, 항상 다른 사람들보다 통합을 더 잘 다루는 사람들이 있다. 이 사람들은 다른 사람들이 알지 못하는 무언가를 알고 있

는 것일까? 그러나 『혼자서 21일만에 통합 배우기』와 같은 책은 없기 때문에(확실히 없다!) 이런 사람들도 통합에 관한 모든 답을 알지는 못한다. 그러나 일반적으로 이들은 이전에 해결했던 문제들과 새로운 문제들을 비교하며 그런대로 통합의 문제들을 풀어왔다. 이들은 문제와 관련 해결책의 '패턴'을 안다. 이들은 오랫동안 시행착오를 거치며 또는 경험 많은 아키텍트들로부터 이런 패턴들을 배워왔다.

패턴은 코드 샘플을 복사해 붙여 넣거나 컴포넌트를 압축 포장하는 것이 아니다. 패턴은 자주 반복되는 문제에 대한 해결 방법을 설명하는 조언이다. 제대로 사용된 통합 패턴은 고차원적인 통합 비전과 시스템의 실제적인 구현 사이 간격을 메워주는 데 도움을 준다.

광범위한 통합의 세계

우리는 의도적으로 통합을 광범위하게 정의했다. 우리는 통합을 컴퓨터 시스템들과 회사들과 사람들을 연결하는 일이라고 정의한다. 이 광범위한 정의는 이 책에서 어떤 흥미로운 것을 발견하게 독자를 유도하고 한편으로는 일반적인 통합 시나리오 중에서 특별한 시나리오를 더 자세히 살피게 독자를 유도한다. 많은 통합 프로젝트를 수행하면서 우리는 다음과 같은 통합 유형들을 반복해서 만났다.

- 정보 포털

- 데이터 복제

- 공유 비즈니스 기능

- 서비스 지향 아키텍처

- 분산 비즈니스 프로세스

- 비즈니스 대 비즈니스 통합

통합 전체에 대한 완전한 분류는 아니지만, 이 목록은 통합 아키텍트가 구축하는 솔루션들의 유형을 잘 보여준다. 일반적으로 통합 프로젝트는 위 통합 유형들의 조합으로 구성된다. 예를 들어 참조 데이터의 복제는 분산된 애플리케이션들을 단일 비즈니스 프로세스로 묶기 위해 필요하다.

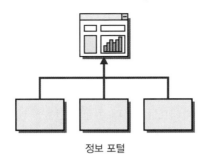

정보 포털

　일반적으로 비즈니스 사용자는 하나의 비즈니스 기능을 수행하거나 특정 질문에 대한 답을 얻기 위해 한 대 이상의 시스템에 접속해야 한다. 예를 들어 주문 상태를 확인하기 위해 고객 서비스 담당자는 메인프레임의 주문 관리 시스템에 접속해야 하고, 웹상에 놓인 주문 관리 시스템에도 로그온해야 한다. 정보 포털은 여러 소스에서 정보를 수집해 한 화면으로 보이게 해 사용자가 여러 시스템에 접속하는 것을 방지한다. 간단한 정보 포털은 화면을 여러 영역으로 나누고 화면 영역마다 다른 시스템의 정보를 표시한다. 더욱 정교한 시스템은 제한적이지만 영역들의 상호작용도 제공한다. 예를 들어 어떤 정보 포털은 사용자가 A 영역의 목록에서 항목을 선택하면 B 영역에 선택된 항목의 상세 정보를 표시한다. 이런 포털들은 정교한 사용자 상호작용을 제공해 포털과 통합된 애플리케이션 사이 경계를 모호하게 한다.

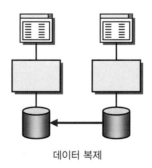

데이터 복제

　비즈니스 시스템들은 동일한 데이터에 대한 접근을 필요로 한다. 예를 들어 고객 주소는 고객 관리 시스템(고객이 주소를 변경하기 위해 전화했을 때)과 회계 시스템(소비세 계산을 위해), 운송 시스템(물품 발송을 위해), 결제 시스템(송장 발송을 위해)에서 사용될 수 있다. 시스템들이 고객 정보를 저장하기 위해 자신만의 데이터 저장소를 가진 경우, 고객이 주소 변경을 위해 전화하면, 관련된 모든 시스템은 고객 주소의 복사본을 변경해야 한다. 이것은 데이터 복제에 기반한 통합 전략을 구현함으로 달성될 수 있다.

데이터 복제를 구현하는 방법은 여러 가지가 있다. 예를 들어 일부 데이터베이스 벤더는 데이터베이스 안에서 복제 기능을 지원한다. 또는 파일로 데이터를 내보내고 다른 시스템에서 다시 가져오게 할 수도 있다. 또는 메시지 지향 미들웨어를 사용해 메시지로 데이터 레코드를 전송할 수도 있다.

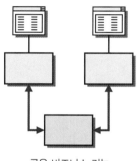

공유 비즈니스 기능

일반적으로 비즈니스 애플리케이션들은 데이터를 중복해서 저장한다. 같은 방식으로 비즈니스 애플리케이션들은 기능도 중복해서 구현하는 경향이 있다. 그러나 예를 들어 특정 물품의 재고가 있는지, 주소와 우편 번호가 일치하는지, 사회 보장 번호가 유효한지 등을 확인하는 기능들은 각 시스템마다 별도로 구현하기보다 공유 비즈니스 기능shared business function으로 한 번만 구현해 다른 시스템에 서비스로 노출시키는 것이 합리적이다.

공유 비즈니스 기능은 데이터 복제 요구를 대체할 수 있다. 예를 들어 다른 시스템이, 중복 사본을 저장하게 하는 대신, 필요한 경우 고객 주소를 요청할 수 있게 Get Customer Address(고객 주소 얻기)라는 공유 비즈니스 기능을 구현할 수 있다. 이 두 접근 방법 중 하나를 선택하는 것은 다양한 기준에 의해 결정된다. 예를 들어 그 기준은 시스템 제어의 양(공유 기능을 호출하기는 데이터베이스에서 데이터를 읽기보다 더 번거롭다)이나 변경의 속도(주소는 변할 필요가 있지만 매우 드물게 변한다) 등과 같은 것들이다.

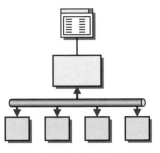

서비스 지향 아키텍처

공유 비즈니스 기능을 종종 서비스^{service}라고도 부른다. 서비스란 보편적으로 사용 가능하고 '서비스 소비자'의 요청에 응답하는 잘 정의된 기능을 말한다. 기업이 유용한 서비스들을 많이 운영하게 되면 서비스들의 관리 또한 매우 중요해진다. 그러므로 첫째, 애플리케이션들은 서비스 디렉터리 같은 것이 필요하게 된다. 서비스 디렉터리는 서비스들의 중앙 집중화한 목록이다. 둘째, 서비스는 애플리케이션이 서비스와 통신 계약을 '협상'할 수 있는 인터페이스 방법을 기술해야 한다. 이 두 기능, 서비스 발견^{discovery}과 협상^{negotiation}은 서비스 지향 아키텍처^{SOA, Service-Oriented Architecture}를 구성하는 핵심 요소다.

서비스 지향 아키텍처는 통합 애플리케이션과 분산 애플리케이션 사이 경계를 모호하게 한다. 서비스 지향 아키텍처에서는 기존 애플리케이션이 제공하는 원격^{remote} 서비스를 이용해 새로운 애플리케이션을 개발할 수 있다. 따라서 원격 서비스 호출을 하부 서비스로 포함하는 서비스 호출은 참여 애플리케이션들 간 통합으로 볼 수 있다. 그러나 대부분의 서비스 지향 아키텍처는 외부^{external} 서비스 호출을 로컬^{local} 메소드 호출처럼 단순한 호출로 만드는 도구를 제공한다(성능은 제쳐두고라도). 이런 면에서 서비스 지향 아키텍처에서 애플리케이션 개발은 분산 애플리케이션의 개발과도 비슷하다.

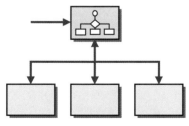

분산 비즈니스 프로세스

통합의 핵심 동인 중 하나는 단일 비즈니스 트랜잭션이 종종 여러 시스템에 분산되어 있다는 점이다. 앞 예에서 주문과 같은 간단한 비즈니스 기능도 쉽게 대여섯 시스템들에 걸쳐 처리될 수 있다는 것을 봤다. 대부분의 경우 기존 애플리케이션들은 이미 모든 관련 기능들을 가지고 있고 빠진 부분은 이런 애플리케이션들 사이를 조정coordination하는 기능이다. 따라서 여러 시스템에 걸쳐 처리되는 비즈니스 기능을 한 비즈니스 기능으로 실행하려면 기존 시스템들의 비즈니스 실행들을 관리하는 비즈니스 프로세스 관리 컴포넌트가 필요하다.

서비스 지향 아키텍처와 분산 비즈니스 사이 경계도 모호할 수 있다. 예를 들어 모든 비즈니스 기능들을 서비스로 노출하고 애플리케이션은 SOA를 거쳐 서비스에 접근하도록 비즈니스 프로세스를 구성할 수도 있기 때문이다.

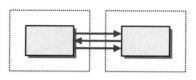

비즈니스 대 비즈니스 통합

지금까지는 주로 기업 내부 애플리케이션들과 비즈니스 기능들의 상호작용을 고려했다. 일반적으로 기업의 비즈니스 기능은 외부 공급 업체나 비즈니스 파트너business partner[1]들에도 노출된다. 예를 들어 운송 회사는 고객을 위해 운송비용이나 배송 추적 서비스를 제공할 수 있다. 또는 판매 세율 계산을 위해 외부 제공자를 연결해야 하는 비즈니스가 있을 수 있다. 고객은 상품의 가격과 예약 상황을 소매상에 문의할 수 있고, 소매상은 재고 항목을 포함하는 배송 상황을 공급 업체에 문의할 수 있다. 이처럼 통합은 비즈니스 파트너들 사이에서도 자주 발생한다.

위에 언급한 고려 사항들 대부분은 비즈니스 대 비즈니스 통합에도 동일하게 적용된다. 그러나 일반적으로 비즈니스를 연결하는 외부 인터넷과 같은 네트워크 통신은 통신 프로토콜과 보안 같은 새로운 문제를 야기한다. 아울러 비즈니스 파트너들은 서로 떨어져 있어 주로 통신상의 '대화'로만 협력하므로 데이터 포맷의 표준도 매우 중요하다.

---

1 협력 업체 – 옮긴이

느슨한 결합

기업 아키텍처와 통합 분야에서 가장 많이 듣는 용어 중 하나는 느슨한 결합[loose coupling]이란 용어다. 이 용어는 더그 케이[Doug Kaye]가 저술한 책의 제목으로 사용했을 정도로 유명하다[Kaye]. 느슨한 결합의 장점은 상당히 오랫동안 알려져 왔었지만, 최근에 웹 서비스 아키텍처가 인기를 얻게 되면서 더욱 주목받게 됐다.

느슨한 결합의 토대를 이루는 핵심 원리는 두 당사자(컴포넌트, 애플리케이션, 서비스, 프로그램, 사용자)가 정보를 교환할 때 서로에 대한 가정을 최소화한다는 것이다. 공통 프로토콜을 사용하는 두 당사자가 서로에 대한 가정을 많이 하면 할수록 더 효율적으로 통신할 수 있겠지만 당사자들은 서로 더 단단하게 결합되기 때문에 중단과 변경에 더 취약하게 된다.

단단한 결합[tight coupling]의 전형적인 예는 로컬 메소드 호출이다. 애플리케이션에서 로컬 메소드 호출은 호출 메소드와 호출된 메소드 사이에 많은 가정을 바탕으로 한다. 호출 메소드와 호출된 메소드는 동일한 프로세스(예를 들어 가상 머신)에서 실행돼야 하고 동일한 프로그램 언어(또는 적어도 공통 중간 언어나 바이트 코드)로 작성돼야 한다. 호출 메소드는 합의된 데이터 형식을 사용해 정확한 개수의 파라미터를 전달한다. 호출은 즉각적이다. 호출 메소드가 호출한 후, 호출된 메소드는 즉시 처리를 시작한다. 한편 호출 메소드는 호출된 메소드가 완료된 경우에만 처리를 재개한다(동기 호출이라는 의미). 처리가 재개되는 곳은 메소드 호출 문장 바로 다음의 프로그램 문장이다. 메소드들 사이 의사소통은 즉각적이고 순간적이다. 그러므로 호출 메소드나 호출된 메소드는 제3자의 도청 같은 보안 위협을 걱정할 필요가 없다. 로컬 메소드의 가정은 애플리케이션을 구조적으로 작성할 수 있게 해준다. 즉, 기능을 메소드 단위로 나누어 구현하고 기능을 사용해야 할 때 메소드를 호출함으로 애플리케이션을 구조화할 수 있다. 이런 작은 메소드들은 유연성과 재사용성을 높인다.

많은 통합 접근 방법들이 원격 통신을 마치 로컬 메소드 호출처럼 보이게 하는 접근 방법을 사용했다. 이 전략은 많은 인기 프레임워크와 플랫폼들에서 지원하는 원격 프로시저 호출[RPC, Remote Procedure Call] 또는 원격 메소드 호출[RMI, Remote Method Invocation]의 개념이 됐다. 이런 것들로는 CORBA([Zahavi] 참조), 마이크로소프트 DCOM, 닷넷 Remoting, 자바 RMI, RPC 스타일 웹 서비스 같은 것들이 있다. 이 접근 방법이 의도한 긍정적인 면은 두 가지다. 첫째, 애플리케이션 개발자는 동기 메소드 호출의 의미를 매우 잘 알고 있다. 그러므로 이미 알고 있는 방법대로 구축하는 것이 좋다. 둘째, 로컬 메소드 호출과 원격 호출 모두 동일한 구문을 사용하므로, 배포할 때까지 컴포넌트의 실행을 로컬에서 할지 원격에서 할지, 실행 위치의 결정을 미룰 수 있다. 즉, 애플리케이션 개발자에게 걱정거리를 하나 줄여 준다.

이 접근 방법의 문제는 원격 통신이 로컬 메소드 호출의 많은 가정을 실질적으로 무효화한다는 점이다. 그러므로 원격 통신을 메소드 호출의 의미론으로 간단하게 생각하게 되면 혼란과 오해를 불러 일으킬 수 있다. 1994년에 왈도^{Waldo}와 그의 동료는 "분산 시스템에서 상호작용하는 객체들은 하나의 주소 공간에서 상호작용하는 객체들과 본질적으로 다른 방식으로 처리할 필요가 있다"고 말했다[Waldo]. 예를 들어 원격 서비스를 호출할 때, 정말로 우리가 사용하는 것과 동일한 프로그래밍 언어를 사용해 제작된 서비스만으로 호출을 제한하려 하는가? 네트워크를 통한 원격 호출은 로컬 호출보다 몇 배는 느릴 수 있는데, 호출 메소드는 원격 메소드가 완료될 때까지 정말 기다려야 하는가? 네트워크가 중단되고 호출된 메소드에 일시적으로 연결할 수 없다면? 얼마나 기다려야 하는가? 어떻게 '거짓 당사자'가 아닌 의도된 당사자와 통신하는지 확신할 수 있을까? 도청을 어떻게 방지할 수 있을까? 호출될 원격 메소드의 서명(파라미터 목록)이 변경된다면? 원격 메소드를 제3자나 비즈니스 파트너가 관리하는 경우 이런 변경을 막을 방법은 없다. 이런 경우 원격 메소드의 호출은 실패인 것인가? 파라미터들 중에 최상의 매핑을 찾아 계속 원격 메소드의 호출을 시도해야 하는가? 이렇듯 원격 통합에는 로컬 메소드 호출에서는 처리할 필요가 없었던 많은 문제가 등장한다.

요약하면 로컬 메소드 호출의 변종으로 원격 통신을 묘사하는 일은 사서 고생하는 짓이다. 이렇게 단단하게 결합된 아키텍처는 결과적으로 불안정하고 유지하기 어렵고 확장이 어려운 솔루션을 만든다. 많은 웹 서비스 선구자들이 최근에 쓰라린 경험으로 인해 이 사실을 알게(또는 재발견하게) 됐다.

1분 EAI

단단히 결합된 의존성 문제들과 해당 문제를 해결하는 방법을 알 수 있게, 두 시스템을 연결하는 간단한 방법을 살펴보자. 온라인 은행 거래 시스템에 계좌 이체 기능을 구축한다고 가정해 보자. 이 기능을 수행하려면 앞단$^{front-end}$에 놓인 웹 애플리케이션과 송금을 관리하는 뒷단^{back-end}에 놓인 금융 시스템을 통합해야 한다.

두 시스템을 연결하는 가장 쉬운 방법은 TCP/IP 프로토콜을 이용하는 것이다. 운영체제와 프로그래밍 라이브러리들은 대부분 TCP/IP 스택을 포함한다. TCP/IP는 인터넷과 로컬 네트워크에 연결된 수백만 컴퓨터들 사이에 데이터를 운반하는 유비쿼터스^{ubiquitous2} 통신 프로토콜이다. 가장 유비쿼터스한 TCP/IP 프로토콜을 애플리케이션 통신에 사용하지 않을 이유가 있겠는가?

일단 일을 간단하게 하기 위해, 원격 예금 기능의 경우에 고객 이름과 금액만 인자^{argument}로 받는다고 가정하자. 다음 코드는 TCP/IP를 사용해 예금 기능을 호출한다. (C# 코드지만 C나 자바도 비슷하게 보일 것이다.)

```
String hostName = "finance.bank.com";
int port = 80;

IPHostEntry hostInfo = Dns.GetHostByName(hostName);
IPAddress address = hostInfo.AddressList[0];

IPEndPoint endpoint = new IPEndPoint(address, port);

Socket socket = new Socket(address.AddressFamily, SocketType.Stream, ProtocolType.
Tcp);
socket.Connect(endpoint);

byte[] amount = BitConverter.GetBytes(1000);
byte[] name = Encoding.ASCII.GetBytes("Joe");

int bytesSent = socket.Send(amount);
bytesSent += socket.Send(name);

socket.Close();
```

이 코드는 주소 finance.bank.com에 소켓을 연결하고 네트워크를 거쳐 두 데이터 항목(금액과 고객 이름)을 전송한다. 이런 일을 위해서는 EAI 도구나 RPC 툴킷 같은 비싼 미들웨어는 없어도 된다. 10줄 코드면 충분하다. 이 코드를 실행하면 코드는 7바이트를 전송한다. 어떤가! 어떻게 통합이 어려울 수 있겠는가?

이 통합 시도에는 일부 중요한 문제들이 있다. TCP/IP 프로토콜의 강점 중의 하나는 다양한 지원이다. TCP/IP 프로토콜을 사용하면 운영체제나 프로그래밍 언어에 관

---

2 '편재하는, 어느 곳에나 존재하는'이라는 뜻 – 옮긴이

계없이 네트워크에 연결된 어떤 컴퓨터라도 연결할 수 있다. 그러나 플랫폼 독립성은 바이트 스트림과 같이 매우 간단한 메시지에만 적용된다. 위 코드는 데이터를 바이트 스트림으로 변환하기 위해 BitConverter 클래스를 사용했다. 이 클래스는 데이터 형식을 내부 메모리 표현에 따라 바이트 배열로 변환한다. 그런데 여기서 함정은 정수의 내부 표현이 컴퓨터 시스템마다 달라질 수 있다는 점이다. 예를 들어 닷넷은 32비트 정수를 사용하고 다른 시스템은 64비트 정수를 사용할 수 있다. 우리 예는 32비트 정수를 네트워크를 거쳐 4바이트로 전송한다. 64비트 시스템에서 이 바이트 스트림을 수신하면, 64비트 시스템은 네트워크에서 8바이트를 읽어 8바이트 메시지(고객 이름이 포함된)를 하나의 정수로 해석할 것이다.

또한 어떤 컴퓨터 시스템은 빅 엔디언^{big-endian} 포맷으로 숫자를 저장하고 어떤 컴퓨터 시스템은 리틀 엔디언^{little-endian} 포맷으로 숫자를 저장한다. 빅 엔디언 시스템은 숫자를 표시하는 바이트 열의 가장 높은 바이트부터 먼저 메모리에 저장하고, 리틀 엔디언 시스템은 가장 낮은 바이트부터 먼저 메모리에 저장한다. PC는 리틀 엔디언 방식으로 동작한다. PC에서 동작하는 위 코드는 다음의 4 바이트를 네트워크로 전송한다.

232 3 0 0

232 + 3 × 2^8 은 1,000이다. 그런데 빅 엔디언 시스템은 이 메시지를 232 × 2^{24} + 3 × 2^{16} = 3,892,510,720으로 해석할 것이다. 코드에 이름이 등장한 죠^{Joe}는 굉장한 부자가 될 것이다! 그러므로 이 방법은 연결된 모든 컴퓨터가 동일한 내부 포맷으로 숫자를 표현해야 사용할 수 있다.

이 간단한 접근 방법의 두 번째 문제는 코드 안에 원격 컴퓨터의 위치(이 예에서는 finance.bank.com)를 지정했다는 점이다. 동적 네임 서비스^{DNS, Dynamic Naming Service}는 일차적으로 도메인 이름과 IP 주소를 매핑하는 서비스를 제공한다. 그러나 이 기능을 도메인이 다른 다른 컴퓨터로 이동시키려고 한다면 어떻게 해야 할까? 시스템이 고장이 나는 바람에 다른 시스템을 사용해야 한다면 어떻게 해야 할까? 하나 이상의 컴퓨터에 정보를 보내려면? 코드 안에 원격 컴퓨터의 위치가 있다면, 이런 각 시나리오에 맞추어 코드를 변경해야 할 것이다. 원격 기능을 많이 사용하는 경우, 이것은 매우 지루한 일이 될 수 있다. 그러므로 네트워크에 있는 특정 컴퓨터에 독립해 통신할 수 있는 방법을 찾아야 한다.

또한 위의 간단한 TCP/IP 예에서 두 시스템 간에는 시간 의존성이 있다. TCP/IP는 연결 지향 프로토콜이다. 데이터가 전송되기 전에 먼저 연결부터 완성해야 한다. TCP 연결을 완성하려면 발신자와 수신자 간에 IP 패킷을 송수신해야 한다. 이를 위해 두 시스템과 네트워크는 모두 동시에 사용 상태에 있어야 한다. 이 세 부분 중 한 부분이라도 고장 나거나 높은 부하로 인해 사용할 수 없게 된다면 데이터 전송은 실패하게 된다.

마지막으로 간단한 의사소통도 매우 엄격한 데이터 포맷에 의존한다. 현재는 4바이트인 금액 데이터와 고객 이름 문자열을 보내고 있다. 여기에 통화 종류 같은 세 번째 파라미터를 추가하려는 경우, 솔루션은 발신자와 수신자를 모두 수정해야 새 데이터 포맷을 수용할 수 있게 된다.

단단히 결합된 상호작용

이 통합 솔루션은 작고 빠르고 저렴하지만, 두 참여자가 서로에 대해 다음과 같은 가정을 하므로 매우 불안정한 솔루션이 됐다.

- 플랫폼 기술: 숫자와 객체의 내부 표현

- 위치: 하드코딩된 시스템 주소

- 시간: 모든 컴포넌트의 동시 가용

- 데이터 포맷: 형식과 파라미터 목록의 일치

앞서 언급한 바와 같이 결합도^{coupling}는 의사소통 당사자 사이 서로 얼마나 많은 가정을 전제하는가를 기준으로 측정한다. 위 솔루션은 당사자들 사이 많은 가정을 필요로 하므로 단단히 결합된 솔루션이라 말할 수 있다.

위 솔루션을 느슨한 결합으로 만들려면 이런 의존성들을 하나씩 제거해야 한다. 데이터 포맷은 XML과 같은 플랫폼 독립적이고 자기 기술적인 데이터 포맷을 사용해야 한다. 특정 컴퓨터에 직접 정보를 전달하는 대신 주소를 가진 채널로 정보를 보내야 한다. 채널은 발신자와 수신자가 서로 정체를 모르고도 공유할 수 있는 논리 주소$^{logical\ address}$다. 채널을 사용하면 위치 종속성 문제가 해결되지만, 채널을 연결 지향 프로토콜로 구현하면 여전히 모든 컴포넌트는 동시에 가용 상태에 있어야 한다. 네트워크와 수신 시스템이 준비될 때까지 전송 요청을 큐에 담도록 채널 기능을 확장하면 이런 시간 의존성도 제거할 수 있다. 이 경우 발신자는 채널에 요청을 발신하고 데이터 전송에 대한 걱정없이 작업을 계속할 수 있게 된다. 요청은 독립적인 메시지들로 쪼개져 큐에 보관된다. 채널은 쪼개진 메시지들을 이용해 한 번에 전달할 수 있는 데이터 크기를 조절한다. 두 시스템은 여전히 공통 데이터 포맷에 대한 의존성이 남는데, 채널 내부에서 데이터 포맷의 변환을 지원한다면 이 의존성도 제거할 수 있다. 이 경우 한쪽 시스템의 데이터 포맷이 변경되면 채널 내부의 변환기를 수정하면 되므로 다른 참여 시스템의 데이터 포맷은 변경하지 않아도 된다. 이것은 많은 애플리케이션이 동일한 채널로 데이터를 보낼 경우 특히 유용하다.

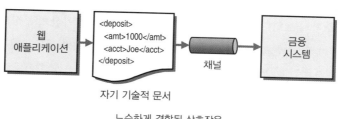

자기 기술적 문서

느슨하게 결합된 상호작용

공통 데이터 포맷, 큐 채널을 통한 비동기 통신, 변환기 등의 메커니즘을 이용하면 단단히 결합된 솔루션을 느슨히 결합된 솔루션으로 바꿀 수 있다. 발신자는 더 이상 수신자의 내부 데이터 포맷이나 위치에 의존할 필요가 없다. 심지어 발신자는 수신 컴퓨터가 요청을 받아들일 준비가 됐는지 여부도 알 필요가 없다. 시스템들 사이 종속성을 제거하면 전체 솔루션은 변경에 더 큰 저항력을 갖게 되는데, 이것이 느슨한 결합이 주는 주된 장점이다. 반면에 느슨한 결합 접근 방법의 주된 단점은 복잡성이 증가한다는 점이다. 느슨한 결합 접근 방법은 이제 더 이상 10줄 수준의 코드가 아니다! 그리고 메시지 지향 미들웨어 인프라를 사용해야 한다. 이 인프라는 처음에 시작했던 예만큼 쉽게 느슨한 결합 방식으로 데이터를 교환한다. 다음 절에서는 이런 미들웨어 솔루션을 구성하는 컴포넌트들을 설명할 것이다.

느슨한 결합은 만병통치 약일까? 다른 것들과 마찬가지로 기업 아키텍처에 유일한 답은 있을 수 없다. 느슨한 결합은 유연성과 확장성 등 중요한 이점들을 제공하지만 조금 더 복잡한 프로그래밍 모델을 사용해야 하고 설계와 구축, 디버깅을 더 어렵게 한다.

느슨하게 결합된 통합 솔루션

통합 솔루션으로 두 시스템을 연결하려면 많은 문제를 해결해야 한다. 그러므로 이런 기능을 한 데 모은 미들웨어가 필요하다. 이 미들웨어는 애플리케이션들 사이에 놓인다.

일반적으로 데이터는 애플리케이션에서 애플리케이션으로 전송된다. 데이터는 복제해야 할 주소 정보나 원격 서비스 호출이나 포털 화면을 위한 HTML 정보 같은 것들이다. 전송 데이터^{payload}의 종류에 상관없이 데이터 조각은 발신자, 수신자 모두가 해석할 수 있어야 하고 네트워크를 거쳐 전송돼야 한다. 이 기본 기능을 제공하려면 두 가지 요소가 필요하다. 첫째, 애플리케이션에서 애플리케이션으로 정보를 이동시킬 수 있는 '채널'이 필요하다. 채널은 연속된 TCP/IP 연결이나 공유 파일, 공유 데이터베이스, 컴퓨터간 전송 기능이 있는 플로피 디스크(악명 높은 '스니커넷^{sneakernet}') 같은 것이 될 수 있다. 둘째, 채널에 '메시지'를 사용한다. 메시지란 통합될 애플리케이션들이 합의한 포맷을 가진 데이터다. 이 데이터는 고객의 전화번호 같이 작을 수도 있고 고객의 전체 주소 같이 클 수도 있다.

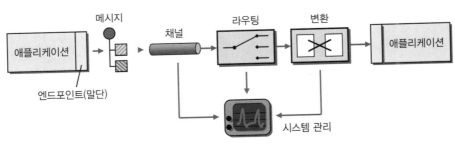

메시지 기반 통합의 기본 요소들

채널을 거쳐 메시지를 발신할 준비가 됐으므로, 이제 통합의 아주 기본적인 형태를 만들 수 있다. 그러나 간단한 통합은 모순이므로 여기에 빠진 것들이 있을 것이다. 통합 솔루션에는, 종종 통합된 애플리케이션들 내부에서 사용하는 데이터 포맷 같은 것들에 제한적인, 제어 권한이 있다. 예를 들어 한 시스템은 고객 이름을 FIRST_NAME과 LAST_NAME이라는 두 필드로 저장할 수 있고, 다른 시스템은 고객 이름을 Customer_Name이라는 한 필드로 저장할 수 있다. 마찬가지로 한 시스템은 고객 주소를 하나만 지원하고, 다른 시스템은 고객 주소를 여럿 지원할 수 있다. 그렇다고 애플리케이션의 내부 데이터 포맷이 그렇게 자주 변경되는 것은 아니므로, 미들웨어는 한 애플리케이션의 데이터 포맷을 다른 애플리케이션의 데이터 포맷으로 변환하는 메커니즘을 제공해야 한다. 이 단계를 '변환translation'이라 부른다.

이제 변환으로 시스템 간 데이터 전송에서 데이터 포맷의 차이를 수용할 수 있게 됐다. 그런데 둘 이상의 시스템을 통합하려면 어떻게 해야 할까? 데이터를 어디로 보내야 할까? 애플리케이션은 각 대상 시스템(들)의 채널을 지정해 데이터를 전송할 수 있다. 예를 들어 고객 관리 시스템에서 고객 주소가 변경된 경우, 고객 주소 사본을 저장하는 다른 모든 시스템에 변경된 주소 데이터를 전송하는 책임을 고객 관리 시스템이 혼자 맡을 수 있다. 이런 경우 시스템이 증가함에 따라, 이 작업은 매우 지루하게 되고, 발신 시스템은 모든 대상 시스템들에 대한 정보를 관리해야 한다. 새 시스템이 추가될 때마다, 고객 관리 시스템은 환경을 새로 조정해야 한다. 미들웨어가 올바른 장소로 메시지를 전송해 줄 수 있다면 상황은 훨씬 더 쉬워진다. 이와 같은 메시지 브로커의 역할이 '라우팅routing' 컴포넌트의 역할이다.

통합 솔루션은 많은 애플리케이션의 데이터 포맷, 채널, 라우팅, 변환 등을 처리하므로 복잡해지기 쉽다. 그리고 이 요소들은 여러 운영 플랫폼들과 여러 지역에 걸쳐 분산될 수도 있다. 그러므로 통합 솔루션의 내부 동작 상황을 알기 위해서는 시스템 관리 기능이 필요하다. 이 하부 시스템은 데이터의 흐름을 모니터링하고, 애플리케이션과 컴포넌트들의 실행을 확인하고, 오류 상황을 중앙에 보고한다.

우리의 통합 솔루션은 이제 거의 완성됐다. 이제 시스템들 사이 데이터를 이동시킬 수 있고, 데이터 포맷의 차이를 수용하고, 대상 시스템으로 데이터를 라우팅하고, 솔루션의 성능을 모니터링할 수 있게 됐다. 지금까지 애플리케이션은 채널에 메시지 형태로 데이터를 전송한다고 가정했다. 그러나 대부분의 패키지들이나 기존 애플리케이션들이나 커스텀 애플리케이션들은 통합 솔루션과 연동할 준비가 돼 있지 않다. 통합 솔루션과 시스템을 명시적으로 연결하려면 메시지 '엔드포인트'가 필요하다. 엔드포인트endpoint(말단)는 특별한 코드 부분이거나 통합 소프트웨어 벤더에서 제공하는 *채널 어댑터*Channel Adapter(p185)일 수 있다.

Widgets & Gadgets 'R Us: 예

사례를 사용해 이해하는 게 메시지 기반의 통합 솔루션을 이해하는 가장 좋은 방법
이다. Widgets & Gadgets 'R Us(약칭: WGRUS)라는 회사를 생각해보자. WGRUS사
는 공급 업체에서 장치와 공구를 구입해 고객에게 다시 판매하는 온라인 소매점이다.

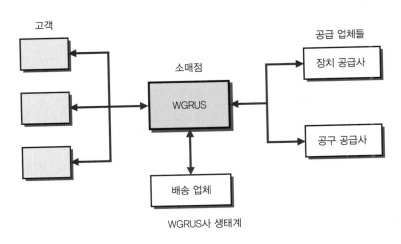

WGRUS사 생태계

  예를 들어 솔루션은 다음과 같은 요구 사항들을 지원해야 한다고 가정한다. 단순
성을 위해 요구 사항을 간단하게 했지만 이런 유형의 요구 사항들은 실제 사업에도
자주 발생한다.

- **주문**: 고객은 웹, 전화, 팩스를 이용해 주문할 수 있다.

- **주문 처리**: 주문 처리는 재고를 확인하고 물건을 배송하고 송장을 보내는 단계
  들을 포함한다.

- **상태 확인**: 고객은 주문 상태를 확인할 수 있다.

- **주소 변경**: 고객은 웹을 사용해 청구지와 배송지의 주소를 변경할 수 있다.

- **카탈로그**: 제조업체는 정기적으로 자신의 물품 카탈로그를 갱신한다. WGRUS
  사는 새 물품 카탈로그를 바탕으로 가격과 판매 여부를 갱신한다.

- **공지**: WGRUS사의 고객은 공지를 선택적으로 구독할 수 있다.

- **테스트와 모니터링**: 운영자는 모든 개별 컴포넌트와 이들 사이 메시지 흐름을 모
  니터링할 수 있다.

이제 이 요구들을 하나하나 짚어 가면서 이 책에 소개된 패턴 언어를 사용해 해결책과 대안들을 소개하고 해결책의 득실도 설명할 것이다. 간단한 메시지 흐름 아키텍처로 시작해서 점점 복잡한 요구의 해결로 진행할 것이고, 이 과정에서 *프로세스 관리자*Process Manager (p375) 같은 더 복잡한 개념도 소개할 것이다.

내부 시스템

통합 시나리오가 대부분 그런 것처럼, WGRUS사도 시스템을 전부 새로 개발해야 하는 것은 아니다. 다양한 패키지와 커스텀 애플리케이션들로 구성된 기존 IT 인프라를 통합해야 하는 시나리오다. 기존 애플리케이션들과의 연동은 종종 통합 작업을 어렵게 한다. WGRUS사는 이미 다음과 같은 시스템들을 운영하고 있다(그림 참조).

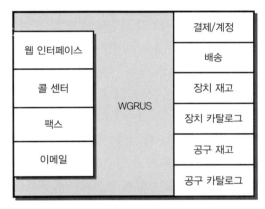

WGRUS사 IT 인프라

WGRUS사는 네 채널로 고객과 상호작용하고 있다. 고객은 회사 웹 사이트를 방문하거나, 콜 센터 고객 서비스 담당자에게 전화하거나, 팩스를 이용해 주문할 수 있고, 이메일로 통지를 받을 수 있다.

WGRUS사의 내부 시스템은 청구 기능을 포함하는 계정 시스템과 배송 요금을 계산하고 배송 회사와 상호작용하는 배송 시스템으로 구성되어 있다. 어쩌다 보니, WGRUS사는 두 재고관리 시스템과 두 물품 카탈로그 시스템을 갖추게 됐다. 장치만 판매하던 WGRUS사가 공구을 판매하는 다른 소매점을 인수했기 때문이다.

주문 수령

우리가 구현하려는 첫 번째 기능은 주문 기능이다. 주문은 수익을 안겨주는 중요한 기능이다. 그러나 현재는 주문 처리를 수기로 진행하고 있어 주문 처리에 많은 비용이 발생하고 있다.

주문 처리를 능률적으로 바꾸기 위해 첫 번째 단계로 주문 처리를 통합한다. 고객은 세 채널(웹 사이트, 콜 센터, 팩스) 중 어디로든 주문할 수 있다. 그런데 불행하게도 각 시스템은 각자 다른 기술을 바탕으로 하고 있고 들어오는 주문을 각자의 데이터 포맷으로 저장하고 있다. 웹 사이트는 J2EE 애플리케이션이고, 콜 센터 시스템은 패키지 애플리케이션이다. 팩스 시스템은 작은 규모의 마이크로소프트 액세스 애플리케이션으로 데이터 입력을 수기로 하고 있다. 우리는 모든 주문을 주문 채널에 관계없이 동등하게 다루고 싶다. 예를 들어 고객은 콜 센터에서 한 주문을 웹 사이트에서도 확인할 수 있어야 한다.

주문은 많은 시스템을 연결하는 비동기 프로세스이므로, 우리는 주문 입력 절차를 간소화할 수 있도록 메시지 지향 미들웨어 솔루션을 구현하기로 결정했다 콜 센터 패키지 애플리케이션은 통합을 염두에 두고 개발되지 않았으므로, 우리는 *채널 어댑터*^{Channel Adapter}(p185)를 사용해 메시징 시스템을 콜 센터 애플리케이션에 연결해야 한다. *채널 어댑터*(p185)는 애플리케이션에서 이벤트가 발생할 때마다 *메시지 채널*(p118)로 메시지를 게시하는 컴포넌트다. 일부 *채널 어댑터*(p185)는 애플리케이션이 어댑터 설치 여부를 모르도록 설치될 수 있다. 예를 들어 데이터베이스 어댑터는 특정 테이블에 트리거를 추가할 수 있는데, 이 트리거는 애플리케이션이 데이터를 인서트할 때마다 메시지를 *메시지 채널*(p118)로 발신한다. *채널 어댑터*(p185)는 반대 방향으로도 동작할 수 있다. 이때는 *메시지 채널*(p118)에서 메시지를 수신해 애플리케이션의 동작을 호출한다.

팩스 수신 애플리케이션도 이 방식으로 접근해 애플리케이션 데이터베이스에 *채널 어댑터*(p185)를 연결한다. 웹 애플리케이션은 수정이 가능한 애플리케이션이므로 애플리케이션 내부에 *메시지 엔드포인트*^{Message Endpoint}(p153) 코드를 구현한다. 메시징 코드와 애플리케이션 코드를 분리하기 위해 *메시징 게이트웨이*^{Messaging Gateway}(p536)를 사용한다.

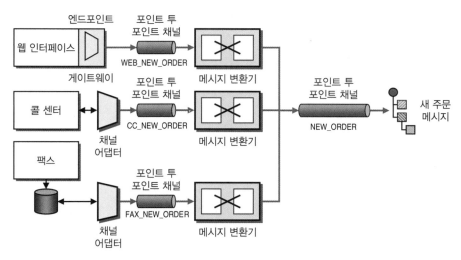

서로 다른 세 채널을 통한 주문

시스템마다 독자적인 주문 데이터 포맷들은 *정규 데이터 모델*Canonical Data Model(p418)을 따르는 새 공통 주문 메시지 포맷으로 변환하기 위해 *메시지 변환기* Message Translator(p143)를 사용한다. *정규 데이터 모델*(p418)은 모든 애플리케이션이 공통 포맷으로 서로 통신할 수 있게 애플리케이션 독립적인 메시지 포맷을 정의한다. 애플리케이션 독립적인 메시지 포맷을 사용하면 애플리케이션의 내부 포맷이 변경되더라도 변경된 애플리케이션과 공통 *메시지 채널*(p118) 사이 *메시지 변환기* (p143)만 변경이 일어나고 다른 애플리케이션과 *메시지 변환기*(p143)들은 영향을 받지 않는다. *정규 데이터 모델*(p418)을 사용한다는 것은 정규(공개) 메시지와 애플리케이션 특화(내부) 메시지를 모두 처리한다는 것을 의미한다. 애플리케이션 특화 메시지는 해당 애플리케이션만 소비해야 하고, 다른 애플리케이션들이 소비해서는 안되고, *메시지 변환기*(p143)도 마찬가지다. 이 방침을 강화하기 위해 우리는 애플리케이션별 *메시지 채널*(p118) 이름을 애플리케이션 이름으로 시작했다. 예를 들면 WEB_ NEW_ORDER다. 반면 정규 메시지를 전송하는 채널은 접두사를 사용하지 않고 메시지 의도에 따라 이름을 지었다. 예를 들면 NEW_ORDER다.

새 주문 메시지는 한 번만 소비돼야 하므로 *포인트 투 포인트 채널*Point-to-Point Channel(p161)로 *채널 어댑터*(p185)와 *메시지 변환기*(p143)를 연결한다. *메시징 게이트웨이*(p536) 내에 변환 로직을 프로그래밍하면 웹 인터페이스에 *메시지 변환기* (p143)를 사용하지 않아도 된다. 그러나 직접 애플리케이션 소스 코드를 수정해 변환 기능을 구현하기가 지루하고 오류도 발생할 수 있으므로, 우리는 일관된 접근 방법을 사용한다. 추가된 *메시지 변환기*(p143)는 웹 인터페이스 데이터 포맷의 변경으로부터 주문 흐름을 보호해 준다. *메시지 변환기*(p143)들은 모두 NEW_ORDER 포인트 투 포인트 채널(p161)로 메시지를 전달하므로, 주문은 요청 출처에 관계없이 모두 NEW_ORDER 채널에서 처리한다.

NEW_ORDER *메시지 채널*(p118)은 모두 동일한 형식의 메시지(새 주문)들만 전달하기 때문에, *데이터 형식 채널*^{Datatype Channel}(p169)로 불린다. 이것은 메시지 소비자가 기대한 메시지의 형식을 쉽게 알 수 있게 한다. 새 주문 메시지는 *문서 메시지*^{Document Message}(p206)로 설계됐다. 이 메시지의 목적은 수신자에게 특정 작업의 수행을 지시하는 것이 아니라 수신자에게 문서를 전달하는 것이다. 그러므로 수신한 문서의 처리 방법은 수신자가 결정한다.

주문 처리

우리는 메시지의 출처에 상관없는 정규형의 주문 메시지를 갖게 됐으므로 이제 주문을 처리해야 한다. 주문을 처리하려면 다음 단계들을 완료해야 한다.

- 고객의 신용 상태 검증. 고객에게 외상이 남아있는 경우, 새 주문을 거부하고 싶다.

- 재고 확인. 재고가 없는 물품에 대한 주문은 처리할 수 없다.

- 정상 고객이고 재고가 있는 경우, 물품과 청구서를 고객에게 배송하고 싶다.

통합 모델링 언어^{UML, Unified Modeling Language}의 액티비티 다이어그램을 사용해 이벤트 순서를 표현할 수 있다. 액티비티 다이어그램은 비교적 간단한 의미론으로 병렬 액티비티 프로세스도 묘사할 수 있는 훌륭한 도구다. 표현도 매우 간단해서 순차 액티비티는 간단한 화살표로 연결하고, 병렬 액티비티는 포크^{fork3}와 조인^{join4} 액션을 표시하는 두꺼운 검은 색 막대로 연결한다. 포크 액션은 연결된 모든 액티비티를 동시에 시작하게 하고, 조인 액션은 들어오는 모든 액티비티가 완료된 후에 계속하게 한다.

---

3 UML 액티비티 다이어그램에서 포크는 하나의 실행 흐름을 동시에 여러 실행 흐름으로 나누는 제어 노드를 말한다. 즉, 동시성이 포함된 분기다. – 옮긴이
4 UML 액티비티 다이어그램에서 조인은 여러 실행 흐름을 하나로 동기화하는 제어 노드를 말한다. – 옮긴이

우리의 액티비티 다이어그램(그림 참조)은 재고 확인과 고객 신용 검증을 병렬로 처리하게 설계됐다. 조인 막대에서 두 액티비티가 완료될 때까지 기다리다가, 모두 완료된 후 다음 액티비티를 시작한다. 다음 액티비티는 두 단계의 결과를 확인하는 것이다. 즉, 재고가 있는지, 정상 고객인지를 확인한다. 두 조건을 충족하는 경우 프로세스는 주문 처리로 넘어 간다. 그렇지 않으면 예외 처리로 넘어간다. 예를 들어 고객에게 마지막 송장의 지불을 상기시켜 주거나 주문이 지연될 것을 알려주는 이메일을 보낼 수 있다. 이 책은 워크플로우 모델링이 아닌 메시지 지향 통합 설계 측면에 초점을 맞추고 있으므로, 예외 처리 프로세스를 더 이상 자세히 다루지 않는다. 워크플로우 아키텍처와 워크플로우 모델링을 자세히 배우려면 [Leyman]과 [Sharp]를 참조한다.

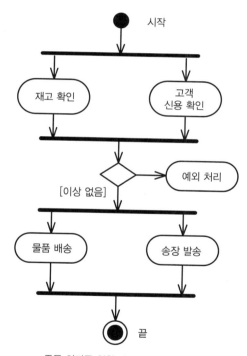

주문 처리를 위한 액티비티 다이어그램

액티비티 다이어그램의 액티비티들은 WGRUS사의 IT 부서 시스템들과 비교적 잘 대응된다. 계정 시스템은 고객의 신용 상태를 확인하고, 재고 시스템은 재고를 확인하고, 배송 시스템은 물품 배송을 시작한다. 계정 시스템은 결제 시스템처럼 송장을 보낸다. 이처럼 주문 처리는 전형적인 분산 비즈니스 프로세스다.

논리 액티비티 다이어그램을 통합 디자인으로 변환하기 위해, 포크 액션은 *게시 구독 채널*Publish-Subscribe Channel(p164)를 이용해 구현하고, 조인 액션은 *수집기* Aggregator(p330)를 이용해 구현한다. *게시 구독 채널*(p164)은 수신 가능한 모든 소비자에게 메시지를 전송하고, *수집기*(p330)는 입력 메시지들을 묶어 하나의 출력 메시지로 만든다(그림 참조).

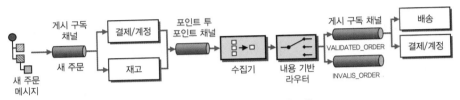

비동기 메시징을 이용한 주문 처리 구현

이 예에서 *게시 구독 채널*(p164)은 계정 시스템과 재고 시스템 모두에 새 주문 메시지를 전송한다. *수집기*(p330)는 두 시스템의 결과 메시지들을 결합하고 *내용 기반 라우터*Content-Based Router(p291)로 결합된 메시지를 전달한다. *내용 기반 라우터*(p291)는 수신한 메시지를 라우터 안에 코딩된 규칙에 따라 선택된 채널로 수정 없이 게시하는 컴포넌트다. *내용 기반 라우터*(p291)는 UML 액티비티 다이어그램의 분기branch 부분에 해당된다. *내용 기반 라우터*(p291)는 재고와 고객 신용이 확인된 메시지를 VALIDATED_ORDER 채널로 전달한다. VALIDATED_ORDER 채널은 *게시 구독 채널*(p164)로 검증된 주문을 배송 시스템과 결제 시스템에 전달한다. *내용 기반 라우터*(p291)는 정상 고객이 아니거나 재고가 없는 것으로 확인된 메시지를 INVALID_ORDER 채널로 전달한다. 예외 처리 프로세스(그림에는 표시되지 않음)는 INVALID_ORDER 채널에서 메시지를 수신하고 거부된 주문을 고객에게 통지한다.

전체 메시지 흐름을 구축했으므로, 재고 조회 기능을 자세히 알아보자. WGRUS사의 요구 절에서 본대로, WGRUS사는 두 개(장치와 공구)의 재고 시스템을 갖추고 있다. 그러므로 올바른 시스템으로 재고 확인 요청을 라우팅해야 한다. 각 재고 시스템은 다른 재고 시스템의 정보를 수신하지 말아야 하므로, 주문 항목의 유형에 따라 올바른 재고 시스템으로 메시지가 전달되게, 또 다른 *내용 기반 라우터*(p291)를 경로에 추가한다(그림 참조). 추가된 *내용 기반 라우터*(p291)는 예를 들어 W로 시작하는 항목 번호를 가진 수신 메시지는 장치 재고 시스템으로 라우팅하고, G로 시작하는 항목 번호를 가진 주문은 공구 재고 시스템으로 라우팅한다.

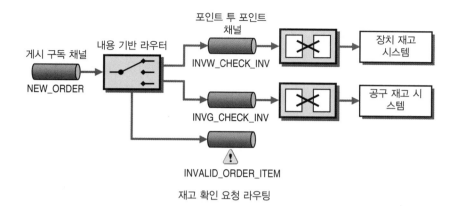

재고 확인 요청 라우팅

내용 기반 라우터(p291)와 재고 시스템 사이의 포인트 투 포인트 채널(p161)을 지나는 메시지는 이전 채널의 메시지들과 다르다. 이 채널을 지나는 메시지들은 *명령 메시지*^{Command Messages}(p203)다. *명령 메시지*(p203)는 시스템에 지정된 명령의 실행을 지시하는 메시지다. 여기에서는 물품 재고 확인이 명령이다.

장치 재고 시스템과 공구 재고 시스템은 각각 독자적인 내부 데이터 포맷을 사용하므로, 정규 포맷의 주문 메시지를 각 시스템의 특정 포맷으로 변환하는 *메시지 변환기*(p143)를 추가한다.

물품 주문이 W나 G로 시작되지 않으면 어떻게 될까? *내용 기반 라우터*(p291)는 이런 경우 잘못된 주문을 고객에게 통보해 그에 따라 처리할 수 있게 INVALID_ORDER 채널로 메시지를 라우팅한다. 이 채널은 *무효 메시지 채널*^{Invalid Message Channel}(p173)의 전형적인 예다. 이렇게 채널에 따라 메시지의 의미가 변경된다는 사실을 잊지 말자. NEW_ORDER 채널과 INVALID_ORDER 채널은 같은 종류의 메시지를 전송하지만, 한 채널은 주문을 처리하고 다른 채널은 주문을 무효 처리한다.

지금까지 각 주문은 물품을 하나만 포함했다. 이런 방식은 고객 입장에서 각 물품마다 주문을 새로 해야 하므로 상당히 불편하다. 게다가 같은 고객이 여러 번 주문을 하면 각 주문마다 배송이 발생하므로 불필요한 배송 비용이 발생할 것이다. 그러나 한 주문에 여러 물품을 담는다면, 이 주문을 어떤 재고 시스템이 확인해야 하는가에 대한 문제가 생긴다. 이 경우 각 재고 시스템이 물품 주문을 골라 처리할 수 있게 주문을 전송할 수 있는 *게시 구독 채널*(p164)을 사용할 수 있다. 그런데 무효 물품이 발생하면 어떻게 될까? 어떤 재고 시스템도 무효 물품을 처리하지 않았다는 것을 어떻게 알까? 우리는 *내용 기반 라우터*(p291)를 중앙에서 제어하고 싶고 물품 주문은 개별적으로 라우팅하고 싶다.

따라서 하나의 메시지를 개별 메시지들로 분할하는 컴포넌트인 *분할기* Splitter(p320)를 추가한다. 여기서 *분할기*(p320)는 하나의 주문 메시지를 다수의 물품 주문 메시지들로 나눈다. 각 물품 주문 메시지는 *내용 기반 라우터*(p291)를 거쳐 올바른 재고 시스템으로 라우팅된다. 다음 그림을 참조한다.

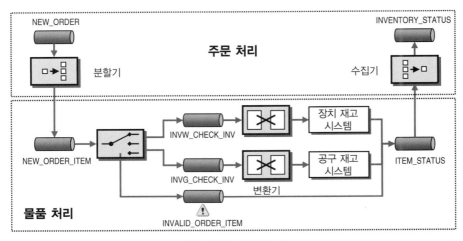

개별 물품들의 주문 처리

당연히 모든 물품에 대한 재고가 확인됐을 때, 개별 메시지들은 하나의 메시지로 재결합돼야 한다. 이런 일은, 즉, 메시지들을 묶어 하나의 메시지를 만드는 일은, *수집기*(p330) 컴포넌트가 담당한다. 이렇게 *분할기*(p320)와 *수집기*(p330)를 사용하면 전체 주문의 흐름에서 개별 물품 주문 메시지 흐름을 논리적으로 분리할 수 있다.

수집기(p330) 설계에는 다음과 같은 핵심 의사결정이 필요하다.

- 메시지의 소유 관계(상관관계)는?

- 모든 메시지의 수신 여부를 어떻게 결정할 수 있을까(완성 조건)?

- 어떻게 개별 메시지들을 하나의 결과 메시지로 묶을 수 있을까(수집 알고리즘)?

이 문제들을 하나하나 해결해 보자. 고객은 짧은 시간 동안 연속적으로 여러 번 주문할 수 있으므로, 고객 아이디는 물품 주문과 관련지을 수 없다. 따라서 각 주문마다 고유한 주문 아이디가 필요하다. 우리는 주문을 받는 부분에 *내용 보탬이*Content

Enricher(p399)를 추가해 이 목표를 달성한다(그림 참조). *내용 보탬이*(p399)는 메시지에 누락된 데이터 항목을 추가하는 컴포넌트다. 이 예에서 *내용 보탬이*(p399)는 메시지에 고유 주문 아이디를 추가한다.

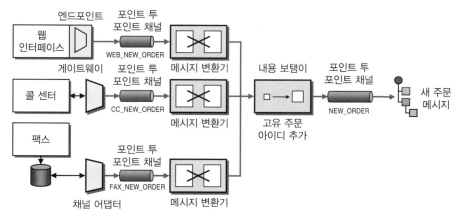

내용 보탬이를 추가한 주문 처리

물품 주문 메시지와 주문 아이디의 상관관계를 규정했으므로(관련지었으므로), 이제 *물품 주문 수집기*(p330)의 완성 조건과 수집 알고리즘을 정의해야 한다. 완성 조건은 다음과 같다. 잘못된 물품을 포함해 모든 메시지는 *수집기*(p330)로 라우팅되므로, *수집기*(p330)는 주문 물품 수량(주문 메시지 필드 중 하나)을 사용해 모든 물품 주문들이 도착할 때까지 물품 수량을 셀 뿐이다. 수집 알고리즘도 간단하다. *수집기*(p330)는 모든 물품 주문 메시지를 하나의 주문 메시지로 도로 이어 붙여 VALIDATED_ORDER 채널에 게시한다.

일반적으로 *분할기*(p320), *메시지 라우터*(p136), *수집기*(p330)는 자주 함께 사용된다. 이 조합을 *복합 메시지 처리기*^{Composed Message Processor}(p357)라 한다. 원래의 메시지 흐름 다이어그램에 *복합 메시지 처리기*(p357) 기호를 넣어 그림을 간단하게 만들었다.

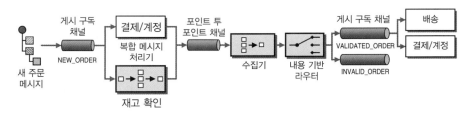

개선된 주문 처리

상태 확인

메시지 채널(p118)을 거쳐 시스템을 연결해도 주문 처리에 시간이 걸릴 수 있다. 예를 들어 특정 물품이 떨어졌을 수도 있고, 재고 시스템이 새 물품이 도착할 때까지 재고 확인 메시지를 잡고 있을 수도 있다. 비동기 메시징의 장점 중 하나는 컴포넌트의 속도에 맞추어 통신을 설계할 수 있다는 점이다. 재고 시스템이 메시지를 잡고 있더라도, 계정 시스템은 고객의 신용 상태를 확인할 수 있다. 이 두 단계가 모두 완료되면, *수집기*(p330)는 주문 확인 메시지를 게시해 배송과 송장 발행을 시작할 수 있게 한다.

일반적으로 업무가 오랫동안 실행되는 프로세스에서 고객과 관리자는 중간에 특정 주문의 상태를 알고 싶어 할 수 있다. 예를 들어 특정 물품의 재고가 없다면, 고객은 재고가 있는 물품만 처리하기로 결정할 수 있다. 또는 고객이 물품을 받지 못한 경우, 회사는 (배송 회사의 추적 번호를 포함해) 물품이 현재 배송중임을 알리거나 창고에서 지연되고 있다는 것을 알려주면 유용할 것이다.

관련 메시지가 여러 시스템을 거쳐 흐르는 현재 설계로는 주문의 상태 추적이 쉽지 않다. 진행 중인 주문의 상태를 확인하려면, 해당 주문과 관련된 '마지막' 메시지를 알아야 한다. *게시 구독 채널*(p164)의 장점 중 하나는 메시지 흐름을 방해하지 않으면서도 구독자를 추가할 수 있다는 점이다. 이 특성을 사용해, 새 주문과 검증된 주문들을 수신해 *메시지 저장소*^{Message Store}(p627)에 보관하고, 주문 상태는 *메시지 저장소*(p627) 데이터베이스에 질의해 확인한다(그림 참조).

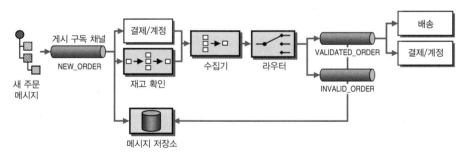

메시지 저장소를 이용한 주문 상태 추적

포인트 투 포인트 채널(p161)에서는 한 구독자만 메시지를 소비하므로, *포인트 투 포인트 채널*(p161)을 사용해서는 채널 구독자를 추가할 수 없다. 이런 경우 한

채널에서 메시지를 소비해 두 채널로 게시하는 간단한 컴포넌트인 *와이어 탭*^{Wire} ^{Tap}(p619)을 추가할 수 있다. 추가된 두 번째 채널은 메시지를 *메시지 저장소*(p627)로 보내는 데 사용된다(그림 참조).

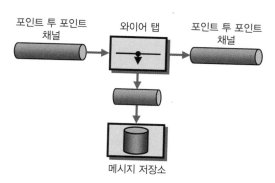

와이어 탭을 이용한 메시지 추적

중앙 데이터베이스에 메시지 데이터를 저장하면 큰 장점이 생긴다. 원래 설계에서 각 메시지는 진행하는 중에 어느 시점부터는 필요 없는 데이터가 추가되어 운반되고 있다. 예를 들어 고객 아이디만 있으면 될 우량 고객 메시지에 전체 고객 데이터가 포함되어 전송되고 있다. 결과 메시지에 원래 주문 메시지의 데이터를 포함시키려면 이 추가 데이터가 있어야 한다. 메시지 흐름의 시작에서 *메시지 저장소*(p627)에 새 주문 메시지를 저장하면, 메시지는 데이터를 포함하지 않아도 이후 모든 컴포넌트는 필요한 메시지 데이터를 *메시지 저장소*(p627)에서 참조할 수 있게 되는 장점이 생긴다. 이런 기능을 *번호표*^{Claim Check}(p409)라 한다. 즉, 나중에 데이터를 조회할 수 있게 메시지를 보관한다. 이 방법의 단점은 중앙 데이터 저장소에 액세스하는 것이 *비동기 메시지 채널*(p118)에 메시지를 전송하는 것보다 신뢰할 수 없다는 점이다.

이제 *메시지 저장소*(p627)는 새 메시지뿐만 아니라 메시지의 진행 상황 데이터도 관리할 책임이 생겼다. *메시지 저장소*(p627)의 데이터는 고정된 *메시지 채널*(p118)에 컴포넌트를 추가하지 않고도 필요한 다음 단계를 결정할 수 있게 한다. 예를 들어 데이터베이스에 재고 시스템과 결제 시스템 모두의 응답 메시지들이 저장되면, '주문이 확인되어 배송과 결제 시스템으로 메시지를 전송할 수 있다'고 판단할 수 있다. *수집기*(p330) 컴포넌트에서 별도로 결정을 내리는 대신, *메시지 저장소*(p627)를 확인하고도 바로 결정을 내릴 수 있다. 실질적으로 *메시지 저장소*(p627)는 다시 *프로세스 관리자*^{Process Manager}(p375)로 바꿀 수 있다.

프로세스 관리자(p375)는 시스템을 거쳐 메시지 흐름을 관리하는 중심 컴포넌트다. 프로세스 관리자(p375)는 중요한 두 기능을 제공한다.

- 메시지들 사이의 데이터 보관('프로세스 인스턴스' 내부에).

- 진행 추적과 다음 단계 결정('프로세스 템플릿'을 사용해).

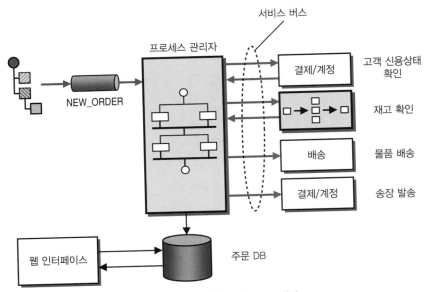

프로세스 관리자를 이용한 주문 처리

이 아키텍처는 개별 시스템들(예를 들면 재고 시스템들)을 공유 비즈니스 기능으로 바꿔 놓는다. 공유 비즈니스 기능은 재사용하기 쉽고 유지보수가 간편하고 서비스 같은 기타 컴포넌트의 접근을 쉽게 한다. 서비스들은 메시지 흐름으로 묶여지거나(예를 들어 주문 물품의 재고 상태 확인에는 복합 메시지 처리기(p357)를 이용해), 프로세스 관리자(p375)로 묶여질 수 있다. 프로세스 관리자(p375) 접근 방법은 서비스들의 접근 방법보다 훨씬 더 쉽게 메시지 흐름을 변경할 수 있게 한다.

새로운 아키텍처는 공통 서비스 버스에 서비스들을 노출시켜 다른 컴포넌트가 서비스를 호출할 수 있게 한다. 우리는 중앙에 서비스 발견discover 기능을 위한 서비스 레지스트리를 추가해 WGRUS사의 IT 인프라를 SOA로 바꿀 수도 있다. 그런데 SOA에 참여하려는 서비스는 추가적인 기능을 제공해야 한다. 예를 들어 서비스는 자신이 제공하는 기능을 설명하는 인터페이스 계약을 노출해야 한다. 요청/응답 서비스는 *반환 주소*^{Return Address}(p219)의 개념도 지원해야 한다. 발신자(서비스 소비자)는 *반환 주소*(p219)를 이용해 서비스가 응답 메시지를 전송할 채널을 지정할 수 있다. 서비스는 다른 호출에서도 재사용되므로 발신자는 서비스를 호출할 때마다 메시지에 반환 주소를 지정해야 한다.

프로세스 관리자(p375)가 각 프로세스 인스턴스에 관련된 데이터를 저장하려면 영구적인 저장소(일반적으로 파일이나 관계형 데이터베이스)가 필요하다. 웹 인터페이스는 주문 상태를 확인하기 위해 *프로세스 관리자*(p375)나 주문 데이터베이스에 메시지를 전송할 수 있다. 그런데 상태 확인은 동기 프로세스로 고객에게 바로 응답을 전달해야 한다. 웹 인터페이스는 수정 가능한 애플리케이션이므로, 우리는 주문 상태를 주문 데이터베이스에 직접 질의하기로 결정했다. 이와 같은 경우에는 *공유 데이터베이스*(p105) 방법이 *프로세스 관리자*(p375)보다 간단하고 효율적인 접근 방법이며 웹 인터페이스가 항상 최신 상태를 표시할 수 있게 한다. 그러나 이 접근 방법의 잠재적인 단점은 웹 인터페이스가 데이터베이스와 어쩔 수 없이 단단하게 결합된다는 점이다.

서비스로 시스템을 노출시키기 어려운 이유 중 하나는 일반적으로 기존 시스템들은 *반환 주소*(p219) 같은 기능을 염두에 두고 개발되지 않았기 때문이다. 따라서 이런 경우에는 *스마트 프록시*^{Smart Proxy}(p630)를 이용해 기존 시스템의 접근을 '감싼다'. *스마트 프록시*(p630)를 이용하면 기본 시스템 서비스를 SOA에 참여할 수 있는 서비스로 만들 수 있다. 이를 위해 *스마트 프록시*(p630)는 기본 서비스의 요청 메시지와 응답 메시지 모두를 가로챈다(그림 참조).

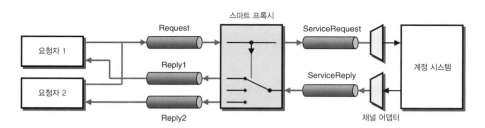

기존 시스템을 공유 서비스로 바꾸기 위해 추가된 스마트 프록시

스마트 프록시(p630)는 요청 메시지(예를 들어 요청자가 지정한 *반환 주소*(p219))를 저장하고, 응답 메시지 처리에 이 저장된 정보를 사용한다(예를 들어 올바른 응답 채널

로 라우팅). 스마트 프록시(p630)는 외부 서비스의 서비스 품질(예를 들어 응답 시간)을
추적하는 데 매우 유용하다.

주소 변경

WGRUS사는 많은 주소를 처리해야 한다. 예를 들어 고객의 청구지 주소로 송장을
보내야 하고, 배송지 주소로 물품을 보내야 한다. 이를 위해 우리는 고객이 웹 인터페
이스를 거쳐 직접 주소를 유지하게 하고 싶다.

우리는 결제 시스템과 배송 시스템에 올바른 청구지 주소와 배송지 주소를 전달하
기 위해 두 가지 기본 접근 방법 중 하나를 선택할 수 있다.

- 새 주문 메시지마다 주소 데이터 포함

- 시스템마다 주소 데이터 저장과 갱신 내용 복제

첫 번째 선택은 추가 정보 전송에 기존의 통합 채널을 사용한다는 장점이 있다.
잠재적인 단점은 추가 데이터가 미들웨어 인프라를 가로질러 흘러 다닌다는 것이다.
즉, 주소가 자주 변경되지 않는 경우에도 주문 정보에 주소 데이터를 포함해야 한다.

첫 번째 선택을 구현할 때, 결제 시스템과 배송 시스템이 패키지 애플리케이션이
라서 통합을 염두에 두지 않은 시스템일 수 있다는 점을 고려해야 한다. 따라서 이 시
스템들은 주문에 포함된 주소를 사용하는 것이 아니라 자신의 로컬 데이터베이스에
저장된 주소를 사용할 수 있다. 새 주문 메시지에 포함된 주소로 결제 시스템과 배송
시스템을 갱신하려면 시스템마다 두 기능을 실행해야 한다. 즉, 결제 시스템은 청구
지 주소를 갱신하고 청구서를 발송해야 하고, 배송 시스템은 배송지 주소를 갱신하
고 물품을 배송해야 한다. 이 두 기능을 위한 메시지는 순서가 중요하므로 간단한 프
로세스 관리자(p375) 컴포넌트를 추가한다. 추가된 결제 프로세스 관리자는 (청구지
주소와 배송지 주소를 포함한) 새 주문 메시지를 청구지 주소 갱신 메시지와 청구서 발
송 메시지로 나누어 결제 시스템에 전송하고 추가된 배송 프로세스 관리자도 새 주
문 메시지를 배송지 주소 갱신 메시지와 물품 배송 메시지로 나누어 배송 시스템에
전송한다(그림 참조).

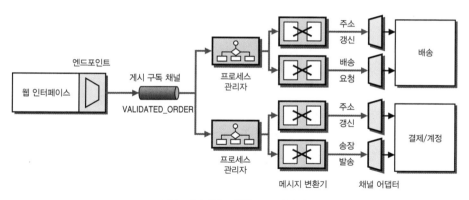

주소 데이터를 포함한 주문 메시지

채널 어댑터(p185)는 애플리케이션이 사용할 수 있는 포맷의 메시지(이른바 전용 메시지)를 요구한다. 새 주문 메시지는 정규 메시지 포맷으로 도착하므로, 정규 포맷에서 독자 포맷으로 메시지 포맷을 변환해야 한다. *프로세스 관리자*(p375) 안에 변환 로직을 만들 수도 있지만, 우리는 *외부 메시지 변환기*(p143)를 선호한다. 이 변환기는 *프로세스 관리자*(p375) 내부 로직이 애플리케이션이 요구하는 복잡한 데이터 포맷으로부터 영향 받지 않게 한다.

두 번째 선택은 주문 처리와 별도로 주소 변경을 모든 시스템으로 전파하기 위해 데이터 복제를 사용하는 것이다. 웹 인터페이스에서 주소 정보가 변경될 때마다, *게시 구독 채널*(p164)을 이용해 변경 사항을 모든 관련 시스템들에 전파한다. 시스템들은 변경된 주소를 내부적으로 저장하고 주문 메시지가 도착하면 내부에 저장된 주소를 사용한다. 이 접근 방법은 메시지 트래픽을 감소시킨다(주문 변경 빈도는 주문 빈도보다 적다고 가정). 이 접근 방법은 시스템들 사이 결합도를 낮춰 준다. 주소를 사용하는 시스템은 다른 시스템에 영향을 주지 않고도 ADDRESS_CHANGE 채널을 구독할 수 있다.

배송지 주소와 청구지 주소의 형식이 서로 다르므로, 각 시스템으로 올바른 형식의 주소 변경 메시지를 전송해야 한다. 청구지 주소 변경 메시지를 배송 시스템에 전송하면 안 된다. 이 작업은 특정 기준과 일치하는 메시지만 전달하는 *메시지 필터*(p298)를 사용해 수행한다(그림 참조).

일반적인 주소 변경 메시지를 애플리케이션의 특정 메시지 포맷으로 변환하기 위해 *메시지 변환기*(p143)도 사용한다. *정규 데이터 모델*(p418)을 웹 인터페이스의 포맷으로 정의했으므로, 웹 인터페이스를 위한 *메시지 변환기*(p143)는 필요 없다. 이 방법은 주소 변경 방법을 새로 추가해야 하는 경우 어려움을 줄 수도 있지만 지금은 충분하다.

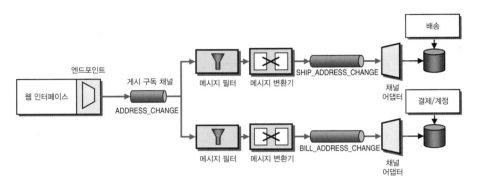

게시 구독 채널을 이용한 주소 변경 정보의 전파

배송 시스템과 결제 시스템은 주소를 관계형 데이터베이스에 저장한다. 그러므로 데이터베이스 *채널 어댑터*(p185)를 사용해 각 시스템의 데이터를 갱신한다.

이 두 접근 방법 중에 어떤 접근 방법을 선택해야 할까? 우리 시스템은 기껏해야 하루에 몇 백 건의 주문들만 처리하므로 메시지 트래픽은 그렇게 문제가 되지 않는다. 그러므로 어느 해결책도 합리적이고 효율적이다. 그러므로 주된 의사 결정의 기준은 애플리케이션의 내부 구조가 될 것이다. 데이터베이스에 주소를 인서트insert(삽입)할 때, 직접적인 인서트는 불가능하고 애플리케이션의 비즈니스 계층을 거쳐서 인서트해야 하는 경우가 있다. 이 경우 애플리케이션은 추가로 검증 단계를 수행하고 주소 변경 활동을 기록할 수 있다. 주소가 변경될 때마다 고객에게 확인 이메일을 발송하게 애플리케이션을 프로그래밍할 수도 있다. 그러나 모든 주문마다 변경이 발생한다면 이는 매우 성가신 일일 것이다. 그러므로 고객이 실제로 주소를 변경하는 경우만 전용 메시지로 주소 변경을 전파해야 한다.

일반적으로 '주소 변경'과 '주문' 같이, 잘 정의되고 독립적인 비즈니스 액션들이 선호된다. 이런 액션들이 기업 프로세스를 꾸미는 데 더 많은 유연성을 제공하기 때문이다. 이런 것들은 모두 세분화와 관련된 득실 관계에 좌우된다. 세밀한 인터페이스는 과도한 원격 호출이나 메시지 전송으로 시스템을 느리게 할 수 있다. 예를 들어 각 주소 필드마다 변경 메소드를 제공하는 인터페이스를 상상해보자. 이 접근 방법은 단일 애플리케이션 안에서 호출이 일어날 때 효율적일 것이다. 즉, 변경된 필드만 갱신한다. 통합 시나리오에서 주소 갱신에 예닐곱 메시지를 보내는 것은 상당한 오버헤드이고 게다가 개별 메시지마다 동기화 처리도 해야 한다. 세밀fine-grained한 인터페이스는 단단한 결합이다. 새 필드 추가로 주소 포맷이 변경되면 주소 메시지와 관련된 모든 애플리케이션도 변경돼야 한다.

성긴coarse-grained 인터페이스는 이런 문제를 해결하지만 희생이 따른다. 성긴 인터페이스는 더 적은 수의 메시지들을 전송하고 효율적이고 덜 단단하게 결합되지만 너무 성기면 유연성이 떨어질 수 있다. 송장 발송과 주소 변경이 하나의 외부 함수로 묶여 있는 경우, 송장의 발송 없이는 주소를 변경할 수 없게 된다. 그러므로 언제나 가장 좋은 해답은 중도를 지키는 것이다. 실제 상황마다 득실 관계도 달라진다.

신규 카탈로그

고객은 일반적으로 현재 제공되는 물품들과 이들의 가격을 온라인으로 확인한 후 주문한다. WGRUS사의 카탈로그는 물품 공급사들이 각각 제공한다. 그러나 고객은 WGRUS사의 사이트에서 장치와 공구를 같이 볼 수 있으며 두 가지 물품을 한 번에 주문할 수도 있다. 이 기능은 정보 포탈 시나리오의 예다. 즉, 여러 곳의 정보들을 묶어 하나의 화면에 보이게 한다.

이 두 공급사는 3개월에 한 번 자신의 물품 카탈로그를 갱신한다. 따라서 카탈로그의 변경 사항을 전파하기 위해 메시징 인프라를 실시간으로 사용하는 것은 상대적으로 무의미하다. 대신 카탈로그 변경 정보의 이동에 통합 방법들 중 하나인 *파일 전송* (p101)을 사용한다. 파일을 사용하는 이점은 FTP나 유사한 프로토콜을 사용해 공공 네트워크를 거쳐 쉽고 효율적으로 데이터를 전송할 수 있다는 점이다. 파일 전송에 비해 대부분의 비동기 메시징 인프라는 공공 인터넷에서 상대적으로 잘 작동하지 않는다.

우리는 여전히 카탈로그 데이터를 내부 포맷으로 변환하는 변환기와 어댑터를 사용할 수 있다. 그러나 이 변환은 물품을 하나씩 처리하는 변환이 아니고 한 번에 전체 카탈로그를 처리하는 변환이다. 같은 포맷으로 대량의 데이터를 처리하는 경우, 이 접근 방법이 훨씬 더 효율적이다.

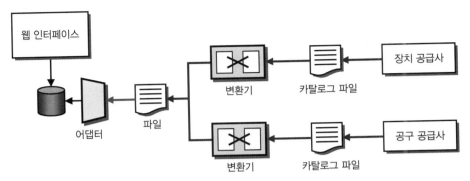

파일 전송을 이용한 카탈로그 데이터 갱신

공지

우리는 사업을 활성화시키기 위해 가끔 고객에게 특별 행사를 알리고 싶다. 그리고 고객이 어떤 메시지에 관심이 있는지를 스스로 지정할 수 있게 해서 고객 민원도 방지하려 한다. 특정 고객군을 표적 시장으로 삼고도 싶다. 예를 들어 우대 고객에게 특별한 조건을 제시할 수 있다. 일반적으로 여러 수신자에게 정보를 발신하려는 경우 *게시 구독 채널*(p164)을 사용한다. 그러나 *게시 구독 채널*(p164)에는 일부 단점이 있다. 첫째, 모든 구독자는 게시자가 누구이든 게시된 모든 메시지를 수신할 수 있다. 그러나 우리는 우량 고객들을 위한 특별한 제안을 일반 고객들에게는 보내고 싶지 않다. *게시 구독 채널*(p164)의 두 번째 단점은 로컬 네트워크에서만 효율적으로 작동한다는 점이다. *게시 구독 채널*(p164)은 모든 수신자에게 메시지 사본을 전송한다. 그런데 광역 네트워크에서 수신자가 메시지에 관심이 없을 경우라도 해당 메시지는 불필요한 네트워크 트래픽을 발생시킬 것이다.

따라서 구독자는 관심사를 등록할 수 있어야 하고, 등록된(승인된) 고객에게 맞춤 메시지를 전송할 수 있는 해결책을 찾아야 한다. 이 기능을 수행하려면, *수신자 목록*Recipient List(p310)을 사용한다. *수신자 목록*(p310)은 두 *메시지 라우터*Message Router(p136)를 조합한 것이다. *수신자 목록*(p310)은 수신자들에게 하나의 메시지를 전파하는 라우터다. *수신자 목록*(p310)과 *게시 구독 채널*(p164)의 가장 큰 차이점은 *수신자 목록*(p310)은 구체적으로 각 수신자를 지정하고 이 수신자들을 긴밀하게 제어한다는 점이다. *동적 라우터*Dynamic Router(p304)는 제어 메시지에 따라 라우팅 알고리즘을 변경할 수 있는 라우터다. 이런 제어 메시지는 구독자가 발행한 구독 설정

subscription preference의 형태를 취할 수 있다. *수신자 목록*(p310)은 이 두 가지 패턴을 조합한 결과다.

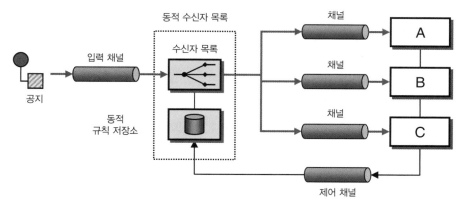

수신자 목록을 이용한 공지 전송

고객이 공지를 이메일로 받는 경우, 이메일 시스템에서 제공하는 메일링 리스트 기능을 이용할 수 있다. 각 수신 채널은 이메일 주소가 된다. 마찬가지로 고객이 공지를 웹 서비스 인터페이스로 받는 경우, 각 수신 채널은 SOAP 요청으로 구현되고 SOAP 요청의 채널 주소는 웹 서비스의 URI가 된다. 이 예에서 보듯이, 솔루션 설계에 사용된 패턴들은 특정 전송 기술에 독립적이다.

테스트와 모니터링

메시지의 올바른 실행을 모니터링monitoring(감시)하는 일은 중요한 작업인 동시에 중요한 지원 기능이다. *메시지 저장소*(p627)는 평균 명령 수행 시간 같은 중요한 비즈니스 통계를 제공할 수 있다. 그러나 우리는 통합 솔루션의 성공적인 운영을 위해 더 자세한 정보가 필요할 수 있다. 더 나은 고객의 신용 상태를 평가하기 위해, 솔루션을 외부 신용 평가 기관과 연동할 수 있게 만든다고 가정해 보자. 그러면 우리는 외상이 없는 고객이더라도 고객의 신용 등급이 나쁜 경우, 고객의 주문을 거부할 수 있다. 이 정보는 지불 내역이 없는 신규 고객인 경우 특히 유용하다. 외부 제공자가 서비스를 제공하기 때문에 서비스 사용에 따른 비용이 발생한다. 그러므로 우리는 제공 서비스의 사용량과 실제 서비스의 사용량을 비교해 제공 서비스의 사용량을 검증해야 한다. 비즈니스 로직은 단골 고객을 대상으로 신용 확인을 요청하지 않을 수도 있으므로 주문 번호만으로 사용량을 판단할 수는 없다. 외부 제공자와 서비스 품질QoS, quality

^{of service} 계약을 할 수도 있다. 예를 들어 응답 시간이 지정된 시간을 초과한 요청에 대한 비용은 지불할 필요가 없다.

청구된 비용이 올바른지 확인하려면, 우리는 요청 건수와 관련된 응답 시간을 추적해야 한다. 이를 위해 우리는 두 가지 경우를 처리해야 한다. 첫째, 외부 서비스는 한 번의 호출로 여러 요청을 처리할 수 있다. 그러므로 우리는 요청과 응답 메시지를 일치시킬 수 있어야 한다. 둘째, 우리는 이 외부 서비스를 기업 내부의 공유 서비스처럼 보이게 할 것이므로 서비스 소비자가 *반환 주소*(p219)를 지정하는 것을 수용해야 한다. *반환 주소*(p219)는 서비스가 응답 메시지를 전송해야 하는 채널이다. 응답을 전송할 채널을 모르면 요청 메시지과 응답 메시지는 일치시킬 수 없다.

이 문제의 답도 역시 *스마트 프록시*(p630)다. 우리는 서비스 소비자와 외부 서비스 사이에 *스마트 프록시*(p630)를 추가한다. *스마트 프록시*(p630)는 서비스 요청을 가로채 서비스 소비자가 지정한 *반환 주소*(p219)를 고정된 응답 채널로 바꾼다. 이것은 외부 서비스가 모든 응답 메시지를 *스마트 프록시*(p630)가 지정한 채널로 보내게 한다. *스마트 프록시*(p630)는, 서비스 소비자가 최초 지정한 채널로 응답 메시지를 전달하기 위해, 서비스 요청 메시지의 *반환 주소*(p219)를 저장한다. *스마트 프록시*(p630)는 외부 서비스에 대한 요청 메시지와 응답 메시지 사이 경과 시간을 측정한다. *스마트 프록시*(p630)는 *제어 버스*^{Control Bus}(p612)로 이 데이터를 전달한다. 관리 콘솔은 *제어 버스*(p612)에 연결해 컴포넌트들로부터 통계를 수집한다.

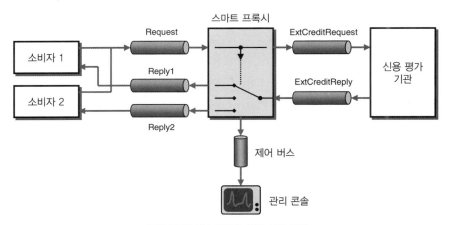

스마트 프록시를 이용한 응답 시간 추적

외부 신용 서비스 사용 여부를 추적하는 일 외에, 우리는 서비스가 제대로 작동되고 있는지도 확인하고 싶다. 스마트 프록시(p630)는 응답 메시지가 지정 시간을 초과해 수신되지 않으면 관리 콘솔에 보고할 수 있다. 외부 서비스의 응답 메시지 결과가 엉뚱한 경우는 감지하기가 훨씬 더 어렵다. 예를 들어 외부 서비스가 오작동해 모든 고객을 대상으로 0점의 신용 점수로 응답하면, 모든 주문은 거부될 것이다. 이런 시나리오는 두 가지 메커니즘으로 방어할 수 있다. 첫째, 우리는 정기적으로 요청 스트림에 *테스트 메시지*^Test Message^(p124)를 끼워 넣을 수 있다. *테스트 메시지*(p124)로 결과가 알려진 특정 고객의 신용 점수를 요청한다. 테스트 데이터 검증기를 사용하면 응답 메시지의 수신뿐만 아니라 메시지 내용의 정확성도 확인할 수 있다. *스마트 프록시*(p630)는 *반환 주소*(p219)를 지원하므로 테스트 데이터 생성기는 특별한 응답 채널을 지정해 *스마트 프록시*(p630)가 테스트 응답을 일반 응답과 분리할 수 있게 한다(그림 참조).

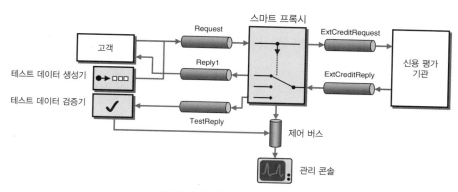

테스트 메시지를 이용한 결과 검증

오작동 서비스를 감지하는 효과적인 전략에는 통계 샘플을 채취하는 전략도 있다. 예를 들어 낮은 신용 등급 고객의 주문은 평균 1/10의 주문 거절 비율을 예상할 수 있다. 그런데 시스템이 5개 이상의 주문을 연속해서 거절하는 경우, 외부 서비스나 일부 비즈니스가 오작동하고 있다고 볼 수 있다. 관리 콘솔은 거절된 5개 주문을 관리자에게 이메일로 보낼 수 있다. 그러면 관리자는 거절이 정당했는지 신속하게 확인할 수 있을 것이다.

요약

우리는 *파일 전송*(p101)과 *공유 데이터베이스*(p105), *비동기 메시징*(p111) 같은 다양한 통합 전략을 사용하는 매우 광범위한 통합 시나리오를 보였다. 이를 위한 통합 솔루션은 메시지를 라우팅하고, 분할하고, 수집했다. 더 많은 유연성을 허용하는 *프로세스 관리자*(p375)도 소개했다. 솔루션의 올바른 작동을 모니터링할 수 있는 기능도 추가했다. 예의 요구들은 간단했지만 우리가 생각했던 문제와 설계들의 득실 관계는 매우 실질적이었다. 벤더 중립적이고 기술 중립적인 언어로 기술된 기업 통합 패턴들의 설명과 다이어그램은 일반적인 순서도보다 훨씬 더 정확하게 각 해결책을 설명할 수 있음도 보여주었다.

1장의 통합 시나리오는 기존 애플리케이션을 연결하는 방법에 주로 초점을 맞췄다. 애플리케이션이 메시지를 게시하고 소비하도록 수정하는 방법을 6장, '사잇장: 간단한 메시징'과 9장, '사잇장: 복합 메시징'을 참조하면 된다.

1장의 솔루션 설계에 사용된 패턴들을 이 책의 나머지 장들에서 조금 더 상세하게 설명한다. 패턴들은 순서대로 읽거나 개별적으로 참조될 수 있게 주요 용도에 따라 기본 패턴, 채널 패턴, 메시지 패턴, 라우팅 패턴, 변환 패턴, 엔드포인트 패턴, 시스템 관리 패턴으로 분류된다.

2장

통합 스타일

소개

기업 통합은 연속되고 통일된 기능 집합을 만들기 위해 서로 다른 애플리케이션들을 함께 엮는 작업이다. 애플리케이션들은 자체적으로 개발되거나 벤더에서 공급받는다. 애플리케이션들은 단독으로 운영될 수도 있고, 분산된 플랫폼과 시스템에서 운영될 수도 있다. 어떤 애플리케이션들은 기업 외부에서 운영될 수도 있다. 통합을 염두에 두고 설계되지 않은 애플리케이션들은 변경하기 어려울 수 있다. 이런 저런 문제들로 애플리케이션 통합은 복잡하다. 2장에서는 이런 문제들을 극복할 수 있는 통합 접근 방법들을 탐구한다.

애플리케이션 통합 기준

어떻게 애플리케이션 통합을 잘 할 수 있을까? 통합 요구가 항상 같았다면 통합은 하나의 스타일로 충분했을 것이다. 그러나 다른 복잡한 기술적 노력들처럼 애플리케이션 통합 시에도 다양한 통합 방법들을 고민하고 적용 결과를 검토해야 한다.

기본적인 기준은 애플리케이션 통합을 할지 말지 여부다. 다른 애플리케이션과 공동 작업 수행이 필요 없는 단독 실행 애플리케이션을 개발할 수 있다면, 통합 문제는 완전히 피할 수 있다. 하지만 현실적으로, 심지어 간단한 기업조차 직원, 협력 업체, 고객에게 일관된 경험을 제공하려면 여러 애플리케이션을 함께 작동시켜야 한다.

다음은 통합의 주요 결정 기준들이다.

- **결합도**coupling: 통합된 애플리케이션들은 서로 의존성을 최소화해야 한다. 서로 문제를 전파하지 않고 독립적으로 변경 발전할 수 있어야 한다. 1장, '패턴을 이용한 통합 문제 해결'에서 설명한 것처럼, 단단히 결합된 애플리케이션들은 다른 애플리케이션의 실행에 대해 많은 가정을 한다. 이 경우 애플리케이션

이 변경돼 이전의 가정이 깨지면 이들 사이 통합도 깨지게 된다. 따라서 애플리케이션 통합을 위한 인터페이스는 유용한 기능을 수행할 만큼 구체적이면서도 필요에 따른 변경에 적응할 수 있게 일반적이어야 한다.

- **영향도**^{Intrusiveness}: 기업 애플리케이션을 통합할 때, 개발자는 애플리케이션의 변경과 코드의 변경을 최소화하기 위해 노력해야 한다. 그러나 변경과 새로운 코드는 종종 통합을 제대로 하는 데 필수적이다. 그리고 애플리케이션들에 최소한의 영향을 주는 접근 방법들로는 기업에 최고의 통합을 제공하지 못할 수 있다.

- **기술 선택**^{Technology selection}: 통합에 사용되는 기술에 따라 필요한 소프트웨어와 하드웨어가 달라진다. 이런 도구는 비쌀 수도 있고 벤더 종속적일 수도 있고 개발자에게 많은 학습을 요구할 수도 있다. 한편, 처음부터 통합 솔루션으로 구축하는 것은, 초기 계획했던 것보다 더 많은 노력을 초래하게 하므로, 쓸 데 없는 시간 낭비일 수 있다.

- **데이터 포맷**^{Data format}: 통합된 애플리케이션들은 서로가 교환하는 데이터 포맷에 동의해야 한다. 통합된 데이터 포맷을 사용하기 위해 기존 애플리케이션을 변경하기가 어렵거나 불가능할 수 있다. 그 대신에 애플리케이션들 중간에 놓인 변환기가 서로 다른 데이터 포맷을 가진 애플리케이션들을 통합할 수 있다. 데이터 포맷의 진화와 확장도 문제다. 다시 말해 시간이 지남에 따라 포맷은 변경되고 이 변경은 애플리케이션들에 영향을 미칠 것이다.

- **데이터 적시성**^{Data timeliness}: 통합은 애플리케이션들 사이 데이터 전파 시간을 최소화해야 한다. 이것은 데이터를 작은 덩어리로 만들고 자주 교환해 달성할 수 있다. 그러나 큰 데이터를 작은 조각으로 쪼개는 일은 비효율적일 수 있다. 통합 설계에는 데이터의 공유로 인해 발생할 수 있는 시간 지연을 반드시 고려해야 한다. 공유될 데이터가 준비되면, 가능한 한 빨리 수신 애플리케이션들에 통보해야 한다. 공유 시간이 길어지면 길어질수록 애플리케이션의 데이터 적시성은 더 잘 깨지게 되고 더 복잡한 통합이 필요하게 될 수도 있다.

- **데이터 또는 기능**^{Data or functionality}: 일반적으로 통합 솔루션은 애플리케이션들의 데이터뿐만 아니라 기능도 공유할 수 있게 한다. 기능의 공유는 애플리케이션들 사이에 더 나은 추상화를 제공할 수 있기 때문이다. 원격 애플리케이션의 기

능 호출이 로컬 기능 호출과 같은 것처럼 보일 수도 있지만, 원격 기능 호출은 매우 다르게 작동한다. 원격 기능 호출은 통합이 얼마나 잘 작동하는지를 가늠하게 한다.

- **원격 통신**^{Remote Communication}: 컴퓨터 처리는 일반적으로 동기적이다. 다시 말해, 하부 프로시저가 실행하는 동안 호출 프로시저는 기다린다. 그러나 원격 하부 프로시저 호출은 로컬 호출에 비해 훨씬 느리므로, 호출 프로시저는 원격 하부 프로시저의 완료를 기다리고 싶지 않을 것이다. 즉, 하부 프로시저가 실행되는 동안 호출 프로시저도 자신의 실행을 계속할 수 있게 원격 하부 프로시저를 비동기로 호출하고 싶을 것이다. 비동기성은 훨씬 더 효율적인 솔루션을 만들게 하지만 설계, 개발, 디버깅을 복잡하게 한다.

- **신뢰성**^{Reliability}: 원격 연결은 속도가 그리 느리지는 않지만 로컬 함수 호출보다는 신뢰성이 훨씬 떨어진다. 단일 애플리케이션 내부에서 하부 프로시저는 신뢰성을 보장받는다. 원격 통신에서는 이런 호출 신뢰성을 보장받지 못할 수 있다. 예를 들어 원격 프로시저 호출 시 원격 애플리케이션은 실행 중이 아니거나 네트워크가 일시적으로 멈출 수도 있다. 신뢰할 수 있는 비동기 통신은 호출 애플리케이션에 원격 애플리케이션의 실행을 기대하게 하면서 다른 일을 할 수 있게 한다.

이와 같은 것들이 통합 접근 방법을 선택하고 설계할 때에 고려해야 할 몇 가지 기준들이다. 이제 다음과 같은 질문을 해보자. 이런 기준들에 가장 잘 맞는 통합 접근 방법은 어떤 것인가?

애플리케이션 통합을 위한 선택들

모든 기준을 고루 만족시키는 통합 접근 방법은 없다. 그러므로 여러 접근 방법들이 애플리케이션 통합을 위해 발전해 왔다. 이 접근 방법들은 다음 주요 네 통합 스타일로 요약될 수 있다.

- *파일 전송*^{File Transfer}(p101): 애플리케이션마다 공유 데이터 파일을 생성하고 애플리케이션들은 파일을 읽어 데이터를 교환한다.

- *공유 데이터베이스*^{Shared Database}(p105): 애플리케이션들은 공통 데이터베이스에 공유하고자 하는 데이터를 저장한다.

- *원격 프로시저 호출*^{Remote Procedure Invocation}(p108): 원격에서 호출할 수 있게 애플리케이션마다 프로시저를 노출한다. 애플리케이션들은 동작과 데이터 교환을 위해 원격 프로시저를 호출한다.

- *메시징*^{Messaging}(p111): 애플리케이션들은 공통 메시징 시스템에 접속한다. 애플리케이션들은 동작과 데이터 교환을 위해 메시지를 사용한다.

2장에서는 이 스타일들을 패턴으로 설명한다. 위 네 패턴들을 같은 문제(애플리케이션 통합의 필요 문제)와 유사한 상황에 적용해 본다. 이 패턴들을 구분짓는 것은 더 나은 해결책을 찾기 위한 제약들이다. 각 패턴은 이전 패턴의 단점을 해결하는 더욱 정교한 접근 방법을 찾기 위해 노력한다. 따라서 패턴들은 설명이 진행됨에 따라 정교함과 복잡성이 점점 증가한다.

스타일마다 장점과 단점이 있으므로, 모든 통합 상황에 적용할 수 있는 한 가지 스타일을 찾지 않고 특정 통합 상황에 가장 잘 맞는 스타일을 찾는다. 통합 포인트마다 가장 적절한 통합 스타일들을 조합해 애플리케이션들을 통합할 수 있고, 애플리케이션도 가장 적합한 통합 스타일을 선택할 수 있다. 그러므로 일반적으로 통합은 여러 통합 스타일들이 혼합된 형태로 나타난다. 통합의 이런 특징을 지원하기 위해, 통합 제품들과 EAI 미들웨어 제품들은 다양한 통합 스타일들의 조합을 지원한다. 일반적으로 이런 제품들은 제품 속에 숨겨진 기능으로 통합 스타일들을 지원한다.

이 책의 나머지 패턴들은 *메시징*(p111) 통합 스타일 기반으로부터 확장된다. 메시징은 통합 결정 기준들 사이에 적절한 균형을 제공하는 스타일이므로, 우리는 메시징에 초점을 맞춘다. 메시징은 통합에 잘 적용될 수 있는 풍부한 패턴들을 가진 기술이다. 그러나 메시징은 가장 다루기 어렵고 나머지 통합 스타일에 비해 가장 덜 알려진 통합 스타일이다. 마지막으로 메시징은 많은 상용 EAI 제품의 기반 기술이다. 그러므로 메시징에 대한 이해는 상용 EAI 제품들에 대한 사용 학습에도 효과가 있다. 이 책은 애플리케이션 통합과 메시징을 조합하는 문제에 초점을 맞춘다.

파일 전송(File Transfer)

마틴 파울러

기업은 서로 다른 언어와 플랫폼으로 애플리케이션들을 구축한다.

> 서로 협력하면서 정보도 교환할 수 있게 애플리케이션들을 통합하려면 어떻게 해야
> 할까?

이상적인 기업에는 처음부터 통합되고 일관된 방식으로 작동하는 단일 소프트웨어가 있을 것이다. 그러나 심지어 아주 작은 기업조차도 이렇게 작동하지 않는다. 여러 소프트웨어 조각들이 기업의 다양한 측면을 처리한다. 그 이유는 아래와 같다.

- 사람들은 외부 기관이 개발한 패키지를 구입한다.

- 시스템들은 서로 다른 기술을 사용하고 서로 다른 시간에 개발된다.

- 개발 경험과 선호하는 바가 다른 사람들이 시스템을 개발하기 때문에, 애플리케이션마다 개발 방법이 달라진다.

- 통합에 관심을 갖는 일보다 애플리케이션을 개발하고 가치를 제공하는 일이 더 중요하다. 특히 개발중인 애플리케이션에 통합은 어떤 가치도 제공하지 않는다.

그 결과 모든 조직은 매우 다양한 애플리케이션 사이 정보 공유라는 걱정거리가 생긴다. 애플리케이션들은 서로 다른 플랫폼과 언어에 맞춰 개발되고 운영 방법도 서로 다른 것으로 추정된다.

이런 애플리케이션들을 함께 엮으려면, 비즈니스와 기술 모두 애플리케이션 연결 방법을 철저히 이해해야 한다. 이 경우 각 애플리케이션의 동작 방법에 대한 정보를 최소화할 수 있다면 통합은 훨씬 더 쉬워질 것이다.

그러므로 필요한 것은 다양한 언어와 플랫폼들에서 사용될 수 있는 자연스러운 공

통의 데이터 전송 메커니즘이다. 이 공통 데이터 전송 메커니즘은 특별한 하드웨어와 소프트웨어의 필요성을 최소화해야 하고 기업이 이미 가진 메커니즘을 사용해야 한다.

파일은 모든 기업 운영체제와 기업의 언어에서 사용할 수 있는 내장된 범용 저장 메커니즘이다. 가장 간단한 접근 방법은 파일을 이용해 애플리케이션을 통합하는 것이다.

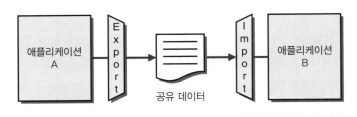

애플리케이션은 다른 애플리케이션들이 소비할 정보를 포함한 파일을 생성한다. 통합자integrator가 파일을 다른 포맷으로 변환한다. 파일은 비즈니스 성격에 따라 정기적으로 생성된다.

파일 포맷의 결정은 중요하다. 한 애플리케이션의 출력이 다른 애플리케이션의 필요에 일치하는 일은 거의 없다. 그러므로 파일을 변환 처리해야 한다. 이것은 파일을 사용하는 모든 애플리케이션이 파일을 읽을 수 있어야 하고, 파일을 변환하는 도구를 사용해야 한다는 것을 말한다. 그 결과 표준 파일 포맷이 등장했다. 메인프레임 시스템은 일반적으로 코볼COBOL 파일 시스템 포맷 기반의 데이터 피드data feed를 사용한다. 유닉스 시스템은 텍스트 기반 파일을 사용한다. 현재는 XML을 사용한다. 그리고 이런 포맷들을 지원하기 위한 해석기와 생성기, 변환 도구들도 생겨났다.

파일을 언제 생성하고 언제 소비할지는 또 다른 문제를 야기한다. 파일을 생성하고 처리하는 데는 일정 노력이 들어가기 때문에, 너무 자주 파일을 생성하면 안 된다. 일반적으로 파일 작업은 매일 밤, 매주, 매 분기 등, 일정한 비즈니스 사이클을 가지고 있다. 애플리케이션들은 정해진 시간에 새로 생성된 파일을 받아 처리한다.

파일의 가장 큰 장점은 통합자integrator가 애플리케이션 내부를 알 필요가 없다는 점이다. 일반적으로 애플리케이션 팀은 파일만 제공하면 된다. 패키지를 사용하는 경우 종종 선택이 제한되기도 하지만, 통합자들은 파일의 내용과 포맷을 서로 협상한다. 통합자는 소비 애플리케이션을 위해 필요한 변환을 처리한다. 소비 애플리케이션은 파일을 읽고 처리한다. 그 결과 애플리케이션들은 서로 사이 결합도를 훌륭하게 낮추게 된다. 애플리케이션은, 동일 포맷을 가진 동일 데이터 파일을 지속적으로 생성하기만 한다면, 다른 애플리케이션들에 영향을 주지 않고도 자유롭게 자신의 내부 변경 작업을 수행할 수 있게 된다. 파일은 효과적으로 각 애플리케이션의 공용 인터페이스가 된다.

파일 전송에 추가적인 도구나 통합 패키지가 필요하지는 않지만, 개발자가 많이 작업해야 한다. 애플리케이션들은 파일 명명 규칙과 생성 디렉터리 위치에 동의해야 한다. 파일 생성 애플리케이션은 파일 이름의 고유성을 보장해야 한다. 파일의 유효성을 관리하고 오래된 파일을 삭제하는 애플리케이션도 필요하다. 애플리케이션들은 작성 중 파일을 읽지 못하게 하는 파일 잠금^{lock} 메커니즘을 구현하거나 시간 규칙을 정해야 한다. 일부 애플리케이션이 디스크에 대한 접근 권한이 없는 경우, 모든 애플리케이션이 읽을 수 있게 파일을 접근 권한이 있는 다른 디스크로 전송해야 한다.

파일 전송에는, 파일 갱신이 불규칙하게 발생할 경우, 시스템들 사이 동기 상태가 어그러질 수 있다는 문제가 있다. 고객 관리 시스템이 매일 밤 주소 변경을 반영하는 갱신 파일을 생성하는 경우, 미처 주소를 갱신하지 못한 결제 시스템은 변경이 발생한 날의 이전 주소로 청구서를 보낼 수 있다. 동기화 불일치는 큰 문제가 아닐 수 있다. 사람들과 컴퓨터들은 정보를 얻을 때 지연될 것을 예상하면 된다. 그렇더라도 정보를 오래 사용하다 보면 큰 문제가 일으날 가능성이 있으므로, 파일 생성 시간은 파일 소비자의 갱신 주기 요구에 맞춰야 한다.

사실 소프트웨어 개발자들에게 데이터 변질 문제는 커다란 골칫거리다. 개발자들은 자주 잘못된 데이터를 처리해야 한다. 이것은 해결하기 어려운 불일치를 낳는다. 고객이 다른 두 시스템에서 같은 날에 자신의 주소를 변경했는데, 그 중 한 군데서 오류로 잘못된 주소가 등록되면 고객은 서로 다른 두 개의 주소를 갖게 된다. 개발자들은 이런 문제들을 해결할 수 있는 방법을 준비해 놓아야 한다. 파일 전송 주기가 길어지면 길어질수록 이런 고통스러운 문제가 발생할 확률이 높아진다.

물론 자주 파일을 자주 생성하지 않을 이유는 없다. 그런데 애플리케이션이 변경이 있을 때마다 파일을 생성해 파일로 전송한다면, 이것은 *메시징*(p111)이라고도 볼 수 있다. 이제 문제는 생성된 모든 파일을 다루는 것이 되고, 이 파일들을 아무 이상

없이 모두 잘 읽어야 한다. 그러나 이런 시도는 파일 시스템 기반의 접근 방법이라 할 수 없다. 파일 처리는 고비용의 자원 사용 과정이고, 많은 파일을 고속으로 생성하기가 시스템의 성능상 불가능할 수도 있다. 결과적으로 매우 세밀한 파일 작업을 하려면 차라리 *메시징*(p111)을 사용하는 게 더 쉽다.

더 빠르게 데이터를 사용하면서 합의된 데이터 포맷을 사용하려면 공유 *데이터베이스*(p105)를 사용한다. 애플리케이션 데이터보다 애플리케이션 기능을 통합하려면 *원격 프로시저 호출*(p108)을 사용한다. 소량의 데이터를 빈번하게 교류하려면 *메시징*(p111)을 이용한 원격 기능 호출을 사용할 수 있다.

공유 데이터베이스(Shared Database)

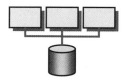

마틴 파울러

기업에는 서로 다른 언어와 플랫폼들로 구축된 수많은 애플리케이션이 있다. 기업은 신속하고 지속적으로 정보를 공유해야 한다.

> 서로 협력하면서 정보도 교환할 수 있게 애플리케이션들을 통합하려면 어떻게 해야 할까?

애플리케이션들은 *파일 전송*(p101)을 이용해 데이터를 공유할 수 있다. 그러나 *파일 전송*(p101)에 적시성^{timliness}이 부족할 수 있다. 통합에서 적시성은 매우 중요하다. 변경 사항을 신속하게 관련 애플리케이션들에 전달하지 않으면, 동기화되지 않은 데이터로 인해 문제가 발생할 가능성이 커진다. 최신 데이터의 유지는 기업들에 필수 불가결하다. 이것은 오류를 감소시킬 뿐만 아니라 데이터에 대한 신뢰도 증가시킨다.

빠른 갱신은 일관성을 더 잘 유지시켜 준다. 동기화를 자주하면 할수록 데이터 불일치에 대한 확률은 낮아지고 그로 인한 처리 부담도 줄어든다. 그러나 변화가 빠르면 여전히 문제가 일어날 가능성이 있다. 주소가 빠르게 연속적으로 갱신되다가 불일치하게 갱신됐다면 어떤 주소가 올바른 주소인지 어떻게 알 수 있을까? 각 데이터마다 하나의 애플리케이션을 데이터의 마스터 소스로 정할 수 있다. 그러나 이 경우 각 데이터마다 어떤 애플리케이션이 마스터인지 기억하고 있어야 한다.

파일 전송(p101)은 데이터 포맷을 강제하지 않을 수 있다. 통합에서 발생하는 많은 문제는 데이터를 서로 달리 해석함으로써 발생한다. 종종 이런 사소한 비즈니스 이슈가 큰 문제를 야기하기도 한다. 지질학 데이터베이스에서는 기름의 생산 여부와 관계없이 구멍 뚫린 모든 곳을 유전으로 정의할 수 있다. 생산 데이터베이스에서는 한 장비로 시추한 구멍들을 유전으로 정의할 수 있다. 이런 의미론적 불일치는 데이터 포맷의 불일치보다 훨씬 처리하기가 어렵다. (이 문제에 대한 더 깊은 논의를 보려면, 데이터와 현실^{Data and Reality}[Kent]을 참조한다). 그러므로 필요한 것은 애플리케이션들이

공유하는 중앙의, 합의된 데이터 저장소다. 애플리케이션이 필요할 때마다 접근할 수 있는 공유 데이터를 이 저장소에 보관한다.

데이터를 하나의 공유 데이터베이스^{Shared Database}에 저장하고 애플리케이션들의 모든 요구 사항들을 처리할 수 있는 데이터베이스 스키마를 정의해 애플리케이션들을 통합한다.

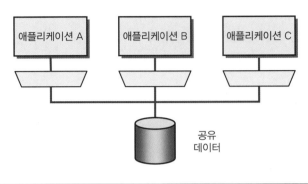

통합된 애플리케이션들이 모두 동일한 데이터베이스에 의존하면 항상 일관된 데이터를 유지할 수 있다. 여러 소스가 동시에 같은 데이터에 대한 업데이트를 시도하는 경우에도, 트랜잭션 관리 시스템을 이용해 동기화를 처리하면 된다. 공유 데이터베이스를 사용하면 갱신 주기를 아주 짧게 운영할 수 있고 오류의 발견과 해결도 훨씬 더 쉬워진다.

광범위하게 사용되는 SQL 기반 관계형 데이터베이스를 공유 데이터베이스로 사용하면 이런 일들은 훨씬 더 쉬워진다. 그리고 대부분의 애플리케이션 개발 플랫폼들은 SQL을 잘 지원한다. 공유 데이터베이스를 이용하면 파일 전송에서 필요했던 파일 포맷을 걱정하지 않아도 된다. 그러나 애플리케이션들이 거의 SQL에만 의존하게 됨으로 다른 기술을 도입하기는 상대적으로 어려워진다.

모든 애플리케이션이 모두 같은 공유 데이터베이스를 사용하므로 의미론적 불일치 문제는 사라진다. 대신 공유 데이터베이스를 운영하기에 앞서 호환되지 않는 데이터에 대한 불일치 문제는 미리 해결해야 한다.

공유 데이터베이스 사용에 가장 큰 어려움 중 하나는 적합한 데이터베이스의 설계다. 여러 애플리케이션의 요구를 충족시킬 수 있는 공통 스키마를 찾기는 매우 어렵다. 종종 애플리케이션 개발자들이 작업하기 힘든 데이터베이스 스키마가 만들어진다. 공통 스키마 설계에는 기술적 어려움뿐만 아니라 심각한 정치적 어려움도 따른다. 어떤 애플리케이션이 통합된 스키마를 자주 사용함으로 다른 애플리케이션의 처리를 종종 지연시킨다면 애플리케이션들 사이의 데이터베이스 분리 문제가 심각하게 제기될 것이다. 종종 부서 사이 인간적 갈등은 이런 문제를 더욱 악화시킨다.

공유 데이터베이스의 또 다른 한계는 외부 패키지다. 일반적으로 패키지 애플리케이션은 자신의 스키마가 아닌 다른 스키마에서는 작동되지 않는다. 도입의 여지가 어느 정도 있다 하더라도, 통합 담당자가 생각하는 것보다 훨씬 더 제한적일 가능성이 크다. 게다가 소프트웨어 벤더들은 새로운 소프트웨어를 출시할 때마다 스키마를 변경하기도 한다.

이 문제는 개발 후 통합 문제로까지 확장된다. 모든 애플리케이션의 구성을 완료했더라도 기업 합병이 발생하면 여전히 새로운 통합의 문제가 발생한다.

애플리케이션들이 공유 데이터베이스에서 동일한 데이터를 자주 읽고 수정하는 경우, 데이터베이스의 성능이 저하될 수도 있고 애플리케이션들이 서로 묶이는 교착 상태deadlock가 발생할 수도 있다. 여러 지역에 분산 배치된 애플리케이션들이 광역 네트워크를 거쳐 단일 공유 데이터베이스에 접속하는 경우, 속도 저하 현상이 발생한다. 뿐만 아니라 데이터베이스를 분산시키는 경우, 분산된 데이터베이스는, 애플리케이션들이 로컬 네트워크를 거쳐 액세스할 수 있더라도, 어떤 컴퓨터에 데이터가 저장되는지에 대한 혼란을 초래한다. 잠금 충돌locking conflict이 발생한 분산 데이터베이스는 성능 악몽이 되기 쉽다.

애플리케이션들의 기능을 통합하려면 *원격 프로시저 호출*(p108)을 사용한다. 데이터 형식별 포맷을 가진 작은 데이터들의 잦은 교환에는 *메시징*(p111)을 사용한다.

원격 프로시저 호출(Remote Procedure Invocation)

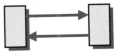

마틴 파울러

기업에는 서로 다른 언어와 플랫폼들로 구축된 수많은 애플리케이션이 있다. 기업은 즉시 응답하는 데이터와 프로세스들을 공유해야 한다.

> 서로 협력하면서 정보도 교환할 수 있게 애플리케이션들을 통합하려면 어떻게 해야 할까?

파일 전송(p101)과 *공유 데이터베이스*(p105)는 애플리케이션들이 데이터를 공유할 수 있게 한다. 그러나 데이터 공유가 애플리케이션 통합의 중요한 부분이긴 하지만, 컴포넌트들에 데이터 공유만으로는 충분하지 않다. 데이터의 변화는 종종 애플리케이션들을 가로지르는 행동이 필요하다. 예를 들어 주소 변경은 간단한 데이터 변경 작업이지만, 분산 환경에서 주소 변경 작업이 시작되면 변경 작업을 위해 여러 장소에 분산된 애플리케이션들은 서로 다른 규칙들을 적용하게 된다. 그런데 다른 장소의 애플리케이션 프로세스들을 직접 호출하는 애플리케이션은 다른 장소에 있는 애플리케이션의 내부도 많이 알고 있어야 한다.

이 문제는 애플리케이션 설계에 있어서 고전적인 딜레마다. 애플리케이션 설계에 있어서 가장 강력한 구조적 메커니즘 중 하나는 캡슐화다. 모듈은 함수 호출 인터페이스를 사용해 자신의 데이터를 숨긴다. 이런 방식으로 모듈은 데이터의 변경 사항을 가로채 데이터가 변경될 때 필요한 작업을 수행한다. *공유 데이터베이스*(p105)가 제공하는 거대한 데이터 구조는 캡슐화가 되어 있지 않다. *파일 전송*(p101)에서 파일을 처리하는 애플리케이션은 변경에 반응하지만 적시성이 떨어진다.

캡슐화가 되지 않은 *공유 데이터베이스*(p105)의 데이터는 통합된 애플리케이션들의 유지보수를 더욱 어렵게 한다. 애플리케이션의 빈번한 변경은 데이터베이스에 빈번한 변경을 촉발하고, 데이터베이스의 빈번한 변경은 대부분의 애플리케이션들에 상당한 변경을 요구하게 된다. 그 결과 *공유 데이터베이스*(p105)를 사용하는 조직은 종종 데이터베이스의 변경을 매우 꺼리게 되고 비즈니스의 변경에 따른 애플리케이션 개발 작업에도 훨씬 더 민감하게 반응한다.

그러므로 필요한 것은 애플리케이션이 다른 애플리케이션의 기능을 호출할 수 있는 메커니즘이다. 호출 메커니즘이란 공유가 필요한 데이터를 전달하면서 수신자 애플리케이션의 기능을 호출해 전달된 데이터를 처리하게 하는 것이다.

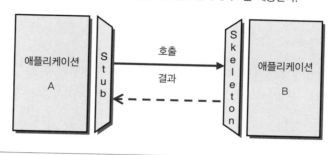

애플리케이션을 캡슐화된 데이터를 처리하는 큰 규모의 객체나 컴포넌트로 개발하고, 다른 애플리케이션들과 상호작용할 수 있는 인터페이스를 제공한다.

원격 프로시저 호출은 애플리케이션 통합의 캡슐화 원칙을 적용한다. 다른 애플리케이션이 소유한 정보가 필요한 애플리케이션은 직접 해당 애플리케이션에 정보를 요청한다. 다른 애플리케이션의 데이터를 수정해야 할 경우도 직접 다른 애플리케이션에 데이터 수정을 요청한다. 이런 식으로 애플리케이션들은 자신이 소유하고 있는 데이터의 무결성을 유지한다. 이 경우 애플리케이션들은 서로에게 영향을 주지 않으면서도 자신의 내부 데이터 포맷을 변경할 수 있다.

원격 프로시저 호출을 구현하는 기술들은 다양하다. 코바CORBA, COM, 닷넷 Remoting, 자바 RMI 같은 기술들이 있다. 원격 프로시저 호출Remote Procedure Invocation 은 Remote Procedure CallRPC로도 불린다. 사용 편의와 얼마나 많은 시스템에서 사용하는가에 따라 어떤 기술을 사용할지가 결정된다. 종종 이런 환경은 트랜잭션 같은 추가 기능을 제공하기도 한다. 유비쿼터스 측면에서 가장 많이 사용되는 기술은 SOAP와 XML 같은 표준을 사용하는 웹 서비스다. 웹 서비스는 특히 방화벽을 잘 통과하는 HTTP와 잘 결합된다.

데이터를 감싸는 방법은 쉽게 의미론적 불일치 문제를 해결해 준다. 애플리케이션은 클라이언트마다 다른 스타일을 볼 수 있게, 동일한 데이터를 대상으로 서로 다른 인터페이스를 제공할 수 있다. 갱신도 조건에 따라 여러 인터페이스로 구현할 수 있다. 원격 프로시저 호출 모델은 공유 데이터베이스 모델로는 표현할 수 없었던 다양한 포맷의 데이터도 제공할 수 있다. 그러나 통합자는 이런 변환 컴포넌트의 추가를 꺼려하므로, 애플리케이션마다 변환 구현과 인터페이스 협상을 진행해야 한다.

소프트웨어 개발자는 오랫동안 프로시저 호출을 사용해 왔으므로 원격 프로시저 호출에 쉽게 적응한다. 그러나 사실 이것은 유리한 점보다 불리한 점이 더 많다. 원격 프로시저 호출과 로컬 프로시저 호출은 성능과 신뢰성에 있어 큰 차이가 있다. 이 점을 이해하지 못한다면, 원격 프로시저 호출은 느리고 신뢰할 수 없는 시스템의 원인이 될 수도 있다([Waldo], [EAA]참조).

캡슐화는 데이터 구조의 공유를 필요 없게 하므로, 애플리케이션들 사이 결합도는 줄어들지만 애플리케이션들은 여전히 매우 단단하게 결합된다. 시스템마다 지원하는 원격 호출은 매듭처럼 서로를 다른 시스템에 연결하는 경향이 있다. 특히 호출이 연속해 발생하는 애플리케이션들인 경우 개별 시스템만의 변경이 쉽지 않게 된다. 이런 유형의 문제는 단일 애플리케이션에서는 문제가 되지 않다가 애플리케이션을 통합할 때 발생한다. 사람들은 종종 원격 호출 방식이 단일 애플리케이션의 호출 방식과 완전히 다르다는 것을 간과하고 단일 애플리케이션을 설계하는 것처럼 통합을 설계한다.

애플리케이션을 더 느슨하게 결합된 비동기 방식으로 통합하려면, *메시징*(p111)을 사용한다. *메시징*(p111)은 원격 기능 호출에 사용되는 분량만큼 소량인 데이터를 빈번하게 교류하는 데 적합하다.

메시징(Messaging)

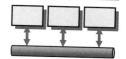

기업에는 서로 다른 언어와 플랫폼들로 구축된 수많은 애플리케이션이 있다. 기업은 즉시 응답하는 데이터와 프로세스들을 공유해야 한다.

서로 협력하면서 정보도 교환할 수 있게 애플리케이션들을 통합하려면 어떻게 해야 할까?

파일 전송(p101)과 *공유 데이터베이스*(p105)는 데이터를 공유할 수 있게 하지만 기능을 공유하게 하지는 않는다. *원격 프로시저 호출*(p108)은 기능을 공유하게 하지만 애플리케이션들 사이 단단한 결합을 만든다. 종종 통합 과제는 애플리케이션의 실행 관점이든 개발 관점이든 시스템들이 신뢰할 수 없더라도 시스템들을 결합시키지 않고 가능한 한 적시에 시스템들의 협력을 높이는 방법을 찾는 것이다.

파일 전송(p101)은 애플리케이션들의 결합도는 잘 낮추지만, 적시성 문제로 시스템들의 보조를 맞추기 어렵고 시스템들의 협업도 너무 느려진다는 단점이 있다. *공유 데이터베이스*(p105)는 즉시 반응하는 데이터를 유지하므로 적시성은 좋지만, 데이터들의 결합도가 높고 시스템들 사이 협업을 다루기가 어렵다는 단점이 있다.

이런 문제들을 보면, *원격 프로시저 호출*(p108)이 매력적인 선택처럼 보인다. 그러나 애플리케이션 통합을 단일 애플리케이션 모델을 기반으로 확장하게 되면 또 다른 약점들이 드러난다. 이런 약점들은 분산 개발의 필수적인 문제들과 함께 등장한다. RPC는 로컬 호출처럼 보이지만 로컬 호출과 작동 방식이 많이 다르다. 원격 호출은 훨씬 더 느리고 훨씬 더 실패가 잦다. 기업의 통합 담당자들은 애플리케이션들이 서로 통신할 때 한 애플리케이션의 실패가 다른 애플리케이션들에 전파되는 것을 원하지 않을 것이다. 이들은 원격 호출이 빠르다고 가정하지 않을 것이고 애플리케이션 인터페이스는 자세히 알아야 하지만 애플리케이션 자체는 알 필요 없다고 가정할 것이다.

그러므로 우리는 작은 데이터 패킷들을 빠르게 생성하고 쉽게 전송할 수 있는 *파*

일 전송(p101)과 같은 무엇인가와, 소비할 수 있는 새 패킷이 있을 때 자동으로 통지를 받을 수 있는 수신자 애플리케이션이 필요하다. 전송 성공을 확인하기 위한 재시도 메커니즘도 필요하다. 데이터를 저장하는 디스크 구조나 데이터베이스 상세는 애플리케이션들에 숨겨야 한다. 그래야 저장 스키마와 상세 정보가 기업의 변화에 따라 쉽게 변경된다. 애플리케이션은 *원격 프로시저 호출*(p108)처럼 애플리케이션의 동작을 호출하는 데이터 패킷을 실패가 적은 방법으로 다른 애플리케이션에 보낼 수 있어야 한다. 데이터 전송은 재시도가 필요할 때조차 발신자가 수신자를 기다릴 필요가 없는 비동기 방식이어야 한다.

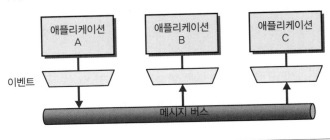

다양한 포맷의 데이터 패킷을 메시징(Messaging)을 이용해 전송한다. 메시징은 메시지를 자주, 즉시, 안정적으로 전송하는 비동기 기술이다.

비동기 메시징은 분산 시스템에 등장하는 문제들에 대한 근본적이고 실용적인 반응이다. 메시지 전송을 위해 두 시스템이 반드시 동시에 가용 상태일 필요는 없다. 또한 비동기 방식으로 통신을 생각하는 개발자는 원격 애플리케이션이 느리다는 것도 자연스럽게 인식하게 된다. 그리고 이런 인식은 (주로 로컬에서 작업함으로) 응집력이 높고 (원격 작업은 선택적으로 수행함으로) 접착력이 낮은 컴포넌트를 설계하게 한다.

메시징 시스템은 *파일 전송*(p101)과 비슷한 정도로 결합도를 낮춘다. 발신자나 수신자가 메시지의 전송 과정을 모르더라도 메시지는 전송될 수 있다. 발신자와 수신자가 분리됨으로써 통합자는 하나의 수신자에게 메시지를 라우팅하거나, 수신자들에게 메시지를 브로드캐스트하거나, 다른 메시징 시스템으로 메시지를 넘길 수 있다. 애플리케이션 개발과 애플리케이션 통합도 분리할 수 있게 된다. 일반적으로 비즈니스 요구는 애플리케이션 개발을 애플리케이션 통합으로부터 분리하려는 경향을 보이기 때문에, 이 접근 방법은 사람들의 비즈니스 요구 본성과도 잘 맞는다.

애플리케이션들은 각자 독자적인 개념 모델의 데이터를 사용하므로 의미론적 불일치가 일어날 수 있다. 그러므로 애플리케이션들 사이 데이터를 변환해야 한다. 그러나 메시징의 관점에서 볼 때, 의미론적 불일치를 피하기 위해 공유 *데이터베이스* (p105)에서 제공하는 수단들을 사용한다는 것은 실질적으로 너무 복잡하다. 그리고 의미론적 불일치는 타사 애플리케이션들이나 기업의 합병 등으로 추가된 애플리케이션들과도 발생할 수 있는 문제다. 그러므로 의미론적 불일치를 방지하기 위해 메시징 접근 방법은 설계보다는 문제 자체를 해결해 의미론적 불일치를 방지한다.

작은 메시지의 빈번한 전송은 데이터 공유뿐만 아니라 애플리케이션 협업도 가능하게 한다. 예를 들어 보험 청구가 접수되어 처리 프로세스를 실행해야 할 경우, 메시지를 전송해 즉시 처리를 수행하게 할 수 있다. 정보의 요청과 응답은 빠른 속도로 진행될 수 있다. 이런 협력이 *원격 프로시저 호출*(p108)만큼은 빠르지 않더라도, 호출자는 메시지가 처리되고 응답이 반환되는 동안 실행 흐름을 중지할 필요가 없다. 그리고 사람들이 생각하는 것처럼 메시징은 느리지도 않다. 메시징 시스템은 금융 서비스 산업으로부터 유래했다. 그곳에서는 매초 수천 개의 주식 시세나 거래들이 메시징 시스템을 통과한다.

이 책은 메시징^Messaging에 대한 책이므로 기업 애플리케이션 통합을 위한 최선의 접근 방법은 메시징이라고 가정할 수도 있을 것이다. 그러나 우리들이 문제들로부터 완전히 자유로워졌다고 생각하면 안 된다. 메시징을 이용해 데이터 조각들을 고속으로 전송하면 *파일 전송*(p101)이 가진 적시성 문제는 줄어들지만 그것들을 완전히 제거하지는 못한다. 시스템이 동시에 업데이트되지 않는 한, 몇 가지라도 지연과 관련된 문제들이 있을 수 있다. 대부분의 소프트웨어 종사자들은 비동기 설계에 대한 일관된 교육을 받지 못했다. 그 결과 서로 다른 많은 규칙과 기술들이 생겨났다. 메시징 환경이 X 윈도우 같은 비동기 애플리케이션 환경보다는 프로그래밍하기가 조금 더 수월하지만 비동기 방식을 배우는 데는 시간이 필요하고 테스트와 디버깅도 어렵다.

메시지를 변환할 수 있으므로 애플리케이션들 사이 결합은 *원격 프로시저 호출* (p108)보다 더 잘 제거된다. 그러나 이 독립성 때문에 통합자는 종종 모든 것을 맞추는 지저분한 변환 프로그램들을 작성해야 하는 상황으로 내몰린다.

시스템 통합에 메시징을 사용한다고 결정하면 고려해야 할 문제들과 지켜야 할 관례들이 새롭게 나타난다.

- 데이터 패킷을 전송하려면 어떻게 해야 하는가?

    발신자는 발신자와 수신자를 연결하는 *메시지 채널*(p118)을 거쳐 *메시지* (p124)를 전송함으로 수신자에게 데이터를 전송한다.

- 데이터 전송 위치를 어떻게 알 수 있는가?

    발신자가 데이터 전송 위치를 모르는 경우, 적절한 수신자를 향하게 데이터를 *메시지 라우터*(p136)에 전송한다.

- 사용하는 데이터 포맷을 어떻게 알 수 있을까?

    발신자와 수신자의 데이터 포맷이 같지 않은 경우, 발신자는 수신자의 데이터 포맷으로 데이터를 변환하게 하는 *메시지 변환기*(p143)에 데이터를 먼저 보내고 나서 수신자에게 데이터를 전달한다.

- 애플리케이션 개발자는 애플리케이션을 메시징 시스템에 어떻게 연결할 수 있는가?

    메시징을 사용하는 애플리케이션에 실제 발신과 수신을 수행하는 *메시지 엔드포인트*(p153)를 구현한다.

3장

메시징 시스템

소개

2장, '통합 스타일'에서는 *메시징*(p111)을 포함해 다양한 방법으로 애플리케이션들을 연결하는 방법을 논의했다. 메시징은 비동기 통신으로 애플리케이션들을 느슨하게 결합시킨다. 메시징을 사용하면, 두 애플리케이션은 동시에 실행될 필요가 없기 때문에, 더욱 신뢰할 수 있는 통신을 제공할 수 있다. 메시징은 데이터 전송을 애플리케이션을 대신해 메시징 시스템에 대행시키므로, 애플리케이션들은 데이터의 공유 방법이 아닌 공유할 데이터 자체에 초점을 맞출 수 있게 된다.

메시징의 기본 개념

대부분의 기술들과 마찬가지로 *메시징*(p111)에도 기본 개념이 들어있다. 이 기본 개념을 이해해야 기술도 이해할 수 있게 되고 기술의 상세한 사용 방법도 이해할 수 있게 된다. 메시징의 기본 개념은 다음과 같다.

> **채널**Channel: 메시징 애플리케이션들은 수신자와 발신자를 연결하는 가상 파이프인 *메시지 채널*Message Channel(p118)을 거쳐 데이터를 전송한다. 일반적으로 새로 설치한 메시징 시스템에는 채널이 없다. 애플리케이션은 통신 방식을 결정하고 이용할 채널을 생성해야 한다.

> **메시지**Message: *메시지*(p124)는 채널을 거쳐 전송되는 데이터의 원자atomic[1] 패킷이다. 따라서 데이터를 전송하는 발신자 애플리케이션은 데이터를 하나 이상의 패킷으로 분할하고, 각 패킷을 메시지로 포장한 다음, 메시지를 채널로 발신한다.

---

[1] 데이터베이스가 작업 단위로 수행을 성공하거나 실패하는 원자성(atomic)을 갖는 것처럼, 메시징 시스템도 메시지 단위로 전송을 성공하거나 실패하는 원자성을 갖는다. – 옮긴이

마찬가지로 수신자 애플리케이션은 메시지를 수신하고, 메시지에서 데이터를 추출하고, 추출된 데이터를 처리한다. 메시징 시스템은 성공할 때까지 메시지의 전달(예를 들어 메시지를 발신자로부터 수신자에게 전송)을 반복적으로 시도한다.

파이프 필터^{Pipe and Filter}: 간단한 경우 메시징 시스템은 발신자 컴퓨터에서 수신자 컴퓨터로 직접 메시지를 전달한다. 그러나 종종 메시지가 발신자로부터 발신되고 아직 수신자에게 수신되기 전에 메시지에 어떤 행동을 취할 필요가 있을 때가 있다. 예를 들어 수신자가 발신자의 메시지와 다른 포맷의 메시지를 기대하는 경우, 메시지를 검증하거나 변환해야 한다. *파이프 필터*(p128) 아키텍처는 처리 단계들과 채널을 함께 엮을 수 있는 방법을 설명한다.

라우팅^{Routing}: 수많은 애플리케이션과 이들을 연결하는 채널들을 가진 대형 기업에서 메시지는 최종 목적지에 도달하기 위해 여러 채널을 이동해야 할 수도 있다. 메시지가 따라가야 할 채널 경로가 너무 복잡한 경우, 발신자는 최종 메시지 수신자까지의 채널 경로를 모를 수 있다. 이런 경우 발신자는 *메시지 라우터*(p136)에 메시지를 대신 전송한다. *메시지 라우터*(p136)는 *파이프 필터* (p128) 아키텍처의 필터를 대신하는 애플리케이션 컴포넌트로 채널 토폴로지를 탐색해 최종 수신자에게 메시지를 전송하거나 적어도 다음 라우터에 메시지를 전송한다.

변환^{Transformation}: 일반적으로 애플리케이션들의 데이터 포맷은 각각 독립적이므로 서로 다를 수 있다. 발신자가 이런 포맷의 메시지를 보내도 수신자는 저런 포맷의 메시지를 기대한다. 이 문제를 조화롭게 풀려면 메시지가 메시지 포맷을 변환시키는 중간 필터인 *메시지 변환기*(p143)를 통과해야 한다.

엔드포인트^{Endpoint}: 기본적으로 대부분의 애플리케이션들은 메시징 시스템과 인터페이스할 수 있는 기능이 없다. 이런 애플리케이션들은 애플리케이션과 메시징 시스템의 작동 방법을 모두 아는 코드 계층을 포함해야 한다. 이 계층은 애플리케이션과 메시징 시스템 사이에서 다리 역할을 한다. 애플리케이션이 메시지를 주고받을 수 있게 다리 역할을 하는 코드가 *메시지 엔드포인트*(p153)다.

책의 구성

3장의 패턴들은 *메시징*(p111)를 사용하는 기업 통합의 기본 어휘들을 설명한다. 이후 장들은 3장의 기본 패턴들을 토대로 더 깊이 있는 주제를 다룬다.

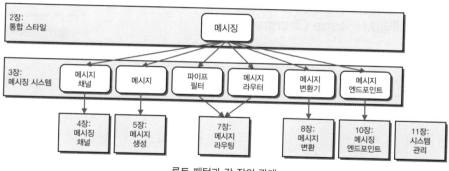

루트 패턴과 각 장의 관계

3장에서는 *메시징*(p111)의 주요 주제들에 대한 개요를 설명했다. 각 주제의 내용을 조금 더 자세히 살펴보려면 주제와 관련된 장을 바로 참조한다.

메시지 채널(Message Channel)

어떤 기업에 *메시징*(p111)을 사용해 통신해야 하는 두 애플리케이션이 있다.

애플리케이션들은 메시징을 사용해 어떻게 통신하는가?

메시징 시스템을 사용하면 애플리케이션들은 언제든지 다른 애플리케이션들과 통신할 수 있게 된다고 생각한다. 그러나 메시징 시스템은 모든 애플리케이션을 연결하는 마법이 아니다.

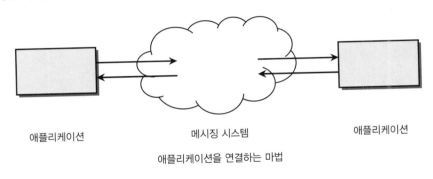

애플리케이션을 연결하는 마법

마찬가지로 애플리케이션들도 그저 무작위로 메시징 시스템에 정보를 던지거나 무작위로 떠도는 정보를 가져오지 않는다. (그렇게 되면 매우 비효율적일 것이다.) 오히려 정보를 내보내는 애플리케이션은 정보의 종류를 알고, 정보를 받는 애플리케이션도 모든 정보를 소비하기보다는 사용할 수 있는 특정 정보를 찾는다. 메시징 시스템은 애플리케이션들이 정보를 던지고 받는 양동이 같은 것이 아니다. 메시징 시스템은 애플리케이션들이 미리 예측 가능한 방법으로 정보를 전송할 수 있게 하는 연결들의 집합이다.

메시지 채널을 사용해 애플리케이션들을 연결한다. 애플리케이션이 정보를 채널에
기록하면 다른 애플리케이션은 채널에서 정보를 읽는다.

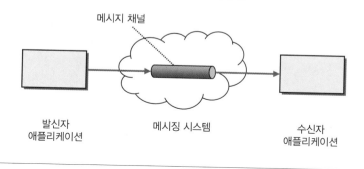

통신할 정보가 있는 경우에 애플리케이션은 단지 메시징 시스템으로 정보를 보내
는 것이 아니라 특정 메시지 채널로 정보를 보낸다. 정보를 수신하는 애플리케이션
도 메시징 시스템에서 임의로 정보를 가져오는 것이 아니라 특정 메시지 채널의 정
보만 가져온다.

정보를 전송하는 애플리케이션은 어떤 애플리케이션이 정보를 가져갈지는 모르더
라도 정보에 관심을 가진 애플리케이션이 가져간다는 것은 확신할 수 있다. 메시징
시스템에는 애플리케이션의 통신 정보의 형식에 따라 구별된 메시지 채널이 있다.
정보를 보내는 애플리케이션은 애플리케이션에 제공되는 모든 채널에 무작위로 정
보를 보내지 않는다. 애플리케이션은 특정 목적의 정보를 보내기 위해 메시징 시스
템에 특정 목적의 채널을 추가한다. 마찬가지로 특정 정보를 수신하려는 애플리케이
션도 원하는 형식의 정보를 얻기 위해 임의의 채널이 아닌 특정 채널을 선택한다.

채널은 메시징 시스템의 논리 주소다. 채널의 실제 구현은 메시징 시스템마다 다
르다. 메시징 시스템의 구현 방식에 따라, *메시지 엔드포인트*(p153)들은 직접 연결될
수도 있고 혹은 중앙의 허브를 거쳐 연결될 수도 있다. 몇 개의 논리 채널들이 한 개
의 물리 채널을 구성할 수도 있다. 논리 채널들의 집합은 이런 상세 구성들을 애플리
케이션에 숨긴다.

메시징 시스템은 애플리케이션이 통신하는 메시지 채널들을 자동으로 미리 구성
하지 않는다. 애플리케이션 설계 시, 개발자들은 필요한 채널을 협의해 결정하고, 메
시징 시스템 소프트웨어 관리자는 애플리케이션 개발자들이 요구하는 채널을 메시

징 시스템에 추가한다. 일부 메시징 시스템은 애플리케이션이 실행되는 동안에도 새 채널을 생성할 수 있는 기능을 제공하기도 하지만, 채널을 생성한 애플리케이션이 아닌 애플리케이션들은 시작될 때 말고는 실행 중 추가된 채널은 알기 어려우므로, 이 기능은 그다지 유용하지 않다. 따라서 일반적으로 사용 가능한 채널의 수와 목적은 배포 시에 고정된다. (이 규칙에 대한 예외가 있다. 4장, '메시징 채널'의 소개를 참조하라.)

메시징에서 사용하는 어휘들

메시지 채널과 통신하는 애플리케이션을 뭐라고 불러야 할까? 여기에는 비슷한 의미를 가진 다양한 용어가 있다. 아마도 가장 일반적으로 사용되는 용어는 발신자(sender)와 수신자(receiver)다. 애플리케이션은 메시지 채널로 메시지를 발신하고 다른 애플리케이션은 메시지 채널로부터 메시지를 수신한다. 다른 인기 있는 용어는 생산자(producer)와 소비자(consumer)다. 또 게시자(publisher)와 구독자(subscriber)란 용어도 볼 수 있지만, 이 용어들은 게시 구독 채널(p164)을 대상으로 하고 종종 포괄적으로 사용된다. 때로는 애플리케이션은 채널에 말한다(talk)라고 하고, 다른 애플리케이션은 채널을 듣는다(listen)라고 하기도 한다. 웹 서비스에서는 요청자(requester)와 제공자(provider)라고 한다. 요청자는 제공자에게 메시지를 전송하고 응답을 수신한다. 예전에는 클라이언트(client)와 서버(server)라고도 불렀다. ('클라이언트'와 '서버'라는 용어는 좋지 않다).

웹 서비스를 처리할 때 서비스 제공자(service provider)에 메시지를 전송하는 애플리케이션은, 요청 메시지를 전송하는 애플리케이션이지만, 서비스 소비자(consumer of the service)라고 부른다. 소비자는 제공자에게 메시지를 전송하고 응답을 소비한다. 다행히 이런 의미의 용어들은 원격 프로시저 호출(p108) 시나리오로 제한된다. 메시지를 전송하거나 수신하는 애플리케이션은 메시징 시스템의 클라이언트(client of the messaging system)라고 불릴 수도 있겠지만 더욱 구체적으로 엔드포인트(endpoint) 또는 메시지 엔드포인트(message endpoint)라고 부른다.

종종 메시징 시스템을 처음 사용하는 개발자들은 채널을 생성하려면 어떻게 해야 하는지 모르는 경우가 있다. 자바 개발자는 JMS API인 `createQueue`를 호출하는 자바 코드를 작성하면 되고, 닷넷 개발자는 `new MessageQueue`가 포함된 닷넷 코드를 작성하면 된다. 그러나 두 코드는 모두 메시징 시스템에 실제로 새로운 큐 자원을 할당하지 않는다. 대신 이 코드들은 이미 관리 도구를 사용해 메시징 시스템에 생성한 큐에 접속하는 런타임 객체를 활성화한다.

메시징 시스템의 채널을 설계할 때 염두에 두어야 할 또 다른 문제가 있다. 채널은 저렴하지만 무료는 아니다. 애플리케이션은 여러 가지 형식의 정보들을 전달하기 위해 여러 채널을 사용하기도 하고, 동일한 정보를 많은 애플리케이션에 전송하기도 한다. 채널이 메시지를 전송하려면 메모리가 필요하고, 영속 채널인 경우엔 디스크 공간도 필요하다. 기업 시스템이 무제한의 메모리와 디스크를 가지고 있다고 하더라도, 일반적으로 메시징 시스템이 지속적으로 서비스를 제공할 수 있는 채널의 수는 실직적인 한계가 따른다. 따라서 필요한 규모에 맞는 채널 생성 계획을 세워야 한다. 채널이 수천 개 필요하거나 채널을 수천 개로 확장해야 하는 경우, 확장성이 뛰어난 메시징 시스템을 도입해야 하고 확장성도 테스트해야 한다.

> **채널 이름**
>
> 채널을 논리 주소라고 본다면 이 주소는 어떻게 생겼을까? 일반적으로 메시징 시스템에 따라 달라진다. 그럼에도 불구하고 대부분의 경우 채널 이름은 MyChannel1처럼 영어와 숫자의 조합으로 나타낸다. 대부분의 메시징 시스템들은 채널 이름 구성에, 폴더와 하위 폴더를 가진 파일 시스템과 비슷한, 계층적인 채널 명명 방식을 사용한다. 예를 들어 MyCorp/Prod/OrderProcessing/NewOrders는 MyCorp의 운영 환경에서 주문 처리 애플리케이션이 새 주문을 수신하는 채널을 나타낸다.

　메시지 채널에는 포인트 투 포인트 채널(p161)과 게시 구독 채널(p164)이 있다. 하나의 채널에 여러 형식의 메시지들을 혼합하면 혼란이 일어날 수 있다. 이를 방지하기 위해, *데이터 형식 채널*^Datatype Channels(p169)을 사용한다. *선택 소비자*^Selective Consumer(p586)는 하나의 채널을 여러 채널처럼 보이게 한다. 메시지를 사용하는 애플리케이션은 종종 잘못된 메시지를 위해 특별한 채널인 *무효 메시지 채널*(p173)이 필요하다. *메시징*(p111)를 사용해야 하지만 메시징 클라이언트를 사용할 권한이 없는 애플리케이션은 *채널 어댑터*(p185)를 사용해 메시징 시스템에 연결할 수 있다. 잘 디자인된 채널들의 집합은 애플리케이션 그룹 전체를 위한 *메시지 버스*^Message Bus(p195)를 형성한다.

예 **주식 거래**

주식 거래 애플리케이션은 주식 거래를 위해, 주식 거래 메시지 채널에 요청을 저장한다. 주식 거래 처리 애플리케이션은 주식 거래 메시지 채널에서 주식 거래 요청을 찾는다. 주식 거래 애플리케이션이 주식 시세도 필요하게 된 경우, 주식 거래 애플리케이션은 주식 시세 메시지 채널을 이용할 것이다. 즉, 주식 거래 요청과 주식 시세 요청은 별개의 채널로 유지된다.

예 J2EE JMS 참조 구현

JMS에서 메시지 채널을 생성하는 방법을 살펴보자. J2EE SDK는 JMS를 포함한 J2EE 서비스의 참조 구현이다. J2EE 서버는 j2ee 명령으로 실행한다. 메시지 채널은 j2eeadmin 도구를 사용해 설정한다. 이 도구로 큐^{queue}와 토픽^{topic}을 설정할 수 있다.

```
j2eeadmin -addJmsDestination jms/mytopic topic
j2eeadmin -addJmsDestination jms/myqueue queue
```

생성된 채널은 JMS 클라이언트 코드로 접속할 수 있다.

```
Context jndiContext = new InitialContext();
Queue myQueue = (Queue) jndiContext.lookup("jms/myqueue");
Topic myTopic = (Topic) jndiContext.lookup("jms/mytopic");
```

JNDI 조회^{lookup}는 큐(또는 토픽)을 생성하지 않는다. 이것들은 이미 j2eeadmin 명령으로 만들어졌다. JNDI 조회는 큐 인스턴스를 생성할 뿐이고 생성된 큐 인스턴스는 메시징 시스템 안의 큐에 대한 접근을 제공한다.

예 IBM 웹스피어 MQ

JMS를 구현한 IBM 자바 웹스피어 MQ^{IBM's WebSphere MQ for Java}를 메시징 시스템으로 사용하고 있으면, 웹스피어 MQ JMS 관리 도구를 사용해 데스티네이션^{destination}을 생성할 수 있다. 여기에서는 myQueue라는 이름의 큐를 생성한다.

```
DEFINE Q(myQueue)
```

큐가 웹스피어 MQ에 존재하면, 애플리케이션은 큐에 접속할 수 있다.

애플리케이션 서버를 포함하지 않는 웹스피어 MQ 버전은 JNDI 구현을 포함하지 않으므로, J2EE 예에서 봤던 것처럼 큐를 확인하는 JNDI는 사용할 수 없다. 대신 다음처럼 JMS 세션을 거쳐 큐에 접속한다.

```
Session session = // 세션을 생성한다.
Queue queue = session.createQueue("myQueue");
```

예 마이크로소프트 MSMQ

MSMQ는 큐라 불리는 메시지 채널의 생성 방법들을 다양하게 제공한다. 마이크로소프트 메시지 큐 탐색기^{Microsoft Message Queue Explorer}나 컴퓨터 관리 콘솔^{Computer Management console}을 사용해 큐를 생성할 수 있다(그림 참조). 이곳에서 큐에 대한 속성을 설정하거나 큐를 삭제할 수 있다.

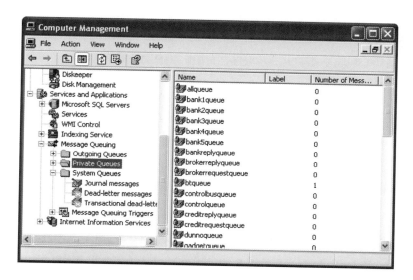

대안으로 코드를 사용해 큐를 생성하는 방법도 있다.

```
using System.Messaging;
...
MessageQueue.Create("MyQueue");
```

일단 큐가 생성됐으면, 애플리케이션은 큐 이름을 파라미터로 MessageQueue 인스턴스를 생성해 큐에 접속한다.

```
MessageQueue mq = new MessageQueue("MyQueue");
```

메시지(Message)

기업에서 *메시징*(p111)을 사용해 통신하는 애플리케이션들은 *메시지 채널*(p118)로 서로를 연결한다.

> 메시지 채널로 연결된 애플리케이션들은 어떻게 정보를 교환할까?

메시지 채널(p118)을 파이프로 간주할 수 있다. 파이프는 애플리케이션들을 잇는 길이다. 물처럼 데이터도 파이프의 한쪽 끝에 부으면 다른 쪽 끝으로 흘러나온다. 그러나 애플리케이션 데이터는 하나의 연속된 스트림이 아니라 레코드나 객체, 데이터베이스 행 같은 단위로 구성된다. 그러므로 채널은 이런 단위 데이터를 전송해야 한다.

그럼 데이터를 '전송'한다는 것은 무엇을 의미하는가? 호출자와 함수가 같은 메모리 공간을 공유하는 함수 호출의 경우, 호출자는 데이터의 메모리 주소를 가리키는 포인터를 참조 파라미터로 함수에 전달할 수 있다. 마찬가지로 프로세스 안의 스레드들은 동일한 메모리 공간을 공유하므로 레코드나 객체를 포인터로 전달할 수 있다.

분리된 프로세스들이 데이터를 전달하려면 더 많이 일해야 한다. 프로세스들은 각자 자신의 메모리 공간을 가지고 있으므로, 프로세스들 사이에 데이터를 전달하려면 다른 메모리 공간으로 데이터를 복사해야 한다. 일반적으로 데이터는 가장 기본적인 형태인 바이트 스트림 형태로 전송된다. 프로세스는 데이터를 바이트 형태로 마샬링marshal해 상대 프로세스로 복사한다. 상대 프로세스는 데이터를 언마샬링unmarshal으로 복원해 원래 데이터의 로컬 복사본을 가진다. 마샬링Marshaling이란 원격 프로시저 호출RPC이 원격 프로세스에 인자를 전달하고 반환 결과를 획득하는 방법이다.

단위 데이터를 전달할 때 메시징은 발신자의 발신 데이터를 마샬링하고 수신자 안에서 수신 데이터를 언마샬링함으로 수신자가 자신의 로컬에 데이터의 복사본을 갖게 한다. 그러므로 메시징 채널로 전송하기 적합한 단위로 데이터를 감쌀 수 있는 간단한 방법이 있다면 도움이 될 것이다.

정보를 메시지(Message)로 포장한다. 메시지는 메시징 시스템이 메시지 채널을 거쳐 전송하는 데이터 레코드다.

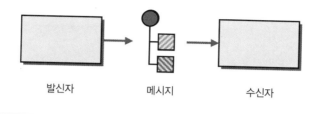

발신자 · · · · · · · 메시지 · · · · · · · 수신자

따라서 메시징 시스템을 거쳐 전송되는 데이터는 메시징 채널을 거쳐 전송될 수 있게 하나 이상의 메시지들로 변환돼야 한다.

메시지는 기본적으로 두 부분으로 구성된다.

1. **헤더**Header: 데이터의 기원, 목적지 등 전송되는 데이터를 설명하는 정보다. 헤더 정보는 메시징 시스템이 사용한다.

2. **본문**Body: 전송되는 데이터다. 일반적으로 본문 정보는 메시징 시스템이 사용하지 않는다.

이 개념은 메시징만의 것은 아니다. 우편 서비스와 이메일 모두 데이터를 메시지 형태로 발송하거나 전송한다. 이더넷Ethernet 네트워크도 데이터를 패킷 단위로 전송한다. TCP/IP의 IP 프로토콜도 마찬가지다. 인터넷에서 동영상을 보거나 음악을 듣기 위한 미디어 스트림도 실제로는 연속되는 패킷들이다.

메시징 시스템은 모든 (헤더와 본문 데이터로 구성된) 메시지를 동일하게 취급한다. 그러나 애플리케이션 프로그래머 입장에서 보면 메시지 형식은 다양하다. 다시 말해 메시지를 적용하는 스타일이 다양하다. 애플리케이션의 프로시저를 호출하려면 *명령 메시지*(p203)를 사용한다. 애플리케이션에 데이터를 전달하려면 *문서 메시지*(p206)를 사용한다. 변경을 애플리케이션에 통지하려면 *이벤트 메시지*Event Message(p210)를 사용한다. 응답을 전송하려면 *요청 응답*(p214)을 사용한다.

하나의 메시지로는 다 전송할 수 없을 만큼 큰 데이터를 전송하려면, 애플리케이션은 데이터를 작은 데이터 메시지들로 분할해 *메시지 순서*Message Sequence(p230)대로 전송한다. 데이터가 정해진 시간 범위 안에서만 유용한 경우, 유효 시간을 *메시지 만*

료^{Message Expiration}(p236)로 지정한다. 모든 발신자와 수신자들이 메시지의 데이터의 포맷에 동의해야 하는 경우, *정규 데이터 모델*^{Canonical Data Model}(p418)로 데이터 포맷을 지정한다.

예 JMS 메시지

JMS에서 메시지는 `Message` 인터페이스를 상속한다. 메시지 헤더 구조는 상속과 상관없이 동일하고 메시지 본문 포맷은 상속 형식에 따라 달라진다.

1. `TextMessage`: 가장 일반적인 형식의 메시다. 메시지 본문은 텍스트나 XML 문서 같은 문자열이다. `textMessage.getText()`는 메시지 본문을 문자열로 반환한다.

2. `BytesMessage`: 가장 단순하고 보편적인 형식의 메시다. 메시지 본문은 바이트열이다. `bytesMessage.readBytes(byteArray)`는 내용을 지정된 바이트열로 복사한다.

3. `ObjectMessage`: 메시지 본문은 `java.io.Serializable` 인터페이스를 상속한 자바 객체다. 객체는 마샬링되고 언마샬링될 수 있다. `objectMessage.getObject()`는 `Serializable` 객체를 반환한다.

4. `StreamMessage`: 메시지 본문은 자바 원시 자료형의 스트림이다. 수신자는 `readBoolean()`, `readChar()`, `readDouble()`과 같은 메소드를 사용해 메시지에서 데이터를 읽는다.

5. `MapMessage`: 메시지 본문은 문자열 키와 문자열로 구성된 `java.util.Map`과 유사하다. 수신자는 `getBoolean("isEnabled")`와 `getInt("number-OfItems")`와 같은 메소드를 사용해 메시지에서 데이터를 읽는다.

예 닷넷 메시지

닷넷에서 메시지는 `Message` 클래스를 구현한다. `Message` 클래스의 `Body` 속성에는 메시지 내용 객체를 저장한다. `BodyStream` 속성에는 `Stream` 내용을 저장한다. `BodyType` 속성에는 메시지 본문의 데이터 형식을 지정한다. 문자열, 날짜, 통화, 숫자, 객체 등이다.

예 SOAP 메시지

SOAP 프로토콜 [SOAP 1.1]의 SOAP 메시지도 일종의 메시지다. SOAP 메시지는 선택적 헤더^{SOAP-ENV:Header}(엘리먼트)와 필수적 본문^{SOAP-ENV:Body}(엘리먼트)을 포함하는 봉투^{SOAP-ENV:Envelope}(루트 엘리먼트)로 구성된 XML 문서다. 이 XML 문서가 (일반적으로 HTTP 프로토콜을 이용해) 데이터 레코드로서 원자적으로 전송된다. 그렇기 때문에 SOAP 메시지도 메시징에서 말하는 메시지인 것이다.

다음은 헤더와 본문을 포함하는 SOAP 메시지의 예다.

```
<SOAP-ENV:Envelope
  xmlns:SOAP-ENV="http://schemas.xmlsoap.org/soap/envelope/"
  SOAP-ENV:encodingStyle="http://schemas.xmlsoap.org/soap/encoding/"/>
    <SOAP-ENV:Header>
        <t:Transaction
            xmlns:t="some-URI"
            SOAP-ENV:mustUnderstand="1">
                5
        </t:Transaction>
    </SOAP-ENV:Header>
    <SOAP-ENV:Body>
        <m:GetLastTradePrice xmlns:m="Some-URI">
            <symbol>DEF</symbol>
        </m:GetLastTradePrice>
    </SOAP-ENV:Body>
</SOAP-ENV:Envelope>
```

메시징 시스템도 SOAP 메시지를 전송할 수 있는데, 메시징 시스템에서 SOAP 메시지(SOAPENV:Envelope XML 문서)는 메시징 시스템의 메시지 본문에 포함되어 메시징 시스템의 메시지 형태로 전송된다. 메시지는 메시징 시스템을 경유하므로 SOAP 메시지는 HTTP 프로토콜이 아닌 메시징 시스템의 내부 프로토콜을 사용해 전송된다(전송 신뢰도는 HTTP 또는 다른 네트워크 프로토콜들보다 메시징 시스템이 더 높다). 메시징 시스템들 사이 메시지 전송에 대한 더 많은 정보는 봉투 래퍼^{Envelope Wrapper}(p393)를 참조한다.

파이프 필터(Pipes and Filters)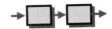

기업 통합 시나리오에서 하나의 이벤트는 일반적으로 저마다 특정 기능을 수행하는 연속 처리 단계들을 촉발시킨다. 예를 들어 새 주문이 메시지 형태로 기업에 도착했다고 가정해 보자. 첫 번째 요구는 도청을 방지하기 위해 메시지를 암호화하는 것이고, 두 번째 요구는 신뢰할 수 있는 고객임을 확신하기 위해 전자 서명 정보를 확인하는 것이다. 중복된 주문 메시지가 발생할 수도 있다. (인기 있는 쇼핑 사이트에서 주문 버튼을 오직 한 번만 누르게 유도하는 경고문을 기억해 보라.) 중복 주문으로 인해 발생하는 중복 발송과 고객 불만을 방지하려면, 후속 주문 처리 단계가 시작되기 전에 중복 메시지를 제거해야 한다. 그러므로 이 요구들을 충족시키기 위해서는 암호화되어 있고, 인증 데이터가 포함되어 있고, 불필요한 데이터 필드들이 있고, 중복 요청될 수 있는 메시지를 복호화하고, 인증 데이터를 확인하고, 불필요한 데이터 필드들을 제거하고, 중복 요청을 제거한 주문 메시지로 변환해야 한다.

> 독립성과 유연성을 유지하면서 메시지에 대한 복잡한 처리도 수행할 수 있으려면 어떻게 해야 할까?

한 가지 가능한 해결책은 필요한 모든 기능을 종합적으로 수행하는 '수신 메시지 메시징 모듈'을 작성하는 것이다. 그러나 이 접근 방법은 유연성이 떨어지고 테스트도 어렵다. 단계를 추가하거나 제거한다면? 예를 들어 암호화가 필요 없는 내부 네트워크 고객이 암호화되지 않은 주문을 요청한다면?

모든 기능을 컴포넌트 하나로 구현하면 컴포넌트의 재사용성은 나빠진다. 반면에 컴포넌트를 세분화해서 잘 정의하면 컴포넌트의 재사용성은 좋아진다. 예를 들어 주문 상태 메시지의 경우 암호화는 필요하지만 메시지의 중복은 제거하지 않아도 된다. 주문 상태 요청의 중복은 시스템에 해를 주지 않기 때문이다. 복호화 기능을 독립 모듈로 분리하면 다른 메시지의 복호화에도 이용할 수 있다.

통합 솔루션은 일반적으로 이기종 시스템들을 연결한다. 그 결과 어떤 처리 단계는 별도의 물리적 시스템에서만 실행돼야 할 경우가 생긴다. 즉, 어떤 처리 단계는 특정 시스템에서만 실행이 가능할 수 있다. 예를 들어 수신 메시지를 복호화하기 위한 개인키^{private key}는 지정된 컴퓨터에서만 사용할 수 있고 보안 때문에 다른 컴퓨터에서는 접근할 수 없다. 즉, 복호화 컴포넌트는 지정된 컴퓨터에서만 실행되고 나머지 단계는 다른 컴퓨터에서 실행된다는 것을 뜻한다. 마찬가지로 처리 단계들이 서로 다른 프로그래밍 언어나 기술을 이용해 구현되는 경우, 처리 단계들은 동일한 프로세스나 동일한 컴퓨터에서 실행될 수 없게 된다.

각 기능을 별도의 컴포넌트로 구현하더라도 이들 사이에 의존성은 줄지 않을 수 있다. 예를 들어 복호화 컴포넌트가 복호화 결과에 따라 인증 컴포넌트를 호출해야 한다면, 인증 기능 없이는 복호화 기능도 사용할 수 없게 된다. 그러나 시스템에서 컴포넌트들이 서로를 의존하지 않게 기존 컴포넌트들을 연속 처리 단계들로 '구성'할 수 있다면 이런 의존성 문제를 해결할 수 있을 것이다. 이것은 컴포넌트들을 호환성 있는 인터페이스를 거쳐 연결한다는 것을 의미한다.

비동기 메시징을 사용하는 경우, 컴포넌트들 사이 메시지 전송은 메시징의 비동기적 측면을 활용해야 한다. 예를 들어 컴포넌트는 결과를 기다리지 않고도 다른 컴포넌트로 또 다른 메시지를 전송할 수 있다. 메시지들을 병렬로 전송하는 기술은 컴포넌트들을 동시에 동작할 수 있게 한다.

많은 처리 단계들을 포함하는 프로세스는 파이프 필터(Pipes and Filters) 아키텍처 스타일을 사용한다. 이 아키텍처 스타일은 프로세스를 연속되는 소규모 독립 처리 단계(필터)들로 나누고 각 처리 단계를 채널(파이프)로 연결한다.

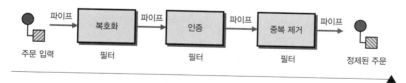

각 필터는 간단한 인터페이스를 노출한다. 필터는 수신 파이프로 메시지를 수신하고, 메시지를 처리하고, 발신 파이프로 결과를 게시한다. 파이프는 필터와 필터를 연결하고, 필터에서 필터로 출력 메시지를 전송한다. 컴포넌트들은 모두 동일한 연결 방식의 인터페이스를 사용한다. 그러므로 컴포넌트들을 다양한 파이프에 연결함으로 다양한 처리 흐름을 구성할 수 있다. 이 아키텍처에서는 필터 내부를 변경하지 않고도, 필터를 추가하거나, 기존 필터를 생략하거나, 필터 순서를 변경하는 등의 일들을 쉽게 할 수 있다. 필터와 파이프 사이의 연결 부분을 포트[port]라고도 부른다. 기본적으로 필터 컴포넌트마다 하나의 입력 포트와 하나의 출력 포트를 갖는다.

우리의 필터 아키텍처 예에는 세 필터(복호화, 인증, 중복 제거 필터) 컴포넌트와 이들을 연결하는 두 파이프(즉, 복호화 컴포넌트로 메시지를 전송하는 파이프와 중복 제거 컴포넌트에서 주문 관리 시스템으로 정제된 주문 메시지를 전송하는 파이프)가 사용된다(그림 참조).

파이프 필터는 메시징 시스템의 기본 아키텍처 스타일이다. 개별 처리 단계(필터)는 메시징 채널(파이프)을 거쳐 서로 연결된다. 이 절과 다음 절에 등장하는 많은 패턴(라우팅, 변환 등)은 파이프 필터 아키텍처 스타일을 기반으로 한다. 이렇게 개별 패턴들을 결합하면 쉽게 더 큰 해결책을 만들 수 있다.

파이프 필터 스타일은 추상 파이프를 사용해 컴포넌트들을 분리한다. 컴포넌트가 메시지를 파이프로 전송하면 다른 프로세스의 컴포넌트는 파이프에서 메시지를 소비한다. 컴포넌트들은 서로가 상대방을 알지 못해도 상관없다. 파이프는 *메시지 채널*(p118)로 구현한다. *메시지 채널*(p118)은 필터에 언어, 플랫폼, 위치의 독립성을 제공한다. 메시지 채널을 이용하면 처리 단계(필터)를 다른 컴퓨터로 이동시킬 수도 있다. 처리 단계를 다른 컴퓨터에 두는 이유는 의존성, 유지보수, 성능상 필요하기 때문이다. 그리고 모든 컴포넌트가 동일 시스템에서 동작하면 메시징 인프라의 *메시지 채널*(p118)은 상당히 무거워질 수 있다. 이런 경우 파이프를 간단한 메모리 큐로 구성하면 더 효율적이다. 따라서 컴포넌트 통신을 설계할 때는 파이프 인터페이스를 추상화해야 한다. 이렇게 인터페이스를 추상적으로 구현하면 *메시지 채널*(p118)과 메모리 큐를 필요에 따라 교체할 수 있게 된다. *메시징 게이트웨이*(p536)는 이런 유연성을 컴포넌트에 설계하는 방법을 설명한다.

파이프 필터 아키텍처의 잠재적인 단점 중 하나는 필요한 채널의 수가 많아진다는 점이다. 채널은 유한한 자원이다. 채널은 버퍼링과 기타 기능을 위해 메모리와 CPU 사이클을 소비한다. 채널에 메시지를 게시하는 과정도 비용을 발생시킨다. 데이터가 애플리케이션 내부 포맷에서 메시징 인프라 포맷으로 변환되기 때문이다. 수신 단에서는 이 과정이 반대로 일어난다. 메시지가 필터들을 많이 거치는 경우, 반복되는 메시지 변환으로 발생하는 성능 손해가 유연성이 주는 이익보다 클 수 있다.

순수한 형태의 필터는 하나의 입력 포트와 하나의 출력 포트를 가지지만, *메시징*(p111)을 이용하면 이 속성의 유연성을 약간 더할 수 있다. 컴포넌트는 하나 이상의 채널에서 메시지를 소비할 수 있고, 하나 이상의 채널(*메시지 라우터*(p136) 참조)에 메시지를 게시할 수 있다. 마찬가지로 여러 필터 컴포넌트들이 하나의 *메시지 채널*(p118)에서 메시지를 소비할 수 있다. *포인트 투 포인트 채널*(p161)는 하나의 필터 컴포넌트가 메시지를 소비하게 한다.

파이프 필터를 이용하면 테스트가 쉬워진다. 이는 종종 간과되는 장점이다. 개별 처리 단계로 *테스트 메시지*(p124)를 전송하고 결과 메시지와 예상 결과를 비교하는 테스트를 진행할 수 있다. 격리된 환경에서는 테스트 메커니즘 조정이 쉽기 때문에, 핵심 기능은 격리된 환경에서 테스트하고 디버깅하는 것이 더 효율적이다. 예를 들어 암호화/복호화 기능을 테스트하려면, 임의의 데이터를 포함하는 수많은 테스트 메시지들을 암호화/복호화 기능에 전달할 수 있다. 각 메시지는 암호화되고 복호화된 후 원본과 비교된다. 한편 인증 테스트를 위해서는 시스템에 알려진 사용자의 인증 코드를 메시지에 포함시켜야 한다.

파이프라인 처리

비동기 *메시지 채널*(p118)에 연결되는 컴포넌트들은 스레드나 프로세스 단위로 운영된다. 각 단위는 메시지 처리를 완료하면 출력 채널에 메시지를 전송하고 즉시 다른 메시지 처리를 시작한다. 각 단위는 전송된 메시지를 읽어 처리하는 다음 컴포넌트를 기다릴 필요가 없다. 이런 특성으로 메시지들은 개별 단계들에서 동시에 처리될 수 있다. 예를 들어 첫 번째 메시지가 복호화된 후, 메시지는 인증 컴포넌트에 전달되고, 동시에 다음 메시지가 복호화 된다(그림 참조). 액체가 파이프를 거쳐 흐르는 것처럼 메시지도 필터를 거쳐 흐르기 때문에, 이런 구성을 처리 파이프라인^processing pipeline이라 부른다. 처리 파이프라인을 사용하면 엄격한 순차적 처리보다 시스템 처리량을 크게 증가시킬 수 있다.

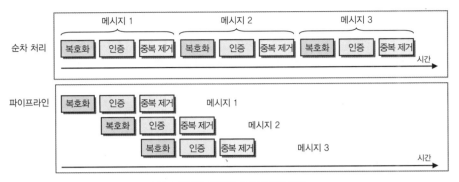

파이프 필터를 이용한 파이프라인 처리

병렬 처리

그럼에도 불구하고 전체 시스템 처리량은 처리 체인의 가장 느린 과정에 영향을 받는다. 처리량을 개선하기 위해 해당 처리를 여러 병렬 인스턴스들에 맡길 수 있다. 이를 위해서는 포인트 투 포인트 채널(p161)과 경쟁 소비자^{Competing Consumers}(p644)가 필요하다. 경쟁 소비자(p644) 패턴은 채널 위에 메시지를 N개의 가용 프로세서 중 정확히 하나가 소비하게 한다. 이렇게 하면 시간 집약적인 작업의 처리 시간을 단축시키고 전체 처리량을 증가시킬 수 있다. 단 이 구성으로 메시지의 순서가 뒤바뀔 수 있다. 메시지의 순서가 중요하면 컴포넌트 인스턴스를 하나만 실행하거나 리시퀀서(p409)를 사용한다.

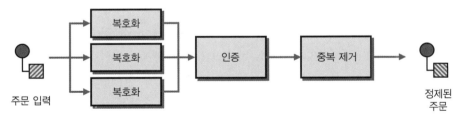

병렬 처리를 이용한 처리 능력 향상

예를 들어 메시지 복호화가 메시지 인증보다 훨씬 느리다고 가정해 보자. 이 경우 그림처럼 복호화 컴포넌트를 세 개의 병렬 인스턴스로 실행할 수 있다. 병렬 필터는 각 필터가 상태 비저장^{stateless}인 경우 가장 잘 작동한다. 상태 비저장 필터는 메시지 처리 전, 후 필터의 상태가 동일한 필터를 말한다. 그러므로 중복 제거 컴포넌트는 병렬로 실행될 수 없다. 즉, 상태 비저장 필터가 아니다. 중복 제거 컴포넌트는 이미 도착한 모든 메시지의 이력을 유지해야 하기 때문이다.

파이프 필터의 역사

파이프 필터 아키텍처는 새로운 개념이 아니다. 유연성과 높은 처리량이 결합된 이 아키텍처는 간단하고 우아하므로 쉽게 인기를 얻었다. 이 간단한 의미론은 아키텍처를 설명하는 공식적인 방법으로도 사용될 수 있다.

[Kahn]은 1974년에 칸 프로세스 네트워크^{Kahn Process Networks}를 경계 없는 FIFO^{First-In, First-Out} 채널로 연결된 병렬 프로세스들의 집합으로 설명했다. [Garlan]은 파이프 필터를 포함해 다양한 아키텍처 스타일들을 훌륭히 설명한다. [Monroe]는 아키텍처 스타일과 디자인 패턴 사이 관계를 자세히 다룬다. [PLoPD1]은 [POSA]에 포함되어 파이프 필터 패턴에 대한 기초를 형성한 레지니 머니어^{Regine Meunier}의 '파이프 필터 아키텍처'에 대한 설명을 포함한다. 통합과 관련해 거의 모든 파이프 필터들의 구현은 [POSA]에 설명된 '시나리오 IV'를 따른다. 여기에서 필터는 큐 파이프로부터 당기고^{pull}, 작업을 처리하고, 큐 파이프로 미는^{push} 일을 한다. [POSA]에 설명된 패턴은 필터들을 통과하는 각 요소는 같은 처리 단계를 거친다고 가정한다. 이것은 일반적인 통합 시나리오는 아니다. 일반적으로 메시지는 메시지 내용이나 외부 제어에 따라 동적으로 라우팅된다. 사실 라우팅은 기업 통합에 일반적으로 등장하는 패턴이다. *메시지 라우터*(p136)는 라우팅을 보증한다.

어휘

파이프 필터 아키텍처를 논의할 때 필터란 용어에 주의해야 한다. 다시 말해 파이프 필터 패턴은 필터란 단어를 포함하지만 필터링 기능(예를 들면 필드나 메시지를 제거하는)을 꼭 수행하는 것은 아니다. 파이프 필터의 이름을 변경해 이런 혼란을 피할 수도 있었지만, 파이프 필터는 새로운 이름을 짓는 것이 더 혼란스러울 정도로 이미 널리 사용되는 아키텍처 스타일의 중요 개념이다. 나중에 메시지 필터(Message Filter)(p298)와 내용 필터(Content Filter)(p405)가 추가로 정의될 것이다. 이 두 필터는 일반 필터(generic filter)가 아닌 특별 필터다. 파이프 필터 패턴의 필터는 일반 필터를 말하고, 메시지 필터(p298)/내용 필터(p405)의 필터는 메시지를 필터링하는 특별한 필터를 말한다. 우리는 필터란 단어가 명확하게 사용될 수 있게 노력할 것이다. 혼란스러운 곳에서는, 일반 필터를 컴포넌트²로 부를 것이다. 컴포넌트는 혼란스럽지 않은 (종종 너무 남용되는) 일반적인 용어다.

---

2 일반 필터(generic filter)를 컴포넌트(component)로 부른다는 것을 잊지 말자. 즉, 컴포넌트는 일반적인 처리 단위를 말한다. 계속 등장하는 중요한 용어다. – 옮긴이

파이프 필터는 통신 순차 프로세스^{CSPs, Communicating Sequential Processes}의 개념과 유사한 점들이 있다. 1978년 호어^{Hoare}가 소개한 CSPs는 병렬 처리 시스템에서 발생하는 동기화 문제를 설명하는 간단한 모델을 제공한다[CSP]. CSPs의 기본 메커니즘은 입출력(I/O)을 통한 두 프로세스의 동기화다. 프로세스 A는 프로세스 B에 출력할 준비가 되고, 프로세스 B는 프로세스 A의 입력을 받을 준비가 됐을 때, I/O가 발생한다. 두 프로세스 중 한 프로세스만 조건을 만족하면, 조건을 만족한 프로세스는 다른 프로세스가 조건을 만족할 때까지 대기 큐에 놓인다. CSPs는 느슨하게 결합되지 않고, '파이프'는 큐 메커니즘을 제공하지 않는다는 점에서 통합 솔루션과 다르다. 그럼에도 불구하고, 학계에서 진행된 CSPs의 다양한 경험은 우리에게 많은 도움이 됐다.

예 C#과 MSMQ를 이용한 간단한 필터

다음 코드는 입력 포트와 출력 포트를 하나씩 갖는 필터의 제네릭 기본 클래스를 보여준다. 이 클래스는 수신된 메시지 본문을 출력하고 메시지를 다시 출력 포트로 전송한다. 조금 더 흥미로운 필터로 만들려면, Processor 클래스를 상속해 ProcessMessage 메소드를 재정의한다. 다시 말해 재정의된 ProcessMessage 메소드에서 메시지 내용을 변환하거나 메시지를 다른 출력 채널로 라우팅하는 등의 추가 작업을 수행한다.

Processor는 생성자에서 입력 및 출력 채널을 참조로 입력받는다. 다시 말해 필터 클래스는 생성 시 임의의 채널에 연결된다. 그 결과 필터들은 여러 인스턴스로 생성될 수 있고, 각 인스턴스를 임의의 순서나 위치에 배치될 수 있다.

```csharp
using System;
using System.Messaging;

namespace PipesAndFilters
{
    public class Processor
    {
        protected MessageQueue inputQueue;
        protected MessageQueue outputQueue;

        public Processor (MessageQueue inputQueue, MessageQueue outputQueue)
        {
            this.inputQueue = inputQueue;
            this.outputQueue = outputQueue;
        }
```

```
public void Process()
{
    inputQueue.ReceiveCompleted +=
    new ReceiveCompletedEventHandler(OnReceiveCompleted);
    inputQueue.BeginReceive();
}

private void OnReceiveCompleted(Object source, ReceiveCompletedEventArgs
asyncResult)
{
    MessageQueue mq = (MessageQueue)source;

    Message inputMessage = mq.EndReceive(asyncResult.AsyncResult);
    inputMessage.Formatter = new XmlMessageFormatter
      (new String[] {"System.String,mscorlib"});
    Message outputMessage = ProcessMessage(inputMessage);

    outputQueue.Send(outputMessage);

    mq.BeginReceive();
}

protected virtual Message ProcessMessage(Message m)
{
    Console.WriteLine("Received Message: " + m.Body);
    return (m);
}
   }
}
```

이 구현은 *이벤트 기반 소비자*^{Event-Driven Consumer}(p567)다. Process 메소드는 메시지 수신을 등록해 메시징 시스템이 메시지가 도착할 때마다 OnReceiveCompleted 메소드를 호출하게 지시한다. OnReceiveCompleted 메소드는 수신한 이벤트 객체에서 메시지 데이터를 추출하고 virtual 메소드인 ProcessMessage를 호출한다.

이 필터 예는 트랜잭션은 지원하지 않는다. 메시지(출력 채널로 전송되기 전)를 처리하는 동안 오류가 발생하면 메시지를 잃어버리게 된다. 일반적인 운영 환경에서 이런 현상은 바람직하지 않다. 이 문제에 대한 해결책은 *트랜잭션 클라이언트*^{Transactional Client}(p552)를 참조한다.

메시지 라우터(Message Router)

파이프 필터(p128) 체인을 구성하는 처리 단계들은 메시지 채널(p118)로 연결된다.

개별 처리 단계들의 결합을 제거해 메시지를 조건에 따라 서로 다른 필터로 전달할 수 있게 하려면 어떻게 해야 할까?

파이프 필터(p128) 아키텍처 스타일은 고정된 파이프로 필터들을 직접 연결한다. 이런 방법은 파이프 필터(p128) 패턴은 애플리케이션들(예: [POSA])이 데이터 항목들로 구성된 데이터 집합에 기반할 때 의미를 갖는다. 애플리케이션은 데이터 항목 집합들을 각 처리 단계들로 순차적으로 거치게 한다. 예를 들어 컴파일러는 항상 첫째, 구문을 분석하고 둘째, 어휘를 분석하고 마지막으로, 의미론을 분석한다. 반면 메시지 기반 통합 솔루션의 개별 메시지들은 이들을 구성하는 더 큰 규모의 데이터 집합과 연관되지 않는다. 그러므로 메시지들은 각각 서로 다른 처리 단계를 지나야 할 경우가 빈번하다.

메시지 채널(p118)은 메시지(p124) 발신자와 수신자 사이 결합을 제거한다. 이것은 여러 애플리케이션이 메시지(p124)들을 한 메시지 채널(p118)로 게시할 수 있다는 것을 의미한다. 그 결과 메시지 채널(p118)은 출처가 다른 메시지들을 포함할 수 있다. 그러므로 출처가 다른 메시지들은 메시지의 형식이나 기타 조건에 따라 달리 처리돼야 한다. 이를 위한 방법으로 메시지 형식(이 개념은 데이터 형식 채널(p169)에서 자세히 설명함)마다 별도의 메시지 채널(p118)을 생성하고 생성된 채널을 필요한 처리 단계에 연결할 수 있을 것이다. 그러나 이 경우 게시자는 단계들의 연결 경로를 미리 알고 있어야 올바른 채널로 메시지를 게시할 수 있을 것이다. 즉, 모든 게시자는 메시지가 통과하는 단계들의 경로를 미리 알고 있어야 한다. 결과적으로 엄청난 수의 메시지 채널(p118)이 필요할 수 있다. 더 나아가 메시지가 통과할 단계의 결정에 메시지의 출처 외의 정보가 사용될 수 있다. 예를 들어 메시지의 목적지가 지금까지 채널을 통과한 메시지 수에 따라 달라지는 상황이 있을 수 있다. 이 경우 발신자는, 채널을 통과한 메시지 수를 알지 못해, 어떤 채널로 메시지를 전송해야 할지 알 수 없게 된다.

　메시지 채널(p118)은 매우 기본적인 형태의 라우팅 기능을 제공한다. 애플리케이션은 *메시지*(p124)의 목적지를 모르는 상태로 *메시지*(p124)를 *메시지 채널*(p118)로 게시한다. 따라서 *메시지*(p124)의 경로는 *메시지 채널*(p118)을 구독하는 컴포넌트에 따라 변경될 수 있다. 이런 방식의 '라우팅'은 메시지의 개별적인 속성을 고려하지 않는다. *메시지 채널*(p118)을 구독하는 컴포넌트는 메시지의 개별적인 속성에 관계없이 채널 위의 메시지들을 모두 소비한다. 이 방식은 유닉스에서 텍스트 파일의 처리를 위해 파이프 기호를 사용하는 것과 비슷하다. 파이프 기호를 사용하면 프로세스들을 연속되는 *파이프 필터*(p128)들로 구성하는 것이 가능하지만, 이 경우 파일 안에 텍스트 행들은 모두 동일한 처리 단계를 거친다.

　우리는 공통 *메시지 채널*(p118)에 도착한 메시지의 처리 여부를 결정하는 수신 컴포넌트를 만들 수 있다. 그러나 이 방법도 문제가 있다. 원하지 않는 메시지를 수신한 컴포넌트가 이 메시지를 다른 컴포넌트가 수신할 수 있게 다시 채널로 되돌려 보낼 수 없기 때문이다. 일부 메시징 시스템은 수신자가 메시지의 소비 여부를 결정할 수 있게 채널에서 메시지를 제거하지 않고도 메시지 속성을 검사할 수 있게 하는 기능을 제공한다. 그러나 일반적으로 메시징 시스템은 이런 기능을 제공하지 않는다. 컴포넌트는 특정 형식의 메시지를 수신할 수 있을 뿐이다. 도리어 이 기능은 컴포넌트의 재사용성을 제약하고 *파이프 필터*(p128) 모델의 장점인 조합 능력도 떨어뜨릴 수 있다.

　이런 대안들은 요구를 충족시키기 위해 참여한 컴포넌트들을 수정할 수 있다고 가정한다. 그러나 일반적으로 통합 솔루션의 빌딩 블록(컴포넌트)들은 수정이 불가능한 애플리케이션들이다. 이들은 대부분 패키지 애플리케이션들이거나 기존 애플리케이션들이기 때문이다. 이런 상황에서 메시지를 생산하거나 소비하기 위해 메시징 시스템이나 다른 애플리케이션의 요구에 따라 애플리케이션들을 수정하기는 비경제적이거나 불가능하다.

　파이프 필터(p128)의 장점 중 하나는 컴포넌트들을 조합할 수 있다는 점이다. 이 능력으로 기존 컴포넌트를 변경하지 않고도 필터 체인에 단계들을 추가할 수 있다. 두 필터 사이에 추가된 필터는 다음 실행 단계를 결정할 수 있다.

특별한 필터인 메시지 라우터(Message Router)를 추가한다. 메시지 라우터는 메시지 채널에서 메시지를 소비하고 조건에 따라 메시지를 다른 메시지 채널로 다시 게시한다.

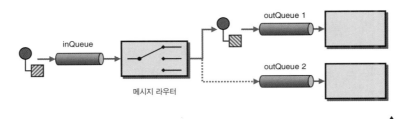

메시지 라우터

메시지 라우터는 기본적으로 여러 출력 채널들(즉, 하나 이상의 출력 포트들)에 연결된다는 점에서 *파이프 필터*(p128)의 개념과 다르다. 그럼에도 불구하고 컴포넌트들은 *파이프 필터*(p128) 아키텍처 덕분에 자신들과 연결된 메시지 라우터의 존재를 전혀 모르게 된다. 컴포넌트들은 하나의 채널에서 메시지를 소비하기만 하고 다른 채널로 게시한다. 메시지 라우터는 메시지 내용은 수정하지 않고 메시지의 목적지만 결정한다.

메시지 라우터 사용의 주요 장점은 메시지의 목적지 결정 기준이 단일 위치에서 유지된다는 점이다. 메시지 형식이 새로 정의된 경우, 처리 컴포넌트를 추가하고 메시지 라우터의 라우팅 규칙을 변경하면 된다. 이 과정에서 다른 컴포넌트들은 영향을 받지 않는다. 또한 모든 메시지가 같은 메시지 라우터를 통과하므로, 메시지들의 처리 순서도 보장된다.

필터들의 결합을 제거하기 위해 메시지 라우터를 사용하지만, 반대로 메시지 라우터를 사용하면 역효과가 일어날 수도 있다. 메시지 라우터 컴포넌트는 올바른 채널로 메시지를 전송하기 위해 접근 가능한 목적지의 채널 정보들을 모두 가지고 있어야 한다. 그러므로 목적지 목록이 자주 변경되는 경우 메시지 라우터의 유지보수가 어려울 수 있다. 이런 경우엔 개별 수신자들에게 메시지 수신을 결정하게 하는 편이 더 효과적이다. 즉, *게시 구독 채널*(p164)과 연속되는 *메시지 필터*(p298)들을 사용하는 것이 더 효과적이다. 이 둘을 각각 예측 라우팅predictive routing과 반응 필터링reactive filtering이라 부른다(더 자세한 비교는 7장, '메시지 라우팅'의 *메시지 필터*(p298) 참조).

메시지 라우터를 사용하면 처리 단계가 추가되므로 성능이 저하될 수 있다. 메시지 기반 시스템은 채널에서 메시지를 수신하고, 메시지를 해석하고, 다른 채널로 메시지를 게시한다. 이 과정에서 메시지에 아무런 변경이 없더라도 메시지의 해석 등에 따른 오버헤드가 일어난다. 이와 같은 오버헤드는 메시지 라우터에 성능 병목을 일으킬 수 있다. 이 문제는 여러 라우터를 병렬로 사용하거나 하드웨어를 추가해 최소화할 수 있다. 이 경우 메시지 처리량(단위 시간당 처리된 메시지 수)은 늘어나더라도 오버헤드에 따른 지연(메시지가 시스템을 여행한 시간)은 여전히 존재한다.

좋은 도구들이 그런 것처럼, 메시지 라우터도 남용될 수 있다. 메시지 라우터의 의도적 사용은 느슨한 결합의 장점을 단점으로 바꿀 수 있다. 느슨하게 결합된 시스템의 '큰 그림'이 이해하기 어려워질 수 있다. 큰 그림이란 시스템을 경유하는 메시지의 전체 흐름을 말한다. 이것은 메시징 솔루션이 가진 일반적인 문제지만 라우터를 사용하면 더 악화될 수 있다. 모든 것이 느슨하게 결합되면 메시지가 실제 어떤 방향으로 흘러가는지 이해하기 어려워진다. 이것은 테스트와 디버깅, 유지보수를 복잡하게 할 수 있다. 이 문제는 다른 해결책들로 완화시킬 수 있다. 우선 실행 중에 메시지가 통과하는 컴포넌트들을 확인할 수 있게 해주는 *메시지 이력*Message History(p623)을 사용할 수 있다. 또는 시스템의 각 컴포넌트가 구독 또는 게시하는 모든 채널 목록을 모을 수 있다. 이런 정보들을 이용하면 메시지가 지나는 컴포넌트들의 경로를 그래프로 그릴 수 있다. 일반적으로 EAI 패키지들은 중앙 저장소에 채널 구독 정보를 유지해 이런 유형의 정적 분석을 쉽게 한다.

변종 메시지 라우터

메시지 라우터는 다양한 기준을 사용해 메시지의 출력 채널을 결정할 수 있다. 가장 간단한 경우는 고정 라우터fixed router다. 이 경우에는 단일 입력 채널과 단일 출력 채널이 정의된다. 고정 라우터는 메시지를 입력 채널에서 소비하고 출력 채널로 게시한다. 도대체 왜 이런 머리 나쁜 라우터를 사용할까? 고정 라우터는 시스템 사이 의존 관계를 제거해, 나중에 더욱 지능적인 라우터로 대체할 수 있게 해준다. 고정 라우터는 통합 솔루션들 사이에서 메시지 릴레이를 담당할 수도 있다. 일반적으로 고정 라우터는 메시지 내용을 변환하는 *메시지 변환기*(p143)나 다른 채널 형식으로 메시지를 전송하는 *채널 어댑터*(p185)와 결합된다.

일반적으로 메시지 라우터는 메시지에 포함된 속성에 따라 메시지의 목적지를 결정한다. 예를 들어 이 속성은 메시지 형식이나 메시지의 특정 필드 값 같은 것들이다. 이 라우터를 *내용 기반 라우터*(p291)라 부른다. 이 라우터는 범용적인 라우터이므로 *내용 기반 라우터*(p291) 패턴에서 더 자세히 설명할 것이다.

어떤 메시지 라우터는 조건에 따라 메시지의 목적지를 결정한다. 이런 라우터는 상황 기반 라우터$^{context-based\ router}$라 부른다. 이 라우터는 부하 분산이나 테스트, 장애 조치 등의 기능을 수행하는 데 주로 사용된다. 예를 들어 컴포넌트의 고장을 확인한 상황 기반 라우터는 다른 컴포넌트로 메시지를 우회시킬 수 있다. 이 방식으로 상황 기반 라우터는 장애 복구 기능을 제공한다.

어떤 라우터는 채널들에 균등하게 메시지 흐름을 분할해 부하 분산기와 유사한 병렬 처리를 달성하게 한다. 반면 *메시지 채널*(p118)에 *경쟁 소비자*(p644)들을 사용하는 경우 최대한 빨리 메시지를 소비하게 할 수 있으므로, 메시지 라우터를 사용하지 않는 *메시지 채널*(p118)도 부하 분산 기능을 제공하게 할 수 있다. 그럼에도 불구하고 메시지 라우터는 채널이 제공하는 간단한 라운드 로빈$^{round-robin}$ 방식보다 조금 더 지능적인 방식의 라우팅 규칙을 사용할 수 있다.

일반적으로 메시지 라우터는 상태 비저장이다. 즉, 라우팅을 결정하기 위해 한 번에 하나의 메시지만 조사한다. 어떤 라우터는 라우팅을 결정하기 위해 이전 메시지들의 내용을 참조하기도 한다. *파이프 필터*(p128) 예에서는 이미 수신한 모든 메시지의 목록을 유지해 메시지의 중복을 제거하는 라우터를 사용했다. 이런 라우터는 상태 저장^{stateful}이다.

일반적으로 메시지 라우터는 라우팅을 결정하는 로직이 하드코딩된다. 그러나 어떤 변종 라우터는 *제어 버스*(p612)와 연결된다. 제어 버스와 라우터를 연결하면 코드의 변경 없이 또는 메시지 흐름의 방해 없이 중앙에서 라우팅의 결정 기준을 변경할 수 있다. 예를 들어 *제어 버스*(p612)는 시스템의 모든 메시지 라우터들에 전역 변수 값을 전파할 수 있다. 예를 들어 이 기능은 메시징 시스템을 테스트 모드에서 운영 모드로 전환하는 경우에 매우 유용할 수 있다. *동적 라우터*(p304)는 잠재적인 수신자로부터 수신한 제어 메시지에 따라 라우팅 기준을 동적으로 결정한다.

7장, '메시지 라우팅'에서는 다양한 변종 메시지 라우터들을 소개한다.

예 상용 EAI 도구

메시지 라우터의 개념은 대부분의 상용 EAI 도구에 포함된 *메시지 브로커*^{Message} ^{Broker}(p384)의 핵심 개념이다. 이 도구들은 메시지를 수신하고, 검증하고, 변형하고, 올바른 목적지로 라우팅한다. 이 아키텍처에서 *메시지 브로커*(p384)는 애플리케이션들이 서로를 알아야 하는 필요성을 완화시켜준다. 대부분의 애플리케이션들은 패키지나 기존 애플리케이션들이고 통합은 비침입적이어야 하므로, 이것은 기업 통합의 핵심 기능이다. 비침입적이란 말은 '애플리케이션 코드를 변경하지 않고도'란 말이다. 따라서 미들웨어는 애플리케이션들로부터 라우팅 로직들을 모두 모아야 한다. *메시지 브로커*(p384)는 [GoF]의 중재자^{Mediator} 패턴에 상응하는 통합 패턴이다.

예 C#과 MSMQ를 이용한 간단한 라우터

이 코드 예는 간단한 조건에 따라 둘 중 한 출력 채널로 수신한 메시지를 라우팅하는 간단한 라우터를 보여준다.

```
class SimpleRouter
{
    protected MessageQueue inQueue;
    protected MessageQueue outQueue1;
    protected MessageQueue outQueue2;

    public SimpleRouter(MessageQueue inQueue, MessageQueue outQueue1, MessageQueue
outQueue2)
    {
        this.inQueue = inQueue;
        this.outQueue1 = outQueue1;
        this.outQueue2 = outQueue2;

        inQueue.ReceiveCompleted += new ReceiveCompletedEventHandler
            (OnMessage);
        inQueue.BeginReceive();
    }

    private void OnMessage(Object source, ReceiveCompletedEventArgs asyncResult)
    {
        MessageQueue mq = (MessageQueue)source;
        Message message = mq.EndReceive(asyncResult.AsyncResult);

        if (IsConditionFulfilled())
```

```
        outQueue1.Send(message);
    else
        outQueue2.Send(message);

    mq.BeginReceive();
}

protected bool toggle = false;

protected bool IsConditionFulfilled ()
{
    toggle = !toggle;
    return toggle;
}

}
```

코드는 비교적 간단하다. *파이프 필터*(p128)에서 설명한 간단한 필터처럼 SimpleRouter 클래스는 C#의 *대리자*[delegate]를 사용해 *이벤트 기반 소비자*(p567)를 구현한다. 생성자는 inQueue에 도착한 메시지를 처리하는 핸들러로 OnMessage 메소드를 등록한다. 이 등록으로 닷넷 프레임워크는 inQueue에 메시지가 도착하면 OnMessage 메소드를 호출한다. OnMessage 메소드는 IsConditionFulfilled 메소드를 호출해 메시지 라우팅 경로를 확인한다. IsConditionFulfilled는 두 채널을 번갈아 리턴해 outQueue1과 outQueue2로 메시지들을 균등하게 나눈다. 코드를 최소화하기 위해, 이 간단한 라우터는 트랜잭션을 지원하지 않는다. 다시 말해 입력 채널에서 메시지를 소비하고 출력 채널로 메시지를 게시하기 전에 라우터가 다운되면 메시지는 손실된다. *트랜잭션 클라이언트*(p552)는 엔드포인트를 트랜잭션으로 만드는 방법을 설명한다.

메시지 변환기(Message Translator)

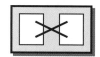

이전 패턴들은 메시지를 올바른 목적지까지 라우팅하는 방법들을 설명했다. 기업 통합 솔루션은 기존 애플리케이션들 사이에서 메시지를 라우팅한다. 기존 애플리케이션이란 기존 시스템, 패키지 애플리케이션, 자체 개발 애플리케이션, 외부 협력사의 애플리케이션 같은 것들이다. 일반적으로 이런 애플리케이션들은 각자가 독점적인 데이터 모델을 사용한다. 고객을 정의하는 속성들과 관련 개체들로 이뤄진 고객 개체에 대한 개념이 애플리케이션마다 서로 조금씩 다를 수 있다. 예를 들어 계정 시스템은 고객의 납세자 아이디에 관심이 있는 반면, 고객 관계 관리^{CRM} 시스템은 전화번호와 주소를 저장한다. 일반적으로 데이터 모델은 물리적 데이터베이스 스키마, 인터페이스 파일 포맷, 애플리케이션 프로그래밍 인터페이스^{API} 등의 설계를 이끈다. 통합 솔루션은 이런 개체들과 인터페이스해야 한다. 애플리케이션은 일반적으로 자신의 내부 데이터 포맷에 맞는 메시지를 수신하려고 한다.

통합 솔루션은 독점 데이터 모델 및 독점 데이터 포맷을 가진 애플리케이션들뿐만 아니라 표준 데이터 포맷을 가진 외부의 비즈니스 파트너들과도 상호작용해야 한다. 수많은 컨소시엄과 표준 단체들이 이런 프로토콜들을 정의한다. 예를 들어 RosettaNet, ebXML, OAGIS, 기타 여러 산업별 컨소시엄들이다. 대부분의 경우 통합 솔루션의 내부 시스템들은 독점적 포맷에 기반할지라도 외부 파트너와는 '표준' 데이터 포맷을 사용해 통신할 수 있어야 한다.

> 서로 다른 데이터 포맷을 사용하는 시스템들이 메시징을 사용해 통신하려면 어떻게 해야 할까?

모든 애플리케이션을 수정해 공통의 데이터 포맷을 사용하게 할 수 있다면 메시지 변환은 필요 없을 것이다. 이것은 여러 가지 이유로 불가능하다(공유 데이터베이스(p105) 참조). 우선 애플리케이션의 데이터 포맷을 변경하기 어렵고 위험하며, 이 경우에 고유 비즈니스 기능도 많이 변경해야 한다. 기존 애플리케이션의 경우 데이터 포맷의 변경이 경제적이지 않을 수 있다. 우리는 모두 Y2K 문제를 안다. Y2K 문제에서 변경 범위는 고작 제한된 크기의 단일 필드였을 뿐이다!

애플리케이션들이 같은 이름과 같은 포맷의 데이터 필드를 사용하더라도 데이터 필드의 물리적 표현은 매우 다를 수 있다. 예를 들어 어떤 애플리케이션은 XML 문서를 사용하는 반면 어떤 애플리케이션은 코볼^{COBOL} 카피북^{copybook}을 사용할 수 있다.

게다가 애플리케이션의 상대가 되는 애플리케이션의 형식에 맞게 자신의 데이터 포맷을 조정하면, 두 애플리케이션들은 서로 더 단단하게 결합된다. 기업 통합의 주요 아키텍처 원리 중 하나는 애플리케이션 사이 느슨한 결합이다(*정규 데이터 모델* (p418) *참조*). 애플리케이션이 자신의 데이터 포맷을 다른 애플리케이션의 데이터 포맷으로 수정하는 일은, 애플리케이션들이 서로의 내부 표현을 직접적으로 의존하는 것이므로 이 원칙에 위배된다. 이것은 다른 애플리케이션에 영향을 주지 않고 애플리케이션을 대체 또는 변경할 수 있는 가능성(기업 통합의 일반적인 시나리오)을 없앤다.

데이터 포맷 변환을 *메시지 엔드포인트*(p153)에 직접 넣을 수도 있다. 이 방법을 사용하면 애플리케이션들은 내부 데이터 포맷이 아닌 공통 데이터 포맷으로 메시지를 게시하고 소비할 수 있다. 그러나 이 방법은 엔드포인트 코드에 대한 수정을 필요로 하므로 패키지 애플리케이션의 경우에는 적합하지 않다. 게다가 엔드포인트에 하드코딩을 추가해 데이터 포맷을 변환하면 코드의 재사용성마저 떨어뜨린다.

필터나 애플리케이션들 사이에 특별한 필터인 메시지 변환기(Message Translator)를 사용해 데이터 포맷을 변환한다.

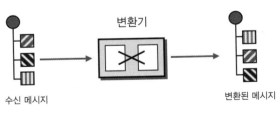

메시지 변환기는 [GoF]의 어댑터^{Adapter} 패턴에 상응하는 메시징 패턴이다. 어댑터는 다른 컴포넌트에서도 인터페이스를 사용할 수 있게 인터페이스를 다른 컴포넌트의 인터페이스로 변환한다.

변환 수준

다양한 계층에서 메시지를 변환해야 한다. 예를 들어 공유되는 데이터 엘리먼트들은 이름과 데이터 형식은 같더라도 데이터 표현은 다를 수 있다.(예: XML 파일, CSV 파일, 고정 길이 필드 파일). 데이터 엘리먼트들은 같은 XML 포맷으로 표현되더라도 태그 이름들은 달리 사용될 수 있다. 변환은 다음과 같은 계층들에서 발생한다(OSI 참조 모델 차용).

계층	처리 대상	변환 요구 (예)	도구/기법
데이터 구조 (애플리케이션 계층)	개체, 연관성, 카디널리티 (cardinality)	다대다 관계를 축약 집계한다.	구조 매핑 패턴, 커스텀 코드
데이터 형식	필드 이름, 자료형, 값 도메인, 제약 조건, 코드 값	ZIP 코드를 숫자에서 문자열로 변환한다. 이름 필드와 성 필드를 하나의 이름 필드로 만든다. 미국의 주 이름을 두 문자 코드로 바꾼다.	EAI 시각적 변환 편집기, XSL, 데이터베이스 조회, 커스텀 코드
데이터 표현	데이터 포맷(XML, 이름/값 쌍, 고정 길이 데이터 필드, EAI 업체 독자 포맷 등) 문자 집합(ASCII, UniCode, EBCDIC) 암호화/압축	데이터 표현을 해석해 다른 포맷으로 바꾼다. 필요에 따라 암호화/ 복호화한다.	XML 파서, EAI 파서, 렌더링 도구, 커스텀 API
전송	통신 프로토콜: TCP/IP 소켓, HTTP, SOAP, JMS, 팁코 랑데부	메시지 내용에 영향 없이 프로토콜을 사용해 데이터를 이동시킨다.	채널 어댑터(p185), EAI 어댑터

변환 '스택'의 하단에 있는 전송 계층Transport layer은 시스템들 사이 데이터 전송을 담당한다. 전송 계층은 네트워크로 데이터를 전송하고 데이터 패킷 손실과 기타 네트워크 오류를 처리한다. 일부 EAI 업체들은 독자적인 전송 프로토콜(예: 팁코 랑데부 TIBCO RendezVous)을 제공한다. 반면 대부분의 통합 기술들은 TCP/IP 프로토콜을 활용한다(예: SOAP). *채널 어댑터*(p185)는 전송 계층에서 변환을 제공한다.

데이터 표현 계층Data Representation layer은 구문 계층syntax layer이라고도 한다. 이 계층에서는 전송되는 데이터의 표현을 정의한다. 전송 계층에서는 문자열이나 바이트 스트림을 전송하므로 이런 변환이 필요하다. 이것은 복잡한 데이터 구조를 문자열로 변환해야 한다는 것을 의미한다. 일반적으로 XML, 고정 길이 필드(예: EDI 레코드), 기업 독자 포맷 등을 변환한다. 필요한 경우 데이터는 압축 또는 암호화되기도 하고 검사 숫자^{check digit}나 디지털 인증서를 포함하기도 한다. 상대 시스템은 수신한 데이터를 복호화하거나 압축을 풀거나 파싱해 새 데이터 표현으로 변환한다. 이 데이터는 다시 압축 또는 암호화될 수 있다.

데이터 형식 계층^{Data Types layer}은 애플리케이션 (도메인) 모델에 기반한 애플리케이션 데이터 형식을 정의한다. 이곳에서는 날짜 필드에 문자열이나 원시 날짜형 구조 중 어떤 표현을 사용할지, 날짜 필드에 표준시 항목을 포함할지와 같은 것들을 결정한다. 우편 번호 필드에 미국 우편 코드만 표현할지, 또는 캐나다 우편 번호도 포함할지를 고려할 수도 있다. 미국 우편 번호의 경우라면, 추가 배달 코드(ZIP+4)를 포함할지, 해당 추가 코드가 반드시 필요한지, 해당 추가 코드를 한 필드 또는 두 필드로 저장할지 등과 같은 질문들이다. 이런 질문들을 일반적으로 데이터 사전^{Data Dictionary}을 이용해 다룬다. 데이터 형식의 문제는 문자열이냐 정수냐를 결정하는 필드 형식의 문제보다 어렵다. 지역별로 나눠진 지점들의 판매 데이터를 생각해 보자. 어떤 부서의 애플리케이션은 지역을 서부, 중부, 남부, 동부로 나누고 W, C, S, E로 표시할 수 있다. 또 어떤 부서의 애플리케이션은 지역을 크게 산악 지역과 태평양 지역으로 나누고 세부적으로 남동부, 북동부로 나눌 수 있다. 지역이 두 자리 숫자로 식별될 때, 문자 E는 어디에 해당될까?

데이터 구조 계층^{Data Structures layer}은 데이터를 애플리케이션 도메인 모델 수준에서 설명한다. 따라서 이 계층은 애플리케이션 계층^{application layer}이라고도 한다. 이 계층은 고객, 주소, 계정과 같은 논리 개체와 이들 사이의 관계를 정의한다. 한 고객이 복수 계정을 만들 수 있는가? 복수 고객이 한 주소를 공유할 수 있는가? 복수 고객이 한 계정을 공유할 수 있는가? 주소는 계정의 일부인가 고객의 일부인가? 이것은 개체 관계 다이어그램^{entity relationship diagram}과 클래스 다이어그램^{class diagram}의 영역이다.

결합 제거 수준

컴포넌트나 애플리케이션들의 결합 제거 요구는 통합의 설계 득실을 촉발한다. 결합 제거는 변화를 관리 가능하게 하는 필수적인 도구다. 통합은 기존 애플리케이션들을 연결하며 이들의 변경도 수용할 수 있어야 한다. *메시지 채널*(p118)을 사용하면 애플리케이션 사이 위치 정보 결합을 제거할 수 있다. *메시지 라우터*(p136)를 사용하면 애플리케이션들이 공동으로 *메시지 채널*(p118)에 의존해야 하는 결합을 제거할 수 있다. 그러나 애플리케이션이 자신의 데이터 포맷에 계속해서 의존하는 경우, 앞의 두 패턴은 제한된 독립성만 달성하게 한다. *메시지 변환기*(p143)는 추가적으로 데이터 포맷에 대한 의존성까지 제거해준다.

연쇄 변환

많은 비즈니스 시나리오들이 하나 이상의 계층에서 변환을 요구한다. 예를 들어 고정된 포맷 파일로 표현된 EDI 850 구매 주문$^{Purchase\ Order}$ 레코드를 가정해 보자. 이 파일은 XML 문서로 변환된 후 HTTP를 사용해 주문 관리 시스템으로 전송돼야 한다. 그런데 주문 관리 시스템은 독자적인 Order 객체를 사용한다. 필요한 변환은 4단계에 걸쳐 일어난다. 전송은 파일 전송에서 HTTP로, 데이터 포맷은 고정 필드 포맷에서 XML로, 데이터 형식과 데이터 포맷은 주문 관리 시스템의 Order 객체를 따르게 변경돼야 한다. 계층 모델을 이용하면 하위 계층에 상관없이 해당 계층의 작업만 처리하면 되므로 계층별 추상화에 집중할 수 있게 된다(그림 참조).

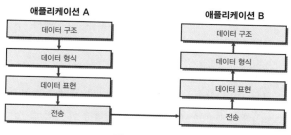

계층 간 연쇄 매핑

파이프 필터(p128)를 사용해 메시지 변환기들을 연결하면 다음과 같은 아키텍처가 된다(다음 그림 참조). 각 계층마다 메시지 변환기를 사용하면 컴포넌트들은 다른 시나리오에서도 재사용될 수 있다. 예를 들어 *채널 어댑터*(p185)와 EDI 서식을 XML 서식으로$^{EDI-to-XML}$ 변환하는 메시지 변환기가 포괄적으로 구현된다면 이 컴포넌트들은 다른 EDI 문서를 위해서도 재사용될 수 있다.

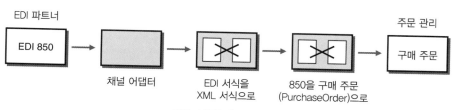

메시지 변환기(p143) 체인

체인 내 메시지 변환기들은 변환 로직이 변경되더라도 다른 계층에 영향을 주지 않는다. 예를 들어 구조 변환기는 그대로 둔 채 데이터 표현 변환기를 고정 포맷 변환기에서 쉼표 구분 파일 변환기로 대체할 수 있다.

메시지 변환기 패턴에는 변환을 책임지는 수많은 전문적인 변종 변환기들이 있다. *봉투 래퍼*(p393)는 다른 메시징 시스템으로 전송될 수 있게 봉투 안에 메시지 데이터를 담는다. *내용 필터*(p405)는 메시지 내부 정보를 제거하는 반면, *내용 보탬이*(p399)는 메시지 내부에 정보를 추가한다. *번호표*(p409)는 메시지 내부에 정보를 제거하지만 나중 사용을 위해 별도 저장소에 제거된 정보를 저장한다. *노멀라이저* Normalizer(p415)는 서로 다른 메시지 포맷들을 일관된 포맷으로 변환한다. 마지막으로 *정규 데이터 모델*(p418)은 데이터 포맷의 결합을 제거하기 위해 메시지 변환기들을 활용하는 방법을 보여준다. 이런 패턴들의 내부에서는 복잡한 구조 변환(예: 일대다 관계를 일대일 관계로 매핑)이 일어날 수 있다.

예 XSL을 이용한 구조 변환

W3C가 XML 규격에 더해 XSL Extensible Stylesheet Language과 같은 표준 변환 언어를 정의할 정도로 변환 요구는 일반적이다. XML 문서를 다른 포맷으로 변환하는 규칙 기반 rules-based 언어인 XSLT XSL Transformation 언어는 XSL 표준의 일부다. 이 책은 통합에 대한 책이므로 여기에서는 XSLT의 간단한 예만 제시한다(세부 내용은 [XSLT 1.0] 규격 참조, 코드 예는 [Tennison] 참조). 설명을 쉽게 하기 위해 XML 문서는 XML 스키마를 사용하지 않았다.

예를 들어 XML 문서를 계정 시스템에 전달해야 한다고 가정해 보자. 두 시스템이 모두 XML을 사용하는 경우 두 시스템에는 같은 데이터 표현 계층이 있다. 그러므로 필드 이름, 데이터 형식, 데이터 구조의 차이만 처리하면 된다. XML 문서는 다음과 같다고 가정하자.

```xml
<data>
    <customer>
        <firstname>Joe</firstname>
        <lastname>Doe</lastname>
        <address type="primary">
            <ref id="55355" />
        </address>
        <address type="secondary">
```

```
            <ref id="77889" />
        </address>
    </customer>
    <address id="55355">
        <street>123 Main</street>
        <city>San Francisco</city>
        <state>CA</state>
        <postalcode>94123</postalcode>
        <country>USA</country>
        <phone type="cell">
            <area>415</area>
            <prefix>555</prefix>
            <number>1234</number>
        </phone>
        <phone type="home">
            <area>415</area>
            <prefix>555</prefix>
            <number>5678</number>
        </phone>
    </address>
    <address id="77889">
        <company>ThoughtWorks</company>
        <street>410 Townsend</street>
        <city>San Francisco</city>
        <state>CA</state>
        <postalcode>94107</postalcode>
        <country>USA</country>
    </address>
</data>
```

이 XML 문서는 고객 데이터를 포함한다. 고객은 복수 주소를 가질 수 있고, 주소는 복수 전화번호를 가질 수 있다. 복수 고객이 주소를 공유할 수 있게, XML 문서는 주소를 독립 엘리먼트로 표현한다.

계정 시스템은 다음의 XML 문서가 필요하다고 하자. (이 XML 문서에서 태그 이름으로 사용하는 독일어가 친숙해 보이지 않을지라도, 가장 유명한 기업용 소프트웨어 제품에서 독일어로 된 필드 이름을 사용한다는 점을 잊지 말기 바란다.)

```
<Kunde>
    <Name>Joe Doe</Name>
    <Adresse>
        <Strasse>123 Main</Strasse>
        <Ort>San Francisco</Ort>
        <Telefon>415-555-1234</Telefon>
```

```
    </Adresse>
</Kunde>
```

결과 문서의 구조가 훨씬 더 간단하지만, 태그 이름들이 다르고 일부 필드는 한 필드로 병합된다. 계정 시스템은 하나의 주소와 하나의 전화번호만 사용하므로, 비즈니스 규칙[3]에 따라 원본 문서에서 주소와 전화번호는 하나를 선택해야 한다. 다음 XSLT 프로그램은 원본 문서를 원하는 포맷으로 변환한다. 이 프로그램은 문서의 엘리먼트들을 매칭시켜 문서를 목표 문서 포맷으로 변환한다.

```xsl
<xsl:stylesheet version="1.0" xmlns:xsl="http://www.w3.org/1999/XSL/Transform">
    <xsl:output method="xml" indent="yes" />
    <xsl:key name="addrlookup" match="/data/address" use="@id" />
    <xsl:template match="data">
        <xsl:apply-templates select="customer" />
    </xsl:template>
    <xsl:template match="customer">
        <Kunde>
            <Name>
                <xsl:value-of select="concat(firstname, ' ', lastname)" />
            </Name>
            <Adresse>
                <xsl:variable name="id" select="./address[@type='primary']/ref/@id" />
                <xsl:call-template name="getaddr">
                    <xsl:with-param name="addr" select="key('addrlookup', $id)" />
                </xsl:call-template>
            </Adresse>
        </Kunde>
    </xsl:template>
    <xsl:template name="getaddr">
        <xsl:param name="addr" />
        <Strasse>
            <xsl:value-of select="$addr/street" />
        </Strasse>
        <Ort>
            <xsl:value-of select="$addr/city" />
        </Ort>
        <Telefon>
            <xsl:choose>
                <xsl:when test="$addr/phone[@type='cell']">
                    <xsl:apply-templates select="$addr/phone[@type='cell']"
mode="getphone" />
                </xsl:when>
```

---

3 즉, 업무 규정 – 옮긴이

```
            <xsl:otherwise>
                <xsl:apply-templates select="$addr/phone[@type='home']"
mode="getphone" />
            </xsl:otherwise>
        </xsl:choose>
        </Telefon>
    </xsl:template>
    <xsl:template match="phone" mode="getphone">
        <xsl:value-of select="concat(area, '-', prefix, '-', number)" />
    </xsl:template>
    <xsl:template match="*" />
</xsl:stylesheet>
```

절차형 프로그래밍procedural programming에 익숙한 사람들은 패턴 매칭에 기반을 둔 XSL의 해석이 어려울 수 있다. 간단히 말해서, <xsl:template> 엘리먼트 안의 명령은 match 속성에 명시된 표현식과 XML 문서의 엘리먼트가 매칭될 때마다 호출된다. 예를 들어

```
<xsl:template match="customer">
```

행의 후속 행들은 원본 문서의 <customer> 엘리먼트가 매칭됐을 때 실행된다. 후속 행들은 원본 문서의 성lastname과 이름firstname을 붙여, <Name> 엘리먼트에 넣는다. 주소 추출은 약간 더 복잡하다. XSL 코드는 <address> 엘리먼트 인스턴스를 찾아, getaddr 서브루틴을 호출한다. 이 서브루틴은 원본 문서의 <address> 엘리먼트에서 주소와 전화번호를 추출한다. 휴대전화 번호가 있는 경우 휴대전화 번호를 사용하고 그렇지 않으면 집 전화 번호를 사용한다.

예 시각적 변환 도구

XSL 프로그래밍이 약간 암호 같아도 걱정할 필요는 없다. 통합 벤더들은 일반적으로 왼쪽과 오른쪽 화면에 각 문서 포맷 구조(스키마)를 표시하는 시각적 변환 편집기를 제공한다. 사용자는 편집기 화면의 양쪽 엘리먼트들을 선으로 연결함으로 XML 문서의 포맷 변환에 엘리먼트들을 연관시킬 수 있다. 이런 도구들을 이용하면 XSL 프로그램이 조금 더 쉬워진다. 컨티보Contivo 같은 전문 벤더들이 이런 변환 도구들을 제공한다.

다음 그림은 마이크로소프트 비주얼 스튜디오에 통합되어 있는 마이크로소프트 비즈톡 매퍼 편집기를 보여준다. 그림은 엘리먼트들 사이의 매핑을 XSL 스크립트보

다 명확하게 보여준다. 자세한 내용(예: 주소 선택 방법)은 functoid 아이콘 아래에 숨겨져 있다.

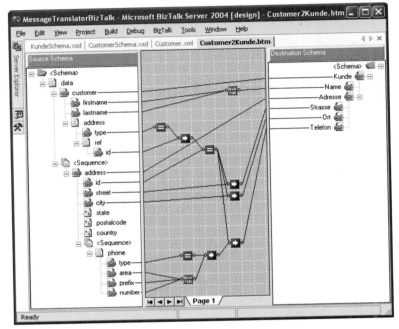

변환 규칙 생성: 끌어 놓기 방식

변환 규칙을 끌어 놓기 방식으로 생성하는 경우, 메시지 변환기 개발을 위한 학습 시간이 극적으로 단축된다. 그러나 디버깅을 하거나 복잡한 해결책을 개발할 때 시각적 도구는 도리어 골칫거리가 될 수 있다. 따라서 일반적으로 도구들은 XSL과 시각적 표현 사이의 전환을 지원한다.

메시지 엔드포인트(Message Endpoint)

애플리케이션들은 *메시지 채널*(p118)에 *메시지*(p124)를 전송함으로 통신한다.

> 애플리케이션을 메시징 시스템에 접속시키려면 어떻게 해야 할까?

애플리케이션과 메시징 시스템은 서로 분리된 소프트웨어다. 애플리케이션은 비즈니스 기능을 제공하고 메시징 시스템은 메시지 채널을 관리한다. 메시징 시스템이 애플리케이션에 중요 부분으로 포함된 경우에도 메시징 시스템은 데이터베이스 관리 시스템이나 웹 서버처럼 여전히 분리되어 특화된 기능을 제공한다. 이렇게 분리된 애플리케이션과 메시징 시스템은 서로를 접속시킬 방법이 필요하다.

메시지 채널로부터 분리된 애플리케이션

메시징 시스템은 요청을 처리하고 응답하는 일종의 서버다. 데이터베이스가 데이터를 저장하고 검색하는 것처럼, 메시징 서버는 메시지를 저장하고 전달한다. 메시징 시스템은 메시징 서버다.

서버에는 대응되는 클라이언트가 있듯이, 메시징 서버의 클라이언트에는 메시지를 사용하는 애플리케이션이다. 데이터베이스 서버의 클라이언트가 되기 위해 애플리케이션이 알아야 할 방법이 있는 것처럼, 메시징 클라이언트가 되기 위해서도 애플리케이션이 알아야 할 방법이 있다. 데이터베이스 서버처럼 메시징 서버에도 애플리케이션과 상호작용에 사용할 수 있는 클라이언트 API가 있다. 이 API는 애플리케이션이 아닌 메시징 도메인을 위한 API이다. 메시징을 수행하는 애플리케이션은 애플리케이션과 메시징 도메인을 연결하고 결합하는 API 코드를 애플리케이션 안에 포함해야 한다.

메시지 엔드포인트(Message Endpoint)를 사용해 애플리케이션과 메시징 채널을 연결한다. 메시지 엔드포인트는 애플리케이션이 메시지를 발신하고 수신하는 데 사용하는 메시징 시스템의 클라이언트다.

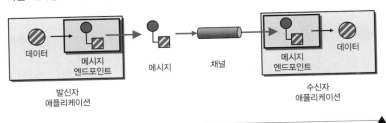

메시지 엔드포인트 코드는 애플리케이션 코드와 메시징 클라이언트 API 코드를 모두 포함한다. 그러므로 메시지 포맷, 메시지 채널, 메시지 통신 등의 세부 사항들은 애플리케이션의 나머지 부분에 거의 알려지지 않는다. 애플리케이션의 나머지 부분은 컴포넌트들에 다른 애플리케이션에 발신할 데이터, 또는 다른 애플리케이션으로부터 수신한 데이터가 있다는 것만 안다. 나머지 일은 메시지 엔드포인트가 한다. 즉, 메시지 엔드포인트는 명령이나 데이터를 받아, 메시지로 만들고, 메시지를 메시지 채널로 발신한 후, 메시지를 수신하고, 메시지에서 내용을 추출하고, 추출된 데이터를 애플리케이션에 전달한다.

메시지 엔드포인트는 애플리케이션의 나머지 부분으로부터 메시징 시스템을 캡슐화하고 애플리케이션의 특정 작업을 위해 메시징 API를 사용한다. 다른 메시징 API를 사용하도록 애플리케이션을 수정하는 경우, 개발자는 메시지 엔드포인트 코드만 재작성하고 애플리케이션의 나머지 부분은 재작성하지 않는다. 메시징이 메시징 API를 변경하는 경우도 메시지 엔드포인트 코드만 영향 받는다. 이상적으로 생각하면, 애플리케이션이 메시징 이외의 수단으로 통신 방법을 변경하려는 경우에도, 개발자는 메시지 엔드포인트 코드만 재작성하고 애플리케이션의 나머지 부분은 변경하지 않아도 된다.

메시지를 발신하거나 수신하기 위해 메시지 엔드포인트를 사용하지만, 일반적으로 한 인스턴스가 이 두 가지를 모두 처리하지는 않는다. 엔드포인트는 채널당 하나이기 때문이다. 여러 채널과 인터페이스하려면, 애플리케이션은 여러 엔드포인트를 사용해야 한다. 동시에 여러 스레드를 지원하는 애플리케이션은 단일 채널 인터페이스에 여러 엔드포인트 인스턴스들을 사용할 수 있다.

　　메시지 엔드포인트는 통합을 위해 애플리케이션에 포함되는 일종의 특화된 *채널 어댑터*(p185)다.

　　메시지 엔드포인트는 메시지 코드를 캡슐화하고 애플리케이션의 나머지 부분으로부터 메시징 시스템을 숨기기 위해 *메시징 게이트웨이*(p536)로 설계한다. 도메인 객체와 메시지 사이의 데이터 변환을 위해 *메시징 매퍼*[Messaging Mapper](p619)를 사용할 수 있다. 메시지 엔드포인트가 *서비스 액티베이터*[Service Activator](p605)로 구성되면, 동기 서비스나 함수 호출에 비동기 메시지를 사용할 수 있다. *트랜잭션 클라이언트*(p552)가 되면 엔드포인트는 메시징 시스템의 트랜잭션을 명시적으로 제어할 수 있다.

　　메시지 발신 엔드포인트 패턴은 매우 간단한 반면, 메시지 수신 엔드포인트 패턴은 다양하다. 단일 메시지 수신자는 *폴링 소비자*[Polling Consumer](p563)나 *이벤트 기반 소비자*(p567)일 수 있다. 소비자들은 경쟁 소비자(p644)나 *메시지 디스패처*[Message Dispatcher](p578)로서 같은 채널에서 메시지를 수신할 수 있다. 수신자는 *선택 소비자*(p586)를 사용해 메시지를 소비하거나 무시할 수 있다. 수신자는 엔드포인트의 연결이 끊어진 동안 게시된 메시지들을 놓치지 않게 *영속 구독자*[Durable Subscriber](p594)를 사용할 수 있다. 소비자는 중복 메시지를 감지하고 처리하는 *멱등冪等 수신자*[Idempotent Receiver](p600)일 수도 있다.

예 JMS 생산자와 소비자

JMS에는 두 가지 유형의 기본 엔드포인트가 있다. 메시지 발신을 위한 Message Producer와 메시지 수신을 위한 MessageConsumer다. 메시지 엔드포인트는 이 두 유형 중 한 인스턴스를 사용해 메시지를 특정 채널에 발신하거나 수신한다.

예 닷넷 MessageQueue

닷넷에서 기본 엔드포인트 클래스는 기본 *메시지 채널*(p118) 클래스와 동일한 MessageQueue다. 메시지 엔드포인트는 MessageQueue 인스턴스를 사용해 메시지를 특정 채널에 발신하거나 수신한다.

4장

메시징 채널

소개

3장, '메시징 시스템'에서는 *메시지 채널*(p118)을 설명했다. 애플리케이션들은 서로를 연결하는 채널을 거쳐 데이터를 전송한다. 데이터를 발신하는 애플리케이션은 데이터를 수신하는 애플리케이션을 몰라도 된다. 그럼에도 불구하고 발신자는 특정 채널에서 데이터를 찾는 수신자가 있다는 것을 전제하므로 특정 채널로 데이터를 발신한다. 데이터를 생산하는 애플리케이션과 소비하는 애플리케이션들의 통신은 이런 방식이다.

메시지 채널의 논제들

메시지 채널(p118)의 사용 결정은 간단하다. 발신할 데이터나 수신할 데이터가 있는 경우 애플리케이션은 채널을 사용한다. 문제는 어떤 채널이 필요하고, 어떤 용도로 채널을 사용할지를 결정하는 것이다.

고정된 채널: *메시지 채널*(p118)은 정적인 경향이 있다. 애플리케이션들이 데이터를 공유하게 설계하려면, 개발자는 발신 데이터의 형식과 발신 위치, 수신 데이터의 형식과 수신 위치를 알아야 한다. 실행 중에는 통신 경로를 동적으로 생성하거나 사용할 수 없다. 통신 경로는 설계 과정에서 결정되고 실행 중인 애플리케이션들은 결정된 통신 경로로 데이터를 주고 받는다. (일반적으로 채널은 정적으로 정의해야 하지만, 동적 채널이 실용적이고 유용한 예외적인 경우도 있다. *요청 응답*(p214)의 응답 채널이 그런 예다. *요청 응답*(p214)에서 요청자는 새로 만들거나 획득한 채널을 요청 메시지의 *반환 주소*(p219)로 지정할 수 있다. 이 경우 응답자는 반환 주소 채널을 사전에 모르지만, 수신한 반환 주소 채널로 응답 메시지를 전송한다. 또 다른 예외는 계층 채널을 지원하는 메시징 시스템이다. 계층 채널 구조를 지원하는 메시징 시스템에서는 수신자가 부모 채널을 가입하면, 발신자가 수신자가 모르는 자식 채널에 메시지를

게시해도, 수신자는 자식 채널에 게시된 메시지를 수신할 수 있다. 이런 사례는 상대적으로 드물다. 채널은 보통 애플리케이션이 배포되기 전에 정의되고 애플리케이션은 미리 정의된 채널을 이용한다.)

채널의 결정: 그럼 *메시지 채널*(p118)을 어느 쪽이 결정하는가? 메시징 시스템인가 애플리케이션인가? 즉, 메시징 시스템이 채널을 정의하고 애플리케이션에 채널의 사용만을 요구하는가? 또는 애플리케이션이 필요한 채널을 결정하고, 메시징 시스템에 채널의 제공을 요구하는가? 대답은 간단하지 않다. 설계하는 동안에도 채널들의 필요는 지속적으로 발생한다. 채널의 결정 순서는 다음과 같다. 처음 애플리케이션이 메시징 시스템이 제공해야 할 채널들을 결정한다. 이후 개발되는 애플리케이션들은 이미 만들어진 채널들을 사용해 통신을 설계한다. 그러다가 기존 채널들로는 설계가 어려울 때는 추가 채널이 필요하다. 다시 말해 애플리케이션 통신 설계 시 이미 사용 중인 채널이 있다면 사용 중인 채널을 이용하고, 새 기능 추가로 사용 중인 채널이 없거나 적합하지 않다면 새 채널이 필요하다.

단방향 채널: 혼란스러운 것은 *메시지 채널*(p118)이 단방향^{unidirectional}인지 양방향^{bidirectional}인지 여부다. 기술적으로는 둘 모두 아니다. 채널은 양동이 같은 것이다. 어떤 애플리케이션은 채널에 데이터를 추가하고 어떤 애플리케이션은 채널에서 데이터를 가져간다. (한 양동이라도 배치에 따라 여러 컴퓨터에 걸쳐 분산될 수 있다.) 메시지는 애플리케이션에서 애플리케이션으로 이동하므로 메시지 채널은 단방향으로 이용한다. 채널이 양방향이라는 것은 애플리케이션이 같은 채널에서 메시지를 수신하기도 하고 발신하기도 하는 것을 말한다. 그러나 애플리케이션은 지속적으로 메시지를 소비하는 경향이 있으므로, 양방향 채널은 기술적으로는 가능하더라도 별 의미는 없다. 그러므로 실제적으로 채널은 단방향이다. 양방향 통신이 필요한 애플리케이션은 두 채널을 사용한다(다음 장의 *요청 응답*(p214) 참조).

메시지 채널 선택

메시지 채널(p118)이 무엇인지 이해했으므로, 이제 *메시지 채널*(p118)의 사용 방법을 생각해 보자.

일대일 또는 일대다: 한 애플리케이션과 데이터를 공유하려 하는가, 아니면 관심 있는 모든 애플리케이션과 데이터를 공유하려 하는가? 한 애플리케이션에 데이터를 전송하려면 *포인트 투 포인트 채널*(p161)을 사용한다. *포인트 투 포인트 채널*(p161)에 여러 수신자가 접속할 수도 있다. 이 경우 채널의 데이터는 수신자들에게 전송된다. 채널은 각 데이터가 애플리케이션들 중 하나로 전송되는 것을 보장한다. 수신자 애플리케이션들이 동일한 데이터를 수신해야 하는 경우 *게시 구독 채널*(p164)을 사용한다. 데이터를 *게시 구독 채널*(p164)로 전송하면, 채널은 각 수신자에게 데이터 사본을 전송한다.

데이터 형식: 컴퓨터 메모리에 있는 데이터는, 알려진 포맷이거나 의미에 동의한 데이터 구조이거나 등, 어떤 종류의 형식type에 부합해야 한다. 그렇지 않으면 데이터는 단지 연속된 바이트일 뿐이고 데이터를 이해할 수 있는 방법도 없을 것이다. 메시징 시스템도 같은 방식으로 작동한다. 메시지 내용은 수신자가 이해할 수 있는 데이터 구조의 형식이어야 한다. *데이터 형식 채널*(p169) 위의 모든 데이터는 같은 형식이다. 이런 이유로 메시징 시스템은 많은 채널이 필요하다. 데이터가 어떤 형식이라도 가능했다면 메시징 시스템은 두 애플리케이션 사이에 각 방향으로 하나씩만 전송 채널을 제공했을 것이다.

무효 메시지와 죽은 메시지: 메시지 시스템은 메시지의 전달은 보장하지만 수신자가 수신한 메시지로 무엇을 할지는 보장하지 않는다. 수신자는 데이터의 형식과 의미가 특정할 것을 기대한다. 그런데 수신한 메시지가 이런 기대와 다르다면 수신자가 할 수 있는 일은 많지 않다. 이런 경우 수신자는 이 이상한 메시지를 특별히 지정된 *무효 메시지 채널*(p118)에 집어넣는다. 이때 수신자는 무효 메시지 채널을 모니터링하는 유틸리티가 무효 메시지를 읽어 무언가를 할 것이라 기대한다. 성공적으로 발신됐지만 결국 전달에 실패한 메시지들을 위해 메시징 시스템에는 내장된 기능인 *죽은 편지 채널*Dead Letter Channel(p177)이 있다. 시스템 관리 유틸리티는 *죽은 편지 채널*(p177)을 모니터링하고 배달에 실패한 메시지를 어떻게 해야 할지 결정한다.

다운 방지: 메시징 시스템이 다운되거나 유지보수를 위해 종료되면 메시지들은 어떻게 될까? 다시 실행해도 해당 메시지들은 여전히 채널에 남아있을까? 기본적으로는 아니다. 채널은 메시지를 메모리에 저장한다. 반면에 *보장 전송*Guaranteed Delivery(p239)은 메시지를 디스크에 저장해 채널을 영속적으로 만든다.

이것은 성능은 떨어뜨리지만 메시징 시스템이 안정적이지 않은 경우에도 메시지의 전송을 보장한다.

비메시징 클라이언트: 메시징 시스템에 연결할 수 없는 애플리케이션이 메시징에 참여하기를 원한다면? 일반적으로 운이 없는 경우지만, 이런 경우에도 어떻게든 메시징 시스템을 애플리케이션에 연결할 수 있다. 예를 들어 사용자 인터페이스 또는 비즈니스 서비스 API, 데이터베이스, TCP/IP, HTTP 같은 네트워크 연결 방법을 사용해서 메시징 시스템을 애플리케이션에 연결할 수 있다. 이런 경우는 메시징 시스템 쪽에 *채널 어댑터*(p185)를 사용한다. 이렇게 하면 애플리케이션을 수정하지 않고도, 메시징 클라이언트를 실행하지 않고도, 채널(들)을 애플리케이션에 연결할 수 있다. 일부 '비메시징 클라이언트[non-messaging clients]'는 단지 다른 메시징 시스템의 메시징 클라이언트라서 비메시징 클라이언트라 부른다. 이렇게 두 메시징 시스템 모두의 클라이언트가 되는 애플리케이션을 *메시징 가교*[Messaging Bridge](p191)라 부른다. *메시징 가교*(p191)는 두 메시징 시스템을 연결해 하나의 복합 메시징 시스템으로 만든다.

통신 백본: 애플리케이션들이 점점 더 메시징 시스템에 연결되어 그들의 기능을 메시징 시스템을 거쳐 제공하게 되면, 메시징 시스템은 기업에서 공유 기능의 소비 중심지가 된다. 이렇게 되면 애플리케이션은 기능 요청을 위한 채널과 결과 수신을 위한 채널만 알면 된다. 이런 메시징 시스템은 그 자체가 *메시지 버스*(p195)가 된다. *메시지 버스*(p195)는 끊임없이 변화하는 애플리케이션들 및 기능들에 접속하는 백본이다. 처음부터 이런 것들을 염두에 두고 통합을 설계한다면 조금 더 빠르게 통합의 (불교에서 말하는) 열반[nirvana]에 도달할 수 있을 것이다.

보는 바와 같이 애플리케이션을 *메시징*(p111)으로 연결하는 일은 애플리케이션을 단지 메시징 시스템에 연결하는 일 이상의 의미들을 포함한다. 메시지가 전송되기 위해서는 반드시 *메시지 채널*(p118)이 설치되어 있어야 한다. 어떤 채널을 이용하는 것만으로는 일이 되지 않는다. 공유 데이터 형식, 발신 애플리케이션, 수신 애플리케이션이 모두 맞도록 채널을 설계해야 한다. 4장에서는 이런 채널의 설계에 필요한 결정을 설명한다. 패턴 설명을 돕기 위해 가공의 주식 거래 시스템을 사용한다. 이 시스템은, 실제 거래 시스템의 구현 수준에는 못 미치지만, 패턴의 사용에 대한 간략하고 특별한 예 역할은 충분히 할 것이다.

포인트 투 포인트 채널(Point-to-Point Channel)

애플리케이션은 원격 프로시저 호출[RPC]이나 문서 전송을 위해 *메시징*(p111)을 사용한다.

호출자는 정확히 한 수신자가 호출을 수행하거나 문서를 수신하는지 어떻게 확신할 수 있을까?

RPC의 장점은 RPC로 호출된 원격 프로세스의 수신자는 프로시저를 수행하거나 수행하지 않을 경우 예외를 발생시킨다는 점이다. 한 번 호출된 수신자는 반드시 한 번만 프로시저를 수행한다. 그러나 메시징에서는, 일단 호출이 *메시지*(p124)로 포장되어 *메시지 채널*(p118)에 전송되면, 채널을 바라보는 많은 잠재 수신자들이 프로시저의 수행을 결정할 수 있다.

메시징 시스템은 단일 채널을 한 수신자만이 모니터링하게 할 수도 있지만, 이것은 여러 수신자에게 데이터를 전송하려는 호출자를 불필요하게 제한한다. 모든 채널 수신자들이 한 수신자만 실제 호출을 수행하게 서로를 조율할 수도 있지만, 이것도 복잡함을 더하고 많은 통신 오버헤드를 만들고 수신자들 사이 결합도를 증가시킨다. 메시지들이 동시에 소비되게 단일 채널에 여러 수신자를 연결하면서도 반드시 한 수신자가 하나의 메시지를 소비하게 해야 한다.

하나의 수신자가 특정 메시지를 수신할 수 있게 포인트 투 포인트 채널(Point-to-Point Channel)로 메시지를 전송한다.

발신자　　주문 #3　주문 #2　주문 #1　　포인트 투 포인트 채널　　주문 #3　주문 #2　주문 #1　　수신자

포인트 투 포인트 채널은 하나의 수신자가 특정 메시지를 소비하게 한다. 이 채널

은 메시지들을 소비하는 여러 수신자를 지닐 수 있지만, 한 소비자만 성공적으로 특정 메시지를 소비한다. 이 채널은 메시지를 오직 한 수신자가 소비하게 보장하므로, 이 채널의 수신자들은 메시지를 소비하기 위해 서로 협력하지 않아도 된다.

포인트 투 포인트 채널에 소비자가 하나면 메시지가 한 번만 소비된다는 것은 당연하다. 포인트 투 포인트 채널에 여러 소비자가 있는 경우, 소비자들은 *경쟁 소비자*(p644)가 되고 포인트 투 포인트 채널은 하나의 소비자가 하나의 메시지를 수신하게 한다. 이 설계를 적용하면, 여러 컴퓨터에서 실행되는 소비자 애플리케이션들에 메시지 소비를 균형적으로 분산시킬 수 있으므로, 메시지 소비나 처리를 위한 확장성이 향상된다.

포인트 투 포인트 채널은 가용 수신자들 중 한 수신자에게 하나의 메시지를 전송하지만 *게시 구독 채널*(p164)은 모든 가용 수신자에게 동일한 메시지를 전송한다. 메시징을 사용해 RPC를 구현하려면 *요청 응답*(p214)과 한 쌍의 포인트 투 포인트 채널을 사용한다. *명령 메시지*(p203)로 호출하고 *문서 메시지*(p206)로 응답한다.

예 주식 거래

주식 거래 시스템에서 주식 거래 요청 메시지는 반드시 한 수신자가 소비하고 처리해야 한다. 그러므로 주식 거래 요청 메시지는 포인트 투 포인트 채널로 전송된다.

예 JMS 큐

JMS에서 포인트 투 포인트 채널은 Queue 인터페이스를 상속한다. 발신자는 QueueSender를 사용해 메시지를 발신하고, 수신자는 QueueReceiver를 사용해 메시지를 수신한다[JMS 1.1], [Hapner].

발신 애플리케이션은 다음과 같이 QueueSender를 사용해 메시지를 발신한다.

```
Queue queue = // JNDI를 통해 큐를 획득한다.
QueueConnectionFactory factory = // JNDI를 통해 연결 팩토리를 획득한다.
QueueConnection connection = factory.createQueueConnection();
QueueSession session = connection.createQueueSession(true, Session.AUTO_ACKNOWLEDGE);
QueueSender sender = session.createSender(queue);

Message message = session.createTextMessage("The contents of the message.");
```

```
sender.send(message);
```

수신자는 다음과 같이 QueueReceiver를 사용해 메시지를 수신한다

```
Queue queue = // JNDI를 통해 큐를 획득한다.
QueueConnectionFactory factory = // JNDI를 통해 연결 팩토리를 획득한다.
QueueConnection connection = factory.createQueueConnection();
QueueSession session = connection.createQueueSession(true, Session.AUTO_ACKNOWLEDGE);
QueueReceiver receiver = session.createReceiver(queue);

TextMessage message = (TextMessage) receiver.receive();

String contents = message.getText();
```

참고: JMS 1.1은 포인트 투 포인트와 게시 구독의 클라이언트 API를 통합한다. 그러므로 Queue 관련 API들 대신 Destination, ConnectionFactory, Connection, Session, MessageProducer, MessageConsumer를 사용하면 위 코드는 조금 더 간략해질 수 있다.

예 닷넷 MessageQueue

닷넷에서는 MessageQueue 클래스로 포인트 투 포인트 채널을 구현한다[SysMsg]. 닷넷의 MSMQ는 포인트 투 포인트 메시징을 지원한다. 특히 MSMQ 3.0 이전 버전에서는 포인트 투 포인트 메시징만 지원했다.

JMS에서는 ConnectionFactory, Connection, Session, Sender, Queue로 각각 책임을 나눴지만, 닷넷에서는 이 모든 일에 MessageQueue를 사용한다.

MessageQueue는 다음과 같이 메시지를 발신한다.

```
MessageQueue queue = new MessageQueue("MyQueue");
queue.Send("The contents of the message.");
```

MessageQueue는 다음과 같이 메시지를 수신한다.

```
MessageQueue queue = new MessageQueue("MyQueue");
Message message = queue.Receive();
String contents = (String) message.Body();
```

게시 구독 채널(Publish–Subscribe Channel)

애플리케이션은 이벤트를 알리기 위해 *메시징*(p111)을 사용한다.

이벤트를 관심 수신자들에게 모두 알리려면 어떻게 해야 할까?

다행히 전체 알림 구현에 사용할 수 있는 패턴들은 잘 구축되어 있다. 감시자 Observer 패턴[GoF]은 주체(이벤트 발생자)(subject)와 감시자 사이 결합을 제거한다. 주체는 이벤트 수신을 기대하는 모든 감시자(감시자가 많든, 전혀 없든 상관없이)들에 이벤트를 쉽게 알릴 수 있다. 게시자 구독자 패턴Publisher-Subscriber pattern[POSA]은 감시자 패턴을 확장해 이벤트 알림 통신에 이벤트 채널의 개념을 추가한다.

이론은 그렇다치고, 그럼 어떻게 메시징에 이론을 적용할 수 있을까? 이벤트는 *메시지*(p124)로 패키징되어 메시징을 사용해 안정적으로 감시자(구독자)에 전달된다. 이벤트 채널은 *메시지 채널*(p118)이다. 하지만 어떻게 모든 구독자에게 이벤트를 알릴 수 있을까?

모든 구독자는 특정 이벤트에 대해 한 번만 알림을 수신해야 한다. 같은 이벤트를 반복적으로 수신하면 안 된다. 또 모든 구독자가 알림을 받을 때까지 해당 이벤트는 소비된 것으로 간주되면 안 된다. 그러나 일단 모든 구독자가 알림을 수신해 소비된 것으로 간주되면 해당 이벤트는 채널에서 사라져야 한다. 그러나 메시지의 소비 여부를 구독자들에게 맡기게 되면 감시자 패턴의 결합 제거를 위반하게 된다. 소비자들은 경쟁을 하지 않으면서도 이벤트 메시지를 동시에 공유할 수 있어야 한다.

이벤트를 게시 구독 채널(Publish–Subscribe Channel)에 전송한다. 게시 구독 채널은 모든 수신자에게 이벤트의 사본을 전달한다.

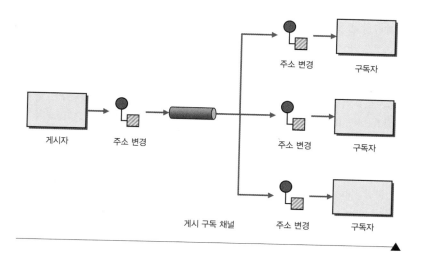

게시자   주소 변경   게시 구독 채널   주소 변경   구독자

주소 변경   구독자

주소 변경   구독자

　게시 구독 채널은 하나의 입력 채널을 여러 출력 채널로 분할한다. 하나의 출력 채널은 하나의 구독자에게 대응된다. 이벤트가 입력 채널에 게시되면, 게시 구독 채널은 각 출력 채널에 메시지 사본을 전달한다. 각 출력 채널의 끝은 한 번만 메시지를 소비할 수 있는 구독자를 갖는데 이 구독자는 출력 채널에서 한 번만 메시지를 얻을 수 있으며 소비된 사본은 출력 채널에서 사라진다.

　게시 구독 채널은 디버깅 도구로도 유용하다. 메시지가 하나의 수신자로 향해도 게시 구독 채널을 사용하면 기존 메시지 흐름을 방해하지 않고 메시지 채널을 엿들을 수 있다. 채널의 모든 트래픽을 모니터링하면 메시징 애플리케이션을 디버깅하기가 쉬워진다. 이 방법을 사용하면 메시징에 참여한 애플리케이션의 소스에 디버깅을 위한 프린트 문(예: printf) 사용을 줄일 수 있다. 모든 활성 채널들에서 메시지를 수신해 파일로 기록하는 프로그램은 *메시지 저장소*(p627)와 같은 기능이다.

　그러나 게시 구독 채널의 엿듣기 능력은 단점이 될 수 있다. 급여 시스템과 계정 시스템 사이에서 메시징 솔루션이 급여 데이터를 전송하는 경우, 급여 메시지를 엿듣는 프로그램을 원치 않을 것이다. 포인트 투 포인트 채널은 이런 문제를 다소 완화시킨다. 도청자도 채널에서 메시지를 소비해야 하기 때문에, 소비된 메시지는 갑자기 채널에서 사라질 것이고, 이런 상황은 매우 신속하게 감지될 수 있다. 그러나 어떤 메시지 큐 제품들은 소비자가 메시지를 소비하지 않고도 큐 내 메시지를 살펴볼 수 있는 기능을 제공한다. 그러므로 *메시지 채널*(p118)의 구독은 보안 정책에 따라 제한돼야 한다. 많은 상업 메시징 제품들은 이런 제한을 지원한다. *메시지 채널*(p118)을 사용하는 구독자를 모니터링하고 기록하는 도구를 작성하는 것도 유용할 수 있다.

와일드카드 구독자

일반적으로 메시징 시스템의 구독자는 게시 구독 채널의 이름으로 특별한 와일드카드 문자를 지정할 수 있다. 이런 방식으로 구독자는 한 번에 여러 채널을 구독할 수 있다. 예를 들어 게시자 애플리케이션이 메시지를 MyCorp/Prod/OrderProcessing/NewOrders와 MyCorp/Prod/OrderProcessing/CancelledOrders 채널에 게시하는 경우, MyCorp/Prod/OrderProcessing/* 에 가입한 구독자 애플리케이션은 주문 처리와 관련된 모든 메시지를 수신할 수 있다. 다른 예로 MyCorp/Dev/** 에 가입한 애플리케이션은 개발 환경 내 애플리케이션들이 발신한 모든 메시지를 수신할 수 있다. 구독자만 와일드카드를 사용할 수 있고 게시자는 와일드카드를 사용할 수 없다. 게시자는 메시지를 항상 명시적인 채널에 게시해야 하기 때문이다. 와일드카드 구독자의 기능과 문법은 메시징 벤더마다 다르다.

일반적으로 여러 애플리케이션이 이벤트에 관심을 지니므로, *이벤트 메시지*(p210)는 게시 구독 채널에 전송된다. 구독자는 영속적이거나 비영속적일 수 있다. 상세한 설명을 10장, '메시징 엔드포인트'의 *영속 구독자*(p594)에서 참조한다. 구독자가 통지^{notification}에 대해 수신 확인^{acknowledge}을 보내야 하는 경우 *요청 응답*(p214)을 사용한다. 여기에서 통지는 요청이고 수신 확인은 응답이다. 모든 구독자가 메시지를 다 소비할 때까지 게시 구독 채널이 메시지를 저장하려면 게시 구독 채널은 매우 큰 메시지 저장소를 가져야 한다. 이 문제는 게시 구독 채널로 전송되는 메시지에 *메시지 만료*(p236)를 사용해 완화시킬 수 있다.

예 주식 거래

주식 거래 시스템에서 거래 완료 알림 수신이 필요한 시스템들은 거래 완료 게시 구독 채널의 구독자가 된다. 마찬가지로 소비자들은 주가를 알고 싶어 하고 처리하고 싶어 한다. 따라서 주가도 게시 구독 채널로 공개한다.

예 JMS 토픽

JMS의 게시 구독 채널은 Topic 인터페이스를 상속한다. 발신자는 TopicPublisher를 사용해 메시지를 발신하고, 수신자는 TopicSubscriber를 사용해 메시지를 수신한다[JMS 1.1], [Hapner].

애플리케이션은 다음과 같이 TopicPublisher을 사용해 메시지를 게시한다.

```
Topic topic = // JNDI를 통해 큐를 획득한다.
TopicConnectionFactory factory = // JNDI를 통해 연결 팩토리를 획득한다.
TopicConnection connection = factory.createTopicConnection();
TopicSession session = connection.createTopicSession(true, Session.AUTO_ACKNOWLEDGE);
TopicPublisher publisher = session.createPublisher(topic);

Message message = session.createTextMessage("The contents of the message.");

publisher.publish(message);
```

애플리케이션은 다음과 같이 TopicSubscriber을 사용해 메시지를 수신한다.

```
Topic topic = // JNDI를 통해 큐를 획득한다.
TopicConnectionFactory factory = // JNDI를 통해 연결 팩토리를 획득한다.
TopicConnection connection = factory.createTopicConnection();
TopicSession session = connection.createTopicSession(true, Session.AUTO_ACKNOWLEDGE);
TopicSubscriber subscriber = session.createSubscriber(topic);

TextMessage message = (TextMessage) subscriber.receive();
String contents = message.getText();
```

참고: JMS 1.1은 포인트 투 포인트와 게시 구독의 클라이언트 API를 통합한다. 그러므로 Topic 관련 API들 대신 Destination, ConnectionFactory, Connection, Session, MessageProducer, MessageConsumer를 사용하면 위 코드는 조금 더 간략해질 수 있다.

예 MSMQ 일대다 메시징

MSMQ 3.0[MSMQ]의 새로운 기능은 일대다 메시징 모델이다. 두 가지로 접근이 가능하다.

1. **실시간 메시징 멀티캐스트**Real-Time Messaging Multicast: 이 접근 방법은 게시 구독과 비슷하지만 구현은 PGM Pragmatic General Multicast 프로토콜을 이용하는 IP 멀티 캐스트에 전적으로 의존한다. 그러므로 이 기능은 IP 기반이 아닌 프로토콜과는 함께 사용할 수 없다.

2. **배포 목록과 복수 엘리먼트 포맷 이름**^{Distribution Lists and Multiple-Element Format Names}: 발 신자는 배포 목록을 사용해 수신자에게 메시지를 발신한다. (이 방식은 발신자가 수신자를 알고 있어야 하므로 감시자 패턴의 정신을 위반한다.) 따라서 이 기능은 게 시 구독 채널보다 *수신자 목록*(p310)과 더 유사하다. 복수 엘리먼트 포맷 이름 은 복수 개의 실제 채널들에 동적으로 매핑하는 상징적 채널 지정자다. 복수 엘 리먼트 포맷 이름이 게시 구독 채널의 정신에 조금 더 부합하지만 복수 엘리먼 트 포맷 이름도 여전히 발신자에게 실제 채널과 상징 채널 사이에 선택을 강요 한다.

닷넷의 공통 언어 런타임^{CLR, Common Language Runtime}이 일대다 메시징 모델을 직접적으 로 지원하지는 않지만, COM 인터페이스를 이용해 일대다 메시징 모델에 접근할 수 있다[MDMSG].

예 간단한 메시징

6장, '사잇장: 간단한 메시징'의 JMS 게시 구독 예는 메시징을 이용한 분산 감시자 프 로세스의 구현 방법을 설명한다.

데이터 형식 채널(Datatype Channel)

애플리케이션은 여러 형식의 데이터들을 전송하기 위해 *메시징*(p111)을 사용한다.

> 수신자가 데이터 처리 방법을 결정할 수 있게 하려면 발신자는 어떻게 해야 할까?

메시지들은 메시징 시스템에 의해 정의된 동일 형식의 인스턴스들이고, 메시지 내용을 단순한 바이트의 배열로 볼 수 있다. 이 간단한 바이트 배열 구조로도 메시징 시스템은 메시지를 충분히 전달할 수 있지만, 메시지 수신자는 그 정도로는 메시지 내용을 처리하기가 쉽지 않다.

수신자는 메시지 내용의 데이터 구조structure와 포맷format을 알고 있어야 한다. 여기에서 구조는 문자 배열, 바이트 배열, 직렬화 객체, XML 문서 같은 것을 말한다. 포맷은 바이트나 문자의 레코드 구조, 직렬화 객체의 클래스, XML 문서의 스키마 정의 같은 것이다. 일반적으로 메시지 내용의 구조와 포맷을 합쳐 메시지 형식message's type이라 부른다.

수신자는 수신한 메시지의 형식은 알고 있더라도 메시지의 처리 방법은 모를 수 있다. 예를 들어 발신자는 구매 주문, 가격 견적, 질의를 각기 다른 객체로 전송할 수 있다. 그리고 수신자는 이들마다 각기 다른 처리 단계를 밟을 수 있다. 그러므로 수신자는 어떤 메시지가 어떤 메시지인지를 알아야 한다. 발신자가 모든 형식의 메시지들을 간단하게 하나의 메시지 채널을 거쳐 수신자에게 발신할 경우, 수신자는 메시지들을 어떻게 처리해야 할지 알 수 없을 것이다.

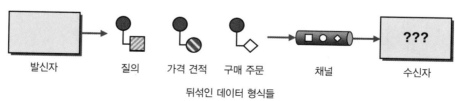

뒤섞인 데이터 형식들

발신자는 어떻게 메시지의 형식을 알고 또 어떻게 형식 정보를 수신자에게 전달할 수 있을까? 발신자가 메시지 헤더에 플래그를 넣으면(*포맷 표시자*Format Indicator (p239) 참조), 수신자는 case 문을 사용해 헤더 플래그를 해석해야 한다. 발신자가 데이터 형식마다 별도의 *명령 메시지*(p203)로 데이터를 감싼다면? 이 경우 발신자는 수신자의 행동을 데이터를 발신할 때 미리 결정해야 한다.

메시징과 별도로 컬렉션collection을 처리할 때도 비슷한 문제가 발생한다. 컬렉션 내 아이템들이 모든 동일한 형식이면, 이 컬렉션은 균일하다. 컬렉션이 균일하다면 처리기는 아이템 형식을 이해하고 처리하기가 쉬워진다. 이 경우 프로그래머는 컬렉션 내 모든 값이 동일한 형식을 갖게 코드를 설계한다. 그러나 일반적으로 컬렉션은 컬렉션 내 모든 값이 특정 형식임을 강제하지 않는다. 즉, 다른 형식의 아이템들이 컬렉션에 포함될 수 있다. 이런 경우 각 형식을 구분할 수 없으므로 각 아이템을 어떻게 처리할지가 문제가 된다.

채널 내 메시지는 모두 같은 형식이어야 한다는 원칙이 메시징에도 적용된다. 가장 간단한 해결책은 모든 메시지를 같은 형식으로 만드는 것이다. 포맷이 달라야 할 경우, 신뢰할 수 있는 *포맷 표시자*(p239)를 사용한다. 채널은 메시지가 동일 형식임을 강제하지 않지만 수신자는 메시지의 처리 때문에 이를 강제해야 한다.

특정 채널을 지나는 데이터들은 모두 동일한 형식이 되게, 데이터 형식마다 별도의 데이터 형식 채널(Datatype Channel)을 사용한다.

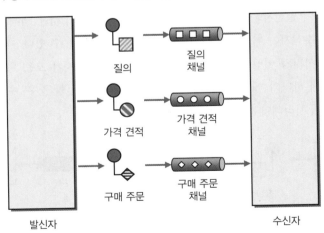

데이터 형식마다 별도의 데이터 형식 채널을 사용하므로, 특정 채널을 지나는 메시지들은 모두 동일한 형식의 데이터다. 데이터의 형식을 아는 발신자는 적절한 채널을 선택해 데이터를 발신해야 한다. 마찬가지로 수신자는 데이터 수신 채널을 알아야 하고 데이터가 어떤 형식인지도 알아야 한다.

그림에서 보는 바와 같이, 발신자는 세 가지 형식의 데이터(구매 주문, 가격 견적, 질의)를 전송하기 위해 세 채널을 사용한다. 발신자는 발신하려는 데이터마다 올바른 데이터 형식 채널을 선택한다. 수신자는 데이터 형식 채널을 거쳐 수신한 메시지의 데이터 형식을 자연스레 알게 된다.

채널의 서비스 품질

채널의 서비스 품질을 생각해 보자. 기업은 때때로 다양한 수준의 서비스 품질로 메시지들을 그룹화해 전송해야 한다. 예를 들어 새 주문 메시지는 사업 수익의 주요 원천이므로 성능에 부담이 되더라도 매우 신뢰할 수 있는 채널(예: 보장 전송(p180)을 사용해)로 전송해야 한다. 반면 주문 상태에 대한 요청 메시지는 잃어버리더라도 세상이 끝나는 것이 아니므로 주문 상태 요청 채널로는 신뢰 채널보다 고속 채널을 선호한다. 채널이 하나일 경우 메시지 내 우선순위 속성을 이용해 채널의 메시지 전송 속도를 조절할 수 있다. 그러나 일반적으로 애플리케이션 코드에서 서비스 품질을 정의하는 것보다 채널을 만들 때 서비스 품질을 정의하는 것이 더 좋다. 즉, 메시지 그룹마다 특화된 별도의 채널을 사용할 수 있게 채널에 서비스 품질을 지정하는 것이 바람직하다.

메시지 채널(p118)에서 설명한 것처럼, 채널은 저렴하지만 무료는 아니다. 데이터 형식을 많이 사용하는 애플리케이션은 결과적으로 데이터 형식 채널들을 많이 요구하게 된다. 이런 경우 데이터 형식들을 묶어 하나의 채널을 공유할 수 있게 하는 *선택 소비자*(p586)를 사용할 수 있다. *선택 소비자*(p586)는 하나의 물리 채널을 여러 논리 채널로 만들어 여러 형식의 데이터들을 전송할 수 있게 한다. (이런 전략을 다중화 multiplexing라 부른다.)

메시지 게시자가 하나의 채널로 모든 메시지를 전송하고 있는 경우, 메시지 형식에 따라 메시지들을 분리demultiplex할 수 있는 *내용 기반 라우터*(p291)를 사용할 수 있다. 라우터는 데이터 형식 채널별로 메시지 스트림을 나눈 후 나눠진 동일 형식의 메시지들을 해당 데이터 형식 채널로 전달한다.

메시지 디스패처(p578)는 메시지를 동시에 소비하는 것 말고도, 분류되지 않은 수

신 메시지들을 분류하고 메시지 형식에 맞는 처리를 요청하게 하는 용도로 사용될 수 있다. 일반적으로 메시지는 자신의 형식을 (보통은 메시지 헤더에 포맷 표시자로) 명시한다. 디스패처는 메시지 형식을 감지하고 특정 형식의 수행자로 메시지를 전달한다. 채널 내 메시지들은 모두 동일 형식이지만 그 형식은 디스패처가 요구하는 것보다는 더 일반적이고 수행자가 요구하는 것보다는 덜 구체적이다.

포맷 표시자(p239)는 데이터 포맷을 구분하기 위해 사용된다. *포맷 표시자*(p239)를 사용하면 포맷이 다른 데이터들도 같은 데이터 형식 채널로 전송할 수 있다.

예 주식 거래

주식 거래 시스템에서 견적 요청의 포맷과 거래 요청의 포맷이 다른 경우, 시스템은 데이터 형식 채널을 별도로 구성해야 한다. 마찬가지로 주소 변경 공지와 포트폴리오 관리자 변경 공지의 포맷도 다를 수 있다. 그러므로 이런 경우도 데이터 형식 채널을 별도로 구성해야 한다.

무효 메시지 채널(Invalid Message Channel)

애플리케이션은 *메시지*(p124)를 수신하기 위해 *메시징*(p111)을 사용한다.

▼

의미 없는 메시지를 수신한 경우, 수신자는 이 메시지를 어떻게 해야 할까?

▲

이론적으로 *메시지 채널*(p118) 위에 있는 것은 메시지고, 메시지 수신자는 메시지를 처리한다. 메시지를 처리하는 수신자는 데이터를 해석하고 그 의미도 이해해야 한다. 그러나 상황이 항상 그런 것은 아니다. 메시지 본문에 구문 오류나 문법 오류, 유효성 오류 등이 있을 수 있다. 메시지 헤더에 필요한 속성이 누락되거나 해석할 수 없는 속성 값이 있을 수도 있다. 발신자가 엉뚱한 채널로 메시지를 발신해, 엉뚱한 수신자가 메시지를 수신할 수도 있다. 악의적인 발신자는, 수신자를 엉망으로 만들려고, 의도적으로 잘못된 메시지를 발신할 수도 있다. 이와 같이 수신자가 수신한 메시지를 처리하지 못하는 경우들이 생긴다. 그러므로 유효하지 않은 메시지를 처리할 방법이 있어야 한다.

메시지 채널(p118)은 *데이터 형식 채널*(p169)이어야 한다. *데이터 형식 채널*(p169) 위의 메시지들은 채널이 요구하는 데이터 형식을 가지고 있다. 발신자가 맞지 않는 데이터 형식의 메시지를 데이터 형식 채널에 넣는 경우, 메시징 시스템은 성공적으로 메시지를 전송하지만, 수신자는 메시지를 인식하지도 못하고 처리할 방법도 알지 못한다.

부적절한 데이터 형식이나 포맷을 가진 메시지를 전송하는 예로 텍스트 메시지 형식 채널로 바이트 메시지가 전송될 수 있다. 또는 다른 예로 DTD나 스키마가 유효하지 않은 XML 문서 메시지가 전송될 수 있다. 이 경우 메시징 시스템은 이들을 처리하는 데 문제가 없지만 수신자는 이들을 처리할 수 없다. 그러므로 이런 메시지들은 무효 메시지가 된다.

수신자가 기대하는 헤더 필드 값을 포함하지 않는 메시지도 무효하다. 메시지가 *상관관계 식별자*^Correlation Identifier (p223), *메시지 순서*(p230) 식별자, *반환 주소*(p219)

등을 헤더 속성으로 가져야 하는데 이런 속성들이 메시지에서 빠진 경우, 메시징 시스템은 메시지를 정상적으로 전송하지만, 수신자는 메시지를 성공적으로 처리하지 못한다.

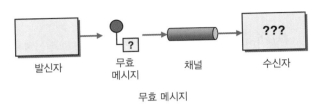

무효 메시지

수신자가 무효 메시지를 발견하면 수신자는 이 메시지를 어떻게 해야 할까? 채널로 이 무효 메시지를 다시 넣어 버리면 같은 수신자가 또 다시 이 무효 메시지를 수신하거나 다른 수신자가 이 무효 메시지를 수신하게 될 것이다. 한편 무시된 무효 메시지는 채널을 쓸 데 없이 어지럽히고 성능을 해질 수도 있다. 수신자가 수신한 무효 메시지를 버려버리면 메시징의 문제를 숨기는 꼴이 된다. 그러므로 메시징 시스템의 문제를 진단할 수 있게 시스템은 채널에서 부적절한 메시지를 제거해 방해가 안 되는 장소로 옮길 방법이 필요하다.

수신자는 부적절한 메시지를 무효 메시지 채널(Invalid Message Channel)로 옮긴다.
무효 메시지 채널은 수신자가 처리할 수 없는 메시지를 위한 채널이다.

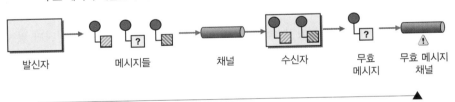

메시징 시스템을 설계할 때, 관리자는 애플리케이션을 위해 하나 이상의 무효 메시지 채널을 정의해야 한다. 무효 메시지 채널은 정상적인 통신에는 사용되지 않는다. 그러므로 무효 메시지 채널이 부적절한 메시지로 넘쳐나도 정상적인 통신은 문제를 일으키지 않는다. 부적절한 메시지를 진단하기 위해 오류 핸들러는 무효 채널의 수신자를 이용할 수 있다.

무효 메시지 채널은 메시징 오류 로그와 비슷하다. 애플리케이션에서 발생한 오류를 로그로 남기는 것이 좋은 방법인 것처럼, 메시지를 처리하다 잘못된 메시지를 무효 메시지 채널로 전송하는 것도 좋은 방법이다. 메시지의 무효성이 메시지 무효 채널을 검색하는 사용자에게 명확하지 않을 경우, 애플리케이션은 더 상세한 오류 정보를 로그로 남겨야 한다.

메시지는 본질적으로 유효하지도 무효하지도 않다. 수신자의 상황과 기대가 유효 여부를 결정한다. 한 수신자에게 유효한 메시지가 다른 수신자에게 무효할 수 있다. 이런 수신자들은 동일한 채널을 공유해서는 안 된다. 한 수신자에게 유효한 메시지는 해당 채널에 있는 다른 모든 수신자에게도 유효해야 한다. 마찬가지로 한 수신자에게 무효한 메시지는 해당 채널에 있는 다른 모든 수신자에게도 무효해야 한다. 수신자에게 유효한 메시지를 전송할 책임은 메시지 발신자에게 있다. 발신자가 무효한 메시지를 발신하면, 메시지 수신자는 이 메시지를 무효 채널로 라우팅함으로 무시해 버릴 것이다.

비슷하지만 다른 문제로는 메시지는 제대로 구성됐지만, 내용이 의미론적으로 올바르지 않을 수 있는 문제가 있다. 예를 들어 _명령 메시지_(p203)가 존재하지 않는 데이터베이스 레코드의 삭제를 수신자에게 지시할 수 있다. 이런 오류는 메시징 오류가 아니고 애플리케이션 오류다. 이 경우 무효 메시지 채널로 메시지를 .이동시키려는 유혹이 있을 수도 있지만, 이 문제는 메시지와 상관없는 문제다. 그러므로 이런 경우를 무효 메시지로 처리하면 오해를 불러 일으킨다. 이와 같은 오류는 무효 메시지로 처리하는 것이 아니라 잘못된 애플리케이션 요청으로 처리해야 한다.

수신자를 _서비스 액티베이터_(p605)나 _메시징 게이트웨이_(p536)로 구현하면 메시지 처리 오류와 애플리케이션 오류가 조금 더 명확해진다. 이 두 패턴은 메시지 처리 코드를 애플리케이션의 나머지 부분으로부터 분리한다. 메시지를 처리하는 동안 오류가 발생하면 메시지는 무효 메시지 채널로 이동된다. 애플리케이션이 메시지의 데이터를 처리하는 동안 발생한 오류는 메시징과는 아무 상관없는 애플리케이션 오류다.

내용이 무시되는 무효 메시지 채널은 무시되는 오류 로그만큼이나 유용하다. 일반적으로 애플리케이션 통합에 문제가 있을 때 무효 메시지 채널에 메시지들이 나타난다. 그러므로 이 메시지들은 무시하면 안 된다. 오히려 문제가 해결될 수 있게 메시지들은 확인하고 분석해야 한다. 이상적으로 이 과정은 자동으로 무효 메시지를 소비하고, 원인을 분석하고, 문제를 해결하는 자동화된 프로세스다. 대부분의 경우 문제 원인은 개발자나 시스템 분석가가 확인하고 복구할 수 있는 종류의 코딩이나 설정 오류들이다. 메시징과 무효 메시지 채널을 사용하는 애플리케이션은 최소한 무효 메시지 채널을 모니터링하고 메시지가 무효 채널에 나타날 때마다 시스템 관리자에게 알림을 전송하는 프로세스가 있어야 한다.

많은 메시징 시스템들에는 유사한 개념으로 죽은 편지 채널(p177)이 있다. 무효 메시지 채널은 수신은 됐지만 처리되지 않는 메시지를 위한 것인 반면, 죽은 편지 채널(p177)은 메시징 시스템이 제대로 전달할 수 없는 메시지를 위한 것이다.

예 주식 거래

주식 거래 시스템에서 거래 실행 애플리케이션은 현재가 견적 요청이나 지정가 거래 요청, 시장가 거래 요청 등을 받는다. 이 경우 애플리케이션은 무효한 메시지를 수신할 수 있다. 다시 말해 애플리케이션은 거래 실행에 필요한 최소 요구 사항을 충족하지 못하는 메시지를 수신할 수 있다. 이런 메시지는 무효 메시지 채널로 전송해야 한다. 발신 애플리케이션은, 요청이 무시되고 있는지를 확인하기 위해, 무효 메시지 채널을 모니터링할 수 있다.

예 JMS 규격

JMS 규격은 처리 불가능한 메시지를 받은 MessageListener는 애플리케이션별로 처리불가 메시지 데스티네이션unprocessable message' destination[JMS 1.1]으로 메시지를 우회시켜야 한다고 제안한다. 처리불가 메시지 데스티네이션이 무효 메시지 채널이다.

죽은 편지 채널(Dead Letter Channel)

기업은 애플리케이션들을 통합하기 위해 *메시징*(p111)을 사용한다.

메시징 시스템은 전달할 수 없는 메시지를 어떻게 처리해야 하는가?

처리할 수 없는 메시지를 수신한 수신자 애플리케이션은 메시지를 무효 *메시지 채널*(p118)로 이동시켜야 한다. 하지만 처음부터 메시징 시스템이 메시지를 수신자 애플리케이션에 전달할 수 없는 경우엔 어떻게 해야 할까?

메시징 시스템이 메시지를 전달하지 못하는 이유는 다양하다. 메시징 시스템의 메시지 채널 설정이 올바르지 않을 수 있다. 메시지가 발신된 후, 메시지가 전달되기 전, 메시지가 수신되기를 기다리는 중에 메시지 채널이 삭제될 수도 있다. 메시지가 전달되기 전에 만료될 수도 있다(*메시지 만료*(p236) 참조). 명시적 만료가 없는 메시지도 아주 오랫동안 전달되지 않으면 만료될 수 있다. *선택 소비자*(p586)가 확인할 수 없는 선택 값을 가진 메시지가 수신되지 못하고 결국엔 죽게 될 수도 있다. 메시지 헤더의 어떤 문제로 인해 메시지가 성공적으로 전달되지 못할 수도 있다.

전달될 수 없다고 판단된 메시지에 메시징 시스템은 무언가 의미있는 일을 해야 한다. 메시징 시스템은 메시지를 단지 채널에 그대로 남겨둘 수 있다. 이 경우 메시지들은 시스템을 어지럽힐 것이다. 메시징 시스템은 메시지를 발신자에게 반송할 수도 있다. 하지만 발신자는 수신자가 아니므로 이 반송 메시지를 발신자가 수신할지는 알 수 없다. 메시지를 삭제하고 아무도 기억하지 않게 할 수도 있다. 그러나 이 경우 발신자는 성공적으로 메시지를 발신했고 전달(수신, 처리)된 것으로 판단하므로 이것 또한 문제다.

메시징 시스템은 메시지를 전달하지 못하거나 말아야 하는 메시지를 죽은 편지 채널(Dead Letter Channel)로 전송할 수 있다.

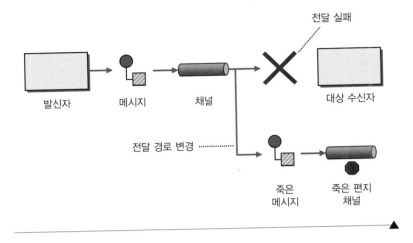

죽은 편지 채널의 동작 방식은 죽은 편지 채널을 제공하는 메시징 시스템마다 다르다. 죽은 편지 채널은 '죽은 메시지 큐^{dead message queue}'[Monson-Haefel] 또는 '죽은 편지 큐^{dead letter queue}'[MQSeries], [Dickman]라고도 불린다. 일반적으로 메시징 시스템이 설치된 시스템은 시스템 내에 죽은 편지 채널을 운영한다. 그러므로 메시지가 죽으면 메시징 시스템은 죽은 메시지를 시스템 내 로컬 큐에서 시스템 내 죽은 편지 채널로, 네트워크를 통한 불확실한 전송을 거치지 않고, 바로 이동시킬 수 있다. 메시징 시스템은 이 과정을 진행하면서 메시지가 죽은 시스템과 메시지의 원래 전달될 채널을 기록할 수도 있다.

죽은 메시지와 무효 메시지의 차이점은, 죽은 메시지는 메시징 시스템이 성공적으로 전달할 수 없는 메시지고, 무효 메시지는 제대로 전달됐지만 수신자가 처리할 수 없는 메시지란 점이다. 메시징 시스템은 메시지 헤더를 평가해 메시지의 죽은 편지 채널 이동 여부를 결정한다. 반면에 수신자는 메시지 본문이나 특정 헤더 필드를 평가해 메시지의 무효 *메시지 채널*(p118) 이동 여부를 결정한다. 메시징 시스템은 죽은 메시지의 결정과 처리를 자동으로 수행할 수 있지만, 수신자는 무효 메시지를 스스로 처리해야 한다. 메시징 시스템을 사용하는 개발자는 메시징 시스템이 제공하는 죽은 메시지 처리에 의존해야 한다. 반면 메시징 시스템이 처리하지 않았지만 죽은 것 같은 메시지와 무효 메시지는 개발자가 직접 처리해야 한다.

죽은 편지 채널은 '죽은 메시지 큐 dead message queue'[Monson-Haefel] 또는 '죽은 편지 큐 dead letter queue'[MQSeries], [Dickman]라고도 불린다.

예 **주식 거래**

주식 거래 시스템의 거래 요청 애플리케이션은 거래 요청을 발신한다. 이때 요청자
는 거래 요청이 합리적인 시간(예를 들어 5분 미만) 안에 수신되도록 거래 요청의 *메시
지 만료*(p236)를 5분으로 설정한다. 그러면 메시징 시스템이 시간 안에 거래 요청을
전달할 수 없는 경우 또는 거래 애플리케이션이 시간 안에 메시지를 거래 요청 채널
에서 수신하지 않는 경우, 메시징 시스템은 거래 요청 메시지를 거래 요청 채널에서
죽은 편지 채널로 이동시킨다. 주식 거래 시스템은 시스템의 죽은 편지 채널을 모니
터링해 없어진 거래 요청을 확인한다.

보장 전송(Guaranteed Delivery)

기업은 애플리케이션들을 통합하기 위해 *메시징*(p111)을 사용한다.

> 발신자는 메시징 시스템의 실패에도 어떻게 메시지 전송을 보장할 수 있을까?

RPC보다 나은 비동기 메시징의 주요 장점 중 하나는 발신자, 수신자, 둘을 연결하는 네트워크가 모두 같은 시간에 일을 할 필요가 없다는 점이다. 네트워크를 사용할 수 없는 경우 네트워크가 회복될 때까지 메시징 시스템은 메시지를 저장한다. 마찬가지로 수신자가 수신하지 않는 경우 수신자가 수신할 때까지 메시징 시스템은 메시지를 저장하고 전달 시도를 반복한다. 이것이 메시징이 기반하고 있는 저장과 전달 과정이다. 그럼 전달되기 전의 메시지는 어디에 저장해야 할까?

기본적으로 메시징 시스템은 다음 저장 지점에 메시지를 전달할 수 있을 때까지 메시지를 메모리에 저장한다. 이것은 메시징 시스템이 안정적으로 작동하는 동안만 유효하다. (예를 들어 컴퓨터에 전원이 나가거나 메시징 프로세스가 갑자기 중단되어) 메시징 시스템이 중단되면 메모리에 저장된 모든 메시지는 사라진다.

다른 애플리케이션들도 사정은 비슷하다. 애플리케이션이 중단되면 메모리에 저장되어 있던 데이터는 모두 손실된다. 애플리케이션은 이런 문제를 방지하기 위해 파일이나 데이터베이스를 이용한다. 메시징 시스템도 시스템의 중단에도 메시지를 잃어버리지 않게 조금 더 영속적인 메시지 유지 방법이 필요하다.

> 메시징 시스템은 중단된 경우에도 메시지가 손실되지 않게 메시지를 영속화하는 보장 전송(Guaranteed Delivery)을 사용한다.

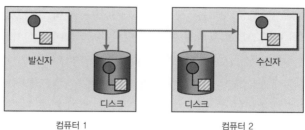

발신자　　　　　　　　　　　　　　　　수신자

디스크　　　　디스크

컴퓨터 1　　　　　　　　　컴퓨터 2

　보장 전송을 사용하는 메시징 시스템은 메시지를 유지하기 위해 내장 데이터 저장소를 사용한다. 메시징 시스템이 설치된 각 컴퓨터에는 메시지를 저장할 수 있는 고유 데이터 저장소가 로컬에 있다. 발신자가 메시지를 발신하는 경우 발신자의 데이터 저장소에 메시지가 안전하게 저장되면 발신은 성공한 것이다. 이어서 수신 데이터 저장소까지 성공적으로 전달되고 저장될 때까지 메시지는 발신 데이터 저장소에서 삭제되지 않는다. 이런 방법을 사용하는 경우 발신된 메시지는 수신자가 수신할 때까지 컴퓨터 디스크에 최소한 한 번은 저장된다.

　영속성은 신뢰성을 증가시키지만 반대로 성능을 감소시킨다. 그러므로 메시지가 메시징 시스템의 중단이나 종료 중에 손실되도 괜찮다면 메시징 시스템을 거쳐 빠르게 이동할 수 있게 보장 전송을 사용하지 않는 것이 좋다.

　보장 전송은 고속 전송 상황에서 많은 디스크 공간을 소비한다. 생산자가 초당 수백 또는 수천 개의 메시지를 발신하는 경우 메시징 시스템은 몇 시간의 네트워크 중단으로도 엄청난 디스크 공간을 사용할 수 있다. 메시지를 생성한 컴퓨터의 로컬 디스크에 저장된 메시지들은 네트워크가 중단되더라도 전송이 완료될 수 있게 삭제되지 않기 때문이다. 그런데 문제는 로컬 디스크의 용량이 충분하지 않을 수 있다는 점이다. 이런 이유로 일부 메시징 시스템은 메시지가 시스템 내부에서 유지되는 한계 시간을 지정하는 재시도 제한시간 파라미터를 제공해 이 문제를 제어할 수 있게 한다. 고속 전송 애플리케이션(예: 주식 시세 전송)의 경우 제한시간은 분 단위 정도의 짧은 시간을 설정해야 한다. 다행히 이런 애플리케이션들은 메시지를 주로 *이벤트 메시지*(p210)로 사용한다. *이벤트 메시지*(p210)는 짧은 시간 후에 폐기되더라도 안전할 수 있다 (*메시지 만료*(p236) 참조).

　테스트와 디버깅 단계에서는 보장 전송을 해제하는 것이 좋다. 그래야 메시징 서버를 중지하고 재시작할 때 메시지 채널을 비우기 쉽다. 큐에 들어있는 메시지는 메시징 프로그램의 디버깅을 지루하게 만들 수 있다. 예를 들어 발신자와 수신자를 포인트 투 포인트 *채널*(p161)로 연결하면, 메시지가 채널에 저장되는 경우, 수신자는 발신자가 생성한 테스트 메시지보다 채널 위의 메시지를 먼저 처리할 것이다. 이 경우 디버깅에 착오가 일어날 수 있다. 일반적으로 상용 메시징 시스템은 시작 시 개별 큐를 청소하게 하는 기능을 지원한다. 이 기능을 테스트와 디버깅에 이용할 수 있다 (*채널 제거기*^Channel Purger(p644) 참조).

보장 메시징을 얼마나 신뢰할 수 있을까?

컴퓨터 시스템의 신뢰성은 99.9%같이 '9의 개수'로 측정한다. 컴퓨터 시스템을 100% 신뢰하게 유지하는 일은 어렵다. 컴퓨터 시스템의 신뢰도를 99.9%에서 99.99%로 높이려면 지수를 곱하는 수준으로 비용이 늘어나기 때문이다. 이와 같은 주의 사항이 보장 전송에도 그대로 적용된다. 그러므로 메시지가 손실될 수 있는 상황은 언제나 가능하다. 예를 들어 저장 디스크에 장애가 발생할 경우 메시지가 손실될 수 있다. 이런 경우 중복 디스크를 사용해 디스크 장애 가능성을 줄일 수 있다. 이것도 신뢰성에 '9'를 더 추가하겠지만 100%를 만들지는 못한다. 네트워크를 오랫동안 사용할 수 없게 된 경우도, 전송될 메시지가 컴퓨터 디스크를 가득 채워, 결과적으로 메시지 손실을 발생시킬 수 있다. 요약하면 기계 고장이나 네트워크 오류 등 예상할 수 있는 중단들로부터 메시지 전송을 보호하기 위해 보장 전송이 설계되지만 그렇다고 100% 완벽한 것은 아니다.

닷넷의 MSMQ에서 채널을 영속적이게 만들려면, 채널을 트랜잭션으로 선언해야 한다. 트랜잭션 선언은 발신자가 *트랜잭션 클라이언트*(p552)가 된다는 의미다. JMS에서 *게시 구독 채널*(p164)의 보장 전송은 수신 대기 중인 구독자에게 메시지의 전달을 보장한다. *영속 구독자*(p594)는 수신 대기 중이 아니더라도 메시지를 수신할 수 있다.

예 주식 거래

주식 거래 시스템에서 거래 요청과 거래 확인은 손실되지 않게 보장 전송으로 전송해야 한다. 주소 변경 공지도 보장 전송으로 전송해야 한다. 반면 가격 갱신은 보장 전송이 필요 없다. 가격 갱신의 전송 손실은 그다지 중요하지 않고 전송 빈도는 보장 전송에 부담을 주기 때문이다.

　　영속 구독자(p594)의 주식 거래 예처럼 가격 갱신 구독자의 일부가 영속성을 원하는 경우 가격 갱신 채널도 전송을 보장할 수 있다. 그렇다고 모든 구독자가 전송 보장에 부담을 더하면서까지 영속적일 필요는 없다. 이런 서로 다른 요구를 충족시키려면 어떻게 해야 할까? 시스템은 가격 갱신 채널로 보장 전송 채널과 비보장 전송 채널을 함께 운영할 수 있을 것이다. 이 경우 갱신 수신이 반드시 필요한 구독자들은 보장 전송 채널에 영속 구독자로 가입하면 된다. 갱신 게시자는 영속 채널의 오버헤드를 줄이기 위해 가능하면 게시 주기를 길게 가져가는 것이 좋다(*데이터 형식 채널*(p169)에서 논의한 채널의 서비스 품질 전략 참조).

예 JMS 영속 메시지

JMS에서는 메시지 단위로 메시지의 영속성을 지정할 수 있다. 즉, 채널 위에 메시지는 영속적일 수도 있고 영속적이지 않을 수도 있다[JMS 1.1], [Hapner].

　　JMS 발신자가 메시지를 영속적으로 만들고 싶으면, `MessageProducer`를 사용해 메시지의 `JMSDeliveryMode`를 `PERSISTENT`로 지정한다. 발신자는 다음과 같이 발신 메시지에 영속성을 지정할 수 있다.

```
Session session = // 세션을 획득한다.
Destination destination = // 도착지를 획득한다.
Message message = // 메시지를 생성한다.
MessageProducer producer = session.createProducer(destination);
producer.send(
    message,
    javax.jms.DeliveryMode.PERSISTENT,
    javax.jms.Message.DEFAULT_PRIORITY,
    javax.jms.Message.DEFAULT_TIME_TO_LIVE);
```

　　애플리케이션은 다음과 같이 메시지 생산자^{producer}에 PERSISTENT를 지정해 전송되는 모든 메시지에 영속성을 부여할 수도 있다.

```
producer.setDeliveryMode(javax.jms.DeliveryMode.PERSISTENT);
```

　　(사실 메시지 생산자의 기본 전송 모드는 영속 모드다.) 이 경우 메시지 생산자가 발신하는 메시지들은 자동으로 영속성을 가지므로 메시지 발신은 다음과 같이 간단해진다.

```
producer.send(message);
```

메시지 생산자들이 한 채널로 메시지를 전송하는 경우도 생산자마다 독립적으로 영속성을 지정해야 한다.

예 IBM 웹스피어 MQ

웹스피어 MQ도 채널이나 메시지 단위로 보장 전송을 설정할 수 있다. 채널이 영속적이지 않으면 메시지도 영속적이지 않다. 채널이 영속적인 경우 모든 메시지에 영속성을 부여하거나 메시지마다 (비)영속성을 부여한다.

메시징 시스템에서 채널은 생성될 때 (비)영속성이 결정된다. 예를 들어 채널 위에 모든 메시지가 영속성을 갖게 채널을 설정할 수 있다.

```
DEFINE Q(myQueue) PER(PERS)
```

발신자가 메시지마다 영속성을 지정할 수 있게도 채널을 설정할 수 있다.

```
DEFINE Q(myQueue) PER(APP)
```

발신자가 영속성을 지정할 수 있게 채널을 설정하면 조금 전에 설명한 것처럼 JMS `MessageProducer`의 전송 모드를 지정할 수 있다. 그러나 모든 메시지가 영속성을 갖게 채널을 설정한 경우 JMS `MessageProducer`의 전송 모드 지정은 무시된다 [WSMQ].

예 닷넷 영속 메시지

닷넷에서는 트랜잭션 모드를 참으로 지정한 `MessageQueue`를 생성해 영속 메시지를 전송한다.

```
MessageQueue.Create("MyQueue", true);
```

이 큐로 전송되는 모든 메시지는 자동으로 영속성을 띤다[Dickman].

채널 어댑터(Channel Adapter)

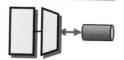

기업은 분산된 애플리케이션들을 통합하기 위해 *메시징*(p111)을 사용한다.

애플리케이션을 메시징 시스템에 연결해 메시지를 송수신하려면 어떻게 해야 할까?

일반적으로 애플리케이션들은 메시징 인프라와 함께 작동하도록 설계되지 않았다. 이 한계는 다양한 이유 때문이다. 일반적으로 다른 시스템에서 활용할 수 있는 데이터나 기능을 포함하더라도, 애플리케이션들은 독자적이고 독립 실행적인 솔루션으로 개발된다. 예를 들어 메인프레임 애플리케이션은 다른 애플리케이션과 인터페이스가 필요가 없는 일체형 애플리케이션이다. 슬프게도 이런 기존 애플리케이션들과의 통합이 오늘날 기업 통합의 가장 일반적인 통합 포인트 중 하나다. 또 메시지 지향 미들웨어는 시스템마다 상이한 API를 제공하므로, 애플리케이션 개발자는 메시징 시스템마다 인터페이스를 별도로 코딩해야 한다는 사실도 이유가 된다.

애플리케이션들이 데이터를 교환해야 하는 경우, 애플리케이션들은 종종 파일 교환이나 데이터베이스 테이블 같은 포괄적인 인터페이스 메커니즘을 사용한다. 파일 읽기와 쓰기는 운영체제의 기본 기능이고 특정 벤더의 API에 의존하지 않는다. 마찬가지로 대부분의 비즈니스 애플리케이션들은 데이터를 데이터베이스에 유지한다. 그러므로 애플리케이션들은 조금 더 노력함으로 다른 시스템들을 위한 데이터를 데이터베이스 테이블에 저장할 수 있다. 또는 애플리케이션들은 내부 기능을 포괄적인 API로 노출해 메시징을 포함한 다른 통합 전략이 데이터 교환을 사용하게 할 수도 있다.

애플리케이션 통신에 HTTP나 TCP/IP 같은 간단한 프로토콜을 사용할 수 있다. 그러나 이런 프로토콜은 *메시지 채널*(p118)과 같은 신뢰성을 제공하지 않는다. 게다가 일반적으로 애플리케이션에서 사용하는 데이터 포맷은 애플리케이션에 특화되므로 일반적인 메시징 솔루션과 호환되지 않는다.

수정 가능한 애플리케이션의 경우, 메시지를 전송할 수 있게 애플리케이션에 코드

를 추가할 수 있다. 그러나 코드 추가는 애플리케이션을 복잡하게 만들고 수정 과정
에 원치 않는 부작용을 발생시키기도 한다. 또 이를 위해 개발자는 애플리케이션 로
직과 메시징 API에 모두 정통해야 하고 애플리케이션 소스 코드를 직접 접근할 수 있
어야 한다. 그러나 소프트웨어 공급 업체에서 구입한 패키지 애플리케이션의 경우,
애플리케이션 코드의 변경은 불가능할 수 있다.

애플리케이션과 채널 사이에 채널 어댑터(Channel Adapter)를 사용한다. 채널 어댑
터는 애플리케이션의 API나 데이터에 접근할 수도 있고, 채널에 메시지를 게시할 수
도 있고, 채널에서 메시지를 수신할 수도 있고, 애플리케이션의 기능을 호출할 수도
있다.

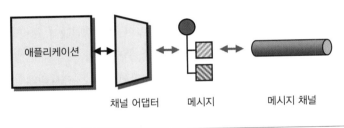

채널 어댑터는 메시징 시스템의 메시징 클라이언트로서 애플리케이션 기능을 호
출하고 애플리케이션으로부터 이벤트를 수신해 메시징 시스템을 호출한다. 적절한
채널 어댑터를 거쳐 애플리케이션들은 메시징 시스템에 접속되고 다른 애플리케이
션들과도 통합된다.

채널 어댑터는 애플리케이션 아키텍처와 메시징 시스템이 접근하는 데이터 형식
에 따라, 애플리케이션의 여러 계층에 연결될 수 있다.

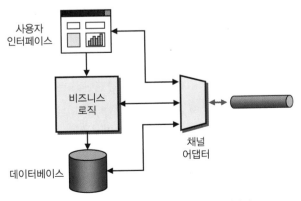

애플리케이션의 여러 계층에 연결된 채널 어댑터

1. **사용자 인터페이스 어댑터**. 때때로 '스크린 스크래핑screen scraping'이라는, 폄하하는 이름으로도 불린다. 이런 유형의 어댑터는 많은 상황에서 매우 효과적이다. 예를 들어 애플리케이션 플랫폼이 메시징 시스템을 지원하지 않거나 애플리케이션 소유자가 통합에 관심이 없을 수 있다. 이런 애플리케이션 환경은 채널 어댑터를 실행하는 것조차 어렵다. 그러나 사용자 인터페이스는 일반적으로 다양한 컴퓨터와 플랫폼(예: 3270 터미널)에서 사용할 수 있다. 또한 웹 기반 씬 클라이언트 아키텍처의 급증은 사용자 인터페이스 통합의 부흥을 일으켰다. HTML 기반의 사용자 인터페이스는 요청과 응답애 매우 간단한 HTTP 메커니즘을 사용한다. 사용자 인터페이스 통합의 또 다른 장점은 애플리케이션 내부에 대한 직접적인 접근이 필요하지 않는다는 점이다. 시스템의 내부 기능을 통합 솔루션에 노출하는 것이 때로는 바람직하지 않거나 불가능할 수 있다. 이런 환경에서 사용자 인터페이스 어댑터는 사용자처럼 애플리케이션을 이용한다. 사용자 인터페이스 어댑터의 단점은 솔루션의 잠재적인 불안정성과 낮은 속도다. 애플리케이션은 '사용자' 입력을 해석하고 응답 화면을 렌더링하는 반면, 채널 어댑터는 응답 화면을 원시 데이터로 해석한다. 이 과정은 많은 불필요한 단계를 포함하고 속도도 느릴 수 있다. 게다가 사용자 인터페이스는 애플리케이션 로직보다 자주 변경되는 경향이 있다. 사용자 인터페이스가 변경될 때마다 채널 어댑터도 변경해야 한다.

2. **비즈니스 로직 어댑터**. 대부분의 비즈니스 애플리케이션들은 그들의 핵심 기능을 API로 노출시킨다. 이 인터페이스는 컴포넌트의 집합(예: EJBs, COM 객체, CORBA 컴포넌트)이나 프로그래밍 API(예: C++, C#, 자바 라이브러리)들이다. 일반적으로 소프트웨어 벤더들(또는 개발자들)이 제공한 API들은 사용자 인터페이스보다 안정적이고 효율적이다. 그러므로 채널 어댑터는 애플리케이션이 잘 정의된 API를 노출할 경우 이것을 사용한다.

3. **데이터베이스 어댑터**. 대부분의 비즈니스 애플리케이션은 관계형 데이터베이스에 데이터를 영속적으로 보관한다. 이 경우 정보는 이미 데이터베이스에 있으므로 채널 어댑터는 애플리케이션의 도움 없이 데이터베이스에서 직접 정보를 추출할 수 있다. 이 방식은 애플리케이션 통합을 비침입적이 되게 한다. 채널 어댑터는 테이블에 트리거를 추가해 테이블에 변경이 발생할 때마다 메시지를 전송하게 할 수 있다. 2~3 데이터베이스 업체가 관계형 데이터베이스 시장

을 지배하므로 이런 유형의 채널 어댑터는 매우 효율적이고 보편적이다. 이것은 다양한 애플리케이션을 상대적으로 일반적인 어댑터와 연결할 수 있게 한다. 데이터베이스 어댑터의 단점은 어댑터가 애플리케이션 내부 깊숙이 파고든다는 점이다. 데이터를 읽는 것만으로는 위험하지 않을 수 있다. 그러나 데이터베이스를 직접 업데이트하면 매우 위험할 수 있다. 또한 많은 애플리케이션 벤더들은 데이터베이스 스키마를 '게시되지 않는' 것으로 전제한다. 즉, 데이터베이스의 변경 권리는 데이터베이스에 있다고 가정한다. 그러므로 데이터베이스가 스키마를 변경하면 데이터베이스 어댑터도 변경돼야 한다.

채널 어댑터는 메시지를 애플리케이션 기능으로 변환할 수 있지만, 이를 위해서는 애플리케이션 기능이 요구하는 포맷으로 메시지를 맞춰야 하는 제약이 따른다. 예를 들어 데이터베이스 어댑터는 수신 메시지의 필드 이름과 애플리케이션 데이터베이스의 테이블 및 필드 이름의 일치를 요구받는다. 한 애플리케이션에 완전히 종속되는 이런 메시지 포맷은, 다른 애플리케이션의 통합에는 사용할 수 없으므로, 좋은 메시지 포맷이 아니다. 따라서 채널 어댑터를 *메시지 변환기*(p143)와 결합해 *정규 데이터 모델*(p418)를 준수하도록 애플리케이션 메시지 포맷을 변환한다.

채널 어댑터는 종종 별도의 컴퓨터에서 동작한다. 이런 채널 어댑터는 HTTP나 ODBC 같은 프로토콜을 거쳐 애플리케이션이나 데이터베이스에 접속한다. 별도의 컴퓨터에서 동작하는 채널 어댑터는 애플리케이션이나 데이터베이스 서버에 추가적인 소프트웨어 설치를 요구하지 않지만 사용하는 프로토콜들이 메시징 채널이 보장하는 전송 서비스 품질을 제공하지는 못한다. 따라서 데이터베이스에 대한 원격 접속은 실패가 발생할 수 있다는 점을 인식해야 한다.

채널 어댑터는 단방향적이다. 예를 들어 HTTP를 사용해 애플리케이션을 연결한 채널 어댑터는 애플리케이션의 메시지를 소비하거나 기능을 호출하는 데는 문제가 없다. 하지만 반대로 HTTP를 사용해 애플리케이션의 데이터 변경을 감지하려는 채널 어댑터는 반복 폴링을 사용해야 하므로 매우 비효율적이다.

채널 어댑터 중에는 디자인 타임 어댑터Design-Time Adapter라고도 불리는 메타데이터 어댑터Metadata Adapter가 있다. 이 유형의 어댑터는 애플리케이션의 기능은 호출하지 않고 애플리케이션의 데이터 포맷을 설명하는 메타데이터만 추출한다. 이 메타데이터는 *메시지 변환기*(p143)를 구성하거나 애플리케이션의 데이터 포맷 변경을 감지하는 데 사용된다(8장, '메시지 변환' 소개 참조). 대부분의 애플리케이션 인터페이스들은 이런 유형의 메타데이터 추출을 지원한다. 예를 들어 대부분의 상용 데이터베이스들은 애플리케이션의 테이블들을 설명하는 메타데이터 시스템 테이블을 제공한다. 마찬가지로 대부분의 컴포넌트 프레임워크들(예: J2EE, 닷넷)도 컴포넌트의 메소드 정보를 추출할 수 있는 '리플렉션' 기능을 제공한다.

메시징 가교(p191)는 특별한 형식의 채널 어댑터다. *메시징 가교*(p191)는 애플리케이션과 메시징 시스템이 아닌 메시징 시스템과 메시징 시스템을 연결한다. 일반적으로 채널 어댑터는 메시징 시스템과 적용되는 모든 시스템의 성공을 보장하는 *트랜잭션 클라이언트*(p552)로 구현된다.

예 주식 거래

주식 거래 시스템은 데이터베이스 테이블 상의 모든 주식 가격들에 대한 로그가 필요할 수 있다. 메시징 시스템은 채널로 전송되는 모든 메시지를 지정된 테이블에 로그로 기록하는 관계형 데이터베이스 어댑터를 포함할 수 있다. 이런 RDBMS^{channel-to-RDBMS} 어댑터가 채널 어댑터다. 또 이 시스템은 외부 인터넷(TCP/IP 또는 HTTP)으로부터 수신한 시세 요청을 내부 시세 요청 채널로 전송할 수 있다. 이런 인터넷^{Internet-to-channel} 어댑터도 채널 어댑터다.

예 상용 EAI 도구

상용 EAI 벤더들도 제품 내에 채널 어댑터를 제공한다. 주요 패키지 애플리케이션에 대한 어댑터를 제공해 통합 개발을 용이하게 한다. 또 고객이 맞춤 어댑터를 개발할 수 있도록 소프트웨어 개발 키트^{SDKs, software development kits}와 템플릿 어댑터를 제공한다.

예 레거시 플랫폼 어댑터

많은 벤더가 메시징 시스템, 유닉스, MVS, OS/2, AS/400, 유니시스^{Unisys}, VMS 같은 플랫폼에서 동작하는 다양한 레거시 시스템^{legacy system}[1]들에 맞는 어댑터를 제공

---

1 구형 시스템 - 옮긴이

한다. 이런 어댑터들은 메시징 시스템에 특화된다. 예를 들어 엔보이 테크놀러지^{Envoy} ^{Technologies}사의 EnvoyMQ는 MSMQ와 다양한 레거시 플랫폼을 연결하는 채널 어댑터다. 이 제품은 레거시 컴퓨터에서 실행되는 클라이언트 컴포넌트와 윈도우 컴퓨터에서 MSMQ와 함께 실행되는 서버 컴포넌트로 구성된다.

예 웹 서비스 어댑터

대부분의 메시징 시스템은 HTTP 전송 계층과 메시징 시스템 사이에 SOAP 메시지를 이동시키는 채널 어댑터를 제공한다. 이 방법으로 SOAP 메시지는 신뢰할 수 있는 비동기 메시징 시스템의 인트라넷과 (방화벽을 거쳐) HTTP를 사용하는 글로벌 인터넷 사이를 이동한다. IBM 웹스피어 애플리케이션 서버의 웹 서비스 게이트웨이가 이런 어댑터다.

메시징 가교(Messaging Bridge)

기업이 여러 메시징 시스템을 사용하는 경우, 애플리케이션들은 메시징(p111)을 이용한 통신에 어떤 메시징 시스템을 연결해야 할지 혼란스러울 수 있다.

메시지가 메시징 시스템들 사이를 넘나들 수 있게 메시징 시스템들을 서로 연결하려면 어떻게 해야 할까?

　기업이 여러 메시징 시스템을 사용하는 경우 일반적으로 문제가 발생한다. 서로 다른 메시징 제품을 사용하는 회사들이 합병이나 인수되면 이런 일이 발생할 수 있다. 또는 이미 메시징 시스템을 사용해 메인프레임/기존 시스템들을 통합한 기업이 J2EE나 닷넷 웹 애플리케이션을 위해 메시징 시스템을 추가로 도입하는 경우에는 메시징 시스템을 통합해야 한다. 경매 시스템에 접속하는 B2B 입찰 클라이언트처럼, 애플리케이션이 기업 시스템에 참여할 때도 이와 같은 문제는 발생한다. 경매 주체들마다 서로 다른 메시징 시스템을 사용하는 경우, 입찰 클라이언트 애플리케이션들은 자신의 내부 메시징 시스템과 여러 외부 메시징 시스템들 사이에서 메시지를 융합해야 한다. 또 다른 예로 수많은 *메시지 채널*(p118)과 수많은 *메시지 엔드포인트*(p153)를 여러 메시징 시스템들로 운영하고 있는 거대한 기업이 있을 수 있다. 이 기업의 메시징 시스템 인스턴스들은 서로 연결돼야 한다.

　한 메시징 시스템을 사용하는 애플리케이션이 다른 메시징 시스템의 메시지에 관심이 없는 경우, 메시징 시스템들은 서로 완전히 분리되어 운영될 수 있다. 그러나 일반적으로 애플리케이션들은 기업 내에서 서로 협력해야 하므로, 한 메시징 시스템을 사용하는 애플리케이션도 다른 메시징 시스템의 메시지가 필요하게 된다.

　JMS 같은 표준 메시징 API가 이런 문제를 해결해 준다고 일반적으로 오해한다. 그러나 그렇지 않다. JMS는 클라이언트 애플리케이션을 호환되는 메시징 시스템들에 연결시키지만, 메시징 시스템들이 함께 일하게 하지는 않는다. 메시징 시스템들이 함께 작동하려면 상호 호환되어야 한다. 즉, 동일한 메시지 포맷을 사용해야 하고 메시지를 메시지 저장소에서 메시지 저장소로 전송하는 방법이 같아야 한다. 그러나 벤더들의 메시징 시스템들이 서로 호환되는 일은 거의 없다. 일반적으로 벤더의 메시지 저장소는 같은 벤더의 메시지 저장소하고만 작동한다.

기업 애플리케이션을 모든 메시징 시스템들의 클라이언트가 되게 구현할 수도 있다. 하지만 이 방식은 메시징 계층을 복잡하게 하고 중복성만 증가시킨다. 이 경우 기업은 새 메시징 시스템을 도입할 때마다 모든 애플리케이션을 수정해야 한다. 한편 애플리케이션을 오직 한 메시징 시스템과 인터페이스하게 하고 다른 메시징 시스템의 데이터는 무시할 수 있다. 그러나 이것은 애플리케이션을 간단하게 하지만 기업의 데이터 활용을 어렵게 한다. 필요한 것은 한 메시징 시스템 위의 메시지를 다른 메시징 시스템의 애플리케이션도 사용할 수 있게 하는 방법이다.

메시징 가교(Messaging Bridge)를 사용해 메시징 시스템들을 연결하고 메시지를 복제한다.

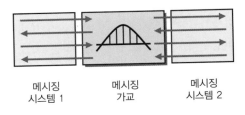

| 메시징
시스템 1 | 메시징
가교 | 메시징
시스템 2 |

일반적으로 두 메시징 시스템을 연결하는 실질적인 방법은 없다. 그러므로 대신에 두 메시징 시스템의 해당 채널들을 개별적으로 연결한다. 메시징 가교는 비메시징 클라이언트 부분이 또 다른 메시징 시스템인 채널 어댑터로 두 메시징 시스템의 채널을 모두 연결한다. 가교는 메시지를 한 채널에서 다른 채널로 매핑하고, 메시지를 한 시스템 포맷에서 다른 시스템 포맷으로 변환하는 역할을 한다. 연결된 채널은 메시징 시스템의 기존 클라이언트를 위한 메시지 전송에도 사용되고 다른 메시징 시스템의 클라이언트를 위한 메시지 전송에도 사용된다.

기업이 메시징 가교를 직접 구현해야 하는 경우도 있다. 가교는 두 메시징 시스템 모두에 대해 클라이언트 애플리케이션인 *메시지 엔드포인트*(p153)다. 메시지가 한 메시징 시스템의 관심 채널에 전달되면, 가교는 메시지를 소비하고, 다른 메시징 시스템의 해당 채널로 동일한 내용을 전송한다.

대부분의 메시징 시스템 벤더는 다른 벤더의 메시징 시스템에 대한 메시징 가교를 제공한다. 따라서 적합한 솔루션을 구입하면 메시징 가교를 직접 구현하지 않아도 된다.

연결해야 할 '메시징 시스템'이 HTTP 같은 간단한 프로토콜을 사용하는 경우 *채널 어댑터*(p185) 패턴을 적용할 수 있다.

메시징 가교가 필요한 이유는 메시징 시스템마다 메시지의 표현 방법과 저장소들 사이의 전달 방법이 독자적이기 때문이다. 웹 서비스는 이런 것들을 표준화할 수 있다. 웹 서비스는 서로 다른 두 메시징 시스템들의 메시지를 웹 서비스 표준으로 전송함으로 메시징 가교 역할을 할 수 있다. 14장, '맺음말'에 있는 WS-Reliability와 WS-ReliableMessaging에 관한 논의를 참조한다.

예 주식 거래

증권사의 각 지점에는 애플리케이션들이 통신하는 메시징 시스템이 있을 수 있다. 은행의 각 지점에도 애플리케이션들이 통신하는 또 다른 메시징 시스템이 있을 수 있다. 증권사와 은행이 은행 계좌와 투자 서비스를 함께 제공하는 하나의 회사가 되기로 했다면, 합병된 회사는 어떤 메시징 시스템을 사용해야 할까? 합병된 회사는 둘 중 한 메시징 시스템만을 사용하기 위해 약 절반의 애플리케이션을 수정하는 대신, 두 메시징 시스템을 함께 사용하면서 이들을 연결하는 메시징 가교를 사용할 수 있다. 예를 들어 이 방법을 사용하면 예금 계좌와 증권 계좌 사이에 자금을 전송할 수 있다.

예 MSMQ 가교

MSMQ의 커넥터 서버 기반 아키텍처는 커넥터 애플리케이션이 다른 메시징 시스템(비 MSMQ)으로 메시지를 송수신할 수 있게 한다. 커넥터 서버를 이용하는 MSMQ 애플리케이션은 MSMQ 채널에서 수행할 수 있는 작업을 다른 메시징 시스템 채널에서도 동일하게 수행할 수 있다[Dickman].

마이크로소프트의 호스트 통합 서버^{Host Integration Server} 제품은 두 메시징 시스템을 협력하게 만드는 MSMQ-MQSeries 가교 서비스를 제공한다. 이 서비스를 이용하는

MSMQ 애플리케이션은 MQSeries 채널로 메시지를 전송하고, 그 반대도 일어난다. 이 서비스로 두 메시징 시스템은 한 메시징 시스템처럼 행동한다.

엔보이 테크놀로지가 MSMQ-MQSeries 가교의 권리를 실제로 소유하고 있으며, 엔보이 커넥트Envoy Connect라는 제품도 보유하고 있다. 엔보이 커넥트는, MSMQ와 비즈톡 서버를 윈도가 아닌 플랫폼 상의 메시징 서버 특히 J2EE 플랫폼 상의 메시징 서버와 연결함으로, J2EE 메시징과 닷넷 메시징을 통합할 수 있게 한다.

예 SonicMQ 가교

소닉 소프트웨어의 SonicMQ는 IBM MQSeries, 팁코 TIB/랑데부, JMS 등을 지원하는 SonicMQ 가교를 제공한다. 소닉 채널의 메시지는 SonicMQ 가교를 거쳐 다른 메시징 시스템의 채널들로 전송된다.

메시지 버스(Message Bus)

공동의 비즈니스 요구를 가진 기업의 시스템들은 통일된 방식으로 데이터와 서비스를 공유할 수 있어야 한다.

> 서로 협력하면서도 잘 분리되어 있어, 애플리케이션의 추가나 제거 영향이 최소화되는 애플리케이션들의 아키텍처는 어떤 모습일까?

기업에는, 종종 독립적으로 운영되면서도 통일된 방식으로 협력해야 하는 다양한 애플리케이션들이 있다. EAI^Enterprise Application Integration(기업 애플리케이션 통합)는 이런 문제를 해결하지만 달성 방법은 설명하지 않는다.

예를 들어 여러 종류의 보험 상품(생명, 건강, 자동차, 주택 등)들을 판매하는 보험 회사를 생각해 보자. 기업 합병과 IT 개발의 결과로 이 기업은 다양한 상품을 관리하는 수많은 독립적인 애플리케이션들을 운영하게 됐다. 보험 상품을 판매하는 보험 중개인은 각 보험 상품마다 별도의 시스템에 로그인해야 한다. 이로 인해 노력은 낭비되고 실수는 많아진다.

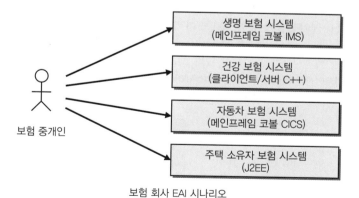

보험 회사 EAI 시나리오

보험 상품들을 종합적으로 판매하려는 중개인에게는 통일된 단일 애플리케이션이 필요하다. 그리고 손해 사정인과 고객 서비스 대표 같은 직원들도 보험 상품 작업을 위해, 통합된 화면을 가진, 별도의 전용 애플리케이션이 필요하다. 보험 상품들을 함께 구입할 때 할인 혜택을 제공하고 보험금들의 합계도 처리할 수 있게 애플리케이션들이 서로 협력해야 한다.

IT 부서는 보험 상품 애플리케이션들을 동일 기술을 바탕으로 재작성해 서로 협력하게 할 수도 있지만 (서로 협력하지는 않더라도) 이미 운영 중인 시스템들을 재작성하는 데 필요한 시간과 돈을 IT 부서의 힘만으로 확보하기는 어렵다. IT 부서는 통일된 중개인 애플리케이션을 만들어 보험 상품 관리 시스템과 연결해야 한다. 즉, 새로운 중개인 애플리케이션은 시스템들을 통합하기보다 다른 시스템을 기업에 또 추가함으로 통합을 방해한다.

중개인 애플리케이션을 시스템들과 통합하기에는 일이 너무 복잡하다. 손해 사정인과 고객 서비스 대표 애플리케이션을 만들 때도 이런 복잡한 상황이 발생한다. 게다가 사용자 애플리케이션들을 통합하는 일은 보험 상품 애플리케이션들을 통합하는 일과는 별개다.

애플리케이션들이 함께 협력하더라도, 기업의 구조가 변경되면, 운영 중인 애플리케이션들은 중단될 수 있다. 모든 애플리케이션이 항상 서비스를 할 수 있는 것도 아니다. 그러나 실행 중인 애플리케이션은 다른 애플리케이션의 실행 중단에 따른 영향을 최소화하면서 계속 실행돼야 한다. 시간이 지남에 따라서 애플리케이션들이 추가되거나 제거되더라도 이에 따른 영향도 항상 최소화돼야 한다. 그러므로 보험 상품 애플리케이션들을 느슨한 결합 방식으로 통합시키고, 사용자 애플리케이션도 보험 상품 애플리케이션들과 통합시키는 아키텍처가 필요하다.

애플리케이션들 사이를 연결하는 미들웨어에 메시지 버스(Message Bus)를 사용한다. 메시지 버스는 애플리케이션들이 메시징 거쳐 통신할 수 있게 한다.

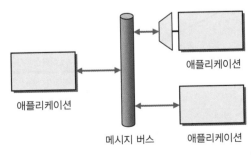

정규 데이터 모델(p418), 공통 명령 집합, 메시징 인프라의 조합인 메시지 버스는
공유 인터페이스를 거쳐 시스템 사이 통신을 제공한다. 메시지 버스는 CPU, 메인 메
모리, 주변기기들 사이 통신을 담당하는 컴퓨터 시스템의 통신 버스와 비슷하다. 하
드웨어 통신 버스처럼, 메시지 버스도 많은 부분들이 서로 협력한다.

1. **공통 통신 인프라**: PCI 버스의 물리적 핀과 전선이 PC의 물리적 공통 인프라를
   제공하는 것처럼, 메시지 버스의 공통 인프라도 이와 같은 기능을 제공해야 한
   다. 일반적으로 메시징 시스템은 애플리케이션들의 플랫폼과 언어에 중립적인
   범용 어댑터를 제공하는 물리적 통신 인프라다. 메시징 시스템은 *메시지 라우
   터*(p136)를 사용해 시스템들 사이에 메시지를 정확하게 라우팅하거나, *게시 구
   독 채널*(p164)을 사용해 모든 수신자에게 메시지를 전송한다.

2. **어댑터**: 시스템들은 메시지 버스와 인터페이스하는 방법을 찾아야 한다. 일부
   애플리케이션은 메시지 버스에 대한 연결 기능을 이미 가지고 있을 수도 있지
   만, 대부분의 애플리케이션들은 메시징 시스템에 연결하기 위한 어댑터가 필
   요하다. 이런 어댑터들은 일반적으로 *채널 어댑터*(p185)와 *서비스 액티베이터*
   (p605)로 상용 제품이거나 맞춤형 어댑터들이다. 어댑터는 적절한 파라미터를
   사용해 CICS 트랜잭션을 호출하거나 버스의 공통 데이터 구조를 애플리케이션
   의 데이터 구조로 변환한다. 이를 위해서는 모든 시스템이 동의하는 *정규 데이
   터 모델*(p418)이 필요하다.

3. **공통 명령 구조**: PC 아키텍처가 (주소에서 바이트를 읽고, 주소에 바이트를 쓰는) 물
   리적 버스에서 사용되는 공통 명령 집합을 가지고 있는 것처럼, 메시지 버스도
   모든 참가자가 이해할 수 있는 공통 명령이 있어야 한다. 이 기능에 *명령 메시
   지*(p203)를 사용한다. 또 다른 공통 구현으로 *데이터 형식 채널*(p169)이 있다.
   이곳에서 *메시지 라우터*(p136)는 (구매 주문 같은) 특정 메시지를 특정 엔드포
   인트로 라우팅한다. 그렇지만 물리적 버스에서 수행되는 '읽기/쓰기'의 메시지
   보다 메시지 버스에서 전송되는 메시지는 훨씬 더 세밀한 수준으로 구분된다.
   이 부분에서 물리적 버스와 메시지 버스는 차이가 있다.

보험 회사 EAI 시나리오에서 메시지 버스는 보험 시스템의 범용 커넥터이면서 보
험 시스템에 접속하는 클라이언트 애플리케이션의 범용 인터페이스 역할을 한다.

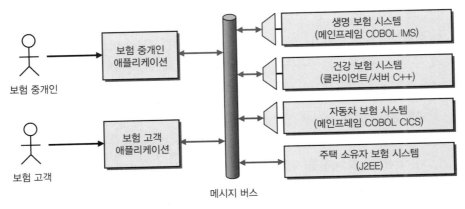

메시지 버스

보험 회사 메시지 버스

그림의 두 GUI 애플리케이션은 메시지 버스만 알고, 복잡한 기본 시스템들을 완전히 인식하지는 못한다. 버스는 *명령 메시지*(p203)를 적절한 시스템으로 라우팅한다. 명령 메시지를 처리하는 가장 좋은 방법은 명령 해석 시스템 어댑터를 구축해 명령 처리 시스템과 통신하는 것이다(예를 들어 CICS 트랜잭션을 호출하거나 C++ API를 호출). 또는 기존 시스템에 명령 처리 로직을 직접 추가할 수도 있다.

중개인 GUI 애플리케이션을 위한 메시지 버스는 다른 GUI 애플리케이션을 위해서도 재사용될 수 있다. 즉, 손해 사정 GUI, 고객 서비스 대표 GUI, 고객 웹 인터페이스 등을 위해서도 재사용될 수 있다. 이런 GUI 애플리케이션들은, 서로 다른 특성과 서로 다른 보안 방식을 가질 수 있지만, 뒷단 애플리케이션들과는 같은 방식으로 협력한다.

메시지 버스는 기업을 위한 간단하고 쓸모 있는 서비스 지향 아키텍처^{SOA}다. 각 서비스에는 적어도 합의된 포맷의 요청을 발신하는 요청 채널과 응답 포맷으로 수신하는 응답 채널이 있다. 모든 참여 애플리케이션들은 메시지 버스를 거쳐 서비스들을 이용한다. 사실상 요청 채널은 서비스 디렉터리 역할을 한다.

메시지 버스를 사용하는 애플리케이션들은 동일한 *정규 데이터 모델*(p418)을 사용해야 한다. 애플리케이션은 *메시지 라우터*(p136)를 사용해 메시지를 목적지로 라우팅할 수 있다. 메시징 시스템과 인터페이스할 수 없는 애플리케이션은 *채널 어댑터*(p185)와 *서비스 액티베이터*(p605)를 사용해 인터페이스한다.

예 **주식 거래**

주식 거래 시스템은 주식 거래, 채권 경매, 가격 견적, 포트폴리오 관리 등을 모두 포함한 서비스를 제공할 수 있다. 각 서비스는 뒷단에 놓인 시스템들과 협력해야 한다. 앞단 고객 GUI 애플리케이션의 서비스를 통일하기 위해, 시스템은 모든 서비스 처리를 뒷단에 놓인 시스템에 위임하는 중간 애플리케이션을 도입할 수 있다. 뒷단 시스템도 이 중간 애플리케이션을 사용해 통합할 수 있다. 그러나 이 중간 애플리케이션은 병목이나 오류의 중심이 될 수 있다.

중간 애플리케이션보다 메시지 버스가 더 나을 수 있다. 메시지 버스에는 서비스의 요청과 응답을 위한 채널들이 있다. 뒷단에 놓인 시스템들도 버스를 사용해 서로 협력할 수 있다. 앞단에 놓인 시스템은 연결된 버스를 이용해 서비스를 호출한다. 버스는 부하 분산과 결함 허용^{fault tolerance}을 위해 비교적 쉽게 여러 컴퓨터로 분산 운영될 수 있다.

메시지 버스가 도입되면 앞단 GUI 애플리케이션을 연결하기가 쉬워진다. 각 GUI는 적절한 채널로 메시지를 송수신한다. 어떤 GUI는 소매 브로커에게 고객의 포트폴리오 관리를 맡길 수 있다. 웹 기반 GUI는 웹 브라우저로 고객에게 고객의 포트폴리오 관리를 맡길 수 있다. 또 다른 앞단 애플리케이션은 거래 내역과 현재 가격을 다운로드할 수 있는 인튜이트의 퀵큰^{Intuit's Quicken}이나 마이크로소프트의 머니^{Microsoft's Money} 같은 개인 금융 서비스를 제공할 수 있다. 메시지 버스를 도입하면 새로운 애플리케이션 개발이 훨씬 간단해진다.

마찬가지로 거래 시스템은 거래 애플리케이션을 교체하거나 가격 견적 요청을 새로 전파해야 할 수 있다. 메시지 버스는 이와 같은 교체나 요청의 추가도 애플리케이션의 추가나 제거만큼이나 간단하게 만든다. 애플리케이션이 새로 도입되더라도 기존 애플리케이션들은 영향 받지 않는다. 애플리케이션들은 평소처럼 메시지를 버스 채널로 전송하면 된다.

5장

메시지 생성

소개

메시지(p124)는 3장, '메시징 시스템'에서 설명했다. 데이터를 교환할 때 애플리케이션은 데이터를 메시지로 감싼다. *메시지 채널*(p118)은 본질적으로 원시 데이터를 전송할 수 없고 메시지에 싸인 데이터만 전송할 수 있기 때문이다. 그러나 *메시지*(p124)의 생성과 전송에는 일부 문제가 따른다.

메시지 의도: 메시지는 단지 데이터의 묶음이지만, 발신자는 수신자가 수신 메시지로 무엇을 할지에 대해 의도가 다를 수 있다. 발신자는 함수나 메소드 호출을 명시하는 *명령 메시지*(p203)를 수신자에게 발신할 수 있다. 명령 메시지는 수신자에게 실행 대상 코드 여부를 알린다. 발신자는 데이터 구조를 *문서 메시지*(p206)로 수신자에게 발신할 수 있다. 이 경우 발신자는 수신자에게 데이터를 전달하지만 수신자가 수신된 데이터로 무엇을 해야 하는지는 지정하지 않는다. 또 발신자는 수신자에게 발신자의 변화를 알리는 *이벤트 메시지*(p210)를 발신할 수 있다. 이 경우도 발신자는 알림을 제공하지만 수신자가 어떻게 반응할지는 지정하지 않는다.

응답 반환: 메시지를 전송할 때, 애플리케이션은 메시지의 처리를 확인하는 응답을 기대한다. 이것이 *요청 응답*(p214) 시나리오다. 요청은 일반적으로 *명령 메시지*(p203)고 응답은 결과 값을 포함하는 *문서 메시지*(p206)거나 예외다. 요청자는 요청에 *반환 주소*(p219)를 지정해 어떤 채널로 응답을 전송해야 하는지를 응답자에게 알린다. 요청자는 처리 중에도 계속 요청을 발신할 수 있다. 그러므로 응답은 해당 요청을 지정하는 *상관관계 식별자*(p223)를 포함해야 한다. 주목할 만한 두 *요청 응답*(p214) 시나리오가 있다. 둘 모두 *명령 메시지*(p203) 요청과 대응되는 *문서 메시지*(p206) 응답을 사용한다. 첫 번째 시나리오는 메시징

RPC^{Messaging RPC}다. 요청자는 응답자에게 함수의 호출뿐만 아니라 함수의 반환 값도 원한다. 애플리케이션은 *메시징*(p111)를 사용해 RPC^{원격 프로시저 호출}를 수행한다. 다른 시나리오는 메시징 질의^{Messaging Query}다. 요청자는 질의를 요청하고 응답자는 질의를 실행하고 결과를 응답으로 반환한다. 애플리케이션은 메시징을 사용해 원격 질의를 수행한다.

대량 데이터: 때때로 애플리케이션은 하나의 메시지에 넣을 수 없는 큰 데이터를 전송해야 한다. 이런 경우 관리할 수 있는 조각들로 데이터를 분할해 분할된 데이터 조각들을 *메시지 순서*(p230)로 전송한다. 수신자는 데이터 조각들을 순서대로 원래 데이터로 재구성한다.

느린 메시지: 메시지는 메시징 시스템을 경유하므로, 발신자는 수신자가 메시지를 수신하는 데 걸리는 시간을 알지 못하게 된다. 그러나 메시지 내용은 시간에 민감할 수 있다. 마감 시간까지 수신되지 않은 메시지는 무시하고 폐기해야 한다. 이 경우 발신자는 메시지에 유효 기간을 지정하는 *메시지 만료*(p236)를 사용할 수 있다. 메시징 시스템은 유효 기간까지 전달하지 못한 메시지를 삭제하거나 죽은 *편지 채널*(p177)로 이동시켜야 한다. 마찬가지로 수신자도 만료 후에 수신한 메시지를 삭제해야 한다.

요약하면, *메시지*(p124)를 사용하는 것만으로는 불충분하다. 데이터는 *메시지*(p124)를 거쳐 전송돼야 한다. 5장에서는 메시지를 동작시키는 결정들을 설명한다.

명령 메시지(Command Message)

애플리케이션은 애플리케이션의 기능을 호출해야 한다. 이런 일에는 일반적으로 *원격 프로시저 호출*(p108)을 사용하지만 *메시징*(p111)의 이점을 활용할 수도 있다.

> 애플리케이션들은 프로시저 호출에 어떻게 메시징을 사용할 수 있을까?

원격 프로시저 호출(p108)의 장점은 동기적synchronous이라는 점이다. 그러므로 호출은 즉시 실행되고 그동안 호출자 스레드는 중지된다. 그러나 이것은 또한 단점이기도 하다. 네트워크가 다운됐거나 원격 프로세스가 실행 중이 아니거나 호출 대기 상태가 아니면 호출은 즉시 실행될 수 없어 호출 실패가 발생한다. 호출이 비동적asynchronous이라면, 원격 애플리케이션 프로시저가 성공적으로 호출될 때까지 호출은 계속 시도될 수 있다.

로컬 호출은 원격 호출보다 훨씬 더 신뢰할 수 있다. 호출자가 *메시지*(p124)로 수신자에게 프로시저의 호출을 전송하면 수신자는 로컬 호출로 프로시저를 실행한다. 그러므로 이제 질문은 메시지로 프로시저의 호출을 만드는 방법에 대한 것이 된다.

객체로 요청을 캡슐화하는 패턴은 이미 잘 알려져 있다. 명령 패턴Command pattern[GoF]은 요청을 저장과 전달이 가능한 객체로 변경하는 방법이다. 객체가 메시지라면 메시지는 *메시지 채널*(p118)에 저장되고 이 채널을 거쳐 주변으로 전달될 수 있다. 마찬가지로 명령의 상태(예: 메소드 파라미터)도 메시지의 상태로 저장될 수 있다.

> 다른 애플리케이션의 프로시저를 안정적으로 호출하려면 명령 메시지(Command Message)를 사용한다.

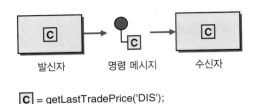

발신자   명령 메시지   수신자

C = getLastTradePrice('DIS');

명령이라고 해서 특정한 메시지 형식이 있는 것은 아니다. 명령 메시지는 명령을 포함한 일반 메시지에 불과하다. JMS에서는 어떤 형식의 메시지라도 명령 메시지가 될 수 있다. 예를 들어 `Serializable` 명령 객체를 소유한 `ObjectMessage`, XML 형식의 명령을 소유한 `TextMessage` 등이 명령 메시지가 될 수 있다. 닷넷에서도 명령을 포함한 *메시지*(p124)가 명령 메시지다. SOAP 요청은 그 자체가 명령 메시지다.

명령 메시지는 일반적으로 포인트 투 포인트 채널(p161)을 거쳐 전송된다. 그러므로 각 명령은 한 번만 소비되고 실행된다.

예 SOAP와 WSDL

SOAP 프로토콜[SOAP 1.1]과 WSDL의 서비스 설명[WSDL 1.1]에 따라 만들어진 RPC 스타일의 SOAP 요청 메시지는 명령 메시지다. SOAP 요청의 메시지 본문(XML 문서)은 수신자에게서 실행될 메소드 이름과 메소드에 전달할 파라미터 값들이 포함한다. 메소드 이름은 수신자의 WSDL에 정의된 메시지 이름들 중 하나다.

다음 SOAP 메시지는 SOAP 규격 설명에 등장하는 예다. 이 SOAP 요청 메시지는 수신자에게서 `GetLastTradePrice` 메소드를 `symbol` 파라미터를 가지고 호출한다.

```
<SOAP-ENV:Envelope
  xmlns:SOAP-ENV="http://schemas.xmlsoap.org/soap/envelope/"
  SOAP-ENV:encodingStyle="http://schemas.xmlsoap.org/soap/encoding/">
    <SOAP-ENV:Body>
        <m:GetLastTradePrice xmlns:m="Some-URI">
            <symbol>DIS</symbol>
        </m:GetLastTradePrice>
    </SOAP-ENV:Body>
</SOAP-ENV:Envelope>
```

SOAP 명령은 m이라는 네임스페이스 접두어를 가진 엘리먼트 이름으로 메소드를 표현한다. 메소드마다 XML 엘리먼트 형식을 분리함으로 XML 데이터 검증이 조금 더 정확해진다. 메소드 엘리먼트 형식은 파라미터의 이름, 형식, 순서를 지정할 수 있기 때문이다.

문서 메시지(Document Message)

데이터를 전송할 때, 애플리케이션은 *파일 전송*(p101)이나 *공유 데이터베이스*(p105)를 사용할 수 있다. 그러나 이 접근 방법들에는 단점이 있다. *메시징*(p111)를 이용한 전송이 더 나을 수 있다.

> 애플리케이션들은 데이터 전송에 어떻게 메시징을 사용할 수 있을까?

애플리케이션들 사이 데이터 전송은 분산 처리의 고전적인 문제다. 다른 프로세스에 필요한 데이터를 가지고 있는 프로세스는 *파일 전송*(p101)을 사용하기가 쉽다. 그러나 *파일 전송*(p101)은 애플리케이션들을 잘 통합하지 못한다. 생성된 파일은 다른 애플리케이션이 읽기 전까지 꽤 오랫동안 사용되지 않을 수 있다. 또 여러 애플리케이션이 파일을 읽어야 하는 경우 파일 삭제에 대한 책임이 불분명할 수 있다.

공유 데이터베이스(p105)는 새 데이터를 공유하기 위해 기존 스키마에 데이터를 강제로 맞추거나 데이터에 맞는 새 스키마를 추가해야 한다. 데이터가 데이터베이스에 저장되더라도 새로운 위험이 등장한다. 접근하지 말아야 할 애플리케이션들이 데이터에 접근할 수 있기 때문이다. 데이터가 도착했을 때 수신자를 기동시키기도 어렵다. 여러 애플리케이션이 데이터를 사용하는 경우 데이터 삭제에 대한 책임이 불분명할 수 있다.

원격 프로시저 호출(p108)도 데이터 전송에 사용될 수 있지만, 호출자는 호출을 사용해 수신자에게 수신 데이터를 어떻게 사용할지를 알려야 한다. 마찬가지로 *명령 메시지*(p203)도 데이터 전송에 사용될 수 있지만, *명령 메시지*(p203)는 수신자가 데이터로 무엇을 해야 할지에 대해 지나치게 구체적이다. 또한 *원격 프로시저 호출*(p108)은 양방향 통신을 가정한다. 그러나 애플리케이션들이 데이터를 일방적으로 전달하려는 경우 이런 기능까지는 필요하지 않다.

이제 우리는 데이터 전송에 *메시징*(p111)를 사용하고 싶다. *메시징*(p111)은 RPC보다 나은 신뢰성을 제공한다. *포인트 투 포인트 채널*(p161)은 한 수신자가 데이터를 중복 없이 수신하게 하고, *게시 구독 채널*(p164)은 모든 수신자가 데이터 사본을 수신하게 한다. 그러므로 요령은 RPC보다 적게 *메시지*(p124)를 사용하는 *메시징*(p111)을 활용하는 것이다.

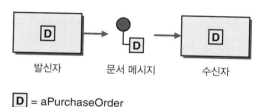

애플리케이션들 사이에 데이터를 안정적으로 전송하려면 문서 메시지(Document Message)를 사용한다.

명령 *메시지*(p203)는 수신자에게 특정 행위를 호출하게 하지만, 문서 메시지는 데이터를 수신자에게 컴포넌트들에 전달만 하고 수신된 데이터를 어떻게 할지는 수신자가 결정한다. 데이터는 단위 데이터거나, 단일 객체거나, 더 작은 단위로 분해 가능한 데이터다.

비슷하게 보이는 문서 메시지와 *이벤트 메시지*(p210)는 시기와 내용으로 구분한다. 문서 메시지는 내용 즉, 문서가 중요하다. 그리고 성공적으로 문서를 전송하는 것이 중요하다. 그러나 전송 시기는 덜 중요하다. 그러므로 *보장 전송*(p239)은 고려하지만 *메시지 만료*(p236)는 덜 고려한다. 반면 *이벤트 메시지*(p210)는 메시지의 존재와 시기가 내용보다 훨씬 더 중요하다.

메시징 시스템에서는 모든 유형의 메시지가 문서 메시지가 될 수 있다. JMS에서 문서 메시지는 `Serializable` 문서 데이터 객체를 포함한 `ObjectMessage`거나, XML 형식의 데이터를 포함한 `TextMessage`일 수 있다. 닷넷에서는 데이터를 포함한 *메시지*(p124)가 문서 메시지다. SOAP에서는 응답 메시지가 문서 메시지다.

문서 메시지는 보통 *포인트 투 포인트 채널*(p161)을 거쳐 중복 없이 프로세스에서 프로세스로 이동한다. 문서를 애플리케이션에 전달하고, 애플리케이션은 문서를 수정하고, 수정된 문서를 다시 다른 애플리케이션에 전달하는 간단한 워크플로우는 *메시징*(p111)과 문서 메시지를 사용해 구현한다. *게시 구독 채널*(p164)을 사용하면 문서 메시지를 모든 구독자에게 전달할 수 있다. 이 경우 문서는 복사본이 전달된다. 이 복사본들은 메시징 시스템 내에서 변경되지 않는다. 수신자는 수신된 복사본을 변경할 수 있다. 요청 응답(p214)에서 일반적으로 결과 값은 문서이므로 응답은 문서 메시지다.

예 자바와 XML

[Graham]의 XML 스키마 예에서 가져온 다음 예는 간단한 구매 주문을 XML로 표현하고 JMS를 사용해 메시지로 전송하는 방법을 보여준다.

```
Session session = // 세션 획득
Destination dest = // 데스티네이션 획득
MessageProducer sender = session.createProducer(dest);
String purchaseOrder =
"    <po id=\"48881\" submitted=\"2002-04-23\">
        <shipTo>
            <company>Chocoholics</company>
            <street>2112 North Street</street>
            <city>Cary</city>
            <state>NC</state>
            <postalCode>27522</postalCode>
        </shipTo>
        <order>
            <item sku=\"22211\" quantity=\"40\">
                <description>Bunny, Dark Chocolate, Large</description>
            </item>
        </order>
    </po>";
TextMessage message = session.createTextMessage();
message.setText(purchaseOrder);
sender.send(message);
```

예 SOAP와 WSDL

SOAP 프로토콜[SOAP 1.1]과 WSDL의 서비스 설명[WSDL 1.1]에 따라 만들어진 문서 스타일의 SOAP 메시지는 문서 메시지다. SOAP 메시지의 본문은 XML 문서(또는 XML 문서로 변환된 어떤 종류의 데이터 구조)고, 이 SOAP 메시지는 발신자(예: 서버)에서 수신자(예: 클라이언트)로 전송된다.

　　RPC 스타일의 SOAP 응답 메시지도 문서 메시지다. SOAP 응답 메시지의 본문 (XML 문서)에는 호출된 메소드의 반환 값이 담긴다. 다음 SOAP 메시지는 SOAP 규격 설명에 등장하는 예로 GetLastTradePrice 메소드의 반환 응답이다.

```
<SOAP-ENV:Envelope
  xmlns:SOAP-ENV="http://schemas.xmlsoap.org/soap/envelope/"
  SOAP-ENV:encodingStyle="http://schemas.xmlsoap.org/soap/encoding/" />
    <SOAP-ENV:Body>
        <m:GetLastTradePriceResponse xmlns:m="Some-URI">
            <Price>34.5</Price>
        </m:GetLastTradePriceResponse>
    </SOAP-ENV:Body>
</SOAP-ENV:Envelope>
```

이벤트 메시지(Event Message)

애플리케이션은 행동 조정에 이벤트 알림을 사용하고 이벤트 알림 전달에 *메시징* (p111)을 사용한다.

▼

애플리케이션은 이벤트 전송에 어떻게 메시징을 사용할 수 있을까?

▲

일어나는 일을 다른 객체들에 알리고 싶을 때, 객체는 때때로 이벤트를 발생시켜 일어난 일들을 다른 객체들에 알린다. 전형적인 예는 모델 뷰 컨트롤러^{Model-View-Controller} 아키텍처다[POSA]. 여기서 모델은 모델의 변경을 뷰에 알려 뷰가 화면을 다시 그릴 수 있게 한다. 이런 변경 알림은 분산 시스템에서도 유용하다. 예를 들어 가격 변경이나 새로운 제품에 대한 카탈로그를 다른 비즈니스 파트너에게 통지하는 업무가 필요한 B2B 시스템이 있을 수 있다.

변경 이벤트를 다른 애플리케이션에 알리는 방법으로 *원격 프로시저 호출* ^{RPC}(p108)을 사용할 수 있다. 하지만 이 방법은 수신자가 당장 이벤트가 필요 없는 경우에도 즉시 이벤트를 수락할 것을 전제한다. 게다가 알림을 위해 RPC를 호출하는 프로세스는 모든 리스너 프로세스들을 알아야 하고, 각 수신자를 원격으로 호출해야 한다.

감시자 패턴^{Observer pattern}[GoF]은 이벤트를 알리는 주체^{subject}와 이벤트를 소비하는 감시자^{observer}의 설계 방법을 설명한다. 주체는 감시자의 Update() 메소드를 호출해 이벤트를 감시자에게 알린다. Update()를 RPC로 구현할 수도 있지만, 그러면 Update()는 RPC의 결점들을 모두 갖게 된다.

그러므로 메시지(p124)를 사용해 이벤트 알림을 비동기적으로 전송하는 것이 더 나을 수 있다. 이 방법으로 주체는 알림이 준비됐을 때 알림을 발신할 수 있고, 각 감시자도 수신이 준비됐을 때 알림을 수신할 수 있다.

애플리케이션들은 신뢰할 수 있는 비동기 이벤트 알림을 위해 이벤트 메시지(Event Message)를 사용한다.

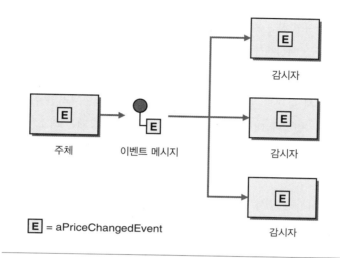

주체는 알릴 이벤트가 있는 경우, 이벤트 객체를 생성하고, 이벤트를 메시지로 감싸고, 이벤트 메시지를 채널로 발신한다. 감시자는 이벤트 메시지를 수신하고, 이벤트 메시지에서 이벤트를 추출하고, 추출한 이벤트를 처리한다. 메시징은 감시자에게 전달하는 중에 이벤트를 변경하지 않는다.

메시징 시스템에서는 어떤 유형의 메시지라도 이벤트 메시지가 될 수 있다. 자바에서는 객체나 데이터(XML 문서 같은)가 이벤트가 될 수 있다. 따라서 JMS에서는 이벤트를 ObjectMessage, TextMessage 등으로 전송할 수 있다. 닷넷에서는 이벤트를 저장한 이벤트가 이벤트 메시지다.

이벤트 메시지와 *문서 메시지*(p206)는 시기와 내용으로 구분한다. 이벤트에서 내용은 별로 중요하지 않다. 일반적으로 이벤트 메시지의 본문은 비어있으며, 사건의 발생만을 감시자에게 알린다. 반면 이벤트에서 시기는 매우 중요하다. 주체는 변경이 발생할 때 곧바로 이벤트를 발생시키고, 감시자는 이 이벤트가 유효한 동안 빨리 이 이벤트를 처리해야 한다. 이벤트는 빈번히 발생하고 신속하게 전달돼야 하므로, *보장 전송*(p239)은 이벤트 전송에 도움이 되지 않는다. *메시지 만료*(p236)는 이벤트의 처리 여부를 결정하는 데 중요한 역할을 한다.

예를 들어 가격이나 제품의 변경을 다른 기업에 알려야 하는 B2B 시스템은 이벤트 메시지나 *문서 메시지*(p206) 또는 두 가지 조합을 함께 사용할 수 있다. 컴퓨터 디스크 가격의 변경을 알리는 메시지는 이벤트다. 그런데 메시지가 디스크에 대한 정보(새 가격을 포함)를 포함하는 경우, 이 메시지는 문서를 포함한 이벤트다. 또 다른 예로 카탈로그를 알리는 메시지는 이벤트다. 반면 카탈로그를 포함하는 메시지는 문서를 포함한 이벤트다.

감시자 패턴은 푸시 모델과 풀 모델 사이의 득실을 설명한다. 그러면 어떤 것이 더 좋은가? 푸시 모델은 변경에 대한 정보를 전송하는 반면, 풀 모델은 최소한의 정보를 요청하고 더 많은 정보가 필요한 경우 감시자는 주체에 GetState()로 요청한다. 두 모델은 다음과 같이 메시징에 관련된다.

- **푸시 모델**: 메시지는 문서/이벤트 메시지의 결합이다. 메시지의 전달은 상태가 발생했음을 알리는 것이고 메시지 내용에는 새 상태가 담긴다. 이 방법은 모든 감시자가 상세 정보를 원하는 경우에는 효율적이지만 상세 정보를 원하지 않는 경우에는 두 세계 모두에 최악일 수 있다. 많은 감시자가 무시해도 좋은 상세 정보를 담은 덩치 큰 메시지들이 알림 과정에 빈번히 나타나기 때문이다.

- **풀 모델**: 다음과 같은 세 메시지를 사용한다.

   1. 갱신은 감시자에게 이벤트를 알려주는 이벤트 메시지다.

   2. 상태 요청은 관심 감시자가 주체에 세부 내용을 요청하는 데 사용하는 *명령 메시지*(p203)다.

   3. 상태 응답은 주체가 감시자에게 세부 정보를 전송할 때 사용하는 *문서 메시지*(p206)다.

풀 모델의 경우에 갱신 메시지가 작고 관심 감시자만 세부 내용을 요청한다는 장점을 지니지만, 필요한 채널이 하나 더 추가되고 한 번 이상의 결과 트래픽이 발생할 수 있다는 단점도 있다.

메시징을 사용해 감시자를 구현하는 방법에 대한 자세한 내용은 6장, '사잇장: 간단한 메시징'의 'JMS 게시/구독 예' 절을 참조한다.

포인트 투 포인트 채널(p161)을 거쳐 한 수신자에게만 이벤트 메시지가 전송되게 제한할 이유는 없다. 메시지는 일반적으로 모든 관심 프로세스들이 알림을 수신할 수 있게 게시 구독 채널(p164)을 거쳐 브로드캐스트된다. 문서 메시지(p206)는 손실되지 않게 소비돼야 하지만, 이벤트 메시지는 수신자가 처리하기에 너무 바쁘면, 무시될 수 있다. 그러므로 이벤트 구독자는 영속 구독자(p594)가 아닐 수 있다. 즉, 비영속적일 수 있다. 메시징을 사용한 감시자 패턴의 구현에 있어서, 이벤트 메시지는 핵심적인 역할을 한다.

요청 응답(Request-Reply)

메시징(p111)을 사용하는 애플리케이션들 사이 통신은 일반적으로 단방향이지만 양방향이 필요할 수도 있다.

애플리케이션은 언제 요청 메시지를 발신하고 어떻게 응답 메시지를 수신하는가?

메시징(p111)은 애플리케이션들에 단방향one-way 통신을 제공한다. 메시지(p124)는 메시지 채널(p118)에서 한 방향으로 여행한다. 즉, 메시지는 발신자에게서 수신자로 여행한다. 비동기 전송은 신뢰성 있는 전달을 보장하고 발신자와 수신자 사이의 결합을 제거한다.

컴포넌트들은 종종 양방향two-way 통신이 필요하다. 프로그램은 함수를 호출하면 반환 값을 받는다. 프로그램은 질의를 실행하면 질의 결과를 받는다. 마찬가지로 컴포넌트도 변경을 다른 컴포넌트에 알리고 응답을 기대할 수 있다. 어떻게 메시징은 양방향이 될 수 있을까?

아마도 발신자와 수신자가 동시에 메시지를 공유할 수 있을 것이다. 그런 다음, 각 애플리케이션은 상대방이 소비할 정보를 메시지에 추가할 수 있을 것이다. 그러나 메시징은 이렇게 동작하지 않는다. 메시지는 먼저 발신되고 이후 수신되기 때문에, 발신자와 수신자는 같은 메시지를 동시에 공유할 수 없다.

아마도 발신자가 메시지에 대한 참조를 보관할 수 있다면, 수신자가 응답을 메시지에 넣으면 발신자는 참조를 이용해 해당 메시지를 당겨오면 된다. 빨랫줄에 걸린 공책들에는 이 방법이 통할지 모르지만, 메시지 채널(p118)은 이런 방식으로 동작하지 않는다. 채널은 한 방향으로 메시지를 전송한다. 필요한 것은 양방향 채널 위에 양방향 메시지다.

요청 메시지는 요청 채널로 응답 메시지는 응답 채널로 각각 전송한다.

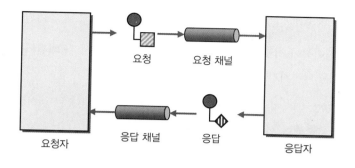

요청 응답에는 두 참여자가 있다.

1. **요청자**^{Requestor}는 요청 메시지를 발신하고 응답 메시지를 기다린다.

2. **응답자**^{Replier}는 요청 메시지를 수신하고 응답 메시지를 전송한다.

요청 채널은 *포인트 투 포인트 채널*(p161)이나 *게시 구독 채널*(p164)이 될 수 있다. 이 둘의 차이는 요청이 모든 소비자에게 알려져야 하는지, 단일 소비자에게 알려져야 하는지 여부다. 반면 응답을 알릴 대상은 항상 단일 소비자이므로, 응답 채널은 포인트 투 포인트 채널이다. 즉, 응답은 요청자에게만 반환된다.

원격 프로시저 호출(p108)의 호출자 스레드는 응답을 기다리는 동안 반드시 중지돼야 한다. 그러나 요청 응답의 요청자는 응답 수신에 두 가지 방법을 사용할 수 있다.

1. **동기 중지**: 발신자의 단일 스레드는 요청 메시지를 발신하고 (*폴링 소비자*(p563)로서) 응답 메시지를 기다리며 중지됐다가 응답이 수신되면 수신 응답을 처리한다. 이 방법은 구현하기는 쉽지만 요청자가 다운되면 중지된 스레드를 다시 실행시키기가 어렵다. 또한 발신자 스레드는 한 요청만 처리하고 응답이 수신될 때까지 응답 채널도 묶어 버린다.

2. **비동기 콜백**: 호출자 스레드는 요청 메시지를 발신하고 응답에 대한 콜백을 설정하고, 별도의 응답 스레드가 응답 메시지를 수신한다. 응답 메시지가 도착하면 응답 스레드는 호출자의 콘텍스트를 깨우고 응답을 처리하는 적절한 콜백을 호출한다. 이 방법은 하나의 응답 채널을 여러 요청이 공유할 수 있게 하고, 하나의 응답 스레드가 여러 요청 스레드들의 응답을 처리할 수 있게 한다. 요청자가 다운되더라도 요청자 스레드를 다시 시작하기만 하면 복구된다. 이를 위

해 호출자 콘텍스트를 복구하는 복잡성이 콜백 메커니즘에 추가된다.

두 애플리케이션이 서로 요청과 응답을 주고받는다고 해서 다 해결되는 것은 아니다. 중요한 것은 메시지가 무엇을 대표하는가이다.

1. **메시징 RPC**: 메시지를 사용해 *원격 프로시저 호출*(p108)을 구현한다. 요청은 응답자가 호출해야 할 함수를 설명하는 *명령 메시지*(p203)고, 응답은 함수의 반환 값이나 예외를 포함하는 *문서 메시지*(p206)다.

2. **메시징 질의**: 메시지 사용해 원격 질의를 수행한다. 요청은 질의를 포함하는 *명령 메시지*(p203)고, 응답은 아마도 *메시지 순서*(p230)를 가진 질의의 결과들이다.

3. **통지/수신 확인**: 메시지를 사용해 통지하고 수신 확인한다. 요청은 통지를 제공하는 *이벤트 메시지*(p210)고, 응답은 수신을 확인하는 *문서 메시지*(p206)다. 수신 확인은 자체가 이벤트에 대한 세부 사항을 요구하는 또 다른 요청일 수 있다.

요청은 메소드 호출과 같다. 따라서 응답은 세 가지 중 하나가 된다.

1. **보이드^{void}**: 호출자가 계속 진행할 수 있게 메소드의 완료를 호출자에게 간단히 통지한다.

2. **결과 값**: 메소드의 반환 값 객체이다.

3. **예외**: 예외 객체는 메소드가 성공적으로 완료하기 전에 중단됐다는 점과 중단된 이유를 나타낸다.

요청은 응답자에게 응답 위치를 알려주는 *반환 주소*(p219)를 포함해야 한다. 응답은 어느 요청의 응답인지를 알려주는 *상관관계 식별자*(p223)를 포함해야 한다.

예 SOAP 1.1 메시지

SOAP 메시지는 요청/응답 쌍으로 되어 있다. SOAP 요청 메시지는 발신자가 호출하고자 하는 수신자의 서비스를 가리키고 SOAP 응답 메시지는 서비스 호출의 결과를 포함한다. 응답 메시지는 결과 값이나 결함을 포함한다. SOAP에서는 예외를 결함이라 부른다[SOAP 1.1].

예 SOAP 1.2 응답 메시지 교환 패턴

SOAP 1.1에서는 응답 메시지를 느슨하게 설명했지만, SOAP 1.2은 요청 응답 메시지 교환 패턴을 명시적으로 소개한다[SOAP 1.2 Part 2]. 이 패턴은 SOAP 요청에 대한 비동기 응답을 별도로 설명한다.

예 JMS 요청자 객체

JMS는 요청 응답을 구현할 수 있는 기능들을 제공한다.

생성한 Connection(연결)이 지속되는 동안만 지속되는 TemporaryQueue를 프로그래밍으로 생성한다. 동일한 Connection으로부터 생성된 MessageConsumer만이 TemporaryQueue에서 메시지를 읽을 수 있으므로, MessageConsumer는 TemporaryQueue를 전용 큐로 이용할 수 있다[JMS 1.1].

MessageProducer는 새로 만든 이런 전용 큐를 어떻게 응답자에게 알릴 수 있을까? 요청자는 임시 큐를 생성하고 요청 메시지의 reply-to 속성에 생성한 임시 큐를 지정한다(반환 주소(p219) 참조). 응답자는 요청 메시지의 reply-to 속성에 지정된 임시 큐로 응답을 전송한다. 이 간단한 방법으로 요청자는 항상 특정 큐로 응답이 돌아오게 한다.

임시 큐의 단점은 Connection이 닫힐 때, 큐의 메시지도 삭제된다는 점이다. 또 임시 큐는 *보장 전송(p239)*도 제공하지 않는다. 메시징 시스템이 다운되면 Connection은 끊어지고 임시 큐와 그 속의 메시지는 모두 사라진다.

JMS는 요청을 발신하고 응답을 수신하는 QueueRequestor 클래스도 제공한다. QueueRequestor는 요청 발신을 위한 QueueSender와 응답 수신을 위한 QueueReceiver을 포함한다. QueueRequestor는 응답을 수신하기 위해 독자적으로 임시 큐를 생성하고 요청 메시지의 reply-to 속성에 이 임시 큐를 지정한다[JMS 1.1]. QueueRequestor를 이용하면 요청의 발신과 응답의 수신이 아주 간단해진다..

```
QueueConnection connection = // 연결을 획득한다.
Queue requestQueue = // 큐를 획득한다.
Message request = // 요청 메시지를 생성한다.
QueueSession session = connection.createQueueSession(false, Session.AUTO_ACKNOWLEDGE);
QueueRequestor requestor = new QueueRequestor(session, requestQueue );
```

```
Message reply = requestor.request(request);
```

request 메소드는 요청 메시지를 전송하고 응답 메시지가 도착할 때까지 실행 흐름을 중지한다.

QueueRequestor가 사용하는 TemporaryQueue는 포인트 투 포인트 채널(p161)이다. 게시 구독 채널(p164)은 TopicRequestor와 TemporaryTopic을 사용한다.

반환 주소(Return Address)

애플리케이션은 *메시징*(p111)를 사용해 *요청 응답*(p214)를 수행한다.

> 응답자는 응답 메시지를 전송할 채널을 어떻게 알까?

메시지는 완전히 독립적이므로, 발신자는 원하는 채널로 언제든 메시지를 발신할 수 있다. 그런데 메시지들은 자주 서로가 연관된다. *요청 응답*(p214) 메시지 쌍에서, 응답 메시지와 요청 메시지는, 서로 독립적으로 보일지 모르지만, 일대일 대응 관계를 맺는다. 그러므로 요청 메시지를 처리하는 응답자는 응답자가 원하는 임의의 채널이 아닌 요청자가 응답을 기대하는 채널로 응답 메시지를 전송해야 한다.

더욱이 한 응답자가 여러 요청자의 호출을 처리할 수 있어야 하는데, 수신자에게 응답 채널을 하드코딩하는 경우 소프트웨어는 경직되고 유지보수도 어려워진다. 응답 채널은 요청 메시지마다 달라질 수 있기 때문이다.

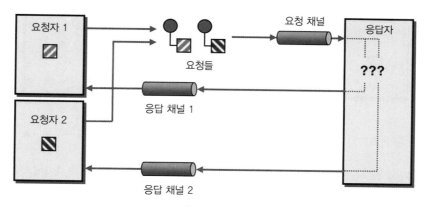

불확실한 응답 채널

자기 자신이 응답을 수신하는 대신 요청자는 응답을 처리하는 콜백 처리기를 별도로 가질 수 있다. 콜백 처리기는 요청자가 모니터링하지 않는 다른 채널을 모니터링한다. 요청자는 모니터링 채널을 갖지 않을 수도 있고 여러 콜백 처리기를 가질 수도 있다. 요청자가 여러 콜백 처리기를 가진 경우, 요청자는 요청들은 각각 다른 처리기로 보내고 각 처리기는 응답을 각각 다른 콜백 처리기로 전송할 수 있다.

응답 채널이 응답을 반드시 요청자에게 다시 전송할 필요는 없다. 단지 요청자가 지정한 응답 채널로 응답이 전송되면, 해당 응답 채널의 수신자가 응답을 수신한다. 그러므로 응답자가 요청자나 요청 채널을 안다고 해서 어떤 채널로 응답을 보낼지를 아는 것은 아니다. 그렇다고 하더라도 응답자는 여전히 특정 요청자나 요청 채널의 응답 채널을 추론해야 하는 경우가 있다. 요청에 명시적으로 사용할 응답 채널을 지정한다면 이런 문제는 훨씬 더 쉬워질 수 있을 것이다. 그러므로 필요한 것은 요청자가 응답자에게 응답을 어디로 어떻게 보낼지를 알리는 방법이다.

요청 메시지는 응답 메시지의 전송 채널을 나타내는 반환 주소(Return Address)를 포함한다.

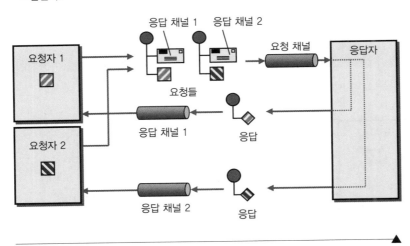

이 방법을 사용하면, 응답자는 응답 채널의 주소를 몰라도 요청 메시지에서 응답 채널의 주소를 얻을 수 있다. 메시지마다 한 응답자에게 각각 다른 장소로 응답을 요구하더라도, 응답자는 요청 메시지의 응답 채널 정보를 이용해 요청에 맞게 응답 채널을 결정할 수 있다. 이것은 요청자 안에 응답을 위한 채널 지식을 캡슐화함으로, 응답 채널을 결정하기 위해 응답자를 하드코딩하지 않게 한다. 반환 주소는 애플리케이션 데이터가 아니므로 메시지 헤더에 삽입된다.

메시지의 반환 주소는 이메일 메시지의 회신^{reply-to} 필드와 유사하다. 이메일에서 reply-to 주소는 보통 from 주소와 일반적으로 동일하지만, 발신자는 발신자의 주소가 아닌 다른 주소를 reply-to에 설정할 수 있다. 이 경우 답장은 발신자의 주소가 아닌 지정된 다른 계정으로 받게 된다.

응답이 반환 주소에 표시된 채널로 전송될 때, *상관관계 식별자*(p223)도 필요할 수 있다. 반환 주소는 수신자에게 응답 메시지를 어떤 채널로 전송할지를 알려주고, *상관관계 식별자*(p223)는 발신자에게 어떤 요청의 응답인지를 알려준다.

예 JMSReplyTo 속성

JMS 메시지는 반환 주소에 미리 정의된 속성인 JMSReplyTo를 사용한다. 이 속성의 형식은 DestinationTopic 인터페이스이거나 DestinationQueue 인터페이스다. 메시지가 발신될 때 데스티네이션(예: *메시지 채널*(p118))이 지정된다[JMS 1.1], [Monson-Haefel].

발신자는 다음과 같이 응답 채널 Queue를 지정한다.

```
Queue requestQueue = // 요청 데스티네이션 지정
Queue replyQueue = // 응답 데스티네이션 지정
Message requestMessage = // 요청 메시지 생성
requestMessage.setJMSReplyTo(replyQueue);
MessageProducer requestSender = session.createProducer(requestQueue);
requestSender.send(requestMessage);
```

수신자는 다음과 같이 응답 메시지를 전송한다.

```
Queue requestQueue = // 요청 데스티네이션 지정
MessageConsumer requestReceiver = session.createConsumer(requestQueue);
Message requestMessage = requestReceiver.receive();
Message replyMessage = // 응답 메시지 생성
Destination replyQueue = requestMessage.getJMSReplyTo();
MessageProducer replySender = session.createProducer(replyQueue);
replySender.send(replyMessage);
```

예 닷넷 ResponseQueue 속성

닷넷 메시지도 반환 주소에 미리 정의된 속성인 ResponseQueue를 사용한다. 이 속성의 형식은 MessageQueue 클래스다(예: *메시지 채널*(p118))[SysMsg], [Dickman].

예 웹 서비스 요청/응답

SOAP 1.2는 요청 응답 메시지 교환 패턴[SOAP 1.2 Part 2]을 포함하지만 응답 주소의 지정은 명시하지 않고 묵시적이다. SOAP 패턴도, SOAP 메시지가 진정 비동기적이 되고 요청자와 응답자를 분리하려면, 반환 주소를 지원해야 할 것이다.

새로운 WS-Addressing 표준은 웹 서비스 엔드포인트를 식별하는 방법과 XML 엘리먼트에 지정하는 방법을 명시함으로 이 문제를 해결한다. WS-Addressing의 주소는 SOAP 메시지의 반환 주소를 지정하는 데 사용될 수 있다. WS-Addressing에 대한 논의는 14장, '맺음말'을 참조한다.

상관관계 식별자(Correlation Identifier)

애플리케이션은 *메시징*(p111)을 사용해 요청 응답(p214)을 수행하고 응답 메시지를 수신한다.

요청자는 수신한 응답이 어떤 요청에 대한 응답인지를 어떻게 알 수 있을까?

원격 프로시저 호출(p108)로 다른 프로세스를 호출하는 경우, 호출은 동기적이므로 어떤 호출이 결과를 생산했는지에 대한 혼란은 일어나지 않는다. 그러나 *비동기적인 메시징*(p111)을 사용하면, *메시징*(p111)이 호출자 대신 호출하고 결과도 시간적으로 나중에 나타날 수 있다. 그리고 호출자는 요청을 기억하지 않거나 너무 많은 호출을 요청해 결과에 대응되는 호출이 어느 것인지 모를 수 있다. 그러나 호출자가 결과를 얻었을 때 결과에 대응되는 요청이 무엇인지 모른다면 이것은 호출의 본래 목적을 훼손하는 것이다.

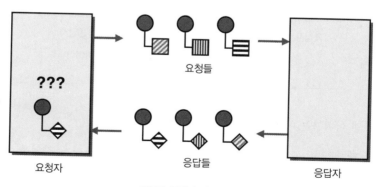

요청과 응답의 매칭 실패

발신자는 이런 혼란을 방지하기 위해 몇 가지 방법을 사용한다. 발신자는 호출마다 응답을 기다린다. 즉, 응답을 수신한 후에 다음 호출을 진행한다. 이런 경우 어느 시점이든 미처리 요청은 기껏해야 하나가 된다. 그러나 이 방법은 처리 속도를 감소시킬 것이다. 호출자는 요청과 같은 순서로 응답이 수신될 것이라고 가정하지만 메시징은 메시지의 전달 순서를 보장하지 않고(*리시퀀서*(p409) 참조), 요청에 대한 처리 시간이 동일하다는 것도 보장하지 않는다. 그러므로 호출자의 순서 가정은 틀린 것이다. 호출자는 응답이 없는 요청을 설계할 수도 있지만 이런 제약은 메시징을 쓸모 없게 만든다.

호출자는 요청 메시지에 대한 포인터나 참조를 가진 응답 메시지가 필요하다. 그러나 메시지는 메모리 공간의 참조 변수로는 존재하지 못할 수 있다. 대신 메시지는 관계형 데이터베이스 테이블의 키와 같은 고유 식별자는 가질 수 있다. 이 고유 식별자를 사용해 메시지 클라이언트는 메시지를 식별한다.

각 응답 메시지는 상관관계 식별자(Correlation Identifier)를 포함한다. 이 상관관계 식별자는 응답이 어떤 요청 메시지의 것인지를 가리키는 고유 식별자다.

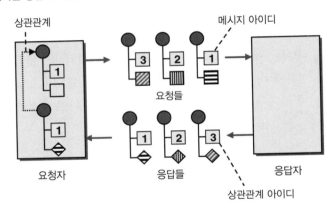

상관관계 식별자는 여섯 부분으로 구성된다.

1. **요청자**^{Requestor}: 요청을 발신하고, 응답을 기다리고, 비즈니스 작업을 수행하는 애플리케이션이다.

2. **응답자**^{Replier}: 요청을 수신하고, 처리하고, 응답을 전송하는 또 다른 애플리케이션이다. 응답자는 요청에서 요청 아이디를 얻어 응답의 상관관계 아이디로 저장한다.

3. **요청**^{Request}: 요청자가 전송한 *메시지*(p124)로 요청 아이디를 포함한다.

4. **응답**^{Reply}: 응답자가 전송한 *메시지*(p124)로 상관관계 아이디를 포함한다.

5. **요청 아이디**^{Request ID}: 요청을 고유하게 식별하는 요청 안에 포함된 토큰이다.

6. **상관관계 아이디**^{Correlation ID}: 요청 아이디와 같은 값으로 응답 안에 포함된 토큰이다.

상관관계 식별자는 다음과 같이 동작한다. 요청자는 요청 메시지를 생성할 때 요청에 요청 아이디를 할당한다. 이 요청 아이디는 모든 미처리 요청들을 고유하게 식별한다. 여기서 미처리 요청이란 아직 응답을 받지 못한 요청을 말한다. 응답자는 요청을 처리할 때 요청 아이디를 저장하고 요청 아이디를 상관관계 아이디로 응답에 추가한다. 요청자는 응답을 처리할 때 응답의 요청을 알기 위해 상관관계 아이디를 사용한다. 호출자가 요청과 응답을 상관(매칭, 관계)시키기 위해 식별자를 사용하기 때문이 이 방법을 상관관계 식별자라 한다.

메시징에서 요청자와 응답자는 몇 가지 세부 사항을 동의해야 한다. 요청자와 응답자는 요청 아이디 속성의 형식과 이름에 동의해야 하고, 상관관계 아이디 속성의 형식과 이름에 동의해야 한다. 요청과 응답의 메시지 포맷은 이들 속성을 정의하거나 추가할 수 있어야 한다. 예를 들어 요청자가 첫 번째 수준 XML 엘리먼트에 request_id 이름으로 정의된 요청 아이디에 정수 값을 저장하는 경우, 응답자가 이 사실을 이미 알고 있어야 요청 아이디 값을 제대로 찾을 수 있다. 요청 아이디 값과 상관관계 아이디 값은 일반적으로 동일한 형식이다. 그렇지 않은 경우 요청자는 응답자가 요청 아이디를 상관관계 아이디로 어떻게 변환하는지를 알아야 한다.

상관관계 식별자 패턴은 비동기 완료 토큰 패턴^{Asynchronous Completion Token pattern} **[POSA2]**을 조금 더 간단하게 만든 메시징 특화 버전이다. 요청자는 개시자^{Initiator}이고, 응답자는 서비스^{Service}다. 응답을 처리하는 요청자 안의 소비자는 완료 처리기^{Completion Handler}이고, 소비자가 사용하는 (요청과 응답의 매칭에 사용되는) 상관관계 식별자는 비동기 완료 토큰^{Asynchronous Completion Token}이다.

상관관계 아이디(와 요청 아이디)는 일반적으로 메시지 헤더에 삽입된다. 아이디는 요청자와 응답자가 통신하려는 명령이나 데이터가 아니다. 사실 응답자는 전혀 아이디를 사용하지 않는다. 단지 요청으로부터 아이디를 저장하고 요청자의 편의를 위해 응답에 추가한다. 메시지 본문은 두 시스템 사이에 전송되는 내용이지만 아이디는 그렇지 않다. 그러므로 아이디는 헤더에 들어간다.

이 패턴의 요점은 응답 메시지가 해당 요청(요청 아이디를 사용해)을 식별하는 토큰

(상관관계 아이디)을 포함하고 있다는 점이다. 이것을 달성하기 위한 방법은 여러 가지가 있다.

모든 요청은 메시지 아이디 같은 고유 아이디를 포함하고 응답의 상관관계 아이디에 요청의 고유 아이디를 사용하는 방법이 가장 간단하다. 이 방법은 응답을 해당 요청에 관련시킨다. 그러나 요청자가 요청 메시지를 안다는 것은 중요하지 않다. 요청자가 정말 원하는 것은 처음 요청을 전송한 원인 비즈니스 작업을 상기시켜 주는 무엇이다. 이 정보를 알면 요청자는 응답의 데이터를 사용해 비즈니스 작업을 완료할 수 있다.

주식 거래 실행, 주문 물품의 배송 요구 등의 비즈니스 작업은 아마도 자체적으로 고유한 비즈니스 객체 식별자(예: 주문 아이디 등)를 가지고 있을 것이다. 비즈니스 고유 아이디를 요청/응답의 상관관계 아이디로 사용하는 경우, 요청자는 응답과 응답의 상관관계 아이디를 얻자마자 처음 요청을 발생시킨 비즈니스 객체로 바로 이동할 수 있을 것이다. 이때는 비즈니스 객체 아이디가 요청 아이디와 상관관계 아이디로 사용된다. 비즈니스 객체 아이디는 요청과 응답 안에서 비즈니스 객체를 식별하는 데 사용된다.

절충적인 접근 방법으로 요청자는 요청 아이디와 비즈니스 객체 아이디의 맵^{map}을 유지할 수 있다. 이 방법은 요청자가 객체 아이디를 내부적으로 관리하거나 요청자가 응답자의 구현 통제가 불가능해 요청 메시지 아이디로부터 복사된 응답자의 상관관계 아이디에만 의존할 수밖에 없을 때 특히 유용하다. 이 경우 응답을 수신한 요청자는 요청자의 맵에서 응답의 상관관계 아이디로 비즈니스 객체 아이디를 찾아 응답 데이터를 사용하는 비즈니스 작업을 계속 수행한다.

메시지가 메시지 아이디와 상관관계 아이디 속성을 별도로 가지면, 요청 메시지와 응답 메시지는 서로 연결이 가능해진다. 그러면 요청은 응답을 초래하고, 이 응답은 다시 또 다른 요청을 초래하고, 이 또 다른 요청은 다시 또 또 다른 응답을 초래하게 할 수 있다. 이 경우 메시지의 메시지 아이디는 고유하게 요청 자체를 식별하고 메시지의 상관관계 아이디는 상관관계 아이디에 의해 식별되는 다른 요청 메시지의 메시지 아이디를 식별한다.

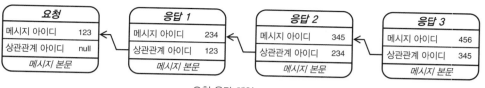

요청 응답 체인

요청 응답 체인은 애플리케이션이 최신 응답에서 원래의 요청으로 메시지 경로를 추적할 때 유용하다. 또 다른 경우로 애플리케이션이 응답 단계들에 상관없이 원래 요청을 알아야 하는 경우, 원래 요청의 응답 메시지들뿐만 아니라 이후 따르는 모든 응답 메시지들에도 동일한 상관관계 아이디가 있다.

상관관계 식별자는 응답과 요청의 매칭에 사용한다. *반환 주소*(p219)는 요청에 응답 채널의 정보를 추가할 때 사용한다. *메시지 순서*(p230) 식별자는 동일한 발신자가 보낸 연속된 메시지 중 해당 메시지의 위치를 지정하는 데 사용한다.

예 JMSCorrelationID 속성

JMS 메시지에는 미리 정의된 `JMSCorrelationID`라는 상관관계 식별자 속성이 있다. 일반적으로 `JMSCorrelationID` 속성은 미리 정의된 `JMSMessageID` 속성과 함께 사용한다[JMS 1.1], [Monson-Haefel]. 응답 메시지의 상관관계 아이디는 다음과 같이 요청 메시지 아이디로 지정한다.

```
Message requestMessage = // 요청 메시지를 얻는다.
Message replyMessage = // 응답 메시지를 생성한다.
String requestID = requestMessage.getJMSMessageID();
replyMessage.setJMSCorrelationID(requestID);
```

예 닷넷의 CorrelationId 속성

닷넷의 메시지에는 `CorrelationId` 속성이 있다. 수신 확인 메시지 안의 `CorrelationId` 속성 값은 보통 원래 메시지의 아이디 문자열이다. `MessageQueue`는 큐에서 메시지를 엿보는 메소드와 수신하는 메소드를 제공한다. `PeekByCorrelationId(string)` 메소드는 상관관계 아이디 파라미터로 큐에서 메시지를 엿보고, `ReceiveByCorrelationId(string)` 메소드는 상관관계 아이디 파라미터로 큐에서 메시지를 수신한다(*선택 소비자*(p586) 참조) [SysMsg], [Dickman].

예 웹 서비스 요청 응답

SOAP 1.1 웹 서비스 표준[SOAP 1.1]은 비동기 메시징을 잘 지원하지 못한다. 하지만 SOAP 1.2는 비동기 메시징을 위한 계획을 세웠다. SOAP 1.2는 요청 응답 메시지 교환 패턴Request-Response Message Exchange pattern을 포함한다[SOAP 1.2 Part 2]. 비동기 SOAP 메시징의 기본 부분이다. 그러나 이 패턴은 '복수 지속 요청multiple ongoing requests'에 대한 지원을 강제하지 않기 때문에 표준 상관관계 식별자 필드를 옵션 필드로도 정의하지 않는다.

실제적인 문제로, 서비스 요청자는 종종 미처리 요청들이 필요하다. '웹 서비스 아키텍처 사용 시나리오Web Services Architecture Usage Scenarios'[WSAUS]는 비동기 웹 서비스 시나리오들을 설명한다. 이 중 넷은 요청과 응답의 매칭을 위해 SOAP 헤더에 message-id와 response-to 필드를 사용한다. 이 넷은 요청 응답, 원격 프로시저 호출(전송 프로토콜은 [동기] 요청/응답을 직접적으로 지원하지 않는다), 다중 비동기 응답, 비동기 메시징이다. 다음은 요청/응답의 예다.

메시지 식별자를 포함하는 SOAP 요청 메시지

```xml
<?xml version="1.0" ?>
<env:Envelope xmlns:env="http://www.w3.org/2002/06/soap-envelope">
  <env:Header>
    <n:MsgHeader xmlns:n="http://example.org/requestresponse">
      <n:MessageId>uuid:09233523-345b-4351-b623-5dsf35sgs5d6</n:MessageId>
    </n:MsgHeader>
  </env:Header>
  <env:Body>
  ........
  </env:Body>
</env:Envelope>
```

원래 요청에 대한 순서와 상관관계를 포함하는 SOAP 응답 메시지

```xml
<?xml version="1.0" ?>
<env:Envelope xmlns:env="http://www.w3.org/2002/06/soap-envelope">
  <env:Header>
    <n:MsgHeader xmlns:n="http://example.org/requestresponse">
      <n:MessageId>uuid:09233523-567b-2891-b623-9dke28yod7m9</n:MessageId>
      <n:ResponseTo>uuid:09233523-345b-4351-b623-5dsf35sgs5d6</n:ResponseTo>
    </n:MsgHeader>
  </env:Header>
  <env:Body>
```

```
........
  </env:Body>
</env:Envelope>
```

JMS와 닷넷 예처럼 이 SOAP 예도 요청 메시지는 고유한 메시지 식별자를 포함하고 응답 메시지는 응답(예: 상관관계 아이디) 필드에 요청 메시지의 메시지 식별자를 포함한다.

메시지 순서(Message Sequence)

애플리케이션이 한 메시지로는 담을 수 없는 큰 데이터를 다른 프로세스에 전송해야 한다거나, 한 응답 메시지로는 담을 수 없는 큰 데이터로 응답해야 할 때가 있다.

큰 데이터를 메시징을 사용해 전송하려면 어떻게 해야 할까?

메시지가 임의로 커질 수 있다고 생각하면 좋겠지만 메시지 하나가 저장할 수 있는 데이터의 양에는 실질적인 한계가 있다. 어떤 메시징은 메시지 크기에 절대 한계를 정해 놓는다. 어떤 메시징은 상당한 크기의 메시지를 허용하지만 큰 메시지는 메시징의 성능을 해친다. 메시징이 큰 메시지를 허용하더라도 메시지 생산자나 소비자가 한 번에 처리할 수 있는 데이터의 양에 한계가 있을 수 있다. 예를 들어 대부분의 코볼COBOL이나 메인프레임 기반 시스템은 32Kb 조각 이하로 데이터를 소비하고 생산한다.

그럼 어떻게 이 문제를 해결할 수 있을까? 한 가지 방법은 애플리케이션을 제한하는 것이다. 즉, 애플리케이션이 메시징 계층이 저장할 수 있는 메시지의 최대 크기 이하로 데이터를 전송하게 한다. 많은 양의 데이터를 전송해야 하는 경우, 호출자는 데이터를 메시지의 최대 크기 이하의 데이터 조각으로 분할하고 분할된 데이터 조각들을 나누어 전송하게 한다. 그러나 이 방법은 네트워크 트래픽을 증가시키고 발신자는 전송 데이터의 반복 회수를 미리 알고 있어야 한다. 또 수신자는 더 이상의 데이터 조각이 없을 때까지(하지만 더 이상의 데이터 조각이 없다는 것을 어떻게 알 수 있을까?) 데이터 조각을 수신하고, 수신된 데이터 조각을 원본 데이터로 재조립하는 방법을 알아야 한다. 이런 과정은 오류가 발생하기 쉽다.

통신 판매 회사가 주문 받은 상품을 여러 상자로 나누어 배송하는 방법을 생각해 보자. 세 상자가 배송되는 경우, 배송자가 각 상자에 '1/3', '2/3', '3/3'를 표시하면 수신자는 어떤 상자를 받았는지 또 모두 받았는지를 알 수 있게 된다. 메시징에도 동일한 방법을 적용한다.

큰 데이터를 메시지 조각으로 나눠야 할 때, 메시지 데이터를 메시지 순서(Message Sequence)에 따라 전송하고 각 메시지에는 순서 식별 필드를 표시한다.

메시지 순서가 사용하는 세 식별 필드는 다음과 같다.

1. **순서 식별자**: 메시지 순서를 구분한다.

2. **위치 식별자**: 메시지 순서 안에서 각 메시지를 고유하게 식별하고 순서대로 정리한다.

3. **크기 또는 종료 표시자**: 메시지 순서의 총 메시지 수를 지정하거나 메시지 무리에서 마지막 메시지를 표시한다(마지막 메시지의 위치 식별자는 메시지 무리의 크기를 가리킨다).

일반적으로 각 메시지의 크기 표시자 필드에는 메시지 순서의 총 크기가 지정된다. 여기에서 메시지 순서의 총 크기란 메시지 순서 안 메시지들의 총 수를 말한다. 다른 방법으로 각 메시지의 종료 표시자 필드에 메시지의 마지막 여부를 지정하기도 한다.

종료 표시자를 사용한 메시지 순서

데이터를 메시지 세 조각으로 전송해야 한다고 가정해보자. 메시지 순서의 순서 식별자는 고유 아이디가 될 것이다. 각 메시지의 위치 식별자는 다를 것이다. 예를 들어 각 메시지의 위치 식별자는 1, 2, 3이 될 것이다. 발신자가 메시지들의 총 수를 알고 있는 경우 각 메시지의 크기 식별자 값은 3이다. 발신자가 데이터 전송을 끝낼 때까지 메시지들의 총 수를 모르는 경우(데이터 스트림을 전송하는 경우), 순서의 마지막 메시지를 뺀 나머지 메시지의 '종료 표시자'는 거짓으로 설정한다. 발신자는 순서의 마지막 메시지를 보낼 때, 메시지의 '종료 표시자'를 참으로 설정한다. 위치 식별자와 크기/종료 표시자 방법 모두 수신자가 메시지들을 순서대로 수신받지 못하더라도 메시지들을 재조립할 수 있는 충분한 정보를 제공한다.

수신자가 메시지 순서를 기대하는 경우, 메시지가 하나이더라도, 모든 메시지는 메시지 순서의 일부로 전송해야 한다. 그렇지 않은 경우 수신한 메시지에서 순서 식별자를 확인하지 못한 수신자는 메시지를 무효하다고 판단할 수 있다(무효 메시지 채널(p173) 참조).

수신자는 메시지 순서의 모든 메시지 수신에 실패한 경우 수신한 메시지들은 전부 *무효 메시지 채널*(p118)로 다시 라우팅해야 한다.

애플리케이션은 메시지 순서의 전송과 수신에 *트랜잭션 클라이언트*(p552)를 사용할 수 있다. 발신자는 하나의 트랜잭션에 순서대로 모든 메시지를 발신할 수 있다. 이 방법을 사용하면 메시지들이 모두 발신돼야 전달이 완성된다. 마찬가지로 수신자도 모든 메시지를 수신할 때까지 메시징 시스템이 메시지를 소비하지 않게 메시지들의 수신을 하나의 트랜잭션으로 지정할 수 있다. 순서에 있는 메시지 중 하나가 누락된 경우, 수신자는 나중에 메시지들을 소비할 수 있게 트랜잭션을 롤백한다. 일반적으로 메시징 시스템은 트랜잭션 내 메시지들의 순서를 보존한다. 즉, 트랜잭션을 사용한 메시지의 발신 순서는 메시지의 수신 순서와 동일하다. 이것은 수신자의 데이터 재조립 과정을 단순하게 해 준다.

메시지 순서가 요청 응답(p214)의 응답일 때, 일반적으로 *상관관계 식별자*(p223)가 순서 식별자다. 애플리케이션이 하나의 요청에 여러 응답을 기대한다면, 각 응답은 전체 응답의 일부가 될 것이다. 한 응답만 예상될 때도 응답에 순서 식별자를 사용할 수 있지만 이것은 컴포넌트들에 있어 군더더기일 뿐이다.

메시지 순서는 *경쟁 소비자*(p644)나 *메시지 디스패처*(p578)와는 호환되지 않는 경향이 있다. (경쟁) 소비자들이 메시지 순서로 메시지를 수신하는 경우, 수신자들은 메시지 순서의 메시지를 각각 경쟁적으로 일부만 수신하므로, 다른 수신자들의 메시지 내용을 알지 못하고는 원래의 데이터를 재조립할 수 없다. 따라서 메시지들은 단일 메시지 채널을 거쳐 단일 소비자에게 순차적으로 전송돼야 한다.

메시지 순서에 대한 대안은 *번호표*(p409)를 사용하는 것이다. 두 애플리케이션이 공통 데이터베이스나 파일 시스템에 접근할 수 있다면, 애플리케이션은 다른 애플리케이션에 큰 문서를 전송하기보다 문서를 저장하고 문서의 키를 포함한 메시지를 전송한다.

메시지 순서를 사용하는 일은 큰 메시지를 연속되는 메시지들로 분할하는 *분할기*(p320)와 연속된 메시지들을 단일 메시지로 재조립하는 *수집기*(p330)를 사용하는 일과 비슷하다. *분할기*(p320)와 *수집기*(p330)는 원본 메시지와 최종 메시지를 직접 메시지들로 나누고 합치는 반면, 메시지 순서는 *메시지 엔드포인트*(p153)를 이용해 메시지 발신 전에 데이터를 분할하고 메시지 수신 후에 데이터를 수집한다.

예 큰 문서 전송

발신자가 수신자에게 한 메시지로 전송하기에는 너무 큰 문서를 전송해야 한다고 상상해 보자. 이 경우 문서는 여러 조각으로 분할되고, 각 조각은 메시지로 전송된다. 각 메시지에는 메시지 순서 상의 위치와 메시지들의 총 수가 표시된다. 예를 들어 MSMQ 메시지의 최대 크기는 4MB다. [Dickman]은 MSMQ에서 메시지를 여러 부분으로 나누어 순차적으로 전송하는 방법을 설명한다.

예 다중 항목 질의

저자의 모든 도서를 요청하는 질의를 생각해 보자. 질의 결과는 매우 큰 목록이 될 수 있으므로 각 결과 항목들을 메시지로 반환할 수 있다. 각 메시지에는 응답에 대응되는 질의, 메시지 위치, 메시지들의 총 수가 표시된다.

예 분산 질의

수신자들이 일부분씩 나누어 수행하는 질의를 생각해 보자. 질의들에 순서가 있다면, 각 수신자의 응답 메시지에는 완전한 응답을 조립할 수 있도록 질의 순서가 표시돼야 한다. 그러므로 각 수신자는 자신의 위치를 알고 있어야 한다. 이 위치가 각 응답 메시지에 질의 순서로 표시된다.

예 JMS와 닷넷

JMS와 닷넷은 모두 내장된 기능으로는 메시지 순서를 지원하지 않으므로, 메시징 애플리케이션이 순서 필드를 직접 구현해야 한다. JMS 애플리케이션은 헤더에 자신의 속성을 정의할 수 있다. 반면 닷넷 애플리케이션은 헤더에 자신의 속성을 정의할 수 없다. 닷넷 애플리케이션은 속성을 메시지 본문에 정의한다. 헤더에 저장된 메시지 순서를 필터링하기가 본문보다 더 쉽다.

예 웹 서비스: 복수 비동기 응답

현재 웹 서비스 표준은 비동기 메시징을 잘 지원하지 않는다. 하지만 W3C는 비동기 메시징 지원을 생각하기 시작했다. '웹 서비스 아키텍처 사용 시나리오Web Services Architecture Usage Scenarios'[WSAUS]는 비동기 웹 서비스 시나리오들을 설명한다. 이 중 복수 비동기 응답Multiple Asynchronous Responses은 요청과 응답을 상관시키기 위해 SOAP 헤더에 message-id와 response-to 필드를 사용하고 응답의 순서를 식별하기 위해 본문에 sequence-number와 total-in-sequence 필드를 사용한다. 다음은 복수 응답의 예다.

메시지 식별자를 포함하는 SOAP 요청 메시지

```
<?xml version="1.0" ?>
<env:Envelope xmlns:env="http://www.w3.org/2002/06/soap-envelope">
  <env:Header>
    <n:MsgHeader xmlns:n="http://example.org/requestresponse">
      <n:MessageId>uuid:09233523-345b-4351-b623-5dsf35sgs5d6</n:MessageId>
    </n:MsgHeader>
  </env:Header>
  <env:Body>
  ........
  </env:Body>
</env:Envelope>
```

원래 요청에 대한 순서와 상관관계를 포함하는 첫 번째 SOAP 응답 메시지

```
<?xml version="1.0" ?>
<env:Envelope xmlns:env="http://www.w3.org/2002/06/soap-envelope">
  <env:Header>
    <n:MsgHeader xmlns:n="http://example.org/requestresponse">
```

```
      <!-- MessageId will be unique for each response message -->
      <!-- ResponseTo will be constant for each response message in the sequence-->
      <n:MessageId>uuid:09233523-567b-2891-b623-9dke28yod7m9</n:MessageId>
      <n:ResponseTo>uuid:09233523-345b-4351-b623-5dsf35sgs5d6</n:ResponseTo>
    </n:MsgHeader>
    <s:Sequence xmlns:s="http://example.org/sequence">
      <s:SequenceNumber>1</s:SequenceNumber>
      <s:TotalInSequence>5</s:TotalInSequence>
    </s:Sequence>
  </env:Header>
  <env:Body>
  ........
  </env:Body>
</env:Envelope>
```

원래 요청에 대한 순서와 상관관계를 포함하는 마지막 SOAP 응답 메시지

```
<?xml version="1.0" ?>
<env:Envelope xmlns:env="http://www.w3.org/2002/06/soap-envelope">
  <env:Header>
    <n:MsgHeader xmlns:n="http://example.org/requestresponse">
      <!-- MessageId will be unique for each response message -->
      <!-- ResponseTo will be constant for each response message in the sequence-->
      <n:MessageId>uuid:40195729-sj20-pso3-1092-p20dj28rk104</n:MessageId>
      <n:ResponseTo>uuid:09233523-345b-4351-b623-5dsf35sgs5d6</n:ResponseTo>
    </n:MsgHeader>
    <s:Sequence xmlns:s="http://example.org/sequence">
      <s:SequenceNumber>5</s:SequenceNumber>
      <s:TotalInSequence>5</s:TotalInSequence>
    </s:Sequence>
  </env:Header>
  <env:Body>
  ........
  </env:Body>
</env:Envelope>
```

헤더의 `message-id`는 응답의 순서 식별자로 사용된다. 각 응답의 `sequence-number`와 `total-in-sequence`는 각각 위치 식별자와 크기 식별자로 사용된다.

메시지 만료(Message Expiration)

메시징(p111)을 사용하는 애플리케이션은 시간 안에 수신하지 못한 *메시지*(p124) 데이터나 요청은 쓸모없으므로 무시해야 한다.

> 메시지가 오래되어 사용 중단이 필요한 때를 발신자는 어떻게 지정할 수 있을까?

메시징(p111)은 *메시지*(p124)가 수신자에게 전달되는 것을 실질적으로 보장한다. 그러나 전달에 걸리는 시간을 보장하지 않는다. 예를 들어 발신자와 수신자를 연결하는 네트워크가 일주일 동안 다운된 경우 메시지 전달에는 일주일이 걸릴 수 있다. 메시징은 발신자, 네트워크, 수신자보다 더 신뢰할 수 있지만, 신뢰할 수 없는 상황에서 메시지 전송은 아주 오래 걸릴 수 있다(더 상세한 내용은 *보장 전송*(p239) 참조).

일반적으로 메시지의 내용에는 유효 기간이 있다. 예를 들어 주식 시세를 요청한 요청자가 1분 이내에 답변을 받지 못한 경우 요청자는 더 이상 이 요청에 관심을 갖지 않을 것이다. 이것은 요청의 전달이 1분 이상 걸리면 안 되고 응답도 바로 전달돼야 한다는 것을 말한다. 1분 이상 걸린 주식 시세 응답은 너무 오래되어서 사용할 수 없다.

메시지를 발신하고 응답을 수신하지 못하더라도 발신자는 메시지를 취소하거나 기억할 수 있는 방법이 없다. 수신자는 메시지가 전송된 때를 확인하고 너무 오래된 경우 메시지를 거부할 수 있지만 발신자마다 메시지의 유효 기간에 대해 서로 다른 의견을 가질 수 있다. 그러면 수신자는 거부할 메시지를 어떻게 알아 낼 수 있을까? 필요한 것은 발신자가 메시지의 수명을 지정하는 방법이다.

> 메시지의 유효 기간을 지정하는 메시지 만료(Message Expiration)를 사용한다.

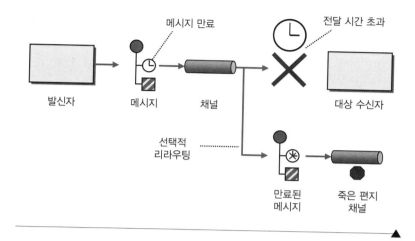

유효 기간이 지났지만 아직 소비되지 않은 메시지는 만료된다. 메시징 시스템의 소비자는 만료된 메시지를 무시한다. 소비자는 만료된 메시지를 발신된 적이 없는 메시지처럼 취급한다. 일반적으로 메시징 시스템은 설정을 사용해 만료된 메시지를 *죽은 편지 채널*(p177)로 리라우팅하거나 삭제하기만 한다.

메시지 만료는 우유 팩의 유효 기간과 비슷하다. 유효 기간이 지난 우유는 마시지 않는다. 마찬가지로 메시징 시스템은 만료된 메시지를 전달해서는 안 된다. 수신자도 수신한 메시지를 만료 전에 처리할 수 없다면 메시지를 버려야 한다.

메시지 만료는 메시지의 유효 기간을 지정하는 타임스탬프(날짜와 시간)다. 설정은 절대 시간이나 상대 시간으로 지정한다. 절대 설정은 메시지의 만료를 날짜와 시간으로 지정한다. 상대 설정은 메시지가 만료되기 전까지의 유효 기간을 지정한다. 메시징 시스템은 상대 설정을 절대 설정으로 바꾸기 위해 메시지가 전송된 시간을 사용한다. 메시징 시스템은 수신자를 위해 타임스탬프를 발신자의 시간대에서 수신자의 시간대로 조정하거나 일광 절약 시간을 조정하거나 그외 발신자와 수신자 사이에 발생할 수 있는 시간 차이를 조정한다.

메시지 만료 속성에는 관련된 속성으로 메시지 발신 시간을 지정하는 발신 시간 속성이 있다. 메시지의 만료 타임스탬프는 발신 타임스탬프보다 반드시 나중이어야 한다. 그렇지 않으면 메시지는 즉시 만료될 것이다. 이 문제를 방지하려는 발신자는 만료 시간을 상대 시간으로 지정한다. 그러면 메시징 시스템은 발신 타임스탬프에 상대적 생존 시간을 더해 만료 타임스탬프를 계산한다(만료 시간 = 발신 시간 + 생존 시간).

　　메시징 시스템은 만료된 메시지를 삭제하거나 *죽은 편지 채널*(p177)로 이동시킨다. 만료된 메시지를 발견한 수신자는 메시지를 무효 *메시지 채널*(p118)로 이동시켜야 한다. *게시 구독 채널*(p164)의 구독자는 메시지 사본을 수신한다. 그런데 어떤 메시지 사본은 구독자에게 성공적으로 도달될 수 있고, 어떤 메시지 사본은 구독자가 소비하기 전에 만료될 수 있다. 요청 응답(p214)을 사용하는 경우 만료 설정으로 응답 메시지가 잘 작동하지 않을 수 있다. 예를 들어 응답이 만료된 경우 발신자는 메시지가 수신이 안된 것인지 응답 메시지가 만료되어 사라진 것인지 알 수 없게 된다. 응답 만료를 사용하는 경우 기대하는 응답을 수신하지 못했을 경우도 처리할 수 있게 발신자를 설계해야 한다.

예 JMS 생존 시간 파라미터

JMS는 메시지 만료를 '메시지 생존 시간'이라 부른다[JMS 1.1], [Hapner]. JMS 메시지는 메시지 만료에 `JMSExpiration` 속성을 사용한다. 하지만 발신자는 메시지 만료를 `Message.setJMSExpiration(long)`로 지정하면 안 된다. JMS 제공자가 이 설정을 덮어 써 버리기 때문이다. 대신 발신자는 `MessageProducer`(`QueueSender`나 `TopicPublisher`)를 사용해 모든 발신 메시지에 타임아웃을 설정한다. 타임아웃 설정은 `MessageProducer.setTimeToLive(long)` 메소드를 사용한다. 또한 발신자는 `MessageProducer.send(Message message, int deliveryMode, int priority, long timeToLive)` 메소드를 사용해 메시지마다 생존 시간을 설정할 수 있다. 메소드의 네 번째 파라미터가 밀리 초 단위의 생존 시간이다. 생존 시간은 메시지가 발신된 후부터 만료 시간을 지정하는 상대 설정이다.

예 닷넷의 TimeToBeReceived와 TimeToReachQueue 속성

닷넷 메시지는 `TimeToBeReceived`와 `TimeToReachQueue` 속성으로 만료를 지정한다. `TimeToReachQueue`는 메시지가 대상 큐에 도달하는 시간을 지정한다. 대상 큐에 도달한 메시지는 무한정 생존할 수 있다. `TimeToBeReceived`는 수신자가 메시지를 소비할 때까지 메시지가 대기하는 시간을 지정한다. 이 속성은 메시지가 대상 큐에 도달하는 시간과 대상 큐에서 대기할 수 있는 시간 전체를 제한한다. 이 두 속성에는 입력하는 값은 시간 길이를 나타내는 `System.TimeSpan` 형식이다[SysMsg], [Dickman]. `TimeToBeReceived`은 JMS의 `JMSExpiration` 속성에 해당된다.

포맷 표시자(Format Indicator)

메시지(p124)를 사용해 통신하는 애플리케이션들은 합의된 데이터 포맷을 사용한다. 데이터 포맷은 기업 규모의 *정규 데이터 모델*(p418)일 수 있다. 그러나 데이터 포맷은 시간이 지남에 따라 변경된다.

> 변경을 고려한 메시지 데이터 포맷은 어떻게 설계하는 것일까?

모든 애플리케이션에 적용되는 데이터 포맷을 설계했더라도 미래에는 데이터 포맷이 변경될 수 있다. 새 포맷을 요구하는 새로운 애플리케이션이 추가될 수도 있고, 메시지에 새로운 데이터가 추가될 수도 있고, 개발자가 나은 데이터 구성 방법을 찾을 수도 있다. 어찌됐든 기업의 데이터 모델을 하나로 설계하기가 매우 어렵다. 영원히 변경되지 않는 하나의 데이터 모델을 설계하기는 사실 거의 불가능하다.

기업이 데이터 포맷을 변경할 때마다 모든 애플리케이션이 그에 따라 변경된다면 문제는 없을 것이다. 모든 애플리케이션이 이전 포맷 사용을 중지하고 동시에 새 포맷을 사용한다면 변경은 간단할 것이다. 그러나 현실에서는 일부 애플리케이션은 다른 애플리케이션들보다 먼저 변경될 것이고 덜 사용되는 애플리케이션들은 전혀 변경되지 않을 것이다. 또 모든 애플리케이션이 동시에 변경될 수 있다손 치더라도 변경 전에 모든 메시지는 소비되고 모든 채널도 비워져야 한다.

현실에서는 애플리케이션이 이전 포맷과 새 포맷을 동시에 지원해야 한다. 이 작업을 수행하려면 애플리케이션은 메시지가 이전 포맷을 따르는지 새 포맷을 따르는지를 알아야 한다.

한 가지 해결책은 새 메시지 포맷마다 별도 채널을 사용하는 것이다. 그러나 이렇게 되면 많은 채널을 추가해야 하고, 중복해서 설계해야 하고, 애플리케이션들은 확장되는 채널들을 계속 설정해야 하는 복잡한 문제들이 나타난다.

더 나은 해결책은 이전 포맷의 메시지가 사용하는 채널을 새 포맷의 메시지도 같이 사용하게 하는 것이다. 이것은 수신자가 동일한 채널을 사용하는 다른 포맷의 메시지를 구별할 수 있는 방법이 필요하다는 점을 의미한다. 메시지에 사용 포맷을 표시할 수 있는 간단한 방법이 필요하다.

> 포맷 표시자(Format Indicator)를 포함하게 데이터 포맷을 설계한다. 포맷 표시자는 메시지의 사용 포맷을 지정한다.

발신자는 수신자에게 포맷 표시자로 메시지의 포맷을 알려준다. 이 방법으로 메시지 수신자는 메시지의 포맷을 알 수 있고 포맷에 따라 메시지 내용을 해석한다.

일반적으로 포맷 표시자는 다음 세 가지 방법으로 구현한다.

1. **버전 번호**: 포맷을 식별하는 고유 숫자나 문자열이다. 발신자와 수신자는 모두 포맷을 식별하는 표시자에게 동의해야 한다. 이 방법의 장점은 발신자와 수신자는 포맷을 설명하는 저장소를 공유하지 않아도 된다는 점이다. 하지만 반대로 발신자와 수신자는 포맷 설명 위치를 각자 알고 있어야 한다.

2. **외래 키**: 포맷 설명 문서를 지정하는 고유 아이디다. 이 고유 아이디의 예는 파일 이름, 데이터베이스 기본 키^{primary key}, 인터넷 URL 같은 것들이다. 발신자와 수신자는 문서의 키와 포맷 스키마의 매핑에 동의해야 한다. 이 방법의 장점은 작은 외래 키로 공용 저장소의 데이터 포맷 설명을 가리킬 수 있다는 점이다. 반면 단점은 메시지 애플리케이션이 원격지에 있을 수도 있는 자원에서 포맷 문서를 검색해야 한다는 점이다.

3. **포맷 문서**: 데이터 포맷을 설명하는 스키마다. 스키마 문서를 반드시 외래 키로 검색하거나 버전 번호에서 유추할 필요는 없다. 메시지에 포함시켜도 되기 때문이다. 우선 발신자와 수신자는 스키마의 포맷에 동의해야 한다. 이 방법의 장점은 메시지가 완비된다는 점이다. 그러나 메시지에 잘 변경되지 않는 포맷 정보가 포함되기 때문에 메시지 트래픽이 증가한다.

버전 번호나 외래 키는 발신자와 수신자가 합의하는 헤더 필드에 저장된다. 버전 번호나 외래 키에 관심이 없는 수신자는 해당 필드를 무시하면 된다. 포맷 문서는 헤더 필드에 저장하기에는 너무 길거나 복잡할 수 있다. 이런 경우 메시지 본문에 스키마와 데이터를 포함한다.

예 **XML**

XML 문서를 사용하는 방법은 모두 세 가지이다. 그 중 하나는 다음과 같이 XML을 선언한다.

```
<?xml version="1.0"?>
```

　여기에서 1.0은 XML 규격 1.0에 적합한 문서임을 나타내는 버전 번호다. 또 다른 사용 방법 예로 문서 형식 선언[DTD, document type declaration]이 있다. 문서 형식 선언은 두 가지 형태로 표현된다. 문서 형식 선언은 시스템 식별자를 포함하는 외부 아이디일 수 있다.

```
<!DOCTYPE greeting SYSTEM "hello.dtd">
```

　여기에서 시스템 식별자 hello.dtd는 XML 문서 형식을 설명하는 DTD 문서 파일을 가리키는 외래 키다. 선언은 다음과 같이 문서 포맷을 내부에 포함하는 표현이 될 수도 있다.

```
<!DOCTYPE greeting [
    <!ELEMENT greeting (#PCDATA)>
]>
```

여기서 [<!ELEMENT greeting (#PCDATA)>] 마크업 선언은 XML의 포맷을 설명하는 내장 스키마 문서다[XML 1.0].

사잇장: 간단한 메시징

소개

지금까지 많은 패턴을 소개했다. *메시지 채널*(p118), *메시지*(p124), *메시지 엔드포인트*(p153) 같은 기본 메시징 컴포넌트들을 살펴봤고, 메시징 채널과 메시지 생성 패턴도 자세히 살펴봤다. 그럼 어떻게 이런 패턴들을 서로 어울리게 사용할 수 있을까? 애플리케이션을 통합하는 개발자는 어떻게 이 패턴들을 사용할 수 있을까? 코드는 어떻게 작성하고, 또 통합은 어떻게 작동할까?

6장에서는 제대로 된 두 예를 설명한다.

- **요청 응답**: 메시징을 사용한 메시지 발신과 수신을 (자바와 닷넷/C#으로) 보여 준다.

- **게시 구독**: JMS 토픽을 사용해 감시자[GoF] 패턴을 구현한다.

이 간단한 예들을 시작하려면, 우선 애플리케이션에 메시징을 추가해야 한다.

요청 응답 예

요청 응답 예는 요청을 전송하고 응답을 다시 전송하는 간단하지만 강력한 예로 다음 두 클래스로 구성된다.

- **요청자**^{Requestor}: 요청 메시지를 발신하고 응답 메시지를 수신하는 객체다.

- **응답자**^{Replier}: 요청 메시지를 수신하고 응답 메시지를 발신하는 객체다.

메시지를 송수신하는 이 간단한 두 클래스는 다음과 같은 패턴들을 보여 준다.

- *메시지 채널*(p118)과 **포인트 투 포인트 채널**(p161): 한 채널은 요청을 전송하고 다른 채널은 응답을 전송한다.

- **문서 메시지**(p206): 메시지의 기본 형식으로 요청과 응답에 모두 사용된다.

- **요청 응답**(p214): 한 쌍의 채널 위에 전송되는 한 쌍의 메시지로 애플리케이션의 양방향 통신에 사용된다.

- **반환 주소**(p219): 응답을 전송할 채널이다.

- **상관관계 식별자**(p223): 응답을 일으킨 요청의 아이디이다.

- **데이터 형식 채널**(p169): 채널 위에 모든 메시지는 같은 형식이어야 한다.

- **무효 메시지 채널**(p173): 잘못된 형식의 메시지를 처리하는 방법이다.

이 코드 예는 10장, '메시징 엔드포인트'의 패턴들도 보여준다.

- **폴링 소비자**(p563): 요청자가 응답 메시지를 소비하는 방법이다.

- **이벤트 기반 소비자**(p567): 응답자가 요청 메시지를 소비하는 방법이다.

이 책은 기술이나 제품이나 언어 등에 중립적이지만 코드는 중립적일 수 없으므로 우리는 예를 구현하기 위해 두 메시징 프로그래밍 플랫폼을 선택했다.

- 자바 J2EE의 JMS API

- C#을 사용하는 마이크로소프트 닷넷의 MSMQ API

요청 응답 예는 두 플랫폼으로 동일하게 구현된다. 독자는 메시징의 작동 방법 예로써 좋아하는 플랫폼을 선택하면 된다. 다른 플랫폼에서 메시징이 작동하는 방법을 보고 싶지만 플랫폼에 대한 코드 작성 방법을 모르더라도 이미 알고 있는 언어의 코드와 비교하면 이해할 수 있을 것이다.

게시 구독 예

이 예에서는 *게시 구독 채널*(p164)을 사용해 감시자 패턴을 구현하는 방법을 살펴본다. 배포 및 스레딩 문제를 고려하고 메시징이 어떻게 이런 문제를 단순하게 하는지도 살펴본다. 알림을 푸시 모델과 풀 모델로 구현해보고 각 결과를 비교한다. 또 많은 감시자에게 알림을 통지하는 주체들을 가진 복잡한 기업에 필요한 적절한 채널 집합을 설계하는 방법도 살펴본다.

이 샘플 코드는 다음과 같은 패턴들을 보여준다.

- *게시 구독 채널*(p164): 알림의 게시 구독을 제공하는 채널이다.

- *이벤트 메시지*(p210): 알림을 전송하기 위해 사용하는 메시지 형식이다.

- *요청 응답*(p214): 주체의 상태를 요청하는 풀 모델의 감시자가 사용하는 기술이다.

- *명령 메시지*(p203): 주체의 상태를 요청하는 감시자가 사용하는 메시지 형식이다.

- *문서 메시지*(p206): 주체가 감시자에게 자신의 상태를 전송하기 위해 사용하는 메시지 형식이다.

- *반환 주소*(p219): 감시자가 주체에게 주체의 상태를 감시자에게 전송하는 방법을 알린다.

- *데이터 형식 채널*(p169): 관련 없는 두 주체가 동일한 감시자 그룹을 갱신하기 위해 동일한 채널을 사용할 수 있는지에 대한 가이드라인이다.

이 코드 예는 10장, '메시징 엔드포인트'의 패턴들도 보여준다.

- *메시징 게이트웨이*(p536): 주체와 감시자가 메시징의 특성을 타지 않게 주체와 감시자의 메시징 코드를 캡슐화하는 방법이다.

- *이벤트 기반 소비자*(p567): 감시자가 알림 메시지를 소비하는 방법이다.

- *영속 구독자*(p594): 일시적으로 연결이 끊겨도 감시자는 알림 수신을 놓치고 싶지 않다.

이 예는 JMS를 사용해 자바로 구현한다. JMS는 Topic 인터페이스와 API를 사용해 *게시 구독 채널*(p164)을 지원하기 때문이다. 반면 닷넷의 MSMQ는 *게시 구독 채널*(p164)을 제대로 지원하지 못하고 있다. MSMQ가 게시 구독을 지원하게 되면 이 예의 JMS 기술들은 닷넷 프로그램으로 쉽게 전환될 수 있을 것이다.

JMS 요청 응답 예

이 예는 JMS[JMS] 메시징을 사용하는 간단한 예로 요청 응답(p214)의 구현 방법을 보여준다. 요청자 애플리케이션은 요청을 발신하고, 응답자 애플리케이션은 요청을 수신하고 응답을 반환하고, 요청자는 응답을 수신한다. 무효 메시지를 특별한 채널로 리라우팅^{rerouting}하는 방법도 보여준다.

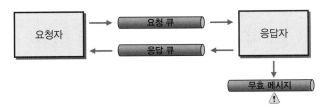

요청 응답 예에 사용되는 컴포넌트들

이 예는 JMS 1.1을 사용해 개발됐고, J2EE 1.4 참조 구현을 사용해 실행됐다.

요청 응답 예

이 예는 다음 두 클래스로 구성된다.

1. **Requestor**: 요청 메시지를 발신하고, 응답 메시지 기다리고 수신하는 *메시지 엔드포인트*(p153)다.

2. **Replier**: 요청 메시지를 기다리고 수신하고, 응답 메시지를 전송하는 *메시지 엔드포인트*(p153)다.

요청자와 응답자는, 분산 통신이 가능하게, 각각 별도의 자바 가상 머신(JVM)에서 동작한다.

이 예에서 메시징 시스템은 다음 세 큐를 정의한다.

1. **jms/RequestQueue**: 요청자가 응답자에게 요청 메시지를 발신할 때 사용하는 큐.

2. **jms/ReplyQueue**: 응답자가 요청자에게 응답 메시지를 발신할 때 사용하는 큐.

3. **jms/InvalidMessages**: 요청자나 응답자가 메시지를 해석할 수 없을 때 메시지를 옮기는 큐.

요청자를 명령 창에서 실행하면, 요청자는 화면에 다음과 같은 내용을 출력한다.

```
Sent request
    Time:        1048261736520 ms
    Message ID: ID:_XYZ123_1048261766139_6.2.1.1
    Correl. ID: null
    Reply to:    com.sun.jms.Queue: jms/ReplyQueue
    Contents:    Hello world.
```

이것은 요청자가 요청 메시지를 발신했음을 보여준다. 응답자가 아직 실행 전임에도 요청자는 요청을 발신할 수 있었음에 주목하자.

다른 명령 창에서 응답자를 실행하면, 응답자는 다음과 같은 내용을 화면에 출력한다.

```
Received request
    Time:        1048261766790 ms
    Message ID: ID:_XYZ123_1048261766139_6.2.1.1
    Correl. ID: null
    Reply to:    com.sun.jms.Queue: jms/ReplyQueue
    Contents:    Hello world.
Sent reply
    Time:        1048261766850 ms
    Message ID: ID:_XYZ123_1048261758148_5.2.1.1
    Correl. ID: ID:_XYZ123_1048261766139_6.2.1.1
    Reply to:    null
    Contents:    Hello world.
```

이것은 응답자가 요청 메시지를 수신하고 응답 메시지를 전송했음을 보여준다.

이 출력에는 일부 흥미로운 항목들이 있다. 첫째, 발신된 요청과 수신된 요청의 타임스탬프(Time)를 주목하자. 요청은 발신되고 30,270밀리초^{ms} 후에 수신됐다. 둘째, 메시지 아이디(Message ID)는 두 결과 모두 동일하다. 동일한 메시지이기 때문이다. 셋째, 내용(Contents)이 'Hello world'로 동일하다. 이것이 전송되는 데이터이므로 양쪽 모두 동일해야 한다. (이 예의 요청은 조금 설득력이 없다. 요청이 *문서 메시지*(p206) 이기 때문이다. 일반적으로 요청은 *명령 메시지*(p203)다.) 넷째, jms/ReplyQueue라는 큐가 응답 메시지의 *반환 주소*(p219)(Reply to)로 요청 메시지에 지정되어 있다.

요청 수신과 응답 전송의 출력도 비교 해보자. 첫째, 요청이 수신되고 60ms 후에 응답이 전송됐다. 둘째, 응답의 메시지 아이디는 요청의 메시지 아이디와 다르다. 요청 메시지와 응답 메시지는 서로 다른 별도의 메시지이기 때문이다. 셋째, 요청의 내용은 추출되어 응답에 추가됐다. 이 예에서 응답자는 '에코(반향)' 서비스 역할을 한다. 넷째, 응답 발신 출력에는 *반환 주소*(p219)가 표시되지 않았다. 응답이 기대되지 않기 때문이다(응답은 *반환 주소*(p219)를 사용하지 않는다). 다섯째, 응답의 상관관계 아이디(Correl. ID)는 요청의 메시지 아이디(Message ID)와 동일하다(응답은 *상관관계 식별자*(p223)를 사용한다).

마지막으로 첫 번째 창에서 요청자는 다시 다음과 같은 응답을 수신한다.

```
Received reply
      Time:        1048261797060 ms
      Message ID:  ID:_XYZ123_1048261758148_5.2.1.1
      Correl. ID:  ID:_XYZ123_1048261766139_6.2.1.1
      Reply to:    null
      Contents:    Hello world.
```

이 출력에도 일부 흥미로운 항목들이 있다. 응답이 전송되고 30,210ms 후에 응답이 수신됐다. 수신한 응답(Received reply)의 메시지 아이디(Message ID)는 전송한 응답(Sent reply)의 메시지 아이디(Message ID)와 동일하다. 이것은 두 메시지가 동일 메시지임을 증명한다. 수신한 응답의 내용과 전송한 응답의 내용이 동일하다. 그리고 상관관계 아이디(Correl. ID)는 이 응답을 일으킨 요청을 요청자에게 알려준다(*상관관계 식별자*(p223)).

요청자는 요청을 발신하고, 응답을 수신하고, 종료하게 설계되었다는 점에 주목하자. 그러므로 응답을 수신한 요청자는 실행을 종료한다. 반면 응답자는 언제 요청을 수신할지 모르므로 실행을 종료하지 않는다. 응답자의 실행을 종료하려면 명령 창에서 리턴 키를 누른다.

다음은 JMS 요청 응답 예다. 요청자는 요청을 준비하고 발신한다. 응답자는 요청을 수신하고 응답을 발신한다. 그러면 요청자는 원래 요청에 대한 응답을 수신한다.

요청 응답 코드

우선 요청자 구현 코드를 보자.

```
import javax.jms.Connection;
import javax.jms.Destination;
import javax.jms.JMSException;
import javax.jms.Message;
import javax.jms.MessageConsumer;
import javax.jms.MessageProducer;
```

```java
import javax.jms.Session;
import javax.jms.TextMessage;
import javax.naming.NamingException;

public class Requestor {

    private Session session;
    private Destination replyQueue;
    private MessageProducer requestProducer;
    private MessageConsumer replyConsumer;
    private MessageProducer invalidProducer;

    protected Requestor() {
        super();
    }
    public static Requestor newRequestor(Connection connection, String
requestQueueName,
        String replyQueueName, String invalidQueueName)
        throws JMSException, NamingException {

        Requestor requestor = new Requestor();
        requestor.initialize(connection, requestQueueName, replyQueueName,
invalidQueueName);
        return requestor;
    }


    protected void initialize(Connection connection, String requestQueueName,
        String replyQueueName, String invalidQueueName)
        throws NamingException, JMSException {

        session = connection.createSession(false, Session.AUTO_ACKNOWLEDGE);

        Destination requestQueue = JndiUtil.getDestination(requestQueueName);
        replyQueue = JndiUtil.getDestination(replyQueueName);
        Destination invalidQueue = JndiUtil.getDestination(invalidQueueName);

        requestProducer = session.createProducer(requestQueue);
        replyConsumer = session.createConsumer(replyQueue);
        invalidProducer = session.createProducer(invalidQueue);
    }

    public void send() throws JMSException {
        TextMessage requestMessage = session.createTextMessage();
        requestMessage.setText("Hello world.");
        requestMessage.setJMSReplyTo(replyQueue);
        requestProducer.send(requestMessage);
```

```java
            System.out.println("Sent request");
            System.out.println("\tTime: " + System.currentTimeMillis() + " ms");
            System.out.println("\tMessage ID: " + requestMessage.getJMSMessageID());
            System.out.println("\tCorrel. ID: " + requestMessage.getJMSCorrelationID());
            System.out.println("\tReply to: " + requestMessage.getJMSReplyTo());
            System.out.println("\tContents: " + requestMessage.getText());
        }

    public void receiveSync() throws JMSException {
        Message msg = replyConsumer.receive();
        if (msg instanceof TextMessage) {
            TextMessage replyMessage = (TextMessage) msg;
            System.out.println("Received reply ");
            System.out.println("\tTime: " + System.currentTimeMillis() + " ms");
            System.out.println("\tMessage ID: " + replyMessage.getJMSMessageID());
            System.out.println("\tCorrel. ID: " + replyMessage.getJMSCorrelationID());
            System.out.println("\tReply to: " + replyMessage.getJMSReplyTo());
            System.out.println("\tContents: " + replyMessage.getText());
        } else {
            System.out.println("Invalid message detected");
            System.out.println("\tType: " + msg.getClass().getName());
            System.out.println("\tTime: " + System.currentTimeMillis() + " ms");
            System.out.println("\tMessage ID: " + msg.getJMSMessageID());
            System.out.println("\tCorrel. ID: " + msg.getJMSCorrelationID());
            System.out.println("\tReply to: " + msg.getJMSReplyTo());

            msg.setJMSCorrelationID(msg.getJMSMessageID());
            invalidProducer.send(msg);

            System.out.println("Sent to invalid message queue");
            System.out.println("\tType: " + msg.getClass().getName());
            System.out.println("\tTime: " + System.currentTimeMillis() + " ms");
            System.out.println("\tMessage ID: " + msg.getJMSMessageID());
            System.out.println("\tCorrel. ID: " + msg.getJMSCorrelationID());
            System.out.println("\tReply to: " + msg.getJMSReplyTo());
        }
    }
}
```

요청을 발신하고 응답을 수신하려는 애플리케이션은 이렇게 요청자(Requestor)를 사용하면 된다. 애플리케이션은 요청자에게 메시징 시스템의 연결을 제공하고 요청 큐, 응답 큐, 무효 메시지 큐의 JNDI 이름을 지정한다. 요청자를 초기화하려면 이 정보가 필요하다.

요청자는 `initialize` 메소드에서 커넥션과 큐 이름을 사용해 메시징 시스템에 접속한다.

- 요청자는 커넥션을 사용해 세션을 생성한다. 커넥션은 애플리케이션에 하나 존재하고, 세션은 송수신 컴포넌트마다 하나씩 존재한다. 즉, 세션은 스레드마다 독립적으로 사용해야 하고 서로 공유해서는 안 된다. 그래야 세션이 정상적으로 동작한다.

- 큐를 검색할 때는 큐 이름을 사용한다. 큐 이름은 JNDI 식별자이고 검색된 결과는 `Destination` 객체다. `JndiUtil` 메소드가 JNDI 조회를 수행한다.

- 요청자는 요청 큐로 메시지를 발신하기 위해 `MessageProducer`를 생성하고, 응답 큐로부터 메시지를 수신하기 위해 `MessageConsumer`를 생성하고, 무효 메시지 채널로 메시지를 옮기기 위해 또 다른 생산자를 만든다.

요청 메시지를 보내는 기능을 요청자가 반드시 지녀야 할 기능 중 하나다. 그래서 요청자는 `send()` 메소드를 구현한다.

- 요청자는 `TextMessage`을 생성하고 내용에 'Hello world.'를 입력한다.

- 요청자는 메시지의 `reply-to` 속성에 응답 큐를 지정한다. 이 응답 큐는 응답자에게 응답 방법을 알려주는 *반환 주소*(p219)다.

- 요청자는 `requestProducer`를 사용해 요청 큐로 메시지를 발신한다.

- 요청자는 발신 메시지에 대한 세부 사항을 화면에 출력한다. 이 출력은 메시지가 발신되고 나서 완료된다. 메시징 시스템은 전송할 때 메시지 아이디를 설정하기 때문이다.

요청자가 지녀야 할 그 밖의 기능으로는 응답 메시지 수신 기능이 있다. 그래서 요청자는 `receiveSync()` 메소드를 구현한다.

- 요청자는 `replyConsumer`로 응답을 수신한다. 소비자는 응답 큐에 연결되어 메시지를 수신한다. 큐 위의 메시지를 동기적으로 읽는 `receive()` 메소드를 사용해 메시지를 수신한다. 그러므로 요청자는 메시지를 수신할 때까지 실행 흐름을 중지하는 *폴링 소비자*(p563)다. 이런 동기적 특성 때문에 메소드 이름이 `receiveSync()`다.

- 메시지는 TextMessage 형식이어야 한다. 그래야 요청자가 메시지 내용을 읽고 출력할 수 있다.

- 요청자는 TextMessage 형식이 아닌 메시지는 버리거나 무효 채널 큐로 재전송한다. 재전송되는 메시지의 메시지 아이디는 변경되므로 요청자는 무효 채널 큐로 전송 전에 원래 메시지의 메시지 아이디를 상관관계 아이디에 저장한다 (*상관관계 식별자*(p223) 참조).

이런 방법으로 요청자는 요청을 발신하고, 응답을 수신하고, 응답이 잘못됐으면 특별한 큐로 응답을 라우팅한다. (참고: JMS는 우리가 여기에서 구현한 클래스와 비슷한 QueueRequestor 클래스를 이미 제공한다. 우리는 코드의 사용 방법을 보이기 위해 이미 만들어진 JMS 클래스를 사용하지 않고 직접 코드를 구현했다.)

다음 응답자 구현 코드를 보자.

```
import javax.jms.Connection;
import javax.jms.Destination;
import javax.jms.JMSException;
import javax.jms.Message;
import javax.jms.MessageConsumer;
import javax.jms.MessageListener;
import javax.jms.MessageProducer;
import javax.jms.Session;
import javax.jms.TextMessage;
import javax.naming.NamingException;

public class Replier implements MessageListener {

    private Session session;
    private MessageProducer invalidProducer;

    protected Replier() {
        super();
    }

    public static Replier newReplier(Connection connection,
    String requestQueueName, String invalidQueueName)
        throws JMSException, NamingException {

        Replier replier = new Replier();
        replier.initialize(connection, requestQueueName, invalidQueueName);
        return replier;
```

```
        }

    protected void initialize(Connection connection, String requestQueueName,
    String invalidQueueName)
        throws NamingException, JMSException {

        session = connection.createSession(false, Session.AUTO_ACKNOWLEDGE);
        Destination requestQueue = JndiUtil.getDestination(requestQueueName);
        Destination invalidQueue = JndiUtil.getDestination(invalidQueueName);

        MessageConsumer requestConsumer = session.createConsumer(requestQueue);
        MessageListener listener = this;
        requestConsumer.setMessageListener(listener);

        invalidProducer = session.createProducer(invalidQueue);
    }

    public void onMessage(Message message) {
        try {
            if ((message instanceof TextMessage) && (message.getJMSReplyTo() != null))
{
                TextMessage requestMessage = (TextMessage) message;
                System.out.println("Received request");
                System.out.println("\tTime: " + System.currentTimeMillis() + " ms");
                System.out.println("\tMessage ID: " + requestMessage.
getJMSMessageID());
                System.out.println("\tCorrel. ID: " + requestMessage.
getJMSCorrelationID());
                System.out.println("\tReply to: " + requestMessage.getJMSReplyTo());
                System.out.println("\tContents: " + requestMessage.getText());

                String contents = requestMessage.getText();
                Destination replyDestination = message.getJMSReplyTo();
                MessageProducer replyProducer = session.createProducer(replyDestinati
on);

                TextMessage replyMessage = session.createTextMessage();
                replyMessage.setText(contents);
                replyMessage.setJMSCorrelationID(requestMessage.getJMSMessageID());
                replyProducer.send(replyMessage);

                System.out.println("Sent reply");
                System.out.println("\tTime: " + System.currentTimeMillis() + " ms");
                System.out.println("\tMessage ID: " + replyMessage.getJMSMessageID());
                System.out.println("\tCorrel. ID: " + replyMessage.
getJMSCorrelationID());
```

```
                     System.out.println("\tReply to: " + replyMessage.getJMSReplyTo());
                     System.out.println("\tContents: " + replyMessage.getText());
                 } else {
                     System.out.println("Invalid message detected");
                     System.out.println("\tType: " + message.getClass().getName());
                     System.out.println("\tTime: " + System.currentTimeMillis() + " ms");
                     System.out.println("\tMessage ID: " + message.getJMSMessageID());
                     System.out.println("\tCorrel. ID: " + message.getJMSCorrelationID());
                     System.out.println("\tReply to: " + message.getJMSReplyTo());

                     message.setJMSCorrelationID(message.getJMSMessageID());
                     invalidProducer.send(message);

                     System.out.println("Sent to invalid message queue");
                     System.out.println("\tType: " + message.getClass().getName());
                     System.out.println("\tTime: " + System.currentTimeMillis() + " ms");
                     System.out.println("\tMessage ID: " + message.getJMSMessageID());
                     System.out.println("\tCorrel. ID: " + message.getJMSCorrelationID());
                     System.out.println("\tReply to: " + message.getJMSReplyTo());
                 }
             } catch (JMSException e) {
                 e.printStackTrace();
             }
         }
     }
 }
```

애플리케이션은 요청을 수신하고 응답을 전송하는 데 응답자(Replier)를 사용할 수 있다. 애플리케이션은 응답자에게 메시징 시스템의 연결, JNDI 요청 이름, 무효 메시지 큐를 제공한다. (응답 큐 이름은 메시지에 *반환 주소*(p219)로 제공되므로 지정하지 않는다.) 이 정보로 응답자를 초기화한다.

응답자의 initialize 메소드는 요청자의 것과 거의 비슷하지만 몇 가지 다른 점이 있다.

- 응답자는 응답 큐를 검색하지 않고 응답 큐를 위한 생산자를 생성한다. 응답자는 고정된 응답 큐로 응답을 전송하지 않기 때문이다. 대신 요청 메시지가 응답 메시지를 전송할 큐를 알려 준다.

- 응답자는 *이벤트 기반 소비자*(p567)이므로 메시지 리스너를 구현한다. 메시지가 요청 큐로 전달되면 메시징 시스템은 자동으로 응답자의 onMessage 메소드를 호출한다.

응답자는 자신을 요청 큐의 리스너로 초기화하고 메시지를 기다린다. 명시적으로 응답 큐를 확인하는 요청자와 달리 응답자는 이벤트 기반이므로 메시징 시스템이 새 메시지로 onMessage 메소드를 호출할 때까지 기다린다. initialize 메소드가 요청 큐의 소비자를 생성했으므로 요청 큐로부터 메시지가 수신된다. onMessage 메소드는 수신한 메시지를 다음과 같이 처리한다.

- 응답자는 요청 메시지가 TextMessage 형식이 아니거나 응답 큐를 포함하지 않은 경우 메시지를 무효 메시지 큐로 옮긴다(요청자도 마찬가지다).

- 응답자는 유효 메시지에 *반환 주소*(p219)를 적용한다. 요청자가 요청 메시지에 reply-to 속성으로 응답 큐를 지정했다는 점을 기억하자. 응답자는 요청 메시지의 reply-to 속성에서 값을 얻어 응답 큐의 MessageProducer를 생성한다. 즉, 응답자는 응답 큐를 하드코딩하지 않고 요청 메시지가 지정한 응답 큐를 사용한다.

- 응답자는 응답 메시지를 생성하면서 요청 메시지의 메시지 아이디(message-id) 속성 값을 응답 메시지의 상관관계 아이디(correlation-id) 속성에 *상관관계 식별자*(p223)로 지정한다.

- 응답자는 응답 메시지를 전송하고 세부 사항을 화면에 출력한다.

이런 방법으로, 응답자는 요청 메시지를 수신하고 응답을 발신한다.

무효 메시지 예

이제 무효 *메시지 채널*(p173)의 예를 살펴보자. 우리는 jms/InvalidMessages라는 이름의 큐가 필요하다. 이 큐를 사용해 JMS 클라이언트(*메시지 엔드포인트*(p153))는 처리할 수 없는 메시지를 수신한 경우 이 이상한 메시지를 특별한 채널로 옮긴다.

무효 메시지 발신자(InvalidMessenger) 클래스는 무효 메시지에 대한 처리 방법을 보여준다. 이 객체는 요청 채널 위의 잘못된 포맷의 메시지를 무효 메시지 채널로 전송한다. 요청 채널은 수신자가 특정 형식의 요청만을 기대하는 *데이터 형식 채널*(p169)이다. 발신자가 다른 포맷의 메시지를 발신한 경우 응답자는 수신한 메시지의 포맷을 인식하지 못하므로 메시지를 무효 메시지 큐로 옮긴다.

한 명령 창에는 응답자를 또 다른 명령 창에는 무효 메시지 발신자를 실행한다. 무효 메시지 발신자는 메시지를 발신하면서 다음과 같은 결과를 화면에 출력한다.

```
Sent invalid message
      Type:       com.sun.jms.ObjectMessageImpl
      Time:       1048288516959 ms
      Message ID: ID:_XYZ123_1048288516639_7.2.1.1
      Correl. ID: null
      Reply to:   com.sun.jms.Queue: jms/ReplyQueue
```

이것은 메시지가 ObjectMessage 형식의 인스턴스임을 보여준다. (반면 응답자는 TextMessage 형식의 메시지를 기대한다.) 응답자는 무효 메시지를 수신하고 무효 메시지 큐로 메시지를 재전송한다.

```
Invalid message detected
      Type:       com.sun.jms.ObjectMessageImpl
      Time:       1048288517049 ms
      Message ID: ID:_XYZ123_1048288516639_7.2.1.1
      Correl. ID: null
      Reply to:   com.sun.jms.Queue: jms/ReplyQueue
Sent to invalid message queue
      Type:       com.sun.jms.ObjectMessageImpl
      Time:       1048288517140 ms
      Message ID: ID:_XYZ123_1048287020267_6.2.1.2
      Correl. ID: ID:_XYZ123_1048288516639_7.2.1.1
      Reply to:   com.sun.jms.Queue: jms/ReplyQueue
```

메시지를 무효 메시지 큐로 옮기는 것도 실제로 메시지를 전송하는 것이므로, 전송되는 메시지에 새 메시지 아이디가 설정된다는 것에 주목하자. 그러므로 *상관관계 식별자*(p223)를 적용해야 한다. 응답자는 무효 메시지의 메시지 아이디를 상관관계 아이디로 복사해 원래 메시지 아이디를 보존한다. Replier 클래스의 onMessage 메소드는 무효 메시지를 확인하고 확인된 무효 메시지를 무효 메시지 큐로 재전송한다. Requestor.receiveSync() 메소드도 유사하게 무효 메시지를 확인하고 무효 메시지 큐로 재전송한다.

결론

우리는 요청 응답(p214)을 사용해 요청 메시지(p124)와 응답 메시지(p124)를 교환하는 Requestor 클래스와 Replier 클래스(메시지 엔드포인트(p153))를 구현해 봤다. 요청 메시지는 응답 큐를 지정하기 위해 *반환 주소*(p219)를 사용한다. 응답 메시지는 응답을 일으킨 요청을 지정하기 위해 *상관관계 식별자*(p223)를 사용한다. 요청자는 응답 수신에 폴링 소비자(p563)를 구현했고 반면 응답자는 요청 수신에 *이벤트 기*

반 소비자(p567)를 구현했다. 요청 큐와 응답 큐는 *데이터 형식 채널*(p169)이다. 소비자는 올바른 형식이 아닌 메시지를 수신하면 *무효 메시지 채널*(p173)로 메시지를 리라우팅한다.

닷넷 요청 응답 예

이 예는 닷넷[SysMsg]과 C#으로 메시징을 사용하는 간단한 예로, 요청 응답(p214)의
구현 방법을 보여준다. 요청자 애플리케이션은 요청을 발신하고, 응답자 애플리케이
션은 요청을 수신하고 응답을 반환하고, 요청자는 응답을 수신한다. 무효 메시지를
특별한 채널로 리라우팅하는 방법도 보여준다.

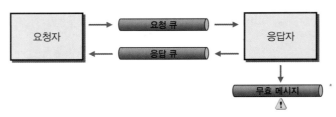

요청 응답 예에 사용되는 컴포넌트들

이 예는 닷넷 프레임워크 SDK를 사용해 개발됐고 MSMQ[MSMQ]가 설치된 윈도우
XP 컴퓨터에서 실행됐다.

요청 응답 예

이 예는 다음 두 클래스로 구성된다.

1. Requestor: 요청 메시지를 발신하고 응답 메시지를 기다리고 수신하는 *메시지
   엔드포인트*(p153)다.

2. Replier: 요청 메시지를 기다리고 수신하고 응답 메시지를 발신하는 *메시지 엔
   드포인트*(p153)다.

요청자와 응답자는, 분산 통신이 가능하게, 각각 별도의 닷넷 프로그램으로 실행
된다.

이 예에서 메시징 시스템은 다음 세 큐를 정의한다.

1. .\private$\RequestQueue: 요청자가 응답자에게 요청 메시지를 발신할 때 사용
   하는 MessageQueue.

2. .\private$\ReplyQueue: 응답자가 요청자에게 응답 메시지를 발신할 때 사용하
   는 MessageQueue.

3. .\private$\InvalidQueue: 요청자나 응답자가 메시지를 해석할 수 없을 때 메시지를 옮기는 MessageQueue.

요청자를 명령 창에서 실행하면, 요청자는 다음과 같은 내용을 화면에 출력한다.

```
Sent request
        Time:         09:11:09.165342
        Message ID: 8b0fc389-f21f-423b-9eaa-c3a881a34808\149
        Correl. ID:
        Reply to:     .\private$\ReplyQueue
        Contents:     Hello world.
```

이것은 요청자가 요청 메시지를 발신했음을 보여준다. 응답자가 아직 실행 전임에도, 요청자는 요청을 발신할 수 있음에 주목하자.

응답자를 다른 명령 창에서 실행하면, 응답자는 다음과 같은 내용을 화면에 출력한다.

```
Received request
        Time:         09:11:09.375644
        Message ID: 8b0fc389-f21f-423b-9eaa-c3a881a34808\149
        Correl. ID: <n/a>
        Reply to:     FORMATNAME:DIRECT=OS:XYZ123\private$\ReplyQueue
        Contents:     Hello world.
Sent reply
        Time:         09:11:09.956480
        Message ID: 8b0fc389-f21f-423b-9eaa-c3a881a34808\150
        Correl. ID: 8b0fc389-f21f-423b-9eaa-c3a881a34808\149
        Reply to:     <n/a>
        Contents:     Hello world.
```

이것은 응답자가 요청 메시지를 수신하고, 응답 메시지를 전송했음을 보여준다.

이 출력에는 일부 흥미로운 항목들이 있다. 첫째, 발신된 요청과 수신된 요청의 타임스탬프(Time)를 주목하자. 요청은 발신되고 210,302μs^{마이크로초} 후에 수신됐다. 둘째, 메시지 아이디(Message ID)는 두 결과 모두 동일하다. 동일한 메시지이기 때문이다. 셋째, 내용(Contents)이 'Hello world'로 동일하다. 이것이 전송되는 데이터이므로 양쪽 모두 동일해야 한다. 넷째, 요청 메시지가 응답 메시지의 응답 큐를 지정했다(*반환 주소*(p219)의 예).

요청 수신과 응답 전송의 출력을 비교 해보자. 첫째, 요청이 수신되고 580,836μs 후에 응답이 전송됐다. 둘째, 응답의 메시지 아이디는 요청의 메시지 아이디와 다르

다. 요청 메시지와 응답 메시지는 서로 다른 별도의 메시지이기 때문이다. 셋째, 요청
의 내용은 추출되어 응답에 추가됐다. 이 예에서 응답자는 '에코(반향)' 서비스 역할
을 한다. 넷째, 응답 발신 출력에는 *반환 주소(p219)*(Reply to)가 표시되지 않았다. 응
답이 기대되지 않기 때문이다(응답은 *반환 주소(p219)*를 사용하지 않는다). 다섯째, 응답
의 상관관계 아이디(Correl. ID)는 요청의 메시지 아이디(Message ID)와 동일하다(응
답은 *상관관계 식별자(p223)*을 사용한다).

마지막으로 첫 번째 창에서 요청자는 다시 다음과 같은 응답을 수신한다.

```
Received reply
     Time:         09:11:10.156467
     Message ID:   8b0fc389-f21f-423b-9eaa-c3a881a34808\150
     Correl. ID:   8b0fc389-f21f-423b-9eaa-c3a881a34808\149
     Reply to:     <n/a>
     Contents:     Hello world.
```

이 출력에도 일부 흥미로운 항목들이 있다. 응답이 전송되고 약 0.2초 후에 응답
이 수신됐다. 수신한 응답(Received reply)의 메시지 아이디(Message ID)는 전송한 응
답(Sent reply)의 메시지 아이디와 동일하다. 이것은 두 메시지가 동일 메시지임을 증
명한다. 수신한 응답의 내용과 전송한 응답의 내용이 동일하다. 그리고 상관관계 아
이디(Correl. ID)는 이 응답을 일으킨 요청을 요청자에게 알려준다(*상관관계 식별자*
(p223)).

요청자는 오래 실행되지 않는다. 요청자는 요청을 발신하고, 응답을 수신하고, 종
료한다. 그러나 응답자는 요청을 기다리고 응답을 전송하면서 지속적으로 실행된다.
응답자를 종료시키려면 응답자가 실행 중인 명령 창에서 리턴 키를 누른다.

다음은 닷넷 요청 응답 예다. 요청자는 요청을 준비하고 발신한다. 응답자는 요청
을 수신하고 응답을 전송한다. 그러면 요청자는 원래 요청에 대한 응답을 수신한다.

요청 응답 코드

우선 요청자 구현 코드를 보자.

```
using System;
using System.Messaging;

public class Requestor
{
    private MessageQueue requestQueue;
```

```
        private MessageQueue replyQueue;

        public Requestor(String requestQueueName, String replyQueueName)
        {
            requestQueue = new MessageQueue(requestQueueName);
            replyQueue = new MessageQueue(replyQueueName);

            replyQueue.MessageReadPropertyFilter.SetAll();
            ((XmlMessageFormatter)replyQueue.Formatter).TargetTypeNames =
                new string[]{"System.String,mscorlib"};
        }

        public void Send()
        {
            Message requestMessage = new Message();
            requestMessage.Body = "Hello world.";
            requestMessage.ResponseQueue = replyQueue;
            requestQueue.Send(requestMessage);

            Console.WriteLine("Sent request");
            Console.WriteLine("\tTime: {0}", DateTime.Now.ToString("HH:mm:ss.ffffff"));
            Console.WriteLine("\tMessage ID: {0}", requestMessage.Id);
            Console.WriteLine("\tCorrel. ID: {0}", requestMessage.CorrelationId);
            Console.WriteLine("\tReply to: {0}", requestMessage.ResponseQueue.Path);
            Console.WriteLine("\tContents: {0}", requestMessage.Body.ToString());
        }

        public void ReceiveSync()
        {
            Message replyMessage = replyQueue.Receive();

            Console.WriteLine("Received reply");
            Console.WriteLine("\tTime: {0}", DateTime.Now.ToString("HH:mm:ss.ffffff"));
            Console.WriteLine("\tMessage ID: {0}", replyMessage.Id);
            Console.WriteLine("\tCorrel. ID: {0}", replyMessage.CorrelationId);
            Console.WriteLine("\tReply to: {0}", "<n/a>");
            Console.WriteLine("\tContents: {0}", replyMessage.Body.ToString());
        }
}
```

요청을 발신하고 응답을 수신하려는 애플리케이션은 이렇게 요청자(Requestor)를 사용하면 된다. 애플리케이션은 요청 큐와 응답 큐의 경로명을 지정한다. 이 정보는 요청자를 초기화하는 데 필요하다.

요청자는 생성자에게서 메시징 시스템에 접속하는 큐 이름들을 사용한다.

- 요청자는 큐 이름을 사용해 `MessageQueue` 큐를 찾는다. 큐 이름은 MSMQ 리소스에 대한 경로명이다.

- 요청자는 응답 큐의 필터 속성을 지정해, 큐에서 메시지를 읽을 때, 메시지뿐만 아니라 메시지의 속성도 함께 읽는다. 또한 요청자는 `TargetTypeName`을 지정해 메시지 내용을 문자열로 해석하게 한다.

요청자의 필수 기능 중에 하나는 요청 메시지 발신 기능이다. 그래서 요청자는 `send()` 메소드를 구현한다.

- 요청자는 메시지를 생성하고 내용에 'Hello world.'를 입력한다.

- 요청자는 메시지의 `ResponseQueue` 속성에 응답 큐를 지정한다. 이 응답 큐는 응답자에게 응답 방법을 알려주는 *반환 주소(p219)*다.

- 요청자는 큐로 메시지를 발신한다.

- 요청자는 발신 메시지에 대한 세부 사항을 화면에 출력한다. 이 출력은 메시지가 발신되고 나서야 완료된다. 메시징 시스템은 전송할 때 메시지 아이디를 지정하기 때문이다.

그 밖에 요청자가 지녀야 할 필수 기능으로는 응답 메시지 수신 기능이 있다. 그래서 요청자는 `ReceiveSync()` 메소드를 구현한다.

- `ReceiveSync()` 메소드는 큐 위의 메시지를 동기적으로 읽는 `Receive()` 메소드를 사용해 메시지를 수신한다. 그러므로 요청자는 메시지를 수신할 때까지 실행 흐름을 중지하는 *폴링 소비자(p563)*다. 이런 동기적 특성 때문에 메소드 이름이 `ReceiveSync()`다.

- 요청자는 메시지 내용을 읽어 세부 내용을 출력한다.

이런 방법으로, 요청자는 요청을 발신하고 응답을 수신한다.

다음으로 응답자를 구현한 코드를 한 번 살펴보자.

```
using System;
using System.Messaging;

class Replier {

    private MessageQueue invalidQueue;
```

```csharp
public Replier(String requestQueueName, String invalidQueueName)
{
    MessageQueue requestQueue = new MessageQueue(requestQueueName);
    invalidQueue = new MessageQueue(invalidQueueName);

    requestQueue.MessageReadPropertyFilter.SetAll();
    ((XmlMessageFormatter)requestQueue.Formatter).TargetTypeNames =
        new string[]{"System.String,mscorlib"};

    requestQueue.ReceiveCompleted += new ReceiveCompletedEventHandler(OnReceiveCom
pleted);
    requestQueue.BeginReceive();
}

public void OnReceiveCompleted(Object source, ReceiveCompletedEventArgs
asyncResult)
{
    MessageQueue requestQueue = (MessageQueue)source;
    Message requestMessage = requestQueue.EndReceive(asyncResult.AsyncResult);

    try
    {
        Console.WriteLine("Received request");
        Console.WriteLine("\tTime: {0}", DateTime.Now.ToString("HH:mm:ss.
ffffff"));
        Console.WriteLine("\tMessage ID: {0}", requestMessage.Id);
        Console.WriteLine("\tCorrel. ID: {0}", "<n/a>");
        Console.WriteLine("\tReply to: {0}", requestMessage.ResponseQueue.Path);
        Console.WriteLine("\tContents: {0}", requestMessage.Body.ToString());

        string contents = requestMessage.Body.ToString();
        MessageQueue replyQueue = requestMessage.ResponseQueue;
        Message replyMessage = new Message();
        replyMessage.Body = contents;
        replyMessage.CorrelationId = requestMessage.Id;
        replyQueue.Send(replyMessage);

        Console.WriteLine("Sent reply");
        Console.WriteLine("\tTime: {0}", DateTime.Now.ToString("HH:mm:ss.
ffffff"));
        Console.WriteLine("\tMessage ID: {0}", replyMessage.Id);
        Console.WriteLine("\tCorrel. ID: {0}", replyMessage.CorrelationId);
        Console.WriteLine("\tReply to: {0}", "<n/a>");
        Console.WriteLine("\tContents: {0}", replyMessage.Body.ToString());
    }
    catch ( Exception ) {
```

```
                Console.WriteLine("Invalid message detected");
                Console.WriteLine("\tType: {0}", requestMessage.BodyType);
                Console.WriteLine("\tTime: {0}", DateTime.Now.ToString("HH:mm:ss.
ffffff"));
                Console.WriteLine("\tMessage ID: {0}", requestMessage.Id);
                Console.WriteLine("\tCorrel. ID: {0}", "<n/a>");
                Console.WriteLine("\tReply to: {0}", "<n/a>");

                requestMessage.CorrelationId = requestMessage.Id;

                invalidQueue.Send(requestMessage);

                Console.WriteLine("Sent to invalid message queue");
                Console.WriteLine("\tType: {0}", requestMessage.BodyType);
                Console.WriteLine("\tTime: {0}", DateTime.Now.ToString("HH:mm:ss.
ffffff"));
                Console.WriteLine("\tMessage ID: {0}", requestMessage.Id);
                Console.WriteLine("\tCorrel. ID: {0}", requestMessage.CorrelationId);
                Console.WriteLine("\tReply to: {0}", requestMessage.ResponseQueue.Path);
            }

        requestQueue.BeginReceive();
    }
}
```

애플리케이션은 요청을 수신하고 응답을 전송하는 데 응답자(Replier)를 사용할 수 있다. 애플리케이션은 요청 메시지 큐와 무효 메시지 큐의 경로명을 지정한다. (응답 큐 이름은 메시지에 *반환 주소*(p219)로 제공되므로 지정하지 않는다.) 이 정보로 응답자를 초기화한다.

응답자의 생성자는 요청자의 생성자와 거의 비슷하지만 몇 가지 다른 점이 있다.

- 응답자는 응답 큐를 검색하지 않는다. 응답자는 고정된 응답 큐로 응답을 전송하지 않기 때문이다. 대신 요청 메시지가 응답 메시지를 전송할 큐를 알려 준다.

- 응답자는 *이벤트 기반 소비자*(p567)이므로, ReceiveCompletedEventHandler 를 설정한다. 메시지가 요청 큐로 전달되면, 메시징 시스템은 자동으로 응답자 의 OnReceiveCompleted 메소드를 호출한다.

응답자는 자신을 요청 큐의 리스너로 등록하고 메시지가 도착할 때까지 기다린다. 명시적으로 응답 큐에서 메시지를 확인하는 요청자와 달리 응답자는 이벤트 기반이 므로 메시징 시스템이 새 메시지로 OnReceiveCompleted 메소드를 호출할 때까지 기다린다. 생성자가 요청 큐의 이벤트 핸들러를 생성했으므로 메시지는 요청 큐로부터 수신된다. `OnReceiveCompleted` 메소드는 수신한 메시지를 다음과 같이 처리한다.

- 새 메시지는 요청 큐인 `MessageQueue`로 수신된다.

- 응답자는 `EndReceive` 메소드를 실행해 메시지를 읽고 메시지의 세부 사항을 화면에 출력한다.

- 응답자는 *반환 주소*(p219)를 구현한다. 요청자가 요청 메시지의 response-queue 속성에 응답 큐를 지정했다는 것을 기억하자. 응답자는 response-queue 속성 값을 `MessageQueue`를 참조하는 데 사용한다. 즉, 응답자는 특정 응답 큐를 하드코딩하지 않고 요청 메시지가 지정한 응답 큐를 사용한다.

- 응답자는 응답 메시지를 생성하면서 요청 메시지의 메시지 아이디(message-id) 속성 값을 응답 메시지의 상관관계 아이디(correlation-id) 속성에 *상관관계 식별자*(p223)로 지정한다.

- 응답자는 응답 메시지를 전송하고 세부 사항을 화면에 출력한다.

- 메시지는 수신했지만 처리 중에 예외가 발생할 경우, 응답자는 무효 메시지 큐로 요청 메시지를 재전송한다. 이 과정에서 응답자는 새 메시지의 상관관계 아이디를 원래 메시지의 메시지 아이디로 지정한다.

- 메시지 처리를 마친 응답자는 다음 메시지의 수신을 시작하기 위해 `BeginReceive` 메소드를 실행한다.

이런 방법으로, 응답자는 요청 메시지를 수신하고 응답을 전송한다. 응답 메시지를 전송할 수 없는 경우 응답자는 무효 메시지 큐로 요청 메시지를 라우팅한다.

무효 메시지 예

이제 *무효 메시지 채널*(p173)의 예를 살펴보자. 우리는 `.\private$\Invalid Messages`라는 이름의 큐가 필요하다. 이 큐를 사용해 MSMQ 클라이언트(*메시지 엔드포인트*(p153))는 처리할 수 없는 메시지를 수신한 경우 이 이상한 메시지를 특별한 채널로 옮긴다.

무효 메시지 발신자(InvalidMessenger) 클래스는 무효 메시지에 대한 처리 방법을 보여준다. 이 객체는 요청 채널 위의 잘못된 포맷의 메시지를 무효 메시지 채널로 전송한다. 요청 채널은 수신자가 특정 형식의 요청만 기대하는 *데이터 형식 채널*(p169)이다. 발신자가 다른 포맷의 메시지를 발신한 경우 응답자는 수신한 메시지의 포맷을 인식하지 못하므로 메시지를 무효 메시지 큐로 옮긴다.

한 명령 창에는 응답자를 또 다른 명령 창에는 무효 메시지 발신자를 실행한다. 무효 메시지 발신자는 메시지를 발신하면서 다음과 같은 결과를 화면에 출력한다.

```
Sent request
        Type:       768
        Time:       09:39:44.223729
        Message ID: 8b0fc389-f21f-423b-9eaa-c3a881a34808\168
        Correl. ID: 00000000-0000-0000-0000-000000000000\0
        Reply to:   .\private$\ReplyQueue
```

형식(Type)에 숫자 768은 메시지 내용의 포맷이 바이너리임을 나타낸다. (반면에 응답자는 내용이 텍스트/XML이라고 기대한다.) 응답자는 무효 메시지를 수신하고 무효 메시지 큐로 메시지를 재전송한다.

```
Invalid message detected
        Type:       768
        Time:       09:39:44.233744
        Message ID: 8b0fc389-f21f-423b-9eaa-c3a881a34808\168
        Correl. ID: <n/a>
        Reply to:   <n/a>
Sent to invalid message queue
        Type:       768
        Time:       09:39:44.233744
        Message ID: 8b0fc389-f21f-423b-9eaa-c3a881a34808\169
        Correl. ID: 8b0fc389-f21f-423b-9eaa-c3a881a34808\168
        Reply to:   FORMATNAME:DIRECT=OS:XYZ123\private$\ReplyQueue
```

메시지를 무효 메시지 큐로 옮기는 일도 실제로 메시지를 전송하는 일이므로, 전송되는 메시지에 새 메시지 아이디가 설정된다는 것에 주목하자. 그러므로 *상관관계 식별자*(p223)를 적용해야 한다. 응답자는 무효 메시지의 메시지 아이디를 상관관계 아이디로 복사해 원래 메시지 아이디를 보존한다. Replier 클래스의 OnReceiveCompleted 메소드에서 무효 메시지를 확인하고 확인된 무효 메시지를 무효 메시지 큐로 재전송한다

결론

우리는 요청 응답(p214)을 사용해 요청 메시지(p124)와 응답 메시지(p124)를 교환하는 Requestor 클래스와 Replier 클래스(메시지 엔드포인트(p153))를 구현해 봤다. 요청 메시지는 응답 큐를 지정하기 위해 *반환 주소*(p219)를 사용한다. 응답 메시지는 응답을 일으킨 요청을 지정하기 위해 *상관관계 식별자*(p223)를 사용한다. 요청자는 응답 수신에 *폴링 소비자*(p563)를 구현했고 반면 응답자는 요청 수신에 *이벤트 기반 소비자*(p567)를 구현했다. 요청 큐와 응답 큐는 *데이터 형식 채널*(p169)이다. 소비자는 올바른 형식이 아닌 메시지를 수신하면 *무효 메시지 채널*(p173)로 메시지를 리라우팅한다.

JMS 게시 구독 예

이 예는 게시 구독 메시징의 힘을 보여주는 간단한 예로, 모든 구독자 애플리케이션
에 이벤트를 알리는 방법과 이벤트의 세부 정보를 전달하는 전략들을 보여준다.

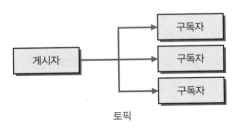

토픽

JMS 토픽을 사용한 게시 구독

먼저 분산 애플리케이션들의 감시자 패턴을 어떻게 구현할지를 생각해 보면 *게시
구독 채널*(p164)이 얼마나 유용한지를 알 수 있게 된다. 들어가기에 앞서 감시자 패
턴을 살펴보자.

감시자 패턴

감시자 패턴$^{Observer\ Pattern}$[GoF]은 객체와 감시자들 사이 결합을 제거하면서도 객체의
변경을 모든 감시자에게 알리는 설계 방법이다. 감시자 패턴의 참가자들은 변경을
알리는 객체인 주체와 주체의 변경에 관심을 갖는 객체들인 감시자들로 구성된다.
주체는 자신의 상태가 변경됐을 때 Notify() 메소드를 호출하는데, Notify() 메소
드의 구현체는 관심 감시자의 Update() 메소드를 호출한다. 무관심 감시자들도 주체
의 GetState() 메소드를 호출함으로 주체의 새로운 상태를 알 수 있다. 주체는 감시
자가 관심을 등록할 수 있도록 Attach(Observer)와 Detach(Observer) 메소드를
구현한다.

주체의 상태 변경을 감시자에게 알리는 방법으로 푸시 모델과 풀 모델이 있다. 푸
시 모델에서 주체는 새 상태가 포함된 파라미터로 감시자의 Update 메소드를 호출
한다. 그러므로 관심 감시자들은 GetState()를 호출하지 않아도 된다. 반면 무관심
감시자들까지 불필요하게 Update 메소드를 호출함으로 낭비를 발생시킨다. 반대로
풀 모델에서는 감시자가 주체에 새 상태를 요청한다. 따라서 감시자는 필요할 때마
다 정확한 정보를 요청할 수 있지만 주체는 종종 동일한 상태를 여러 번 응답하게 된

다. 푸시 모델에는 하나의 단방향 통신이 필요하다. 즉, 주체는 갱신의 일환으로 감시자에게 데이터를 푸시한다. 폴 모델에는 세 개의 단방향 통신이 필요하다. 즉, 주체는 감시자에게 알림을 보내고, 감시자는 주체의 현재 상태를 요청하고, 주체는 감시자에게 현재 상태를 응답한다. 앞으로 보겠지만, 단방향 통신의 개수는 설계의 복잡성과 알림의 실행 성능 모두에 영향을 미친다.

주체의 Notify() 메소드를 구현하는 가장 쉬운 방법은 단일 스레드로 구현하는 것이다. 그러나 이것은 성능에 바람직하지 않을 수 있다. 한 스레드가 순서대로 한 번에 하나씩 각 감시자의 Update 메소드를 호출한다면 모든 감시자를 다 호출하는 데 오랜 시간이 걸릴 것이다. 또한 감시자들의 호출에 너무 오랜 시간을 사용하는 주체는 다른 일도 못하게 된다. 더 나쁘게 Update를 호출받아 변경된 데이터를 처리하는 감시자가 Update를 호출한 주체 스레드를 다시 자신을 위해 사용할 수도 있다. 이런 경우 주체의 감시자 Update 호출 처리는 더 늦어지게 된다.

따라서 주체의 Notify() 메소드가 독립된 스레드로 감시자의 Update()를 호출하게 하는 편이 더 정교하다. 그러면 모든 감시자는 동시에 갱신될 수 있으며 갱신 과정에서 발생하는 지연이 다른 감시자나 주체를 지연시키지도 않는다. 그러나 멀티 스레드 방식은 구현과 관리가 더 복잡하다는 단점이 있다.

분산 감시자

일반적으로 감시자 패턴은 주체와 감시자가 모두 같은 애플리케이션에서 실행된다고 가정한다. 그러나 Update(), GetState(), Attach(), Detach() 메소드들이 원격 접근을 허용하는 경우, 감시자 패턴은 주체와 감시자들이 서로 분리된 메모리 공간에서 실행되는 분산 환경을 지원해야 한다(원격 프로시저 호출(p108) 참조). 분산 환경에서 주체와 감시자가 서로를 호출할 수 있으려면 주체와 감시자 객체는 객체 요청 브로커ORB, object request broker 환경에서 실행돼야 한다. ORB 환경에서 동작하는 객체는 원격에서 호출할 수 있다. 분산 환경에서 상태 변경 데이터는 메모리 공간을 넘어 전달해야 하므로 애플리케이션은 데이터 객체를 직렬화하고 마샬링해 전달해야 한다.

분산 환경에서 감시자를 구현하기가 다소 복잡하다. 감시자를 다중 스레드로 구현하는 것도 어렵고 메소드를 원격에서 호출할 수 있도록 만드는 것도 어렵다. 상태 변경을 감시자에게 알리는 일은 생각보다 큰일이 될 수 있다.

또 다른 문제로 *원격 프로시저 호출*(p108)은 호출자, 대상자, 이를 연결하는 네트워크가 모두 정상적으로 동작하는 경우만 작동한다. 주체가 변경을 알리려고 할 때 원격 감시자가 알림을 처리할 준비가 안됐거나 네트워크가 끊겨 있다면 감시자는 알림을 잃게 된다. 감시자는 알림을 수신하지 않아도 잘 작동할 수 있지만, 경우에 따라 알림을 수신하지 못했기 때문에 주체와 감시자의 동기화는 어그러진다. 감시자 패턴은 주체와 감시자의 동기화를 위해 만들어졌음에도 불구하고 그렇다.

분산 환경은 풀 모델보다 푸시 모델을 선호한다. 설명한 바와 같이, 풀은 세 단방향 통신이 필요한 반면 푸시는 하나의 단방향 통신만 필요하다. 분산 환경을 RPC^{원격 프로시저 호출}를 사용해 구현할 때 풀은 적어도 두 개의 호출 (Update()와 GetState())이 필요한 반면 푸시는 하나의 호출 (Update())만 필요하다. RPC는 로컬 메소드 호출보다 많은 오버헤드를 가지므로 푸시 방식보다 호출이 많은 풀 방식의 RPC는 성능을 해칠 수 있다.

게시 구독

분산 환경에서 *게시 구독 채널*(p164)을 사용하면 감시자 패턴을 쉽게 구현할 수 있다. 패턴은 세 단계로 구현된다.

1. 메시징 시스템 관리자가 *게시 구독 채널*(p164)을 만든다(이것은 자바 애플리케이션에서 JMS Topic이 된다).

2. 주체 애플리케이션은 채널에 메시지를 게시할 수 있는 (MessageProducer 형식의) TopicPublisher를 만든다.

3. 감시자 애플리케이션은 채널에서 메시지를 수신할 수 있는 (MessageConsumer 형식의) TopicSubscriber을 만든다. (이것은 감시자 패턴에서 Attach(Observer) 메소드를 호출하는 것과 유사하다.)

이와 같이 주체와 감시자는 채널을 거쳐 연결된다. 알릴 변경이 있을 때 주체는 메시지를 채널에 게시하고, 채널은 감시자들에게 메시지 사본을 전송한다.

다음은 변경을 알리는 데 필요한 코드 예다.

```
import javax.jms.Connection;
import javax.jms.ConnectionFactory;
import javax.jms.Destination;
import javax.jms.JMSException;
```

```java
import javax.jms.MessageProducer;
import javax.jms.Session;
import javax.jms.TextMessage;
import javax.naming.NamingException;

public class SubjectGateway {

    public static final String UPDATE_TOPIC_NAME = "jms/Update";
    private Connection connection;
    private Session session;
    private MessageProducer updateProducer;

    protected SubjectGateway() {
        super();
    }

    public static SubjectGateway newGateway() throws JMSException, NamingException {
        SubjectGateway gateway = new SubjectGateway();
        gateway.initialize();
        return gateway;
    }

    protected void initialize() throws JMSException, NamingException {
        ConnectionFactory connectionFactory = JndiUtil.getQueueConnectionFactory();
        connection = connectionFactory.createConnection();
        session = connection.createSession(false, Session.AUTO_ACKNOWLEDGE);
        Destination updateTopic = JndiUtil.getDestination(UPDATE_TOPIC_NAME);
        updateProducer = session.createProducer(updateTopic);

        connection.start();
    }

    public void notify(String state) throws JMSException {
        TextMessage message = session.createTextMessage(state);
        updateProducer.send(message);
    }

    public void release() throws JMSException {
        if (connection != null) {
            connection.stop();
            connection.close();
        }
    }

}
```

SubjectGateway 클래스는 주체와 메시징 시스템 사이의 *메시징 게이트웨이*

(p536)다. 주체는 게이트웨이를 생성하고 게이트웨이를 사용해 알림을 브로드캐스트한다. 주체의 Notify() 메소드에서 SubjectGateway.notify(String) 메소드를 호출하면 게이트웨이는 메시지를 갱신 채널에 게시해 변경을 알린다.

다음은 변경 알림을 수신하는 데 필요한 코드 예다.

```java
import javax.jms.Connection;
import javax.jms.ConnectionFactory;
import javax.jms.Destination;
import javax.jms.JMSException;
import javax.jms.Message;
import javax.jms.MessageConsumer;
import javax.jms.MessageListener;
import javax.jms.Session;
import javax.jms.TextMessage;
import javax.naming.NamingException;

public class ObserverGateway implements MessageListener {

    public static final String UPDATE_TOPIC_NAME = "jms/Update";
    private Observer observer;
    private Connection connection;
    private MessageConsumer updateConsumer;

    protected ObserverGateway() {
        super();
    }

    public static ObserverGateway newGateway(Observer observer)
        throws JMSException, NamingException {
        ObserverGateway gateway = new ObserverGateway();
        gateway.initialize(observer);
        return gateway;
    }

    protected void initialize(Observer observer) throws JMSException, NamingException {
        this.observer = observer;

        ConnectionFactory connectionFactory = JndiUtil.getQueueConnectionFactory();
        connection = connectionFactory.createConnection();
        Session session = connection.createSession(false, Session.AUTO_ACKNOWLEDGE);
        Destination updateTopic = JndiUtil.getDestination(UPDATE_TOPIC_NAME);
        updateConsumer = session.createConsumer(updateTopic);
        updateConsumer.setMessageListener(this);
    }
```

```
    public void onMessage(Message message) {
        try {
                TextMessage textMsg = (TextMessage) message; // assume cast always
works
                String newState = textMsg.getText();
                update(newState);
            } catch (JMSException e) {
                e.printStackTrace();
            }
    }

    public void attach() throws JMSException {
        connection.start();
    }

    public void detach() throws JMSException {
        if (connection != null) {
            connection.stop();
            connection.close();
        }
    }

    private void update(String newState) throws JMSException {
        observer.update(newState);
    }
}
```

ObserverGateway 클래스는 감시자와 메시징 시스템 사이의 *메시징 게이트웨이*(p536)다. 감시자는 게이트웨이를 만들고 attach()를 호출해 연결을 시작한다(이것은 감시자 패턴에서 Attach(Observer) 메소드를 호출하는 것과 유사하다). 게이트웨이는 *이벤트 기반 소비자*(p567)이므로 MessageListener 인터페이스를 구현한다. 즉, 게이트웨이는 MessageListener 인터페이스의 onMessage 메소드를 구현한다. 이 방법으로 게이트웨이는 상태 변경 메시지를 수신하고 다시 감시자의 해당 메소드를 호출하는 update(String) 메소드를 호출한다.

이 두 클래스는 푸시 모델 감시자를 구현한다. SubjectGateway.notify(String)가 게시한 알림 메시지는 감시자가 수신한다. 이때 메시지의 존재는 감시자에게 변경의 발생을 알려주는 것이고 메시지 내용은 감시자에게 주체의 변경 정보를 알려주는 것이다. 즉, 새로운 상태는 주체에서 감시자에게로 푸시된다. 나중에 보겠지만 풀 모델로도 이 기능을 구현할 수 있다.

비교

분산 애플리케이션 환경에서 감시자를 구현하는 데 있어서, 게시 구독(예: 메시징) 구현 방법에는 전통적인 동기(예: RPC) 구현 방법보다 나은 장점들이 있다.

- **알림을 단순화한다**. 주체의 Notify() 구현은 매우 간단하다. Notify() 코드는 메시지를 채널에 게시하기만 한다. 마찬가지로, Observer.Update() 코드는 메시지를 수신하기만 한다.

- **연결/분리를 단순화한다**. 주체는 연결하거나 분리하지 않는다. 대신 감시자가 채널에 가입하고 탈퇴한다. 그러므로 주체는 Attach(Observer)나 Detach(Observer)를 구현하지 않아도 된다. (감시자는 가입, 탈퇴 메소드를 별도로 캡슐화할 수 있다.)

- **동시 스레딩을 단순화한다**. 주체가 하나의 스레드로 변경을 알리면, 채널이 각 감시자에게 알림 메시지를 전달하고, 각 감시자는 자신의 스레드에서 알림 메시지를 수신한다. 주체의 구현은 단순해지고, 감시자도 독립된 스레드를 사용함으로 알림 처리가 다른 감시자들에게 영향을 주지 않는다.

- **원격 접속을 단순화한다**. 주체와 감시자는 원격 메소드를 구현하거나 ORB에서 실행될 필요가 없다. 분산 처리는 메시징 시스템이 담당하므로 주체와 감시자는 단지 메시징 시스템에 접속하면 된다.

- **신뢰성이 증가한다**. 메시징을 사용하는 채널은 감시자가 알림을 처리할 수 있을 때까지 알림을 대기 상태에 놓아두므로 감시자는 알림 처리를 조절할 수 있다. 또한 영속 *구독자*(p594)인 감시자는 연결이 끊어진 동안 게시된 알림도 수신할 수 있다.

게시 구독 접근 방법도 직렬화 문제는 해결하지 않는다. 감시자를 RPC로 구현하든 메시징을 사용해 구현하든 상태 데이터는 주체의 메모리 공간에서 각 감시자의 메모리 공간으로 배포돼야 한다. 그러므로 데이터는 직렬화돼야(즉, 마샬링 돼야) 한다. 이 문제는 어떤 구현이든 해결해야 한다.

게시 구독 접근 방법의 단점으로는 메시징이 필요하다는 점을 들 수 있다. 게시 구독 접근 방법을 사용하는 애플리케이션들은 메시징 시스템의 클라이언트로 메시징 시스템에 접속해야 한다. 그럼에도 불구하고 메시징 클라이언트 애플리케이션 만들기가 RPC 클라이언트 애플리케이션 만들기에 비해 그다지 더 어렵지 않고 때론 더 쉬울 수도 있다.

푸시 모델과 풀 모델

게시 구독 접근 방법의 또 다른 잠재적 단점은 풀 모델이 푸시 모델보다 더 복잡하다는 것이다. 앞에서 논의한 것처럼 풀 모델은 푸시 모델보다 더 많이 작업해야 한다. 분산 애플리케이션들의 빈번한 통신은 성능을 크게 해칠 수 있다.

메시징 통신은 RPC 통신보다 더 복잡하다. 두 경우 모두 Update()는 단방향 통신으로 void를 반환하는 RPC이거나, 주체로부터 감시자로 전송된 *단일 이벤트 메시지*(p210)다. 감시자가 주체의 상태를 질의해야 하는 경우는 까다롭다. GetState()는 양방향 통신으로 상태를 요청하고 반환하는 RPC이거나, *요청 응답*(p214)이다. 여기에서 *요청 응답*(p214)이란 *명령 메시지*(p203)로 상태를 요청하고 *문서 메시지*(p206)로 상태를 반환하는 메시지 쌍을 말한다.

요청 응답(p214)을 어렵게 만드는 것은 메시지 전송을 위한 채널 쌍이다. 한 채널은 상태 요청 채널로 감시자로부터 주체로 이어진다. 감시자는 이 채널로 상태 요청을 발신한다. 다른 채널은 상태 응답 채널로 주체로부터 감시자로 이어진다. 주체는 이 채널로 상태 응답을 발신한다. 요청 채널은 감시자들의 공유 채널이 될 수 있고 응답 채널은 감시자마다 다른 채널이 될 수 있다. 즉, 감시자마다 자신의 요청에 대한 자신의 응답을 위해 감시자마다 별도로 응답 채널을 가질 수 있다. (하나의 응답 채널에 *상관관계 식별자*(p223)를 사용할 수도 있겠지만, 감시자마다 별도로 채널을 갖는 것이 훨씬 구현하기 쉽다.)

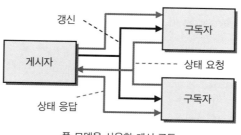

풀 모델을 사용한 게시 구독

감시자마다 응답 채널을 갖는 경우 채널 폭발이 일어 날 수 있다. 채널이 많더라도 관리하면 되겠지만, 메시징 시스템 관리자가 감시자들의 동적인 응답 채널 선택에 대비해 적절히 많은 정적 채널을 준비하기가 쉽지 않다. 감시자들에게 할당된 채널이 충분히 많더라도 어떤 채널을 사용할 수 있을지 알아내기도 쉽지 않다.

JMS는 채널 폭발의 문제를 해결하기 위해 특별한 TemporaryQueue를 지원한다 [Hapner](요청 응답(p214) 참조). 감시자는 자신의 전용 임시 큐를 생성해 요청에 *반환 주소*(p219)로 해당 큐를 지정하고 해당 큐에서 응답을 기다린다. 빈번한 큐 생성은 메시징 시스템을 비효율적으로 만들고 임시 큐는 (*보장 전송*(p239)에 필요한) 영속성이 없지만, 임시 큐를 사용하면 풀 모델을 구현할 수 있다.

다음 두 클래스는 풀 모델을 사용해 게이트웨이를 구현하는 방법을 보여준다.

```java
import javax.jms.Connection;
import javax.jms.ConnectionFactory;
import javax.jms.Destination;
import javax.jms.JMSException;
import javax.jms.Message;
import javax.jms.MessageConsumer;
import javax.jms.MessageListener;
import javax.jms.MessageProducer;
import javax.jms.Session;
import javax.jms.TextMessage;
import javax.naming.NamingException;

public class PullSubjectGateway {

    public static final String UPDATE_TOPIC_NAME = "jms/Update";
    private PullSubject subject;
    private Connection connection;
    private Session session;
    private MessageProducer updateProducer;

    protected PullSubjectGateway() {
        super();
    }
    public static PullSubjectGateway newGateway(PullSubject subject)
        throws JMSException, NamingException {
        PullSubjectGateway gateway = new PullSubjectGateway();
        gateway.initialize(subject);
        return gateway;
    }

    protected void initialize(PullSubject subject) throws JMSException,
  NamingException {
        this.subject = subject;
```

```
        ConnectionFactory connectionFactory = JndiUtil.getQueueConnectionFactory();
        connection = connectionFactory.createConnection();
        session = connection.createSession(false, Session.AUTO_ACKNOWLEDGE);
        Destination updateTopic = JndiUtil.getDestination(UPDATE_TOPIC_NAME);
        updateProducer = session.createProducer(updateTopic);

        new Thread(new GetStateReplier()).start();

        connection.start();
    }


    public void notifyNoState() throws JMSException {
        TextMessage message = session.createTextMessage();
        updateProducer.send(message);
    }
    public void release() throws JMSException {
        if (connection != null) {
            connection.stop();
            connection.close();
        }
    }

    private class GetStateReplier implements Runnable, MessageListener {

        public static final String GET_STATE_QUEUE_NAME = "jms/GetState";
        private Session session;
        private MessageConsumer requestConsumer;

        public void run() {
            try {
                session = connection.createSession(false, Session.AUTO_ACKNOWLEDGE);
                Destination getStateQueue = JndiUtil.getDestination(GET_STATE_QUEUE_
NAME);

                requestConsumer = session.createConsumer(getStateQueue);
                requestConsumer.setMessageListener(this);
            } catch (Exception e) {
                e.printStackTrace();
            }
        }


        public void onMessage(Message message) {
            try {
                Destination replyQueue = message.getJMSReplyTo();
                MessageProducer replyProducer = session.createProducer(replyQueue);
                Message replyMessage = session.createTextMessage(subject.getState());
                replyProducer.send(replyMessage);
            } catch (JMSException e) {
```

```
                    e.printStackTrace();
                }
            }
        }
    }
}
```

PullSubjectGateway 클래스는 SubjectGateway 클래스와 매우 유사하다. PullSubjectGateway 클래스는 주체에 대한 참조를 가지므로 감시자가 상태를 요청했을 때 주체에 상태를 질의한다. 풀 모델은 상태 정보 없이 알림을 전송하므로 notify(String)는 notifyNoState()가 된다. (자바가 이미 notify()란 이름의 메소드를 사용하므로 notify()란 이름을 피했다.)

PullSubjectGateway 클래스에 GetStateReplier 클래스가 추가된다. GetStateReplier 클래스는 Runnable 인터페이스를 구현해 스레드로 실행되는 내부 클래스다. GetStateReplier 클래스는 MessageListener 인터페이스를 구현해 *이벤트 기반 소비자*(p567)가 된다. GetStateReplier 클래스의 onMessage 메소드는 GetState 큐에서 요청을 읽고 요청에 지정된 큐로 주체의 상태 응답을 발신한다. 이런 방법으로 감시자는 GetState() 요청을 전송하고 게이트웨이는 응답을 전송한다 (*요청 응답*(p214) 참조).

```java
import javax.jms.Destination;
import javax.jms.JMSException;
import javax.jms.Message;
import javax.jms.MessageConsumer;
import javax.jms.MessageListener;
import javax.jms.Queue;
import javax.jms.QueueConnection;
import javax.jms.QueueConnectionFactory;
import javax.jms.QueueRequestor;
import javax.jms.QueueSession;
import javax.jms.Session;
import javax.jms.TextMessage;
import javax.naming.NamingException;

public class PullObserverGateway implements MessageListener {

    public static final String UPDATE_TOPIC_NAME = "jms/Update";
    public static final String GET_STATE_QUEUE_NAME = "jms/GetState";
    private PullObserver observer;
    private QueueConnection connection;
    private QueueSession session;
```

```java
    private MessageConsumer updateConsumer;
    private QueueRequestor getStateRequestor;

    protected PullObserverGateway() {
        super();
    }

    public static PullObserverGateway newGateway(PullObserver observer)
        throws JMSException, NamingException {
        PullObserverGateway gateway = new PullObserverGateway();
        gateway.initialize(observer);
        return gateway;
    }

    protected void initialize(PullObserver observer) throws JMSException,
NamingException {
        this.observer = observer;
        QueueConnectionFactory connectionFactory = JndiUtil.
getQueueConnectionFactory();
        connection = connectionFactory.createQueueConnection();
        session = connection.createQueueSession(false, Session.AUTO_ACKNOWLEDGE);
        Destination updateTopic = JndiUtil.getDestination(UPDATE_TOPIC_NAME);
        updateConsumer = session.createConsumer(updateTopic);
        updateConsumer.setMessageListener(this);

        Queue getStateQueue = (Queue) JndiUtil.getDestination(GET_STATE_QUEUE_NAME);
        getStateRequestor = new QueueRequestor(session, getStateQueue);

    }

    public void onMessage(Message message) {
        try {
            // 빈 메시지 수신
            updateNoState();
        } catch (JMSException e) {
            e.printStackTrace();
        }
    }
    public void attach() throws JMSException {
        connection.start();
    }
    public void detach() throws JMSException {
        if (connection != null) {
            connection.stop();
            connection.close();
        }
```

```
    }
    private void updateNoState() throws JMSException {
        TextMessage getStateRequestMessage = session.createTextMessage();
        Message getStateReplyMessage = getStateRequestor.request(getStateRequestMessa
ge);

        TextMessage textMsg = (TextMessage) getStateReplyMessage; // 항상 형변환이 가능하다
고 가정
        String newState = textMsg.getText();
        observer.update(newState); updateNoState() versus update(String).
    }
}
```

PullObserverGateway 클래스는 ObserverGateway 클래스와 비슷하지만 풀 모델을 구현하기 위해 좀 더 코드를 추가했다. Initialize 메소드는 갱신 수신을 위한 updateConsumer와 GetState 큐로 요청을 발신하기 위한 getStateRequestor를 생성한다. (getStateRequestor는 QueueRequestor 객체다. 요청 응답(p214) 참조.) 풀 버전에서 감시자는 빈 메시지를 수신하므로, 게이트웨이의 onMessage 코드는 메시지 내용을 무시한다. 메시지의 존재는 주체의 변경만 감시자에게 알리고 변경된 상태는 감시자에게 알리지 않는다. 이제 남은 일은 updateNoState()를 호출하는 것이다. (updateNoState()는 notifyNoState()와 이름이 비슷하다)

푸시 모델 감시자와 풀 모델 감시자의 차이는 updateNoState()과 update(String)의 구현에서 분명해진다. 푸시 버전은 파라미터로 새로운 상태를 얻어 감시자를 갱신하는 반면 풀 버전은 요청으로 새로운 상태를 얻어 감시자를 갱신한다. 풀 감시자 게이트웨이(PullObserverGateway)는 새로운 상태를 얻기 위해 getStateRequestor를 사용해 주체에 요청하고 응답받는다. (이 예의 게이트웨이는 단일 스레드로 구현됐다. 그러므로 상태 요청을 발신하고 응답을 기다리는 동안 갱신은 처리되지 않는다. 요청 또는 응답 메시지 전송이 오래 걸릴 경우 게이트웨이는 계속 대기 상태가 되고 이에 따라 갱신도 미뤄진다.)

이와 같이 풀 모델은 푸시 모델보다 복잡하다. 풀 모델에는 더 많은 채널과 메시지가 필요하다. 풀 모델은 각 감시자를 위해 임시 큐가 필요하고 감시자 갱신에 세 개의 메시지가 필요하다. 반면 푸시 모델은 임시 큐가 필요 없고 감시자 갱신에 하나의 메시지만 필요하다. 풀 모델에서 주체와 감시자 클래스는 추가된 채널을 위해 더 많은 코드를 사용하고, 실행 객체도 추가된 메시징 실행을 위해 더 많은 스레드를 사용한다. 이 모든 것이 타당한 경우 풀 모델을 사용한다. 그러나 확실하지 않다면 간단한

푸시 모델로 시작한다.

채널 설계

지금까지 하나의 상태를 감시자에게 알리는 주체를 생각했다. 푸시 모델은 하나의 주체에 발생한 상태 변경을 감시자에게 알리기 위해 하나의 *게시 구독 채널*(p164)을 사용한다.

실제 기업 애플리케이션들은 훨씬 더 복잡하다. 애플리케이션은 변경을 알려야 할 여러 주체를 지닐 수 있다. 또 주체는 독립적으로 변경되는 여러 상태state 조각들을 가질 수 있다. 이 상태 조각을 애스펙트aspect라 부른다. 또 감시자는 일부 주체에서 일부 애스펙트만 관심을 가질 수 있다. 주체들은 동일 클래스의 인스턴스들일 수도 있고 서로 다른 클래스들의 인스턴스들일 수도 있다.

따라서 복잡한 애플리케이션을 갱신하기가 매우 복잡해 질 수 있다. 감시자 패턴은 이런 내용을 '주체들의 감시'와 '명시적 관심 변경 지정'의 구현 문제로 다룬다. 또한 SASE Self-Addresses Stamped Envelope(회신 봉투) 패턴은 감시자와 명령 패턴의 조합을 설명한다. 여기에서 감시자는 변경을 전송할 주체를 명령으로 지정한다[Alpert].

감시자의 정교한 수신 문제에 너무 깊이 들어가기보다는 메시징의 의미를 생각해 보자. 즉, 얼마나 많은 채널이 필요한가를 생각해 보자.

먼저 간단한 경우를 생각해 보자. 기업에는 우편 주소 같은 고객의 연락처 정보를 저장하는 애플리케이션들이 있을 수 있다. 한 애플리케이션이 고객의 주소를 갱신하면 다른 애플리케이션들에도 이 갱신 정보를 알려야 한다. 한편 변경을 알아야 하는 애플리케이션들은 주소 변경 알림을 받을 수 있게 등록되어 있어야 한다.

이 문제는 간단하다. 이 경우 필요한 것은 주소 변경을 알리는 단일 *게시 구독 채널*(p164)이다. 주소를 변경할 수 있는 애플리케이션은 채널에 메시지를 게시함으로 해당 변경을 알릴 책임을 진다. 알림을 수신하고자 하는 애플리케이션은 채널을 구독한다. 변경 메시지는 다음과 같이 표시할 수 있다.

```
<AddressChange customer_id="12345">
    <OldAddress>
        <Street>123 Wall Street</Street>
        <City>New York</City>
        <State>NY</State>
```

```
        <Zip>10005</Zip>
    </OldAddress>
    <NewAddress>
        <Street>321 Sunset Blvd</Street>
        <City>Los Angeles</City>
        <State>CA</State>
        <Zip>90012</Zip>
    </NewAddress>
</AddressChange>
```

이제 또 다른 문제를 생각해 보자. 기업에서 재고 애플리케이션은 상품의 재고가 없는 경우 주문 애플리케이션에 재고 부족 상태를 알려 상품을 다시 주문하게 해야 한다. 이것도 조금 전 문제의 다른 예일 뿐이다. 그러므로 이 문제도 *게시 구독 채널* (p164)을 사용해 재고 부족을 알림으로 해결한다. 이런 메시지는 다음과 같이 보일 것이다.

```
<OutOfProduct>
    <ProductID>12345</ProductID>
    <StoreID>67890</StoreID>
    <QuantityRequested>100</QuantityRequested>
</OutOfProduct>
```

그러나 여기에서 다음과 같은 궁금증이 생긴다. 고객 주소 변경 알림과 재고 부족 알림에 동일한 채널을 사용할 수 있을까? 아마도 그럴 수 없을 것이다. 첫째, *데이터 형식 채널*(p169)은 채널 위의 모든 메시지 형식이 같아야 한다. 이 경우 메시지는 모두 동일한 XML 스키마에 부합해야 한다는 것을 의미한다. 그런데 <AddressChange> 와 <OutOfProduct>는 다른 형식의 엘리먼트. 그러므로 이 둘은 같은 채널로 전송할 수 없다. 아마도 두 메시지의 데이터 포맷을 동일 스키마를 따르게 수정한다면 수신자는 상품을 위한 메시지인지 주소를 위한 메시지인지 구분할 수 있을 것이다. 그런데 문제는 주소 변경에 관심 있는 애플리케이션과 상품에 관심이 있는 애플리케이션들이 다르다는 것이다. 그러므로 동일 채널을 사용하면 애플리케이션들은 관심 없는 알림도 받게 된다. 따라서 주소 변경과 채널과 상품 재고 부족 채널은 따로 갖는 것이 합리적이다.

이제 세 번째 문제를 생각해 보자. 고객의 신용 등급은 변경될 수 있다. 이 메시지는 다음과 같이 보일 수 있다.

```
<CreditRatingChange customer_id="12345">
    <OldRating>AAA</OldRating>
```

```
        <NewRating>BBB</NewRating>
</CreditRatingChange>
```

　　상품 알림의 문제처럼, (주소 변경 채널과 상품 재고 부족 채널에 더해) 신용 등급 변경 채널을 새로 추가해 이 문제를 해결하려는 유혹에 빠질 수 있다. 이 방법은 주소 변경과 신용 등급 변경을 별도로 유지하게 하고 관심 감시자를 변경 형식별로 등록하게 하는 것이다.

　　이 방법은 채널 폭발을 일으킬 수 있다. 고객을 구성하는 데이터 조각들을 생각해 보자. 이름, 연락처(주소, 전화번호, 이메일), 신용 등급, 서비스 수준, 표준 할인율, 배송, 결제 등이다. 이 애스펙트들 중 하나라도 변경되면 애플리케이션들은 변경 사항을 알아야 한다. 그런데 애스펙트마다 채널을 만들게 되면 엄청난 수의 채널을 만들어야 할 것이다.

　　채널은 메시징 시스템을 이용하는 세금과 같은 것이다. 트래픽이 적은 채널들은 자원을 낭비하고, 부하 분산을 어렵게 하고, 메시징에 부하를 추가한다. 채널이 많으면 감시자들도 구독 채널 선택이 혼란스러울 수 있다. 채널에는 발신자들과 수신자들이 있어야 한다. 채널 수가 증가함에 따라, 채널들이 비록 거의 사용되지 않을지라도, 채널을 검사하는 스레드 수도 증가한다. 그러므로 많은 채널을 생성하지 않는 편이 좋다.

　　더 나은 방법은 주소 변경과 신용 등급 변경 메시지를 모두 동일한 채널로 전송하는 것이다. 이 두 변경은 모두 고객과 관련된 변경으로 고객 변경에 관심이 있는 애플리케이션들은 고객의 여러 변경에 관심이 있을 수 있다. 그러나 고객에 관심이 있는 애플리케이션들은 상품에는 별로 관심이 없을 것이므로, 별도의 상품 재고 부족 채널은 여전히 좋은 생각이다. 또 상품 재고에 관심이 있는 애플리케이션들은 그 반대일 것이다.

　　아직까지 주소 변경 메시지와 신용 등급 변경 메시지에는 서로 다른 포맷이 있다. 그러나 *데이터 형식 채널*(p169)의 메시지들은 모두 동일한 형식을 가져야 하므로, XML 메시지에서 루트 엘리먼트는 동일한 형식을 갖게 하고, 하부 엘리먼트들을 선택적으로 다룰 수 있게 해야 한다. 그러므로 통일된 고객 변경 메시지는 다음과 같이 보일 수 있다.

```
<CustomerChange customer_id="12345">
    <AddressChange>
```

```
            <OldAddress>
                <Street>123 Wall Street</Street>
                <City>New York</City>
                <State>NY</State>
                <Zip>10005</Zip>
            </OldAddress>
            <NewAddress>
                <Street>321 Sunset Blvd</Street>
                <City>Los Angeles</City>
                <State>CA</State>
                <Zip>90012</Zip>
            </NewAddress>
        </AddressChange>
</CustomerChange>

<CustomerChange customer_id="12345">
        <CreditRatingChange>
            <OldRating>AAA</OldRating>
            <NewRating>BBB</NewRating>
        </CreditRatingChange>
</CustomerChange>
```

배송 애플리케이션은 주소의 변경에만 관심이 있고 신용 등급의 변경에는 관심이 없을 것이고, 결제 애플리케이션은 그 반대일 것이다. 이런 애플리케이션들은 관심 메시지를 얻기 위해 *선택 소비자*(p586)를 사용한다. 그러나 선택 소비자 사용이 여전히 복잡하고 메시징 시스템이 많은 채널을 잘 지원한다면 채널을 분리하는 것이 결국 더 나은 해결책일 수 있다.

기업 아키텍처를 구성하고 설계하려면 수많은 문제가 있는 것처럼, 이 문제도 간단한 해결책은 없고 득실을 따져 보아야 한다. 메시지 채널과 마찬가지로 *게시 구독 채널*(p164)도 목표는 채널들의 폭발을 막고 채널을 모니터링하는 감시자 스레드 수를 줄이면서도 감시자가 필요한 알림만 받을 수 있게 하는 것이다.

결론
이 예는 분산 환경의 감시자 패턴을 *게시 구독 채널*(p164)로 쉽게 구현하는 방법을 보여준다. 채널을 사용하면, Subject.Notify()와 Observer.Update()는 훨씬 간편해진다. 해야 할 일이라고는 메시지를 발신하고 수신하는 일 뿐이기 때문이다. 메시징 시스템이 분산과 동시성을 처리하므로 원격 알림은 더욱 안정적이 된다. 분산 알림과 메시징을 사용하는 환경에서 푸시 모델은 풀 모델보다 간단하고 효율적이다. 그러나 풀 모델도 메시징을 사용해 구현할 수 있다. 많은 데이터가 변경될 수 있는 복잡한 애플리케이션은 변경마다 채널을 만드는 것보다 비슷한 알림들을 동일한 채널로 동일한 감시자들에게 전송하는 것이 더 실용적이다. *메시징*(p111)이 다른 용도로는 필요하지 않고 애플리케이션의 변경 알림 용도로만 필요한 경우에도 *메시징*(p111)은 사용가치가 있다. *게시 구독 채널*(p164)의 이점을 누릴 수 있기 때문이다.

7장

메시지 라우팅

소개

3장, '메시징 시스템'에서는 *메시지 라우터*(p136)를 사용해 메시지 출발지와 메시지 최종 목적지 사이 결합을 제거하는 방법을 논의했다. 7장에서는 특별한 유형의 *메시지 라우터*(p136)들을 설명한다. 이 라우터들은 통합을 위한 라우팅과 중개 기능을 제공한다. 이 라우터 패턴들은 *메시지 라우터*(p136) 패턴을 개선한 패턴들이거나 복잡한 문제 해결을 위해 결합된 *메시지 라우터*(p136) 패턴들이다. 따라서 메시지 라우팅 패턴은 다음과 같은 그룹으로 분류된다.

- **단순 라우터**는 *메시지 라우터*(p136)의 변형으로 하나의 입력 채널에서 하나 이상의 출력 채널로 메시지를 라우팅한다.

- **복합 라우터**는 단순 라우터들을 결합해 복잡한 메시지 흐름을 만든다.

- **아키텍처 패턴**은 *메시지 라우터*(p136) 기반의 아키텍처 스타일을 설명한다.

단순 라우터

내용 기반 라우터(p291)는 메시지 내용을 검사해 메시지 내용에 따라 다른 채널로 메시지를 라우팅한다. 메시지 생산자가 단일 채널로 메시지를 발신해 *내용 기반 라우터*(p291)에 메시지의 처리를 맡기면 *내용 기반 라우터*(p291)는 적절한 목적지로 메시지를 라우팅한다. 이 방법은 발신자 애플리케이션에 라우팅 작업의 부담을 완화시키고 발신자 애플리케이션과 특정 목적지 채널 사이 결합을 제거한다.

메시지 필터(p298)는 *내용 기반 라우터*(p291)의 특별한 형태다. *메시지 필터*(p298)는 메시지 내용을 검사해 메시지 내용이 특정 기준에 부합할 경우만 다른 채널로 메시지를 전달하고 그렇지 않은 경우엔 메시지를 버린다. *메시지 필터*(p298)는 선택 소비자(p586)와 거의 비슷한 기능을 수행한다. 그러나 *메시지 필터*(p298)는 메

시징 시스템의 일부로 메시지를 다른 채널로 라우팅하는 반면 *선택 소비자*(p586)는 *메시지 엔드포인트*(p153)에 포함된다는 점에서 서로 다르다.

내용 기반 라우터(p291)와 *메시지 필터*(p298)는 실제로 비슷한 문제를 해결한다. *내용 기반 라우터*(p291)는 코딩된 기준에 따라 올바른 목적지로 메시지를 라우팅한다. *게시 구독 채널*(p164)과 메시지를 잠재적 수신자에게 전달하는 연속 *메시지 필터*(p298)들을 조합하면 *내용 기반 라우터*(p291)를 만들 수 있다. *메시지 필터*(p298)는 특정 기준에 부합되지 않는 메시지를 제거한다. *내용 기반 라우터*(p291) 컴포넌트는 목적지 채널 목록에 따라 특정 목적지 채널로 메시지를 라우팅하는 반면, 연속 메시지 필터(p298)들은 필터 컴포넌트마다 라우팅 로직을 갖는다. 이 두 해결책 사이의 득실은 *메시지 필터*(p298) 패턴에서 자세히 설명한다.

일반적으로 *메시지 라우터*(p136)는 수신 메시지의 목적지를 결정하는 라우팅 로직에 고정된 규칙을 사용한다. 유연성이 필요한 곳은 *동적 라우터*(p304)를 사용한다. 이 라우터는 제어 포트로 제어 메시지를 전송해 라우팅 로직을 수정할 수 있다. *동적 라우터*(p304)는 다양한 형태의 *메시지 라우터*(p136)들과 잘 결합된다.

4장, '메시징 채널'에서 포인트 투 *포인트 채널*(p161)과 *게시 구독 채널*(p164)의 개념을 소개했다. 여러 수신자에게 메시지를 전송하면서 수신자에 대한 제어도 유지하고 싶을 때는 *수신자 목록*(p310)을 사용한다. 본질적으로 *수신자 목록*(p310)도 하나의 메시지를 하나 이상의 목적지 채널로 라우팅하는 *내용 기반 라우터*(p291)다.

항목^item들로 구성된 메시지인 경우, 메시지를 개별 메시지로 분할하는 *분할기*(p320)를 사용해 항목들을 개별적으로 처리한다. 분할된 메시지들은 라우팅될 수 있고 개별적으로도 처리될 수 있다.

분할기(p320)로 분할한 메시지들을 *수집기*(p330)를 사용해 다시 하나의 메시지로 재결합할 수 있다. *수집기*(p330)는 메시지들을 수신하면서 관련 메시지들을 식별해 하나의 메시지로 결합시킨다. 다른 라우팅 패턴들과 달리, *수집기*(p330)는 특정 조건이 충족될 때까지 내부적으로 메시지를 저장하므로, 상태 저장 *메시지 라우터*(p136)다. 그러므로 *수집기*(p330)는 메시지를 게시하기 전에 하나 이상의 메시지들을 소비한다.

메시징은 분산된 애플리케이션들이나 컴포넌트들을 연결하므로 여러 메시지가 병렬로 처리될 수 있다. 예를 들어 하나 이상의 프로세스들이 단일 채널에서 메시지를 소비할 때 프로세스마다 처리 속도가 다르면 메시지의 처리 순서는 뒤바뀌게 된다. 그런데 예를 들어 원장^{ledger-based} 시스템 같은 컴포넌트에게는 메시지의 정확한 순서가 필수적이다. *리시퀀서*(p409)는 뒤죽박죽된 메시지의 순서를 바로 잡는다. *리시퀀서*(p409)도 메시지 순서가 모두 도착할 때까지 내부적으로 메시지들을 저장해야 하므로 상태 저장 *메시지 라우터*(p136)다. *수집기*(p330)와 달리 *리시퀀서*(p409)는 소비한 메시지들과 같은 개수의 메시지들을 게시한다.

다음은 *메시지 라우터*(p136)들의 속성을 요약한 표다. (모든 라우터는 동적 라우터로 변형될 수 있으므로 동적 *라우터*(p304)는 표에 나타나지 않는다.)

패턴	소비 메시지 수	게시 메시지 수	상태 저장?	설명
내용 기반 라우터	1	1	(대부분)아니오	
필터	1	0 또는 1	(대부분)아니오	
수신자 목록	1	복수(0 포함)	아니오	
분할기	1	복수	예	
수집기	복수	1	예	
리시퀀서	복수	복수	예	소비 개수와 게시 개수 동일

복합 라우터

파이프 필터(p128) 아키텍처는 필터들을 결합해 더 큰 해결책을 만든다. *복합 메시지 처리기*(p357)와 *분산기 집합기*^{Scatter-Gather}(p360)는 *메시지 라우터*(p136)들을 결합한 포괄 해결책이다. 이 두 패턴은 여러 소스에서 추출한 정보를 하나의 메시지로 재결합시킨다. *복합 메시지 처리기*(p357)는 하나의 메시지를 여러 부분으로 나누는 반면 *분산기 집합기*(p360)는 메시지 사본을 여러 수신자에게 전송한다.

복합 메시지 처리기(p357)와 *분산기 집합기*(p360)는 모두 동시에 하나의 메시지를 참가자들에게 라우팅하고 응답 메시지들을 하나의 메시지로 재조립한다. 이 패턴들은 메시지의 병렬 라우팅을 관리한다. 두 패턴은 메시지의 순차 라우팅도 관리할 수 있다. 순차 라우팅이란 연속 단계들을 거쳐 메시지를 라우팅하는 것을 말한다. 중앙에서 메시지 경로를 제어하려는 경우, 메시지가 지나야 할 경로를 지정하는 *회람표*^{Routing Slip}(p364)를 사용한다. 이 패턴은 수신자들에게 순차적으로 전달할 사무 문서

에 첨부된 회람표처럼 동작한다. 프로세스 관리자(p375)는 많은 유연성을 제공하지만 처리가 완료된 메시지는 중앙 컴포넌트로 반환돼야 한다.

아키텍처 패턴

메시지 라우터(p136)를 이용하면 중앙에 메시지 브로커(p384)를 둔 통합 솔루션을 설계할 수 있다. 이 패턴은, 다른 메시지 라우팅 디자인 패턴들과 달리, 허브 앤 스포크hub-and-spoke 아키텍처 스타일이다.

올바른 라우터의 선택

7장에서는 12개의 패턴을 설명하는데, 이들 중에 목적에 맞는 패턴을 찾으려면 어떻게 해야 할까? 다음 결정 도표를 이용하면 간단하게 목적에 맞는 패턴을 찾을 수 있다. 예를 들어 한 번에 하나의 메시지를 소비하지만 순차적으로 여러 메시지를 게시하는 간단한 라우팅 패턴을 찾는 경우 분할기(p320)를 사용한다. 도표는 각 패턴의 관련성도 보여준다. 예를 들어 회람표(p364)와 프로세스 관리자(p375)는 유사한 문제를 해결하고 메시지 필터(p298)는 다소 다른 문제를 해결한다.

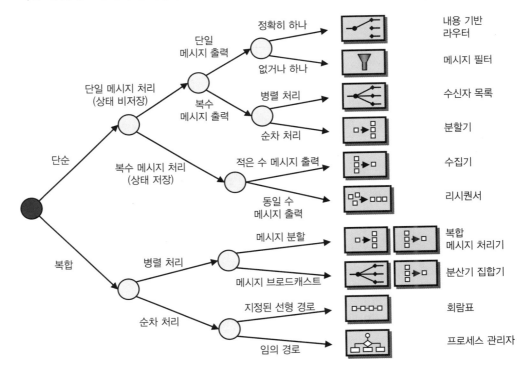

내용 기반 라우터(Content-Based Router)

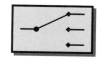

주문 처리 시스템을 구축하고 있다고 가정해 보자. 주문을 수신하면, 주문 처리 시스템은 주문을 확인하고, 재고 시스템은 주문 물품의 재고를 확인한다. 이 처리 단계들은 완벽한 *파이프 필터*(p128) 스타일이다. 이를 위해 하나는 유효성 검사 단계 또 하나는 재고 확인 단계인 두 필터를 생성하고 이 두 필터를 통과하게 수신 메시지를 라우팅한다. 그러나 일반적인 기업 통합 시나리오에서는 특정 물품에 대한 물품 재고 시스템이 여럿 존재할 수 있다.

▼

단일 로직이 여러 시스템에 물리적으로 분산되어 있는 경우 어떻게 처리해야 할까?

▲

통합 솔루션은 기존 애플리케이션들을 연결해 함께 작동하게 한다. 그러나 대부분의 애플리케이션들은 통합을 염두에 두고 개발되지 않았으므로 단일 시스템에 비즈니스 기능을 잘 캡슐화한 이상적인 시나리오는 드물다. 예를 들어 기업 인수나 비즈니스 제휴는 종종 같은 비즈니스 기능을 여러 시스템에서 수행하게 만든다. 또 정보 수집 회사나 대리점 등은 같은 비즈니스 기능을 수행하는 여러 시스템에 접속한다(예: 재고 확인, 주문). 더 복잡한 경우 사내 시스템일지라도 관리는 비즈니스 파트너나 계열사가 담당한다. 예를 들어 책에서 옷이나 전기톱까지 무엇이든 주문할 수 있는 아마존 같은 대형 쇼핑 사이트도 물품의 종류에 따라 '무대 뒤'에 있는, 별도의 판매사 주문 처리 시스템이 주문을 처리한다.

장치와 공구를 판매하고 장치 재고 시스템과 공구 재고 시스템을 가진 회사가 있다고 가정해 보자. 또 각 물품은 물품 번호로 식별된다고 가정하자. 이 회사는 주문을 받으면, 주문 물품의 유형에 따라, 어떤 재고 시스템으로 주문을 보내야 할지를 결정한다. 물품 유형을 기준으로 수신 주문 채널을 별도로 만들 수 있다. 그러나 이 방법을 사용하면 고객에게 시스템의 내부 아키텍처가 알려진다. 우리는 비즈니스 기능이 분산 시스템이란 사실을 고객과 통합 솔루션의 나머지 부분에 숨겨야 한다. 그러므로 물품 메시지들은 같은 채널로 수신한다.

(*게시 구독 채널*(p164)을 사용해) 주문을 모든 재고 시스템들에 전달하고 각 시스템이 주문의 처리 여부를 결정하게 할 수 있다. 이 방법을 사용하면 재고 시스템을 추가하기가 쉬워진다. 재고 시스템을 추가하더라도 기존 컴포넌트들은 변경되지 않기 때문이다. 그러나 이 방법은 시스템들의 분산 통합을 가정한다. 모든 시스템이 주문을 처리할 수 없을 때는 어떻게 할 것인가? 또는 하나 이상의 시스템이 같은 주문을 처리할 수 있는 경우는? 고객에게 중복해서 배송이 일어난다면? 또 대부분의 경우 재고 시스템은 자신이 관리하지 않는 물품에 대한 주문은 오류로 간주한다. 이 경우 주문은 가능한 재고 시스템을 제외한 나머지 재고 시스템들에서 오류가 된다. 이 경우 이런 오류들과 잘못된 주문과 같은 '진짜' 오류들의 구분이 어려워진다.

다른 접근 방법으로는 물품 번호를 채널 주소로 사용하는 방법이 있다. 물품마다 전용 채널이 있고 고객은 내부적으로 장치와 공구를 구분하지 않고 물품 번호와 연관된 채널에 주문을 게시하기만 한다. 재고 시스템은 처리할 수 있는 물품에 대한 채널들만 수신한다. 이 방법은 채널의 주소 기능을 활용해 메시지를 정확한 재고 시스템에 라우팅한다. 그러나 물품의 수가 빠르게 증가하는 경우 채널 폭발이나 시스템 성능이나 관리상의 문제가 일어날 수 있다. 물품마다 새 채널을 생성하게 되면 금방 혼란해지고 만다.

메시지 트래픽을 최소화해야 한다. 예를 들어 주문 메시지는 재고 시스템들에 차례로 라우팅될 수 있다. 첫 번째 주문 수신 시스템은 메시지를 소비하고 주문을 처리한다. 주문을 처리할 수 없는 경우에 이 시스템은 다음 시스템으로 주문 메시지를 전달한다. 이 방법은 동시에 여러 시스템이 주문들을 처리하는 위험을 제거한다. 또한 주문이 마지막 시스템에서 되돌아오는 경우에 이 주문은 어떤 시스템에서도 처리되지 않은 것이다. 그러나 이 해결책은 시스템들이 서로를 충분히 알아야 적용할 수 있다. 그래야 다음 메시지를 전달할 수 있기 때문이다. 이 접근 방법은 책임 연쇄 패턴 Chain of Responsibility pattern[GoF]과 비슷하다. 그러나 메시지 기반의 통합에서 연속되는 시스템들을 거쳐 전달되는 메시지는 상당한 부담을 일으킨다. 개별 시스템들도 협력해야 한다. 외부 비즈니스 파트너가 관리하는 시스템이 통합에 포함된 경우 통제가 불가능하므로 이 접근 방법은 사용하기 어렵다.

요약하면 우리는 분산된 비즈니스 기능을 캡슐화하고 메시지 채널과 메시지 트래픽을 효율적으로 사용하면서 주문을 정확히 하나의 재고 시스템이 처리하게 하는 해결책이 필요하다.

메시지 내용에 따라 올바른 수신자에게 메시지를 라우팅하는 내용 기반 라우터 (Content-Based Router)를 사용한다.

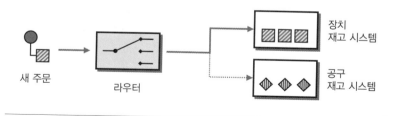

내용 기반 라우터는 메시지 내용을 검사해 메시지 데이터에 기반한 채널로 메시지를 라우팅한다. 라우팅은 특정 필드의 존재, 특정 필드 값 등, 수많은 기준에 의해 일어날 수 있다. 내용 기반 라우터는 유지보수가 빈번할 수 있으므로 내용 기반 라우터의 라우팅 기능은 유지하기 쉽게 만들어야 한다. 더욱 정교한 통합 시나리오에서 내용 기반 라우터는 설정 규칙 집합을 바탕으로 목적지 채널을 선택하는 설정 가능한 규칙 엔진configurable rules engine의 형태를 취할 수도 있다.

의존성 줄이기

내용 기반 라우터는 종종 더 일반적인 형태의 *메시지 라우터*(p136)로 사용된다. 내용 기반 라우터는 예측 라우팅을 사용한다 즉, 모든 가능한 시스템들에 대한 지식을 사전에 지정한다. 예측 라우팅은 라우터가 효율적으로 메시지를 올바른 시스템으로 직접 발신하게 한다. 단점은 내용 기반 라우터는 모든 가능한 수신자들과 라우팅 기준을 사전에 알아야 한다는 점이다. 수신자가 추가, 삭제, 변경될 때마다 내용 기반 라우터도 변경돼야 한다. 이것은 유지보수를 악몽으로 만들 수 있다.

수신자들이 라우팅을 제어한다면 수신자들로 인한 내용 기반 라우터의 의존성은 피할 수 있다. 이 선택은 반응 필터링reactive filtering으로 요약될 수 있다. 메시지를 수신한 참여자들이 메시지를 필터링하기 때문이다. 이와 같이 분산된 라우팅 제어를 사용하면 내용 기반 라우터는 필요 없어지지만, 일반적으로 이런 해결책은 덜 효율적이다. 이런 해결책들과 관련된 득실은 *메시지 필터*(p298)와 *회람표*(p364)에서 자세히 설명한다.

동적 라우터(p304)는 내용 기반 라우터에 각 수신자가 자신의 가능 기준들capabilities을 알려줌으로써, 내용 기반 라우터와 반응 필터링 접근 방식 사이에 타협점을 찾는

다. 동적 *라우터*(p304)는 수신자들의 가능 기준 목록을 유지하고 이에 따라 수신한 메시지를 라우팅한다. 그러나 동적 라우터는 해결책을 복잡하게 하고 내용 기반 라우터보다 디버깅이 어렵다.

예 C#과 MSMQ로 구현한 내용 기반 라우터

이 코드 예는 메시지 본문의 첫 문자를 기준으로 메시지를 라우팅하는 간단한 내용 기반 라우터를 보여준다. 메시지 본문이 W로 시작하면 메시지를 widgetQueue로 라우팅하고 G로 시작하면 gadgetQueue로 라우팅한다. 이 두 문자가 없는 경우 라우터는 메시지를 dunnoQueue로 전송한다. dunnoQueue 큐는 *무효 메시지 채널*(p173)이다. 이 라우터는 라우팅을 결정할 때 이전 메시지를 '기억'하지 않으므로 상태 비저장 라우터다.

```
class ContentBasedRouter
{
    protected MessageQueue inQueue;
    protected MessageQueue widgetQueue;
    protected MessageQueue gadgetQueue;
    protected MessageQueue dunnoQueue;

    public ContentBasedRouter(MessageQueue inQueue, MessageQueue widgetQueue,
                              MessageQueue gadgetQueue, MessageQueue dunnoQueue)
    {
        this.inQueue = inQueue;
        this.widgetQueue = widgetQueue;
        this.gadgetQueue = gadgetQueue;
        this.dunnoQueue = dunnoQueue;

        inQueue.ReceiveCompleted += new ReceiveCompletedEventHandler(OnMessage);
        inQueue.BeginReceive();
    }

    private void OnMessage(Object source, ReceiveCompletedEventArgs asyncResult)
    {
        MessageQueue mq = (MessageQueue)source;
        mq.Formatter = new System.Messaging.XmlMessageFormatter
                        (new String[] {"System.String,mscorlib"});
        Message message = mq.EndReceive(asyncResult.AsyncResult);

        if (IsWidgetMessage(message))
            widgetQueue.Send(message);
```

```
        else if (IsGadgetMessage(message))
            gadgetQueue.Send(message);
        else
            dunnoQueue.Send(message);
        mq.BeginReceive();
    }

    protected bool IsWidgetMessage (Message message)
    {
        String text = (String)message.Body;
        return (text.StartsWith("W"));
    }

    protected bool IsGadgetMessage (Message message)
    {
        String text = (String)message.Body;
        return (text.StartsWith("G"));
    }
}
```

이 예는 이벤트 기반 메시지 소비자인데, inQueue에 도착한 메시지에 대한 처리 핸들러로 OnMessage 메소드를 등록한다. inQueue에 도착한 메시지에 대한 OnMessage 메소드 호출은 닷넷 프레임워크에서 발생한다. 메시지 큐의 Formatter 속성은 프레임워크에 기대되는 메시지 형식을 알려준다, 여기서는 문자열이다. OnMessage 메소드는 메시지를 해석해 라우팅하고 BeginReceive 메소드를 호출해 다음 메시지를 준비한다. 코드를 최소로 유지하기 위해 라우터는 트랜잭션을 사용하지 않는다. 즉, 입력 채널로부터 메시지를 소비하고 출력 채널에 메시지를 게시하기 전에 라우터가 다운되면 메시지를 잃을 수 있다. 엔드포인트가 트랜잭션을 사용하는 방법을 나중에 설명할 것이다(*트랜잭션 클라이언트*(p552) 참조).

📨 예 **팁코 메시지브로커**

대부분의 EAI 제품들은 손쉽게 라우팅 로직을 구축할 수 있게 해주는 메시지 라우팅 도구를 제공한다. C# 예에서는 입력 큐에서 메시지를 읽고 역직렬화하고 분석하고 출력 채널로 다시 게시하는 로직을 직접 코딩했지만, 이런 유형의 로직은 EAI 도구를 사용하면 코드를 사용하지 않고 끌어 놓기drag-and-drop로 간단히 구현할 수 있다. 그러나 이 경우도 내용 기반 라우터에 대한 의사 결정 로직은 작성해야 한다.

메시지 라우팅을 구현한 EAI 도구로 팁코 액티브엔터프라이즈^{TIBCO ActiveEnterprise}가 있다. 이 제품의 TIB/메시지브로커^{TIB/MessageBroker}는 변환과 라우팅 기능을 포함하는 간단한 메시지 흐름을 만들 수게 해준다. 수신 메시지 안에 물품 번호의 첫 문자로 수신 메시지를 라우팅하는 장치 라우터의 TIB/메시지브로커 구현은 다음과 같다.

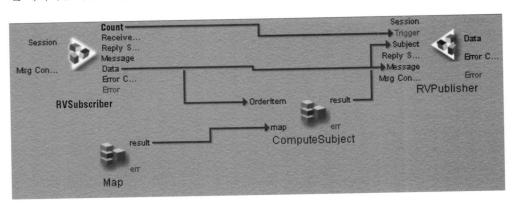

메시지는 왼쪽에서 오른쪽으로 흘러간다. (오른쪽을 가리키는 삼각형으로 표시된) 왼쪽에 있는 컴포넌트는 `router.in` 채널에서 메시지를 소비하는 구독자 컴포넌트다. 채널 이름은, 그림에는 표시되지 않지만, 속성 창에서 지정한다. 메시지 내용은 (화면의 오른쪽에 있는 삼각형으로 표시된) 메시지 게시자에게 전달된다. 구독자의 데이터 출력인 `Data`에서 게시자의 입력인 `Message`까지의 직선은 내용 기반 라우터가 메시지 본문을 수정하지 않는다는 사실을 나타낸다. (중간의) ComputeSubject 함수는 메시지 내용을 분석해 올바른 출력 채널을 결정한다. 이 함수는 메시지 내용과 목적지 채널 이름 사이의 (그림에서 'Map'으로 표시된) 변환 테이블인 사전^{dictionary}을 사용한다. 사전은 다음 값으로 설정된다.

물품 코드	채널 이름
G	gadget
W	widget

ComputeSubject 함수는 수신 메시지의 물품 주문 번호의 첫 글자를 사용해 사전에서 목적지 채널을 찾는다. ComputeSubject 함수는 `router.out` 문자열에 사전의 결과를 추가해 출력 채널의 전체 이름을 만든다. 결과적으로 `router.out.widget` 같

은 채널 이름이 만들어진다. 만들어진 결과는 오른쪽에 게시자 컴포넌트로 전달된다. 그 결과 G로 시작하는 물품 번호를 가진 물품 주문은 `router.out.gadget` 채널로 라우팅되고 W로 시작하는 물품 번호를 가진 물품 주문은 `router.out.widget` 채널로 라우팅된다.

`ComputeSubject` 함수를 팁코가 구현한 내역은 다음과 같다.

```
concat("router.out.",DGet(map,Upper(Left(OrderItem.ItemNumber,1))))
```

이 함수는 (Left 함수를 사용해) 주문 번호의 첫 글자를 추출하고 (Upper 함수를 사용해) 대문자로 변환한다. `ComputeSubject` 함수는 결과를 키로 (DGet 함수를 사용해) 사전에서 출력 채널의 이름을 검색한다.

이 예는 상용 EAI 도구의 장점을 보여준다. 이 예에서는 장치 라우터 기능을 구현하기 위해 수십 줄을 코딩하는 대신 함수 하나를 코딩했다. 게다가 트랜잭션, 스레드 관리, 시스템 관리 등의 기능을 추가로 활용할 수 있다. 그러나 이 예는 시각적 도구를 사용해 만든 해결책이 얼마나 설명하기 어려운 지도 보여준다. 우리는 해결책을 설명하기 위해 스크린 샷을 억지로 사용할 수밖에 없었다. 게다가 대부분의 중요한 설정은 화면에 표시되지 않는 속성 필드에 숨어 있다. 이렇듯이 시각적 개발 도구를 사용하면 구축한 해결책을 문서화하는 데 어려움이 있을 수 있다.

메시지 필터(Message Filter)

주문 처리 예를 계속 진행하자. 회사는 가격이 변경되면 고객들에게 게시하고, 특히 프로모션은 우수 고객들에게만 게시하기로 결정했다고 가정해 보자. 물품 가격이 변경될 때마다, 고객들에게 메시지로 알리려고 한다. 11월에 진행하는 모든 장치^{widget}에 대한 10% 할인 특별 프로모션도 고객들에게 메시지로 알리려고 한다. 어떤 고객은 가격 변경만, 어떤 고객은 특정 물품에 대한 프로모션만 관심을 가질 수 있을 것이다. 예를 들어 공구^{gadget}만 구매하는 고객은 장치 판매에 관심을 갖지 않을 것이다.

▼

컴포넌트는 불필요한 메시지를 어떻게 수신하지 않을 수 있을까?

▲

가장 기본적인 방법으로 특정 메시지만 수신하려는 컴포넌트는 특정 메시지만 전송하는 채널에 가입하면 된다. 컴포넌트는 *게시 구독 채널*(p164)의 고유한 라우팅 능력을 활용해 자신이 구독하는 채널에 게시된 메시지만 수신한다. 예를 들어 장치 갱신 채널과 공구 갱신 채널을 만들 수 있다. 그러면 고객은 한 채널, 또는 다른 채널, 또는 모든 채널에 가입할 수 있게 된다. 이 방법은 시스템에 변경을 요구하지 않고도 구독자를 새로 가입시킬 수 있다는 장점이 있다. 그러나 일반적으로 *게시 구독 채널*(p164)의 가입은 이원 상태$^{binary\ condition}$[1]로 제한된다. 즉, 컴포넌트가 채널을 구독하면 해당 채널의 모든 메시지를 수신하게 된다. 이 경우 조금 더 세밀한 제어를 위한 유일한 방법은 더 많은 채널을 생성하는 것이다. 복수 개의 조합을 처리하는 경우 채널 수는 빠르게 폭발할 수 있다. 예를 들어 회사에서 장치나 공구의 5%, 또는 10%, 15% 이상의 가격 인하에 대한 알림을 소비자에게 게시하려 해도 벌써 여섯 개(두 물품 유형 곱하기 세 임계 값) 채널이 필요하게 된다. 이 방법을 사용한 통합은 할당된 많은 채널로 인해 궁극적으로 관리가 어려워지고 자원도 상당히 소모하게 된다. 그러므로 우리는 채널 가입을 이용하는 방법보다 더 나은 유연한 해결책을 찾아야 한다.

우리가 찾는 해결책은 잦은 변경도 수용할 수 있어야 한다. 예를 들어 메시지가 하

---

1 여기에서 이원 상태란 모든 메시지를 수신하거나, 수신하지 않는 두 상태를 말한다. – 옮긴이

나 이상의 목적지로 라우팅되게 *내용 기반 라우터*(p291)를 수정할 수 있어야 한다(*수 신자 목록*(p310) 참조). 이런 예측 라우터는 수신자에게 관련된 메시지만 전송하므로 수신자는 추가 작업을 하지 않아도 된다. 그러나 이 경우에도 메시지 발신자는 수신 자들에게 대한 설정을 유지해야 한다. 또 수신자 목록이나 수신자들에게 대한 설정 이 빈번하게 변경되는 경우 이 해결책도 유지보수를 악몽으로 만들 수 있다.

발신자는 그저 변경 내역을 모든 컴포넌트에 브로드캐스트하고 각 컴포넌트가 바 람직하지 않은 메시지를 스스로 필터링하는 것도 생각해 볼 수 있다. 그러나 이 방법 도 각 컴포넌트를 제어할 수 있을 때만 가능하다. 사실 패키지 애플리케이션, 레거시 애플리케이션, 통제가 불가능한 애플리케이션들을 이 방법으로 통합하기는 어렵다.

메시지 필터(Message Filter)를 사용한다. 메시지 필터는 특별한 종류의 메시지 라우 터로 기준 집합을 기반으로 채널에서 원치 않는 메시지를 제거한다.

메시지 필터는 단일 출력 채널을 가진 *메시지 라우터*(p136)다. 수신 메시지의 내용 이 메시지 필터에 지정된 기준에 부합되는 경우 메시지는 출력 채널로 라우팅된다. 메시지 내용이 기준에 부합되지 않는 경우 메시지는 삭제된다.

우리의 예는 하나의 *게시 구독 채널*(p164)을 정의한다. *게시 구독 채널*(p164)에서 메시지를 수신하는 고객들은 메시지 필터를 사용해 가격 변동폭이나 물품 유형과 같 은 기준에 따라 메시지를 제거한다.

메시지 필터는 메시지를 출력 채널$^{output\ channel}$이나 널 채널$^{null\ channel}$로 라우팅하는 특별한 *내용 기반 라우터*(p291)가 되기도 한다. 여기서 널 채널이란 게시된 모든 메 시지를 삭제하는 채널을 말한다. 널 채널의 목적은 운영체제에서 나타나는 /dev/null 목적지나 널 객체$^{Null\ Object}$와 비슷하다[PLoPD3].

상태 비저장 메시지 필터 대 상태 저장 메시지 필터

장치와 공구 예는 상태 비저장 메시지 필터를 사용한다. 이 예의 메시지 필터는 메시지마다 메시지에 포함된 정보를 검사해 전달 여부를 결정한다. 따라서 이 메시지 필터는 메시지를 가로지르는 상태를 유지할 필요가 없으므로 상태 비저장이다. 상태 비저장 컴포넌트는 처리 속도를 높이기 위해 병렬로 인스턴스들을 실행할 수 있다. 그러나 메시지 필터가 반드시 상태 비저장일 필요는 없다. 예를 들어 메시지 필터가 메시지의 이력을 추적할 필요가 있는 경우가 있다. 메시지 필터를 사용해 중복 메시지를 제거하는 경우가 그렇다. 이 경우 메시지마다 고유한 메시지 식별자가 있다고 가정하면 메시지 필터는 이전 메시지의 식별자를 저장해 저장된 식별자의 목록과 현 메시지의 식별자를 비교해 중복된 메시지를 인식한다.

메시징 시스템에 내장된 필터링 기능

일부 메시징 시스템은 메시징 인프라 내부에 메시지 필터를 포함한다. 예를 들어 일부 게시 구독 시스템은 계층적 *게시 구독 채널*(p164)을 정의할 수 있다. JMS 구현체를 포함한 대부분의 게시 구독 시스템은 이 기능을 지원한다. 예를 들어 `wgco.update.promotion.widget` 채널에 프로모션을 게시하면 구독자는 와일드카드를 사용해 메시지의 특정 하위 구독 집합을 구독할 수 있다. 이 경우 `wgco.update.*.widget` 토픽에 가입한 구독자는 장치에 관련된 모든 갱신(프로모션과 가격 변경 모두)들을 수신할 수 있다. 또 `wgco.update.promotion.*` 토픽에 가입한 또 다른 구독자는 장치과 공구에 관련된 모든 프로모션은 수신하지만, 가격 변경은 수신하지 않는다. 채널 계층은 유효 파라미터를 추가해 채널 이름에 기준을 지정함으로 수신자가 채널로부터 메시지를 필터링할 수 있게 한다. 그러나 계층 채널의 명명 규칙은 메시지 필터에 비해 여전히 유연성이 제한적이다. 예를 들어 메시지 필터는 가격이 11.5% 이상 변경하는 경우에만 가격 변경 메시지를 전달하게도 만들 수 있다. 그러나 이런 필터링을 채널 계층으로 표현하기가 어렵다.

　메시징 시스템은 수신 애플리케이션에서 사용할 수 있는 *선택 소비자*(p586) API를 제공하기도 한다. 메시지 선택문^message selector 은 애플리케이션이 메시지를 보기 전에 수신 메시지의 헤더나 속성을 평가하는 표현식이다. 표현식이 참이 아닌 경우 메시지는 애플리케이션에 전달되지 않는다. 메시지 선택문은 애플리케이션에 내장되어 메시지 필터 역할을 한다. 메시지 선택문을 사용하려면 애플리케이션을 수정해 선택 규칙들을 지정해야 하고 (이런 수정이 EAI에서는 자주 불가능하지만) 지정된 선택 규칙들의 실행은 메시징 인프라에서 수행된다. *선택 소비자*(p586)는 지정된 기준에 부합되지 않는 메시지를 소비하지 않는 반면 메시지 필터는 입력 채널의 모든 메시지를 소비해 지정된 기준에 부합하는 메시지만 출력 채널로 게시한다.

선택 소비자(p586)는 메시징 인프라에 필터 표현식을 등록하므로 메시징 인프라는 필터 기준에 따라 스스로 라우팅을 결정한다. 메시지 수신자가 메시지 발신자와 다른 네트워크 세그먼트에 (또는 심지어 인터넷을 너머에) 있다고 가정하면, 메시지 필터에 의해 버려질 메시지들까지 메시지 필터로 전달하는 일은 낭비다. 한편으로 중앙의 *메시지 라우터*(p136) 대신 메시지 라우팅을 제어하려는 수신자는 메시지 필터 메커니즘을 사용해야 한다. 메시지 필터가 메시징 인프라의 구독자에게 API로 제공되는 경우 인프라는 필터 표현식을 발신자에게 가깝게 전파할 수 있다. 이렇게 되면 메시징 인프라는 메시지 구독자의 통제 의도를 유지하면서도 불필요한 네트워크 트래픽을 방지할 수 있다. 이 동작은 *동적 수신자 목록*(p310)의 동작과 비슷하다.

메시지 필터를 이용한 라우팅 기능 구현

내용 기반 라우터(p291) 기능은 *게시 구독 채널*(p164)과 메시지 필터들을 연결해 구현할 수도 있다. 다음 그림들은 이 두 방법을 보여준다.

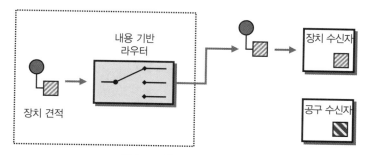

방법 1: 내용 기반 라우터 사용

이 예에는 수신자가 둘 등장한다. 장치 수신자는 장치 메시지만 관심있고 공구 수신자는 공구 메시지만 관심있다. *내용 기반 라우터*(p291)는 메시지 내용을 평가해 적절한 수신자에게 예측한대로 메시지를 라우팅한다.

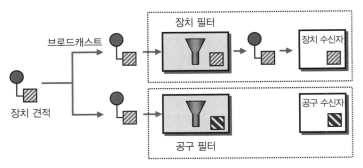

방법 2: 브로드캐스트 채널과 메시지 필터 사용

두 번째 방법은 *게시 구독 채널*(p164)에 메시지를 브로드캐스트한다. 각 수신자는 원치 않는 메시지를 제거하는 메시지 필터를 사용한다. 예를 들어 장치 수신자는 장치 메시지만 통과시키는 장치 필터를 사용한다.

다음 표는 두 해결책의 다른 점을 비교한다.

내용 기반 라우터	메시지 필터를 가진 게시 구독 채널
한 소비자가 메시지 수신	하나 이상의 소비자가 메시지 수신
중앙 제어와 유지보수, 예측 라우팅	분산 제어와 유지보수, 반응 필터링
참가자 정보 관리 참가자 추가, 제거 시 라우터 갱신 필요	참가자 정보 관리 없음 참가자 추가, 제거가 간단
비즈니스 트랜잭션에 주로 사용. 예, 주문	이벤트 알림이나 정보 메시지에 주로 사용
큐 채널 사용이 더 효율적	게시 구독 채널 사용이 더 효율적

두 방법 중에 어떤 것을 결정해야 할까? 대부분의 경우 라우팅을 제어하고 유지보수하는 당사자가 결정을 하고 경우에 따라 기능상의 중요도에 따라 결정한다. 예를 들어 동일한 메시지를 여러 수신자가 처리해야 하는 경우 메시지 필터와 *게시 구독 채널*(p164)을 사용한다. 통제는 중앙에 유지할 것인가 수신자에게 위임할 것인가? 메시지에 특정 수신자만 봐야 하는 민감한 데이터가 포함되어 있다면 *내용 기반 라우터*(p291)를 사용한다. 즉, 메시지를 필터링하는 수신자를 신뢰하지 않는 경우다. 예를 들어 우수 고객에게만 특별 할인을 제공하려는 경우 일반 고객에게는 이 특별 이벤트를 알리면 안 될 것이다.

네트워크 트래픽도 결정에 영향을 줄 수 있다. 정보를 브로드캐스트할 수 있는 효율적인 방법(예: 내부 네트워크에서 IP 멀티캐스트 사용)이 있으면 필터를 사용하는 것이 더 효율적이다. 단일 라우터 사용은 잠재적으로 병목 현상을 일으킬 수 있기 때문이다. 그러나 정보가 인터넷을 거쳐 라우팅되는 경우 포인트 투 포인트 연결을 사용해야 한다. 이 경우에는 단일 라우터가 훨씬 더 효율적이다. 라우터는 관계없는 수신자들에게는 메시지를 전송하지 않기 때문이다. 수신자에게 제어권을 넘겨주면서도 네트워크의 효율성을 위해 라우터를 사용해야 하는 경우 동적 *수신자 목록*(p310)을 사용할 수 있다. *수신자 목록*(p310)은 동적 *라우터*(p304)로서 수신자가 제어 메시지로 라우팅 환경을 설정할 수 있게 한다. *수신자 목록*(p310)는 데이터베이스나 규칙 저장소rule base에 라우팅 설정을 저장한다. *수신자 목록*(p310)은 도착한 메시지를 기준에 부합되는 모든 관심 수신자들에게 전송한다.

동적 라우터(Dynamic Router)

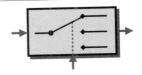

메시지 라우터(p136)는 여러 목적지로 메시지를 라우팅한다.

> 효율적이면서도 목적지에 대한 종속성이 없는 라우터를 만들려면 어떻게 해야 할까?

메시지 라우터(p136)는 메시지를 직접 올바른 목적지로 라우팅할 수 있으므로 매우 효율적이다. 메시지 라우팅의 대안인 반응 필터링 방법은 시행착오$^{trial-and-error}$ 방식을 사용하므로 덜 효율적이다. 예를 들어 *회람표*(p364)는 메시지를 먼저 가능한 목적지로 라우팅한다. *회람표*(p364)에서 목적지가 올바른 경우 목적지는 메시지를 허용하고 그렇지 않으면 메시지는 계속해서 다음 가능한 목적지로 전달된다. 마찬가지로 *메시지 필터*(p298) 접근 방법도 관심 여부에 상관없이 메시지를 가능한 모든 수신자에게 전송한다.

분산 라우팅은 메시지가 수신자들에게 중복해서 전달되거나 아예 전달되지 않을 위험이 있다. 중앙 라우팅 요소를 사용하지 않는다면 이런 위험은 발생하더라도 감지되지 않을 것이다.

이런 위험을 제거하려면 *메시지 라우터*(p136)에 목적지와 메시지 라우팅 규칙 정보를 포함시켜야 한다. 그러나 목적지가 자주 변경되는 경우 *메시지 라우터*(p136)의 유지보수가 부담스러울 수 있다.

> 수신자들이 설정 메시지로 라우팅 환경을 스스로 설정할 수 있게 하는 동적 라우터 (Dynamic Router)를 사용한다.

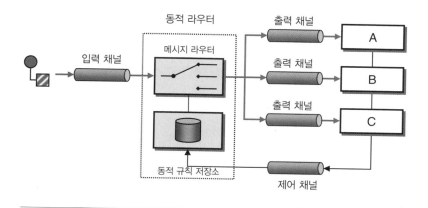

동적 라우터는 입력, 출력 채널 외에 제어 채널을 추가로 사용한다. 수신자 시스템이 시작되는 동안 각 잠재적인 수신자는 동적 라우터에 수신자의 존재와 메시지를 처리할 수있는 조건을 알리는 특별한 메시지를 제어 채널로 전송한다. 동적 라우터는 규칙 저장소에 각 수신자에게 대한 라우팅 설정을 저장한다. 동적 라우터는 도착한 메시지를 규칙을 기준으로 평가해 부합하는 수신자에게 라우팅한다. 이 방법으로 동적 라우터는 수신자들의 변경에 영향을 받지 않게 되고 효율적인 예측 라우팅도 가능하게 된다.

일반적으로 각 수신자는 실행될 때 동적 라우터에 그 존재와 라우팅 설정을 알린다. 이를 위해 각 수신자는 동적 라우터의 제어 큐를 미리 알고 있어야 한다. 또 동적 라우터는 규칙을 영속적으로 저장해야 한다. 재시작 시 라우팅 규칙을 복구해야 하기 때문이다. 다른 방법으로 동적 라우터는 가능한 모든 수신자에게 메시지를 브로드캐스트해 수신자가 제어 메시지로 응답하게 할 수도 있다. 이 구성은 강력하지만 *게시 구독 채널*(p164)이 추가로 필요하다.

수신자들이 동적 라우터에 구독 또는 탈퇴 메시지를 전송할 수 있게 제어 채널을 향상시키는 것도 의미가 있다. 그렇게 되면 수신자는 실행 중에 자신의 라우팅 규칙을 추가 또는 제거할 수 있게 된다.

수신자들은 서로 독립적이므로 동적 라우터는 (동일 형식의 메시지에 관심을 가진 복수 수신자들의 충돌 같은) 규칙 충돌을 처리해야 한다. 동적 라우터는 이런 충돌을 해결하기 위해 다양한 전략을 구사한다.

1. 기존 메시지와 충돌하는 제어 메시지는 무시한다. 이 방법은 라우팅 규칙의 충돌을 방지한다. 그러나 이 경우 라우팅 테이블 상태는 수신자의 실행 순서에 따라 달라질 수 있다. 모든 수신자가 같은 시간에 실행되는 경우 모든 수신자가 동시에 자신의 설정을 제어 큐로 전송하기 때문에 예기치 않은 동작이 발생할 수 있다.

2. 기준에 부합하는 처음 수신자에게 메시지를 전송한다. 이 방법은 라우팅 테이블 내 충돌을 허용하지만 들어오는 메시로 충돌을 해결한다.

3. 기준에 부합하는 모든 수신자에게 메시지를 전송한다. 이 방법은 충돌에 관대하지만 결국 동적 라우터는 *수신자 목록*(p310)이 된다. 일반적으로 *내용 기반 라우터*(p291)는 각 입력 메시지를 하나의 출력 메시지로 전송한다. 이 전략은 이 규칙을 위반한다.

동적 라우터 해결책은 복잡하고 라우팅이 동적으로 설정되므로 디버깅이 어렵다는 문제가 있다.

동적 라우터는 메시지 기반 미들웨어가 저수준 IP 네트워크와 비슷한 기능을 수행하는 또 다른 예다. 동적 라우터는 네트워크 사이에서 IP 패킷을 라우팅하는 데 사용되는 IP 동적 라우팅 테이블과 매우 유사하게 동작한다. 동적 라우터의 수신자가 설정에 사용하는 프로토콜은 IP 라우팅 정보 프로토콜RIP, Routing Information Protocol과 유사하다(자세한 내용은 [Stevens] 참조).

일반적으로 동적 라우터는 서비스 지향 아키텍처에서 동적으로 서비스를 발견하는 데 사용된다. 클라이언트 애플리케이션은 서비스에 접근하기 위해 서비스의 이름을 포함하는 메시지를 동적 라우터에 전송한다. 동적 라우터는 이름과 수신 채널이 있는 서비스들의 목록을 서비스 디렉터리에 유지한다. 동적 라우터는 서비스 제공자로부터 수신한 제어 메시지에 따라 서비스 디렉터리를 작성한다. 서비스 요청이 도착하면 동적 라우터는 서비스 디렉터리에서 이름으로 서비스를 찾아 올바른 채널로 메시지를 라우팅한다. 이 구성은 클라이언트 애플리케이션이 서비스 제공자의 변경, 특성, 위치에 상관없이 단일 채널로 명령 메시지를 전송할 수 있게 한다.

관련 패턴인 클라이언트 디스패처 서버 패턴Client-Dispatcher-Server pattern[POSA]도 클라이언트가 서비스 제공자의 실제 위치를 알지 못하더라도 서비스를 요청할 수 있게 한다. 디스패처는 등록된 서비스 목록을 사용해 클라이언트와 요청된 서비스를 수행하는 실제 서버 사이를 연결한다. 동적 라우터는 디스패처와 비슷한 기능을 수행하지만 간단한 테이블 조회보다 더 지능적인 라우팅을 사용한다.

예 C#과 MSMQ로 구현한 동적 라우터

이 예는 *내용 기반 라우터*(p291)의 예에 동적 라우터 역할을 추가한다. 새로운 컴포넌트는 inQueue 채널과 controlQueue 채널을 수신한다. 제어 큐는 X:QueueName 포맷의 메시지를 수신한다. 동적 라우터는 메시지 본문이 X로 시작하는 모든 메시지를 QueueName 큐로 라우팅한다.

```
class DynamicRouter
{
    protected MessageQueue inQueue;
    protected MessageQueue controlQueue;
    protected MessageQueue dunnoQueue;

    protected IDictionary routingTable = (IDictionary)(new Hashtable());


    public DynamicRouter(MessageQueue inQueue, MessageQueue controlQueue,
                         MessageQueue dunnoQueue)
    {
        this.inQueue = inQueue;
        this.controlQueue = controlQueue;
        this.dunnoQueue = dunnoQueue;

        inQueue.ReceiveCompleted += new ReceiveCompletedEventHandler(OnMessage);
        inQueue.BeginReceive();

        controlQueue.ReceiveCompleted +=
            new ReceiveCompletedEventHandler(OnControlMessage);
        controlQueue.BeginReceive();
    }

    protected void OnMessage(Object source, ReceiveCompletedEventArgs asyncResult)
    {
        MessageQueue mq = (MessageQueue)source;
        mq.Formatter = new System.Messaging.XmlMessageFormatter
                        (new String[] {"System.String,mscorlib"});
        Message message = mq.EndReceive(asyncResult.AsyncResult);

        String key = ((String)message.Body).Substring(0, 1);
```

```
    if (routingTable.Contains(key))
    {
        MessageQueue destination = (MessageQueue)routingTable[key];
        destination.Send(message);
    }
    else
        dunnoQueue.Send(message);
    mq.BeginReceive();
}

// 제어 메시지 포맷은 X:QueueName 문자열
protected void OnControlMessage(Object source, ReceiveCompletedEventArgs
asyncResult)
{
    MessageQueue mq = (MessageQueue)source;
    mq.Formatter = new System.Messaging.XmlMessageFormatter
                        (new String[] {"System.String,mscorlib"});
    Message message = mq.EndReceive(asyncResult.AsyncResult);

    String text = ((String)message.Body);
    String [] split = (text.Split(new char[] {':'}, 2));
    if (split.Length == 2)
    {
        String key = split[0];
        String queueName = split[1];
        MessageQueue queue = FindQueue(queueName);
        routingTable[key] = queue;
    }
    else
    {
        dunnoQueue.Send(message);
    }
    mq.BeginReceive();
}

protected MessageQueue FindQueue(string queueName)
{
    if (!MessageQueue.Exists(queueName))
    {
        return MessageQueue.Create(queueName);
    }
    else
        return new MessageQueue(queueName);
}
}
```

　이 예는 라우팅 테이블의 마지막 입력 값[2]을 사용하는 매우 간단한 충돌 해결 메커니즘을 사용한다. 두 수신자가 문자 X로 시작하는 메시지 수신에 관심을 갖더라도 두 번째로 라우팅 테이블을 등록한 수신자가 메시지를 수신한다. Hashtable은 각 키 값에 대해 하나의 큐를 저장하고 마지막에 등록된 정보만 보관하기 때문이다.

2　코드에서 키 충돌의 올바른 처리를 위해 원문의 C# 코드 'routingTable.Add(key, queue);'를 'routingTable[key] = queue;'로 수정했다(MSDN 닷넷 프레임워크 Hashtable 설명 참조). - 옮긴이

수신자 목록(Recipient List)

내용 기반 라우터(p291)는 메시지 내용에 따라 올바른 시스템으로 메시지를 라우팅한다. 발신자는 메시지를 채널로 전송하기만 하고, 라우터는 채널에서 메시지를 읽어 모든 것을 처리한다는 의미에서 이 과정은 투명하다.

하지만 하나 이상의 수신자에게 메시지를 전송해야 하는 경우도 있다. 이메일 시스템에서 받는 사람 목록이 이런 경우다. 발신자는 이메일 메시지의 받는 사람에 수신자들을 지정할 수 있다. 그러면 메일 시스템은 각 수신자에게 이메일을 전송한다. 기업 통합의 예로는 한 기능이 하나 이상의 제공자에게 의해 수행되는 상황일 것이다. 예를 들어 기업은 고객의 신용 등급을 평가하는 여러 신용 평가 기관들과 계약할 수 있다. 그러면 작은 주문인 경우 단순히 한 신용 평가 기관으로 신용 요청 메시지를 라우팅하고, 큰 주문인 경우 여러 기관으로 신용 요청 메시지를 라우팅해 수신한 응답 신용 결과를 비교해 주문 처리를 결정할 수 있을 것이다. 이 경우 주문 규모에 따라 수신자들이 달라진다.

또 다른 상황으로 기업은 요청 물품의 견적을 위해 공급 업체들에 주문 메시지를 라우팅할 수 있다. 이때 모든 업체에 요청을 보내기보다 사용자가 공급 업체들에 대한 요청 전송 여부를 설정으로 제어할 수도 있을 것이다.

> 수신자들이 가변적인 경우 어떻게 메시지를 라우팅할까?

이 문제는 *내용 기반 라우터*(p291)가 해결하는 문제의 확장이다. 그러므로 *내용 기반 라우터*(p291)에서 설명한 제약들과 대안들이 여기서도 등장한다.

대부분의 메시징 시스템은 *게시 구독 채널*(p164)을 제공한다. *게시 구독 채널*(p164)은 구독 수신자에게 게시된 메시지 사본을 전송하는 채널이다. 수신자들은 특정 채널을 구독한다. 그러나 채널의 활성 구독자들은 다소 정적이고 메시지 단위로 수신을 제어할 수도 없다. 우리는 메시지마다 다른 구독자 목록으로 메시지를 전송할 수 있는 *게시 구독 채널*(p164)과 같은 어떤 것이 필요하다. 그러나 *게시 구독 채널*

(p164)로는 이런 요구를 구현하기 어렵다. *게시 구독 채널*(p164)은 채널에 가입해 모든 메시지를 구독하거나 가입하지 않아 모든 메시지를 전혀 구독하지 않는 방법만 제공하기 때문이다.

수신자는 *메시지 필터*(p298)나 *선택 소비자*(p586)를 사용해 메시지 내용에 따라 수신한 메시지를 필터링할 수도 있을 것이다. 그러나 이 해결책은 불행하게도 개별 구독자에게 메시지 수신 로직을 배포함으로 유지보수를 어렵게 한다. 메시지에 수신자 목록을 첨부해 제어를 한 곳에서 유지하게 할 수도 있다. 이 경우 브로드캐스트된 메시지의 수신자는 메시지의 수신자 목록에 자신이 없는 경우 수신한 메시지를 삭제한다.

이런 방법들의 문제는 비효율적이다라는 점이다. 수신자는 많은 메시지를 삭제하더라도 모든 메시지를 수신해야 한다. 또 이런 방법들은 수신자의 '자율 시행 시스템'에 의존해야 한다. 경우에 따라 수신자는 처리하지 않아야 할 메시지를 처리하기로 결정할 수도 있다. 메시지가 특정 수신자에게 전송되지 말아야 하는 경우 이것은 분명 바람직한 상황이 아니다. 예를 들어 선택된 공급 업체들만 견적 요청을 수신해야 하고 그 밖의 수신자들은 견적 요청을 무시해야 함에도 불구하고 그 밖의 수신자들이 해당 요청을 자율적으로 수신해 버릴 수 있다.

우리는 특정 수신자들만 메시지를 수신하게 메시지 발신자에게 요구할 수 있다. 하지만 이 경우 메시지 발신자는 메시지 전송의 부담을 모두 혼자 지게 된다. 발신자가 패키지 애플리케이션이라면 이것도 선택 사항도 되지 못한다. 또 이 방법은 애플리케이션 내부에 의사 결정 로직을 포함시킴으로써 애플리케이션을 통합 인프라에 더욱 밀접하게 결합시킨다. 대부분의 경우 통합된 애플리케이션은 통합에 참여하고 있다는 사실을 인식하지 못한다. 그러므로 메시지 라우팅 로직을 포함하는 애플리케이션을 기대하는 것은 비현실적이다.

▼
───────────────────────────────────────

각 수신자의 채널을 정의한 후, 수신자 목록(Recipient List)을 사용해 수신 메시지를 검사해 대상 수신자들을 결정하고 대상 수신자들의 채널로 메시지를 전송한다.

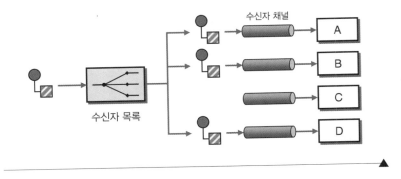

수신자 목록에 포함된 로직은, 구현이 포함되어 있더라도, 두 부분으로 나눌 수 있다. 첫 번째 부분은 수신자들을 계산하는 부분이고 두 번째 부분은 계산된 수신자들에게 수신된 메시지 사본을 전송하는 부분이다. *내용 기반 라우터*(p291)처럼 수신자 목록도 메시지 내용을 수정하지 않는다.

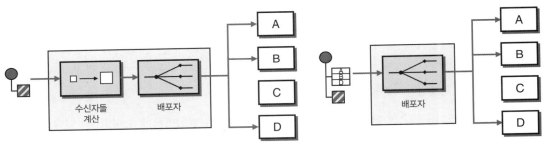

수신자 목록은 수신자들(왼쪽)을 계산하거나 다른 컴포넌트로부터 수신자들(오른쪽)을 제공받는다

대상 수신자들은 수많은 출처로부터 제공될 수 있다. 대상 수신자들은 수신자 목록의 외부에서 생성될 수 있다. 메시지 발신자나 다른 컴포넌트로부터 대상 수신자들을 첨부한 메시지를 수신하는 경우 수신자 목록은 수신된 대상 수신자들을 사용해야 한다. 일반적으로 수신자 목록은 출력 메시지의 크기를 줄이고 개별 수신자가 대상 수신자들을 볼 수 없게 하기 위해 입력 메시지에 첨부된 대상 수신자들을 제거한다. 반대로 메시지의 목적지가 사용자의 선택 같은 외부 요인에 의해 만들어지는 경우 메시지에 대상 수신자들을 첨부하는 것이 합리적이다.

일반적으로 수신자 목록은 메시지 내용과 수신자 목록에 포함된 규칙 집합을 기반으로 대상 수신자들을 계산한다. 이 규칙들은 하드코딩되거나 설정으로 관리된다(다음 페이지 참조).

수신자 목록도 *메시지 라우터*(p136)에서 논의한 결합에 대한 고려 사항들이 동일하게 적용된다. 수신자 목록 같은 중앙 컴포넌트는 연속되는 다른 컴포넌트들을 알아야 하므로 개별 수신자에게 예측적으로 메시지를 라우팅하면 컴포넌트들이 더욱 단단하게 결합된다.

수신자들은 자신들의 채널을 반드시 수신자 목록의 제어 채널을 거쳐 등록해야 수신자 목록이 정보의 흐름을 제어할 수 있다.

견고성

수신자 목록 컴포넌트는 대상 수신자들로 명시된 모든 수신자에게 메시지를 전송해야 한다. 견고한 수신자 목록은 출력 메시지를 모두 성공적으로 전송한 후에만 입력 메시지를 '소비'해야 한다. 따라서 수신자 목록 컴포넌트는 메시지를 수신하고 메시지들을 전송하는 작업 전체가 원자적이어야 한다. 수신자 목록 컴포넌트가 실패하더라도 이 과정은 재시작돼야 한다. 즉, 컴포넌트가 실패하더라도 진행 중인 모든 작업은 완료돼야 한다. 이것은 여러 가지 방법으로 달성될 수 있다.

1. **단일 트랜잭션**: 수신자 목록은 트랜잭션 채널을 사용해 단일 트랜잭션으로 메시지를 출력 채널에 배치할 수 있다. 모든 메시지가 채널에 배치될 때까지 수신자 목록은 메시지를 커밋commit하지 않는다. 이것은 메시지의 전부全部 전송 또는 전무全無 전송을 보장한다.

2. **영속 수신자 목록**: 실패 또는 재시작 시, 수신자 목록은 남은 수신자들에게 메시지를 전송할 수 있게 메시지와 수신자들을 '기억'할 수 있다. 수신자 목록 컴포넌트는 다운돼도 수신자들을 유지하기 위해 디스크나 데이터베이스에 메시지와 수신자들을 저장한다.

3. **멱등 수신자**: 다른 방법으로 수신자 목록은 다시 시작할 때 모든 메시지를 간단히 재전송할 수 있다. 이 방법을 적용하려면 모든 수신자는 멱등해야 한다(*멱등 수신자*Idempotent Receiver(p600) 참조). 멱등 함수란 함수가 이미 시스템에 적용된 경우 동일 함수에 대해 더 이상 시스템이 상태를 변경하지 않는 함수를 말한다. 다시 말해 동일한 메시지를 두 번 처리하더라도 컴포넌트의 상태는 영향을 받지 않는다. 원래 멱등인 메시지(예: '모든 장치를 5월 30일까지 판매' 또는 'XYZ 장치 견적 요청' 같은 메시지는 두 번 수신하더라도 피해가 발생하지 않는다)도 있고 중복 메시지를 제거하는 특별한 *메시지 필터*(p298)를 삽입함으로 수신 컴포넌트

를 멱등으로 만들 수도 있다. 수신자가 메시지를 수신했는지 의심스러우면 메시지를 재전송하기만 하면 되므로 멱등성은 매우 편리하다. TCP/IP 프로토콜도 메시지의 전달 신뢰성을 보장하기 위해 이와 유사한 메커니즘을 사용한다 ([Stevens] 참조).

동적 수신자 목록

수신자 목록의 의도가 제어를 유지하는 것이더라도, 수신자가 직접 수신자 목록의 규칙을 설정할 수 있다면 유용할 것이다. 예를 들어 수신자가 *게시 구독 채널*(p164)의 토픽 형태로는 쉽게 나타내기 어려운 규칙을 가진 메시지를 구독하려는 경우다. *메시지 필터*(p298) 패턴에서 이런 유형의 구독 규칙을 언급했다. 예를 들어 '가격이 $48.31보다 작다면 메시지를 수락한다'와 같은 규칙이다. 네트워크 트래픽을 최소화하려면 메시지를 해당 수신자에게 바로 전송해야 한다. 메시지를 전체에 브로드캐스트하고 수신자가 메시지의 처리 여부를 결정하게 한다면 네트워크 트래픽을 줄일수 없다. 이 기능을 구현하려면 수신자는 수신자 목록에 제어 채널을 거쳐 자신의 구독 설정을 전송할 수 있어야 한다. 수신자 목록은 규칙 저장소에 설정을 저장한다. 규칙 저장소는 각 메시지에 대한 수신자들을 모으는 데 사용한다. 이 방법으로 구독자는 메시지 필터링 이상으로 메시지를 제어할 수 있게 되고, 수신자 목록은 더 효율적으로 메시지를 배포할 수 있게 된다. 동적 수신자 목록은 수신자 목록에 동적 *라우터*(p304) 속성을 결합해 만든다(그림 참조).

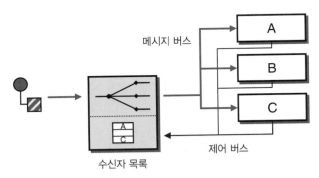

제어 채널을 거쳐 수신자들에게 의해 설정되는 동적 수신자 목록

동적 수신자 목록은 *메시지 필터*(p298) 패턴에서 논의한 가격 갱신 예에 잘 적용될 수 있다. 하지만 동적 수신자 목록은 개별 수신자에게 제어를 할당하므로 앞서 설

명한 가격 견적 예에는 적합하지 않다. 가격 견적 예는 입찰에 참여한 업체를 직접 제어해야 하기 때문이다.

네트워크 효율

모든 수신자에게 메시지를 전송하고 각 수신자에게 메시지를 필터링하게 하는 것과 각 수신자에게 개별적으로 메시지를 전송하게 하는 것 중 어느 것이 더 효율적인지 여부는 메시징 인프라에 따라 달라진다. 일반적으로는 메시지가 많은 수신자를 지닐 때 많은 네트워크 트래픽이 발생한다. 그러나 예외가 있다. 일부 게시 구독 메시징 시스템은 IP 멀티캐스트를 이용해 한 번의 네트워크 전송(단 메시지 분실 시 재전송을 요구)으로 메시지를 여러 수신자에게 동시에 라우팅한다. IP 멀티캐스트는 이더넷의 버스 아키텍처의 이점을 이용한다. 같은 이더넷 세그먼트에 있는 모든 네트워크 어댑터^{NIC, Network Interface Controller}들은 같은 이더넷 세그먼트로 전송된 모든 IP 패킷을 수신한다. 일반적으로 NIC는 패킷의 수신자를 확인해 패킷이 NIC와 관련된 IP 주소가 아닌 경우 패킷을 무시한다. 그러나 멀티캐스트 라우팅에서는 멀티캐스트 그룹의 멤버들은 모두 패킷을 읽는다. 읽혀진 IP 패킷은 데이터로 조립되어 관련 애플리케이션에 전달된다. 이더넷 버스 아키텍처를 가진 로컬 네트워크에서 이 방법은 매우 효율적일 수 있다. 그러나 포인트 투 포인트 TCP/IP 연결이 필요한 인터넷에서는 멀티캐스트 방법을 사용할 수 없다. 일반적으로 수신자들이 멀리 떨어질수록 *게시 구독 채널*(p164)보다 수신자 목록을 사용하는 것이 더 효율적이다.

　브로드캐스트와 수신자 목록 방법의 효율성 여부는 네트워크 인프라뿐만 아니라 수신자 개수와 처리할 메시지 개수 사이의 비율에 따라서도 달라진다. 평균적으로 대부분의 수신자가 대상 수신자인 경우 메시지를 브로드캐스트하고 일부 비수신자만 메시지를 필터링하는 것이 더 효율적이다. 그러나 메시지의 관심 수신자들이 전체 수신자들의 일부인 경우 수신자 목록이 더 효율적이다.

수신자 목록 대 메시지 필터를 가진 게시 구독

동일한 기능을 구현하는 수신자 목록의 예측 라우팅과 *메시지 필터*(p298)를 가진 *게시 구독 채널*(p164)의 반응 필터링은 여러 번에 걸쳐 서로의 장단점을 비교했다. 이 둘의 결정 기준 중 일부는 *내용 기반 라우터*(p291)와 *메시지 필터*(p298) 배열 사이의 결정 기준과 같다. 그럼에도 메시지를 여러 수신자에게 전송하는 수신자 목록은 필터 옵션을 더욱 매력 있게 한다.

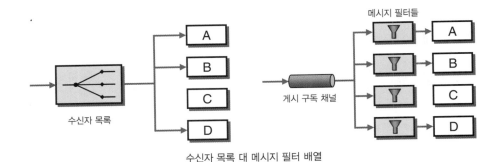

수신자 목록 대 메시지 필터 배열

다음 표는 두 해결책을 비교한다.

수신자 목록	메시지 필터를 가진 게시 구독 채널
중앙 집중식 제어와 유지보수, 예측 라우팅	분산된 제어와 유지보수, 반응 필터링
수신자 정보 필요 수신자 추가, 제거 시 라우터 갱신 필요 (대상 수신자 제어에 동적 라우터 이용)	수신자 정보 필요 없음 간단한 수신자 추가, 제거
비즈니스 트랜잭션 (예: 견적 요청)	이벤트 알림, 정보 메시지
큐 기반 채널이 효율적	게시 구독 채널이 효율적 (인프라에 의존)

일반적으로 여러 수신자에게 전송된 메시지의 응답 결과들은 수신 후 활용된다. 예를 들어 여러 신용 평가 기관에 신용 점수 요청을 전송하는 경우 모든 응답 결과들을 비교해야 정확한 평균 신용 점수를 계산할 수 있다. 메시지 처리량을 최적화하기 위한 경우 첫 번째 응답만을 선택할 수도 있다. 일반적으로 이런 전략은 *수집기*(p330) 내부에 구현한다. *분산기 집합기*(p360)는 하나의 메시지를 여러 수신자에게 전송하고 응답들을 다시 하나의 메시지로 재조합하는 상황을 설명한다.

메시징 시스템이 포인트 투 포인트 *채널*(p161)만 제공하고 *게시 구독 채널*(p164)을 제공하지 않는 경우 동적 수신자 목록으로 *게시 구독 채널*(p164)을 구현할 수 있다. 이 경우 토픽은 수신자 목록 인스턴스가 되고 수신자 목록은 토픽에 가입한 모든 *포인트 투 포인트 채널*(p161)들의 목록을 유지한다. 수신자 목록은 수신자를 특정 데이터 출처에 가입시키는 기준이 필요한 경우에도 유용할 수 있다. 일반적으로 *게시 구독 채널*(p164)은 모든 컴포넌트를 채널에 가입시킨다. 반면 수신자 목록은 수신자들이 데이터 접근 목록에 가입하는 것을 제한함으로 데이터 접근 제어를 쉽게 구현하게 해준다. 물론 이 경우 메시징 시스템은 수신자 목록의 입력 채널을 수신자들로부터 막아 수신자들이 데이터에 직접 접근할 수 없도록 해야 한다.

예 대출 모집인

9장, '사잇장: 복합 메시징'의 복합 메시징 예는 은행들에 대출 견적 요청을 라우팅하기 위해 수신자 목록을 사용한다. 9장의 수신자 목록은 자바, C#, 팁코로 구현한다.

예 C#과 MSMQ로 구현한 동적 수신자 목록

이 예는 *동적 라우터*(p304) 예를 활용해 만들었으므로 둘 사이 코드 구조는 거의 비슷하다. DynamicRecipientList는 두 입력 큐를 수신 대기한다. inQueue는 데이터 메시지 큐고 controlQueue는 제어 메시지 큐다. 수신자들은 controlQueue를 사용해 자신들의 구독을 설정한다. 제어 큐 위에 메시지에는 콜론(:)으로 구분된 두 문자열이 있다. 첫 번째 문자열은 수신자의 구독 설정을 나타내는 문자 목록이다. 수신자는 지정된 문자 중 하나로 시작하는 메시지들을 수신한다. 제어 메시지의 두 번째 문자열은 수신자가 수신 대기하는 큐의 이름을 지정한다. 예를 들어 제어 메시지 'W:WidgetQueue'는 DynamicRecipientList에 수신되는 메시지 중 W로 시작하는 모든 메시지를 WidgetQueue로 라우팅하게 지시한다. 마찬가지로 제어 메시지 'WG:WidgetGadgetQueue'는 DynamicRecipientList에 수신되는 메시지 중 W나 G로 시작하는 모든 메시지를 WidgetGadgetQueue로 라우팅하게 지시한다.

```
class DynamicRecipientList
{
    protected MessageQueue inQueue;
    protected MessageQueue controlQueue;

    protected IDictionary routingTable = (IDictionary)(new Hashtable());

    public DynamicRecipientList(MessageQueue inQueue, MessageQueue controlQueue)
    {
        this.inQueue = inQueue;
        this.controlQueue = controlQueue;

        inQueue.ReceiveCompleted += new ReceiveCompletedEventHandler(OnMessage);
```

```
    inQueue.BeginReceive();

    controlQueue.ReceiveCompleted +=
        new ReceiveCompletedEventHandler(OnControlMessage);
    controlQueue.BeginReceive();
}

protected void OnMessage(Object source, ReceiveCompletedEventArgs asyncResult)
{
    MessageQueue mq = (MessageQueue)source;
    mq.Formatter = new System.Messaging.XmlMessageFormatter
                        (new String[] {"System.String,mscorlib"});
    Message message = mq.EndReceive(asyncResult.AsyncResult);

    if (((String)message.Body).Length > 0)
    {
        char key = ((String)message.Body)[0];

        ArrayList destinations = (ArrayList)routingTable[key];
        foreach (MessageQueue destination in destinations)
        {
            destination.Send(message);
            Console.WriteLine("sending message " + message.Body +
                            " to " + destination.Path);
        }
    }
    mq.BeginReceive();
}

// 제어 메시지 포맷은 XYZ:QueueName 문자열
protected void OnControlMessage(Object source, ReceiveCompletedEventArgs
asyncResult)
{
    MessageQueue mq = (MessageQueue)source;
    mq.Formatter = new System.Messaging.XmlMessageFormatter
                        (new String[] {?"System.String,mscorlib"});
    Message message = mq.EndReceive(asyncResult.AsyncResult);

    String text = ((String)message.Body);
    String [] split = (text.Split(new char[] {':'}, 2));
    if (split.Length == 2)
    {
        char[] keys = split[0].ToCharArray();
        String queueName = split[1];
        MessageQueue queue = FindQueue(queueName);
        foreach (char c in keys)
```

```
        {
            if (!routingTable.Contains(c))
            {
                routingTable.Add(c, new ArrayList());
            }
            ((ArrayList)(routingTable[c])).Add(queue);
            Console.WriteLine("Subscribed queue " + queueName + " for message " +
c);
        }
    }
    mq.BeginReceive();
}

protected MessageQueue FindQueue(string queueName)
{
    if (!MessageQueue.Exists(queueName))
    {
        return MessageQueue.Create(queueName);
    }
    else
        return new MessageQueue(queueName);
}
}
```

DynamicRecipientList는 수신자의 설정 저장에 조금 더 영리한 방법을 사용한다. DynamicRecipientList는 수신 메시지의 처리 최적화를 위해 수신 메시지의 첫 번째 문자를 키로 갖는 Hashtable을 사용한다. 동적 *라우터*(p304) 예와 달리 이 Hashtable은 ArrayList 객체를 사용해 하나 이상의 구독 목적지를 포함한다. DynamicRecipientList는 메시지를 수신하면 Hashtable에서 대상 목적지들을 찾아 메시지를 각 목적지로 전송한다.

이 예는 기준에 부합하지 않는 수신 메시지에 대해 dunnoChannel을 사용하지 않는다(*내용 기반 라우터*(p291)나 *동적 라우터*(p304) 참조). 일반적으로 수신자 목록은 메시지의 수신자가 없는 경우를 오류로 판단하지 않는다.

이 구현은 수신자의 구독 탈퇴를 허락하지 않고 중복 가입도 검색하지 않는다. 예를 들어 동일한 메시지 형식으로 두 번 가입하는 경우 수신자는 메시지를 중복 수신하게 된다. 참고로 게시 구독의 수신자는 한 채널에서 한 번만 수신한다. DynamicRecipientList을 중복 가입 못하게 수정하기는 어렵지 않을 것이다.

분할기(Splitter)

통합에 사용되는 메시지는 여러 요소로 구성될 수 있다. 예를 들어 한 고객이 주문한 것이라도 주문 안에는 여러 물품이 들어 있을 수 있다. 그런데 *내용 기반 라우터*(p291)에서 설명한 것처럼 물품마다 각각 다른 재고 시스템에서 처리해야 한다면 주문 프로세스는 주문에 포함된 각 물품을 개별적으로 처리할 수 있는 방법을 알아야 한다.

▼

메시지에 포함된 요소들을 각각 처리하려면 어떻게 해야 할까?

▲

이런 라우팅 문제에 대한 해결 방법은 요소의 형식과 개수를 모두 다 잘 처리할 수 있게 충분히 일반적이어야 한다. 예를 들어 주문에는 여러 물품이 포함되어 있을 수 있다. 이런 경우 정해진 개수의 물품을 가진 주문만 처리하게 만들어서도 안 되고 메시지에 포함된 물품의 형식에 너무 많은 가정을 해서도 안 된다. 예를 들어 Widgets & Gadgets 'R Us^WGRUS사가 내일 도서 판매를 시작하더라도 통합에 따른 영향은 최소화해야 한다.

우리는 또 물품 주문에 대한 제어는 계속 유지하면서 중복 처리와 손실 처리는 피하고 싶다. 예를 들어 *게시 구독 채널*(p164)을 사용하는 주문 관리 시스템으로 전체 주문을 전송하면 주문 관리 시스템은 수신한 전체 주문에서 처리 가능한 물품을 선택할 수 있어야 한다. 이 방법은 *내용 기반 라우터*(p291)에서 설명한 것과 같은 단점이 있다. 개별 물품에 대해 중복 발송이나 누락 발송을 막는 것이 매우 어렵다.

이 문제의 해결책은 네트워크 자원도 효율적으로 사용해야 한다. 주문의 일부만을 처리할 수 있는 시스템들로 전체 주문 메시지를 보내면 추가적인 메시지 트래픽이 발생한다.

전체 메시지를 여러 번 전송하지 않으려면 각 재고 시스템이 처리할 수 있는 물품들만 포함한 메시지로 원래 메시지를 분할해야 한다. 개별 메시지를 라우팅하는 이 방법은 메시지 분할만 빼면 *내용 기반 라우터*(p291)와 비슷하다. 이 방법은 효율적이지만 특정 물품 형식과 관련 목적지 정보를 해결책에 묶는다. 그러면 이 방법대로 라우팅 규칙을 변경하려면 어떻게 해야 할까? 이 경우 복잡한 '물품 라우터' 컴포넌트를 변경해야 한다. 우리는 전에 많은 기능이 묶인 커다란 컴포넌트를 작고, 잘 정의되고, 결합 가능한 컴포넌트들로 쪼개기 위해 *파이프 필터*(p128) 아키텍처를 사용한 적이 있다. 여기서도 이 아키텍처를 활용할 수 있다.

분할기(Splitter)를 사용해 복합 메시지를 연속되는 개별 메시지들로 쪼갠다. 개별 메시지는 물품별 데이터를 포함한다.

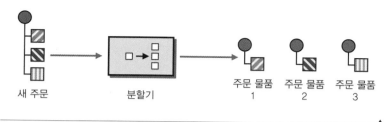

분할기는 수신 메시지의 각 단일 요소마다 (또는 요소의 하위 집합마다) 하나의 메시지를 게시한다. 대부분의 경우 공통 요소들은 각 결과 메시지에 포함된다. 이 추가 요소들은 자식 메시지를 독립체로 만들고 자식 메시지의 상태 비저장 처리를 가능하게 한다. 또 추가 요소들은 이후 자식 메시지들의 연결을 가능하게 한다. 예를 들어 개별 물품 주문 메시지는 주문 번호의 사본을 포함하는데, 주문 번호 사본을 이용해 개별 물품 주문을 전체 주문과 연관시키고 주문 고객과 같은 관련된 개체들과도 연관시킨다(그림 참조).

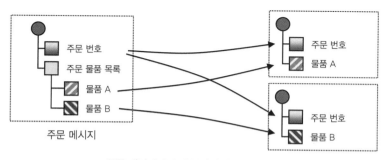

공통 데이터 요소가 복사된 자식 메시지들

반복 분할기

앞서 언급한 바와 같이, 많은 기업 통합 시스템은 트리tree 구조로 메시지 데이터를 저장한다. 트리 구조의 아름다움은 재귀에 있다. 한 노드node의 자식 노드는 다시 다른 하위 트리의 루트root가 된다. 즉, 이 구조 덕분에 메시지 트리에서 추출한 데이터는 또 다시 다른 메시지가 될 수 있다. 메시지 트리 구조에서 분할기를 이용하면 특정 노드 아래 모든 자식을 하나의 메시지로 반복해서 전송할 수 있다. 이때 자식 요소들의 수와 형식에 대해 어떤 가정도 하지 않음으로 분할기는 완전히 포괄적이 된다. 대부분의 상용 EAI 도구들은 반복자iterator나 시퀀서sequencer란 용어로 이런 유형의 기능을 제공한다. 그러나 혼란을 일으키는 벤더 어휘 대신 우리는 이런 스타일의 분할기를 반복 분할기iterating Splitter라 부를 것이다.

정적 분할기

분할기 사용은 반복 요소에만 국한되지 않는다. 처리를 단순화하기 위해 큰 메시지를 개별 메시지로 분할할 수 있다. 예를 들어 수많은 B2B 정보 교환 표준들은 매우 포괄적인 메시지 포맷을 정의한다. 설계 위원회의 결과물로 만들어지는 이런 포맷들은 매우 큰 메시지들을 양산한다. 그러나 이런 큰 메시지의 많은 부분은 거의 사용되지 않는다. 대신 이런 큰 메시지는 특정 부분들을 개별 메시지들로 분할하면 도움이 되는 경우가 많다. 그러면 이후 변환 개발도 훨씬 쉬워지고 네트워크 대역폭도 절약할 수 있게 된다. 큰 메시지의 일부분만 처리하는 컴포넌트로 작은 메시지들을 라우팅하기 때문이다. 일반적으로 분할된 결과 메시지들은 서로 다른 형식의 메시지들이 되므로 동일 채널이 아닌 여러 채널들로 나누어 게시된다. 조금 더 일반적인 분할기는 더 다양한 개수로 메시지를 분할할 수도 있겠지만 이 시나리오에서의 분할기는 고정된 개수로 메시지를 분할한다. 우리는 이런 스타일을 가진 분할기를 정적 분할기static Splitter라 부른다. 정적 분할기는 *내용 필터*(p405)들을 뒤로 가진 브로드캐스트 채널과 기능상으로 동등하다.

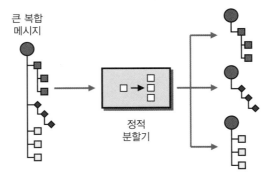

큰 복합 메시지를 고정된 개수의 작은 메시지들로 분할하는 정적 분할기

정렬되거나 정렬되지 않은 자식 메시지

때때로 메시지 추적성의 향상과 *수집기*(p330) 작업의 단순화를 위해 일련번호를 자식 메시지에 포함할 수 있다. 또 개별 메시지에 원본(복합) 메시지의 참조를 포함시켜 개별 메시지의 결과 처리를 원래 메시지와 상관시키는 것도 좋은 생각이다. 이 참조는 *상관관계 식별자*(p223) 역할을 한다.

메시지 봉투를 사용하는 경우(봉투 래퍼(p393) 참조), 각 새 메시지는 메시징 인프라를 준수하는 메시지 봉투로 감싼다. 예를 들어 메시징 인프라가 메시지 헤더에 타임스탬프를 요구하는 경우 각 메시지의 헤더에 원본 메시지의 타임스탬프를 추가한다.

예 C#으로 구현한 XML 주문 문서 분할기

일반적으로 메시징 시스템은 XML 메시지를 사용한다. 예를 들어 주문 메시지가 다음과 같다고 가정하자.

```
<order>
    <date>7/18/2002</date>
    <ordernumber>3825968</ordernumber>
    <customer>
        <id>12345</id>
        <name>Joe Doe</name>
    </customer>
    <orderitems>
        <item>
            <quantity>3.0</quantity>
            <itemno>W1234</itemno>
            <description>A Widget</description>
```

```
        </item>
        <item>
            <quantity>2.0</quantity>
            <itemno>G2345</itemno>
            <description>A Gadget</description>
        </item>
    </orderitems>
</order>
```

분할기는 전체 주문을 개별 물품^{item} 주문으로 분할한다. 즉, 분할기는 위 주문 메시지를 분할해 다음과 같은 두 메시지를 생성한다.

```
<orderitem>
    <date>7/18/2002</date>
    <ordernumber>3825968</ordernumber>
    <customerid>12345</customerid>
    <quantity>3.0</quantity>
    <itemno>W1234</itemno>
    <description>A Widget</description>
</orderitem>

<orderitem>
    <date>7/18/2002</date>
    <ordernumber>3825968</ordernumber>
    <customerid>12345</customerid>
    <quantity>2.0</quantity>
    <itemno>G2345</itemno>
    <description>A Gadget</description>
</orderitem>
```

각 orderitem 메시지에는 주문 날짜, 주문 번호, order 메시지의 고객 아이디가 첨가됐다. 고객 아이디와 주문 날짜의 포함으로 개별 메시지는 독립체가 되고 메시지 소비자는 메시지별 콘텍스트를 저장하지 않아도 된다. 이 정보들은 상태 비저장으로 메시지를 처리하기 위해 필수적이다. ordernumber 필드는 이후 물품의 재수집에 사용된다(수집기(p330) 참조). 이 예는 전체 주문에서 개별 물품의 나열 순서는 주문 완료와 관련이 없다고 가정하므로 orderitem 메시지에 물품 번호^{item number}는 포함하지 않는다.

C#으로 작성한 분할기 코드를 보자.

```
class XMLSplitter
{
    protected MessageQueue inQueue;
```

```
protected MessageQueue outQueue;

public XMLSplitter(MessageQueue inQueue, MessageQueue outQueue)
{
    this.inQueue = inQueue;
    this.outQueue = outQueue;

    inQueue.ReceiveCompleted += new ReceiveCompletedEventHandler(OnMessage);
    inQueue.BeginReceive();

    outQueue.Formatter = new ActiveXMessageFormatter();
}

protected void OnMessage(Object source, ReceiveCompletedEventArgs asyncResult)
{
    MessageQueue mq = (MessageQueue)source;
    mq.Formatter = new ActiveXMessageFormatter();
    Message message = mq.EndReceive(asyncResult.AsyncResult);

    XmlDocument doc = new XmlDocument();
    doc.LoadXml((String)message.Body);

    XmlNodeList nodeList;
    XmlElement root = doc.DocumentElement;
    XmlNode date = root.SelectSingleNode("date");
    XmlNode ordernumber = root.SelectSingleNode("ordernumber");
    XmlNode id = root.SelectSingleNode("customer/id");
    XmlElement customerid = doc.CreateElement("customerid");
    customerid.InnerText = id.InnerXml;

    nodeList = root.SelectNodes("/order/orderitems/item");

    foreach (XmlNode item in nodeList)
    {
        XmlDocument orderItemDoc = new XmlDocument();
        orderItemDoc.LoadXml("<orderitem/>");
        XmlElement orderItem = orderItemDoc.DocumentElement;

        orderItem.AppendChild(orderItemDoc.ImportNode(date, true));
        orderItem.AppendChild(orderItemDoc.ImportNode(ordernumber, true));
        orderItem.AppendChild(orderItemDoc.ImportNode(customerid, true));

        for (int i=0; i < item.ChildNodes.Count; i++)
        {
            orderItem.AppendChild(orderItemDoc.ImportNode(item.ChildNodes[i],
                true));
```

```
        }

        outQueue.Send(orderItem.OuterXml);
    }

    mq.BeginReceive();
  }
}
```

대부분의 코드는 XML 처리를 위한 것이다. XMLSplitter 클래스는 다른 라우팅 예처럼 *이벤트 기반 소비자*(p567) 구조를 사용한다. 메시지 수신으로 호출된 OnMessage 메소드는 작업을 위해 메시지 본문을 XML 문서로 변환한다. 우선 주문 문서와 관련된 값들을 추출하고, 다음 XPath 표현식인 '/order/orderitems/item'을 사용해 `<item>` 자식 엘리먼트를 반복해서 추출한다. XPath 표현식은 파일 경로 표현과 유사하다. 이 XPath 표현식은 경로에 지정된 엘리먼트 이름들을 검색한다. 새 `<item>` XML 문서는 전체 주문과 물품item의 자식 노드로부터 넘어온 필드들을 사용해 조립된다.

예 C#과 XSL로 구현한 XML 주문 문서 분할기

XML 노드와 엘리먼트에 대한 작업에 XSL 문서를 사용하면 XML 문서를 프로그램 작성 없이도 원하는 포맷으로 변환하고 변환된 XML 문서로부터 출력 메시지를 만들 수 있다. 문서 포맷이 자주 변경되는 경우 XSL 방법이 프로그램을 작성하는 것보다 유지보수에 유리하다. 변환에 XSL을 사용하는 경우 코드를 변경하지 않고 XSL 문서를 변경하는 것만으로도 변환 규칙을 변경할 수 있기 때문이다.

새로운 코드는 XslTransform 클래스에서 제공하는 Transform 메소드를 사용해 입력 문서를 중간 문서 포맷으로 변환한다. 이 중간 문서 포맷에는 각 결과 메시지를 구성하는 orderitem 엘리먼트가 하나씩 있다. 코드는 그저 모든 자식 엘리먼트들을 통과하면서 각 엘리먼트마다 하나씩 메시지를 게시한다.

```
class XSLSplitter
{
    protected MessageQueue inQueue;
    protected MessageQueue outQueue;

    protected String styleSheet = "..\\..\\Order2OrderItem.xsl";
```

```
protected XslTransform xslt;

public XSLSplitter(MessageQueue inQueue, MessageQueue outQueue)
{
    this.inQueue = inQueue;
    this.outQueue = outQueue;

    xslt = new XslTransform();
    xslt.Load(styleSheet, null);

    outQueue.Formatter = new ActiveXMessageFormatter();

    inQueue.ReceiveCompleted += new ReceiveCompletedEventHandler(OnMessage);
    inQueue.BeginReceive();
}

protected void OnMessage(Object source, ReceiveCompletedEventArgs asyncResult)
{
    MessageQueue mq = (MessageQueue)source;
    mq.Formatter = new ActiveXMessageFormatter();
    Message message = mq.EndReceive(asyncResult.AsyncResult);

    try
    {
        XPathDocument doc = new XPathDocument
                            (new StringReader((String)message.Body));

        XmlReader reader = xslt.Transform(doc, null, new XmlUrlResolver());

        XmlDocument allItems = new XmlDocument();
        allItems.Load(reader);

        XmlNodeList nodeList = allItems.DocumentElement.
                            GetElementsByTagName("orderitem");

        foreach (XmlNode orderItem in nodeList)
        {
            outQueue.Send(orderItem.OuterXml);
        }
    }
    catch (Exception e) { Console.WriteLine(e.ToString()); }
    mq.BeginReceive();
}
}
```

이 코드는 XSL 문서를 쉽게 편집하고 테스트할 수 있게 별도의 파일로 관리해 코드를 재 컴파일하지 않고도 분할기의 동작을 변경할 수 있게 한다.

```xsl
<xsl:stylesheet version="1.0" xmlns:xsl="http://www.w3.org/1999/XSL/Transform">
    <xsl:output method="xml" version="1.0" encoding="UTF-8" indent="yes" />

    <xsl:template match="/order">
        <orderitems>
            <xsl:apply-templates select="orderitems/item" />
        </orderitems>
    </xsl:template>

    <xsl:template match="item">
        <orderitem>
            <date>
                <xsl:value-of select="parent::node()/parent::node()/date" />
            </date>
            <ordernumber>
                <xsl:value-of select="parent::node()/parent::node()/ordernumber" />
            </ordernumber>
            <customerid>
                <xsl:value-of select="parent::node()/parent::node()/customer/id" />
            </customerid>
            <xsl:apply-templates select="*" />
        </orderitem>
    </xsl:template>

    <xsl:template match="*">
        <xsl:copy>
            <xsl:apply-templates select="@* | node()" />
        </xsl:copy>
    </xsl:template>

</xsl:stylesheet>
```

XSL은 선언적 언어다. 그러므로 XSL을 많이 사용해 본 사람이 아니라면 XSL을 이해하기 어려울 수 있다 ([Tennison]과 같은 좋은 XML 책을 참조한다). 이 XSL 변환은 주문 문서에 들어 있는 order 엘리먼트를 찾고, order 엘리먼트가 발견되면, 출력 문서에 새 루트 엘리먼트를 생성하고, 입력 문서의 orderitems 엘리먼트에 있는 모든 item 엘리먼트들을 처리한다. 루트 엘리먼트를 생성하는 이유는 모든 XML 문서가 루트 엘리먼트를 한 개 지녀야 하기 때문이다. XSL은 발견된 item마다 새로운 'template'을 지정한다. 이 템플릿은 item 엘리먼트의 부모인 order 엘리먼트의 하부 엘리먼트인 date, ordernumber, customerid를 orderitem 엘리먼트의 하부 엘리먼트로 복사하고, item 엘리먼트의 모든 하부 엘리먼트들을 orderitem 엘리먼트의 하부 엘리먼트로 추가한다. 그 결과 입력 문서의 item 엘리먼트들에 대응되는 orderitem 엘리먼트들을 가진 결과 문서가 만들어진다. 이것은 C# 코드가 엘리먼트들을 반복해 메시지로 게시하기 쉽게 만든다.

우리는 두 구현 방법의 수행 성능이 궁금해 비과학적이지만 간단하게 성능 테스트를 진행해 봤다. 테스트는 5,000개의 주문 메시지가 입력 큐를 통과해, 분할기에서 10,000개로 분할된 후, 출력 큐에 도착하는 데까지 걸린 시간을 측정했다. 테스트는 단일 시스템에서 단일 프로그램과 로컬 메시지 큐를 사용해 진행했다. 먼저 기준 시간을 결정했다. 기준 시간은 입력 큐에서 메시지를 하나를 소비하고 출력 큐에 같은 메시지를 두 번 게시하는 더미 프로세서가 5,000개의 메시지를 처리하는 데 걸리는 시간으로 테스트 결과는 2초였다. 즉, 2초가 기준 시간이었다. 그리고 나서 실제 테스트를 진행했는데, 테스트 시간은 더미 프로세서가 5,000개의 메시지를 소비하고 10,000개의 메시지를 게시하는 시간과, 분할기가 5,000개의 메시지를 분할하는 데 소비한 시간을 함께 포함했다. 테스트 결과는 DOM을 사용하는 XMLSplitter는 7초가 걸렸고, XSL 기반 XSLSplitter는 5.3초가 걸렸다. 그러므로 XSL 변환이 '수동으로' 엘리먼트를 이동시키는 것보다 더 효율적인 것처럼 보였다. (기준 시간을 빼고 계산해 보면 XSL이 약 35% 빨랐다.) 두 프로그램을 조율해 최대 성능으로 만들 수도 있었지만 나란히 실행하는 것도 재미있는 일이었다.

수집기(Aggregator)

분할기(p320)는 메시지를 쪼개어 개별적으로 처리할 수 있는 연속 개별 메시지들을 만드는 데 유용하다. 마찬가지로 *수신자 목록*(p310)이나 *게시 구독 채널*(p164)은 하나의 요청 메시지를 복수 수신자들에게 전송하고 그 응답들을 병렬로 수신하는 데 유용하다. 이런 시나리오들은 대부분 하부 메시지들의 처리 결과에 따라 이후 처리가 결정된다. 예를 들어 공급 업체들로부터 수신한 입찰가 중에 최고가를 선택하거나 주문한 모든 물품을 창고에서 출고한 후에 고객에게 청구서를 보내야 하는 경우가 그렇다.

▼
관련있는 개별 메시지들을 하나로 묶어 처리하려면 어떻게 해야 할까?
▲

메시징 시스템의 비동기적 특성 때문에 메시지들에 정보가 나뉜 경우 정보를 수집하는 일은 도전적인 일이 된다. 이 경우 얼마나 많은 메시지에 정보가 나뉘어 있는지 알 수 없다. 이런 메시지들이 브로드캐스트 채널로 게시된 경우 얼마나 많은 수신자가 해당 채널을 수신하는지도 알 수 없으며 얼마나 많은 응답을 수신할지도 알 수 없게 된다.

분할기(p320)를 사용하더라도 응답 메시지들은 생성된 순서대로 도착하지 않을 수 있다. 일반적으로 메시징 인프라는 개별 메시지의 전달은 보장하지만 개별 메시지의 전달 순서는 보장하지 않는다. 서로 다른 처리 속도의 컴포넌트들이 개별 메시지들을 처리할 수 있다. 그 결과 응답 메시지들은 순서가 뒤바뀔 수 있다. (이 문제에 대한 자세한 설명은 *리시퀀서*(p409)를 참조한다.)

대부분의 메시징 인프라는 메시지의 전달은 보장하지만 메시지의 전달 시점은 보장하지 않는 '최종적 보장' 전송 방식으로 동작한다. 메시지를 얼마나 기다려야 할까? 메시지가 너무 늦게 도착하면 후속 처리는 지연될 것이다. 메시지가 누락되더라도 진행을 계속하려면 불완전한 정보에 대한 처리 방법을 찾아야 한다. 그렇다고 해도 누락된 메시지(또는 메시지들)가 늦게라도 도착하면 어떻게 해야 할까? 어떤 경우에는 메시지를 개별적으로 처리할 수도 있을 것이고 또 어떤 경우에는 처리하지 않아도 될 메시지를 처리할 수도 있을 것이다. 늦게 도착한 메시지를 무시해 버리면 메시지 내용을 영원히 잃게 될 것이다.

이런 문제들은 서로 관련된 메시지들의 결합을 복잡하게 만든다. 그러므로 이런 복잡한 처리를 담당해 수집된 전체 메시지에 의존하는 후속 처리 컴포넌트에 단일 메시지를 전달하는 별도의 컴포넌트가 있다면 비즈니스 로직 구현은 훨씬 더 쉬워질 것이다.

상태 저장 필터인 수집기(Aggregator)를 사용한다. 수집기는 관련 메시지들의 전체 집합을 수신할 때까지 개별 메시지들을 수집 저장하고 수신된 개별 메시지 집합으로부터 단일 메시지를 추출해 게시한다.

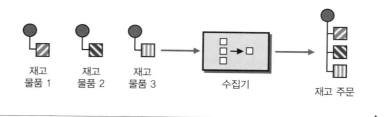

수집기는 연속 메시지들을 수신하고 상관관계를 가진 메시지들을 식별하는 *(파이프 필터(p128) 아키텍처의)* 특수한 필터다. 상관관계를 가진 메시지들의 전체 집합이 수신되면, 수집기는 이 메시지들로부터 정보를 수집해 단일 메시지를 만들고, 추가 처리를 위한 출력 채널로 이 단일 메시지를 게시한다. 메시지 집합의 완성 여부 결정 방법은 나중에 설명할 것이다.

이전 라우팅 패턴들과 달리, *수집기(p330)*는 상태 저장 컴포넌트다. *내용 기반 라우터(p291)* 같은 간단한 라우팅 패턴들은 종종 상태 비저장이다. 이런 컴포넌트는 수신 메시지를 하나씩 처리하고 메시지들 사이에 정보를 보관하지 않는다. 이렇게 메시지 처리 후 상태와 메시지 도착 전 상태가 동일한 컴포넌트를 상태 비저장 컴포넌트라 부른다. 수집기는 함께 속하는 모든 메시지가 도착할 때까지 수신한 개별 메시지들을 저장해야 하므로 수집기는 상태 비저장일 수 없다. 수집기는 메시지들과 관련된 정보를 정제해 단일 메시지로 만든다. 수집기는 수신한 메시지를 통째로 저장하지 않아도 된다. 예를 들어 경매 입찰을 처리하는 경우 가장 높은 입찰가와 관련 입찰자의 아이디만 유지하면 되고 그 외 입찰가 메시지들의 내역은 유지하지 않아도 된다. 하지만 수집기는 여전히 메시지의 일부 정보를 저장해야 하므로 상태 저장이다.

수집기의 설계 시 다음과 같은 속성들이 필요하다.

1. **상관관계**^{Correlation}: 수신 메시지는 어디에 속하는가?

2. **완성 조건**^{Completeness Condition}: 언제 결과 메시지를 게시할 수 있는가?

3. **수집 알고리즘**^{Aggregation Algorithm}: 수신 메시지를 하나의 결과 메시지로 어떻게 결합할 것인가?

일반적으로 상관관계는 수신 메시지 형식이나 명시적 *상관관계 식별자*(p223)를 사용해 지정한다. 완성 조건과 수집 알고리즘을 나중에 설명한다.

구현 상세

메시징 시스템의 이벤트 기반 특성 때문에 수집기는 관련 메시지들의 수신 시간과 순서를 예측하기 어렵다. 그러므로 수집기는 메시지들을 연결하기 위해 이미 수신한 메시지를 활성화된 수집 집합들의 목록으로 관리한다. 새 메시지를 수신하면 수집기는 메시지가 수집 집합 목록의 수집 집합과 관련성이 있는지 확인한다. 메시지와 수집 집합의 관련성을 찾을 수 없으면 수집기는 메시지를 새 수집 집합의 첫 번째 메시지로 간주해 수집 집합 목록에 새 수집 집합을 만들고 이 수집 집합에 메시지를 추가한다. 수집 집합 목록에 수집 집합이 이미 존재하면 수집기는 수집 집합에 메시지를 추가하기만 한다.

메시지를 추가한 후 수집기는 메시지가 추가된 수집 집합의 완성 조건을 평가한다. 완성 조건이 참이면 수집기는 수집 집합의 메시지들로 새로운 단일 메시지를 만들어 출력 채널로 게시한다. 완성 조건이 거짓이면 수집기는 메시지를 게시하지 않고 메시지의 추가 도착을 기다리며 해당 수집 집합을 활성 상태로 유지한다.

다음 그림은 이 전략을 보여준다. 이 시나리오의 수신 메시지들은 *상관관계 식별자*(p223)를 사용해 서로 연결된다. *상관관계 식별자*(p223) 값이 100인 첫 번째 메시지가 도착하면, 수집기는 새 수집 집합을 만들고 이 수집 집합에 메시지를 저장한다. 이 예에서 완성 조건은 최소한 세 메시지를 필요로 하므로 수집 집합은 아직 완성되지 않는다. *상관관계 식별자*(p223) 값이 100인 두 번째 메시지가 도착하면 수집기는 기존 수집 집합에 이 메시지를 추가한다. 다시 수집 집합은 아직 완성되지 않는다. *상관관계 식별자*(p223) 값이 101인 세 번째 메시지가 도착하면 수집기는 이 값에 대한 새 수집 집합을 시작한다. 네 번째 메시지는 식별자 값이 100이므로 첫 번째 수집 집합에 관한 것이다. 이 메시지를 추가하면 총 세 메시지가 포함되어 완성 조건은 참이 된다. 이제 수집기는 수집 집합의 완성을 표시하고 수집 집합의 메시지들로 단일 메시지를 계산하고 게시한다.

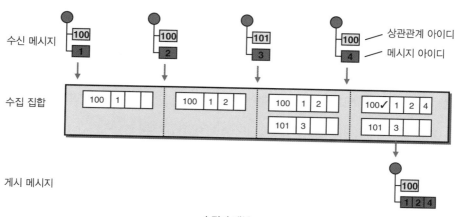

수집기 내부

수집기는 수신한 메시지가 기존 수집 집합과 상관관계가 없으면 새 수집 집합을 생성한다. 이렇게 새로 만들 수집 집합에 대한 사전 지식을 필요로 하지 않는 수집기를 자동 시작 수집기self-starting Aggregator라 부른다.

수집 전략에 따라 수집기는 이미 수집이 완성된 수집 집합에 포함된 메시지를 수신하는 상황도 처리할 수 있어야 한다. 즉, 수집된 메시지들을 처리해 게시한 후 관련 메시지가 도착한 경우다. 이런 경우 새 수집을 시작하지 않으려면 수집기는 마무리된 수집 집합의 목록도 유지해야 한다. 그리고 이 목록이 무한정 성장하지 않게 정기적으로 제거해야 한다. 그러나 수집이 완성된 집합을 너무 빨리 제거하면 안 된다. 이것으로 인해 새 수집 집합의 시작이 지연될 수도 있기 때문이다. 한편 수집기는 수집이 완성된 사실만 저장하면 되므로 완성된 수집 집합 전체를 저장할 필요는 없다. 이 경우 수집기는 완성된 수집 집합을 효율적으로 저장하고 제거하는 알고리즘을 활용한다. 또 *메시지 만료*(p236)를 사용해 과도한 시간 동안 지연된 메시지는 무시할 수도 있다.

수신자는 해결책의 전체적인 견고성을 담보하기 위해 모든 활성 수집 집합이나 특정 수집 집합의 제거에 제어 채널을 사용할 수 있다. 이런 기능은 오류 상태에 빠진 수집기 컴포넌트를 다시 시작하지 않고 복구하려는 경우 유용하다. 같은 방식으로 수집기가 요청을 수신하면 활성 수집 집합 목록을 특별 채널에 게시할 수 있게 하면 디버깅을 하기가 아주 쉬워진다. 이 두 기능은 *제어 버스*(p612)에 대한 훌륭한 예다.

수집 전략

수집기의 완성 조건 전략은 다양하다. 사용 가능한 전략은 주로 기대되는 메시지들의 수를 아느냐 모르느냐에 따라 달라진다. 수집기는 기대되는 하부 메시지들의 수를 알 수 있다. 수집기는 복합 메시지의 사본을 수신하거나 메시지들의 총 수를 포함한 개별 메시지를 수신할 수 있기 때문이다(*분할기*(p320) 에서 설명한 것처럼).

일반적으로 수집기가 연속되는 메시지들을 얼마나 아느냐에 따른 수집 완성 전략은 다음과 같다.

1. **모두 수신**: 모든 응답을 수신할 때까지 기다린다. 불완전 주문은 의미가 없으므로 이 시나리오는 이전에 논의된 주문 예에 사용될 수 있다. 그리고 모든 물품이 특정 제한시간 내에 수신되지 않은 경우 수집기는 오류 상황을 제기한다. 이 전략은 의사 결정에 가장 적합한 기준을 제공하지만 가장 느리고 부서지기 쉬운 전략이 될 수 있다(더해서 기대 메시지들의 수도 알아야 한다). 누락 또는 지연된 한 메시지 때문에 전체 수집 집합의 추가 처리가 방해받을 수 있다. 느슨하게 결합된 비동기 시스템에서 이런 오류 상황들을 해결하는 일은 아주 복잡할 수 있다. 메시지가 비동기적으로 흐르면 오류를 신뢰할 수 있게 감지하기가 어렵기 때문이다. (메시지를 '누락'으로 판정하기 전에 얼마나 오래 기다려야 하는가?) 누락된 메시지를 처리하는 한 가지 전략은 메시지를 다시 요청하는 것이다. 그러나 이 전략을 사용하려면 수집기는 메시지의 출처를 알고 있어야 하는데, 이것은 다시 수집기와 다른 컴포넌트 사이에 의존성을 만든다.

2. **제한시간**: 지정된 시간 동안 응답을 기다리고 지정된 시간 안에 수신된 응답을 평가한다. 응답이 수신되지 않으면 시스템은 예외를 발생시키거나 다시 시도할 수 있다. 경험상 이 전략은 수신 응답을 채점해 가장 높은 점수의 메시지(또는 소수의 메시지들)를 사용하는 경우 유용했다. 이 전략은 '입찰' 시나리오에서 일반적으로 사용된다.

3. **최초 적합**: 첫 번째 (가장 빠른) 응답을 수신할 때까지만 기다리고 그 밖의 모든 응답은 무시한다. 이 전략은 가장 빠르지만 많은 정보를 무시한다. 응답 시간이 중요한 입찰이나 견적 시나리오에서 실용적이다.

4. **제한시간 덮어 쓰기**: 지정된 시간 동안 기다리거나 미리 설정된 최소 점수를 가진 메시지를 수신할 때까지 기다린다. 이 시나리오에서는 매우 유리한 응답을 초기에 찾는 경우 수신을 중단하거나 제한시간까지 수신을 계속할 수 있다. 해당 시점에 더 확실한 응답이 발견되지 않은 경우 지금까지 수신한 모든 메시지에 순위를 매긴다.

5. **외부 이벤트**: 때로는 외부 비즈니스 이벤트의 도착으로 수집이 완성된다. 예를 들어 금융 기관에서는 영업일이 마감되면 가격 견적 수집은 끝나게 된다. 고정 타이머는 다양성을 제한하므로 이런 이벤트에 고정 타이머를 사용하면 유연성이 감소된다. 또 비즈니스 이벤트를 담은 *이벤트 메시지*(p210)는 시스템을 중앙에서 제어할 수 있게 한다. 수집기는 제어 채널로부터 *이벤트 메시지*(p210)를 수신하거나 수집의 끝을 가리키는 특별한 포맷의 메시지를 수신한다.

완성 조건의 선택은 수집 알고리즘의 선택과 긴밀하게 묶인다. 다음은 메시지들을 하나의 메시지로 축약하는 일반적인 수집 알고리즘 전략들이다.

1. **'최상' 답변 선택**: 이 알고리즘은 동일 물품에도 최저 입찰가가 있는 것처럼 최상의 단일 결과가 있다는 것을 가정한다. 이 알고리즘을 사용하는 수집기는 '최상' 메시지만 결정하고 전달한다. 그러나 실생활에서 선택 기준은 그리 간단하지 않다. 예를 들어 물품에 대한 최상 입찰은 배달 시간, 공급 가능 수량, 업체 선호도 등에 따라서도 달라질 수 있다.

2. **데이터 축약**: 수집기는 트래픽이 많은 곳에서 메시지 트래픽을 줄이기 위해 사용될 수 있다. 이 알고리즘은 개별 메시지의 평균을 계산하거나 개별 메시지의 숫자 필드를 단일 메시지의 숫자 필드에 합산하는 일 등에 적용될 수 있다. 이 알고리즘은 각 메시지가, 수신된 주문 개수와 같이, 숫자 값을 나타내는 경우에 가장 잘 동작한다.

3. **데이터 수집**: 수집기는 스스로 '최상' 답변 선택 알고리즘을 갖지 못할 수도 있다. 이런 경우에도 여전히 개별 메시지들을 수집해 단일 메시지로 결합시키는 수집기의 사용은 합리적이다. 이렇게 수집된 메시지는 개별 메시지의 데이터

모음이 될 뿐이다. 이 메시지에 대해서는 나중에 별도의 컴포넌트나 사람이 수집 전략을 적용한다.

일반적으로 수집 전략은 파라미터로 구동된다. 예를 들어 지정된 시간을 기다리는 수집 전략은 최대 대기 시간을 사전에 설정을 사용해 지정한다. 이런 파라미터를 실행 중에도 설정해야 하는 경우 수집기는 파라미터 설정 제어 메시지를 수신할 수 있는 추가 입력을 제공해야 한다. 또 제어 메시지에는 기대하는 상관 메시지들의 수 같은 정보를 포함시킬 수도 있다. 그러면 수집기는 더 효과적으로 완성 조건을 구현할 수 있게 된다. 이런 시나리오에서 수집기는 첫 번째 메시지가 도착했을 때 수집을 시작하는 것이 아니라 대신 기대한 메시지들과 관련된 선행 정보가 도착했을 때부터 수집을 시작한다. 이 정보는 필요한 파라미터 정보가 보강된 원본 요청 메시지의 복사본일 수 있다(예: *분산기 집합기*(p360) 메시지). 수집을 시작한 수집기는 새 수집 집합을 할당하고 이 수집 집합에 파라미터 정보를 저장한다(그림 참조). 개별 메시지가 도착했을 때 이 메시지는 해당 수집 집합과 연결된다. 이런 수집기는 자동 시작 수집기와 반대 의미로 초기화 수집기^{initialized Aggregator}라 부른다. 이 구성은 물론 원본 메시지를 액세스해야만 하는데, 항상 가능한 것은 아니다.

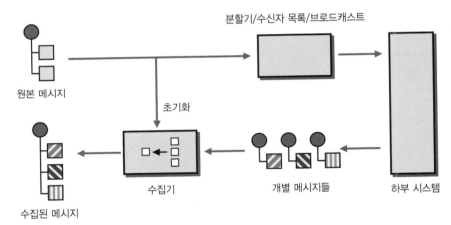

수집기는 많은 애플리케이션에 유용하다. 수집기는 종종 *분할기*(p320)나 *수신자 목록*(p310)과 결합해 복합 패턴을 형성한다. 이런 복합 패턴들에 대한 더 자세한 설명은 *복합 메시지 처리기*(p357)와 *분산기 집합기*(p360)를 참조한다.

예 대출 모집인

9장, '사잇장: 복합 메시징'의 복합 메시징 예는 은행이 반환한 대출 견적 메시지들 중에서 최상의 대출 견적을 선택하는 데 수집기를 사용한다. 대출 모집인 예는 초기화 수집기를 사용한다. 즉, *수신자 목록(p310)*이 기대 견적 메시지들의 수를 수집기에 알려준다. 이 사잇장은 자바, C#, 팁코로 수집기를 구현한다.

예 누락 메시지 탐지기로서의 수집기

조 왈네스Joe Walnes는 수집기의 창조적인 사용을 보여 주었다. 그의 시스템은 메시지를 연속되는 컴포넌트들에 전송하는데, 불행하게도 매우 신뢰성이 떨어졌다. 시스템은 주로 메시지를 소비한 후에 내부 문제로 실패하기 때문에 *보장 전송(p239)*을 사용해도 문제가 해결되지 않았다. 애플리케이션이 *트랜잭션 클라이언트(p552)*가 아니었으므로 메시지는 진행 중에 자주 손실됐다. 이 상황을 해결하기 위해 조 왈네스는 두 개의 평행한 경로로 수신 메시지를 라우팅했다. 수신 메시지를 하나는 필요하지만 신뢰할 수 없는 컴포넌트들로 하나는 *보장 전송(p239)* 채널로 라우팅했다. 수집기는 두 경로로부터 수신한 메시지를 다시 결합했다(그림 참조).

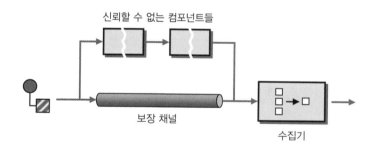

메시지 누락을 감지하는 제한시간 수집기

　수집기는 '제한시간 덮어 쓰기' 수집 완성 조건을 사용한다. 즉, 수집기는 연관된 두 메시지를 수신하거나 제한시간이 초과된 경우 수집을 완성한다. 수집 알고리즘은 충족된 조건에 따라 달라진다. 두 메시지가 도착한 경우 처리된 메시지는 수정 없이 전달된다. 수집기에서 제한시간 초과 상황이 발생하면 컴포넌트들 중 하나에서 실패가 발생해 메시지를 '먹어 버린 것이다'. 이 경우 수집기는 컴포넌트 중 하나가 실패했다는 것을 운영자에게 알리는 오류 메시지를 게시한다. 지금은 컴포넌트들을 수동으로 다시 시작해야 하지만 더욱 정교하게 구성하면 해당 컴포넌트만 다시 시작하고 분실된 메시지도 다시 전송할 수 있을 것이다.

예 JMS 수집기

이 예는 자바 메시지 서비스 API를 사용해 수집기를 구현한다. 수집기는 한 채널에서 입찰 메시지를 수신하고, 관련 입찰가들을 집계하고, 다른 채널로 최저 입찰가를 포함한 메시지를 게시한다. 입찰가들은 메시지의 *상관관계 식별자*(p223)로 경매 아이디^Auction ID 속성을 사용해 서로를 상관시킨다. 수집 전략은 세 입찰가 중 최소값을 수신한다. 수집기는 자동 시작이고 외부 초기화를 필요로 하지 않는다.

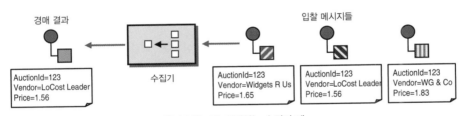

최저 입찰가를 선택하는 수집기 예

이 해결책은 다음과 같은 주요 클래스들로 구성된다(다음 그림 참조).

1. 수집기(Aggregator) 클래스는 메시지를 수신하고, 집계하고, 결과 메시지를 전송하는 로직을 포함한다. Aggregate 인터페이스를 사용해 수집을 수행한다.

2. 경매 수집기(AuctionAggregate) 클래스는 Aggregate 인터페이스를 구현한다. 이 클래스는 Auction 클래스와 Aggregate 인터페이스 사이에서 어댑터^Adapter[GoF] 역할을 담당한다. 이 구조를 사용해 Auction 클래스는 JMS API에 자유롭게 접근할 수 있게 된다.

3. 경매(Auction) 클래스는 수신된 관련 입찰들의 컬렉션이다. Auction 클래스는, 예를 들어 최저 입찰가를 찾고 수집 완성 시점을 결정하는, 수집 전략을 구현한다.

4. 입찰(Bid) 클래스는 입찰과 관련된 물품 데이터를 보유하는 편의 클래스다. 수

신한 메시지 데이터를 Bid 객체로 변환해, 입찰[bid] 데이터를 강형식 인터페이스 strongly typed interface[3]를 사용해 접근하게 한다. 이 클래스는 JMS API가 사용되지 않은 독립적인 경매 로직이다.

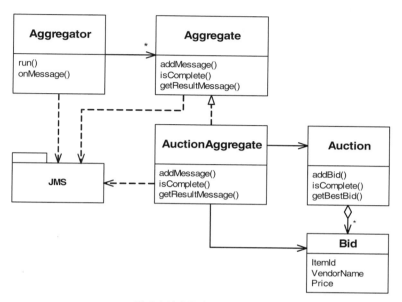

경매 수집기 클래스 다이어그램

이 해결책의 핵심은 Aggregator 클래스다. 이 클래스는 두 JMS Destination을 사용한다. 하나는 입력에 대한 Destination이고 다른 하나는 출력에 대한 Destination이다. Destination은 Queue(포인트 투 포인트 채널(p161)) 또는 Topic(게시 구독 채널(p164))에 대해 JMS에서 사용하는 추상 표현이다)이다. 이 추상 표현 덕분에 JMS 코드는 채널을 형식에 상관없이 표현할 수 있다. 이 특성은 테스트와 디버깅에 매우 유용하다. 예를 들어 테스트 동안은 쉽게 메시지 트래픽을 '엿들을 수 있는' 게시 구독 Topic을 사용하다가, 운영으로 전환할 때 Queue를 사용할 수 있다.

```
public class Aggregator implements MessageListener
{
    static final String PROP_CORRID = "AuctionID";

    Map activeAggregates = new HashMap();
```

---

3 strongly typed는 프로그래밍 언어론에 등장하는 용어로 강력하게 형식 검사를 하는 특성을 말한다. – 옮긴이

```java
Destination inputDest = null;
Destination outputDest = null;
Session session = null;

MessageConsumer in = null;
MessageProducer out = null;

public Aggregator (Destination inputDest, Destination outputDest, Session session)
{
    this.inputDest = inputDest;
    this.outputDest = outputDest;
    this.session = session;
}

public void run()
{
    try {
        in = session.createConsumer(inputDest);
        out = session.createProducer(outputDest);
        in.setMessageListener(this);
    } catch (Exception e) {
        System.out.println("Exception occurred: " + e.toString());
    }
}

public void onMessage(Message msg)
{
    try {
        String correlationID = msg.getStringProperty(PROP_CORRID);
        Aggregate aggregate = (Aggregate)activeAggregates.get(correlationID);
        if (aggregate == null) {
            aggregate = new AuctionAggregate(session);
            activeAggregates.put(correlationID, aggregate);
        }
        // 수집이 완성됐으면 수신 메시지 무시
        if (!aggregate.isComplete()) {
            aggregate.addMessage(msg);
            if (aggregate.isComplete()) {
                MapMessage result = (MapMessage)aggregate.getResultMessage();
                out.send(result);
            }
        }
    } catch (JMSException e) {
        System.out.println("Exception occurred: " + e.toString());
    }
}
```

}

　　Aggregator 클래스는 *이벤트 기반 소비자*(p567)로 MessageListener 인터페이스의 onMessage 메소드를 구현한다. Aggregator가 MessageConsumer의 메시지 리스너이므로 JMS는 소비자의 Destination에 새 메시지가 도착할 때마다 onMesssage 메소드를 호출한다. Aggregator는 수신 메시지에서 (속성 값으로 저장된) 상관관계 아이디(correlation ID)를 추출해, 상관관계 아이디가 활성 수집 집합으로 있는지 확인한다. 수집 집합이 발견되지 않으면 Aggregator는 새 AuctionAggregate 인스턴스를 생성한다. 그리고 나서 Aggregator는 수집 집합이 여전히 활성 상태인지 (즉, 수집이 완성되지 않았는지) 확인한다. 발견된 수집 집합이 더 이상 활성 상태가 아니면 Aggregator는 수신 메시지를 삭제한다. 발견된 수집 집합이 활성 상태이면 Aggregator는 메시지를 수집 집합에 추가하고 완성 조건이 충족됐는지 확인한다. 완성 조건이 충족됐으면, Aggregator는 최상의 입찰가를 찾아 게시한다.

　　Aggregator 코드는 매우 일반적인 코드로, 이 중에 두 줄만이 이 예를 위해 특화된다. 첫째, 상관관계 아이디는 메시지의 AuctionID 속성에 저장된다고 가정한다. 둘째, Aggregator 클래스는 AuctionAggregate 클래스의 인스턴스를 만든다. 내부적으로 AuctionAggregate 인스턴스를 생성하고 Aggregate 객체를 반환하는 팩토리 클래스를 사용했다면, 이런 참조도 없앨 수 있었을 것이다. 이 책은 객체 지향 설계가 아닌 기업 통합에 관한 책이므로 일을 간단하게 하기 위해 객체 지향 관련 의존성 부분은 그냥 넘어간다.

　　AuctionAggregate 클래스는 Aggregate 인터페이스를 구현한다. 이 인터페이스는 세 메소드를 지정한다. 하나(addMessage)는 새 메시지를 추가하고, 하나(isComplete)는 수집의 완성을 확인하고, 하나(getBestMessage)는 최상의 결과를 얻는 메소드다.

```
public interface Aggregate {
    public void addMessage(Message message);
    public boolean isComplete();
    public Message getResultMessage();
}
```

　　우리는 AuctionAggregate 클래스 내부에 수집 전략을 구현하는 대신 분리된 Auction 클래스를 만들어 JMS API에 의존하지 않는 수집 전략을 구현했다.

```
public class Auction
{
    ArrayList bids = new ArrayList();

    public void addBid(Bid bid)
    {
        bids.add(bid);
        System.out.println(bids.size() + " Bids in auction.");
    }

    public boolean isComplete()
    {
        return (bids.size() >= 3);
    }

    public Bid getBestBid()
    {
        Bid bestBid = null;

        Iterator iter = bids.iterator();
        if (iter.hasNext())
            bestBid = (Bid) iter.next();

        while (iter.hasNext()) {
            Bid b = (Bid) iter.next();
            if (b.getPrice() < bestBid.getPrice()) {
                bestBid = b;
            }
        }
        return bestBid;
    }
}
```

Auction 클래스는 매우 간단하다. Auction 클래스는 Aggregate 인터페이스와 유사한 세 메소드를 제공하지만 클래스의 메소드 서명들은 JMS의 Message 클래스 대신 강형식의 Bid 클래스를 사용한다는 점에서 차이가 있다. 이 예의 완성 조건은 간단하다. 세 개의 입찰bid이 수신될 때까지 기다린다. 참고로 Auction 클래스로부터 수집 전략을 분리한다면, Auction 클래스에 복잡한 로직을 구현하는 일이 조금 더 쉬워질 것이다.

AuctionAggregate 클래스는 Aggregate 인터페이스와 Auction 클래스 사이에서 어댑터Adapter[GoF] 역할을 한다. 어댑터는 한 클래스의 인터페이스를 다른 인터페이스로 변환하는 클래스다.

```
public class AuctionAggregate implements Aggregate {
    static String PROP_AUCTIONID = "AuctionID";
    static String ITEMID = "ItemID";
    static String VENDOR = "Vendor";
    static String PRICE = "Price";

    private Session session;
    private Auction auction;

    public AuctionAggregate(Session session)
    {
        this.session = session;
        auction = new Auction();
    }

    public void addMessage(Message message) {
        Bid bid = null;
        if (message instanceof MapMessage) {
            try {
                MapMessage mapmsg = (MapMessage)message;
                String auctionID = mapmsg.getStringProperty(PROP_AUCTIONID);
                String itemID = mapmsg.getString(ITEMID);
                String vendor = mapmsg.getString(VENDOR);
                double price = mapmsg.getDouble(PRICE);
                bid = new Bid(auctionID, itemID, vendor, price);
                auction.addBid(bid);
            } catch (JMSException e) {
                System.out.println(e.getMessage());
            }
        }
    }

    public boolean isComplete()
    {
        return auction.isComplete();
    }

    public Message getResultMessage() {
        Bid bid = auction.getBestBid();
        try {
            MapMessage msg = session.createMapMessage();
            msg.setStringProperty(PROP_AUCTIONID, bid.getCorrelationID());
            msg.setString(ITEMID, bid.getItemID());
            msg.setString(VENDOR, bid.getVendorName());
            msg.setDouble(PRICE, bid.getPrice());
            return msg;
```

```
    } catch (JMSException e) {
        System.out.println("Could not create message: " + e.getMessage());
        return null;
    }
  }
}
```

다음 시퀀스 다이어그램은 클래스들 사이 상호작용을 요약한다.

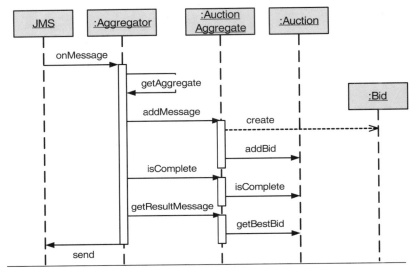

경매 수집기 시퀀스 다이어그램

이 예는 경매 아이디(Auction ID)를 유일하다고 가정한다. 그러므로 경매 목록을 청소하지 않는다. 즉, 경매 목록은 계속 커진다. 그러나 실제 애플리케이션에서는 이전 경매 기록들을 적절히 제거해 메모리 누수를 방지해야 한다.

이 코드 예는 JMS Destination을 사용하므로 JMS Topic이나 Queue를 모두 사용할 수 있다. 운영 환경의 애플리케이션은 (JMS의 Queue에 해당하는) 포인트 투 포인트 채널(p161)을 주로 사용할 것이다. 입찰을 수신하는 단일 수신자가 바로 수집기이기 때문이다. 게시 구독 채널(p164)에서 설명한 것처럼 토픽은 테스트와 디버깅에 사용된다. 메시지 흐름에 영향을 주지 않고 토픽에 리스너를 추가하기는 매우 쉽다. 메시징 애플리케이션의 디버깅에서 참여자들 사이에 교환되는 메시지를 추적하는 별도의 리스너는 매우 유용하게 활용된다. 일반적으로 JMS 구현체들은 토픽 이름에 와일드카드를 사용할 수 있다. 그러므로 *와 같은 와일드카드를 사용하면 모든 토픽을 구독하는 리스너를 만들 수 있다. 토픽을 통과하는 모든 메시지를 표시하고 이후 분석을 위해 파일에 기록하는 리스너는 아주 쓸모 있는 도구다.

리시퀀서(Resequencer)

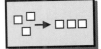

메시지 라우터(p136)는 메시지 내용이나 다른 기준에 따라 채널에서 채널로 메시지를 라우팅한다. *메시지 라우터*(p136)로 인해 메시지들이 서로 다른 경로로 전송될 수 있으므로 메시지들은 시간적으로 서로 다른 처리 단계를 거치게 될 수 있고, 결과적으로 순서가 뒤바뀔 수 있다. 그러나 일부 후속 처리 단계들에서는, 예를 들어 참조무결성을 유지하려면, 메시지들을 순차 처리해야 한다.

순서가 뒤바뀐 메시지들의 순서를 바로 잡으려면 어떻게 해야 할까?

순서 뒤바뀜 문제의 분명한 해결책으로는 첫째, 메시지 순서 유지가 있다. 메시지들의 순서를 유지하기가 순서를 바로잡기보다 사실 훨씬 더 쉽다. 이런 이유로 많은 대학 도서관은 이용자가 알아서 책을 (이미 정렬된) 책장에 꽂지 못하게 한다. 이렇게 꽂아 넣는 과정을 제어하면 어느 시점에서는 올바른 순서를 (거의) 보장받을 수 있다. 그러나 비동기 메시징 솔루션을 다루면서 메시지들의 순서를 유지하는 일이, 십대 소녀에게 정돈된 방을 유지하는 편이 더 효율적이라고 설득하는 일만큼이나 어렵다.

일반적으로 메시지들은 서로 다른 처리 경로를 지나면서 순서가 뒤바뀌게 된다. 간단한 예로 우리가 번호를 매긴 메시지들을 다룬다고 가정해 보자. 그런데 이 상황에서 모든 짝수 메시지들이 특별한 변환을 거치는 동안에 모든 홀수 메시지들은 변환 없이 바로 지나간다면, 짝수 메시지들이 변환을 대기하는 동안 홀수 메시지들은 즉시 결과 채널에 나타날 것이다. 변환이 매우 느린 경우 출력 채널에는 짝수 메시지가 나타나기도 전에 모든 홀수 메시지들이 나타날 수도 있다. 이 경우 메시지들의 순서는 완전히 뒤바뀌게 된다(다음 그림 참조).

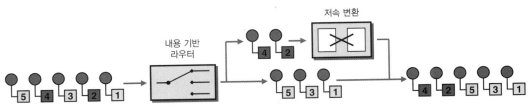

순서가 뒤바뀌는 메시지들

순서가 뒤바뀌지 않게 메시지를 받는 일을 피하기 위해, 한 번에 하나의 메시지만 시스템을 거쳐 전달되게 하는 동시에 이 메시지가 처리된 다음에야 다음 메시지를 전송하게 하는, 되돌림loop-back 메커니즘을 도입할 수도 있다. 그러나 이 보수적인 접근 방법으로 문제가 해결되기는 하지만 중요한 단점이 있다. 첫째, 이 방법은 시스템을 상당히 느리게 할 수 있다. 병렬 처리 작업이 많은 경우 이 방법은 컴퓨터의 처리 능력을 심각하게 이용하지 못하게 한다. 사실 병렬 처리를 사용하는 목적은 성능을 향상시키기 위해서인데, 한 번에 메시지 트래픽을 하나만 발생하게 하면 이 목적에서 완전히 벗어나게 된다. 둘째, 이 방법은 메시지를 처리 작업으로 전송하게 하는 제어 기능을 필요로 한다. 일반적으로 순서가 뒤바뀐 메시지들을 수신하는 쪽이 메시지의 출처를 제어하기란 쉽지 않다.

수집기(p330)는 연속되는 메시지들을 수신하고, 관련된 메시지를 확인하고, 수집 전략에 기초해서 단일 메시지로 만든다. 이 과정에서 수집기(p330)는 시간과 순서에 상관없이 도착한 개별 메시지들을 처리해야 한다. 수집기(p330)는 결과 메시지를 게시하기 전에 관련 메시지들이 모두 도착할 때까지 메시지를 저장해 이 문제를 해결한다.

상태 저장 필터인 리시퀀서(Resequencer)를 사용한다. 리시퀀서는 메시지를 수집하고 지정된 순서대로 메시지 순서를 재정렬해 출력 채널에 게시한다.

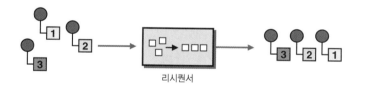

리시퀀서

리시퀀서는 순서대로 도착하지 않는 메시지 스트림을 수신할 수 있다. 리시퀀서는 완벽한 순서를 얻을 때까지 내부 버퍼에 순서가 뒤바뀐 메시지들을 저장한 다음 출력 채널에 올바른 순서로 메시지들을 게시한다. 출력 채널도 메시지들의 순서를 보장해서 다음 컴포넌트가 계속해서 올바른 순서의 메시지들을 수신할 수 있게 해야 한다. 대부분의 라우터와 마찬가지로 리시퀀서도 메시지 내용은 수정하지 않는다.

일련번호

리시퀀서가 제대로 동작하려면 각 메시지에 고유한 일련번호sequence number가 있어야 한다(*메시지 순서*(p230) 참조). 일련번호는 메시지 식별자나 *상관관계 식별자*(p223)와 다르다. 메시지 식별자는 각 메시지를 고유하게 식별하는 특별한 속성이고 일반적으로 비교되지 않으며 기본적으로 임의 값이거나 심지어 숫자가 아닌 경우도 있다. 일반적으로 메시지 식별자가 숫자라 하더라도 기존 메시지 식별자 요소에 일련번호 의미를 덧붙인다는 생각은 좋지 않다. *상관관계 식별자*(p223)는 수신 메시지와 원래 요청 메시지의 일치 여부를 확인할 수 있게 설계됐다(*요청 응답*(p214) 참조). *상관관계 식별자*(p223)의 유일한 요구 사항은 고유성이며 숫자일 필요도 없고 순서를 따를 필요도 없다. 그러므로 연속되는 메시지들의 순서를 보존해야 할 경우 각 메시지의 순서 위치를 추적하기 위한 별도의 필드를 정의해야 한다. 일반적으로 이 필드는 메시지 헤더에 정의된다.

일련번호 생성 소요 시간이 고유 식별자 생성 소요 시간보다 더 걸릴 수 있다. 종종 고유 식별자는 고유 위치 정보(예: NIC의 MAC 주소)와 현재 시간을 결합해 분산 방식으로 생성한다. 대부분의 GUID^{globally unique identifier} 생성 알고리즘이 이런 식으로 동작한다. 일반적으로 일련번호 생성에는 시스템들에 일련번호를 할당해 주는 카운터 서비스가 필요하다. 대부분의 경우 카운터는 오름차순만으로는 부족하고 연속성도 보장해야 한다. 그렇지 않으면 누락된 메시지를 식별하기 어려울 수 있기 때문이다. 이런 제약들에 주의하지 않은 경우 일련번호 생성기는 쉽게 메시지 흐름에 병목이 될 수 있다. *분할기*(p320)가 개별 메시지를 만드는 경우 *분할기*(p320)에 번호 생성을 통합하는 것이 가장 좋다. 식별 필드 패턴^{Identity Field pattern}[EAA]은 키와 일련번호를 생성하는 방법에 대한 유용한 내용을 포함한다.

내부 동작

리시퀀서는 일련번호를 사용해 수신 메시지들의 순서 뒤바뀜을 검사한다. 그럼 순서가 뒤바뀐 메시지들을 수신한 리시퀀서는 어떤 일을 해야 하는가? 메시지 순서가 뒤바뀌었다는 것은 일련번호가 높은 메시지가 일련번호가 낮은 메시지보다 먼저 도착했다는 것을 의미한다. 리시퀀서는 일련번호가 낮은 모든 '누락' 메시지들을 수신할 때까지 일련번호가 높은 메시지를 저장한다. 그리고 리시퀀서는 계속해서 순서가 뒤바뀐 메시지를 수신하고 저장한다. 리시퀀서 버퍼에 연속된 순서의 메시지들이 포함되면 리시퀀서는 출력 채널로 연속된 메시지들을 전송하고 전송된 메시지들을 버퍼에서 제거한다(그림 참조).

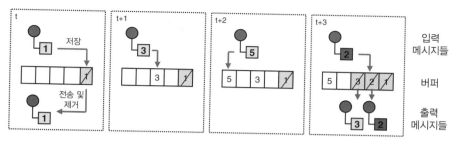

리시퀀서의 내부 동작

이 예에서 리시퀀서는 일련번호 1, 3, 5, 2의 메시지들을 수신한다. 우리는 일련번호를 1부터 시작한다고 가정하므로 첫 번째 메시지는 바로 전송하고 버퍼에서 제거한다. 다음 메시지는 일련번호가 3이므로 메시지 2가 누락됐다. 그러므로 메시지들이 올바른 순서를 가질 때까지 메시지 3을 저장한다. 일련번호가 5인 다음 메시지도 동일한 작업을 수행한다. 리시퀀서가 메시지 2를 수신하면, 버퍼는 메시지 2와 3의 올바른 순서를 포함하게 된다. 따라서 리시퀀서는 이 두 메시지를 게시하고 버퍼에서 제거한다. 메시지 5는 순서의 '틈'이 사라질 때까지 버퍼에 남는다.

버퍼 용량 초과 방지

버퍼 크기는 어느 정도로 해야 할까? 많은 메시지 스트림을 처리해야 하는 경우 버퍼는 다소 커야 한다. 더 나쁜 경우로 특정 메시지 형식을 다루는 처리 단위들이 여럿 있다고 가정해 보자. 이 경우 처리 단위들 중 한 처리 단위가 실패하면 순서가 뒤바뀐 메시지 스트림이 만들어지고 버퍼 용량은 초과된다. 경우에 따라 대기 중인 메시지를 메시지 큐로 옮길 수 있을 것이다. 그러나 이 방법도 메시징 인프라가 가장 오래된 메시지를 먼저 읽지 않고 선택 기준에 따라 큐에서 메시지를 읽을 수 있는 경우만 가능하다. 그러려면 큐를 폴링해 그 사이 모든 메시지는 소비하지 않은 상태이고 첫 번째 누락 메시지는 아직 수신되지 않았다는 것도 확인할 수 있어야 한다. 그렇다 치더라도 심지어 어느 시점에서는 메시지 큐에 할당된 저장 공간도 용량 초과가 될 수 있다.

버퍼 용량 초과를 방지하는 한 가지 강력한 방법은 활성 여부를 알려 메시지 생산자를 조절하는 것이다(그림 참조).

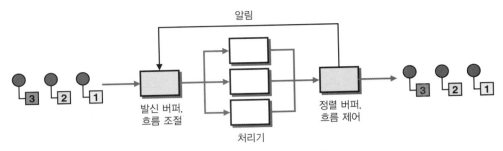

활성 알림을 이용한 버퍼 용량 초과 방지

앞서 설명한 바와 같이 메시지를 한 번에 하나씩 전송하면 매우 비효율적이다. 우리는 조금 더 똑똑해져야 한다. 리시퀀서가 메시지 생산자에게 현재 남아있는 버퍼의 슬롯 양을 알리는 편이 더 효율적이다. 그러면 메시지 흐름 조절기^{throttle}가 순서가 뒤바뀐 많은 메시지를 발사해도 리시퀀서는 메시지들을 모두 버퍼에 담아 순서를 다시 정렬할 수 있게 된다. 이 방법은 효율성과 버퍼 용량 사이에 좋은 타협점을 제공한다. 그러나 이 방법을 사용하려면, 정렬은 됐지만 발신되기 전 상태로 있는 원래 메시지 스트림에 접근해, 발신 버퍼와 흐름 조절기를 삽입할 수 있어야 한다.

이 접근 방법은 TCP/IP 네트워크 프로토콜이 작동하는 방식과 거의 비슷하다. TCP 프로토콜의 주요 기능 중 하나가 네트워크상에 있는 패킷들의 전송 순서를 보장하는 것이다. 실제로 각 TCP 패킷이 여러 네트워크 경로를 거쳐 전달될 수 있으므로 패킷의 순서가 자주 뒤바뀐다. TCP 패킷 수신자는 슬라이딩 윈도우로 사용되는 원형 버퍼를 유지한다. 수신자와 발신자는 각자 수신 확인^{acknowledgment} 전에 전송 패킷의 수를 협상한다. 발신자는 수신자로부터 수신 확인을 기다리기 때문에 아무리 빠른 발신자라도 수신자를 앞설 수 없고 버퍼 용량 초과를 일으킬 수도 없다. TCP 프로토콜에서는 필요한 경우 소위 비정상 윈도 증후군^{Silly Window Syndrome}이라 불리는 문제를 예방하기 위해 발신자와 수신자는 매우 비효율적인 상태인, 한 번에 한 패킷 모드^{one-packet-at-a-time mode}로 진입한다[Stevens].

버퍼 용량 초과 문제에 대한 또 다른 해결책으로는 누락된 메시지를 대신하는 메시지를 계산하는 방법이 있다. 이 방법은 수신자가 '충분히 좋은' 메시지 데이터에 대해 관대하고 각 메시지에 대해 정확한 데이터를 요구하지 않는 경우 또는 속도가 정확성보다 더 중요한 경우에 적용할 수 있다. 예를 들어 VoIP^{Voice over IP} 전송에서 패킷이 손실됐을 때, 손실된 패킷을 재요청하기보다는 빈 패킷으로 채우는 편이 더 나은

사용자 경험을 제공한다. 손실 패킷의 재요청은 때때로 음성 스트림의 현저한 지연
을 발생시키기 때문이다.

일반적으로 애플리케이션 개발자들은 신뢰할 수 있는 네트워크 통신을 당연하다
고 생각한다. 메시징 솔루션을 설계할 때 TCP의 내부 구조를 어느 정도 알면 실제로
도움이 된다. TCP의 핵심인 IP 트래픽이 비동기적이고 신뢰할 수 없으므로, 기업 통
합이 해결해야 하는 문제들과 비슷한 문제들을 많이 다루기 때문이다. IP 프로토콜에
대한 완벽한 설명은 [Stevens]와 [Wright]를 참조한다.

예 마이크로소프트 닷넷과 MSMQ로 구현한 리시퀀서

실제 시나리오로써 리시퀀서의 기능을 시연하려면 다음과 같은 구성을 사용한다.

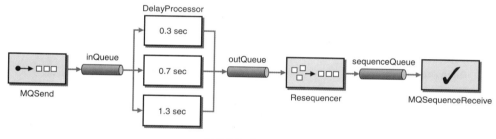

리시퀀서 테스트 구성

테스트 구성은 네 개의 주요 C# 클래스 컴포넌트들로 구성된다. 컴포넌트들은 윈
도우-2000과 윈도우-XP의 메시지 큐 서비스가 제공하는 MSMQ 메시지 큐를 사용해
통신한다.

1. MQSend 클래스는 *테스트 메시지*(p124) 생성기 역할을 한다. 메시지 본문에는
   간단한 텍스트 문자열이 포함된다. 또 MQSend 클래스는 메시지의 AppSpecific
   속성에 일련번호를 설정한다. 메시지 일련번호는 1부터 시작하고 명령 창에서
   도 입력할 수 있다. MQSend 클래스는 inQueue에 메시지를 게시한다.

2. DelayProcessor 클래스는 inQueue에서 메시지를 읽는다. 유일하게 '처리하
   는 일'은 메시지를 일정 시간 동안 지연시킨 후 outQueue에 다시 게시하는 것
   이다. 부하 분산 처리를 시뮬레이션하기 위해 병렬로 세 개의 DelayProcessor
   객체를 사용한다. 처리기들은 *경쟁 소비자*(p644)들로 메시지는 정확히 하나의

처리기에서 소비된다. 처리기들은 outQueue에 메시지를 게시한다. 처리기마다 처리 속도가 다르기 때문에, outQueue의 메시지들은 순서가 뒤바뀌게 된다.

3. Resequencer 클래스는 순서가 뒤바뀐 메시지들을 버퍼링하고 sequenceQueue 에 올바른 순서로 메시지들을 다시 게시한다.

4. MQSequenceReceive 클래스는 sequenceQueue에서 메시지를 읽고 AppSpecific 속성의 일련번호 값이 오름차순인지 확인한다.

모든 컴포넌트가 동작하면 다음 그림과 같은 디버그 출력을 보게 된다. DelayProcessor들의 서로 다른 동작 속도가 DelayProcessor 출력 창들에 나타난 다. 예상대로 Resequencer에 도착한 메시지들은 순서가 뒤바뀌어 있다. (그림에서 메시지들은 3, 4, 1, 5, 7, 2, .. 순서로 도착했다). Resequencer의 출력 화면은 순서가 뒤바뀐 메시지들을 Resequencer가 버퍼링한 것을 보여준다. 누락된 메시지가 도착하면 Resequencer는 올바른 순서로 완성된 메시지들을 즉시 게시한다.

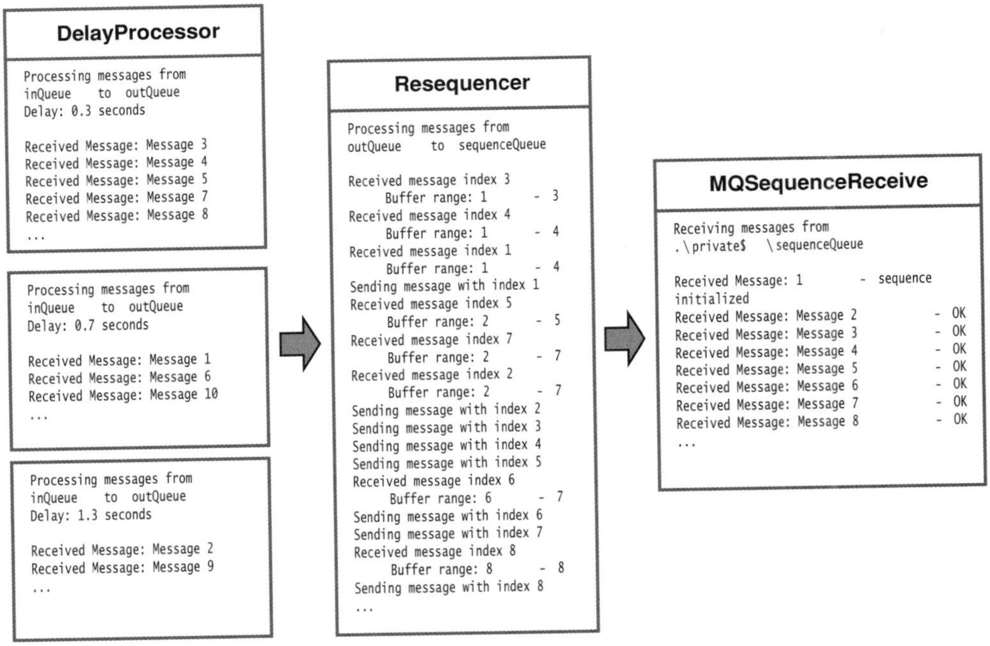

```
DelayProcessor

Processing messages from
inQueue    to  outQueue
Delay: 0.3 seconds

Received Message: Message 3
Received Message: Message 4
Received Message: Message 5
Received Message: Message 7
Received Message: Message 8
...


Processing messages from
inQueue    to  outQueue
Delay: 0.7 seconds

Received Message: Message 1
Received Message: Message 6
Received Message: Message 10
...


Processing messages from
inQueue    to  outQueue
Delay: 1.3 seconds

Received Message: Message 2
Received Message: Message 9
...
```

```
Resequencer

Processing messages from
outQueue    to  sequenceQueue

Received message index 3
     Buffer range: 1    - 3
Received message index 4
     Buffer range: 1    - 4
Received message index 1
     Buffer range: 1    - 4
Sending message with index 1
Received message index 5
     Buffer range: 2    - 5
Received message index 7
     Buffer range: 2    - 7
Received message index 2
     Buffer range: 2    - 7
Sending message with index 2
Sending message with index 3
Sending message with index 4
Sending message with index 5
Received message index 6
     Buffer range: 6    - 7
Sending message with index 6
Sending message with index 7
Received message index 8
     Buffer range: 8    - 8
Sending message with index 8
...
```

```
MQSequenceReceive

Receiving messages from
.\private$  \sequenceQueue

Received Message: 1      - sequence
initialized
Received Message: Message 2    - OK
Received Message: Message 3    - OK
Received Message: Message 4    - OK
Received Message: Message 5    - OK
Received Message: Message 6    - OK
Received Message: Message 7    - OK
Received Message: Message 8    - OK
...
```

테스트 컴포넌트들의 출력

테스트 구성을 보면 DelayProcessor와 *Resequencer*에는 몇 가지 공통점이 있다. 둘 다 입력 큐에서 메시지를 읽고 출력 큐에 메시지를 게시한다. 이 둘은 메시지의 실제 처리 부분에서만 차이가 난다. 따라서 이 필터의 포괄적인 기본 기능을 공통 기본 클래스로 캡슐화했다(*파이프 필터*(p128) 참조). 이 공통 기본 클래스는 큐 생성과 비동기 수신, 처리, 메시지 발신 등을 위한 편의 메소드들과 템플릿 메소드들을 정의한다. 우리는 이 기본 클래스를 Processor 클래스로 부른다(그림 참조).

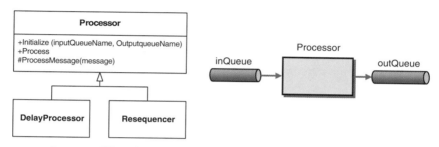

Processor 공통 클래스를 상속한 DelayProcessor 클래스와 Resequencer 클래스

Processor 클래스는 메시지를 입력 큐에서 출력 큐로 복사하기만 한다. Resequencer 클래스는 ProcessMessage 메소드의 기본 구현을 재정의한다. Resequencer 클래스의 ProcessMessage 메소드는 Hashtable로 구현된 버퍼에 수신 메시지를 추가한다. 버퍼는 메시지의 AppSpecific 속성에 저장된 일련번호를 키로 사용한다. 일단 새 메시지가 추가되면 SendConsecutiveMessages 메소드는 버퍼에서 다음 미처리 일련번호로 시작하는 메시지들을 확인해 해당되는 메시지들을 전송하고 전송된 메시지들을 버퍼에서 제거한다.

Resequencer.cs

```
using System;
using System.Messaging;
using System.Collections;
using MsgProcessor;

namespace Resequencer
{
    class Resequencer : Processor
    {
        private int startIndex = 1;
        private IDictionary buffer = (IDictionary)(new Hashtable());
        private int endIndex = -1;
```

```csharp
public Resequencer(MessageQueue inputQueue, MessageQueue outputQueue)
                : base (inputQueue, outputQueue) {}

protected override void ProcessMessage(Message m)
{
    AddToBuffer(m);
    SendConsecutiveMessages();
}

private void AddToBuffer(Message m)
{
    Int32 msgIndex = m.AppSpecific;
    Console.WriteLine("Received message index {0}", msgIndex);
    if (msgIndex < startIndex)
    {
        Console.WriteLine("Out of range message index! Current start is: {0}",
                        startIndex);
    }
    else
    {
        buffer.Add(msgIndex, m);
        if (msgIndex > endIndex)
            endIndex = msgIndex;
    }
    Console.WriteLine(" Buffer range: {0} - {1}", startIndex, endIndex);
}

private void SendConsecutiveMessages()
{
    while (buffer.Contains(startIndex))
    {
        Message m = (Message)(buffer[startIndex]);
        Console.WriteLine("Sending message with index {0}", startIndex);
        outputQueue.Send(m);
        buffer.Remove(startIndex);
        startIndex++;
    }
}
    }
}
```

보는 바와 같이 *Resequencer* 클래스는 메시지 일련번호가 1로 시작한다고 가정한다. 이 가정은 메시지 생산자도 일련번호를 1에서 시작하고 메시지 생산자와 Resequencer가 실행되는 동안 순서를 동일하게 유지하는 경우에 잘 작동한다.

Resequencer를 조금 더 융통성 있게 만들려면 메시지 생산자는 첫 번째 메시지를 전송하기 전에 Resequencer와 시작 일련번호를 협상하게 해야 한다. 이 과정은 TCP 프로토콜의 접속 절차 중에 교환되는 SYN 메시지들과 유사하다([Stevens] 참조).

현재 구현은 버퍼 용량 초과에 대한 대비가 없다. 이 코드는 DelayProcessor가 중단되거나 오작동해서 메시지를 먹어버리게 되면 *Resequencer*는 버퍼 용량 초과가 발생할 때까지 누락된 메시지를 무한정 기다린다. 그러므로 대용량 시나리오에서는 메시지와 Resequencer는 Resequencer 버퍼가 수용할 수 있는 최대 메시지 수를 설정하는 윈도 크기^{window size}를 협상해야 한다. 버퍼가 가득 차면 오류 핸들러는 누락된 메시지를 처리해야 한다. 이 경우 메시지 생산자가 메시지를 재전송하거나 리시퀀서가 '더미' 메시지를 끼워 넣는다.

Processor 기본 클래스는 상대적으로 간단하다. BeginReceive와 EndReceive 메소드를 사용해 메시지들을 비동기적으로 처리한다. 비동기 처리 메소드들은 마지막에 BeginReceive 메소드를 호출해야 하는데, Processor 클래스는 이 단계를 포함하는 템플릿 메소드를 제공한다. 그러므로 서브클래스는 비동기 처리에 대한 걱정 없이 ProcessMessage 메소드를 재정의하면 된다.

Processor.cs

```
using System;
using System.Messaging;
using System.Threading;

namespace MsgProcessor
{
    public class Processor
    {
        protected MessageQueue inputQueue;
        protected MessageQueue outputQueue;

        public Processor (MessageQueue inputQueue, MessageQueue outputQueue)
        {
            this.inputQueue = inputQueue;
            this.outputQueue = outputQueue;
            inputQueue.Formatter = new System.Messaging.XmlMessageFormatter
                                (new String[] {"System.String,mscorlib"});
            inputQueue.MessageReadPropertyFilter.ClearAll();
            inputQueue.MessageReadPropertyFilter.AppSpecific = true;
            inputQueue.MessageReadPropertyFilter.Body = true;
```

```
        inputQueue.MessageReadPropertyFilter.CorrelationId = true;
        inputQueue.MessageReadPropertyFilter.Id = true;
        Console.WriteLine("Processing messages from " + inputQueue.Path +
                          " to " + outputQueue.Path);
    }

    public void Process()
    {
        inputQueue.ReceiveCompleted += new
            ReceiveCompletedEventHandler(OnReceiveCompleted);
        inputQueue.BeginReceive();
    }

    private void OnReceiveCompleted(Object source,
                                    ReceiveCompletedEventArgs asyncResult)
    {
        MessageQueue mq = (MessageQueue)source;

        Message m = mq.EndReceive(asyncResult.AsyncResult);
        m.Formatter = new System.Messaging.XmlMessageFormatter
                        (new String[] {"System.String,mscorlib"});

        ProcessMessage(m);

        mq.BeginReceive();
    }

    protected virtual void ProcessMessage(Message m)
    {
        string body = (string)m.Body;
        Console.WriteLine("Received Message: " + body);
        outputQueue.Send(m);
    }
  }
}
```

복합 메시지 처리기(Composed Message Processor)

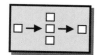

내용 기반 라우터(p291)와 *분할기*(p320) 패턴에서 봤던 예는 물품들을 포함한 주문을 처리한다. 그리고 각 물품은 해당 재고 시스템에서 재고를 확인한다. 우리는 모든 물품이 확인된 후 다음 처리 단계로 검증된 주문 메시지를 전달하고 싶다.

> 서로 다른 처리를 요구하는 여러 요소를 포함한 메시지를 처리하면서도, 전체 메시지 흐름을 유지하려면 어떻게 해야 할까?

이 문제는 우리가 이미 정의한 패턴들의 일부를 포함한다. *분할기*(p320)는 하나의 메시지를 여러 부분으로 분할한다. *내용 기반 라우터*(p291)는 메시지의 내용이나 형식에 따라 메시지들을 올바른 처리 단계로 라우팅한다. 이 두 패턴을 *파이프 필터*(p128) 아키텍처 스타일로 묶으면, 메시지 안의 물품들을 적절한 처리 단계로 라우팅할 수 있다.

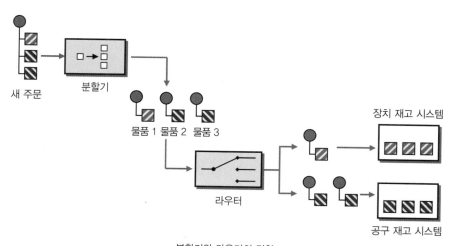

분할기와 라우터의 결합

우리의 예에서 각 물품 주문은 재고 확인을 위해 적절한 재고 시스템으로 라우팅된다. 재고 시스템은 서로 분리되어 있고, 각 재고 시스템은 처리할 수 있는 물품만 수신한다.

지금까지는 주문한 물품들에 대해 재고와 배송 가능 여부를 판단할 수 없었고, 모든 물품의 가격을 검색해야 (대량 주문 할인을 고려한) 전체 물품들의 가격을 하나의 청구서로 조립할 수 있었고, 단일 메시지가 많은 하부 메시지들로 나눠졌더라도 주문은 여전히 단일 메시지인 것처럼 처리해야 했다.

이 문제에 대한 접근 방법으로, 통과하는 새 주문 메시지를 별도의 주문들로 재조립하는 특별한 재고 시스템을 사용할 수 있다. 이 지점부터 분리된 별도의 주문들은 각각 다시 독립된 주문으로 처리된다. 즉, 각 정제된 주문들에 대해 독립적인 물품 배송과 독립적인 청구서 발송을 수행한다. 하부 처리에 대한 제어가 어려운 곳에서 이 방법은 유일한 해결책이 된다. 예를 들어 아마존^{Amazon}이 판매하는 많은 상품이 이 접근 방법을 따른다. 주문들은 다른 주문 처리 업체로 라우팅되고 그곳에서 관리된다.

그러나 이 방법은 최상의 고객 경험을 제공하지 못한다. 고객은 한 번의 주문으로 여러 물품과 여러 청구서를 받을 수 있다. 이 경우 반품이나 분쟁 해결도 골치 아파진다. 책을 주문하는 정도는 별문제 없겠지만 개별 주문 물품들이 서로에 의존하는 경우 문제가 된다. 주문이 선반을 구성하는 물품들이라고 가정해 보자. 그런데 가구 부속을 담은 거대한 상자를 몇 개나 받았는데도 정작 조립에 필요한 일부 부속은 아직 받지 못했고 나중에 도착할 것이라고 한다면 고객은 기분이 좋을 리 없을 것이다.

비동기적 특성을 가진 메시징 시스템은 동기 메소드 호출보다 분산 작업을 더 복잡하게 만든다. 그러기에 우리는 개별 물품 주문을 보내고 응답이 돌아오면 다음 물품을 확인하는 방법을 사용할 수도 있다. 그러나 이 방법은 순간 순간의 의존은 단순화하지만 시스템을 매우 비효율적으로 만든다. 우리는 각 시스템이 동시에 주문을 처리할 수 있다는 사실을 활용하고 싶다.

▼

복합 메시지를 처리하는 복합 메시지 처리기(Composed Message Processor)를 사용한다. 복합 메시지 처리기는 메시지를 분할하고, 분할된 메시지들을 적절한 목적지로 라우팅하고, 수신된 응답들을 재수집해 하나의 메시지로 만든다.

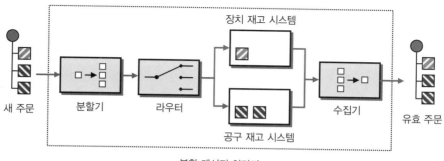

복합 메시지 처리기

복합 메시지 처리기는 재고 시스템들로 전달된 요청들을 묶기 위해 *수집기*(p330)를 사용한다. 각 재고 시스템은 지정된 물품의 재고 상태를 담은 응답 메시지를 *수집기*(p330)로 전송한다. *수집기*(p330)는 수신한 응답들을 미리 정의된 알고리즘에 따라 수집한다.

모든 하부 메시지들은 하나의 메시지에서 만들어졌으므로, *수집기*(p330)가 더욱 효율적인 수집 전략을 정의할 수 있게, 하부 메시지들의 수와 같은 추가 정보를 *수집기*(p330)에 전달할 수 있다. 그렇더라도 여전히 복합 메시지 처리기는 누락 또는 지연 메시지로 인한 문제를 해결해야 한다. 예를 들어 어떤 재고 시스템을 사용할 수 없는 경우, 이 재고 시스템에 대한 재고 요청은 지연해야 하는가? 아니면 예외 큐로 라우팅해서 사람이 수기로 평가하게 해야 하는가? 응답이 하나 빠진 경우 재고 요청 메시지를 재전송해야 하는가? 이런 득실에 대한 자세한 내용은 *수집기*(p330)를 참조한다.

복합 메시지 처리기 패턴은 일부 개별 패턴들을 하나의 큰 패턴으로 구성하는 방법을 보여준다. 복합 메시지 처리기는 시스템의 나머지 부분에게는 하나의 입력 채널과 하나의 출력 채널을 가진 간단한 필터처럼 보인다. 복합 메시지 처리기는 복잡한 내부 동작을 효과적으로 추상화한다.

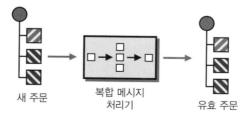

단일 필터로서의 복합 메시지 처리기

분산기 집합기(Scatter—Gather)

지금까지 사용된 주문 처리 예는 주문 시 재고가 없는 물품을 여러 외부 공급 업체 중 한군데로부터 공급받았다. 그런데 공급 업체마다 해당 물품의 재고가 있을 수도 있고 없을 수도 있고, 가격이 다를 수도 있고, 납품 기일이 다를 수도 있다. 이 경우 주문 처리를 위한 최선의 방법은 모든 공급 업체들에 물품에 대한 견적을 요청하고 최단기간에 공급해 줄 수 있는 업체를 결정하는 것이다.

> 수신자들 각각에게 메시지를 발신하고 수신해야 하는 경우, 전체 메시지 흐름은 어떻게 관리할까?

이 문제를 해결하려면 메시지 수신자를 유연하게 결정할 수 있어야 한다. 즉, 중앙에서 공급자 목록을 결정하거나 관심 업체가 입찰에 참여할 수 있게 해야 한다. 이 경우 수신자에게 대한 통제가 거의 불가능하므로 일부 수신자로부터만 응답을 수신할 수도 있다. 입찰 규칙의 변경 같은 변경들이 해결책의 구조에 영향을 주어서도 안 된다.

이 해결책은 이후 처리 컴포넌트들에 수신자들의 수와 정체를 숨겨야 한다. 다시 말해 메시지 분배를 내부적으로 캡슐화해 이후 컴포넌트들이 개별적으로 메시지 경로에 의존하지 않게 해야 한다.

또 이후 메시지들의 흐름도 조정해야 한다. 가장 쉬운 해결책은 각 수신자가 한 채널로 응답을 게시하고 이후 컴포넌트들이 메시지들을 알아서 처리하게 하는 것이다. 그런데 이후 컴포넌트들도 메시지를 복수 수신자들에게 전송해야 하는 경우가 있다. 이 경우 라우팅 정보가 없는 컴포넌트들이 메시지를 처리하기는 사실상 불가능하다.

그러므로 라우팅 로직과 수신자와 메시지에 대한 이후 처리를 하나의 논리 컴포넌트로 결합해야 한다.

> 분산기 집합기(Scatter—Gather)를 사용한다. 분산기 집합기는 복수 수신자들에게 메시지를 브로드캐스트하고 되돌아온 응답을 다시 단일 메시지로 수집한다.

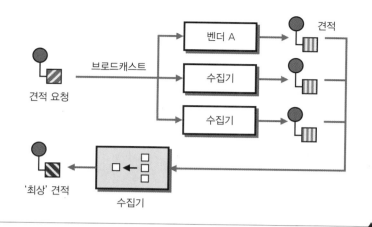

분산기 집합기는 요청 메시지를 수신자들에게 라우팅하고 되돌아온 응답 메시지들을 *수집기*(p330)를 사용해 단일 응답 메시지로 정제한다.

요청 메시지를 수신자들에게 전송하는 분산기 집합기의 메커니즘에는 두 가지 유형이 있다.

1. **배포:** *수신자 목록*(p310)을 통한 배포 *수신자 목록*(p310)은 수신자들을 제어할 수 있게 한다. 이를 위해 분산기 집합기는 수신자들의 채널을 알아야 한다.

2. **경매:** 경매 스타일 분산기 집합기는 *게시 구독 채널*(p164)을 사용해 요청을 관심 수신자들에게 브로드캐스트한다. 이 유형의 분산기 집합기는 수신자들을 제어할 수 없다.

이 해결책은 *복합 메시지 처리기*(p357)와 유사하지만 *분할기*(p320) 대신 *게시 구독 채널*(p164)을 사용해 모든 관심 수신자들에게 메시지를 브로드캐스트한다. 그리고 *반환 주소*(p219)를 추가해 모든 응답이 단일 채널을 거쳐 처리될 수 있게 한다. *복합 메시지 처리기*(p357)처럼 분산기 집합기도 정의된 비즈니스 규칙을 기반으로 응답을 수집한다. 우리의 예에서 *수집기*(p330)는 주문을 처리할 수 있는 공급 업체들로부터 최상의 입찰가를 수집한다. 그러나 분산기 집합기의 응답 수집이 *복합 메시지 처리기*(p357)보다 더 어려울 수도 있다. 분산기 집합기는 얼마나 많은 참여자가 상호작용에 참여하는지 모를 수도 있기 때문이다.

분산기 집합기와 *복합 메시지 처리기*(p357)는 모두 복수 수신자들에게 단일 메시지를 라우팅하고 *수집기*(p330)를 사용해 개별 응답 메시지들을 하나의 메시지로 수집한다. 복합 메시지 처리기(p357)는 병렬 작업들을 동기화한다. 그러므로 작업마다 처리 시간이 다른 상황에서 현 단계의 작업이 완료되지 않으면 다음 단계의 작업은 시작되지 않는다. 이 점은 복합 메시지 처리기(p357)가 분산기 집합기가 제공하는 단순성과 은닉성에 비해 불리한 점이다. 이 두 해결책을 절충하면 계단식cascading 수집기(p330)가 된다. 이 설계를 적용하면 이후 작업은 가능한 결과들의 일부만으로도 처리를 시작할 수 있게 된다.

예 대출 모집인

9장, '사잇장: 복합 메시징'의 대출 모집인 예는 분산기 집합기를 사용해 대출 견적 요청을 은행들에 라우팅하고 수신 응답들에서 최상의 제안을 선택한다. 9장은 수신자 목록(p310)과 게시 구독 채널(p164)도 사용하는데, 이 둘과 관련해서는 'MSMQ를 이용한 비동기 구현'과 '팁코 액티브엔터프라이즈를 이용한 비동기 구현' 예를 참조한다.

예 패턴들의 결합

이제 우리는 장치과 공구 주문 처리 예를 분산기 집합기를 사용해 구현할 수 있다. 우리는 복합 메시지 처리기(p357)와 분산기 집합기를 결합해, 주문을 수신하고, 물품을 개별적으로 배열하고, 각 물품을 입찰하고, 각 물품에 대한 입찰들을 수집해 결합된 입찰 응답을 만든다. 그런 다음 모든 물품에 대한 결합된 입찰 응답들을 완전한 견적으로 수집한다. 이 예는 통합 패턴들을 결합해 완벽한 하나의 해결책을 만드는 매우 실제적인 방법을 보여준다. 개별 패턴을 결합해 더 큰 패턴을 만드는 방법은 더 높은 수준의 추상화된 해결책에 대한 논의다. 이런 수준으로 해결책을 적용한다면, 해결책 내부를 수정하더라도 다른 컴포넌트들에 영향을 주지 않게 된다.

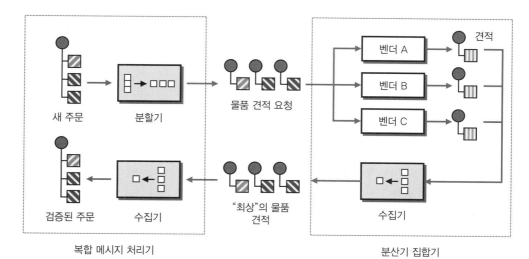

분산기 집합기와 복합 메시지 처리기의 결합

이 예는 *수집기*(p330)의 융통성을 잘 보여준다. 이 해결책은 서로 다른 목적을 가진 두 *수집기*(p330)를 사용한다. 분산기 집합기 안의 *수집기*(p330)는 공급 업체들로부터 최상의 입찰을 선택한다. 이 *수집기*(p330)는, (속도가 가격보다 더 중요할 수 있으므로), 모든 업체로부터의 모든 응답을 요구하지는 않지만, 응답들의 결합에 복잡한 알고리즘을 사용한다. 예를 들어 주문은 100개의 장치를 요구하는데, 가장 낮은 가격의 공급 업체는 60개의 장치만 재고로 가지고 있는 경우, *수집기*(p330)는 이 제안을 수락하고 나머지 40개의 장치는 그 밖의 업체로부터 공급받을지를 결정한다. *복합 메시지 처리기*(p357) 안의 *수집기*(p330)는 앞의 *수집기*(p330)로부터 수신한 모든 응답을 그저 이어 붙일 뿐이지만, 이 *수집기*(p330)도 역시 모든 응답이 수신됐는지 확인해야 하고 누락된 물품 응답과 같은 오류 상황을 처리해야 한다.

회람표(Routing Slip)

지금까지의 라우팅 패턴들은 수신 메시지를 규칙들에 따라 하나 이상의 목적지로 라우팅했다. 그리고 가끔 하나의 컴포넌트가 아닌 연속되는 컴포넌트들에 메시지를 라우팅해야 할 때도 있었다. 예를 들어 연속 처리 단계들과 비즈니스 규칙 검증들을 통과하는 메시지의 처리에 *파이프 필터*(p128) 아키텍처를 사용한다고 가정해 보자. 검증의 성격은 다양하고 외부 시스템(예: 신용 카드 검증)에 따라서도 달라질 수 있으므로 각 검증 단계들도 별도의 필터들이다. 각 필터는 수신 메시지를 검사하고 메시지에 비즈니스 규칙을 적용한다. 규칙에 맞지 않는 메시지는 예외 채널로 라우팅되고 필터 사이의 채널은 메시지가 받아야 할 검증 순서를 결정한다.

이번에는 메시지 검증 집합이 메시지 형식에 의존한다고 가정해 보자. 예를 들어 구매 주문 요청은 신용 카드 검증이 필요 없고, 고객이 VPN을 거쳐 전송한 주문은 복호화와 인증이 필요 없다. 이런 요구를 수용하려면 메시지 형식에 따라 메시지를 필터들에 다른 순서로 라우팅할 수 있는 구성을 찾아야 한다.

결정되지 않은 일련의 처리 단계들로 메시지를 라우팅하려면 어떻게 해야할까?

파이프 필터(p128) 아키텍처 스타일은 연속 처리 단계들을 파이프(채널)로 연결된 독립적인 필터들로 표시하는 멋진 방법을 제공한다. 일반적으로 필터들은 고정된 파이프로 연결한다. 메시지를 다른 필터로 동적으로 라우팅하려면 *메시지 라우터*(p136) 역할을 하는 특별한 필터를 사용하면 된다. 라우터는 메시지를 동적으로 다음 필터로 라우팅한다.

이 문제에 대한 좋은 해결책들은 다음의 주요 요구 사항들은 만족시켜야 한다.

- **메시지 흐름의 효율성**: 메시지는 불필요한 컴포넌트를 피해 필요한 단계만 흘러야 한다.
- **자원 사용의 효율성**: 채널, 라우터, 기타 자원을 지나치게 많이 사용하면 안 된다.

- **유연성**: 메시지가 지나가는 경로의 변경이 쉬워야 한다.

- **유지보수성**: 새로운 형식의 메시지를 지원해야 하는 경우, 한 장소에서 관리해 오류 발생을 최소화해야 한다.

다음 그림은 이 문제에 대한 몇 가지 해결책을 보여준다. 시스템은 세 처리 단계들 (A, B, C)를 제공하고, 현재 메시지는 A와 C단계만 통과해야 한다고 가정해 보자. 이 예에서 메시지의 실제 흐름은 굵은 화살표로 표시된다.

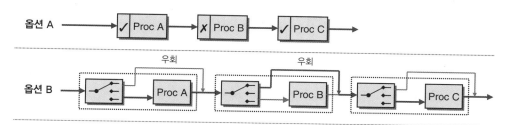

우리는 모든 검증 단계들을 *파이프 필터*(p128) 체인으로 만들고, 단계를 통과하는 메시지의 형식이 해당 단계의 검증이 필요 없는 경우, 해당 단계의 라우터에 메시지 검증을 우회하게 하는 코드를 추가할 수 있다(옵션 A 참조). 이 옵션은 기본적으로 *메시지 필터*(p298)에서 설명한 반응 필터링 방법을 사용한다. 이 해결책은 단순하고 매력적이지만 비즈니스 로직(검증)과 라우팅 로직(검증 여부 결정)이 모두 컴포넌트에 혼합되므로 컴포넌트들을 재사용하기 어렵다. 형식이 다른 메시지들이 순서는 다르지만 유사한 처리 단계를 거쳐야 하는 경우, 이런 내장식 방법은 잘 처리하지 못한다.

관심사의 분리separation of concerns[4]를 개선하고 해결책의 구성력을 높이려면 각 컴포넌트에 있는 '입구' 로직을 *내용 기반 라우터*(p291)로 교체해야 한다. 그러면 우리들은 각 단계 앞에 *내용 기반 라우터*(p291)가 붙는 연속되는 검증 단계들에 다다르게 된다(옵션 B 참조). 메시지가 라우터에 도착하면 라우터는 메시지 형식을 확인해 메시지의 현 검증 단계 요구 여부를 결정한다. 메시지가 검증 단계를 요구하는 경우, 라우터는 검증 단계를 통과하게 메시지를 라우팅한다. 메시지가 검증 단계를 요구하지 않는 경우, 라우터는 검증 단계를 우회해 바로 다음 라우터로 메시지를 라우팅한다. 이 방법은 우회기Detour(p619)와 매우 유사하다. 이 구성은 단계들이 서로 독립적이고

---

4 에츠허르 비버 데이크스트라다(Edsger W. Dijkstra)가 그의 논문(「On the role of scientific thought」 1974)에서 주창한 용어로 여러 개의 관심사가 혼재되어 있을 때 각 관심사를 독립적으로 생각하자는 주장이다. — 옮긴이

각 단계마다 라우팅 결정이 고립된 경우 잘 동작한다. 반면, 메시지가 단지 몇 개의 검증 단계만 필요하더라도 메시지를 연속되는 긴 라우터들로 라우팅해야 한다는 단점이 있다. 사실 메시지는 가능한 컴포넌트들의 두 배 수에 해당되는 채널들로 전송된다. 그러므로 간단한 기능일지라도 컴포넌트가 많아지면 많은 메시지 흐름을 발생시킬 것이다. 또 라우팅 로직이 많은 필터에 분산되어 메시지가 실제 통과하는 검증 단계들을 파악하기가 어렵다. 마찬가지로 새 형식의 메시지가 추가되면 모든 라우터를 갱신해야 한다. 마지막으로 이 옵션에도, 미리 정의된 순서대로 메시지의 실행 단계들이 묶인다는 점에서 옵션 A와 같은 한계가 있다.

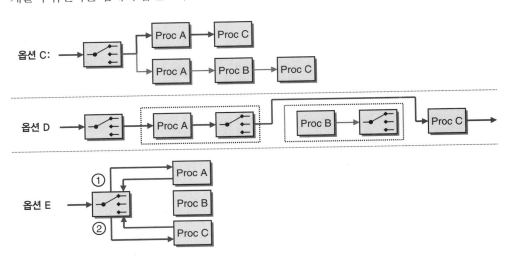

제어 지점을 중앙에 두려면 *내용 기반 라우터*(p291)를 전방에 배치한다. 이와 더불어 각 메시지 형식마다 연속되는 검증 단계들을 포함하는 *파이프 필터*(p128) 체인으로 구성된 해결책을 구상할 수 있다. 이 경우 *내용 기반 라우터*(p291)는 수신 메시지를 메시지 형식에 따라 올바른 검증 체인으로 라우팅한다(옵션 C 참조). 이 방법은 메시지를 (시작 라우터를 포함해) 관련 단계들로만 라우팅한다. 따라서 이 방법은 지금까지 본 방법들 중 가장 효율적인 방법이다. 이 방법은 라우팅 단계를 하나만 더 추가해 원하는 기능을 구현하기 때문이다. 또 이 해결 방법은 메시지 형식별 메시지 경로를 아주 잘 보여준다. 그러나 여기도 검증 규칙들을 검증 체인에 내장해야 한다. 그리고 경우에 따라 동일한 컴포넌트가 하나 이상의 경로에서 여러 인스턴스로 실행될 수 있으므로 불필요한 중복이 발생한다. 또 메시지 형식이 많을 경우 컴포넌트 인스턴스들과 관련 채널들을 많이 유지해야 하므로 유지보수가 어렵게 된다. 요약하면 이 접근 방법은 유지 비용을 감수한다면 매우 효율적인 해결책이다.

검증 단계들의 가능한 모든 조합을 내장시키지 않으려면, 각 검증 단계 사이에 *내용 기반 라우터*(p291)를 삽입한다(옵션 D 참조). 옵션 B에서 설명한 반응 필터링 방법의 문제들을 만나지 않으려면 *내용 기반 라우터*(p291)를 각 단계 전이 아닌 후에 삽입한다. (이 경우도 전방 라우터는 필요하다.) 이 해결책의 라우터들은 메시지를 다음 단계로 무작정 라우팅하는 대신 메시지를 필요한 다음 단계로 직접 전달할 수 있을 정도로 똑똑해야 한다. 개략적으로 보면 이 해결책은, 메시지가 라우터와 필터를 교차하면서 가로지르므로, 반응 필터링 방법과 유사하게 보인다. 그러나 이 해결책의 라우터는 그저 예, 아니오를 결정하는 것 이상으로 불필요한 단계의 제거가 가능한 지능적인 라우터다. 예를 들어 옵션 B의 메시지는 세 라우터를 통과하는 반면, 이 시나리오의 메시지는 두 라우터만 통과한다. 옵션 D는 효율성과 유연성은 제공하지만 중앙 통제 기능은 제공하지 않는다. 다시 말해 라우팅 로직이 독립된 연속되는 라우터들에 분산되므로 관리해야 할 라우터들이 많아진다.

모든 라우터를 하나로 결합한 '슈퍼 라우터'를 사용하면 이 마지막 결점을 해결할 수 있다(옵션 E 참조). 각 검증 단계 후 메시지는 다음 실행 단계를 결정하는 슈퍼 라우터로 다시 라우팅된다. 이 구성은 특정 형식의 메시지를 특정 형식의 메시지를 요구하는 필터로만 라우팅한다. 모든 라우팅 결정을 하나의 라우터로 통합하므로, 슈퍼 라우터는 메시지의 기 처리 단계를 기억하는 메커니즘이 필요하다. 따라서 슈퍼 라우터는 상태 저장이거나 필터마다 메시지에 태그를 첨부해 메시지의 마지막 통과 필터 이름을 슈퍼 라우터에 알려야 한다. 또 검증 단계들은 슈퍼 라우터의 요청 채널과 응답 채널을 관리해야 한다. 결과적으로 이 옵션은 옵션 C보다 약 두 배나 많은 트래픽을 발생시킨다.

▼

처리 순서를 지정하는 회람표(Routing Slip)를 메시지에 첨부하고, 컴포넌트를 감싼 특별한 메시지 라우터는 메시지에서 회람표를 읽어 목록 안의 다음 컴포넌트로 메시지를 라우팅한다.

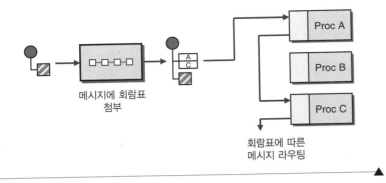

메시지에 회람표
첨부

회람표에 따른
메시지 라우팅

메시지의 처리 단계들을 계산하는 이 특별한 컴포넌트는 과정의 시작 부분에 삽입되어 메시지에 회람표를 첨부하고 메시지를 첫 번째 처리 단계로 라우팅한다. 성공적인 처리 후, 각 처리 단계는 회람표를 보고 라우팅 테이블에 지정된 다음 처리 단계로 메시지를 전달한다.

이 패턴은 모임이나 부서에서 회람용 잡지에 부착한 회람표와 비슷하게 동작한다. 차이점은 회람표 패턴은 연속되는 순회 컴포넌트들을 정의하는 반면 회사에서는 잡지를 읽고 난 후에 목록에 있는 읽지 않은(물론, 상사는 일반적으로 먼저), 다른 사람에게 잡지를 건넨다는 점이다.

회람표 패턴은 (옵션 C의) 고정식의 효율성과 (옵션 E의) 슈퍼 라우터의 중앙 제어를 결합한다. 라우팅 구성은 미리 결정되어 메시지에 첨부되므로 우리는 더 이상 라우팅 결정을 위해 중앙 라우터로 돌아가지 않아도 된다. 각 컴포넌트에는 단순한 라우팅 로직이 추가된다. 이 해결책은 처리 컴포넌트에 라우팅 로직이 내장된다고 가정한다. 옵션 A는 각 컴포넌트에 로직이 하드코딩되므로 이 방법과 다르다. 그럼 회람표 패턴이 더 나은 것인가? 회람표의 라우터는 포괄적이다. 라우팅 로직이 변경되도 라우터는 변경되지 않는다. 컴포넌트에 반영된 라우팅 로직은 반환 주소가 주소 목록에서 선택되는 *반환 주소*(p219) 패턴과 비슷하다. *반환 주소*(p219) 패턴과 마찬가지로 회람표 패턴의 컴포넌트들도 라우팅 로직을 컴포넌트에 내장하지만 컴포넌트의 재사용성과 구성력은 유지된다. 게다가 회람표 패턴은 처리 컴포넌트의 내부 코드를 수정하지 않고도 라우팅 순서를 중앙 장소에서 정할 수 있다.

공짜 점심은 없는 것처럼 회람표에도 일부 한계가 있다. 첫째, 메시지 크기가 약간 증가한다. 대부분의 경우 이것은 문제되지 않지만, 메시지 안에 (완료된 단계의) 처리 상태가 운반되고 있다는 것은 알고 있어야 한다. 이것은 다른 부작용을 일으킬 수 있다. 예를 들어 메시지를 잃어버리는 경우, 메시지 데이터뿐만 아니라 (메시지의 다음 진행 목적지 같은) 처리 데이터도 잃어버리게 된다. 이런 경우 중앙에서 메시지 상태를 유지한다면 보고나 오류 복구를 진행할 수 있다.

회람표의 다른 한계는 진행 중에 메시지 경로가 변경될 수 없다는 점이다. 이것은 메시지 경로가 처리 단계가 생성한 중간 결과에 따라 달라질 수 없다는 것을 의미한다. 그러나 실제 비즈니스에서는 메시지 흐름이 중간 결과에 따라 자주 변경된다. 예를 들어 (재고 시스템이 보고한) 주문 물품의 재고 상태에 따라 물품 주문 메시지는 다른 경로로 진행해야 한다. 이것은 메시지가 통과해야 할 모든 가능한 단계들을 중앙에서 미리 결정할 수 있어야 한다는 것을 의미한다. 이런 점에서 회람표는 *내용 기반 라우터*(p291)와 비슷하게 취약하다.

기존 애플리케이션과 회람표

회람표는 개별 컴포넌트에 라우터 로직을 추가할 수 있어야 적용이 가능한 패턴이다. 그런데 우리가 기존 애플리케이션이나 패키지 애플리케이션을 사용하는 경우 컴포넌트에 라우터 로직을 바로 추가하지 못할 수 있다. 이 경우 메시징을 사용해 컴포넌트와 통신하는 외부 라우터가 필요하다. 이것은 필연적으로 사용 채널과 컴포넌트 수를 증가시키지만, 회람표는 여전히 효율성, 유연성, 유지보수성 사이에서 최고의 균형점을 제공한다.

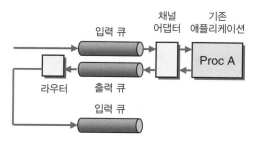

기존 애플리케이션을 포함하는 회람표 구현

회람표의 사용

회람표는 다음과 같은 시나리오에 유용하다.

1. 연속되는 이원 검증 단계. 진행중인 메시지는, 정보를 추가하지 못하므로, 경로를 변경하지 못한다는 한계는 이제 더 이상 문제되지 않는다. 우리는 중앙에서

회람표를 재구성해 연속되는 검증 단계를 유연하게 변경할 수 있다. 각 컴포넌트는 진행을 중단할지 다음 단계로 메시지를 전달할지만 선택한다.

2. 상태 비저장 변환 단계. 예를 들어 다양한 비즈니스 파트너로부터 주문을 받는다고 가정해 보자. 모든 주문을 공통 채널로 수신하지만, 파트너의 포맷이 다양하다. 결과적으로 메시지마다 다른 변환 단계들이 필요하다. 어떤 파트너의 메시지는 복호화가 필요하고, 어떤 파트너의 메시지는 변환을 하거나 메시지에 내용을 첨가해야 한다. 이 경우 회람표를 사용하면 중앙에서 각 파트너에 대한 단계들을 간단하게 재구성할 수 있다.

3. 데이터 수집(*내용 보탬이*(p399) 참조). 경우에 따라 우리는 다른 데이터의 참조 식별자를 포함한 메시지를 수신한다. 예를 들어 우리가 택배 주문을 받는 경우 메시지는 신청자의 집 전화번호만 포함하고 있을 수 있다. 이 경우 고객 이름, 도착지, 배송 거리 등을 결정하려면 외부 자원에 접근해야 한다. 그래야 관련된 모든 데이터를 메시지에 포함시켜 고객에게 배송할 택배 상자를 꾸릴 수 있다. 이 시나리오는 맨 마지막에 결정을 확정하므로 필요한 정보를 수집하기 위해 회람표를 사용할 수 있다. 회람표는 유연성이 장점이다. 회람표의 유연성이 그다지 필요하지 않은 시나리오에서는 *고정식 파이프 필터*(p128) 체인 정도면 충분하다.

회람표를 이용한 간단한 라우터 구현

내용 기반 라우터(p291)는 수신자 정보와 수신자 라우팅 규칙을 결합해야 한다는 단점이 있다. 느슨한 결합 관점에서 보면 중앙 컴포넌트가 다른 컴포넌트에 대한 지식을 보유하는 게 바람직하지 않다. *메시지 필터*(p298)에서 설명한 것처럼 *내용 기반 라우터*(p291)의 대안은 *메시지 필터*(p298)를 포함한 *게시 구독 채널*(p164)이다. 이 해결책은 각 수신자에게 메시지 사본의 처리를 결정하게 하므로 메시지 중복 처리에 대한 위험이 있다. 개별 수신자에게 메시지 처리를 결정하게 하는 또 다른 방법은 [GoF]에서 설명한 책임 연쇄Chain of Responsibility의 역할을 하는 변형된 회람표를 사용하는 것이다. 책임 연쇄는 컴포넌트가 메시지를 수락하거나 목록의 다음 컴포넌트로 메시지를 라우팅하게 한다. 이 패턴은 모든 수신자를 목록으로 사용한다. 그러므로 이 방법은 중앙 컴포넌트가 모든 수신자를 알고 수신자들의 메시지 처리 여부는 몰라도 되는 경우 사용한다.

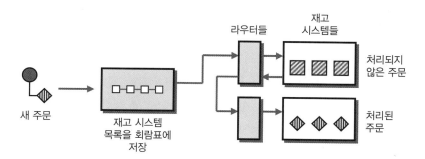

회람표는 메시지에 대한 중복 처리 위험을 방지한다. 컴포넌트가 메시지 처리 여부를 결정하기도 쉽다. 득실의 관점에서 회람표 사용의 주요 단점은 처리가 느려지고 네트워크 트래픽이 증가한다는 점이다. *내용 기반 라우터*(p291)는 시스템 수와 상관없이 하나의 메시지를 게시하는 반면, 회람표 방식은 평균적으로 시스템 수 절반에 해당하는 메시지들을 게시한다. 회람표 방식은 첫 번째 메시지 수신 시스템에 더 많은 처리 기회를 주는 방식으로 시스템을 배열하면 게시되는 메시지 수를 줄일 수 있다. 그렇다 치더라도 회람표 방법이 예측 *내용 기반 라우터*(p291)보다 더 많은 메시지를 필요로 한다는 점은 변하지 않는다.

메시지 흐름에 대해 순서 이상의 제어가 필요하거나 중간 결과에 따라 메시지 흐름을 변경해야 할 경우가 있다. 이런 요구들은 분기 조건, 포크, 조인을 지원하는 *프로세스 관리자*(p375)를 사용해 충족시킬 수 있다. 본질적으로 회람표는 동적으로 구성된 비즈니스 프로세스의 특별한 경우다. 회람표와 *프로세스 관리자*(p375) 사이의 득실을 주의 깊게 검토해야 한다. 동적 회람표는 내장 방식 해결책의 효율성과 중앙 집중식 유지보수의 장점을 결합한 해결책이다. 그러나 복잡성이 증가하면서 라우팅 상태 정보가 메시지들에 분산되므로, 시스템 분석과 디버깅은 어려워진다. 또 프로세스 정의에 의사결정decision, 포크, 조인 같은 구조가 포함되므로, 설정 파일을 이해하고 유지하기가 어려워질 수 있다. 라우팅 테이블에는 조건문이 포함될 수 있고, 컴포넌트에는 다음 라우팅 위치를 결정하는 조건 명령이 추가될 수 있다. 기능을 추가한다고 해결책의 단순함이 훼손돼서는 안 된다. 이런 복잡성들이 필요한 경우 회람표보다 훨씬 강력한 *프로세스 관리자*(p375)를 사용하는 것이 더 좋다.

예 회람표를 이용한 복합 서비스

서비스 지향 아키텍처에서는 하나의 논리적 기능이 보통 여러 독립 단계로 구성된다. 일반적으로 이런 상황은 두 가지 이유로 발생한다. 첫째, 일반적으로 패키지 애플리케이션은 내부 API를 바탕으로 세밀한 인터페이스를 노출한다. 그런데 패키지를 포함하는 통합 솔루션에는 높은 수준의 추상화가 필요하다. 예를 들어 '계정 등록' 작업은 결제 시스템의 여러 내부 단계들을 거쳐야 한다. 즉, 고객 생성, 서비스 계획 선택, 주소 등록, 신용 데이터 검증 등의 단계가 필요하다. 둘째, 단일 논리 함수가 여러 시스템에 분산될 수 있다. 이런 경우 우리는 통합 솔루션 내 분산된 시스템들에 책임을 할당하더라도 이 사실을 외부에는 숨겨 나머지 시스템들에 영향이 전파되지 않게 해야 한다. 회람표는 요청 메시지를 처리하기 위해 여러 내부 단계들을 포함시킬 수 있다. 회람표를 사용하면 동일 채널로 다른 요청들을 유연하게 실행할 수 있다. 회람표는 연속되는 단계들을 실행하지만 외부는 단일 단계로 본다(다음 그림 참조).

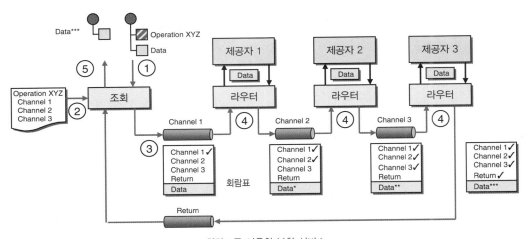

회람표를 이용한 복합 서비스

1. 작업과 데이터를 지정하는 요청 메시지는 조회^{Lookup} 컴포넌트로 전송된다.

2. 조회 컴포넌트는 서비스 디렉터리에서 지정된 작업과 관련 처리 단계들의 목록을 검색해 메시지 헤더에 검색된 채널 목록들을 추가한다. 여기서 채널은 세밀한 작업에 각각 대응된다. 조회 컴포넌트는 완료된 메시지가 조회 컴포넌트로 다시 반환될 수 있도록 반환 채널을 목록에 추가한다.

3. 조회 컴포넌트는 메시지를 첫 번째 활동 채널(Channel)에 게시한다.

4. 라우터는 요청을 큐에서 읽어 서비스 제공자에 전달한다. 서비스 실행이 끝나면 라우터는 활동 완료를 표시하고 메시지를 라우팅 테이블에 지정된 다음 채널로 라우팅한다.

5. 조회 컴포넌트는 반환 채널에서 메시지를 수신해 요청자에게 전달한다. 외부에서는 이 전체 과정이 단순한 요청/응답의 메시지 교환으로 보인다.

예 WS-Routing

웹 서비스 요청은 여러 중개자를 거쳐 전달되는 경우가 많다. 이를 위해 마이크로소프트는 웹 서비스 라우팅 프로토콜Web Services Routing Protocol(WS-Routing) 규격을 정의했다. WS-Routing은 연속되는 중개자들을 거쳐 메시지를 발신자에게서 수신자로 라우팅하는 SOAP 기반 프로토콜이다. WS-Routing의 의미론은 회람표의 의미론보다 더 풍부하다. WS-Routing를 사용하면 회람표를 쉽게 구현할 수 있다. 다음 예는 (`<wsrp:via>` 엘리먼트로 표시된) 중개자 B와 C를 거쳐 노드 A에서 노드 D로 라우팅되는 SOAP 메시지의 헤더를 보여준다.

```
<SOAP-ENV:Envelope
        xmlns:SOAP-ENV="http://www.w3.org/2001/06/soap-envelope">
    <SOAP-ENV:Header>
        <wsrp:path xmlns:wsrp="http://schemas.xmlsoap.org/rp/">
            <wsrp:action>http://www.im.org/chat</wsrp:action>
            <wsrp:to>soap://D.com/some/endpoint</wsrp:to>
            <wsrp:fwd>
                <wsrp:via>soap://B.com</wsrp:via>
                <wsrp:via>soap://C.com</wsrp:via>
            </wsrp:fwd>
            <wsrp:from>soap://A.com/some/endpoint</wsrp:from>
            <wsrp:id>uuid:84b9f5d0-33fb-4a81-b02b-5b760641c1d6</wsrp:id>
        </wsrp:path>
    </SOAP-ENV:Header>
    <SOAP-ENV:Body>
        ...
    </SOAP-ENV:Body>
</SOAP-ENV:Envelope>
```

이 SOAP 메시지는 WS-Routing 규격에 등장하는 예다. 대부분의 웹 서비스 규격과 마찬가지로 WS-Routing도 시간에 따라 진화하거나 다른 규격과 결합될 가능성이 높다.

프로세스 관리자(Process Manager)

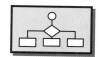

회람표(p364)는 메시지를 연속되는 역동적인 단계들로 라우팅하는 방법을 보여준다. *회람표*(p364) 해결책은 두 가정을 핵심 전제로 한다. 연속되는 처리 단계들은 앞서 결정되고 선형적이란 가정이다. 그러나 이 가정은 잘 충족되지 않는다. 예를 들어 중간 결과에 따라 라우팅을 변경해야 하는 경우가 있다. 또 처리 단계들을 순차적이 아닌 병렬로 실행해야 하는 경우도 있다.

> 설계 당시에 필요한 단계가 알려지지 않았고, 순차적이지 않을 수 있는 복합 처리 단계로 메시지를 라우팅하려면 어떻게 해야 할까?

파이프 필터(p128) 아키텍처 스타일의 주요 장점 중 하나는 처리 단위('필터')들을 채널('파이프')로 연결해 배열로 조합할 수 있다는 점이다. 각 메시지는 연속되는 다음 처리 단위(또는 컴포넌트)로 라우팅된다. 메시지마다 처리 순서를 변경하려면 *내용 기반 라우터*(p291)를 사용한다. 이 해결책은 최고의 유연성을 제공하지만 라우팅 로직이 라우팅 컴포넌트들로 분산되는 단점이 있다. *회람표*(p364)는 중앙에서 메시지 경로를 제어할 수 있게 하지만 중간 결과에 따라 메시지를 라우팅하거나 여러 단계를 동시에 실행하는 유연성은 제공하지 않는다.

처리 단위가 완료된 후 중앙 컴포넌트로 제어가 다시 돌아오면 유연성과 중앙 제어를 유지할 수 있다. 중앙 컴포넌트는 실행할 다음 처리 단위(들)를 확인한다. 이 방법은 교차하는 프로세스의 흐름을 가능하게 한다. 중앙 컴포넌트, 처리 단위, 중앙 컴포넌트, 처리 단위 등등. 중앙 컴포넌트는 각 처리 단계가 완료된 후 메시지를 수신한다. 메시지가 도착하면 중앙 컴포넌트는 중간 결과와 현재 단계에 따라 실행될 다음 처리 단계(들)를 결정한다. 결정을 위해 처리 단위는 중앙 컴포넌트에 필요 충분한 정보를 반환해야 한다. 그러나 이 접근 방법은 처리 단위를 중앙 컴포넌트의 존재에 의존하게 만든다. 처리 단위들은 자신들과 관계없지만 중앙 컴포넌트가 요구하는 정보도 전달해야 하기 때문이다. 처리 단계와 메시지 포맷의 결합을 중앙 컴포넌트로부터 제거하려면, 중앙 컴포넌트에 순서의 마지막 실행 단계를 스스로 확인할 수 있게 하는 일종의 '메모리'를 제공해야 한다.

중앙 처리 컴포넌트인 프로세스 관리자(Process Manager)를 사용한다. 프로세스 관리자는 순서의 상태를 유지하고 중간 결과에 따라 다음 처리 단계를 결정한다.

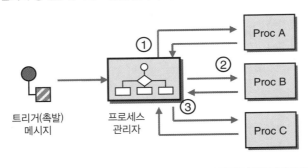

우선 프로세스 관리자의 설계와 구성은 매우 광범위한 주제란 것을 밝힌다. 워크 플로우나 비즈니스 프로세스 관리 설계에 대한 패턴만으로도 책 한 권(아마도 시리즈 제2권?)을 거뜬히 다 채울 수 있을 것이다. 따라서 이 패턴은 라우팅 패턴의 주제를 '마무리'하고 워크플로우와 프로세스 모델링의 방향에 대한 조언 정도를 제공한다. 비즈니스 프로세스 설계에 대한 일반적인 해결 방법은 존재하지 않는다.

프로세스 관리자는 결과적으로 허브 앤 스포크hub-and-spoke 패턴의 메시지 흐름을 만든다(그림 참조). 수신 메시지는 프로세스 관리자를 초기화한다. 이 메시지는 트리거(촉발) 메시지trigger message라 불린다. 프로세스 관리자는 내부의 규칙에 따라 메시지(1)을 첫 번째 처리 단계로 전송한다. 작업을 완료한 첫 번째 처리 단계는 응답 메시지를 프로세스 관리자에게 전송한다. 프로세스 관리자는 다음 실행할 단계를 결정하고 다음 처리 단계로 메시지(2)를 전송한다. 그 결과 모든 메시지 흐름은 이 중심 '허브'를 거쳐 움직인다. 즉, 허브 앤 스포크 방식의 메시지 흐름이다. 이런 중앙 제어 방법은 프로세스 관리자를 성능 병목에 빠트릴 수 있다.

프로세스 관리자의 다양성은 가장 큰 장점인 동시에 단점이다. 프로세스 관리자는 순차적으로나 병렬적으로 연속되는 단계들을 실행할 수 있다. 따라서 거의 모든 통합 문제는 프로세스 관리자로 해결할 수 있다. 마찬가지로 7장에 등장하는 대부분의 패턴들도 프로세스 관리자를 사용해 구현할 수 있다. 사실 많은 EAI 벤더들은 통합 문제를 프로세스 문제라고 생각한다. 그러나 우리는 모든 상황에 프로세스 관리자를 사용할 필요가 없다고 생각한다. 이런 접근 방법은 핵심적인 설계 문제를 어지럽히고 상당한 성능 문제를 야기한다.

상태 관리

프로세스 관리자의 주요 기능 중 하나는 메시지들 사이의 상태를 유지하는 것이다. 예를 들어 두 번째 처리 단위가 프로세스 관리자에게 메시지를 반환하면 프로세스 관리자는 이것이 단계별 순서 중 2단계라는 점을 기억한다. 처리 단위는 동일한 프로세스 내에서 여러 번 등장할 수 있으므로 이 결과를 처리 단위로는 묶지 않는다. 예를 들어 처리 단위 B는 단일 프로세스의 2단계와 4단계에 모두 등장할 수 있다. 그러므로 처리 단위 B가 동일한 응답 메시지를 전송하더라도, 프로세스 관리자는 처리 상황에 따라 다음 단계로 3단계 또는 5단계를 실행한다. 이렇게 프로세스 관리자가 프로세스의 현재 위치를 유지해야 처리 단위가 복잡해지지 않는다.

프로세스 관리자는 프로세스의 현재 위치 외에 유용한 추가 정보를 저장할 수 있다. 프로세스 관리자는 이후 단계가 관련된 경우 이전 처리의 중간 결과를 저장한다. 예를 들어 1단계 결과가 이후 단계와 관련이 있는 경우, 프로세스 관리자는 이 정보를 저장해 이후 저장된 데이터를 전달함으로 후속 처리 단위의 부담을 덜어 줄 수 있다. 이 경우 처리 단계들은 다른 단계들의 데이터 생산이나 소비를 걱정하지 않아도 되므로 서로 독립적이 된다. 프로세스 관리자는 번호표(p409) 역할을 효과적으로 수행한다.

프로세스 인스턴스

프로세스는 많은 단계를 거치고 실행 시간도 오래 걸릴 수 있으므로, 프로세스 관리자는 프로세스가 실행되는 동안에도 새 트리거(촉발) 메시지를 수신할 수 있어야 한다. 프로세스 관리자는 트리거 메시지마다 새 프로세스 인스턴스를 생성하고 병렬로 관리한다. 프로세스 인스턴스는 프로세스의 실행 상태를 저장한다. 이 상태에는 프로세스의 현재 실행 단계와 관련된 데이터가 저장된다. 프로세스 인스턴스는 고유한 프로세스 식별자로 식별한다.

프로세스 정의process definition(다른 말로 프로세스 템플릿)와 프로세스 인스턴스process instance의 개념은 반드시 구분해야 한다. 프로세스 정의는 객체 지향 언어의 클래스

class에 상응하는 수행 단계의 순서를 정의하는 설계 구조다. 반면 프로세스 인스턴스는 객체 지향 언어의 객체object에 상응하는 특정 템플릿의 활성 실행이다. 다음 그림 예는 하나의 프로세스 정의와 두 개의 프로세스 인스턴스를 보인다. 첫 번째 인스턴스(프로세스 아이디 1234)는 현재 1단계를 실행하고 있고, 두 번째 프로세스 인스턴스(프로세스 아이디 5678)는 2단계와 5단계를 병렬로 실행하고 있다.

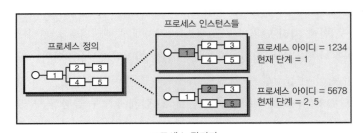

하나의 프로세스 정의와 실행 중인 두 프로세스 인스턴스

상관관계

프로세스 인스턴스들은 동시에 실행될 수 있으므로 프로세스 관리자는 수신 메시지를 올바른 인스턴스에 연결해야 한다. 예를 들어 앞의 예에서 처리 단위로부터 메시지를 수신한 프로세스 관리자는 이 메시지가 어떤 프로세스 인스턴스를 위한 것인지 어떻게 알 수 있을까? 동일 단계에서 여러 인스턴스가 실행될 수 있으므로, 프로세스 관리자는 채널 이름이나 메시지의 형식으로는 올바른 인스턴스를 확인할 수 없다. 수신 메시지와 프로세스 인스턴스를 연결하려면 *상관관계 식별자*(p223)가 필요하다. *상관관계 식별자*(p223)를 사용하면, 응답 메시지와 요청 메시지를 연결하는 고유한 식별자를 응답 메시지에 저장함으로, 컴포넌트는 수신한 응답 메시지를 원래 요청과 상관시킬 수 있다. 전송한 요청들의 응답들이 순서대로 도착하지 않아도 *상관관계 식별자*(p223)를 사용하면 응답을 일으킨 요청에 찾을 수 있다. 프로세스 관리자도 이와 유사한 메커니즘이 필요하다. 처리 단위로부터 메시지를 수신한 프로세스 관리자는 처리 단위로 메시지를 전송한 프로세스 인스턴스와 수신 메시지를 연결할 수 있어야 한다. 그러므로 프로세스 관리자는 처리 단위로 전송하는 메시지에 *상관관계 식별자*(p223)를 추가해야 한다. 또 처리 단위는 식별자를 응답 메시지의 *상관관계 식별자*(p223)로 반환해야 한다. 프로세스 인스턴스가 고유한 프로세스 식별자를 지닌다면, 프로세스 관리자는 이 식별자를 메시지의 *상관관계 식별자*(p223)로 사용할 수 있다.

메시지와 채널을 이용한 상태 관리

상태 관리는 프로세스 관리자의 중요한 기능이다. 그럼 이전 패턴들은 상태 관리 없이 이 문제로부터 어떻게 빠져 나갔을까? *파이프 필터*(p128) 아키텍처에서는 파이프 (즉, *메시지 채널*(p118))로 상태를 관리한다. 앞 예의 프로세스가 *메시지 채널*(p118)에 연결된 컴포넌트들로 구현됐다면, 이 프로세스는 다음과 같이 보일 것이다(그림 참조). 앞 예의 상태는 (즉, 두 개의 프로세스 인스턴스를 가진 상태는) 채널에 컴포넌트 1에 의해 처리되기를 기다리는 식별자 1234를 가진 하나의 메시지와 컴포넌트 2와 컴포넌트 5에 의해 처리되기를 기다리는 식별자 5678을 가진 두 개의 메시지로 표현할 수 있다. 이 상태에서 컴포넌트 1은 메시지를 소비하고 처리한 후, 즉시 컴포넌트 2와 컴포넌트 4로 새 메시지를 브로드캐스트한다. 앞 예의 프로세스 관리자와 동일하게 동작한다.

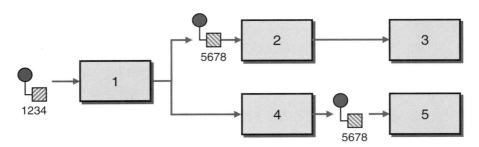

메시지와 채널을 이용한 상태 관리

이 예에 사용된 메시지 흐름 표기법은 종종 프로세스 관리자 컴포넌트의 동작 모델링에 사용하는 UML 액티비티 다이어그램과 놀랍게 유사하다. 사실 시스템 동작 설계는 추상 표기법을 사용하고, 시스템 동작 구현은 *분산 파이프 필터*(p128)나 프로세스 관리자의 허브 앤 스포크 아키텍처를 사용할 수 있다. 프로세스 모델 설계로 더 깊이 뛰어들 순 없지만, 프로세스 모델 설계에 이 책의 패턴들을 사용할 수 있다.

대부분의 아키텍처 결정과 마찬가지로, 중앙 프로세스 관리자 아키텍처와 *분산 파이프 필터*(p128) 아키텍처 중 어떤 구현을 선택할지에 대한 결정은 '예', '아니오'처럼 간단하지 않다. 일반적으로 프로세스 관리자 컴포넌트들을 결합하는 아키텍처를 사용한다. 이 경우 각 프로세스 관리자는 전체 프로세스에서 특정 측면만 다루고, 프로세스 관리자들은 *파이프 필터*(p128) 아키텍처를 사용해 서로 통신한다.

프로세스 관리자 안에서 명시적으로 상태를 관리하게 되면 컴포넌트가 조금 더 복잡하게 되지만, 훨씬 더 강력한 보고를 할 수 있게 한다. 예를 들어 대부분의 프로세스 관리자는 프로세스 인스턴스의 상태를 질의할 수 있는 기능을 제공하는데, 이 기능을 이용하면 현재 승인 대기 중인 주문의 개수를 확인하거나 재고 부족으로 보류인 주문의 개수 등을 쉽게 확인할 수 있다. 또 고객에게 주문의 상태를 알릴 수도 있다. 분산 채널을 사용했다면, 동일한 정보를 얻기 위해 모든 채널을 검사해야 했을 것이다. 프로세스 관리자의 이런 속성은 보고뿐만 아니라 디버깅을 위해서도 중요하다. 중앙 프로세스 관리자를 사용하면, 프로세스의 현재 상태와 관련 데이터를 쉽게 검색할 수 있다. 일반적으로 분산 아키텍처는 디버깅이 쉽지 않고 *메시지 이력*(p623)이나 *메시지 저장소*(p627) 같은 메커니즘의 조력을 받아야 한다.

프로세스 정의 생성

대부분의 상용 EAI 제품들은 프로세스 관리자Process Manager 컴포넌트와 시각적 프로세스 정의 모델링 도구를 제공한다. 프로세스 관리자와 액티비티 다이어그램의 의미가 서로 유사하므로, 대부분의 시각적 도구도 UML 액티비티 다이어그램과 유사한 표기법을 사용한다. 또 액티비티 다이어그램은 병렬 실행 작업들도 잘 표현한다. 최근까지 대부분의 벤더들은 프로세스 엔진이 실행하는 프로세스 정의에 벤더 독점적인 시각 표기를 사용해 왔다. 이와 반대로 프로세스 정의의 중요성을 인식한 분산 웹 서비스 시스템 표준화 단체들은 함께 사용할 수 있는 프로세스 정의 표준을 위해 노력해 왔다. 이런 노력들의 결과로 세 개의 '언어'가 제안됐다. 마이크로소프트는 비즈톡 오케스트레이션 모델링BizTalk orchestration modeling 도구들이 지원하는 XLANG을 정의했다. IBM은 웹 서비스 흐름 언어WSFL, Web Service Flow Language의 초안을 작성했다[WSFL]. 최근 두 회사는 웹 서비스 비즈니스 프로세스 실행 언어BPEL4WS, Business Process Execution Language for Web Services 규격을 함께 만들기 시작했다([BPEL4WS] 참조). BPEL4WS는 XML 문서로 프로세스 모델을 설명하는 강력한 언어다. 이 언어의 목적은 프로세스 모델링 도구와 프로세스 관리자 엔진 사이 표준 중간 언어를 정의하는 것이다. 이 언어를 사용하면 벤더 X의 제품에서 프로세스를 모델링하고 벤더 Y의 프로세스 엔진에서 프로세스를 실행할 수 있게 된다. 통합과 웹 서비스 표준에 대한 자세한 설명은 14장, '기업 통합에 떠오르는 표준과 미래'를 참조한다.

프로세스 정의의 의미론은 간단한 용어로 설명할 수 있다. 기본 빌딩 블록building block은 (태스크나 액션으로도 불리는) 액티비티다. 보통 액티비티는 다른 컴포넌트에 메시지를 발신하고 수신하거나 특정 기능(예: *메시지 변환*(p143))을 내부적으로 실행한다. 액티비티들은 직렬로 연결되거나 포크와 조인을 사용해 병렬로 실행된다. 포크는 액티비티들을 동시에 실행시킨다. 이것은 고정된 *파이프 필터*(p128) 아키텍처 안에 *게시 구독 채널*(p164)과 의미적으로 동일하다. 조인은 실행 중인 병렬 스레드들을 실행 중인 단일 스레드로 동기화한다. 모든 병렬 스레드들이 해당 활동을 완료한 경우만 조인 후 실행이 계속된다. *파이프 필터*(p128) 스타일에서 *수집기*(p330)는 종종 이런 목적을 제공한다. 또 프로세스 템플릿은 분기 지점^branch point 또는 의사결정 지점^decision point을 지정해 메시지 필드의 내용에 따라 실행 경로를 변경한다. 이 기능은 *내용 기반 라우터*(p291)와 동일하다. 일반적으로 모델링 도구는 루프^loop 설계를 지원하는데, 루프는 분기의 특별한 경우다. 실제 구현에서는 다르겠지만, 다음 그림은 (UML 액티비티 다이어그램으로 묘사된) 프로세스 정의와 기업 통합 패턴의 *파이프 필터*(p128)를 사용한 설계의 의미론적 유사성을 보여준다.

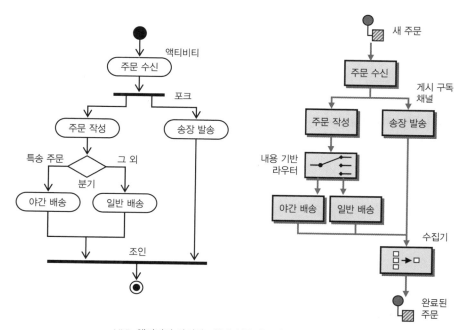

UML 액티비티 다이어그램에 상응하는 파이프 필터 설계 예

프로세스 관리자와 다른 패턴들의 비교

지금까지 우리는 *파이프 필터*(p128), *회람표*(p364), 프로세스 관리자를 여러 번 대조했다. 다음 표는 이 패턴들 사이 주요 차이점과 아키텍처 상의 득실을 설명한다.

분산 파이프 필터	회람표	중앙 프로세스 관리자
복잡한 메시지 흐름 지원	단순, 선형 흐름 지원	복잡한 메시지 흐름 지원
흐름 변경이 어려움	흐름 변경이 쉬움	흐름 변경이 쉬움
실패 위치 분산	실패 위치 집중 (라우팅 테이블 계산)	실패 위치 집중
효율적인 분산 실행 환경 아키텍처	대체로 분산 실행 환경 아키텍처	허브 앤 스포크 아키텍처, 병목 가능
분산 관리, 분산 보고	중앙 관리, 분산 보고	중앙 관리, 중앙 보고

제어와 상태를 중앙에서 관리하면 실패가 집중되거나 성능 병목이 발생할 수 있다. 이런 이유로 대부분의 프로세스 관리자는 파일이나 데이터베이스에 프로세스 인스턴스의 상태를 영구적으로 저장한다. 일반적으로 상태 저장은 엔터프라이즈급 데이터베이스 시스템의 데이터 이중화를 활용한다. 일반적으로 프로세스 관리자들은 병렬로 실행된다. 프로세스 인스턴스들은 서로 독립적이므로 프로세스 관리자들을 병렬화하기가 어렵지 않다. 동일한 기능의 프로세스 인스턴스가 여러 프로세스 엔진에서 실행될 수도 있다. 프로세스 엔진이 공유 데이터베이스에 상태 정보를 보존하면, 시스템은 프로세스 엔진의 실패를 충분히 극복할 수 있게 된다. 즉, 프로세스 엔진이 중단된 지점부터 새로운 프로세스 엔진을 시작할 수 있다. 이 방법의 단점은 프로세스 인스턴스의 상태가 처리 단계 후 중앙 데이터베이스에 보존돼야 한다는 점이다. 이것은 데이터베이스에 성능 병목을 야기할 수 있다. 아키텍트는 성능, 견고성, 비용, 유지보수성 사이에서 올바른 균형을 찾아야 한다.

예 대출 모집인

대출 모집인 예의 MSMQ 구현(9장의 'MSMQ를 이용한 비동기 구현'을 참조)은 간단한 프로세스 관리자를 구현한다. 이 예는 프로세스 관리자 기능을 구현하기 위해 프로세스 관리자와 프로세스 인스턴스를 위한 C# 클래스를 정의한다. 대출 모집인의 팁코TIBCO 구현(9장의 '팁코 액티브엔터프라이즈를 이용한 비동기 구현'을 참조)은 상용 프로세스 관리 도구를 사용한다.

예 마이크로소프트 비즈톡 오케스트레이션 관리자

대부분의 상용 EAI 제품들은 프로세스 설계 및 실행 기능을 지원한다. 예를 들어 마이크로소프트 비즈톡은 프로세스를 설계할 때 비주얼 스튜디오 닷넷 개발 환경이 제공하는 오케스트레이션 디자이너를 이용한다.

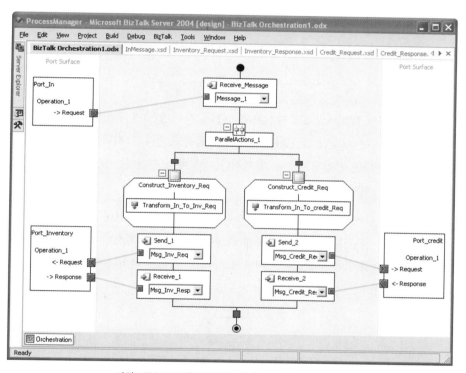

마이크로소프트 비즈톡 2004 오케스트레이션 디자이너

이 오케스트레이션 예는 주문 메시지를 수신하고 두 개의 병렬 액티비티를 실행한다. 한 액티비티는 재고 시스템에 전송할 요청 메시지를 생성하고, 다른 액티비티는 신용 시스템에 전송할 요청 메시지를 생성한다. 두 응답이 수신되면 프로세스는 계속된다. 시각적 표현식을 사용하면 프로세스 정의가 쉬워진다.

메시지 브로커(Message Broker)

7장은 애플리케이션이 최종 목적지를 모르더라도 메시지를 적절한 목적지까지 라우팅할 수 있게 해주는 패턴들을 설명한다. 이 패턴들은 주로 라우팅 로직에 초점을 맞추고 함께 사용하면 더 큰 문제도 해결할 수 있다.

메시지 흐름의 중앙 제어를 유지하면서, 어떻게 발신자의 목적지 결합을 제거할 수 있을까?

간단한 *메시지 채널*(p118)도 발신자와 수신자 사이에 일정 수준의 간접성을 제공한다. 즉, 발신자는 채널만 알면 되고 수신자를 몰라도 된다. 그러나 수신자마다 자신의 채널을 갖는다면 간접성 수준은 떨어진다. 발신자는 수신자는 모르더라도 수신자의 채널 이름은 알아야 하기 때문이다.

일반적으로 시스템은 수많은 애플리케이션을 연결한다. 그런데 개별 애플리케이션들이 각자의 채널로 서로를 연결하게 하면, 결국 채널은 시스템이 관리하기 어려울 정도로 급속하게 폭발적으로 늘어나게 되어, 시스템은 마치 통합 스파게티인 것처럼 꼬이고 만다(그림 참조).

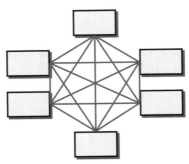

포인트 투 포인트 연결이 만든 통합 스파게티

그림처럼 시스템을 구성하면, 개별 애플리케이션들 사이를 직접 연결한 채널들은 채널 폭발을 야기하고 채널을 통한 메시지 라우팅의 이점도 사용할 수 없게 만든다. 이런 유형의 통합 아키텍처는 시간이 지나면서 종종 등장하게 된다. 고객 관리 시스템은 먼저 계정 시스템을 연결해야 했고 다음으로 재고 시스템에서 정보를 검색해야 했고, 배송 시스템은 운송비용으로 계정 시스템을 갱신해야 했다. 이렇게 '점진적인 추가'가 시스템의 전반적인 무결성을 얼마나 빠르게 손상시킬 수 있는지를 보이는 것은 그리 어렵지 않다.

애플리케이션들이 서로 일대일로 통신해야 한다면, 시스템을 유지보수하기가 엄청나게 힘들어 질 것이다. 예를 들어 고객 관리 시스템에서 고객의 주소가 변경된 경우, 이 시스템은 고객 주소의 복사본을 유지하는 모든 시스템에 메시지를 전송해야 한다. 또 새 시스템이 추가될 때마다, 고객 관리 시스템은 새 시스템이 고객 주소를 사용하는지 변경을 수신해야 하는지를 알아야 한다.

게시 구독 채널(p164)은 기본적인 라우팅을 제공한다. *게시 구독 채널*(p164)은 메시지 사본을 특정 채널을 구독하는 애플리케이션들에 라우팅한다. 간단한 브로드캐스트 시나리오에서는 이 방법이 잘 통하지만 라우팅 규칙은 종종 훨씬 더 복잡해진다. 예를 들어 주문 메시지는 주문의 크기나 특성에 따라 다른 시스템으로 라우팅될 수 있다. 애플리케이션에 메시지의 최종 목적지 결정을 맡기지 않으려면, 미들웨어가 메시지를 적절한 목적지로 라우팅할 수 있게 *메시지 라우터*(p136)를 포함해야 한다.

메시지 라우팅 패턴들은 발신자와 수신자(들) 사이 결합 제거에 도움을 준다. 예를 들어 *수신자 목록*(p310)은 발신자로부터 모든 수신자에게 대한 정보를 미들웨어 계층으로 옮기는 데 도움을 준다. 미들웨어 계층으로 로직을 옮기면 다음과 같은 장점들이 생긴다. 첫째, 상용 미들웨어나 EAI 제품은 이런 종류의 작업 수행에 특화된 도구와 라이브러리를 제공한다. 상용 미들웨어나 EAI 제품을 사용하면 *메시지 엔드포인트*(p153)를 직접 작성하지 않아도 되므로 코딩이 간단해진다. 즉, *이벤트 기반 소비자*(p567)나 스레드 관리 같은 코드를 작성하지 않아도 된다. 둘째, 애플리케이션 내부보다 미들웨어 계층 내부에 '똑똑한' 로직을 구현해 넣기가 훨씬 더 쉽다. 예를 들어 *동적 수신자 목록*(p310)을 사용하면 새로운 시스템이 통합에 추가되더라도 변경에 따른 코딩을 피할 수 있다.

그러나 수많은 *메시지 라우터*(p136)들을 관리하는 일은 우리가 해결하려고 했던 통합 스파게티를 관리하는 일만큼 어려울 수 있다.

중앙 부분에 메시지 브로커(Message Broker)를 사용한다. 메시지 브로커는 발신자들로부터 메시지를 수신해, 올바른 목적지를 결정하고, 메시지를 올바른 채널로 라우팅한다. 메시지 브로커의 내부는 메시지 라우터들을 사용해 구현한다.

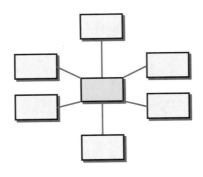

중앙 메시지 브로커는 허브 앤 스포크hub-and-spoke 아키텍처 스타일이라고도 한다. 위 그림은 이 이름을 잘 설명한다.

메시지 브로커 패턴은 7장에 설명한 대부분의 다른 패턴들과 비교하면 범위가 약간 다르다. 이 패턴은 개별 디자인 패턴과 반대되는 아키텍처 패턴이다. 이를테면 이 패턴은 더 복잡한 메시지 흐름을 형성하기 위해 컴포넌트를 연결하는 방법인 *파이프 필터*(p128) 아키텍처 스타일과 비교된다. 큰 규모의 통합에서는 *파이프 필터*(p128) 아키텍처로 개별 컴포넌트들을 서로 연결하는 것보다, 메시지 브로커를 사용하면 시스템 관리에 따라 피할 수 없게 되는 복잡성 문제를 조금 더 완화할 수 있다.

메시지 브로커는 단일 컴포넌트가 아니다. 메시지 브로커는 7장에 설명한 많은 메시지 라우팅 패턴들을 포함한다. 그러므로 아키텍처 패턴으로 메시지 브로커를 사용하기로 결정했다면 메시지 브로커를 위한 적합한 *메시지 라우터*(p136) 패턴들도 선택해야 한다.

메시지 브로커의 중앙 유지보수는 장점이지만 단점이기도 하다. 단일 메시지 브로커를 사용해 모든 메시지를 라우팅하면 메시지 브로커에 심각한 병목이 발생할 수 있다. 이 문제를 다양한 기술로 완화할 수 있다. 예를 들어 개발 중에 정의한 메시지 브로커의 라우팅 개체 인스턴스 수를 배포할 때는 더 늘려 줄 수 있다. 메시지 브로커가 상태 비저장으로 설계됐다면, 즉, 메시지 브로커가 상태 비저장 컴포넌트들로 구성됐다면, 어렵지 않게 메시지 브로커를 여러 인스턴스로 배포해 처리량을 개선할 수 있다. 실질적으로 솔루션은 패턴들의 조합이다. 그러므로 복잡한 통합 솔루션인 경우 메시지 브로커 컴포넌트들에 각각 통합의 특정 부분만을 담당하게 할 수 있다. 이 방법은 복잡한 통합에서 메시지 브로커가 관리할 수 없을 정도로 복잡한 슈퍼 메시지 브로커가 되는 것을 방지한다. 반면에 단일 유지보수 지점이 없어지면서 새로운 형태의 메시지 브로커 스파게티가 등장할 수도 있다. 메시지 브로커들의 조합을 사용하는 또 다른 훌륭한 아키텍처는 메시지 브로커들을 계층으로 구성하는 것이다 (그림 참조). 이 구성은 서브넷들로 구성된 네트워크와 유사하다. 메시지가 서브넷 내 애플리케이션들 사이만 여행하는 경우, 로컬 메시지 브로커가 메시지 라우팅을 담당한다. 메시지가 다른 서브넷을 향하는 경우, 로컬 메시지 브로커는 최종 목적지를 결정하는 중앙 메시지 브로커로 메시지를 전달한다. 중앙 메시지 브로커는 로컬 메시지 브로커와 기능은 동일하지만 애플리케이션들의 결합을 제거하는 대신, 하위 시스템들의 결합을 제거한다.

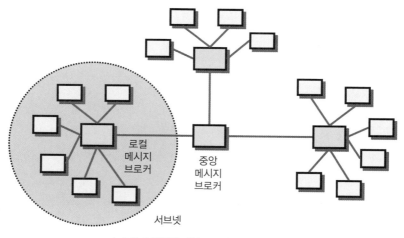

느슨하게 결합된 계층 구조의 메시지 브로커

　일반적으로 메시지 브로커는 메시지의 데이터 포맷을 변환해 애플리케이션들 사이 결합도를 줄인다. 메시지 브로커가 (아마도 숨겨진) 목적지의 메시지 포맷으로 메시지를 변환해야 하는 경우, 메시지 브로커의 메시지 라우팅 추상화는 도움이 되지 않는다. 8장은 이런 문제들을 해결하는 연속되는 메시지 변환 패턴들을 설명한다. 대부분의 경우 메시지 브로커는, N-제곱 문제$^{N-square\ problem}$(시스템에서 발신자와 수신자 사이의 변환기 수가 참여자 수의 제곱으로 증가하는 문제)를 방지하기 위해, 내부적으로

*정규 데이터 모델(p418)*를 사용한다.

예 상용 EAI 도구

대부분의 상용 EAI 제품들은 통합 솔루션의 메시지 브로커 컴포넌트 생성을 단순화하는 도구들을 제공한다. 일반적으로 이 도구들은 메시지 브로커의 개발과 배포를 지원하는 기능들을 포함한다.

1. **내장 엔드포인트 코드**: 대부분의 EAI 제품은 메시지 버스와 메시지 송수신 코드를 포함한다. 그러므로 개발자는 전송 관련 코드의 작성을 걱정하지는 않는다.

2. **시각적 설계 도구**: 이 도구를 이용하면, 개발자는 시각화된 라우터, 의사결정 지점, 변환기 등을 사용해 메시지 브로커 기능을 구성할 수 있다. 이 도구는 메시지 흐름을 시각적으로 직관적이게 만들어 주고, 코딩 노력이 많이 들어가는 평가나 규칙 같은 작업들을 한 줄 코드로 작성할 수 있게 해주어 개발자의 부담을 줄여준다.

3. **실행 환경 지원**: 대부분의 EAI 패키지는 실행 환경으로 솔루션 배포나 메시지 브로커를 통과하는 트래픽의 모니터링 기능을 지원한다.

8장

메시지 변환

소개

메시지 변환기(p143)에서 설명한 것처럼, 메시징 시스템으로 통합해야 할 애플리케이션들 대부분은 공통 데이터 포맷에 동의하고 있지 않다. 예를 들어 계정 시스템과 CRM 시스템은 고객 객체에 대해 서로 다른 개념을 가질 수 있다. 그리고 어떤 시스템은 관계형 모델에 데이터를 보관할 수도 있고, 어떤 시스템은 파일이나 XML 문서를 사용할 수도 있다. 애플리케이션들을 통합한다는 것은 종종 기존 애플리케이션 수정에 자유를 갖지 못한다는 것을 의미하기도 한다. 이런 경우 오히려 통합 솔루션이 시스템들의 차이를 수용하고 해결해야 한다. *메시지 변환기*(p143) 패턴은 데이터 포맷의 차이에 대한 일반적인 해결책을 제공한다. 8장에서는 다양한 *메시지 변환기*(p143)들을 탐구한다.

대부분의 메시징 시스템의 메시지 헤더에는 특정한 포맷과 내용이 필요하다. 메시지 페이로드 데이터는 메시징 인프라의 요구를 준수하는 *봉투 래퍼*(p393)로 감싼다. 메시지가 다른 메시지 인프라로 전달되는 경우에는 여러 *봉투 래퍼*(p393)가 결합될 수도 있다.

목표 시스템이 원본 시스템이 제공할 수 없는 데이터 필드를 요구하는 경우 *내용 보탬이*(p399)를 사용한다. *내용 보탬이*(p399)는 누락 정보를 조회하거나 데이터로부터 누락 정보를 계산할 수 있다. *내용 필터*(p405)는 반대로 메시지에서 원치 않는 데이터를 제거한다. *번호표*(p409)도 메시지에서 데이터를 제거하지만 데이터는 나중을 위해 저장된다. *노멀라이저*(p415)는 도착한 다양한 포맷의 메시지를 공통 포맷으로 변환한다.

의존성 제거

통합에서 메시지 변환은 심오한 주제다. *메시지 채널*(p118)과 *메시지 라우터*(p136)는 애플리케이션들 사이 위치 의존성을 제거함으로 애플리케이션들 사이의 기본적인 의존성을 제거한다. 일반적으로 애플리케이션은 메시지를 *메시지 채널*(p118)에 전송하고 어떤 애플리케이션이 메시지를 소비하는지는 걱정하지 않는다. 그러나 메시지 포맷은 다른 의존성을 강요한다. 애플리케이션이 다른 애플리케이션의 데이터 포맷으로 메시지를 변환해야 하는 경우, *메시지 채널*(p118) 형태의 결합 제거만으로는 해결되지 않는 문제가 있다. 예를 들어 수신 애플리케이션이 수신 데이터 포맷을 변경하거나 교체하면 발신 애플리케이션도 따라서 데이터 포맷을 변경해야 한다. *메시지 변환기*(p143)는 메시지 포맷 의존성을 제거한다.

메타데이터 관리

메시지 포맷을 변환하려면 데이터의 포맷을 설명하는 데이터인 메타데이터^{metadata}가 필요하다. 예를 들어 애플리케이션으로 전달되는 메시지는 고객 아이디가 123인 고객이 캘리포니아 주의 샌프란시스코에서 노스캐롤라이나 주의 롤리로 이사 갔음을 알려주는 반면, 관련 메타데이터는 주소 변경 메시지의 고객 아이디 필드는 숫자이고 성과 이름 필드는 40개의 문자까지 저장할 수 있다는 것을 알려준다.

   대부분의 통합에서 메시지 데이터를 다루는 시스템과 메타데이터를 다루는 시스템의 상호작용은 매우 중요한 역할을 한다. 메시지 데이터 흐름 설계에 사용된 대부분의 패턴들은 메타데이터 흐름 설계에도 사용된다. 예를 들어 *채널 어댑터*(p185)는 시스템들 사이에서 메시지를 옮길 때뿐만 아니라 애플리케이션에서 메타데이터를 추출해 중앙 메타데이터 저장소에 메타데이터를 저장할 때도 사용된다. 통합 개발자는 이 저장소를 사용해 애플리케이션 데이터와 *정규 데이터 모델*(p418) 사이의 변환을 정의한다.

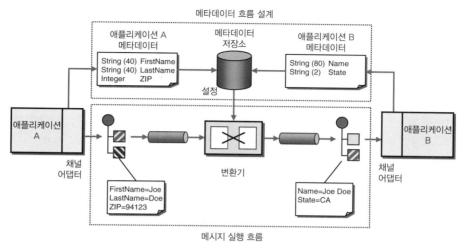

메타데이터 흐름 설계

애플리케이션 A
메타데이터

String (40)　FirstName
String (40)　LastName
Integer　　　ZIP

메타데이터
저장소

설정

애플리케이션 B
메타데이터

String (80)　Name
String (2)　 State

애플리케이션
A

채널
어댑터

변환기

채널
어댑터

애플리케이션
B

FirstName=Joe
LastName=Doe
ZIP=94123

Name=Joe Doe
State=CA

메시지 실행 흐름

메타데이터 통합

위 그림은 고객 정보를 교환하는 두 애플리케이션의 통합을 묘사한다. 두 시스템은 고객 데이터에 관한 정의가 약간 다르다. 애플리케이션 A는 성과 이름을 두 개의 서로 다른 필드로 저장하는 반면, 애플리케이션 B는 하나의 필드로 저장한다. 마찬가지로 애플리케이션 A는 고객의 우편 번호는 저장하고 주[state] 정보는 저장하지 않는 반면, 애플리케이션 B는 주 이름을 나타내는 약어[state abbreviation]만 저장한다. 그러므로 애플리케이션 A에서 애플리케이션 B로 전송되는 메시지는 애플리케이션 B의 메시지 포맷으로 변환해야 한다. *채널 어댑터*(p185)가 메타데이터(예: 메시지 포맷을 설명하는 데이터)를 추출할 수 있는 경우 변환 생성은 훨씬 간단하다. 메타데이터 저장소는 *메시지 변환기*(p143)의 구성과 검증을 간단하게 한다. 메타데이터는 다양한 포맷으로 저장될 수 있다. XML 메시지에 사용되는 일반적인 포맷은 XSD[eXtensible Schema Definition]다. EAI 도구들은 독자적인 메타데이터 포맷을 사용하기도 하지만 다른 포맷의 메타데이터도 가져오거나 내보낼 수 있다.

메시징 이외의 데이터 변환

변환 패턴에 포함된 원칙들은 메시지 기반 통합이 아닌 곳에도 적용할 수 있다. 예를 들어 *파일 전송*(p101)도 시스템들 사이에 변환을 수행해야 한다. 마찬가지로 *원격 프로시저 호출*(p108)도, 애플리케이션의 내부 포맷과 서비스의 내부 포맷이 달라도 서비스를 호출할 수 있게 서비스의 데이터 포맷에 맞는 변환이 필요한데, 일반적으로 호출하는 애플리케이션이 데이터 변환을 수행한다. 일부 정교한 변환 엔진은 인포메

티카^{Informatica}나 데이터미러^{DataMirror} 등이 공급하는 ETL(extract^{추출}, transform^{변환}, load ^{적재}) 도구들에 포함된다. 일반적으로 ETL 도구는 많은 데이터를 한 번에 변환한다.

8장은 주로 *메시지 변환기*(p143) 패턴들에 초점을 맞추고, 개체 사이의 구조 변환을 상세하게 다루지는 않는다(예: 한 모델은 고객과 주소 사이에 다대다 관계를 지원하고, 다른 모델은 고객 레코드에 주소 필드를 포함하는 경우, 두 데이터 모델 사이의 변환 방법). 그러므로 데이터 표현과 관계에 대한 조금 더 자세한 내용은 [Kent]를 참조한다. [Kent]는 이 분야에서 가장 오래됐지만 현재도 가장 좋은 책이다.

봉투 래퍼(Envelope Wrapper)

대부분의 메시징 시스템은 메시지 데이터를 헤더와 본문으로 나눈다(메시지(p124) 참조). 헤더는 메시지 흐름을 관리하기 위해 메시징 인프라에서 사용하는 필드를 포함한다. 그러므로 통합에 참여하는 엔드포인트 시스템들은 일반적으로 헤더 데이터 요소를 인식하지 않는다. 그러나 어떤 시스템들은 애플리케이션이 사용하는 메시지 포맷에 부합되지 않는다는 이유로 이 필드들을 오류로 인식하는 경우가 있다. 메시지를 라우팅하는 메시징 컴포넌트도 메시지에 자신이 요구하는 헤더 필드가 없는 경우 오류 메시지로 판단한다.

특별한 포맷을 가진 메시지 교환에 기존 시스템을 참여시키려면 어떻게 해야 할까?

예를 들어 메시징 시스템이 독자적인 보안 체계를 사용한다고 가정해 보자. 메시징 컴포넌트는 보안 자격 증명을 포함한 메시지만 유효하게 처리한다. 이 체계는 승인되지 않은 사용자가 메시지를 시스템으로 전송하지 못하게 한다. 또 메시지 내용은 도청을 방지하기 위해 암호화될 수 있다. 도청 문제는 게시 구독 메커니즘에서 특히 중요하다. 그러나 메시징 시스템을 사용해 통합될 대부분의 기존 애플리케이션들은 사용자 아이디나 메시지를 암호화하지 않는다. 그러므로 '원본' 메시지는 메시징 시스템 규칙에 맞는 메시지로 변환돼야 한다.

규모가 큰 기업은 하나 이상의 메시징 인프라를 사용한다. 이 경우 메시징 가교(p191)는 메시징 시스템을 넘나드는 라우팅을 지원한다. 그러나 메시징 시스템은 헤더뿐만 아니라 메시지 본문의 포맷도 서로 다르게 요구할 수 있다. 이런 시나리오는 기존의 TCP/IP 기반 네트워크 프로토콜에서도 이미 등장한다. TCP/IP 기반 네트워크 프로토콜에서는 시스템 간 연결에 일반적으로 텔넷^{Telnet}이나 SSH^{Secure Shell} 같은 프로토콜을 사용한다. FTP와 같은 다른 프로토콜을 사용해 통신하려면, 프로토콜 포맷을 텔넷이나 SSH 프로토콜을 준수하는 패킷 포맷으로 캡슐화해 전송하고, 다른 쪽 끝에서는 캡슐화된 패킷을 추출해야 한다. 이 과정을 터널링^{tunneling}이라 부른다.

메시지 포맷이 다른 메시지 포맷 안으로 캡슐화되면, 시스템은 캡슐화된 정보에 접근하기가 어려워진다. 대부분의 메시징 시스템에서 (예를 들어 *메시지 라우터*(p136) 같은) 컴포넌트는 정의된 메시지 헤더의 데이터 필드만 접근이 가능하다. 그러므로 메시지가 새 메시지의 내부 데이터 필드로 캡슐화된 경우, 컴포넌트는 라우팅 또는 변환 기능 수행에 원본 메시지 필드의 정보를 사용하지 못할 수 있다. 따라서 이런 경우 원본 메시지의 데이터 필드 일부를 새 메시지의 헤더로 올려야 한다.

봉투 래퍼(Envelope Wrapper)를 사용한다. 메시지를 메시징 인프라와 호환되는 봉투에 넣고 목적지에 도착하면 봉투에서 메시지를 꺼낸다.

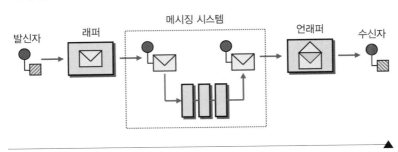

메시지를 넣고 꺼내는 과정은 다섯 단계로 구성된다.

1. 메시지 발신자는 원본 메시지를 게시한다. 일반적으로 원본 메시지 포맷은 애플리케이션마다 다르고 메시징 인프라의 요구 사항도 준수하지 않는다.

2. 래퍼wrapper는 원본 메시지를 메시징 시스템을 준수하는 메시지 포맷으로 변환한다. 이 변환 과정에는 메시지 헤더 필드 추가, 메시지 암호화, 보안 자격 증명 추가 등이 포함될 수 있다.

3. 메시징 시스템은 호환 메시지(봉투)를 운반한다.

4. 결과 메시지는 언래퍼unwrapper에 전달된다. 언래퍼는 래퍼의 반대 과정을 수행한다. 이 변환 과정에는 헤더 필드 제거, 메시지 복호화, 보안 자격 증명 확인 등이 포함될 수 있다.

5. 메시지 수신자는 '원본 메시지'를 수신한다.

봉투에는 일반적으로 메시지 헤더와 본문이나 페이로드가 들어간다. 봉투 헤더는 편지 봉투 겉면에 쓰인 정보와 비슷한 역할을 한다. 메시징 시스템은 이 정보를 봉투의 라우팅과 추적에 사용한다. 봉투 내용은 메시지 본문이나 페이로드다. 메시징 인프라는 봉투 내용이 목적지에 도착할 때까지 봉투 내용을 (일정 제한 내에서) 신경 쓰지는 않는다.

일반적으로 래퍼는 메시지에 정보를 추가한다. 예를 들어 메시지를 우편 시스템을 거쳐 전송하는 경우, 우편 번호를 먼저 검색해야 한다. 이런 의미에서 래퍼는 *내용 보탬이*(p399)의 측면을 포함한다. 그러나 래퍼는 메시지의 라우팅, 추적, 처리에 필요한 정보들만 추가한다. 내용 정보를 보태는 것은 아니다. 이 정보들은 즉석에서 만들어질 수도 있고(예: 고유 메시지 아이디 생성이나 타임스탬프 추가), 인프라에서 추출될 수도 있고(예: 보안 콘텍스트 추출), 래퍼에 의해 원본 메시지 본문으로부터 메시지 헤더로 옮겨질 수도 있다(예: 원본 메시지에 포함된 키 필드). 마지막 방법은 상승promotion이라고도 불린다. 본문의 숨겨진 특정 필드가 '상승되어' 헤더에 보이기 때문이다.

일반적으로 래퍼와 언래퍼 사슬은 계층적 프로토콜 모델의 이점을 지닌다(다음 우편 시스템 예 참조). 그 결과 페이로드는 봉투 본문이 되고, 이 봉투는 다시 새 봉투 본문이 되는 과정이 반복된다(그림 참조).

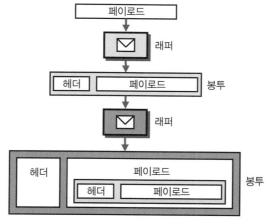

계층적 봉투 구조를 만드는 래퍼 사슬

예 SOAP 메시지 포맷

SOAP 메시지의 기본 포맷[SOAP 1.1]은 비교적 간단하다. SOAP 메시지 포맷은 메시지 헤더와 메시지 본문을 포함하는 봉투를 지정한다. 다음 예는 헤더와 본문을 포함하는 봉투가 차례로 다른 본문에 포함되는 방법을 보여준다. 봉투에 싸인 메시지는 외부 메시지를 꺼내 내부 메시지를 전달하는 중개자에게 전송된다. 이런 중개자 사슬은 신뢰 경계^{trust boundary1}를 넘나드는 시나리오에서 매우 일반적이다. 중개자도 메시지 내용이나 헤더를 전혀 볼 수 없게 메시지를 암호화해 그 외의 메시지 내부에 넣는 것도 가능하다(예: 기밀로 관리되는 메시지 주소). 이 경우 수신자는 메시지 봉투를 꺼내고, 페이로드를 복호화해, 신뢰할 수 있는 환경을 사용해 복호화된 메시지를 전달한다.

```
<env:Envelope xmlns:env="http://www.w3.org/2001/06/soap-envelope">
    <env:Header env:actor="http://example.org/xmlsec/Bob">
        <n:forward xmlns:n="http://example.org/xmlsec/forwarding">
            <n:window>120</n:window>
        </n:forward>
    </env:Header>
    <env:Body>
        <env:Envelope xmlns:env="http://www.w3.org/2001/06/soap-envelope">
            <env:Header env:actor="http://example.org/xmlsec/Alice" />
            <env:Body>
                <secret xmlns="http://example.org/xmlsec/message">
    The black squirrel rises at dawn</secret>
            </env:Body>
        </env:Envelope>
    </env:Body>
</env:Envelope>
```

예 TCP/IP

우리는 일반적으로 TCP/IP를 한 용어로 묶어 사용하지만, 사실 TCP/IP는 두 프로토콜로 구성된다. IP 프로토콜은 기본적인 주소 지정과 라우팅 서비스를 제공하고, IP의 상위 계층인 TCP는 신뢰할 수 있는 연결 지향 프로토콜을 제공한다. OSI 계층 모델 관점에서, IP는 네트워크 프로토콜이고, TCP는 전송 프로토콜이다. 일반적으로 TCP/IP 데이터는 링크 계층인 이더넷 네트워크를 거쳐 전송된다.

결과적으로 애플리케이션 데이터는 첫째로 TCP 봉투에, 다음은 IP 봉투에, 그 다음은 이더넷 봉투에 담기게 된다. 네트워크는 스트림 지향적이므로, 이 봉투는 데이

---

1 이 용어는 프로그램이 경계를 기준으로 데이터를 신뢰하거나 신뢰하지 않을 때 사용한다. 관련된 문제로 신뢰 영역 침범 (trust boundary violation) 문제가 있다. – 옮긴이

터 스트림의 시작과 끝을 표시하는 헤더header와 트레일러trailer로 구성될 수 있다. 다음 그림은 이더넷을 거쳐 전송되는 애플리케이션 데이터의 구조를 보여준다.

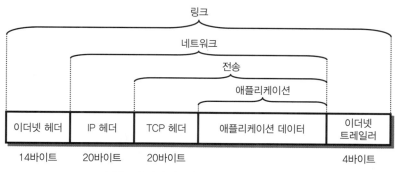

봉투들에 싸여 전송되는 애플리케이션 데이터

그림에서 보듯이 애플리케이션 데이터는 TCP(전송 봉투), IP(네트워크 봉투), 이더넷(링크 봉투)으로 연속해서 봉함된다. TCP 봉투와 IP 봉투는 헤더만 추가하는 반면, 이더넷 봉투는 헤더와 트레일러를 모두 추가한다. TCP/IP에 대한 조금 더 자세한 내용은 [Stevens]를 참조한다. 이 분야에 대한 갈증을 해소시켜 줄 것이다.

예 우편 시스템

봉투 래퍼 패턴은 우편 시스템과 비교될 수 있다(다음 그림 참조). 한 직원이 동료 직원에게 메모를 전달한다고 가정해 보자. 종이는 페이로드로 사용된다. 메모는 배달을 위해 수신자의 이름과 부서 코드가 포함된 봉투에 '담긴다'. 수신자가 별도 시설에 근무하면, 메모는 커다란 봉투에 담겨, 미국 우편 서비스USPS를 거쳐 발송된다. USPS의 요구를 준수하기 위해, 봉투에 우편 번호와 우송료가 포함된다. USPS는 봉투를 항공편으로 배달할 수 있다. 이 경우 USPS는 봉투를 우편 자루에 넣고 우편 자루에 목적지 공항 코드(3글자 바코드)를 붙인다. 우편 자루가 목적지 공항에 도착하면, 담긴 순서와 반대로 동료에게 원본 메시지가 전달된다. 이 예는 터널링을 보여준다. 다시 말해 다른 WAN 세그먼트에 도달하기 위해 UDP 멀티캐스트 패킷이 TCP/IP 연결을 거쳐 '터널링'되는 것처럼 우편 메일도 항공 화물을 거쳐 '터널링'된다.

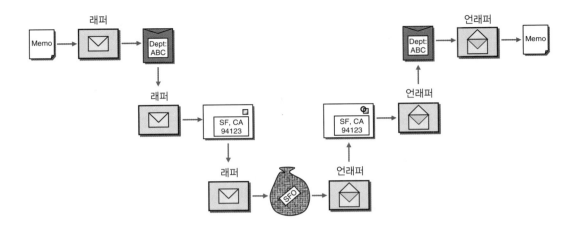

이 우편 시스템 예는 *파이프 필터*(p128) 아키텍처를 이용한 래퍼와 언래퍼 사슬의 일반적인 사용을 보여준다. 하나 이상의 단계들에 의해 감싸인 메시지는 대칭되는, 꺼내는 단계들을 거쳐야 한다. 메시징 인프라에서 *파이프 필터*(p128)들은 서로 독립적이므로, *파이프 필터*(p128)들 사이에 넣거나 꺼내는 단계를 유연하게 추가하거나 제거할 수 있다. 예를 들어 VPN을 거쳐 트래픽이 전달되는 경우, 암호화는 더 이상 필요 없게 된다.

내용 보탬이(Content Enricher)

시스템에서 시스템으로 메시지를 전송할 때, 종종 목적지 시스템에는 출발지 시스템이 제공할 수 있는 것보다 더 많은 정보가 필요하다. 예를 들어 도시와 주^{state} 정보를 중복해서 저장하는 것이 불필요하다고 생각하는 시스템 설계자는 수신할 메시지의 주소 필드에 우편 번호만 포함하도록 요구할 수 있다. 그런데 다른 시스템은 도시와 주뿐만 아니라 우편 번호도 요구한다. 국제 주소를 지원하는 또 다른 시스템은 주약어를 사용하지 않는 주 이름도 그대로 사용할 수 있게 한다. 마찬가지로 고객 아이디만 제공할 수 있는 발신 시스템에 수신 시스템은 고객 아이디 이외에 고객의 이름과 주소도 요구할 수 있다. 다른 상황으로 주문 관리 시스템이 전송하는 주문 메시지는 주문 번호만 포함하는데, 주문 메시지를 수신하는 고객 관리 시스템은 주문 번호와 관련된 고객 아이디도 요구한다. 이런 종류의 시나리오는 비일비재하다.

▼

수신한 메시지에 필요한 데이터 항목이 완전하지 않은 경우, 어떻게 다른 시스템과 통신할 수 있을까?

▲

이 문제는 *메시지 변환기*(p143)의 특별한 경우이므로 고려 사항도 비슷하다. 그러나 *메시지 변환기*(p143)의 경우와 다른 문제가 있다. *메시지 변환기*(p143)는 수신자 애플리케이션이 요구한 데이터가 비록 잘못된 포맷이라도 이미 수신 메시지에 포함돼 있다고 가정한다. 그러나 여기서는 필드를 재배열하는 정도의 단순한 문제가 아닌 실제로 메시지에 정보를 추가로 삽입해야 가능한 문제를 이야기한다.

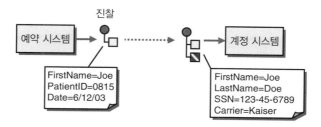

계정 시스템은 예약 시스템이 제공할 수 있는 것보다 더 많은 정보가 필요하다.

다음과 같은 예를 생각해 보자(그림 참조). 병원의 예약 시스템은 의사가 환자를 진찰했다는 메시지를 게시한다. 이 메시지에는 환자의 이름, 환자 아이디, 진찰 날짜가 포함된다. 그런데 계정 시스템은 환자의 전체 이름과 사회 보장 번호^{social security number}, 보험 회사 정보가 추가적으로 있어야 진찰 기록을 저장하고 보험 회사에도 연락할 수 있다. 그러나 예약 시스템은 이 정보들을 자체적으로 저장해 놓지 않는다. 이 정보들은 고객 관리 시스템이 관리한다. 우리는 어떻게 해야 할까?

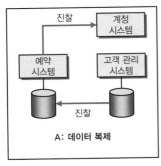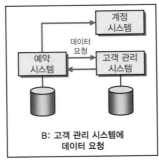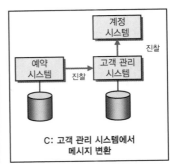

내용 보탬이 문제에 대한 가능한 해결책들

방법 A: 예약 시스템을 수정해 정보를 추가로 저장하게 한다. 고객 관리 시스템에서 고객 정보가 변경되면 (예: 환자가 보험 회사를 바꾸는 경우), 변경 사항은 예약 시스템으로 복제되고, 예약 시스템은 복제된 정보를 포함하는 메시지를 전송한다. 불행히도 이 방식에는 중요한 단점들이 따른다. 첫째, 예약 시스템 내부 구조를 수정해야 한다. 그러나 대부분의 경우 예약 시스템은 패키지 애플리케이션으로 이런 유형의 수정이 불가능할 수 있다. 둘째, 예약 시스템을 수정할 수 있더라도, 다른 시스템의 요구에 맞게 시스템을 변경해야 한다. 예를 들어 예약 시스템의 메시지를 소비하는 시스템이 환자에게 진찰 결과를 편지로 보내려고 한다면, 해당 시스템에 고객의 우편 주소를 전달할 수 있도록 예약 시스템을 다시 변경해야 한다. 예약 시스템과 진찰 메시지를 소비하는 애플리케이션 사이의 밀접한 결합을 제거할 수 있다면, 통합 솔루션은 훨씬 더 유지보수하기 좋아질 것이다.

방법 B: 예약 시스템 내부에 고객 정보를 저장하는 대신, 예약 시스템은 진찰 메시지를 전송하기 바로 전에 고객 관리 시스템에 사회 보장 번호와 보험 회사 데이터를 요청한다. 이 방법은 방법 A의 문제를 해결한다. 이제 더 이상 예약 시스템의 저장소를 수정할 필요가 없다. 그러나 두 번째 문제는 남아 있다. 예약 시스템은 계정 시스템에 메시지를 전송하기 위해 여전히 환자의 사회 보장 번호와 보험 회사 정보가 필요하다. 따라서 메시지의 의미론은 진찰 결과의 전달이라기보다 보험 정보의 전달에 더 가깝다. 느슨하게 결합된 시스템 환경은 시스템들 사이에 이런 지시 관계를 형성하지 않는다. 대신 *이벤트 메시지*(p210)를 전송하고 어떻게 할지는 이벤트를 수신한 시스템이 결정하게 한다. 게다가 이 해결책은 예약 시스템이 누락된 데이터를 얻을 곳을 알아야 하므로 예약 시스템과 고객 관리 시스템을 더 밀접하게 결합시킨다. 그 결과 예약 시스템은 계정 시스템과 고객 관리 시스템 모두와 묶이게 된다. 이런 유형의 결합은 통합 솔루션을 부서지기 쉽게 만들므로 바람직하지 않다.

방법 C: 계정 시스템 대신에 고객 관리 시스템에 먼저 메시지를 전송하면 이런 의존성 문제를 일부 피할 수 있다. 고객 관리 시스템은 필요한 정보를 모두 가져와 계정 시스템이 요구하는 데이터를 포함한 메시지를 전송한다. 이 방법은 예약 시스템과 메시지의 후속 흐름 사이의 결합을 훌륭하게 제거한다. 그러나 이제 우리는 의사가 환자를 진찰한 후 보험 회사가 청구서를 수신하는 업무를 구현해야 한다. 이를 위해서는 고객 관리 시스템의 내부 로직을 수정해야 한다. 고객 관리 시스템이 패키지 애플리케이션인 경우 이런 수정은 어렵거나 불가능하다. 수정이 가능하더라도 고객 관리 시스템은 청구 메시지를 전송할 책임을 져야 한다. 고객 관리 시스템이 계정 시스템이 필요로 하는 모든 데이터를 가지고 있는 경우 이것은 문제가 되지 않는다. 그러나 필요한 필드의 일부만을 가지고 있는 경우 방법 A와 비슷한 상황을 다시 만나게 된다.

방법 D (보이지 않음): 계정 시스템을 수정해, 계정 시스템은 고객 아이디만 요구하게 하고 계정 시스템이 직접 사회 보장 번호와 보험 회사 정보를 고객 관리 시스템으로부터 획득하게 할 수도 있다. 그러나 이 방법도 단점들은 여전하다. 첫째, 이 방법은 계정 시스템을 고객 관리 시스템에 결합시킨다. 둘째, 이 방법은 다시 우리가 계정 시스템을 제어할 수 있다고 가정한다. 대부분의 경우 계정 시스템은 수정이 불가능한 패키지 애플리케이션이다.

특화된 변환기인 내용 보탬이(Content Enricher)를 사용한다. 내용 보탬이는 외부 자원에 접근해 누락된 정보를 메시지에 보탠다.

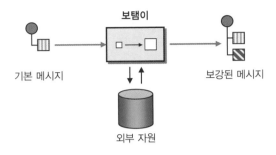

기본 메시지   보탬이   보강된 메시지

외부 자원

내용 보탬이는 수신 메시지의 내부 정보(예: 키 필드)를 사용해 외부 자원으로부터 데이터를 가져와 메시지에 추가한다. 수신한 메시지의 원본 정보는 수신 애플리케이션의 요구에 따라 결과 메시지에 포함되거나 제거된다.

내용 보탬이가 메시지에 추가한 정보는 시스템의 어딘가에서 반드시 사용돼야 한다. 다음은 보태지는 데이터에 대한 일반적인 출처다.

1. **계산**: 내용 보탬이는 누락된 정보를 계산할 수 있다. 이 경우 알고리즘이 추가 정보를 포함한다. 예를 들어 수신 시스템이 도시와 주 약어를 필요로 하나 수신 메시지엔 우편 번호만 포함된 경우, 알고리즘은 도시와 주 약어를 제공할 수 있다. 또는 수신 시스템이 메시지의 총 크기를 지정하는 데이터 포맷을 요구할 수 있다. 이 경우 내용 보탬이는 모든 메시지 필드의 길이를 더해 메시지 크기를 계산한다. 이런 형태의 내용 보탬이는 외부 데이터 소스를 필요로 하지 않으므로 *메시지 변환기*(p143)와 매우 유사하다.

2. **환경**: 내용 보탬이는 운영 환경에서 추가 데이터를 추출할 수 있다. 가장 일반적인 예는 타임스탬프다. 예를 들어 수신 시스템은 타임 스탬프를 가진 메시지를 요구하는데, 발신 시스템이 이 필드를 포함하지 않는 경우, 내용 보탬이는 운영 시스템으로부터 현재 시간을 가져와 메시지에 추가한다.

3. **다른 시스템**: 가장 일반적인 경우다. 내용 보탬이는 다른 시스템에서 누락된 데이터를 추출한다. 데이터 자원들은 데이터베이스, 파일, LDAP 디렉터리, 애플리케이션, 수기로 누락된 데이터를 입력하는 사용자 등 수많은 형태로 존재할 수 있다.

대부분의 경우 내용 보탬이가 필요로 하는 외부 자원은 다른 시스템이나 기업 외부에 위치한다. 따라서 내용 보탬이와 자원 사이 `통신은 *메시징*(p111)이나 다른 통신 메커니즘이 사용된다(2장, '통합 스타일' 참조). 내용 보탬이와 데이터 출처 사이 상호작용은 정의에 따라 동기적이므로(데이터 출처가 요청된 데이터를 반환해야 내용 보탬이는 보강된 메시지를 전송할 수 있다), 동기 프로토콜(예: HTTP나 ODBC 데이터베이스 연결)이 비동기 메시징을 사용하는 것보다 더 나은 성능을 보일 것이다. 내용 보탬이와 데이터 출처는 본질적으로 단단히 결합된다. 그러므로 *메시지 채널*(p118)을 거쳐 느슨한 결합을 갖는 것은 그리 중요하지 않다.

다시 예로 돌아 와, 우리는 메시지에 추가할 데이터를 고객 관리 시스템으로부터 추출하기 위해 내용 보탬이를 삽입할 수 있다(그림 참조). 이 방법을 사용하면, 예약 시스템은 보험 정보 시스템 또는 고객 관리 시스템에 대한 처리로부터 멋지게 분리된다. 예약 시스템은 진찰 메시지만 게시하면 된다. 내용 보탬이 컴포넌트가 필요한 데이터를 가져오는 일을 담당한다. 계정 시스템도 고객 관리 시스템에 의존하지 않게 된다.

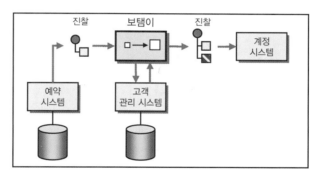

내용 보탬이가 적용된 병원 시스템 예

내용 보탬이는 메시지에 포함된 참조를 해결하는 데 많이 사용된다. 메시지를 작고 쉽게 유지하기 위해, 메시지에 모든 데이터 요소를 전부 전달하기보다 종종 간단히 객체에 대한 참조만을 전달한다. 이런 참조는 일반적으로 키나 고유 아이디의 형태다. 이런 메시지를 처리하는 경우, 시스템은 원본 메시지에 포함된 객체 참조에 따라 필요한 데이터 항목들을 추출해야 한다. 이런 작업에 내용 보탬이가 사용된다. 하지만 내용 보탬이의 사용에는 명백한 득실이 있다. 참조를 사용하면 원본 메시지의 데이터 크기는 줄어들지만 자원을 추가로 조회해야 한다. 참조의 이용에 따른 성능 향상은 내용 보탬이를 사용하는 컴포넌트 수 대비 단순 참조만 사용하는 컴포넌트 수에 의존한다. 예를 들어 메시지가 다수의 중간 수신자들을 통과하는 경우, 객체 참조 사용은 최종 수신자까지 메시지가 도달하는 과정의 메시지 트래픽을 크게 줄여준다. 이 경우 최종 수신자가 메시지에서 누락된 정보를 읽기 전에 마지막 단계로 내용 보탬이를 삽입한다. 메시지 전송 과정에 포함하기를 원치 않는 데이터가 있다면, 번호표(p409)를 사용해 데이터는 저장하고 대신 참조를 전송한다.

예 외부 기관과 하는 통신

일반적으로 내용 보탬이는 특정 메시지 표준(예: ebXML)을 준수하는 메시지를 사용하는 외부 기관과 통신할 때 자주 사용된다. 이런 표준에는 대부분 긴 목록의 데이터를 가진 큰 메시지가 필요하다. 이 경우 우리는 내부 메시지를 가능한 간단하게 유지해서 내부 작업을 단순하게 하고, 외부 기관으로 메시지를 전송할 때는 누락된 필드를 추가하는 내용 보탬이를 사용한다. 마찬가지로 우리는 수신 메시지에서 불필요한 정보를 제거하기 위해 *내용 필터*(p405)를 사용한다(그림 참조).

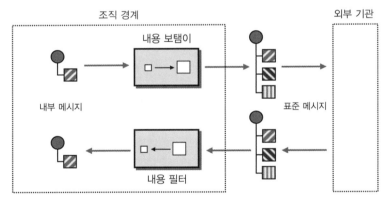

외부 기관 통신에 사용된 내용 보탬이와 내용 필터

내용 필터(Content Filter)

내용 보탬이(p399)는 메시지 수신자가 메시지 생산자가 제공하는 것보다 더 많거나 다른 데이터를 요구하는 상황에 도움이 된다. 그러나 그 반대 상황이 바람직한 경우도 의외로 많다. 즉, 메시지에서 데이터를 제거해야 하는 경우다.

메시지에서 일부 데이터만 필요한 경우, 메시지 처리를 어떻게 단순화할까?

왜 우리는 메시지에서 중요한 데이터를 제거하려 하는가? 일반적인 이유는 보안 때문이다. 서비스에 데이터를 요청한 애플리케이션은 응답 메시지에 포함된 모든 데이터를 볼 수 있는 권한이 없을 수 있다. 서비스 제공자는 보안 체계에 대한 지식을 가지고 있지 않아, 사용자에게 상관없이 항상 모든 데이터 요소를 반환할 수 있다. 이 경우 우리는 요청자의 입증된 신분에 근거해 민감한 데이터를 제거하는 단계를 추가해야 한다. 예를 들어 급여 시스템은 직원에 대한 모든 데이터를 반환하는 인터페이스를 노출할 수 있다. 이 데이터에는 급여 정보, 사회 보장 번호 등 민감한 정보가 포함될 수 있다. 직원의 입사일을 반환하는 서비스를 구축하려는 경우, 요청자에게 결과 메시지를 전달하기 전에 모든 민감한 정보들을 제거해야 한다.

데이터 요소들을 제거하는 또 다른 이유는 메시지 처리를 단순화하고 네트워크 트래픽을 줄이기 위해서다. 일반적으로 프로세스는 비즈니스 파트너로부터 수신된 메시지에 의해 시작된다. 그리고 분명히, 비즈니스 파트너와는 표준화된 메시지 포맷으로 통신하는 것이 바람직하다. 수많은 표준 단체와 위원회들이 특정 산업과 애플리케이션들을 위해 XML 데이터의 표준 포맷들을 정의한다. 그 중 잘 알려진 예는 RosettaNet, ebXML, ACORD 등이다. 합의된 표준에 기초한 이런 XML 포맷은 외부 단체와 상호작용하는 데 유용하지만, 위원회식 설계 접근이 그렇듯이 매우 큰 문서를 만든다. 대부분의 문서는 수백 개의 필드로 구성된다. 이런 대형 문서를 내부 메시지 교환에 사용하기는 어렵다. 예를 들어 문서가 수백 개의 요소로 매핑되는 경우, 대부분의 (끌어놓기 스타일의) 시각적 변환 도구들은 무용지물이 된다. 디버깅도 악몽이 될 것이다. 따라서 우리는 문서가 실제로 내부 처리 절차에 필요한 요소만 포함하게 수신 문서를 단순화하고 싶다. 중복 필드를 제거하고 관련 없는 필드를 제거하면, 메시지 내에 의미 있는 필드들은 상대적으로 더 많아지게 되고 그 결과 개발자의 실수도 줄게 되므로, 데이터 요소 제거는 어떤 의미로는 메시지의 유용성 확장을 돕는 일이다.

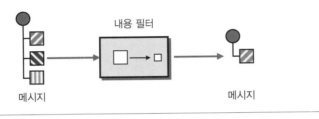

내용 필터(Content Filter)를 사용해, 중요한 항목들만 메시지에 남겨두고 중요하지 않은 데이터 항목들은 제거한다.

내용 필터가 데이터 요소를 제거하는 데만 필요한 것은 아니다. 내용 필터는 메시지 구조를 단순화하는 데도 유용하다. 메시지에는 종종 트리 구조가 있다. 외부 시스템이나 패키지 애플리케이션이 만드는 메시지는, 일반적으로 정규화된 데이터베이스 구조를 본뜨므로, 반복적이고 중첩된 데이터 구조를 지닌다. 종종 알려진 제약과 가정은 이런 중첩을 사용하지 못하게 하므로, 내용 필터는 이 계층 구조를 다른 시스템이 쉽게 이해하고 처리할 수 있는 간단한 요소들의 목록으로 '평평하게' 만들어야 한다.

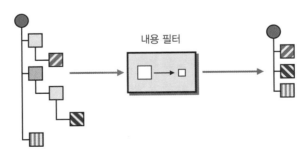

계층 구조 메시지를 평평하게 만드는 내용 필터

각각 특정 측면을 맡는 내용 필터들은, 하나의 크고 복잡한 메시지를 개별 메시지로 나눔으로, 정적 분할기(분할기(p320) 참조)처럼 사용되기도 한다(다음 그림 참조).

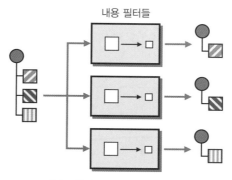

내용 필터들

정적 분할기로 사용된 내용 필터들

예 데이터베이스 어댑터

대부분의 통합 제품들은 기존 시스템에 연결하는 *채널 어댑터*(p185)를 제공한다. 대부분의 경우, 이 어댑터들은 애플리케이션의 내부 구조와 비슷한 포맷의 메시지들을 게시한다. 예를 들어 다음과 같은 스키마를 가진 데이터베이스에 연결하는 데이터베이스 어댑터를 가정해 보자.

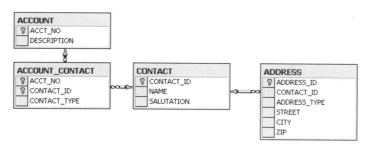

데이터베이스 스키마 예

이 데이터베이스 스키마는 외래 키와 관계 테이블(예: ACCOUNT_CONTACT 테이블은 ACCOUNT 테이블과 CONTACT 테이블을 연결한다)을 이용해 개체 테이블들을 연결하도록 잘 설계되어 있다. 대부분의 상용 데이터베이스 어댑터들은 이런 테이블들을 계층 구조 메시지로 변환한다. 이 메시지에는 메시지 수신자와 관련 없는 기본 키나 외래 키 같은 추가 필드가 포함될 수 있다. 이 경우 내용 필터로 메시지에서 관련 필드만 추출해 평평한 메시지로 만들면 메시지 처리가 쉬워진다. 다음 그림은 시각적 변환 도구를 사용하는 내용 필터를 보여준다. 이 그림은 여러 수준에 걸쳐있는 수십 개의 필드를 가진 메시지를 5개의 필드를 가진 간단한 메시지로 단순화하는 과정을 보여준다. 다른 컴포넌트들도 이 단순화된 메시지를 처리하는 것이 훨씬 쉽고 효율적일 것이다.

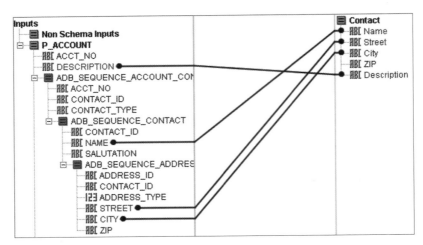

데이터베이스 어댑터 메시지의 단순화

내용 필터가 이런 문제에 대한 유일한 해결책은 아니다. 예를 들어 테이블 관계를 해결해 간단한 결과 집합을 반환하는 뷰view를 데이터베이스에 구성할 수 있다. 데이터베이스에 뷰를 추가할 수 있는 권한이 있다면, 이 방법이 간단한 선택이 될 수 있다. 그럼에도 많은 상황에서 기업 통합은 가능한 한 덜 파괴적이어야 하므로, 데이터베이스에 뷰 추가는 통합 가이드라인에 포함되지 않을 수 있다.

번호표(Claim Check)

내용 보탬이(p399)는 메시지에 필요한 데이터 항목이 누락된 상황을 처리할 수 있는 방법을 제시한다. 반대로 *내용 필터*(p405)는 메시지에서 불필요한 데이터 항목을 제거한다. 그러나 때로는 필드 제거가 일시적이어야 하는 경우가 있다. 예를 들어 메시지는 메시지 흐름에서 마지막에서만 필요하고 모든 중간 처리 단계에서는 필요 없는 데이터들을 포함할 수 있다. 각 처리 단계를 통과할 때 모든 정보를 포함하는 게 바람직하지 않다. 이 경우 시스템의 성능이 저하될 수 있고 추가된 데이터들로 디버깅이 어려워질 수 있기 때문이다.

> 시스템을 가로질러 전송되는 메시지의 데이터 크기를 정보 손실 없이 줄이려면 어떻게 해야 할까?

메시지로 대량 데이터를 옮기는 일은 비효율적이다. 일부 메시징 시스템은 메시지 크기에 엄격한 제한을 둔다. 또 어떤 메시징 시스템은 데이터 표현에 XML을 사용하는데, 이렇게 하면 메시지 크기가 실제 크기보다 더 커진다. 그러므로 메시징은 정보를 전송하는 가장 즉각적이고 신뢰할 수 있는 방법을 제공하지만 가장 효율적이지는 않을 수 있다.

적은 데이터를 운반하는 메시지는 중간 시스템들이 의도하지 않았던 정보에 의존하는 것을 방지한다. 예를 들어 연속되는 중개자들을 거쳐 시스템에서 시스템으로 주소 정보가 전송되는 경우, 중개자들은 주소 데이터에 대한 가정을 시작하면서 메시지 데이터 포맷에 의존적인 시스템들이 될 수 있다. 가능한 메시지를 적게 만든다면 이런 숨겨진 가정이 개입할 가능성도 줄어든다.

내용 필터(p405)는 데이터 크기를 줄이는 데 도움을 주지만 이후 메시지 내용의 복원은 보증해 주지 않는다. 따라서 우리는 메시지 정보를 보관하고 나중에 가져올 수 있는 방법이 필요하다.

데이터를 메시지로부터 보관하려면 메시지와 관련된 올바른 데이터 항목을 검색할 수 있는 키가 필요하다. 메시지 아이디를 키로 사용한다면, 생성 메시지마다 메시지 아이디는 변경되므로, 이후 컴포넌트는 키로 사용된 이전 메시지 아이디를 더 이상 새 메시지 아이디로 통과시키지 않을 것이다.

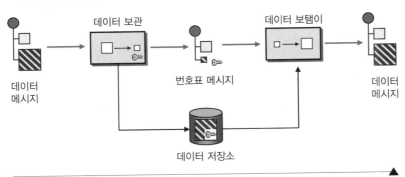

메시지 데이터를 영구 저장소에 보관하고 다음 컴포넌트들에는 번호표(Claim Check)를 전달한다. 다음 컴포넌트들은 번호표를 사용해 보관된 정보를 추출한다.

번호표 패턴은 다음 단계들로 구성된다.

1. 메시지가 도착한다.

2. 데이터 보관 컴포넌트는 정보에 대한 고유 키를 생성한다. 이 키는 번호표로 나중에 사용된다.

3. 데이터 보관 컴포넌트는 메시지에서 데이터를 추출하고 파일이나 데이터베이스 같은 영구 저장소에 데이터를 보관하고 키와 보관된 데이터를 연관시킨다.

4. 데이터 보관 컴포넌트는 메시지에서 보관된 데이터를 제거하고 키를 번호표로 메시지에 추가한다.

5. 다른 컴포넌트는 번호표로 데이터를 검색할 수 있는 *내용 보탬이*(p399)를 사용한다.

이 과정은 공항의 수하물 확인 과정과 비슷하다. 탑승객이 공항에서 수하물을 가지고 탑승하지 않으려면 항공사 카운터에 맡기기만 하면 된다. 그러면 대신에 탑승객은 수하물을 고유하게 식별하는 참조 번호 스티커를 받는다. 최종 목적지에 도착하면 탑승객은 참조 번호 스티커를 사용해 수하물을 돌려받는다.

그림에 보이는 것처럼 원본 메시지에 포함된 데이터는 여전히 최종 목적지로 '옮겨진다'. 그러면 여기서 우리는 어떤 이득을 얻는 것일까? 메시징을 사용해 데이터를 전송하는 것이 중앙 데이터 저장소에 데이터를 보관하는 것보다 덜 효율적인 경우 우리는 이득을 얻게 된다. 예를 들어 메시지는 많은 양의 데이터를 요구하지 않는 라우팅 단계들을 통과할 수 있다. 메시징 시스템을 통과하는 메시지 데이터는 매 단계마다 마샬링되거나 언마샬링되고, 필요에 따라 암호화되거나 복호화된다. CPU를 크게 필요로 하는 이런 유형의 작업들이 중간 단계에서는 굳이 필요하지 않고 최종 목적지에서만 필요할 수 있다. 번호표는 메시지가 많은 컴포넌트를 지나서 다시 발신자에게 돌아오는 시나리오에서도 잘 동작한다. 이 경우 데이터 보관 컴포넌트와 *내용 보탬이*(p399)는 동일한 컴포넌트에 위치하므로 데이터는 네트워크를 거쳐 여행하지 않는다(그림 참조).

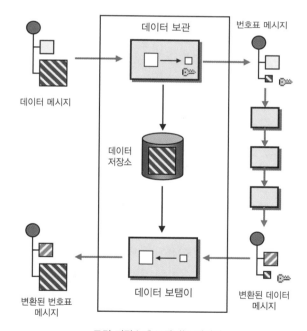

로컬 저장소에 보관되는 데이터

키 선택

데이터 키를 어떻게 선택해야 할까? 수많은 방법이 있을 수 있다. 그 중 몇 가지는 다음과 같다.

1. 메시지는 고객 아이디 같은 비즈니스 키를 이미 메시지 본문에 포함할 수 있다.

2. 메시지는 메시지와 데이터 저장소 데이터를 연결할 수 있는 메시지 아이디를 포함할 수 있다.

3. 고유한 아이디를 생성할 수 있다.

기존 비즈니스 키를 재사용하는 편이 가장 쉬운 선택처럼 보인다. 고객 아이디를 참조하면, 언제라도 고객의 세부 정보에 접근할 수 있기 때문이다. 키는 구체적인 방식concrete2과 추상적인abstract 방식으로 생성할 수 있다. 키를 구체 키concrete key 방식으로 사용하는 경우, 키가 통과하는 컴포넌트들은 고객 아이디 같은 구체적인 키의 처리 방법을 알아야 한다. 키를 추상 키abstract key 방식으로 사용하는 경우, 일관된 방식으로 키를 사용하고 일관된 방식으로 데이터 저장소에서 키를 검색하는 일반화된 메커니즘을 만들 수 있다는 장점이 있다.

메시지 아이디를 키로 사용하면 편리해 보이겠지만 좋은 생각이 아니다. 하나의 데이터 요소에 이중의 의미가 부착된다는 점에서 이 방법은 충돌을 일으킬 수 있다. 예를 들어 다른 메시지로 번호표 참조를 넘겨야 한다고 가정해 보자. 이때 다른 메시지에 새 고유 아이디가 할당되더라도, 이 새 아이디는 데이터 저장소에서 데이터를 검색하는 데 사용될 수 없다. 메시지 아이디의 사용은 단일 메시지 범위 내에서 데이터를 접근하는 환경에서만 의미가 있다. 따라서 키를 새 요소로 할당하는 것이 더 나은 선택이고 이 경우 '요소의 재사용' 문제도 방지된다.

데이터는 일반적으로 데이터 저장소에 일시적으로 보관된다. 이 경우 사용되지 않는 데이터를 어떻게 제거하면 좋을까? 첫째, 데이터를 읽자마자 삭제하려면 데이터 저장소로부터 데이터 추출은 1회만 허용되게 데이터 추출 의미를 수정해야 한다. 이 방법은 때때로 실제 보안상 이유로 의미를 갖는다. 그러나 이런 경우 여러 컴포넌트가 동일한 데이터에 접근할 수 없다. 둘째, 데이터에 만료 날짜를 첨부해 정기적으로 일정 기간 이상의 모든 데이터를 제거하는 가비지 컬렉션 프로세스를 정의한다. 또는 데이터를 제거하지 않는다. 데이터 저장소로 비즈니스 시스템(예: 계정 시스템)을 사용하는 경우 시스템 내 모든 데이터는 유지돼야 한다.

데이터 저장소는 다양한 형태를 취한다. 데이터베이스는 당연한 선택이지만 XML

---

2 원문에는 추상 키(abstract key)에 대한 언급만 나오고, 구체 키(concrete key)에 대한 언급은 나오지 않는다. 구체 키는 내용의 흐름상 추상 키에 대응되는 개념으로 옮긴이가 추가한 용어다. – 옮긴이

파일이나 메모리도 데이터 저장소로 사용될 수 있다. 때때로 애플리케이션이 데이터 저장소로 사용된다. 이런 데이터 저장소는 통합 솔루션의 다른 컴포넌트들도 접근해서 원본 메시지를 재구성할 수 있어야 한다.

번호표를 사용한 정보 은닉

번호표의 원래 의도는 대량의 데이터가 주위로 전송되는 것을 방지하는 데 있지만 다른 목적의 서비스도 제공한다. 종종 외부 기관으로 전송되는 메시지는 전송되기 전에 중요 데이터를 삭제해야 한다(그림 참조). 이 경우 외부 기관은 알 필요 기반[need-to-know basis] 데이터만 수신해야 한다. 예를 들어 외부 기관에 직원 데이터를 전송하는 경우, 직원을 외부 기관이 유추할 수 없는 고유 아이디[magic unique ID]로 참조하게 하고 사회 보장 번호 같은 필드는 제거하는 것이 좋다. 외부 기관이 필요한 처리를 완료한 후 메시지를 반환하면, 반환된 메시지와 데이터 저장소의 데이터를 병합해 메시지를 재구성한다. 메시지마다 특별한 고유 키[special unique key]를 생성해, 외부 기관이 키로 취할 수 있는 행동을 제한할 수도 있다. 이 방법을 사용하면 외부 기관이 악의적으로 시스템에 메시지를 밀어 넣는 행동을 막을 수 있다. *내용 보탬이*(p399)를 이용해 이런 무효나 만료나 기사용 키를 포함한 메시지들을 차단한다.

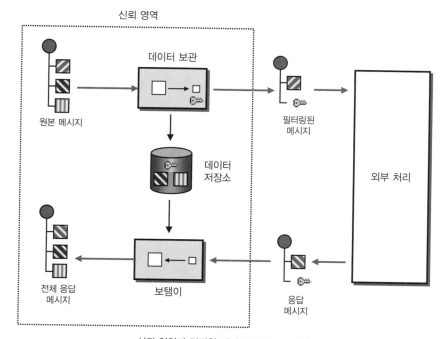

신뢰 영역과 민감한 메시지 데이터의 제거

번호표와 프로세스 관리자

하나 이상의 외부 기관들과 상호작용하는 경우, 프로세스 *관리자*(p375)를 번호표 기능으로 사용할 수 있다. 메시지가 도착하면 프로세스 관리자(p375)는 프로세스 인스턴스(때로는 태스크task나 잡job이라고도 함)를 생성하면서 추가 데이터와 프로세스 인스턴스를 연관시킨다. 프로세스 *관리자*(p375)는 프로세스 인스턴스를 메시지의 데이터 저장소로 이용한다. 결과적으로 프로세스 엔진이 데이터 저장소의 역할을 하게 된다. 프로세스 *관리자*(p375)는 메시지 정보를 프로세스 인스턴스에 보관하므로 프로세스 *관리자*(p375)의 발신 메시지는 원본 메시지의 모든 정보가 아닌 외부 기관이 필요한 데이터만 포함한다. 프로세스 *관리자*(p375)는 외부 기관으로부터 응답 메시지를 수신할 때 프로세스 인스턴스가 보관한 데이터와 응답 데이터를 병합한다.

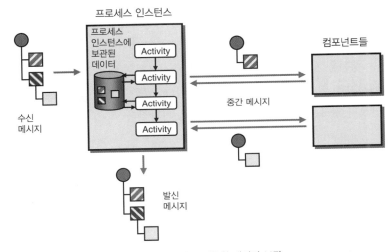

프로세스 관리자를 이용한 데이터 보관

노멀라이저(Normalizer)

비즈니스 대 비즈니스(B2B) 통합 시나리오에서 기업은 비즈니스 파트너로부터 메시지를 수신한다. 이 경우 메시지 의미는 서로 동일하지만 파트너와 내부 시스템의 선호도 때문에 메시지 포맷은 서로 다를 수 있다. 실제로 우리는 ThoughtWorks 사를 위해 대부분 표준 포맷을 준수하지 않은 1,700여 계열사로부터 시청률 정보를 수집하는 유료 시청 솔루션을 만든 적이 있다.

> 의미는 같지만 다른 포맷으로 수신된 메시지는 어떻게 처리할까?

기술적인 관점에서 가장 쉬운 해결책은 모든 참여자에게 균일한 포맷을 명령하는 것일 수 있다. 기업이 대기업이고 B2B 교환 또는 공급 채널을 통제할 수 있으면, 이 방법을 사용할 수 있다. 예를 들어 제네럴 모터스사가 공통 메시지 포맷으로 공급 업체로부터 주문 상태 갱신을 수신하려는 경우, 공급 업체들은 GM의 가이드라인을 준수할 것이다. 그러나 일반적인 기업이 그런 사치를 누리기란 그리 쉽지 않다. 메시지 수신자를 정보 '수집기'로 하는 비즈니스 모델인 경우, 일반적으로 참여자들은 각자의 시스템 인프라가 최소한도로 변경돼야 협력에 합의할 것이다. 따라서 우리는 EDI 레코드나, 쉼표로 구분된 CSV 파일로부터 XML 문서 또는 Excel 스프레드시트에 이르기까지, 수신된 모든 데이터 포맷을 처리할 수 있는 수집기를 찾아야 한다.

다수의 파트너들을 다룰 때, 중요한 고려 사항은 변경의 속도다. 참여자마다 선호하는 데이터 포맷이 있을 뿐만 아니라, 데이터 포맷도 시간이 지남에 따라 변경될 수 있다. 게다가 참여자가 추가될 수도 있고 기존 참여자가 빠질 수도 있다. 한 파트너가 몇 년에 한 번씩 데이터 포맷을 변경한다 치더라도, 수십 개의 파트너가 모이면 이 변경은 월별 또는 주별로 발생할 수 있다. 전체 시스템으로 변경이 '파급'되지 않도록, 가능한 한 데이터 포맷의 변경은 나머지 처리 부분으로부터 분리해야 한다.

수신 메시지 포맷들을 시스템의 나머지 부분과 분리하려면, 공통 포맷으로 수신 메시지들을 변환해야 한다. 일반적으로 수신 메시지마다 포맷이 다르므로, 메시지 데이터 포맷마다 *메시지 변환기*(p143)가 필요하다. 이 작업을 수행하는 가장 쉬운 방법은 *데이터 형식 채널*(p169)을 각 메시지 포맷마다 하나씩 사용하는 것이다. 그리고 *데이터 형식 채널*(p169)마다 *메시지 변환기*(p143)를 연결한다. 이 방법의 단점은 메시지 포맷이 많으면 *메시지 채널*(p118)과 *메시지 변환기*(p143)도 많아진다는 점이다.

노멀라이저(Normalizer)를 사용한다. 노멀라이저는 형식에 따라 메시지를 특정 메시지 변환기(p143)로 라우팅해 메시지가 공통 포맷 메시지가 되게 한다.

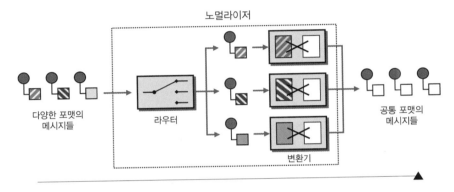

노멀라이저는 메시지 포맷마다 *메시지 변환기*(p143)를 갖추고, *메시지 라우터*(p136)을 거쳐 수신 메시지를 올바른 *메시지 변환기*(p143)로 라우팅한다.

메시지 포맷 감지

올바른 *메시지 변환기*(p143)로 메시지를 라우팅하려면, *메시지 라우터*(p136)는 수신 메시지의 형식을 감지할 수 있어야 한다. 대부분의 메시징 시스템은 메시지 헤더에 형식 지정자 필드를 포함하게 해 이런 종류의 작업을 간단하게 한다. 그러나 일반적으로 B2B 시나리오는 기업 내부 메시징 시스템 형식이 아닌 CSV 파일이나 스키마 없는 XML 문서 같은 다양한 메시지 포맷을 사용한다. 형식 지정자로 메시지에 데이터 포맷을 지정하는 것이 가장 좋은 방법이지만, 우리 모두는 세상이 그렇게 완벽하지 않다는 것을 잘 안다. 그러므로 우리는 수신 메시지의 포맷을 식별할 수 있는 더욱 일반적인 방법을 생각해야 한다. 스키마를 사용하지 않는 XML 문서인 경우에는 일반적으로 루트 엘리먼트의 이름을 이용해 형식을 식별한다. 여러 데이터 포맷이 동일한 루트 엘리먼트를 사용하는 경우, XPath 표현식을 사용해 특정 하위 노드의 존재를 확인한다. CSV 파일은 좀 더 창의적이어야 한다. 때때로 필드의 수와 데이터 형식(예: 숫자나 문자열)에 따라 형식을 결정할 수 있다. 파일로 도착하는 데이터인 경우, 가장 쉬운 방법은 파일 이름이나 파일 폴더 구조를 *데이터 형식 채널*(p169)로 사용하는 것이다. 비즈니스 파트너가 고유한 명명 규칙으로 파일 이름을 지정하면, *메시지 라우터*(p136)는 파일 이름을 이용해 적절한 *메시지 변환기*(p143)로 메시지를 라우팅한다.

메시지 라우터(p136)는 동일한 변환을 재사용할 수 있게 해준다. *메시지 라우터*(p136)는 비즈니스 파트너들이 동일한 포맷을 사용하거나, 변환이 여러 메시지 형식을 수용할 수 있을 만큼 충분히 포괄적인 경우 유용하다. 예를 들어 XPath 표현식은 XML 문서에서 포맷에 상관없이 엘리먼트를 수월하게 추출한다.

노멀라이저 패턴은 메시징 솔루션에 일반적으로 등장하므로, 우리는 노멀라이저를 나타내는 아이콘을 만들었다.

다양한 포맷　　　　　노멀라이저　　　　　공통 포맷

노멀라이저의 사용

정규 데이터 모델(Canonical Data Model)

우리는 독립적인 내부 데이터 포맷을 가지면서도 *메시징*(p111)를 사용해 협력하는 애플리케이션들을 설계하려고 한다.

서로 다른 데이터 포맷을 사용하는 애플리케이션들을 통합할 때, 어떻게 하면 의존성을 최소화할 수 있을까?

독립적으로 개발된 애플리케이션들은 데이터 포맷을 개별적으로 설계하므로, 일반적으로 서로 다른 데이터 포맷을 사용한다. 한편 임의의 애플리케이션들과 메시지를 발신하거나 수신하는 애플리케이션을 설계하는 경우, 메시지 포맷은 자연스럽게 발신과 수신에 가장 편리하도록 설계된다. 마찬가지로 패키지 애플리케이션의 통합에 사용되는 상용 어댑터들도 일반적으로 패키지 애플리케이션의 내부 데이터 구조와 유사한 데이터 포맷의 메시지를 게시하거나 소비한다.

메시지 변환기(p143)는 애플리케이션을 변경하지 않고도 또는 애플리케이션들이 상대의 데이터 포맷을 모르더라도 메시지 포맷의 차이를 해결한다. 그러나 많은 애플리케이션이 서로 통신하는 경우, 애플리케이션 쌍마다 *메시지 변환기*(p143)가 필요할 수 있다(그림 참조).

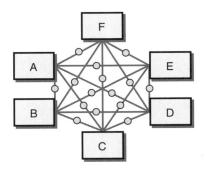

시스템 추가에 따른 연결 폭발

통합되더라도 애플리케이션마다 서로 다른 형식으로 메시지를 게시하거나 소비한다면, 여전히 수많은 *메시지 변환기*(p143)가 필요하게 된다. 이 경우 필요한 *메시지 변환기*(p143)의 수는 통합된 애플리케이션들의 수에 따라 기하급수적으로 늘어나므로, 곧 관리할 수 없는 지경에 이르게 된다.

메시지 변환기(p143)가 두 애플리케이션 사이 메시지 포맷에 대한 간접성을 제공한다고 하더라도, 이 방법은 여전히 애플리케이션의 메시지 포맷에 의존적이다. 따라서 애플리케이션의 데이터 포맷이 변경되면, 데이터 포맷이 변경된 애플리케이션과 통신하는 애플리케이션들 사이 모든 *메시지 변환기*(p143)들을 변경해야 한다. 마찬가지로 새로운 애플리케이션을 추가하는 경우, 기존 애플리케이션들과의 메시지 교환을 위해 새로운 *메시지 변환기*(p143)들을 만들어야 한다. 이런 상황은 *메시지 변환기*(p143) 유지보수를 악몽으로 만든다.

우리는 추가된 변환 단계가 메시지를 지연시키고 처리량도 줄일 수 있다는 점도 유의해야 한다.

애플리케이션에 독립적인 정규 데이터 모델(Canonical Data Model)[3]을 설계해, 애플리케이션이 공통 포맷으로 메시지를 생성하고 소비하게 한다.

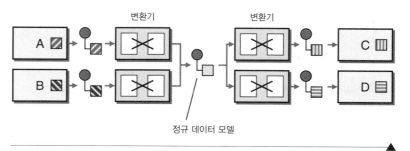

정규 데이터 모델은 애플리케이션의 개별 데이터 포맷 사이에 추가적인 간접성을 제공한다. 애플리케이션을 통합 솔루션에 추가하는 경우, 이미 참여한 애플리케이션들에 관계없이 정규 데이터 모델 변환기만 만들면 된다.

통합에 참여하는 애플리케이션들이 소수인데도 정규 데이터 모델을 사용하면 지나치게 복잡해 보일 수 있다. 그러나 그렇지 않은 경우 통합 솔루션은 애플리케이션

---

3 Canonical Data Model의 의미는 정규 데이터 모델, 표준 데이터 모델, 이상적인 데이터 등으로 번역할 수 있다. 그 중 정규 데이터 모델을 선택한 이유는 해당 용어가 데이터베이스 용어로부터 영향받았다는 점을 고려했다. – 옮긴이

들의 수가 증가함에 따라 신속하게 그 값을 치르게 된다. 애플리케이션들이 모두 메시지를 발신하고 수신한다고 가정하면, 두 개의 애플리케이션으로 구성된 통합에서, 애플리케이션이 데이터 포맷을 직접 변환하는 경우 두 개의 *메시지 변환기*(p143)가 필요한 반면, 정규 데이터 모델은 네 개의 *메시지 변환기*(p143)가 필요하다. 세 개의 애플리케이션으로 구성된 통합인 경우 두 방법 모두 여섯 개의 *메시지 변환기*(p143)가 필요하다. 그러나 여섯 개의 애플리케이션으로 구성된 통합은 정규 데이터 모델이 없는 경우에 '30개'의 *메시지 변환기*(p143)가 필요한 반면, 정규 데이터 모델인 경우에는 '12개'의 *메시지 변환기*(p143)만 있으면 된다.

기존 애플리케이션이 미래에 다른 애플리케이션으로 대체될 가능성이 있는 경우에도 정규 데이터 모델은 매우 유용하다. 예를 들어 기존 시스템과 인터페이스하는 수많은 애플리케이션이 미래에 새 시스템으로 교체되는 경우, 원래 통합에 정규 데이터 모델의 개념이 구축돼 있으면 교체 노력은 훨씬 줄어들게 될 것이다.

데이터 정규화 방법

공통 포맷을 준수하는 애플리케이션을 만드는 선택지는 기본적으로 세 가지다.

1. **애플리케이션의 데이터 포맷을 변경한다.** 이것은 이론상으로만 가능하고 복잡한 실제 시나리오에서는 가능하지 않을 것이다. 모든 애플리케이션이 동일한 데이터 포맷을 사용하게 만들 수 있다면, 메시징(p111)을 사용하기보다 공유 데이터베이스(p105)를 사용하는 편이 통합에 더 유리하다.

2. **애플리케이션 내부에 *메시징 매퍼*(p619)를 구현한다.** 애플리케이션이 수정 가능하다면 원하는 데이터 포맷을 생성하기 위해 매퍼^{mapper}를 사용할 수 있다.

3. **외부 *메시지 변환기*(p143)를 사용한다.** 애플리케이션의 메시지 포맷을 정규 데이터 모델의 포맷으로 변환하기 위해 *메시지 변환기*(p143)를 사용할 수 있다. 패키지 애플리케이션인 경우, 이 선택이 유일한 방법일 수 있다.

메시징 매퍼(p619)를 사용할지, 외부 *메시지 변환기*(p143)를 사용할지는 변환의 복잡성과 애플리케이션의 유지보수성에 따라 달라진다. 일반적으로 수정할 수 없는 패키지 애플리케이션은 *메시징 매퍼*(p619)를 사용할 수 없다. 수정할 수 있는 애플리케이션은 변환의 복잡성에 따라 선택이 달라진다. 일반적으로 상용 통합 제품들은 매핑 규칙의 빠른 구축을 지원하는 시각적 변환 편집기를 제공한다. 그러나 변환이

복잡한 경우, 이런 시각적 도구는 오히려 더 불편할 수 있다.

외부 *메시지 변환기*(p143)를 사용하는 경우, 공용^public 메시지 즉, 정규 메시지와 전용^private 메시지 즉, 애플리케이션별 메시지를 구분해야 한다. 애플리케이션과 *메시지 변환기*(p143) 사이의 메시지는 다른 애플리케이션들이 사용할 수 없으므로 전용 메시지다. 일단 *메시지 변환기*(p143)가 메시지를 정규 데이터 모델과 호환되는 포맷으로 변환하면, 변환된 메시지는 다른 시스템들도 사용할 수 있으므로 공용 메시지다.

이중 변환

정규 데이터 모델을 사용하면 메시지 흐름에 부담이 약간 추가된다. 메시지는 이제 한 번이 아닌 두 번의 변환 단계를 거쳐야 하기 때문이다. 한 번은 출발 애플리케이션 포맷에서 공통 포맷으로의 변환이고, 또 한 번은 공통 포맷에서 목표 애플리케이션 포맷으로의 변환이다. 이런 이유로 정규 데이터 모델의 사용은 종종 이중 변환 double translation으로 언급된다. (한 애플리케이션 포맷에서 다른 애플리케이션 포맷으로의 직접적인 변환은 직접 변환^direct translation이라 부른다.) 변환 단계를 거칠 때마다 메시지 흐름이 더 지연된다. 따라서 고속 처리 시스템인 경우, 직접 변환이 유일한 선택일 수 있다. 유지보수성과 성능 사이의 이와 같은 득실은 일반적이다. 최상의 조언을 하자면, 성능 요구가 중차대한 것이 아니라면 유지보수성이 더 좋은 해결책(즉, 정규 데이터 모델)을 사용하라는 것이다. 추가적으로 변환이 상태 비저장인 경우, *메시지 변환기*(p143)들을 병렬로 실행하면 부하를 조금 더 분산시킬 수 있다.

정규 데이터 모델 설계

정규 데이터 모델을 설계하기가 어려울 수 있다. 지금까지 대부분의 기업에서 한 개로만 된 '기업 데이터 모델'을 가지려 했던 노력은 대부분 실패로 돌아갔다. 균형 잡힌 모델을 달성하려면, 설계자는 통합되는 모든 애플리케이션이 공평하게 잘 동작하는 통일된 모델을 만들려고 노력해야 한다. 그러나 불행하게도 현실 세계에서는 이런 이상을 달성하기가 쉽지 않다. 그러므로 정규 데이터 모델은 애플리케이션들이 사용하는 데이터 집합을 전부 다 모델링하는 것이 아니라 메시징에 참여한 부분만을 모델링한다고 생각할 때, 정규 데이터 모델의 성공적인 설계가 가능해진다(그림 참조). 이런 접근 전략은 정규 데이터 모델을 생성하는 데 따른 복잡성을 크게 줄여 줄 수 있다.

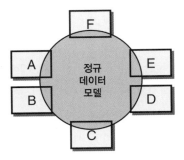

관련 데이터만 모델링한다

정규 데이터 모델을 사용하면 정치적인 이점도 생긴다. 정규 데이터 모델을 사용하면 개발자와 비즈니스 사용자는 특정 패키지가 아닌 회사 비즈니스 영역의 관점에서 통합을 논의할 수 있게 된다. 예를 들어 패키지 애플리케이션은 고객이라는 일반적인 개념을 '계정'과 '납부자', '연락처' 등 서로 다른 많은 내부 포맷들로 나타낼 수 있다. 정규 데이터 모델을 정의하는 일은 종종 애플리케이션들 사이 의미론적 불일치를 해결하는 첫 번째 단계가 된다([Kent] 참조).

데이터 포맷 의존성

이 패턴을 설명하기 시작할 때 봤던 '시스템들의 증가에 따른 연결의 폭발' 그림은 *메시지 브로커*(p384)에서 봤던 그림과 놀랍게 유사하다. 이것은 애플리케이션 사이의 의존성이 여러 수준에서 존재할 수 있다는 것을 상기시켜 준다. *메시지 채널*(p118)은 애플리케이션들 사이에 공통의 전송 계층을 제공해, 애플리케이션들로부터 개별 전송 프로토콜에 대한 의존성을 제거한다. *메시지 라우터*(p136)는 위치 독립성을 제공해, 발신 애플리케이션이 수신 애플리케이션의 위치에 의존하지 않게 한다. XML과 같은 공통 데이터 표현의 사용은 특정 데이터 형식에 대한 애플리케이션의 의존성을 제거한다. 마지막으로 정규 데이터 모델은 애플리케이션이 사용하는 데이터의 포맷과 의미에 대한 의존성을 해결한다.

항상 그렇듯이 유일한 상수는 변경이다. 따라서 정규 데이터 모델에 부합하는 메시지도 *포맷 표시자*(p239)를 지정해야 한다.

예 WSDL

애플리케이션이 접근하려는 외부 서비스가 정규 데이터 모델을 요구할 수 있다. XML 웹 서비스 세계의 데이터 포맷은 WSDL^Web Services Definition Language(웹 서비스 정의 언어), ([WSDL 1.1] 참조) 문서에 의해 지정된다. WSDL은 서비스가 소비하고 생산하는 요청, 응답 메시지의 구조를 지정한다. 대부분의 경우 WSDL에 지정된 데이터 포맷은 서비스를 제공하는 애플리케이션의 내부 포맷과 다르다. WSDL은 통신에 참여하는 두 당사자가 사용하는 정규 데이터 모델을 효과적으로 지정한다. 이중 변환은 서비스 소비자의 *메시징 매퍼*(p619) 또는 *메시징 게이트웨이*(p536)와 서비스 제공자의 원격 퍼사드^Remote Facade[EAA]로 구성된다.

예 팁코 액티브엔터프라이즈

대부분의 EAI 제품들은 정규 데이터 모델을 정의하고 설명하는 도구들을 제공한다. 예를 들어 팁코 액티브엔터프라이즈 제품은 TIB/디자이너를 제공해 사용자가 공통 메시지의 정의를 검사할 수 있게 한다. 메시지 정의는 XML 스키마로 가져오거나 내보낼 수 있다. *메시지 변환기*(p143) 구현에 사용되는 시각적 도구는 중앙 데이터 포맷 저장소에 저장된 애플리케이션별 데이터 포맷과 정규 데이터 모델을 설계자에게 제공한다. 이 도구는 두 데이터 포맷 사이 *메시지 변환기*(p143) 구성을 단순화한다.

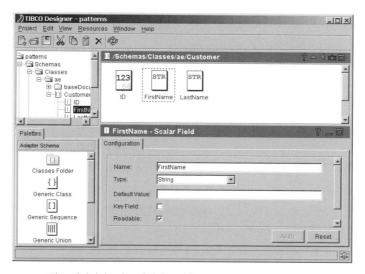

팁코 디자이너: 정규 데이터 모델을 유지보수하기 위한 GUI 도구

사잇장: 복합 메시징

대출 모집인 예

9장은 라우팅 패턴들과 변환 패턴들을 결합해 더 큰 해결책을 구성하는 방법을 보여준다. 9장에서 우리는 여러 은행에 대출 견적을 요청하는 소비자 프로세스를 모델링한다. 일반적인 소비자 금융 서비스에는 반하지만 통합 패턴에 집중할 수 있도록 우리는 비즈니스 프로세스를 실례를 무릅쓰고 조금 단순화시켰다. 우리는 그동안 정의했던 패턴들을 바탕으로 이 소비자 프로세스를 서로 다른 프로그래밍 언어, 기술, 메시징 모델을 사용해 세 가지 방법으로 구현하고 논의한다.

대출 견적 얻기

대출을 물색하는 고객은 일반적으로 최상의 이율을 찾기 위해 일부 은행에 문의한다. 그러면 각 은행은 고객에게 사회 보장 번호, 대출 금액, 상환 기일 등을 요청한다. 그리고 나서 각 은행은 보통 신용 평가 기관에 연락해 고객의 신용을 조사한다. 각 은행은 요청 조건과 고객의 신용 기록을 바탕으로 계산한 이율 견적을 고객에게 응답한다. 고객은 모든 은행으로부터 견적을 수신한 후 가장 낮은 금리를 가진 최상의 견적을 선택한다.

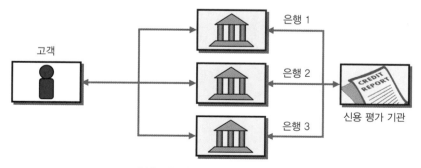

은행들에 대출 견적을 문의하는 고객

　대출 견적을 여러 은행에 문의하는 일은 지루한 작업이므로, 대출 모집인이 소비자에게 서비스를 대신 제공한다. 일반적으로 대출 모집인은 여러 대출 기관에 접근한다. 모집인은 고객의 데이터를 수집한 후 고객의 신용 기록을 얻기 위해 신용 평가 기관을 접촉한다. 모집인은 고객의 신용 점수와 기록을 바탕으로 고객의 기준에 가장 잘 충족되는 은행들에 견적을 의뢰한다. 모집인은 은행들로부터 견적을 수집하고 소비자에게 최상의 제안을 전달한다.

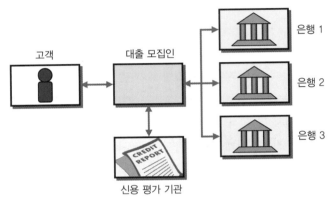

중개자 역할을 하는 대출 모집인

메시지 흐름 설계

우리는 이전 장들에서 언급한 통합 패턴들을 사용해 대출 모집인 시스템을 설계하고 싶다. 이를 위해 대출 모집인이 수행해야 할 작업들의 목록을 만들어 보자.

1. 소비자의 대출 견적 요청을 수신한다.

2. 신용 평가 기관에 신용 점수와 기록을 문의한다.

3. 접촉할 가장 적합한 은행들을 결정한다.

4. 선택한 은행들에 요청을 발신한다.

5. 선택한 은행들로부터 응답을 수집한다.

6. 최상의 응답을 결정한다.

7. 고객에게 결과를 전달한다.

　　어떤 패턴들이 이 대출 모집인의 설계와 구현에 도움을 줄 수 있는지 살펴보자. 첫
번째 단계는 모집인이 들어오는 요청을 수신하는 방법이다. 이 주제는 10장, '메시
징 엔드포인트'에서 조금 더 자세히 다룰 것이므로 지금은 이 단계를 건너 뛰고, 모집
인이 어쨌든 메시지를 수신했다고 가정하자. 다음, 모집인은 고객의 신용 점수 같은
몇 가지 정보를 추가로 검색해야 한다. *내용 보탬이*(p399)가 이 작업을 위한 이상적
인 선택처럼 보인다. 모집인은 전체 정보를 확보한 후에 요청 메시지를 라우팅할 적
당한 은행들을 결정한다. 이 작업에는 요청에 대해 수신자들을 계산하는 또 다른 *내
용 보탬이*(p399)를 사용한다. 수신자들에게 요청 메시지를 전송하고 응답들을 다시
하나의 메시지로 재결합하는 일은 *분산기 집합기*(p360)가 전문이다. *분산기 집합기*
(p360)는 *게시 구독 채널*(p164)이나 *수신자 목록*(p310)를 사용해 은행들에 요청을
전송한다. 은행들이 이율 견적을 응답하면, *분산기 집합기*(p360)는 *수집기*(p330)를
사용해 개별 이율 견적들에서 소비자를 위한 단일 견적을 집계한다. 이런 패턴들을
사용해 메시지 흐름을 모델링하면, 우리는 다음과 같은 설계에 도달한다.

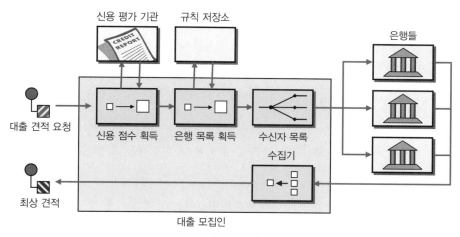

간단한 대출 모집인 설계

　　우리는 지금까지 은행마다 대출 요청과 응답에 약간 다른 메시지 포맷을 사용할
수 있다는 것을 언급하지 않았다. 라우팅과 수집 로직은 각 은행의 독자적인 포맷으
로 분리돼야 하므로, 우리는 모집인과 은행의 통신 회선 사이에 *메시지 변환기*(p143)
를 끼워 넣는다. 그리고 노멀라이저(p415)를 사용해 개별 응답들을 공통 포맷으로 변
환한다.

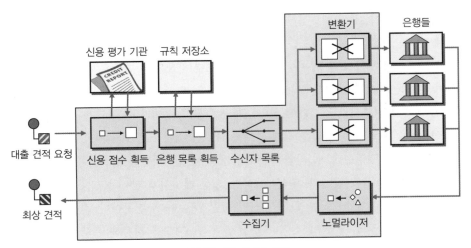

완전한 대출 모집인 설계

실행 방식: 동기 대 비동기

지금까지 우리는 대출 모집인 컴포넌트의 설계에 메시지 흐름, 라우팅 패턴, 변환 패턴은 설명하면서도 모집인의 실행 방식을 아직까지는 논의하지 않았다. 우리는 실행 방식으로 다음 두 방법을 선택할 수 있다.

* **동기**(순차) **실행** : 모집인은 각 은행에 순차적으로 견적을 요청하고 응답을 수신한다.

* **비동기**(병렬) **실행**: 모집인은 모든 은행에 한 번에 견적을 요청하고 응답이 돌아오기를 기다린다.

우리는 이 둘의 설명에 UML 시퀀스 다이어그램을 사용한다. 동기 방식은 모든 대출 요청을 순차적으로 처리한다는 것을 의미한다(다음 그림 참조). 이 솔루션은 동시성이나 스레드들에 대한 문제를 처리할 필요가 없으므로 관리가 조금 더 간단해진다는 장점이 있다. 그러나 이 솔루션은 은행들은 서로 독립적이므로 동시에 요청을 실행할 수도 있다는 사실을 이용하지 않으므로 비효율적이다. 그 결과 소비자가 응답을 수신하기 위해 오래 기다려야 하는 상황이 발생하기 쉽다.

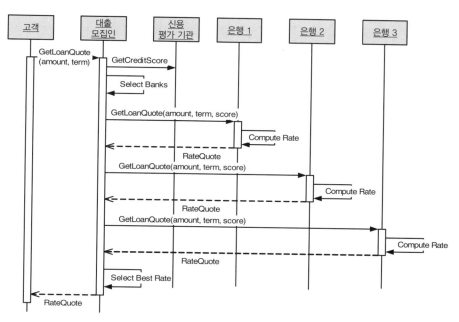

대출 요청의 동기 순차 처리

　비동기 솔루션은 요청을 모든 은행에 즉시 전송해 은행들이 동시에 처리를 시작할
수 있게 한다. 계산을 마친 은행은 바로 대출 모집인에게 결과를 반환한다. 이 솔루션
에서는 훨씬 빠른 응답을 기대할 수 있다. 예를 들어 모든 은행이 대출 견적을 계산하
는 데 비슷한 시간이 걸린다고 하면, n개의 은행을 처리할 때 이 솔루션은 거의 n배
더 빠를 것이다. 대신 이제는 대출 모집인이 대출 견적의 응답 메시지들을 임의의 순
서로 수락할 수 있어야 한다. 이 솔루션은 응답의 도착 순서가 요청이 만들어진 순서
와 동일함을 보장하지 않기 때문이다. 다음 시퀀스 다이어그램은 이 절차를 보여준
다. 대출 견적 요청(GetLoanQuote)에 열린 화살촉은 비동기 호출을 나타낸다.

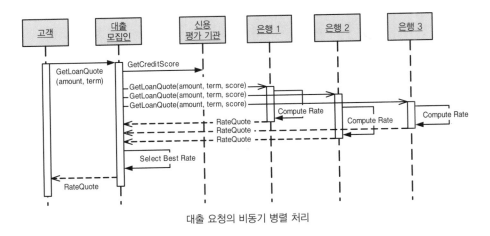

대출 요청의 비동기 병렬 처리

메시지 큐를 통한 비동기 호출의 또 다른 중요 장점은 서비스 제공자가 하나 이상의 인스턴스를 생성할 수 있다는 점이다. 예를 들어 신용 평가 기관에 병목이 발생하면 컴포넌트 인스턴스를 두 개 실행할 수 있다. 대출 모집인은 요청 메시지를 신용 평가 기관 컴포넌트로 직접 전송하지 않고 큐로 전송하므로, 응답이 응답 채널로 제대로 돌아오기만 하면 어떤 컴포넌트 인스턴스가 메시지를 처리했는가는 중요하지 않다.

주소 지정: 배포 대 경매

분산기 집합기(p360)는 최상의 견적을 얻기 위해 *수신자 목록*(p310)이나 *게시 구독 채널*(p164)의 주소 지정 메커니즘 중 하나를 선택할 수 있다. 결정은 주로 대출 요청에 참여할 수 있는 은행에 대한 제어의 정도에 따라 달라진다. 우리는 다양한 방법을 선택할 수 있다.

- **고정**: 은행 목록을 하드코딩한다. 각 대출 요청을 동일한 은행들의 집합으로 전달한다.

- **배포**: 모집인은 은행들에 대한 요청 기준을 유지한다. 예를 들어 모집인은 신용 기록이 불량인 고객의 견적 요청은 우량 고객 전문 은행에 전송하지 않는다.

- **경매**: 모집인은 *게시 구독 채널*(p164)을 사용해 요청을 브로드캐스트한다. 채널에 가입한 모든 관심 은행들이 요청에 '입찰'한다. 은행들은 자유롭게 가입 또는 탈퇴할 수 있고 입찰 참여 기준을 자체적으로 유지할 수도 있다.

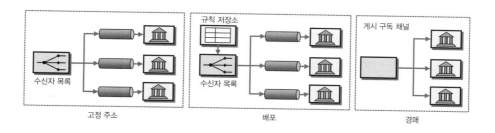

우리 시나리오엔 어떤 선택이 가장 적합할까? 항상 그런 것처럼, 간단히 대답할 수 없다. 선택은 비즈니스, 기술, 선호도, 제약 조건 등에 모두 영향 받는다. 첫 번째 방법은 간단하다. 모집인이 은행 목록을 제어한다. 그러나 은행들의 참여와 탈퇴가 빈번한 경우, 이 해결책은 관리가 부담스러워진다. 은행은 관련 없는 요청들을 잔뜩 수신할 수도 있다. 그런데 이런 관련 없는 요청들도 은행에 일정 비용을 발생시킨다. 게다가 이 경우 수집 전략은 접근 방법을 단순하게 유지하기 위해 모든 은행에 응답을 제출할 것을 요구할 가능성이 높다. 그러나 은행은 입찰 응답을 보류할 권리를 원할 수 있다.

(*수신자 목록*(p310)를 사용하는) 배포 접근 방법을 사용하면 모집인은 대출 요청에 포함할 은행들을 더욱 섬세하게 제어할 수 있다. 모집인은 요청 건수를 효율적으로 줄일 수 있고 비즈니스 관계에 따라 특정 은행을 더 선호할 수도 있다. 단점은 모집인 컴포넌트 내부에 비즈니스 로직이 추가돼야 한다는 점이다. 배포 방법과 고정 방법 모두 메시지 흐름을 제어하기 위해 각 참가자마다 별도의 *메시지 채널*(p118)이 필요하다.

경매 방법은 *게시 구독 채널*(p164)로 모든 구독 은행들에 대출 요청을 브로드캐스트하고 요청의 처리 여부를 은행이 결정하게 한다. 은행은 원치 않는 대출 요청을 거르기 위해 *메시지 필터*(p298)를 사용하거나 *선택 소비자*(p586)를 구현한다. 이 접근 방법에서 대출 모집인은 은행의 추가나 제거에 추가적인 작업이 거의 필요 없다. 그러나 반대로 은행이 해야 할 작업이 많다. 이 해결책은 단일 *메시지 채널*(p118)이더라도 *게시 구독 채널*(p164)을 사용해야 한다. 일반적으로 가장 효율적인 게시 구독 방법은 광역 네트워크나 인터넷을 거쳐 라우팅하지 않는 IP 멀티캐스트 방법이다. 다른 방법으로 *포인트 투 포인트 채널*(p161)과 *수신자 목록*(p310)을 조합해 *게시 구독 채널*(p164)을 모방할 수 있다. 이 방법은 *게시 구독 채널*(p164)의 단순성은 보존하지만 채널과 네트워크를 비효율적으로 사용한다. 필터링이 추가된 게시 구독과 라우팅 사이의 득실에 대한 추가적인 설명은 *메시지 필터*(p298)를 참조한다.

수집 전략: 복수 채널 대 단일 채널

은행으로부터 대출 견적을 수신하는 설계도 비슷하다. 우리는 모든 은행이 단일 응답 채널로 응답하게 하거나 은행마다 별도의 응답 채널로 응답하게 할 수 있다. 단일 응답 채널을 사용하면 모집인은 참여 은행마다 채널을 설정해야 하는 부담이 줄지만, 각 은행은 응답에 견적 은행을 식별하는 필드를 포함시켜야 한다. 일반적으로 단일 응답 채널에 사용되는 *수집기*(p330)는 *수신자 목록*(p310)이 *수집기*(p330)에 응답 메시지들의 수 정보를 전달하지 않으면 얼마나 많은 응답 메시지들을 기대해야 하는지 알 수 없게 된다. (이런 수집기를 초기화 수집기라 부른다.) 경매 스타일의 *게시 구독 채널*(p164)에 사용되는 *수집기*(p330)도 대출 모집인은 가능한 응답들의 수를 알지 못하므로 참가자의 총 수에 의존하지 않는 수집 완성 조건을 사용해야 한다. 예를 들어 *수집기*(p330)는 응답이 최소한 세 개가 될 때까지 그저 기다린다. 이 경우도 두 은행만 참여하면 문제가 발생할 수 있다. 이런 경우 제한시간을 이용하면, *수집기*(p330)는 응답의 수신 실패를 감지하고 보고할 수 있다.

동시성 관리

대출 모집인 같은 서비스는 서비스를 동시에 이용하는 여러 클라이언트를 처리할 수 있어야 한다. 예를 들어 대출 모집인이 웹 서비스로 노출되거나 공공 웹 사이트에 연결되는 경우, 고객에 대한 요청 제어가 거의 불가능하게 되어, 경우에 따라서는 동시에 수백 또는 수천 개의 요청을 받을 수도 있게 된다. 대출 모집인은 동시 요청들을 다음 두 가지 전략으로 처리할 수 있다.

- 복수 인스턴스 실행

- 이벤트 기반 단일 인스턴스

첫 번째를 선택한 모집인은 복수 개의 병렬 컴포넌트 인스턴스들을 유지한다. 모집인은 수신 요청마다 새 인스턴스를 시작하거나, (*메시지 디스패처*(p578)를 사용해) 프로세스 '풀'로부터 가용 프로세스를 할당한다. 가용 프로세스가 없는 경우, 모집인은 가용 프로세스가 생길 때까지 요청을 큐에 대기시킨다. 프로세스 풀을 사용하면 예측 가능한 방법으로 시스템 자원을 할당할 수 있다. 예를 들어 대출 모집인 인스턴스 수를 최대 20개까지 실행하게 결정할 수 있다. 대조적으로 요청마다 새 프로세스를 시작하는 경우, 동시에 요청이 급증하면 시스템은 갑자기 질식 상태에 빠질 수 있다. 프로세스 풀을 유지하면 요청 처리에 기존의 프로세스들을 재사용하므로 프로세스 생성과 초기화에 필요한 시간도 절약된다.

대출 모집인의 주된 작업은 외부 기관들(신용 평가 기관과 은행)로부터 응답을 기다리는 일이므로 병렬 프로세스를 많이 사용하는 것은 시스템 리소스 활용 면에서 좋은 방법이 아닐 수 있다. 대신 우리는 메시지 수신 이벤트에 반응하는 단일 프로세스 인스턴스를 사용할 수 있다. (은행 견적과 같은) 메시지 처리는 비교적 간단한 작업이므로, 단일 프로세스가 동시에 많은 요청을 서비스하는 것이 가능하다. 이 접근 방법은 시스템 자원을 더욱 효율적으로 사용할 수 있게 해주고 솔루션 관리도 단순하게 해준다. 프로세스 인스턴스를 하나만 모니터링하면 되기 때문이다. 잠재적인 단점으로 이 접근 방법은 프로세스를 하나만 사용하므로 확장이 제한될 수 있다. 일반적으로 대용량 애플리케이션은 이 두 기술을 조합해 프로세스를 하나 이상 병렬로 실행하고 각 프로세스가 요청을 동시에 처리하게 한다.

요청들을 동시에 실행하려면 시스템은 각 메시지를 올바른 프로세스 인스턴스로 상관시켜야 한다. 예를 들어 은행은 모든 응답 메시지를 고정된 채널로 전송하는 것이 가장 편리할 것이다. 한편 이것은 응답 채널에 다른 고객의 응답 메시지들도 동시에 포함될 수 있다는 것을 의미한다. 따라서 이 경우 은행의 응답 메시지에는 요청한 고객을 식별할 수 있게 하는 *상관관계 식별자*(p223)를 포함해야 한다.

세 가지 구현 방법

대출 모집인을 구현하려면 세 가지 주요 설계 방안을 결정해야 한다. 우리는 요청에 대한 실행 방식을 선택해야 하고, 은행에 대한 주소 지정 방식을 선택해야 하고, 수집 전략을 정의해야 한다. 프로그래밍 언어와 메시징 인프라도 선택해야 한다. 전체적으로 보면, 이런 개별 선택들은 수많은 구현 결정들을 가능하게 한다. 우리는 서로 다른 구현 방법들 사이 장단점을 강조하면서 세 가지 방법을 모두 구현해 보이기로 했다. 이 책의 다른 예처럼, 이 구현 예도 특정 기술의 선택은 다소 임의이고 특정 업체의 기술이 더 우수하다는 것을 나타내지도 않는다. 다음 표는 각 구현 방법의 특징을 강조한다.

구현	실행 방식	주소 지정	수집 전략	채널 형식	기술
A	동기	배포	채널	웹 서비스/SOAP	자바/아파치 액시스
B	비동기	배포	상관관계 아이디	메시지 큐	C#/마이크로소프트 MSMQ
C	비동기	경매	상관관계 아이디	게시 구독	팁코 액티브엔터프라이즈

첫 번째 구현은 자바와 아파치 액시스^{Apache Axis}로 동기 웹 서비스를 사용한다. 은행 통신은 HTTP 채널을 사용한다. HTTP 채널로 요청과 응답이 전송된다. 따라서 응답 채널이 수집 전략을 대신하므로 상관관계는 필요하지 않다. 두 번째 구현은 메시지 큐와 비동기 접근 방법을 사용한다. 우리는 마이크로소프트의 MSMQ를 사용해 구현하지만 JMS나 IBM 웹스피어 MQ를 사용해도 비슷하게 구현할 수 있다. 마지막 구현은 경매 접근 방법을 사용하고 팁코의 게시 구독 인프라와 프로세스 관리자(p375) 패턴을 구현한 도구인 TIB/통합매니저^{TIB/IntegrationManager}를 활용한다. 옵션 B와 C는 응답 메시지가 단일 채널로 도착하므로 *상관관계 식별자(p223)*을 사용해 응답 메시지와 고객의 대출 견적 요청을 상관시킨다.

동기 웹 서비스를 이용한 구현

콘라드 F. 디크루즈(Conrad F. D'Cruz)

이 절은 자바와 XML 웹 서비스를 이용한 대출 모집인 예의 구현을 설명한다. 우리는 웹 서비스 메커니즘을 처리하는 오픈 소스인 아파치 액시스^{Apache Axis} 툴킷을 사용한다. 툴킷을 선택해 동기 웹 서비스 인터페이스 구현의 복잡성을 추상화한 이유는 우리의 구현 예가 그저 자바 개발 훈련용이 되는 것을 원치 않았기 때문이다. 대신 우리는 동기 메시징 솔루션의 설계에 필요한 결정들에 주로 초점을 맞춘다.

솔루션 아키텍처

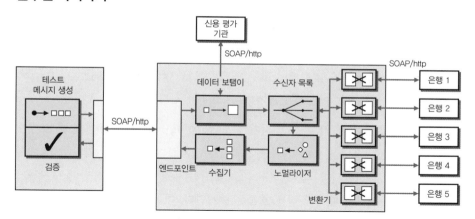

웹 서비스 솔루션 아키텍처

이 그림은 대출 모집인 사례로 보인 예측 동기 웹 서비스 솔루션의 전체 구조다. 대출 모집인과 솔루션의 나머지 부분들 간에는 일곱 개의 중요 인터페이스들이 있다. 그림에 표시된 바와 같이, 각 쌍의 참여자들 사이 통신은 HTTP 기반 SOAP 통신이다.

첫 번째 인터페이스는 대출 모집인의 진입 지점으로 클라이언트 애플리케이션이 대출 신청 메시지를 전달하기 위해 사용한다. 클라이언트와 대출 모집인은 질의와 결과 응답에 동일한 인터페이스를 사용한다. 그림에 보이지는 않지만, 액시스 서버는 클라이언트로부터 메시지를 수신하고 실행자를 호출하는 *서비스 액티베이터*(p605) 역할을 한다.

두 번째 인터페이스는 대출 모집인과 신용 평가 기관 사이에 있다. 신용 평가 기관은 외부 기관으로, 대출 모집인은 신용 평가 기관의 웹 서비스 인터페이스를 거쳐 은행이 요구하는 고객에 대한 추가 데이터를 얻는다. 대출 모집인은 *내용 보탬이*(p399)를 구현해 대출 신청 요청에 신용 평가 기관으로부터 가져온 데이터를 보탠다.

다음 다섯 개의 인터페이스는 대출 모집인과 다섯 은행들 사이에 있다. 각 인터페이스는 해당 은행으로부터 대출 이율 견적을 얻기 위해 사용된다. 은행 인터페이스들은 같은 기능(견적 요청)을 제공하지만, 은행마다 SOAP 메시지의 포맷은 다를 수 있다. 따라서 대출 모집인은 은행에 질의하기 전에 특정 은행이 요구하는 포맷으로 견적 요청 메시지를 변환해야 한다.

대출 모집인은 예측 라우팅을 사용해 각 은행에 직접 접속한다. 즉, 견적 수집에 참가하는 은행들은 견적을 요청받기 전에 이미 모집인에게 알려진다. 대출 모집인 애플리케이션은 이 단계에서 *수신자 목록*(p310) 패턴을 사용해 선택한 은행들에 요청을 전송한다. 은행마다 요청 포맷이 다를 수 있으므로, 대출 모집인은 은행의 요구 포맷으로 요청을 변환하는 *메시지 변환기*(p143)를 사용한다.

마찬가지로 모집인은 각 응답 메시지를 노멀라이저(p415)를 사용해 공통 포맷으로 변환하고 모든 응답을 하나의 최상 견적으로 집계한다. 요청 메시지와 응답 메시지는 동기적으로 전달된다. 즉, 고객과 대출 모집인은 각 은행에서 응답이 도착하거나 제한시간이 초과될 때까지 실행 흐름을 중지한다. 대출 모집인은 모든 응답을 수집해 하나의 최상 견적을 만들고, 최상 견적을 다시 고객에게 응답으로 전송한다.

동기 메시징은 간단한 솔루션이 필요한 문제 영역에 유용하다. 동기 메시징을 사용하면 비동기 이벤트나 스레드 안전이나 관련 지원 인프라 등에 대한 문제들을 걱정하지 않아도 된다. 고객은 대출 모집인의 웹 서비스를 호출하고 응답을 기다리기만 하면 된다. 이 해결책의 컴포넌트들은 다음 컴포넌트를 동기적으로 호출하고 응답이 도착할 때까지 실행을 중지한다.

웹 서비스 설계 고려 사항

XML 웹 서비스는 SOAP^{Simple Object Access Protocol}에 의존한다. W3C에 제출된 SOAP 규격은 비중심적이고 분산된 시스템들 사이 XML 기반의 메시지 교환 프로토콜을 정의한다. SOAP에 대한 자세한 내용은 월드 와이드 웹 컨소시엄의 웹 사이트 문서(www.w3.org/TR/SOAP)를 참조한다.

불행히도 SOAP의 S^{Simple}는 더 이상 유효하지 않다. 우리는 농담 삼아 SOAP를 복잡한 원격 접근 프로토콜^{Complex Remote Access Protocol}이라 부른다. 이 약어를 이해했더라도 견고한 웹 서비스 인터페이스를 설계하려면 정말로 수많은 용어와 관련 설계 득실들을 고려해야 한다. 이 책이 웹 서비스에 대한 소개서는 아니더라도, 우리는 다음과 같은 설계 고려 사항들을 간단히 논의하는 게 중요하다고 생각했다.

- 전송 프로토콜

- 비동기 메시징 대 동기 메시징

- 인코딩 스타일 (SOAP 인코딩 대 doc/literal)

- 바인딩 스타일 (RPC 대 Document)

- 신뢰성과 보안

전송 프로토콜　SOAP 규격은 애플리케이션이 기술 중립적인 방법으로 네트워크를 거쳐 서비스를 RPC 스타일로 동기 호출하기 위해 만들어졌다. SOAP 규격은 웹 서비스 호출마다 별도의 요청 메시지와 응답 메시지를 정의한다. (웹 서비스는 서비스를 설명하는 WSDL 문서로 정의된다.) SOAP는 메시징도 염두에 두고 개발됐지만, 대부분의 웹 서비스 애플리케이션들은 전송 프로토콜로 HTTP를 사용한다. HTTP는 웹에서 가장 일반적으로 사용되는 프로토콜이고 방화벽을 거쳐 잠입할 수도 있기 때문에 자연스러운 선택이었을 것이다. 그러나 HTTP는 하이퍼텍스트 전송 프로토콜^{HyperText Transfer Protocol}이다. HTTP는 본래 애플리케이션의 설계 목적이 서로 통신하는 데 있는 게 아니라, 웹 브라우저 사용자가 인터넷을 거쳐 문서를 가져오려는 데 있다. 본질적으로 HTTP를 신뢰할 수 없고, HTTP는 동기 방식으로 문서를 검색한다. HTTP 클라이언트 애플리케이션은 서버에 요청을 전송하고 서버로부터 응답을 수신하는 데 동일한 연결을 사용한다. 그러므로 HTTP를 사용하는 웹 서비스도 변함없이 동기 요청/응답 메시지를 사용한다. 신뢰할 수 없는 채널에서의 비동기 메시징은 바다에 병을 떨어뜨리는 것만큼이나 신뢰할 수 없기 때문이다.

비동기 대 동기 웹 서비스의 클라이언트는 서버에 요청을 전송하는 때부터 서버가 다시 응답 메시지를 전송할 때까지 계속 접속 상태를 유지한다. 동기 RPC 통신을 사용하는 이점은 클라이언트 애플리케이션이 매우 짧은 시간 안에 웹 서비스의 작업 상태를 알 수 있다는 점이다. (클라이언트는 응답을 수신하거나 제한시간을 인식한다.) 그러나 동기 메시징은 모든 클라이언트가 결과를 기다리는 동안 접속 상태를 유지함으로 서버가 동시에 수많은 동시 접속을 처리해야 한다는 심각한 한계가 있다. 이로 인해 서버 애플리케이션은 점점 복잡해진다. 서버 애플리케이션은 서비스 제공자에게 대한 동기 호출 중 하나가 실패한 경우 오류를 격리하고 처리를 복구해 다시 라우팅하거나 오류를 표시하고 나서 다른 동기 호출을 계속하게 하는 메커니즘을 제공해야 한다.

현재 대부분의 웹 서비스 툴킷은 기본적으로 동기 메시징만 지원한다. 그러나 일부 벤더는 기존 표준과 비동기 메시지 큐 프레임워크와 같은 도구를 사용해 웹 서비스를 위한 비동기 메시징을 에뮬레이트한다. 일부 기관, 기업, 웹 서비스 워킹 그룹은 비동기 메시징 지원에 대한 필요성을 인식하고 표준에 대한 정의를 진행하고 있다 (예: WS-Reliable-Messaging). 웹 서비스 표준에 대한 최신 내용은 월드 와이드 웹 컨소시엄의 웹 사이트(http://www.w3.org/)를 참조하고 14장, '맺음말'을 읽는다.

인코딩 스타일 SOAP의 인코딩 개념은 상당한 논쟁과 혼란을 야기했다. SOAP 규격은 `encodingStyle` 속성에 인코딩 스타일 모드를 정의한다. 이 모드는 '회선 상에서' 애플리케이션 객체와 파라미터가 XML로 표현되는 방식을 결정한다. 이 모드는 둘 중 한 값을 갖는데, 하나는 인코디드(encoded) 모드(http://schemas.xmlsoap.org/soap/encoding/를 속성 값으로 갖는다)고 다른 하나는 리터럴(literal) 모드(다른 속성 값을 가지거나 속성 값을 지정하지 않는다)다. 인코디드(SOAP 인코딩이라고도 함)는 SOAP 규격의 5절에서 설명되어 있는데, 이 절은 프로그래밍 언어의 자료형을 XML으로 매핑하는 기본 메커니즘이 정의한다. 리터럴(doc/literal이라고도 함)은 형식 정보를 외부 메커니즘으로 제공한다. 이 외부 메커니즘은 십중팔구 WSDL[Web Services Description Language] 문서로 SOAP 메시지에서 사용되는 형식을 XML 스키마로 정의한다.

이런 이유는 SOAP 규격이 W3C XML 스키마 정의[XSD] 규격이 채택되기 전에 씌어졌기 때문이다. SOAP 규격이 작성되던 당시에는 형식 정보를 인코딩하는 일반적인 방법이 없었으므로, SOAP 규격은 메소드 호출을 위해 전송되는 파라미터와 함께 형식 정보를 인코딩하는 방법을 제공해야 했다. 실제 배열과 같은 복잡한 데이터 형식을 다룰 때 인코딩은 문제가 된다. SOAP 규격 5.4.2절은 프로그램 언어의 배열을 SOAPEnc:Array 스키마 형식을 사용하는 XML로 나타내는 메커니즘을 정의한다.

그러나 XML 스키마(http://www.w3.org/TR/xmlschema-0/ 참조) 채택 이후, 대부분의 언어가 프로그래밍 언어의 자료형에 대한 매핑(또는 직렬화 규칙)을 XML 스키마로 지정할 수 있게 됨으로, SOAP 인코딩은 더 이상 필요하지 않게 됐다. 예를 들어 JAX-RPC 규격은 자바 자료형을 XML 스키마 엘리먼트로 매핑하는 방법과 역매핑하는 방법을 고유하게 지정한다. JAX-RPC 규격은 XML 문서에서 추가적인 인코딩 정보의 필요성을 제거한다. 결과적으로 SOAP 인코딩은 더 이상 선호되지 않게 됐고 WSDL 문서 형태인 XML 스키마 문서로 외부에서 매핑을 지정하는 리터럴 인코딩으로 대체됐다.

바인딩 스타일 WSDL 규격은 바인딩 스타일의 속성 값으로 RPC와 Document를 정의한다. WSDL 문서가 작업^{operation}의 바인딩 스타일 속성 값을 RPC로 지정한 경우, 수신자는 SOAP 규격의 7절에 있는 규칙을 사용해 메시지를 해석한다. 이 경우 SOAP 본문 내부의 XML 엘리먼트(래퍼^{wrapper} 엘리먼트라고도 함)는 호출될 해당 프로그래밍 언어의 작업 이름과 동일한 이름을 가져야 한다. 그리고 래퍼 엘리먼트 내에 각 메시지 부분은 프로그래밍 언어의 작업 파라미터와 (이름과 순서가) 정확히 대응돼야 하고 반환되는 엘리먼트가 반드시 존재해야 한다. (이 엘리먼트의 이름은 XXXResponse으로 지정되는데, 여기서 XXX는 언어의 작업 이름이다.) 또 이 엘리먼트는 작업의 반환 값을 엘리먼트로 포함한다.

Document 바인딩 스타일은 훨씬 느슨하다. Document 바인딩 스타일의 메시지는 잘 갖춰진 XML로 구성된다. SOAP 엔진은 이 메시지를 수신하고 해석한다. 그동안 (마이크로소프트의 도구처럼) 많은 도구는 RPC의 의미론을 표현하기 위해 일반적으로 리터럴 인코딩과 Document 바인딩 스타일을 사용해 왔다. Document 스타일이 사용될지라도 전송되는 메시지는 문서 내에 호출될 작업과 인코딩된 파라미터를 담는 명령 메시지(p203)다.

신뢰성과 보안 14장, '맺음말'에서 숀 네빌^{Sean Neville}은 웹 서비스의 안정성과 보안 문제를 해결하기 위해 진화 중인 표준들을 설명한다.

우리는 솔루션 설계에 가장 기본적이고 가장 널리 사용되는 조합을 사용했다. 우리는 대출 모집인 동기 통신에 HTTP 기반 SOAP을 사용했고 SOAP 인코딩과 RPC

바인딩으로 메시지를 인코딩했다. 이 방법은 웹 서비스를 *원격 프로시저 호출*(p108) 처럼 동작하게 만든다. 이제 우리는 웹 서비스를 이미 설명한 것 이상으로는 더 이상 집착하지 않고 동기 웹 서비스 구현과 다른 구현들과의 대조에 집중할 것이다.

아파치 액시스

이 절에서는 액시스 아키텍처를 간단히 설명한다. 액시스에 대한 자세한 내용은 아 파치 액시스 웹 사이트(http://ws.apache.org/axis)를 참조한다.

3장, '메시징 시스템'은 메시지를 발신하고 수신하는 애플리케이션의 메시징 채널 연결 메커니즘으로서 *메시지 엔드포인트*(p153)를 정의한다. 우리의 대출 모집인 애 플리케이션에서 액시스 프레임워크는 자체가 메시지 채널을 나타내기도 하면서 사 용자 애플리케이션을 대신해 메시지를 처리한다.

액시스 서버는 *서비스 액티베이터*(p605) 패턴을 구현한다. 10장, '메시징 엔드포인 트'에서 *서비스 액티베이터*(p605)는, 메시지를 수신했을 때 서비스를 호출하게, *메시 지 채널*(p118)을 애플리케이션의 동기 서비스에 연결하는 방법을 설명한다.

서비스 액티베이터(p605)는 액시스 서버 내에 구현되어 있으므로, 개발자는 이 기 능의 구현을 고민하지 않아도 된다. 즉, 액시스 서버가 메시지 처리 서비스를 담당하 므로 애플리케이션 코드는 비즈니스 로직만 포함한다.

클라이언트 애플리케이션은, 액시스의 클라이언트 프로그래밍 모델이 제공하는 컴포넌트를 사용해, 엔드포인트 URL을 호출하고 서버로부터 응답 메시지를 수신한 다. 즉, 대출 모집인 클라이언트는 액시스의 클라이언트 프로그래밍 모델을 사용하는 동기 클라이언트다. 서버는 지원하는 전송 프로토콜마다 리스너를 지닌다. 클라이언 트가 메시지를 엔드포인트로 전송할 때, 액시스 프레임워크의 전송 리스너는 메시지 콘텍스트 객체를 생성하고 생성된 객체를 프레임워크의 요청 체인에 전달한다. 이 컨텍스에는 클라이언트로부터 수신한 실제 메시지와 전송 클라이언트가 추가한 관 련 속성이 함께 포함된다.

액시스 프레임워크는 연속되는 핸들러들로 구성된다. 이 핸들러들은 배치에 따라 또는 클라이언트나 서버의 프레임워크 호출에 따라 호출 순서가 결정된다. 핸들러들 은 메시지 흐름 서브시스템의 일부로 함께 그룹화되고 체인이라 불린다. 체인 내 연 속되는 요청 핸들러들이 요청 메시지를 처리한다. 응답 메시지는 연속되는 응답 핸 들러들로 구성된 응답 체인으로 다시 전송된다.

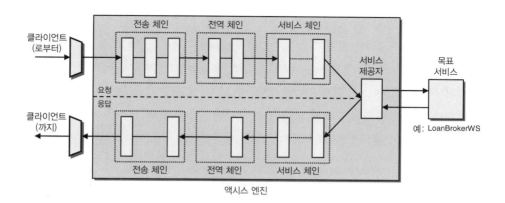

위 그림은 액시스 프레임워크 내부에 대한 개략적인 표현이다. 액시스 아키텍처에 대한 자세한 설명을 http://ws.apache.org/axis에서 참조한다.

액시스는 *메시지 채널*(p118)의 기능을 제공하기 위해 함께 작동하는 여러 하부 시스템들로 구성된다. 클라이언트와 서버 애플리케이션 모두 액시스 프레임워크를 사용할 수 있다.

우리 예와 관련된 액시스의 서브시스템들은 다음과 같다.

- 메시지 모델 서브시스템은 SOAP 메시지의 XML 구문을 정의한다.

- 메시지 흐름 서브시스템은 메시지 전달을 위한 핸들러와 체인을 정의한다.

- 서비스 서브시스템은 서비스 핸들러(SOAP, XML-RPC)를 정의한다.

- 전송 서브시스템은 메시지 전송 방법(예: HTTP, JMS, SMTP)을 제공한다.

- 제공자 서브시스템은 다른 형식의 클래스(예: 자바 RPC, EJB, MDB)를 위한 제공자를 정의한다.

앞서 언급한 바와 같이, 개발자는 액시스 서버에 배포할 비즈니스 로직을 구현한다. 액시스 프레임워크는 세 가지 방법으로 자바 클래스를 웹 서비스로 배포해서 가용 엔드포인트 서비스로 만든다. 우리는 이 방법들에 다음과 같은 이름을 붙였다.

- 자동 배포

- 웹 서비스 배포 설명자 사용

- WSDL 문서로부터 프록시 생성

첫 번째 가장 간단한 방법은 자바 웹 서비스^{JWS, Java Web Service} 클래스 파일로 비즈니스 로직을 작성하는 것이다. (자바 웹 서비스 파일은 *. jws 확장자를 가진 자바 소스 파일이다.) 이 클래스의 메소드는 비즈니스 로직을 포함한다. JWS 소스 파일은 컴파일 없이 서버의 webapps 디렉터리에 복사하면 즉시 배포된다. 퍼블릭 메소드는 웹 서비스로 노출된다. 다음 URL에 보이는 것과 같이 JWS 파일의 이름은 액시스 서버가 웹 서비스로 노출하는 엔드포인트의 일부를 형성한다.

http://hostname:portnumber/axis/LoanBroker.jws

액시스 1.1은 서버에 배포된 서비스로부터 자동으로 WSDL 문서를 생성한다. 액시스는 웹 서비스의 퍼블릭 인터페이스(즉, 사용 가능한 메소드)와 서비스의 위치(즉, URL)를 설명하는 WSDL XML 문서를 만든다. 자동 생성된 WSDL 덕분에 클라이언트 애플리케이션은 웹 서비스 클래스가 제공하는 원격 인터페이스를 검사할 수 있다. 또 WSDL은 일반 자바 클래스에서 웹 서비스 호출을 캡슐화하는 클라이언트 스텁 클래스를 생성하는 데도 사용된다. 이 방법의 단점은 개발자가 배포 파라미터들을 제어할 수 없다는 점이다.

두 번째 방법은 WSDD^{Web Services Deployment Descriptor}(웹 서비스 배포 설명자)를 사용해 컴파일된 클래스를 배포한다. 이 방법은 개발자가 클래스 스코프^{scope} 같은 배포 조건을 제어할 수 있게 한다. 기본적으로 클래스는 요청 스코프로 배포된다. 즉, 각 요청이 수신될 때마다 클래스 인스턴스가 생성된다. 처리가 완료되면 인스턴스는 제거된다. 클래스가 일정 세션 기간 동안 동일한 클라이언트의 요청들을 서비스하기 위해 계속돼야 하는 경우, 클래스를 세션 스코프로 정의한다. 일부 애플리케이션의 경우, 모든 클라이언트가 액세스하는 싱글톤 클래스가 돼야 한다. 즉, 웹 서비스를 애플리케이션 스코프로 정의해, 웹 서비스 애플리케이션의 전체 활성 기간 동안 클래스 인스턴스를 유지하게 한다.

마지막 방법은 설명한 두 방법보다 복잡하지만, 이 방법을 사용하면 기존 WSDL 문서로 (wsdl2java 도구를 사용해) 프록시^{proxy}와 골격^{skeleton} 소스를 생성할 수 있다. 프록시와 골격 소스는 모든 SOAP 관련 코드를 캡슐화한다. 그러므로 SOAP 관련 (또는 액시스 관련) 코드를 작성하지 않고 생성된 골격 소스의 메소드 본문에 비즈니스 로직을 삽입함으로 웹 서비스를 호출할 수 있다.

우리는 설계와 배포 요구를 가능한 한 간단하게 유지하기 위해 JWS 파일을 사용하는 자동 배포 방법을 사용해 웹 서비스를 구현하기로 결정했다. 클라이언트 쪽 웹 서비스 호출을 수기로 작성하기가 그리 어렵지 않다. 우리는 wsdl2java 도구를 사용해 클라이언트 호출 스텁을 생성할 수도 있었다. 그러나 코드 자동 생성은 솔루션 구현을 어렵게 만들므로, 우리는 자동 코드 사용을 최소화했다.

서비스 발견

대출 모집인 애플리케이션에 대한 논의를 진행하기에 앞서, 배포가 용이한 애플리케이션을 구현하려면 따라야 할 일반적인 단계들이 있다. 모든 클라이언트 애플리케이션은 엔드포인트 URL을 알고 있어야 배포된 웹 서비스를 호출할 수 있다. 웹 서비스 모델의 애플리케이션은 공통 서비스 레지스트리에서 호출하려는 웹 서비스의 위치를 찾는다.

UDDI^{Universal Description, Discovery, and Integration}는 이와 같은 저장소에 대한 표준이다. UDDI에 대한 논의는 이 책의 범위를 넘어서므로 필요한 경우 http://www.uddi.org 를 참조한다. 우리 예는 애플리케이션 자체에 하드코딩된 엔드포인트 URL을 갖는다. 그럼에도 우리는 서버 애플리케이션과 클라이언트 애플리케이션을 위한 속성 파일을 만들어 코드를 쉽게 배포할 수 있게 했다. 속성 파일에는 액시스 서버의 설치 정보와 매칭되는 호스트 이름, 포트 번호의 이름/값 쌍들이 지정된다. 이렇게 하면 대출 모집인 애플리케이션을 환경에 배포하는 데 어느 정도 유연성이 생긴다. 자바 클래스들은 유틸리티 메소드인 readProps()를 사용한다. 이 메소드는 액시스 서버의 배포 파라미터가 포함된 파일을 읽는다. 대출 모집인 애플리케이션의 기능적인 측면들은 readProps() 메소드를 사용하지 않는다.

자바 RMI든지 CORBA든지 SOAP 웹 서비스든지, 모든 분산 컴퓨팅 프레임워크에서는 원격 객체 메소드 호출 파라미터들을 원시 자료형이나 네트워크로 직렬화가 가능한 객체로 정의해야 한다. 이 파라미터들은 클라이언트에서 서버로 전송되는 메시지 객체의 속성들이다. 대출 모집인 구현을 간단하게 하기 위해 우리는 대출 모집인으로부터 고객에게 반환되는 응답에 자바 문자열 객체를 사용한다. 원시 자료형(예: int, double 등) 파라미터들은 형식 래퍼 객체(예: Integer, Double 등)로 감싼다.

대출 모집인 애플리케이션

다음 그림은 대출 모집인 컴포넌트의 클래스 다이어그램이다. LoanBrokerWS 클래스는 대출 모집인의 핵심 비즈니스 로직을 캡슐화한다. LoanBrokerWS 클래스는 *서비스 액티베이터*(p605)인 액시스 프레임워크 클래스를 상속하므로, 액시스 프레임워크는 SOAP 요청이 도착하면 LoanBrokerWS 클래스 메소드를 호출한다. LoanBrokerWS 클래스는 신용 평가 기관, 은행 같은 외부 개체 인터페이스를 구현한 게이트웨이 클래스들을 참조한다. CreditAgencyGateway, LenderGateway, BankQuoteGateway 클래스도 비즈니스 로직을 캡슐화한다.

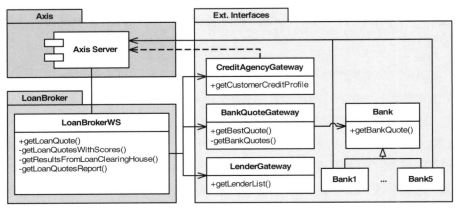

대출 모집인 클래스 다이어그램

외부 세계로 노출된 대출 모집인의 유일한 서비스 인터페이스는 클라이언트가 대출 모집인 서비스에 접속하는 메시지 엔드포인트다. 액시스 프레임워크가 애플리케이션을 대신해 게이트웨이의 역할을 하므로 *메시징 게이트웨이*(p536)에 대한 정의는 필요 없다.

다음 시퀀스 다이어그램은 동기 예측 웹 서비스 내 컴포넌트들의 상호작용을 보여준다. 대출 모집인은 먼저 신용 평가 기관 게이트웨이^{credit agency gateway} 컴포넌트를 호출한다. 신용 평가 기관 게이트웨이 컴포넌트는 고객의 신용 점수와 신용 기록 길이 정보를 고객의 프로파일 데이터에 보탠다. 대출 모집인은 대출 게이트웨이^{lender gateway} 호출에 보태진 프로파일 데이터를 사용한다. 대출 게이트웨이 컴포넌트는 *수신자 목록*(p310)를 구현한다. *수신자 목록*(p310)은 가능한 대출 기관들을 선택하기 위해 제공된 모든 데이터를 사용한다.

대출 모집인은 은행 견적 게이트웨이^{bank quote gateway}를 호출한다. 은행 견적 게이트웨이 컴포넌트는 차례대로 각 은행을 호출하는 예측 라우팅 작업을 수행한다. 은행 컴포넌트들은 실제 은행 작업에 대한 인터페이스를 모델링한다. 예를 들어 은행(Bank1) 클래스는 은행 작업을 모델링한 Bank1WS.jws 웹 서비스의 인터페이스다. 대출 요청이 들어와 이율 견적을 생성하기 전에 수행되는 사무적인 작업들이 있다. 이율 견적은 '더미' 은행 웹 서비스에서 생성된다.

은행 견적 게이트웨이^{bank quote gateway}는 은행들의 견적 응답을 수집해 모든 견적 중에 최상의 견적을 선택한다. 응답은 대출 모집인으로 다시 전송된다. 대출 모집인은 최상의 견적을 만들어 클라이언트에게 보고서로 반환한다.

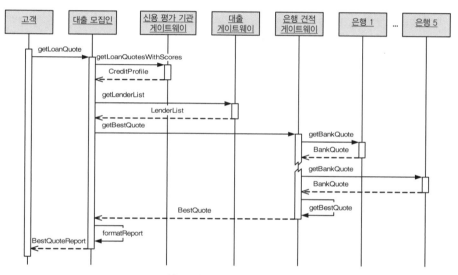

대출 모집인 시퀀스 다이어그램

우리는, 관리 가능한 그림을 유지하기 위해, 다섯 은행들 중 두 은행만 시퀀스 다이어그램에 나타내었다. 대출 모집인은 클라이언트의 요청을 서비스하기 위해 요청에 대응되는 *수신자 목록*(p310) 컴포넌트로 한 은행에서 다섯 은행까지 문의한다.

이 다이어그램은 각 은행에 요청된 견적의 순차적인 처리를 보여준다. 순차 처리 시 단일 스레드 애플리케이션이 차례대로 각 은행을 호출할 수 있다는 장점이 있다. 이 경우 애플리케이션은 견적 요청마다 스레드를 생성하지 않으므로 동시성 문제가 발생하지 않는다. 그러나 견적 응답을 모두 다 얻는 데 시간이 많이 걸린다. 대출 모집인은 목록의 다음 은행에 요청을 제출하기 전에 이전 은행의 응답을 기다려야 하기 때문이다. 그러므로 고객은 요청을 제출 한 후 견적 결과를 받는 데까지 오래 기다릴 수 있다.

대출 모집인 애플리케이션의 컴포넌트들

이제 우리는 대출 모집인 애플리케이션의 기능 설계를 시작한다. 앞서 설명한대로, 액세스 프레임워크는 클라이언트 애플리케이션과 서버 애플리케이션 모두를 지원한다. 원격 클라이언트는 액세스 프레임워크를 이용해 네트워크 너머에 게시된 엔드포인트에 접근한다. 서버 애플리케이션도 클라이언트처럼 행동해, 엔드포인트가 동일한 서버에 있든지 원격 서버에 있든지 상관없이, 다른 웹 서비스 엔드포인트에 접근할 수 있다. 우리의 웹 서비스 주요 컴포넌트들이 동일 서버 인스턴스들로 실행됨에도 불구하고, 우리는 이에 대한 실례를 보일 것이다.

대출 모집인 애플리케이션은 다음과 같은 기능들을 구현해야 한다.

- 클라이언트 요청 수락

- 신용 평가 기관 데이터 가져오기

- 신용 평가 기관 서비스 구현

- 견적 얻기

- 은행 작업 구현

클라이언트 요청 수락 대출 모집인은 LoanBrokerWS.jws라는 JWS 파일에 구현된다. 대출 모집인은 `GetLoanQuote` 퍼블릭 메소드를 웹 서비스로 노출한다. 대출 모집인은 대출 요청을 처리하기 위해 클라이언트로부터 세 데이터를 요구한다. 고객 식별 번호 역할의 사회 보장 번호(ssn)와 대출 금액(loanamount), 개월 단위의 대출 기간(loanduration)이다.

LoanBrokerWS.jws

```
public String getLoanQuote(int ssn, double loanamount, int loanduration) {
  String results = "";

  results = results + "Client with ssn= " + ssn + " requests a loan of amount= " +
            loanamount + " for " + loanduration + " months" + "\n\n";
  results = results + this.getLoanQuotesWithScores(ssn, loanamount, loanduration);

  return results;
}
```

이 메소드의 유일한 로직은 getLoanQuotesWithScores 메소드를 호출하는 것이다. 이 메소드는 클라이언트로 문자열을 반환한다. 이 반환된 문자열을 액시스 프레임워크의 응답 체인을 통과한다. 마지막으로 체인 끝의 전송 리스너는 응답 메시지를 네트워크를 거쳐 클라이언트에 전송한다.

대출 모집인 컴포넌트가 JWS 파일로 배포됐으므로, 액시스는 LoanBrokerWS 서비스 WSDL 파일을 자동으로 생성한다. LoanBrokerWS.jws 파일의 WSDL 파일은 다음과 같이 보인다.

```
<wsdl:definitions xmlns:wsdl="http://schemas.xmlsoap.org/wsdl/"
                  xmlns:wsdlsoap="http://schemas.xmlsoap.org/wsdl/soap/"
                  xmlns:xsd="http://www.w3.org/2001/XMLSchema">
    <wsdl:message name="getLoanQuoteRequest">
        <wsdl:part name="ssn" type="xsd:int" />
        <wsdl:part name="loanamount" type="xsd:double" />
        <wsdl:part name="loanduration" type="xsd:int" />
    </wsdl:message>
    <wsdl:message name="getLoanQuoteResponse">
        <wsdl:part name="getLoanQuoteReturn" type="xsd:string" />
    </wsdl:message>
    <wsdl:portType name="LoanBrokerWS">
        <wsdl:operation name="getLoanQuote" parameterOrder="ssn loanamount
loanduration">
            <wsdl:input message="intf:getLoanQuoteRequest"
                    name="getLoanQuoteRequest" />
            <wsdl:output message="intf:getLoanQuoteResponse"
                    name="getLoanQuoteResponse" />
        </wsdl:operation>
    </wsdl:portType>
    <wsdl:binding name="LoanBrokerWSSoapBinding" type="intf:LoanBrokerWS">
        <wsdlsoap:binding style="rpc" transport="http://schemas.xmlsoap.org/soap/http"
/>
        <wsdl:operation name="getLoanQuote">
            <wsdlsoap:operation soapAction="" />
            <wsdl:input name="getLoanQuoteRequest">
                <wsdlsoap:body encodingStyle="http://schemas.xmlsoap.org/soap/
encoding/"
                                    namespace="..." use="encoded" />
            </wsdl:input>
            <wsdl:output name="getLoanQuoteResponse">
                <wsdlsoap:body encodingStyle="http://schemas.xmlsoap.org/soap/
encoding/"
                                    namespace="..." use="encoded" />
            </wsdl:output>
```

```
        </wsdl:operation>
    </wsdl:binding>
    <wsdl:service name="LoanBrokerWSService">
        <wsdl:port binding="intf:LoanBrokerWSSoapBinding" name="LoanBrokerWS">
            <wsdlsoap:address location="http://192.168.1.25:8080/axis/LoanBrokerWS.
jws" />
        </wsdl:port>
    </wsdl:service>
</wsdl:definitions>
```

공간을 절약하고 중요 엘리먼트를 강조하기 위해 WSDL 문서를 축약했다. 문서의 하단에 있는 `<wsdl:service>` 엘리먼트는 서비스 이름(LoanBrokerWSService)과 엔드포인트 위치를 정의한다. `<wsdl:operation>` 엘리먼트는 클라이언트가 LoanBrokerWS 웹 서비스에 접속하는 데 필요한 메소드(작업) 이름과 파라미터를 정의한다. `<wsdl:message>` 태그에 정의된 두 메시지는 getLoanQuote 작업의 요청 메시지와 응답 메시지를 정의한다. 파라미터를 내장한 getLoanQuoteRequest 메시지와 getLoanQuoteResponse 메시지는 웹 서비스로 전송되고 수신된다. `<wsdlsoap:binding>`은 바인딩 스타일로 RPC 스타일을 사용한다는 것을 표시한다(이번 장의 시작 부분, 바인딩 스타일 참조). 반면 `<wsdlsoap:body>`는 인코딩에 (doc/literal이 아닌) SOAP 인코딩을 사용한다는 것을 표시한다.

다음 제시된 URL에서 hostname과 portnumber를 해당 서버의 설치 정보로 대체해 브라우저 창에 입력하면 서버의 WSDL 파일을 확인할 수 있다.

http://hostname:portnumber/axis/LoanBrokerWS.jws?wsdl

신용 평가 기관 데이터 가져오기 대출 모집인에 대한 또 다른 요구는 대출 요청 신청서를 작성하기 위해 고객 데이터를 추가로 수집하는 것이다. LoanBrokerWS의 다음 단계는 아래와 같이 *내용 보탬이*(p399)를 구현한다.

LoanBrokerWS.jws

```
private String getLoanQuotesWithScores
                (int de_ssn, double de_loanamount, int de_duration) {
    String qws_results =
        "Additional data for customer: credit score and length of credit history\n";
    int ssn = de_ssn;
    double loanamount = de_loanamount;
    int loanduration = de_duration;
    int credit_score = 0;
    int credit_history_length = 0;
```

```
CreditProfile creditprofile = CreditAgencyGateway.getCustomerCreditProfile(ssn);

credit_score = creditprofile.getCreditScore();
credit_history_length = creditprofile.getCreditHistoryLength();

qws_results = qws_results + "Credit Score= " + credit_score +
                " Credit History Length= " + credit_history_length;
qws_results = qws_results + "\n\n";
qws_results = qws_results + "The details of the best quote from all banks that
responded are
    shown below: \n\n";

qws_results = qws_results + getResultsFromLoanClearingHouse
                (ssn, loanamount, loanduration, credit_history_length, credit_score);

qws_results = qws_results + "\n\n";
return qws_results;
}
```

이제 대출 모집인 애플리케이션의 다음 부분 로직인 신용 평가 기관 작업을 설계한다. 대출 모집인 애플리케이션의 SOAP 코드를 유지하면서 대출 모집인과 신용 평가 기관 사이의 의존성을 최소화하기 위해 게이트웨이 패턴을 사용한다[EAA]. 게이트웨이 패턴에는 두 가지 핵심 장점이 있다. 첫째, 애플리케이션으로부터 통신의 기술적 세부 사항을 추상화한다. 둘째, 게이트웨이 구현과 게이트웨이 인터페이스를 분리해 실제 외부 서비스와 테스트 서비스 스텁을 서로 바꿀 수 있게 해준다[EAA].

CreditAgencyGateway는 대출 모집인과 신용 평가 기관 웹 서비스(CreditAgencyWS)의 통신 기술을 추상화한다. 또 필요한 경우 웹 서비스를 테스트 스텁으로 대체할 수 있게 한다. 게이트웨이는 고객 식별 번호(ssn)를 사용해 신용 평가 기관으로부터 추가 데이터를 얻는다. 신용 평가 기관으로부터 반환된 두 데이터는 대출 신청서 작성에 필요한 고객의 신용 점수와 신용 기록 길이다. 이 게이트웨이는 CreditAgencyWS.jws 파일로 구현된 CreditAgencyWS에 접속할 수 있는 클라이언트 코드를 포함한다.

CreditAgencyGateway.java

```
public static CreditProfile getCustomerCreditProfile(int ssn) {

  int credit_score = 0;
  int credit_history_length = 0;

  CreditProfile creditprofile = null;
```

```
try {
  CreditAgencyGateway.readProps();

  creditprofile = new CreditProfile();

  String creditagency_ep = "http://" + hostname + ":" + portnum +
                           "/axis/CreditAgencyWS.jws";

  Integer i1 = new Integer(ssn);

  Service service = new Service();
  Call call = (Call) service.createCall();
  call.setTargetEndpointAddress(new java.net.URL(creditagency_ep));

  call.setOperationName("getCreditHistoryLength");
  call.addParameter("op1", XMLType.XSD_INT, ParameterMode.IN);
  call.setReturnType(XMLType.XSD_INT);

  Integer ret1 = (Integer) call.invoke(new Object[] { i1 });
  credit_history_length = ret1.intValue();

  call.setOperationName("getCreditScore");

  Integer ret2 = (Integer) call.invoke(new Object[] { i1 });
  credit_score = ret2.intValue();

  creditprofile.setCreditScore(credit_score);
  creditprofile.setCreditHistoryLength(credit_history_length);

  Thread.sleep(credit_score);
} catch (Exception ex) {
  System.out.println("Error accessing the CreditAgency Webservice");
}
return creditprofile;
}
```

이 게이트웨이는 서버 애플리케이션이 액시스 클라이언트 프레임워크를 사용해 동일 또는 원격 서버의 웹 서비스에 접근하는 방법을 보여준다.

신용 평가 기관 서비스 구현 신용 평가 기관 웹 서비스는 CreditAgencyWS.jws에 코딩된다. 대출 신청서 작성에 필요한 데이터는 고객 신용 점수와 고객 신용 기록이다. 신용 평가 기관이 관리하는 고객의 신용 점수와 신용 기록 데이터는 고객 식별 번호를 사용해 접근한다.

CreditAgencyWS.jws

```
public int getCreditScore(int de_ssn) throws Exception
{
  int credit_score;

  credit_score = (int)(Math.random()*600+300);

  return credit_score;
}

public int getCreditHistoryLength(int de_ssn) throws Exception
{
  int credit_history_length;

  credit_history_length = (int)(Math.random()*19+1);

  return credit_history_length;
}
```

다음 코드는 CreditAgencyWS.jws 파일의 WSDL 파일을 보여준다. 액시스 서버가
이 파일을 자동으로 생성한다.

```
<wsdl:definitions xmlns:wsdl="http://schemas.xmlsoap.org/wsdl/"
                  xmlns:wsdlsoap="http://schemas.xmlsoap.org/wsdl/soap/">
   <wsdl:message name="getCreditScoreResponse">
       <wsdl:part name="getCreditScoreReturn" type="xsd:int" />
   </wsdl:message>
   <wsdl:message name="getCreditHistoryLengthRequest">
       <wsdl:part name="de_ssn" type="xsd:int" />
   </wsdl:message>
   <wsdl:message name="getCreditScoreRequest">
       <wsdl:part name="de_ssn" type="xsd:int" />
   </wsdl:message>
   <wsdl:message name="getCreditHistoryLengthResponse">
       <wsdl:part name="getCreditHistoryLengthReturn" type="xsd:int" />
   </wsdl:message>
   <wsdl:portType name="CreditAgencyWS">
       <wsdl:operation name="getCreditHistoryLength" parameterOrder="de_ssn">
           <wsdl:input message="intf:getCreditHistoryLengthRequest"
                      name="getCreditHistoryLengthRequest" />
           <wsdl:output message="intf:getCreditHistoryLengthResponse"
                      name="getCreditHistoryLengthResponse" />
       </wsdl:operation>
       <wsdl:operation name="getCreditScore" parameterOrder="de_ssn">
           <wsdl:input message="intf:getCreditScoreRequest"
                      name="getCreditScoreRequest" />
```

```
            <wsdl:output message="intf:getCreditScoreResponse"
                         name="getCreditScoreResponse" />
        </wsdl:operation>
    </wsdl:portType>
    <wsdl:binding name="CreditAgencyWSSoapBinding" type="intf:CreditAgencyWS">
        ...
    </wsdl:binding>
    <wsdl:service name="CreditAgencyWSService">
        <wsdl:port binding="intf:CreditAgencyWSSoapBinding" name="CreditAgencyWS">
            <wsdlsoap:address
              location="http://192.168.1.25:8080/axis/CreditAgencyWS.jws" />
        </wsdl:port>
    </wsdl:service>
</wsdl:definitions>
```

`<wsdl:service>` 엘리먼트는 `CreditAgencyWSService`를 정의하고 클라이언트가 접근할 엔드포인트를 노출한다. 이 경우 클라이언트는 대출 모집인이다. `<wsdl:operation>` 엘리먼트는 CreditAgencyWS.jws 파일에 정의된 퍼블릭 메소드 `getCreditScore`와 `getCreditHistoryLength`를 정의한다. 메소드마다 정의된 요청/응답 메시지 쌍은 `<wsdl:message>` 엘리먼트들에서 볼 수 있다. 이 메시지들은 `getCreditScoreRequest`, `getCreditScoreResponse`, `getCreditHistoryLengthRequest`, `getCreditHistoryLengthResponse`다.

우리는 공간을 절약하기 위해 WSDL 파일의 엘리먼트들을 섹션별로 포맷에 맞게 축약했다. 전체 파일을 보려면 다음 URL을 hostname과 portnumber를 해당 서버의 설치 정보로 대체해 요청한다.

http://hostname:portnumber/axis/CreditAgencyWS.jws?wsdl

우리의 신용 평가 기관 웹 서비스는 실제 기능을 구현하는 대신 스텁을 사용해 애플리케이션의 다른 부분이 사용할 수 있는 더미 데이터를 반환한다.

견적 얻기 고객 데이터를 추가한 대출 모집인은 이제 대출 정보 센터 기능을 호출한다. 대출 정보 센터^{loan clearinghouse}는 대출 신청을 위한 모든 데이터를 넘겨 받는다.

```
getResultsFromLoanClearingHouse(ssn, loanamount, loanduration,
                      credit_history_length, credit_score);
```

애플리케이션이 더 복잡해지거나 외부 대출 정보 센터를 사용하게 대출 모집인 요구가 변경되는 경우, 대출 정보 센터 로직을 별도로 분리할 수 있다. 우리의 대출 정보 센터 기능은 세 단계로 나눠진다.

- 고객에게 대출 서비스가 가능한 대출 기관 목록을 얻는다.

- 은행들로부터 수신한 견적들 중에 최상의 견적을 찾는다.

- 최상의 견적으로부터 데이터를 포맷하고 포맷된 데이터를 대출 모집인에게 반환한다.

다음 코드는 이 단계들을 보여준다.

LoanBrokerWS.jws

```
private String getResultsFromLoanClearingHouse(int ssn, double loanamount,
              int loanduration, int credit_history_length, int credit_score) {
   String lch_results="Results from Loan Clearing House ";

   ArrayList lenderlist = LenderGateway.getLenderList
                        (loanamount, credit_history_length, credit_score);

   BankQuote bestquote = BankQuoteGateway.getBestQuote
            (lenderlist,ssn,loanamount,loanduration,credit_history_length,credit_
score);

   lch_results = "Out of a total of " + lenderlist.size() +
                " quote(s), the best quote is from" +
                this.getLoanQuotesReport(bestquote);
   return lch_results;
}
```

대출 정보 센터에 대한 첫 번째 요구는 고객의 대출 신청을 서비스할 수 있는 적합한 대출 기관들의 목록을 얻는 것이다. 우리는 LenderGateway 클래스를 만들어 대출 기관 선택 과정을 추상화한다. 조금 더 나아가 웹 서비스에 이 과정을 캡슐화하면 재미있는 솔루션이 될 수도 있을 것이다. 그러나 웹 서비스는 신중하게 설계해야 하고 파라미터와 반환 형식도 신중하게 고려해야 한다. 파라미터들의 자료형은 네트워크 상에서 직렬화가 가능해야 하기 때문이다. 일을 간단하게 하기 위해, 우리는 대출 모집인이 호출하는 간단한 자바 클래스에 대출 기관 선택 로직을 포함한다.

대출 모집인에게는 대출 기관 게이트웨이[lender gateway]가 은행 서비스의 엔드포인트들을 반환하는 것이 가장 편리할 것이다. 이 접근 방법의 단점은 은행의 웹 서비스 식별 정보가 대출 게이트웨이에 하드코딩돼야 한다는 점이다. 이것은 실제로 유지보수를 악몽으로 만든다. 은행은 IT 아키텍트가 이직하는 횟수보다 더 자주 인수되고 팔리고 합병되기 때문이다. 이 절 후반부에 등장하는 BankQuoteGateway의 논의에서, 우리는 은행과 은행 웹 서비스를 위한 견고한 해결책을 다룬다.

아래에 보이는 getLenderList 메소드는 대출을 서비스할 수 있는 대출 기관들(예: 은행들)을 반환한다.

LenderGateway.java

```java
public static ArrayList getLenderList(double loanamount,
                                      int credit_history_length,
                                      int credit_score){
  ArrayList lenders = new ArrayList();
  LenderGateway.readProps();

  if ((loanamount >= (double)75000) && (credit_score >= 600) &&
      (credit_history_length >= 8))
  {
    lenders.add(new Bank1(hostname, portnum));
    lenders.add(new Bank2(hostname, portnum));
  }

  if (((loanamount >= (double)10000) && (loanamount <= (double)74999)) &&
      (credit_score >= 400) && (credit_history_length >= 3))
  {
    lenders.add(new Bank3(hostname, portnum));
    lenders.add(new Bank4(hostname, portnum));
  }

  lenders.add(new Bank5(hostname, portnum));

  return lenders;
}
```

이 메소드는 *수신자 목록*(p310) 패턴을 구현한다. 우리의 규칙 저장소는 미리 정의된 조건에 따라 하나 이상의 은행들을 선택하는 간단한 if 문으로 구성된다. 모든 고객에 대해 기본 선택 값을 설정하므로, 고객 요청은 언제나 하나 이상의 견적을 갖는다.

이제 대출 모집인은 은행 견적 게이트웨이에 대출 기관 목록을 전달해 견적의 수집과 선택을 시작한다. 우리는 또 다른 BankQuoteGateway 게이트웨이 클래스를 만들어 은행 인터페이스 기능을 추상화한다. 이제 대출 모집인이 해야 할 일은 다음처럼 BankQuoteGateway에 최상의 견적을 요청하는 메소드 호출하는 것이다.

```
BankQuote bestquote = BankQuoteGateway.getBestQuote(lenderlist, ssn, loanamount,
                      loanduration,credit_history_length,credit_score);
```

BankQuoteGateway는 은행들의 견적들 중에서 최상의 견적(즉, 가장 낮은 이율의 견적)을 선택해 대출 모집인에게 응답한다. getBestQuote 메소드는 다음과 같다.

BankQuoteGateway.java

```java
public static BankQuote getBestQuote(ArrayList lenders, int ssn, double loanamount,
                                     int loanduration,
                                     int credit_history_length,
                                     int credit_score){

  BankQuote lowestquote = null;
  BankQuote currentquote = null;

  ArrayList bankquotes = BankQuoteGateway.getBankQuotes(lenders, ssn, loanamount,
                         loanduration, credit_history_length, credit_score);

  Iterator allquotes = bankquotes.iterator();

  while (allquotes.hasNext()) {
    if (lowestquote == null) {
      lowestquote = (BankQuote)allquotes.next();
    }
    else {
      currentquote = (BankQuote)allquotes.next();
      if (currentquote.getInterestRate() < lowestquote.getInterestRate()) {
        lowestquote = currentquote;
      }
    }
  }
  return lowestquote;
}
```

위 코드에서 getBankQuotes 메소드 호출이 가장 중요하다. 이 메소드는 경매를 제어할 뿐만 아니라 *수집기*(p330) 패턴을 구현한다. 다음 코드는 getBankQuotes 메소드를 보여준다.

```java
public static ArrayList getBankQuotes(ArrayList lenders, int ssn, double loanamount,
                                      int loanduration,
                                      int credit_history_length,
                                      int credit_score) {

  ArrayList bankquotes = new ArrayList();
  BankQuote bankquote = null;
```

```
    Bank bank = null;

    Iterator banklist = lenders.iterator();

    while (banklist.hasNext()) {
      bank = (Bank)banklist.next();
      bankquote = bank.getBankQuote(ssn, loanamount, loanduration,
                                    credit_history_length, credit_score);
      bankquotes.add(bankquote);
    }
    return bankquotes;
}
```

경매 제어 기능을 while 루프로 구현했다. 이 기능은 대출 기관 목록에서 각 은행을 추출하고 은행 견적을 생성하기 위해 getBankQuote 메소드를 호출한다. 메소드 호출 시 파라미터 사이 순서에 특히 주의하라. 은행과 관련 웹 서비스 설계에서 이에 대한 중요성을 설명할 것이다.

```
bank.getBankQuote(ssn, loanamount, loanduration, credit_history_length, credit_score);
```

응답은 bankquotes라는 ArrayList로 수집된다. getBestQuote 메소드는 은행 견적들을 중에서 대출 모집인으로 전송할 최저가 견적을 선택한다.

앞서 언급한 바와 같이, 우리는 실제 은행 작업을 모방하는 은행 서비스와 은행 웹 서비스를 설계하고 대출 모집인의 기능들과 단단히 결합되지 않게 별도로 유지할 것이다. 이로써 앞서 CreditAgencyGateway 클래스에서 설명한 게이트웨이 패턴 사용의 장점을 은행 클래스들도 갖게 된다.

우리는 다음과 같이 추상 클래스인 Bank 클래스를 정의한다.

Bank.java
```
public abstract class Bank {

  String bankname;
  String endpoint = "";
  double prime_rate;

  public Bank(String hostname, String portnum){
    this.bankname = "";
    this.prime_rate = 3.5;
  }

  public void setEndPoint(String endpt) {this.endpoint = endpt;}
```

```
public String getBankName() {return this.bankname;}
public String getEndPoint() {return this.endpoint;}
public double getPrimeRate() {return this.prime_rate;}
public abstract BankQuote getBankQuote(int ssn, double loanamount, int loanduration,
                                int credit_history_length, int credit_score);

public void arbitraryWait() {
  try {
    Thread.sleep((int)(Math.random()*10)*100);
  } catch(java.lang.InterruptedException intex) {
    intex.printStackTrace();
  }
}
}
```

우리는 은행으로부터 견적을 획득하는 과정이 실제 은행 작업과 대략 같은 순서가 되게 모델링한다. 은행으로부터 견적을 획득하는 과정은 다음과 같다. 우선, 전처리 작업을 완료한다. 다음 이율 견적 계산 시스템에 접속한다. 다음 후처리 작업을 완료한다. 다음 견적을 BankQuoteGateway에 반환한다.

Bank 추상 클래스와 하위 은행 클래스(Bank1에서 Bank5까지)들은 일상적인 은행 작업을 모델링한다. 은행이 대출 요청을 수신하면, 대출 담당자는 고객 정보 확인과 실사를 진행한다. 우리는 대출 담당자 작업을 Bank 추상 클래스의 arbitraryWait 메소드로 모델링했다. 이 메소드는 getBankQuote 메소드가 호출한다. 조금 더 재미있게 만들기 위해, 은행의 이율 견적 시스템은 웹 서비스로 모델링했다. (bank n) 은행에 대해 이율 견적 시스템은 BanknWS로 모델링해 BanknWS.jws 파일에 로직을 코딩했다. 그러므로 은행 클래스(Bank1에서 Bank5까지) 다섯 개와 이율 견적 시스템(Bank1WS에서 Bank5WS까지) 다섯 개가 만들어졌다. 이율 견적 시스템은 시스템마다 다른 포맷의 메소드 호출 파라미터를 사용한다. 즉, 실제 생활과 비슷하게 은행마다 다른 포맷을 사용한다. 그러므로 Bank 클래스는 웹 서비스를 호출하기 전에 메시지 포맷을 변환하는 *메시지 변환기*(p143)를 사용한다. 메시지 변환에 대한 논의는 Bank 클래스 논의를 마친 후 다룬다.

Bank 추상 클래스의 getBankQuote 메소드는 추상 메소드로, 파라미터들에는 포맷과 순서가 있다. Bank 클래스의 상속 클래스들 중 하나인 Bank1 클래스를 보자. 모든 Bank 클래스들은 구조가 동일하고 해당 필드(bankname과 endpoint) 값만 다르다.

Bank1.java

```java
public class Bank1 extends Bank {

  public Bank1(String hostname, String portnum){
    super(hostname,portnum);
    bankname = "Exclusive Country Club Bankers\n";
    String ep1 = "http://" + hostname + ":" + portnum + "/axis/Bank1WS.jws";
    this.setEndPoint(ep1);
  }

  public void setEndPoint(String endpt){this.endpoint = endpt;}

  public String getBankName(){return this.bankname;}
  public String getEndPoint(){return this.endpoint;}

  public BankQuote getBankQuote(int ssn, double loanamount, int loanduration,
                          int credit_history_length, int credit_score) {

    BankQuote bankquote = new BankQuote();

    Integer i1 = new Integer(ssn);
    Double i2 = new Double(prime_rate);
    Double i3 = new Double(loanamount);
    Integer i4 = new Integer(loanduration);
    Integer i5 = new Integer(credit_history_length);
    Integer i6 = new Integer(credit_score);

    try{
      Service service = new Service();
      Call call = (Call) service.createCall();
      call.setTargetEndpointAddress( new java.net.URL(endpoint) );

      call.setOperationName("getQuote");

      call.addParameter( "op1", XMLType.XSD_INT, ParameterMode.IN );
      call.addParameter( "op2", XMLType.XSD_DOUBLE, ParameterMode.IN );
      call.addParameter( "op3", XMLType.XSD_DOUBLE, ParameterMode.IN );
      call.addParameter( "op4", XMLType.XSD_INT, ParameterMode.IN );
      call.addParameter( "op5", XMLType.XSD_INT, ParameterMode.IN );
      call.addParameter( "op6", XMLType.XSD_INT, ParameterMode.IN );

      call.setReturnType( XMLType.XSD_DOUBLE);

      Double interestrate = (Double) call.invoke( new Object [] {i1,i2,i3,i4,i5,i6});

      bankquote.setBankName(bankname);
```

```
        bankquote.setInterestRate(interestrate.doubleValue());
    }catch(Exception ex){

        System.err.println("Error accessing the axis webservice from " + bankname);
        BankQuote badbq = new BankQuote();
        badbq.setBankName("ERROR in WS");
        return badbq;
    }

    arbitraryWait();

    return bankquote;
}

}
```

위의 코드에 보이는 것처럼, getBankQuote 메소드는 특정 순서의 파라미터들을 지닌다.

```
public BankQuote getBankQuote(int ssn, double loanamount, int loanduration,
                        int credit_history_length, int credit_score)
```

은행 작업 구현에 앞서 설명한 것처럼 이율 견적 시스템의 파라미터 포맷은 은행마다 다르다. 그러므로 Bank 클래스의 getBankQuote 메소드는 *메시지 변환기*(p143) 패턴을 구현해 해당 은행 웹 서비스를 호출하기 전에 파라미터 순서를 변환한다. 각 은행의 웹 서비스에 쓰이는 getQuote 메소드의 서명signature은 다음과 같다.

Bank1WS:
```
getQuote(int ssn, double prime_rate, double loanamount, int loanduration,
        int credit_history_length, int credit_score)
```

Bank2WS:
```
getQuote(double prime_rate, double loanamount, int loanduration,
        int credit_history_length, int credit_score, int ssn)
```

Bank3WS:
```
getQuote(double loanamount, int loanduration, int credit_history_length,
        int credit_score, int ssn, double prime_rate)
```

Bank4WS:
```
getQuote(int loanduration, int credit_history_length, int credit_score, int ssn,
        double prime_rate, double loanamount)
```

Bank5WS:

```
getQuote(int credit_history_length, int credit_score, int ssn, double prime_rate,
        double loanamount, int loanduration)
```

각 은행 웹 서비스의 getQuote 메소드 구현은 다음에 보이는 Bank1WS.jws 코드처럼 은행별로 독립적인 이율 견적 알고리즘을 사용한다.

Bank1WS.jws

```
public class Bank1WS {

  public double getQuote(int ssn, double prime_rate, double loanamount,
                         int loanduration, int credit_history_length, int credit_
score)
  {
    double ratepremium = 1.5;

    double int_rate = prime_rate + ratepremium + (double)(loanduration/12)/10 +
                      (double)(Math.random()*10)/10;
    return int_rate;
  }

}
```

실제 이율 계산 알고리즘은 훨씬 더 상세하고 복잡할 것이다. getQuote 메소드는 대출 애플리케이션으로부터 파라미터를 받아 고객에게 제시할 이율을 계산해 double 형으로 반환한다.

여기서도 액시스 서버는 (http://hostname:portnum/axis/Bank1WS.jws?wsdl로 노출되는) Bank1WS 파일의 WSDL 파일을 자동으로 생성한다. 다른 은행의 WSDL 파일도 포맷은 비슷하고 파라미터의 정의만 다르다. Bank1WS.jws 웹 서비스의 WSDL 파일은 다음과 같다.

```
<wsdl:definitions xmlns:wsdl="http://schemas.xmlsoap.org/wsdl/"
               xmlns:wsdlsoap="http://schemas.xmlsoap.org/wsdl/soap/">
  <wsdl:message name="getQuoteRequest">
      <wsdl:part name="ssn" type="xsd:int" />
      <wsdl:part name="prime_rate" type="xsd:double" />
      <wsdl:part name="loanamount" type="xsd:double" />
      <wsdl:part name="loanduration" type="xsd:int" />
      <wsdl:part name="credit_history_length" type="xsd:int" />
      <wsdl:part name="credit_score" type="xsd:int" />
  </wsdl:message>
  <wsdl:message name="getQuoteResponse">
```

```
        <wsdl:part name="getQuoteReturn" type="xsd:double" />
    </wsdl:message>
    <wsdl:portType name="Bank1WS">
        <wsdl:operation name="getQuote" parameterOrder="ssn prime_rate loanamount
loanduration
            credit_history_length credit_score">
            <wsdl:input message="intf:getQuoteRequest" name="getQuoteRequest" />
            <wsdl:output message="intf:getQuoteResponse" name="getQuoteResponse" />
        </wsdl:operation>
    </wsdl:portType>
    <wsdl:binding name="Bank1WSSoapBinding" type="intf:Bank1WS">
        ...
    </wsdl:binding>
    <wsdl:service name="Bank1WSService">
        <wsdl:port binding="intf:Bank1WSSoapBinding" name="Bank1WS">
            <wsdlsoap:address location="http://192.168.1.25:8080/axis/Bank1WS.jws" />
        </wsdl:port>
    </wsdl:service>
</wsdl:definitions>
```

보이는 것처럼, WSDL은 `<wsdl:operation>` 엘리먼트에 getQuote 작업을 정의한다. 액시스는 이 작업을 Bank1WS.jws 클래스의 getQuote 메소드로 매핑한다. `<wsdl:service>` 엘리먼트에는 Bank1WS 웹 서비스가 정의된다. 그리고 `<wsdl:message>` 엘리먼트에는 getQuoteRequest와 getQuoteResponse 요구 응답 쌍이 정의된다.

은행의 이율 견적은 BankQuote 빈[bean]에 설정된다. 이 빈은 다시 BankQuote Gateway로 전송되는 컬렉션에 추가된다. 이 빈은 포맷 변환이 필요 없다. 은행들로부터 반환받은 빈들은 포맷이 동일하다. 이 포맷은 이미 공통 포맷이므로 응답 메시지 변환을 위한 *노멀라이저*(p415)는 필요 없다.

BankQuoteGateway는 은행 견적 컬렉션에서 가장 낮은 이율을 가진 견적 빈을 선택해 대출 모집인에게 응답으로 전송한다. 대출 모집인은 빈에서 데이터를 획득해 클라이언트 애플리케이션에 응답할 보고서를 생성한다. 보고서 생성 메소드는 다음과 같다.

BankQuoteGateway.java
```
private static String getLoanQuotesReport(BankQuote bestquote){
  String bankname = bestquote.getBankName();
  double bestrate = ((double)((long)(bestquote.getInterestRate()*1000))/(double)1000);
```

```
String results = "\nBank Name: " + bankname + "Interest Rate: " + bestrate;

return results;
}
```

클라이언트 애플리케이션

클라이언트 애플리케이션은 대출 모집인 애플리케이션의 고객 측 인터페이스다. 클라이언트는 기능적인 사용자 인터페이스로 적절한 오류 검사와 더불어 고객 정보를 수집해야 한다. 고객은 눈으로 볼 수 없겠지만, 클라이언트 애플리케이션은 서버 애플리케이션 엔드포인트로 배달할 세 개의 데이터 조각을 준비한다. 우리는 편의상 클라이언트 애플리케이션을 명령 행에서 고객 정보를 인자로 획득하는 자바 애플리케이션으로 구현했다. 실제 사용자 인터페이스는 윈도우 기반의 팻^{fat} 클라이언트나 브라우저 기반의 씬^{thin} 클라이언트로 구현될 것이다. 다른 방식의 비즈니스 시스템인 경우 그에 맞춰 클라이언트 애플리케이션이 구현될 수 있을 것이다. 대출 모집인 웹 서비스 호출 클라이언트 애플리케이션의 가장 중요한 부분은 다음에 보이는 부분이다.

```
Service service = new Service();
Call call = (Call) service.createCall();

call.setTargetEndpointAddress( new java.net.URL(endpoint) );
call.setOperationName( "getLoanQuote" );
call.addParameter( "op1", XMLType.XSD_INT, ParameterMode.IN );
call.addParameter( "op2", XMLType.XSD_DOUBLE, ParameterMode.IN );
call.addParameter( "op3", XMLType.XSD_INT, ParameterMode.IN );

call.setReturnType( XMLType.XSD_STRING );

String ret = (String) call.invoke( new Object [] {ssn, loanamount, loanduration});
```

코드에서 두드러진 곳은 메소드 이름(getLoanQuote)을 정의하는 줄과 파라미터와 반환 형식을 지정하는 줄이다. getLoanQuote 메소드는 고객 아이디, 대출 금액, 대출 기간을 파라미터로 취하고 반환 값은 문자열이다.

우리는 웹 서비스 조회 서비스로 UDDI는 사용하지 않고 하드코딩된 웹 서비스 엔드포인트 URL을 사용한다. 대출 모집인 애플리케이션은 JWS 파일로 배포되므로, 엔드포인트는 JWS를 위한 액시스의 표준 API를 따른다. 배포 엔드포인트는 다음 URL로 표시된다. 여기서 hostname과 portnumber는 설치된 서버의 해당 값이다.

http://hostname:portnumber/axis/LoanBroker.jws

클라이언트 애플리케이션은 응답을 기다리는 동안 실행을 중지하며, 보고서를 받은 후, 보고서를 GUI 화면으로 표시하거나 저장하거나 프린터로 출력한다.

솔루션 실행　이 절에서는 액시스 프레임워크와 대출 모집인 애플리케이션이 이미 설치되어 있다고 가정한다. 서버가 시작되지 않았으면 시작하고, 실행 중이면 다시 시작한다. 서버를 시작하거나 재시작하기 위한 절차는 톰캣^Tomcat의 도움말을 참조한다. 그리고 나서 다음처럼 톰캣과 액시스의 실행 상태를 확인한다.

클라이언트 시스템에 따라 유닉스/리눅스는 셸^shell을, 마이크로소프트 윈도우는 명령 창을 열고 다음과 같이 애플리케이션을 실행한다.

```
java -classpath $CLASSPATH LoanQueryClient [customerid] [loanamount] [loanduration in months]
```

또는

```
java -classpath %CLASSPATH% LoanQueryClient [customerid] [loanamount] [loanduration in months]
```

예를 들어

```
java -classpath %CLASSPATH% LoanQueryClient 199 100000.00 29
```

라는 실행 명령은 대출 모집인 웹 서비스를 호출하고 다음 결과들을 반환했다.

```
Calling the LoanBroker webservice at 1053292919270 ticks
LoanBroker service replied at 1053292925860 ticks

Total time to run the query = 6590 milliseconds

The following reply was received from the Loan Clearing House

Client with ssn= 199 requests a loan of amount= 100000.0 for 29 months

Additional data for customer: credit score and length of credit history
Credit Score= 756 Credit History Length= 12

The details of the best quote from all banks that responded are shown below:

Out of a total of 3 quote(s), the best quote is from
Bank Name: Exclusive Country Club Bankers
Interest Rate: 6.19
```

클라이언트 실행 시 대출 모집인을 테스트하는 대출 금액을 입력한다. 지금은 한 클라이언트를 실행하고 그 출력 결과를 분석한다. 나중에 여러 클라이언트를 실행할 것이다.

출력 분석

클라이언트는 대출 모집인 서버 웹 서비스 엔드포인트를 호출한 시각과 서버의 결과 응답을 수신한 시각을 추적한다. 호출 시각, 응답 시각, 실행 시간이 클라이언트 애플리케이션에 보고된다.

```
Calling the LoanBroker webservice at 1053292919270 ticks
LoanBroker service replied at 1053292925860 ticks

Total time to run the query = 6590 milliseconds
```

대출 정보 센터 웹 서비스는 클라이언트 애플리케이션으로부터 네트워크를 거쳐 전송받은 고객 요청과 관련 정보들을 보고한다.

```
Client with ssn= 199 requests a loan of amount= 100000.0 for 29 months
```

대출 정보 센터 웹 서비스는 추가로 수집한 고객의 신용 데이터도 보고한다.

```
Additional data for customer: credit score and length of credit history
Credit Score= 756 Credit History Length= 12
```

LoanBroker는 데이터를 분석해 고객의 대출 요청에 적합한 은행들을 선택한다. LoanBroker는 은행 포맷에 맞게 변환한 고객 데이터를 각 은행에 제출하고 응답을 기다린다. 대출 모집인은 동기 애플리케이션이므로, 대출 모집인은 은행이 응답하거나 요청 제한시간이 초과되거나 실패할 때까지 실행을 중지한다.

LoanBroker는 응답들을 수집하고 반환된 견적을 분석해 최상의 견적을 선택한다. 이 견적은 보고서로 변환되어 관련 데이터와 함께 고객에게 다시 전송된다. 선택된 최상의 견적에 대한 콘솔 출력 결과는 다음과 같다.

```
Out of a total of 3 quote(s), the best quote is from
Bank Name: Exclusive Country Club Bankers
Interest Rate: 6.197
```

위 결과는 LoanBroker가 세 은행으로부터 받은 응답들 중 최상 견적을 사용자에게 제시했다는 것을 보여준다.

성능 한계

이번 장의 앞부분에서 시퀀스 다이어그램을 논의할 때 설명했듯이, 견적 응답을 얻을 때까지 소요되는 전체 시간이 중요하다 대출 모집인은 대출 기관 목록에서 다음 은행으로 요청을 제출하기 전에 각 은행으로부터 응답을 기다려야 하기 때문이다. 그 결과 고객은 요청을 제출 한 후 견적 결과를 얻기까지 오랜 시간을 기다려야 한다. 우리는 서버와 단일 클라이언트로 여러 번 기준선^{baseline} 테스트를 실행해 평균 실행 시간(약 8 초)을 얻었다. 그리고 나서 우리는 동일한 시스템에서 별도의 창으로 네 클라이언트 인스턴스를 실행해 다음과 같은 평균 실행 시간을 얻었다.

```
Client 1: 12520 milliseconds
Client 2: 12580 milliseconds
Client 3: 15710 milliseconds
Client 4: 13760 milliseconds
```

이 테스트 결과로부터 클라이언트들이 동시에 대출 모집인 시스템을 호출하면 질의 시간이 엄청나게 길어진다는 것을 확인했다.

솔루션의 한계

우리는 대출 모집인 예의 설계 논의를 쉽게 하기 위해 JWS 파일로 모든 웹 서비스를 구현했다. 이 구현 방법은 우리에게 JWS 파일을 서버에 복사만 하면 서비스가 배포되는 장점을 제공한다. 그러나 요청마다 새 서비스 클래스 인스턴스가 생성되고, 요청이 완료되면 즉시 인스턴스가 해제된다는 단점이 있다. 우리가 발견한, 시간이 약간 지연되는 현상은 서비스 호출 전 서비스 클래스 인스턴스 생성으로부터 기인했다.

우리는 더 복잡한 길을 선택해 WSDD 파일을 사용해 배포되는 자바 클래스 파일을 설계할 수도 있었다. 이 방법을 사용하면 생성된 클래스 인스턴스의 지속 시간(클라이언트 세션 시간 동안 또는 애플리케이션 실행 시간 동안)을 유연하게 정의할 수 있게 된다. 웹 서비스의 배포 방법은 실제 애플리케이션을 설계할 때 고려해야 할 중요한 것들 중 하나다. 그러나 우리가 배포 문제를 포함했다면 설명은 매우 길어졌을 것이고 상세 설계도 이번 장의 목적에 맞지 않게 불필요하게 복잡해졌을 것이다.

요약

이 절에서 우리는 동기 SOAP/HTTP 웹 서비스를 사용해 대출 모집인 애플리케이션을 단계별로 차례대로 구현해 봤다. 우리는 은행들로의 대출 요청 전송에 예측 라우팅을 사용했다. 우리는 이 접근 방법의 장점과 단점을 보였다. 우리는 배포 문제도 상세히 다루면서 이에 대한 설계 득실을 설명했다. 우리의 목표는 방법의 장점과 단점을 논의하는 것이었다. 우리는 또한 이 책의 많은 패턴을 어떻게 사용하는지도 보였다. 이 패턴들은 비즈니스 영역의 동기 예측 접근 방법 적용에 도움을 줄 것이다.

MSMQ를 이용한 비동기 구현

이 절은 대출 모집인 예(이번 장의 소개 절 참조)를 마이크로소프트 닷넷, C#, MSMQ를 이용해 구현하는 방법을 설명한다. 마이크로소프트 닷넷 프레임워크에는 System. Messaging 네임스페이스가 포함되어 있는데, 닷넷 프로그램은 System.Messaging을 사용해 최신 윈도우 운영체제(윈도우2000, 윈도우XP, 윈도우서버2003)에 포함된 마이크로소프트 메시지 큐 서비스MSMQ, Microsoft Message Queuing Service를 접속한다. 예는 설계 결정 과정을 따라가면서 솔루션에 필요한 실제 코드들을 보여 준다. 우리는 C# 개발자가 아니더라도 예가 가치를 가질 수 있도록 가능한 한 설계 측면에 초점을 맞췄다. 실제 이 애플리케이션은 System.Messaging 인터페이스를 제외하면 자바와 JMS로 구현한 애플리케이션과 크게 다르지 않다.

이 솔루션이 구현한 일부 기능은 마이크로소프트 비즈톡 서버 같은 통합 및 오케스트레이션 도구를 사용하면 더 쉽게 구현할 수 있다. 우리는 두 가지 이유로 일부러 이런 도구를 사용하지 않았다. 첫째, 이런 도구들은 유료다. 간단한 예를 실행하더라도 라이선스를 구매해야 한다. 둘째, 우리는 필요한 기능을 어떻게 구현할 수 있는지를 명시적으로 보여 주고 싶었다.

이 솔루션은 여러 컴퓨터에 분산 실행될 수 있게 컴포넌트들이 여러 실행 프로그램으로 구성된다. 그럼에도 액티브 디렉터리Active Directory가 없어도 동작할 수 있게 로컬 프라이빗 메시지를 사용해 예를 간단히 했다. 그 결과 솔루션이 단일 시스템에서 실행된다.

이 절의 대출 모집인 구현은 메시지 큐 기반의 비동기 메시징을 사용한다. 예의 개략적 설명에서 언급한 바와 같이, 애플리케이션은 동시에 여러 견적 요청을 처리한다. 그러나 한편으로 이를 위해 시스템을 거쳐 흐르는 메시지는 상관관계가 필요하다. 이렇듯 예는 비동기를 처리해야 하므로 이에 따른 많은 설계 결정들이 추가된다.

대출 모집인 생태계

대출 모집인 분석은 바깥부터 시작해 안쪽으로 다가가는 것이 좋다. 먼저 대출 모집인이 지원해야 하는 모든 외부 인터페이스들을 조사해 보자(그림 참조). 메시지 큐는 단방향이므로 다른 컴포넌트와 요청/응답 통신을 확립하려면 한 쌍의 큐가 필요하다. (간단한 예로 6장, '사잇장: 간단한 메시징'의 '닷넷 요청 응답 예' 절을 참조한 다.) 그 결과 대출 모집인은 loanRequestQueue로부터 대출 견적 요청을 수신하고, loanReplyQueue로 응답을 전송한다. 대출 모집인과 신용 평가 기관과의 상호작용에도 같은 방식으로 큐 쌍을 사용한다. 우리는 은행별 큐 쌍을 만들지 않고 모든 은행이 동일한 bankReplyQueue로 응답을 전송하게 했다. *수신자 목록*(p310)은 요청 메시지를 은행별 큐로 전송하고, *수집기*(p330)는 loanReplyQueue에 도착한 응답 메시지들에서 최상의 견적을 선택한다. 예의 *수신자 목록*(p310)과 *수집기*(p330)는 분산 스타일의 *분산기 집합기*(p360)처럼 역할을 한다. 예의 모든 은행은 동일한 메시지 포맷을 사용하도록 해 *노멀라이저*(p415)가 필요 없게 단순화시킨다. 그러나 은행들의 공통 메시지 포맷과 소비자의 기대 포맷은 다르므로 은행의 응답 메시지를 대출 모집인의 응답 메시지로 변환하는 *메시지 변환기*(p143)는 여전히 필요하다. 우리는 대출 모집인을 *프로세스 관리자*(p375)로 설계하기로 결정했다. 우리는 대출 모집인의 내부 기능을 메시지 큐로 분리된 개별 컴포넌트들로 구현하지 않고, 모든 기능을 내부적으로 실행하는 단일 컴포넌트로 구현한다. 이 접근 방법은 메시지가 큐를 사용해 전송됨으로 발생하는 기능들 사이의 오버헤드를 제거하지만, 대출 모집인이 동시에 여러 프로세스 인스턴스들을 유지하게 만든다.

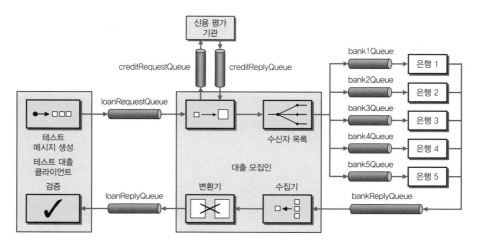

메시지 큐 인터페이스를 이용한 대출 모집인

토대 세우기: 메시징 게이트웨이

이 절은 System.Messaging 네임스페이스와 MSMQ를 소개하는 곳이 아니므로, 애플리케이션 코드가 MSMQ 명령에 종속돼 작성되지 않게, 별도의 클래스로 MSMQ 기능을 분리한다. 게이트웨이[EAA]는 이런 목적을 위해 사용할 수 있는 훌륭한 패턴이다. 게이트웨이 패턴에는 두 가지 핵심 장점이 있다. 첫째, 애플리케이션으로부터 통신의 기술적 세부 사항을 추상화한다. 둘째, 게이트웨이 구현과 게이트웨이 인터페이스를 분리해 실제 외부 서비스와 테스트 서비스 스텁을 서로 바꿀 수 있게 해준다 [EAA].

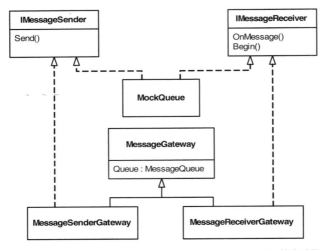

게이트웨이는 애플리케이션에서 MSMQ 기능을 분리시켜 테스트를 쉽게 만든다

우리는 IMessageSender와 IMessageReceive를 메시징 게이트웨이(p536) 인터페이스로 정의한다. 이 인터페이스들은 아주 단순하다. IMessageSender가 하는 일은 메시지를 발신하는 것이고, IMessageReceiver가 하는 일은 (놀랍게도!) 메시지를 수신하는 것이다. IMessageReceiver는 추가로 메시지를 수신하게 하는 Begin 메소드를 갖는다. 인터페이스가 간단하면 구현 클래스 정의도 쉬워진다.

IMessageSender.cs

```
namespace MessageGateway
{
    using System.Messaging;

    public interface IMessageSender
    {
```

```
            void Send(Message mess);
        }
}


IMessageReceiver.cs
namespace MessageGateway
{
    using System.Messaging;

    public interface IMessageReceiver
    {
        OnMsgEvent OnMessage
        {
            get;
            set;
        }

        void Begin();

        MessageQueue GetQueue();
    }
}
```

MessageSenderGateway와 MessageReceiverGateway는 구현 클래스다. 이 클래스들은 MessageReadPropertyFilter나 Formatter로 메시지 큐에 속성을 지정한다. MessageReceiverGateway는 MSMQ의 ReceiveCompleted 이벤트에 템플릿 메소드 Template Method[GoF]를 사용한다. 이 템플릿 메소드는 mq.BeginReceive 메소드 호출처럼 작지만 중요한 처리를 담당한다. 이 기능들에 대한 상세한 설명은 MSDN 온라인 문서[MSMQ]를 참조한다.

인터페이스가 매우 제한적이므로 메시지 큐를 사용하지 않고도 구현이 가능하다. MockQueue는 두 인터페이스의 메시지 큐 없는 구현이다! 애플리케이션이 메시지를 전송하면, MockQueue는 즉시 메시지로 OnMessage 이벤트를 호출한다. MockQueue는 비동기를 사용하지 않으므로, MockQueue를 이용한 애플리케이션 테스트는 단일 주소 공간에서 훨씬 간단해진다(테스트에 대한 고려는 계속된다).

IMessageReceiver.cs의 OnMsgEvent OnMessage 줄은 C#을 처음 접하는 사람들에게 조금 설명이 필요할 것이다. 닷넷 프레임워크는 감시자 패턴Observer pattern[GoF]을 대리자와 이벤트로 불리는 언어의 특성으로 제공한다. OnMsgEvent은 MessageReceiverGateway가 정의한 대리자다.

```
public delegate void OnMsgEvent(Message msg);
```

객체는 대리자를 이용해 메소드를 이벤트에 등록할 수 있다. 이벤트가 호출될 때, 닷넷은 등록된 모든 메소드를 호출한다. 대리자는 여러 가지 방법으로 호출될 수 있지만, 그 중 가장 간단한 방법은 대리자 이름을 사용해 직접 호출하는 것이다.

OnMsgEvent receiver;
```
Message message;
...
receiver(message);
```

대리자를 더 알고 싶은 독자는 닷넷 또는 C# 책을 참조한다. CLR^{Common Language Runtime}이 대리자를 어떻게 구현했는지에 대한 상세한 내용은 [Box]를 참조한다.

공통 기능을 위한 기본 클래스

설계를 전체적으로 살펴보면 대출 모집인의 일부 컴포넌트에 공통 기능이 있다는 점을 금방 알 수 있다. 예를 들어 은행과 신용 평가 기관은 모두 요청을 수신하고, 요청을 처리하고, 다른 채널로 결과를 게시하는 서비스로서 역할을 한다. 충분히 쉬워 보인다. 그러나 비동기 메시징 세계에서는 간단한 요청/응답 체계라도 약간은 추가 작업을 해야 한다. 첫째, 우리는 서비스 발신자를 응답의 *반환 주소*(p219)로 지정하고 싶다. 이런 경우에 발신자들은 동일한 서비스를 사용하더라도 응답 큐는 서로 달라진다. 호출자가 요청 메시지와 응답 메시지를 일치시킬 수 있게, 서비스는 *상관관계 식별자*(p223)를 지원해야 한다. 인식할 수 없는 포맷의 메시지를 수신한 경우, 서비스는 메시지를 버리지 않고 *무효 메시지 채널*(p173)로 라우팅하는 것도 바람직할 것이다.

우리는 MQService 기본 클래스를 만들어 코드 중복(객체 지향 프로그래밍이 짓는 무거운 죄라고 할 수 있다)을 제거했다. 이 클래스는 *반환 주소*(p219)와 *상관관계 식별자*(p223)를 지원한다. 이에 대응해 서버는 수신 메시지의 메시지 아이디를 응답 메시지의 상관관계 아이디로 복사한다. 우리는 AppSpecific 속성도 복사한다. 때때로 메시지 아이디가 아닌 다른 속성으로 상관관계를 나타내야 할 경우도 있기 때문이다. MQService는 지정한 *반환 주소*(p219)로 응답을 전송한다. 요청자가 *반환 주소*(p219)를 제공하기 때문이다. MQService는 *반환 주소*(p219)를 유지하지 않으므로 요청 큐를 MQService의 초기화 파라미터로 입력한다. 이 요청 큐로 새 요청 메시지들이 들어온다. 요청자가 *반환 주소*(p219)를 제공하지 않은 경우,

RequestReplyService는 응답을 무효 *메시지 채널*(p173)로 전송한다. 우리는 오류를 일으킨 요청 메시지도 무효 *메시지 채널*(p173)로 전송할 수 있다. 일을 간단하게 하기 위해, 오류 처리를 더 이상은 깊게 다루지 않을 것이다.

MQService.cs

```
public abstract class MQService
{
    static protected readonly String InvalidMessageQueueName =
                            ".\\private$\\invalidMessageQueue";
    IMessageSender invalidQueue = new MessageSenderGateway(InvalidMessageQueueName);

    protected IMessageReceiver requestQueue;
    protected Type requestBodyType;

    public MQService(IMessageReceiver receiver)
    {
        requestQueue = receiver;
        Register(requestQueue);
    }

    public MQService(String requestQueueName)
    {
        MessageReceiverGateway q = new MessageReceiverGateway(requestQueueName,
                                                GetFormatter());
        Register(q);
        this.requestQueue = q;
        Console.WriteLine("Processing messages from " + requestQueueName);
    }

    protected virtual IMessageFormatter GetFormatter()
    {
        return new XmlMessageFormatter(new Type[] { GetRequestBodyType() });
    }

    protected abstract Type GetRequestBodyType();

    protected Object GetTypedMessageBody(Message msg)
    {
        try
        {
            if (msg.Body.GetType().Equals(GetRequestBodyType()))
            {
                return msg.Body;
            }
            else
```

```
        {
            Console.WriteLine("Illegal message format.");
            return null;
        }
    }
    catch (Exception e)
    {
        Console.WriteLine("Illegal message format" + e.Message);
        return null;
    }
}

public void Register(IMessageReceiver rec)
{
    OnMsgEvent ev = new OnMsgEvent(OnMessage);
    rec.OnMessage += ev;
}

public void Run()
{
    requestQueue.Begin();
}

public void SendReply(Object outObj, Message inMsg)
{
    Message outMsg = new Message(outObj);
    outMsg.CorrelationId = inMsg.Id;
    outMsg.AppSpecific = inMsg.AppSpecific;

    if (inMsg.ResponseQueue != null)
    {
        IMessageSender replyQueue = new MessageSenderGateway(inMsg.ResponseQueue);
        replyQueue.Send(outMsg);
    }
    else
    {
        invalidQueue.Send(outMsg);
    }
}

protected abstract void OnMessage(Message inMsg);
}
```

이 클래스는 추상 클래스다. GetRequestBodyType과 OnMessage 메소드는 이 클래스에서 구현하지 않는다. 클래스는 메시지 데이터 형식과는 달리 가능한 한 강형식으로 비즈니스 객체를 처리해야 하므로, MQService는 메시지 본문의 형식을 확인해 형식에 맞게 캐스팅한다. 문제는 추상 기본 클래스가 어떤 형식으로 캐스팅해야 할지를 알지 못한다는 점이다. 다양한 서비스 구현들이 이 기본 클래스를 사용할 수 있고 이들은 저마다 각각 다른 메시지 형식을 사용할 수 있기 때문이다. 우리는 공통 부분을 GetTypedMessageBody 메소드가 담당하고 형식 부분을 GetRequestBodyType 추상 메소드가 담당하게 만들었다. 각 서브클래스는 수신 메시지 형식을 지정하는 GetRequestBodyType 메소드를 구현한다. MQServer는 형식을 XML 포맷터를 초기화하고 형식 검사에 사용한다. 이런 점검이 있어야, 서브클래스는 안전하게 예외를 발생시키지 않고 수신한 메시지 본문을 원하는 형식으로 캐스팅할 수 있다. 현 시점에서 GetTypedMessageBody 내부의 예외 처리는 솔직히 원시적이다. 하는 일이라고는 메시지를 화면에 출력하는 것이 전부다. 예가 간단한 데모 애플리케이션이 아니었다면, 확실히 더 정교한 접근 방법으로 로그를 남기거나 포괄적인 *제어 버스*(p612)를 사용했을 것이다.

MQService의 서브클래스는 OnMessage 메소드를 구현한다. 우리는 동기와 비동기 구현 모두를 제공한다. 동기 구현(RequestReplyService)은 응답 메시지를 반환하는 ProcessMessage 가상 메소드를 호출하고 이어서 SendReply를 호출한다. 반면 비동기 구현(AsyncRequestReplyService)은 반환이 없는 ProcessMessage 가상 메소드를 정의한다. SendReply는 비동기 구현을 상속한 서브클래스에서 호출한다.

MQService.cs

```
public class RequestReplyService : MQService
{
    public RequestReplyService(IMessageReceiver receiver) : base(receiver) {}
    public RequestReplyService(String requestQueueName) : base (requestQueueName) {}

    protected override Type GetRequestBodyType()
    {
        return typeof(System.String);
    }

    protected virtual Object ProcessMessage(Object o)
    {
        String body = (String)o;
        Console.WriteLine("Received Message: " + body);
        return body;
    }
```

```
    protected override void OnMessage(Message inMsg)
    {
        inMsg.Formatter = GetFormatter();
        Object inBody = GetTypedMessageBody(inMsg);
        if (inBody != null)
        {
            Object outBody = ProcessMessage(inBody);
            if (outBody != null)
            {
                SendReply(outBody, inMsg);
            }
        }
    }
}

public class AsyncRequestReplyService : MQService
{
    public AsyncRequestReplyService(IMessageReceiver receiver) : base(receiver) {}
    public AsyncRequestReplyService(String requestQueueName) : base (requestQueueName)
{}

    protected override Type GetRequestBodyType()
    {
        return typeof(System.String);
    }

    protected virtual void ProcessMessage(Object o, Message msg)
    {
        String body = (String)o;
        Console.WriteLine("Received Message: " + body);
    }

    protected override void OnMessage(Message inMsg)
    {
        inMsg.Formatter = GetFormatter();
        Object inBody = GetTypedMessageBody(inMsg);
        if (inBody != null)
        {
            ProcessMessage(inBody, inMsg);
        }
    }
}
```

두 클래스는 GetRequestBodyType과 ProcessMessage 메소드를 구현한다.
GetRequestBodyType는 메시지가 문자열이어야 함을 지정하고, ProcessMessage는

화면에 문자열을 출력한다. 기술적으로 말해서, 우리는 `RequestReplyService` 클래스와 `AsyncRequestReplyService` 클래스가 계속 추상 클래스로 남아있도록 이들의 메소드들을 추상 메소드로 만들 수도 있었다. 이 경우 이들의 서브클래스가 추상 메소드들 중 하나라도 구현을 생략한다면 컴파일러는 이를 감지하게 된다. 그러나 서비스가 기본 구현을 가지면 테스트와 디버깅이 유리해진다. 이런 이유로 이 클래스들을 인스턴스가 될 수 있게 구체화했다.

기본 클래스들의 요약된 클래스 다이어그램은 다음과 같다. (우리는 은행bank, 신용평가 기관credit bureau, 대출 모집인loan broker 클래스들도 간단하게 논의한다.)

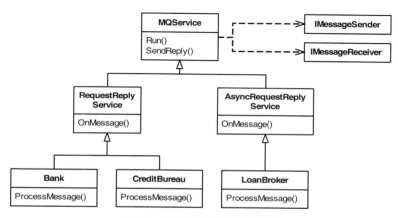

메시지 서비스를 위한 기본 클래스들

은행 설계

기본 클래스와 유틸리티 메소드들을 생성했으므로 이제 애플리케이션 로직을 구현할 차례다. 솔루션을 만들 때, 의존성의 반대 방향으로 애플리케이션 컴포넌트들을 구축하면 쉬워진다. 이것은 어느 것에도 의존하지 않는 컴포넌트를 가장 처음 만든다는 것을 의미한다. 이런 컴포넌트들은 독립적으로 실행되고 테스트될 수 있다. 은행은 확실히 이런 컴포넌트들 중 하나다. 대출 모집인은 은행에 의존적이지만 은행 자신은 독립적이다. 충분하고도 편리하게, 은행은 요청/응답 서비스가 주가 된다. 그러므로 은행을 구현하는 일은 `RequestReplyService`을 상속해 필요한 비즈니스 로직을 작성하는 것만큼 쉬워야 한다.

우리는 은행 내부 작업보다 은행 외부 인터페이스를 먼저 정의한다. 우선 우리는 대출 견적 요청과 응답에 사용할 메시지 형식을 정의한다. 구현을 간단히 하기 위해, 우리는 은행들의 공통 메시지 포맷을 정의해, 다섯 은행 인스턴스들이 모두 이 공통 클래스를 사용하게 한다. 우리는 C# 구조체를 메시지 형식으로 사용한다.

은행을 위한 메시지 형식

```
public struct BankQuoteRequest
{
    public int SSN;
    public int CreditScore;
    public int HistoryLength;
    public int LoanAmount;
    public int LoanTerm;
}

public struct BankQuoteReply
{
    public double InterestRate;
    public String QuoteID;
    public int ErrorCode;
}
```

모든 은행 인스턴스들이 하나의 클래스를 사용할 수 있도록 은행의 독립적인 행동 부분들은 파라미터화한다. 은행들은 매우 간단한 기관들로, 서로 다른 행동 파라미터는 BankName와 RatePremium와 MaxLoanTerm이다. RatePremium은 은행이 우대 금리prime rate 이상으로 청구하는 이율이다. 이 할인율rate premium이 은행의 이윤이다. MaxLoanTerm은 은행이 제시할 수 있는 가장 긴 대출 기간(개월)이다. 대출 요청이 지정된 기간보다 더 긴 경우, 은행은 고맙게도 거부할 것이다. 은행 클래스에 적절한 편의 생성자들과 접근자들을 추가하고 ProcessMessage 메소드를 구현한다.

Bank.cs

```
internal class Bank : RequestReplyService
{
    ...

    protected override Type GetRequestBodyType()
    {
        return typeof(BankQuoteRequest);
    }

    protected BankQuoteReply ComputeBankReply(BankQuoteRequest requestStruct)
    {
        BankQuoteReply replyStruct = new BankQuoteReply();
```

```
        if (requestStruct.LoanTerm <= MaxLoanTerm)
        {
            replyStruct.InterestRate = PrimeRate + RatePremium
                                + (double)(requestStruct.LoanTerm / 12)/10
                                + (double)random.Next(10) / 10;
            replyStruct.ErrorCode = 0;
        }
        else
        {
            replyStruct.InterestRate = 0.0;
            replyStruct.ErrorCode = 1;
        }
        replyStruct.QuoteID = String.Format("{0}-{1:00000}", BankName, quoteCounter);
        quoteCounter++;
        return replyStruct;
    }

    protected override Object ProcessMessage(Object o)
    {
        BankQuoteRequest requestStruct;
        BankQuoteReply replyStruct;

        requestStruct = (BankQuoteRequest)o;
        replyStruct = ComputeBankReply(requestStruct);

        Console.WriteLine("Received request for SSN {0} for {1:c} / {2} months",
                    requestStruct.SSN, requestStruct.LoanAmount,
                    requestStruct.LoanTerm);
        Thread.Sleep(random.Next(10) * 100);
        Console.WriteLine(" Quote: {0} {1} {2}",
                    replyStruct.ErrorCode, replyStruct.InterestRate,
                    replyStruct.QuoteID);
        return replyStruct;
    }
}
```

　　구체 서비스^{concrete service}는 GetRequestBodyType과 ProcessMessage 메소드를 구현하다. 기본 클래스가 이미 형식의 유효성을 확인하므로 서비스의 ProcessMessage 메소드는 전달받은 객체를 안전하게 캐스팅한다. 보다시피 나머지 구현은 메시징과 거의 관계없다. 나머지 상세한 구현은 기본 클래스가 처리한다. MQService 클래스와 RequestReplyService 클래스가 서비스 액티베이터(p605)로서 역할하므로, 애플리케이션은 메시징 시스템으로 깊이 들어가지 않아도 된다.

　　ComputeBankReply 메소드는 은행의 전체 비즈니스를 포함한다. 그러나 세상만사가 그리 쉽지만은 않다! 이 예는 거시 경제학 소개가 아니라 메시징 예이므로, 우리는 일을 간단하게 하는 몇 가지 자유를 허용했다. 계산된 이율$^{\text{interest rate}}$은 우대 금리$^{\text{prime rate}}$와 설정된 할인율$^{\text{rate premium}}$, 대출 기간$^{\text{loan term}}$ 그리고 임의 값의 합이다. 요청된 대출 기간이 은행이 제시한 기간보다 긴 경우, 은행은 오류 코드를 반환한다. 은행은 수신한 견적에 대해 고유한 견적 아이디$^{\text{quote ID}}$를 발행해 고객이 나중에 견적을 다시 참조할 수 있게 한다. 이 구현에서는 간단한 증가 카운터가 아이디를 생성한다.

ProcessMessage 메소드는 은행 거래를 좀 더 현실적으로 만들기 위해 (1/10초에서 1초 사이의) 짧은 지연을 포함한다. ProcessMessage는 애플리케이션의 동작 상황도 콘솔로 로깅한다.

은행을 실행하려면 먼저 적절한 파라미터로 은행 인스턴스를 생성한 후, MQService에서 상속받은 Run 메소드를 호출한다. 처리는 이벤트를 사용해 발생하므로, Run 메소드 호출은 바로 반환된다. 따라서 우리는 프로그램 시작 직후 프로그램이 종료되지 않게 주의해야 한다. 이를 방지하기 위해 우리는 Run 메소드 호출 후 Console.ReadLine() 문을 추가했다.

신용 평가 기관 설계

신용 평가 기관의 구현은 은행과 유사하다. 메시지 형식과 비즈니스 로직만 다를 뿐이다. 신용 평가 기관은 다음과 같은 메시지 형식을 처리한다.

신용 평가 기관을 위한 메시지 형식

```
public class CreditBureauRequest
{
    public int SSN;
}

public class CreditBureauReply
{
    public int SSN;
    public int CreditScore;
    public int HistoryLength;
}
```

ProcessMessage 메소드가 다른 데이터 구조를 다루고 다른 비즈니스 로직을 호출한다는 것을 제외하고는 은행 코드와 거의 동일하다. 신용 평가 기관도 지연 기능을 포함한다.

CreditBureau.cs

```
private int getCreditScore(int ssn)
{
    return (int)(random.Next(600) + 300);
}

private int getCreditHistoryLength(int ssn)
{
    return (int)(random.Next(19) + 1);
}
```

대출 모집인 설계

작동하는 신용 평가 기관 클래스와 여러 은행으로 인스턴스화될 수 있는 은행 클래스를 이제는 가졌으므로, 우리는 대출 모집인을 설계한다. 이 책의 라우팅 패턴들과 변환 패턴들은 대출 모집인이 제공해야 하는 기능들을 나눌 수 있게 한다. 우리는 대출 모집인 내부 기능들을 중요도에 따라 세 부분으로 그룹화한다(그림 참조). 이 세 부분은 고객 요청을 수락하는 요청 응답 인터페이스, 신용 평가 기관 인터페이스, 은행 인터페이스다.

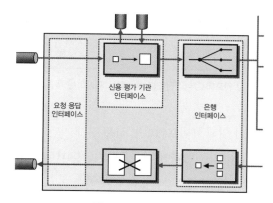

대출 모집인의 내부 구조

　의존성의 반대 방향으로 솔루션을 구축하는 것처럼, 이미 존재하는 것에 의존하는 부분을 구현해 보자. 은행 서비스와 신용 평가 기관 서비스는 이미 구현했으므로, 대출 모집인에 이런 외부 컴포넌트 인터페이스를 만드는 일에는 의미가 있다. 신용 평가 기관 인터페이스가 가장 간단해 보이므로 신용 평가 기관 인터페이스부터 시작하자.

신용 평가 기관 게이트웨이

대출 모집인은 은행에서 요구하는 고객의 신용 등급을 신용 평가 기관^{Credit Bureau}에
요청해야 한다. 이것은 대출 모집인이 외부 컴포넌트에 메시지를 발신하고 응답 메
시지를 수신한다는 것을 의미한다. MessageGateway에 메시지 전송의 기본 기능들
을 감싸놓으면, 애플리케이션의 나머지 부분들은 MSMQ를 몰라도 문제가 없게 된다.
같은 논리로 신용 평가 기관 게이트웨이에 신용 평가 기관으로 향하는 발신 메시지
와 수신 메시지를 캡슐화한다. 이렇게 함으로써 신용 평가 기관 게이트웨이는 의미
추가^{semantic enrichment}와 같은 중요한 기능을 수행한다. 즉, 신용 평가 기관 게이트웨이
는 대출 모집인이 SendMessage가 아닌 GetCreditScore와 같은 메소드를 호출하게
한다. 이것은 대출 모집인 코드를 더 읽기 쉽게 만들고 대출 모집인과 신용 평가 기관
사이 통신을 강력하게 캡슐화시킨다. 다음 다이어그램은 이 두 게이트웨이를 '연결'
해 추상화 수준을 높이는 방법을 보여준다.

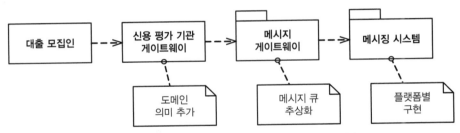

메시징 인프라로부터 단계별 추상화를 제공하는 대출 모집인

신용 점수를 요청하기 위해 게이트웨이는 신용 평가 기관이 지정한 CreditBureau
Request 구조체를 생성한다. 인터페이스는 결과로 CreditBureauReply 구조체를 수
신한다. 앞에서도 언급했듯이, 신용 평가 기관은 대출 모집인이 실행되는 컴퓨터가
아닌 다른 컴퓨터에서도 실행될 수 있는 별도의 실행 파일이다. 이 경우 대출 모집인
은 신용 평가 기관의 어셈블리^{assembly1}에 정의된 형식에 접근하지 못할 수 있다. 그러
므로 대출 모집인은 신용 평가 기관 내부를 참조할 수 없다. 어떻게든 참조를 갖게 되
더라도, 이로 인해 메시지 큐를 통한 느슨한 결합의 이점은 사라진다. 대출 모집인은
신용 점수 요청 서비스 컴포넌트가 어떤 컴포넌트인지 전혀 몰라야 한다. 그럼에도
대출 모집인은 메시지 포맷을 정의하는 구조체는 사용해야 한다. 다행히 마이크로

---

1 닷넷 프레임워크에서 어셈블리는 애플리케이션의 빌딩 블록으로 배포, 버전 관리, 재사용, 활성화 범위 지정, 보안 권한의
   기본 단위이다(MSDN 참조). — 옮긴이

소프트 닷넷 프레임워크 SDK에는 이것을 가능하게 하는 XML 스키마 정의 도구XML
Schema Definition Tool(xsd.exe)가 포함되어 있다. 이 도구를 사용하면 어셈블리에서 XML
스키마를 생성할 수 있고, XML 스키마로부터 C# 소스 코드도 생성할 수 있다. 다음
그림은 이 과정을 설명한다.

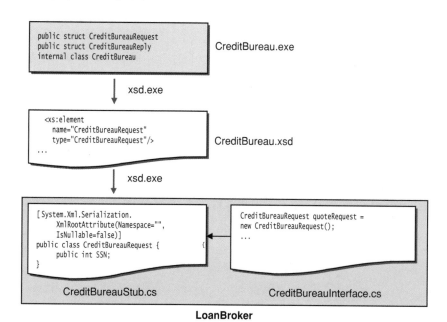

어셈블리에서 클래스 스텁 만들기

xsd.exe은 퍼블릭 형식 정의들을 추출하고, 추출한 형식 정의들과 옵션 속성들을
기반으로 직렬화를 제어하는 XML 스키마 파일을 생성한다. 우리의 경우 xsd.exe는
다음과 같은 스키마를 생성했다.

```xml
<?xml version="1.0" encoding="utf-8"?>
<xs:schema elementFormDefault="qualified" xmlns:xs="http://www.w3.org/2001/XMLSchema">
  <xs:element name="CreditBureauRequest" type="CreditBureauRequest" />
  <xs:complexType name="CreditBureauRequest">
    <xs:sequence>
      <xs:element minOccurs="1" maxOccurs="1" name="SSN" type="xs:int" />
    </xs:sequence>
  </xs:complexType>
  <xs:element name="CreditBureauReply" type="CreditBureauReply" />
  <xs:complexType name="CreditBureauReply">
    <xs:sequence>
```

```
            <xs:element minOccurs="1" maxOccurs="1" name="SSN" type="xs:int" />
            <xs:element minOccurs="1" maxOccurs="1" name="CreditScore" type="xs:int" />
            <xs:element minOccurs="1" maxOccurs="1" name="HistoryLength" type="xs:int" />
        </xs:sequence>
    </xs:complexType>
    <xs:element name="Run" nillable="true" type="Run" />
    <xs:complexType name="Run" />
</xs:schema>
```

일반적으로 서비스는 잠재적인 호출자에게 이 스키마 정의를 게시한다. 호출자는 스키마로 정의된 포맷의 메시지를 다양한 방법으로 생성할 수 있다. 우선 호출자는 XSD에 호환되는 요청 메시지를 명시적으로 생성할 수도 있다. 또는 닷넷의 직렬화를 사용할 수도 있다. 이 경우, 닷넷 CLR은 프로그래밍 언어에 독립적이므로, 클라이언트는 다른 프로그래밍 언어도 선택할 수 있다.

우리는 닷넷의 직렬화를 사용한다. 따라서 우리는 서비스 소비자가 사용할 소스 파일을 만들기 위해, 다시 xsd.exe 실행해 다음과 같은 파일을 얻는다.

```
//
// This source code was auto-generated by xsd, Version=1.1.4322.573.
//
namespace CreditBureau {
    using System.Xml.Serialization;

    /// <remarks/>
    [System.Xml.Serialization.XmlRootAttribute(Namespace="", IsNullable=false)]
    public class CreditBureauRequest {

        /// <remarks/>
        public int SSN;
    }
    ...
}
```

닷넷 XML 직렬화와 역직렬화는 느슨한 결합을 허용한다. 따라서 엄밀히 말하자면, 신용 평가 기관으로 전송하는 요청 메시지는 요청 메시지 XML 표현이 요구하는 엘리먼트들만 포함하면 되고 신용 평가 기관이 사용하는 CLR 형식과 반드시 같을 필요는 없다. 예를 들어 요청자가 추가 엘리먼트를 포함해 XML 메시지를 전송하더라도 통신은 방해받지 않는다. 이 예의 대출 모집인은 신용 평가 기관이 지정한 포맷을 준수하고 통신의 양 끝도 동일한 데이터 형식을 사용한다고 가정한다.

이제 우리는 신용 평가 기관으로 올바른 포맷의 메시지를 보낼 준비가 됐다. 하지만 이 통신은 비동기 요청 메시지와 비동기 응답 메시지로 구성된 비동기 통신이다. 우리는 요청을 전송한 후 응답이 돌아올 때까지 대기하는 신용 평가 기관 게이트웨이를 설계할 수도 있었다. 그러나 이 접근 방법은 신용 평가 기관이 메시지를 처리하는 동안 애플리케이션은 실행을 중지한다는 단점이 있다. 이런 유형의 의사 동기pseudo-synchronous 처리는 신속하게 성능 병목을 발생시킨다. 처리 단계를 의사 동기적으로 만들면, 대출 모집인은 한 번에 하나의 요청만 처리하게 된다. 예를 들어 대출 모집인은 이전 견적 요청의 은행 응답을 기다리는 동안에는 새 신용 점수를 요청할 수 없게 된다. 이 차이를 시각화하기 위해, 대출 모집인은 (신용 점수를 확인하고, 은행에서 최상의 견적을 받는) 두 단계를 수행해야 한다고 생각해 보자. 대출 모집인이 단일 순차 처리으로 실행된다고 가정하면, 이 실행은 다음 그림의 상단과 같이 표시될 것이다.

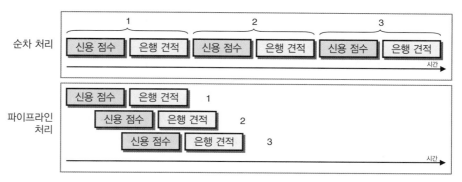

파이프라인 처리는 훨씬 높은 처리량을 제공한다.

실제 작업은 외부 컴포넌트에 의해 실행되므로, 대출 모집인 컴포넌트는 기본적으로 결과가 도착할 때까지 빈둥거리게 된다. 이것은 컴퓨팅 자원을 효율적으로 사용하지 못하는 것이다. 모집인의 프로세스를 *이벤트 기반 소비자*(p567)로 설계하면, 우리는 요청들을 병렬로 처리하면서 들어오는 결과들도 처리할 수 있게 된다. 우리는 이 모드를 파이프라인 처리라 부른다. 이 경우 시스템의 확장성은 대출 모집인이 아닌 외부 컴포넌트의 처리 용량에 따라 달라진다. 그러므로 신용 평가 기관이 프로세스를 단일 인스턴스로 실행하는 경우 차이는 확연하지 않을 수 있다. 신용 평가 기관 요청 큐에 요청들이 줄을 서기 때문이다. 신용 평가 기관이 인스턴스들을 병렬로 실행하는 경우, 우리는 즉각적으로 성능이 향상되는 것을 볼 수 있을 것이다(성능에 대한 설명은 계속 이어진다).

대출 모집인 프로세스를 이벤트 기반으로 만드는 방법은 기본적으로 두 가지다. 하나는 순차 처리 방법으로 요청 메시지 수신할 때마다 새 스레드를 생성하는 방법이고, 다른 하나는 이벤트가 있을 때마다 메시징 시스템이 대출 모집인에게 이벤트를 알리는 방법으로 메시징 시스템이 실행 스레드들을 제어하게 하는 방법이다. 각 접근 방법마다 장단점이 있다. 순차 처리는 코드를 이해하기 쉽다. 그러나 컴포넌트가 주로 외부 개체들 사이에서 메시지들을 중개하는 모집인인 경우, 메시지 수신을 대기하는 수많은 스레드가 생성될 수 있다. 이 스레드들은 시스템 자원을 많이 소비하지만, 달성되는 결과는 미미할 수 있다. 따라서 메시징 시스템이 실행을 제어하는 것이 더 나을 수 있다. 메시징 시스템은 메시지가 준비될 때마다 모집인의 실행 로직을 호출한다. 이 방법은 단일 실행 스레드를 사용함으로 스레드 관리에 대한 걱정도 덜어진다. 그러나 이 경우 메시지 처리 경로가, 한 메소드가 아닌, 여러 코드 조각들로 분산된다.

닷넷에서 프로그램을 이벤트 기반으로 만드는 방법은 대리자를 사용하는 것이다. 그러므로 신용 평가 기관 게이트웨이도 대리자를 정의한다.

```
public delegate void OnCreditReplyEvent(CreditBureauReply creditReply, Object ACT);
```

코드의 다른 부분들도 대리자를 사용하면 결과가 들어왔을 때 호출할 메소드를 신용 평가 기관 게이트웨이에 알릴 수 있다. 신용 평가 기관 게이트웨이는 CreditBureauReply 구조체를 호출자에게 되돌려 준다. 신용 평가 기관 게이트웨이는 비동기 완료 토큰[ACT, Asynchronous Completion Token]이라 불리는 토큰도 전달한다[POSA2]. 호출자는 이 토큰을 게이트웨이에 전달하고 응답 메시지가 들어 오면 다시 수신한다 (*메시징 게이트웨이*(p536) 참조). 신용 평가 기관 게이트웨이는 호출자를 대신해서 요청 메시지와 응답 메시지를 상관관계로 엮는다.

남은 것은 응답 메시지 수신 핸들러 메소드와 신용 점수 요청 메소드다. 응답 메시지 수신 핸들러 메소드는 적절한 ACT를 상관관계로 엮고 대리자를 호출한다.

CreditBureauGateway.cs
```
internal struct CreditRequestProcess
{
    public int CorrelationID;
    public Object ACT;
    public OnCreditReplyEvent callback;
}
```

```
internal class CreditBureauGateway
{
    protected IMessageSender creditRequestQueue;
    protected IMessageReceiver creditReplyQueue;

    protected IDictionary activeProcesses = (IDictionary)(new Hashtable());

    protected Random random = new Random();

    public void Listen()
    {
        creditReplyQueue.Begin();
    }

public void GetCreditScore(CreditBureauRequest quoteRequest,
                           OnCreditReplyEvent OnCreditResponse, Object ACT)
{
    Message requestMessage = new Message(quoteRequest);
    requestMessage.ResponseQueue = creditReplyQueue.GetQueue();
    requestMessage.AppSpecific = random.Next();

    CreditRequestProcess processInstance = new CreditRequestProcess();
    processInstance.ACT = ACT;
    processInstance.callback = OnCreditResponse;
    processInstance.CorrelationID = requestMessage.AppSpecific;

    creditRequestQueue.Send(requestMessage);

    activeProcesses.Add(processInstance.CorrelationID, processInstance);
}

private void OnCreditResponse(Message msg)
{
    msg.Formatter = GetFormatter();

    CreditBureauReply replyStruct;
    try
    {
        if (msg.Body is CreditBureauReply)
        {
            replyStruct = (CreditBureauReply)msg.Body;
            int CorrelationID = msg.AppSpecific;

            if (activeProcesses.Contains(CorrelationID))
            {
                CreditRequestProcess processInstance =
```

```
                    (CreditRequestProcess) (activeProcesses[CorrelationID]);
                processInstance.callback(replyStruct, processInstance.ACT);
                activeProcesses.Remove(CorrelationID);
            }
        else { Console.WriteLine
                ("Incoming credit response does not match any request"); }
        }
        else
        { Console.WriteLine("Illegal reply."); }
    }
    catch (Exception e)
    {
        Console.WriteLine("Exception: {0}", e.ToString());
    }
  }
}
```

호출자가 GetCreditScore 메소드를 사용해 신용 점수를 요청하면, 신용 평가 기관 게이트웨이는 CreditRequestProcess 구조체를 생성한다. active Processes 컬렉션은 *메시지 상관관계 식별자(p223)*를 키로 처리 중 요청의 CreditRequestProcess 구조체를 값으로 갖는다. CreditRequestProcess 구조체는 OnCreditReplyEvent 이벤트 대리자를 포함한다. 메시지가 대리자를 포함하므로, 호출자는 요청마다 원하는 콜백 위치를 지정할 수 있다. 나중에 보겠지만, 호출자는 대리자를 사용해 통신 상태를 관리한다.

메시지에 내장된 메시지 아이디를 상관관계 아이디로 사용하지 않는다는 점에 주목하라. 대신 우리는 AppSpecific 필드에 임의의 정수 값을 할당하고, 이 정수 값과 수신 메시지를 상관관계로 연결한다. (RequestReplyService가 아이디 필드와 AppSpecific 필드를 모두 응답 메시지에 복사하게 설계됐다는 것을 기억하자.) 왜 메시지 아이디가 아닌 다른 무언가로 상관관계를 연결한 것일까? 메시지 아이디는 시스템 내에서 메시지마다 고유하다는 장점이 있다. 하지만 이것은 유연성을 제한한다. 응답 메시지의 상관관계 아이디를 요청 메시지의 메시지 아이디로 사용하면, 메시지 흐름에 중간 단계(예를 들어 라우터)를 삽입할 수 없게 된다. 중간 단계(중개자)들은 요청 메시지를 소비하고 서비스로 새 메시지를 게시하므로, 이 경우 응답 메시지의 상관관계 아이디는 대출 모집인이 전송한 원래 메시지가 아닌 서비스가 수신한 메시지를 가리킬 것이다(그림 참조).

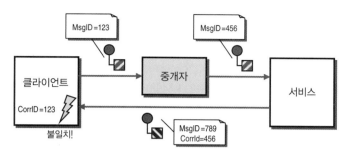

중개자들은 시스템이 생성한 메시지 아이디를 상관관계 아이디로 이용하는 것을 방해한다

이 문제를 해결하는 방법은 두 가지다. 첫째, 중개자가 요청 및 응답 메시지를 가로채 올바른 상관관계 아이디를 응답 메시지에 장비시킨다. (이 방법의 예는 *스마트 프록시*(p630)를 참조한다.) 또는 중개자와 서비스를 통과하는 메시지의 별도 필드에 *상관관계 식별자*(p223)를 담아 운반하게 한다. 우리는 두 번째 접근 방법을 선택했다. 이 접근 방법을 사용하면 대출 모집인과 신용 평가 기관 사이에 쉽게 중개자 컴포넌트를 배치시킬 수 있다. (12장, '사잇장: 시스템 관리 예'에서도 이 접근 방법을 활용할 것이다.) AppSpecific 속성에 어떤 값을 입력해야 할까? 연속 값을 사용하는 경우, 동시 인스턴스들이 동일한 시작 값을 사용하지 않게 주의해야 한다. 게다가 시스템 범위에서 중앙에 고유 아이디 생성 모듈(예: 데이터베이스)을 사용하는 것은 간단한 예를 위해서 너무 문제를 키우는 것이다. 그래서 우리는 임의 숫자^random number를 선택했다. 닷넷은 중복 가능성이 20억 분의 1 정도인 임의의 부호 있는 32비트 정수를 생성한다. 이 정도면 위험은 감당할 만하다.

우리가 목표로 했던 것처럼 신용 평가 기관 게이트웨이는 이제 윈도 메시지 큐 인프라로부터 깨끗하게 추상화됐다. 신용 평가 기관 게이트웨이에서 (생성자를 제외한) 유일한 퍼블릭 인터페이스는 대리자와 두 메소드다.

```
delegate void OnCreditReplyEvent(CreditBureauReply creditReply, Object ACT);
class CreditBureauGateway {
    void Listen() {...}
    void GetCreditScore(CreditBureauRequest quoteRequest,
                OnCreditReplyEvent OnCreditResponse,
                Object ACT) {...}
    ...
}
```

이제 신용 평가 기관 게이트웨이의 퍼블릭 인터페이스는 모두 메시지나 메시지 큐에 대한 참조를 갖지 않는다. 이것은 많은 이점을 제공한다. 첫째, (MockQueue처럼) 쉽게 메시지 큐에 의존하지 않는 신용 평가 기관 게이트웨이 스텁을 구현할 수 있다. 둘째, MSMQ가 아닌 다른 전송을 사용하려는 경우, 신용 평가 기관 게이트웨이 구현을 교체할 수 있다. 예를 들어 우리가 MSMQ 대신 SOAP과 HTTP를 사용하는 웹 서비스 인터페이스를 사용할 때도, 게이트웨이가 노출한 메소드들은 전혀 변경되지 않는다.

은행 게이트웨이

은행 게이트웨이^{Bank Gateway}의 설계는 신용 평가 기관 게이트웨이의 설계와 같은 원칙을 따른다. 우리는 은행이 지정한 요청 메시지 형식과 응답 메시지 형식의 스텁 선언에 이전과 동일한 절차를 사용한다. 은행 게이트웨이의 외부 인터페이스도 신용 평가 기관 게이트웨이와 거의 비슷하다.

```
delegate void OnBestQuoteEvent(BankQuoteReply bestQuote, Object ACT);
class BankGateway {
    void Listen() {...}
    void GetBestQuote(BankQuoteRequest quoteRequest,
                      OnBestQuoteEvent onBestQuoteEvent,
                      Object ACT) {...}
    ...
}
```

내부 작업은 약간 더 복잡하다. *분산기 집합기*(p360) 스타일의 상호작용은 하나의 BankQuoteRequest를 여러 은행으로 라우팅하기 때문이다. 마찬가지로 하나의 BankQuoteReply는 은행들로부터 수신한 응답 메시지들의 결과다. 전자는 *수신자 목록*(p310)으로 처리하고, 후자는 *수집기*(p330)로 처리한다. 먼저 *수신자 목록*(p310)부터 시작해 보자. *수신자 목록*(p310)은 중요한 다음 세 기능을 구현해야 한다.

- 적절한 수신자들의 계산

- 메시지를 수신자에게 발신

- *수집기*(p330)의 초기화

이번 장의 소개에서 설명한 바와 같이, 이 구현은 분산 스타일의 *분산기 집합기*(p360)를 사용해, 어떤 은행으로 요청을 라우팅할지를 능동적으로 결정한다. 은행이 견적마다 모집인에게 비용을 청구하거나 은행과 모집인이 계약해 모집인이 고객이 제출한 신상 정보를 심사하는 경우, 이 접근 방법은 비즈니스적으로도 의미를 갖는다. 대출 모집인은 고객의 신용 점수와 대출 금액과 신용 기록 길이에 따라 라우팅을 결정한다. 우리는 BankConnection 추상 클래스를 상속한 클래스에 은행 연결을 캡슐화한다. 이 클래스는 메시지 큐 주소와 견적 요청의 은행 전달 여부를 결정하는 CanHandleLoanRequest 메소드의 참조를 포함한다. BankConnectionManager는 모든 은행의 연결에서 대출 견적 기준에 부합하는 은행들을 목록으로 묶는다. 이 접근 방법은 복잡하지 않고 명시적이다. 우리도 이 접근 방법을 그대로 사용한다. 은행 목록이 길어지는 경우, 설정 가능한 규칙 엔진을 구현하는 것도 고려해야 한다.

```
internal class BankConnectionManager
{
    static protected BankConnection[] banks =
                    {new Bank1(), new Bank2(), new Bank3(), new Bank4(), new Bank5() };

    public IMessageSender[] GetEligibleBankQueues
                        (int CreditScore, int HistoryLength, int LoanAmount)
    {
        ArrayList lenders = new ArrayList();

        for (int index = 0; index < banks.Length; index++)
        {
            if (banks[index].CanHandleLoanRequest(CreditScore, HistoryLength,
                                        LoanAmount))
                lenders.Add(banks[index].Queue);
        }
        IMessageSender[] lenderArray = (IMessageSender [])Array.CreateInstance
                                    (typeof(IMessageSender), lenders.Count);
        lenders.CopyTo(lenderArray);
        return lenderArray;
    }
}


internal abstract class BankConnection
{
    protected MessageSenderGateway queue;
    protected String bankName = "";
    public MessageSenderGateway Queue
    {
        get { return queue; }
    }
    public String BankName
    {
        get { return bankName; }
```

```
    }
    public BankConnection (MessageQueue queue)
      { this.queue = new MessageSenderGateway(queue); }
    public BankConnection (String queueName)
      { this.queue = new MessageSenderGateway(queueName); }

    public abstract bool CanHandleLoanRequest(int CreditScore, int HistoryLength,
                                              int LoanAmount);
}

internal class Bank1 : BankConnection
{
    protected String bankname = "Exclusive Country Club Bankers";

    public Bank1 () : base (".\\private$\\bank1Queue") {}
    public override bool CanHandleLoanRequest(int CreditScore, int HistoryLength,
                                              int LoanAmount)
    {
        return LoanAmount >= 75000 && CreditScore >= 600 && HistoryLength >= 8;
    }
}
...
```

대상 은행 목록이 정해지면, 이 목록으로 반복해 메시지를 전송한다. 메시지가 일부 은행에게만 전송될 수 있는 오류를 피하려면 반복 전송 부분을 트랜잭션으로 사용해야 하지만, 우리는 단순함을 위해 트랜잭션을 사용하지 않았다.

```
internal class MessageRouter
{
    public static void SendToRecipientList (Message msg, IMessageSender[] recipientList)
    {
        IEnumerator e = recipientList.GetEnumerator();
        while (e.MoveNext())
        {
            ((IMessageSender)e.Current).Send(msg);
        }
    }
}
```

이제 요청 메시지가 은행에 전송됐으므로, 우리는 은행으로부터 견적 응답을 수신하는 *수집기*(p330)를 초기화해야 한다. 대출 모집인의 이벤트 기반 특성으로 인해, 수집기는 동시에 하나 이상의 수집이 가능하게 준비돼야 한다. 즉, 견적 요청마다 활성 수집 객체를 유지한다. 이것은 수신 메시지가 특정 수집 객체와 고유한 상관관계를 가져야 한다는 것을 의미한다. 그러나 불행하게도, *수신자* 목록(p310)이 각 은행에 개별적으로 메시지를 발신하므로, 우리는 메시지 아이디를 상관관계 식별자로 사용할 수 없다. 결과적으로 세 은행이 견적 요청에 참여할 경우, *수신자 목록*(p310)은 세 은행에 고유한 메시지를 전송한다. 즉, 메시지들은 각각 고유한 메시지 아이디를 갖는다. 그러므로 은행들이 메시지 아이디를 상관관계 식별자로 사용할 경우, 이 세 응답은 같은 수집 객체에 속할지라도 서로 다른 상관관계 아이디를 갖게 될 것이다. 이 경우 수집기는 관련 메시지들을 식별할 수 없게 된다. 우리는 수집기에 요청 메시지의 메시지 아이디를 저장하고 수신 메시지의 상관관계 아이디를 다시 연결하게 할 수도 있다. 그러나 이 방법은 필요 이상으로 일을 복잡하게 만드는 것이다. 대신 우리는 독자적인 상관관계 아이디를 생성한다. 즉, 메시지 단위가 아닌 수집 단위로. 우리는 숫자 아이디를 발신하는 요청 메시지의 `AppSpecific` 속성에 저장한다. 은행의 `RequestReplyService`는 수신 메시지의 `AppSpecific` 속성을 응답 메시지로 전송한다. 견적 메시지가 은행으로부터 수신되면, `BankGateway`는 메시지의 `AppSpecific` 속성을 이용해 수신 메시지와 요청 메시지를 상관시킨다(그림 참조).

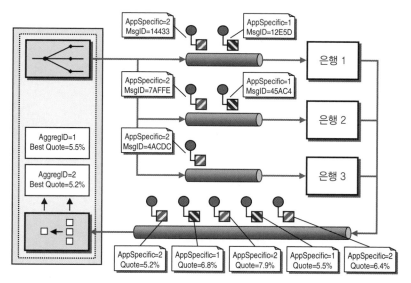

BankGateway는 응답 메시지들을 상관시키기 위해 메시지의 AppSpecific 속성을 이용한다

　은행 게이트웨이는 (간단한 카운터로 생성한) 수집 아이디[aggregate ID]와 기대 메시지들의 수로 수집 객체를 초기화한다. 또 호출자는 대리자를 제공해 신용 평가 기관 게이트웨이처럼 ACT 객체를 선택적으로 지정한다. 수집 전략은 간단하다. 수집기는 선택된 은행들의 응답 메시지가 모두 수신됐을 때를 완성으로 간주한다. *수신자 목록*

(p310)은 기대 메시지들의 수로 수집 객체를 초기화한다. 은행은 견적 제공을 거절하는 옵션이 있다는 것을 기억하라. 그러므로 우리는 수집이 완성된 때를 알기 위해 견적을 거절하는 경우도 오류 코드를 포함한 응답 메시지를 제공하도록 은행에 요구한다. 수집 전략을 수정하기는 어렵지 않다. 예를 들어 입찰을 1초 후에 차단하고 그 시점의 최상의 응답을 선택하게 수집 전략을 수정할 수도 있다.

```
internal class BankQuoteAggregate
{
    protected int ID;
    protected int expectedMessages;
    protected Object ACT;
    protected OnBestQuoteEvent callback;

    protected double bestRate = 0.0;

    protected ArrayList receivedMessages = new ArrayList();
    protected BankQuoteReply bestReply = null;

    public BankQuoteAggregate(int ID, int expectedMessages, OnBestQuoteEvent callback,
                              Object ACT)
    {
        this.ID = ID;
        this.expectedMessages = expectedMessages;
        this.callback = callback;
        this.ACT = ACT;
    }

    public void AddMessage(BankQuoteReply reply)
    {
        if (reply.ErrorCode == 0)
        {
            if (bestReply == null)
            {
                bestReply = reply;
            }
            else
            {
                if (reply.InterestRate < bestReply.InterestRate)
                {
                    bestReply = reply;
                }
            }
        }
        receivedMessages.Add(reply);
```

```
        }

        public bool IsComplete()
        {
            return receivedMessages.Count == expectedMessages;
        }

        public BankQuoteReply getBestResult()
        {
            return bestReply;
        }

        public void NotifyBestResult()
        {
            if (callback != null)
            {
                callback(bestReply, ACT);
            }
        }
    }
}
```

은행 연결 관리자, 수신자 목록, 수집기가 준비됐으므로, 이제 BankGateway의 기능들을 구현할 수 있다.

BankGateway.cs

```
internal class BankGateway
{
    protected IMessageReceiver bankReplyQueue;
    protected BankConnectionManager connectionManager;

    protected IDictionary aggregateBuffer = (IDictionary)(new Hashtable());
    protected int aggregationCorrelationID;

    public void Listen()
    {
        bankReplyQueue.Begin();
    }

    public void GetBestQuote(BankQuoteRequest quoteRequest,
                        OnBestQuoteEvent onBestQuoteEvent, Object ACT)
    {
        Message requestMessage = new Message(quoteRequest);
        requestMessage.AppSpecific = aggregationCorrelationID;
        requestMessage.ResponseQueue = bankReplyQueue.GetQueue();
        IMessageSender[] eligibleBanks =
```

```
                connectionManager.GetEligibleBankQueues(quoteRequest.CreditScore,
                                                quoteRequest.HistoryLength,
                                                quoteRequest.LoanAmount);
            aggregateBuffer.Add(aggregationCorrelationID,
                new BankQuoteAggregate(aggregationCorrelationID, eligibleBanks.Length,
                                onBestQuoteEvent, ACT));
        aggregationCorrelationID++;

            MessageRouter.SendToRecipientList(requestMessage, eligibleBanks);
        }

        private void OnBankMessage(Message msg)
        {
            msg.Formatter = GetFormatter();

            BankQuoteReply replyStruct;
            try
            {
                if (msg.Body is BankQuoteReply)
                {
                    replyStruct = (BankQuoteReply)msg.Body;
                    int aggregationCorrelationID = msg.AppSpecific;
                    Console.WriteLine("Quote {0:0.00}% {1} {2}",
                                    replyStruct.InterestRate, replyStruct.QuoteID,
                                    replyStruct.ErrorCode);
                    if (aggregateBuffer.Contains(aggregationCorrelationID))
                    {
                        BankQuoteAggregate aggregate =
                            (BankQuoteAggregate)(aggregateBuffer[aggregationCorrelation
ID]);
                        aggregate.AddMessage(replyStruct);
                        if (aggregate.IsComplete())
                        {
                            aggregate.NotifyBestResult();
                            aggregateBuffer.Remove(aggregationCorrelationID);
                        }
                    }
                    else
                    { Console.WriteLine("Incoming bank response does not match any
aggregate"); }
                }
                else
                { Console.WriteLine("Illegal request."); }
            }
            catch (Exception e)
            {
```

```
        Console.WriteLine("Exception: {0}", e.ToString());
        }
    }
}
```

은행 게이트웨이가 은행으로부터 견적 응답을 수신하면, OnBankMessage 메소드가 실행된다. 이 메소드는 수신한 메시지를 올바른 형식으로 변환하고, AppSpecific 속성에서 관련 수집 객체를 찾아, 수집 객체에 새 입찰가bid를 추가한다. (BankQuoteAggregate 클래스에 정의된 것처럼) 수집이 완성되면, BankGateway는 호출자가 제공한 대리자를 호출한다.

요청 수락 신용 평가 기관 게이트웨이와 은행 게이트웨이를 구현했으므로, 이제 우리는 대출 모집인의 요청을 수락할 수 있다. 우리는 앞에서 기본 클래스인 MQService와 AsyncRequestReplyService를 논의했다. LoanBroker 클래스는 AsyncRequestReplyService를 상속한다. LoanBroker 클래스는 일부 비동기 작업 (신용 점수 획득과 은행 통신)을 완료한 후 응답 큐로 결과를 다시 전송한다. 즉, 결과를 전송하기 전에 몇 가지 작업들을 거친다.

LoanBroker 구현의 첫걸음으로 대출 모집인이 처리할 메시지 형식을 정의한다.

```
public struct LoanQuoteRequest
{
    public int SSN;
    public double LoanAmount;
    public int LoanTerm;
}

public struct LoanQuoteReply
{
    public int SSN;
    public double LoanAmount;
    public double InterestRate;
    public string QuoteID;
}
```

다음으로 AsyncRequestReplyService를 상속한 클래스를 생성하고 Process Message 메소드를 재정의한다.

프로세스 대출 모집인은 이전 클래스들과 다르다. 수신 메시지에 의해 촉발되는 절차가 한 메소드로 고정되지 않기 때문이다. 절차의 완료는 외부 이벤트의 순서에 따라 달라진다. 대출 모집인은 세 가지 형식의 이벤트를 수신한다.

- 새 대출 요청 메시지 도착

- 신용 점수 응답 메시지 도착(CreditBureauGateway 경유)

- 은행 견적 메시지 도착(BankGateway 경유)

대출 모집인 로직은 여러 이벤트 핸들러에 걸쳐지므로, 대출 모집인 로직은 진행 상태를 별도로 유지해야 한다. 바로 여기에 비동기 완료 토큰^{ACT}이 필요하다! 요청을 전송할 때, 호출자(대출 모집인)는 신용 평가 기관 게이트웨이나 은행 게이트웨이에 객체 참조를 전달할 수 있다는 사실을 기억하자. 게이트웨이는 응답 메시지가 수신될 때 이 객체 참조를 다시 돌려준다. 이 기능을 위해, 우리는 대출 모집인에 다음과 같은 ACT를 선언한다.

```
internal class ACT
{
    public LoanQuoteRequest loanRequest;
    public Message message;

    public ACT(LoanQuoteRequest loanRequest, Message message)
    {
        this.loanRequest = loanRequest;
        this.message = message;
    }
}
```

ACT는 (메시지 아이디와 응답 메시지를 생성하기 위해 필요한 응답 주소를 포함하는) 원본 요청 메시지와 (응답 메시지에 SSN과 대출 금액을 복사하기 위해 필요한) 요청 데이터 구조체 사본을 포함한다. 기술적으로는 요청 메시지로부터도 요청 구조체의 내용을 추출할 수 있으므로, 군이 ACT에 중복인 요청 구조체를 저장하지 않아도 됐었다. 그러나 강형식 접근을 위해 몇 바이트를 추가하는 정도는 충분한 가치가 있다.

대출 모집인의 나머지 부분은 다음과 같이 구현된다.

LoanBroker.cs

```
internal class LoanBroker : AsyncRequestReplyService
{
    protected ICreditBureauGateway creditBureauInterface;
    protected BankGateway bankInterface;

    public LoanBroker(String requestQueueName,
```

```
                       String creditRequestQueueName, String creditReplyQueueName,
                       String bankReplyQueueName,
                       BankConnectionManager connectionManager): base(requestQueueName)
    {

        creditBureauInterface = (ICreditBureauGateway)
            (new CreditBureauGatewayImp(creditRequestQueueName,
creditReplyQueueName));
        creditBureauInterface.Listen();

        bankInterface = new BankGateway(bankReplyQueueName, connectionManager);
        bankInterface.Listen();
    }

    protected override Type GetRequestBodyType()
    {
        return typeof(LoanQuoteRequest);
    }

    protected override void ProcessMessage(Object o, Message msg)
    {
        LoanQuoteRequest quoteRequest;
        quoteRequest = (LoanQuoteRequest)o;

        CreditBureauRequest creditRequest =
            LoanBrokerTranslator.GetCreditBureaurequest(quoteRequest);

        ACT act = new ACT(quoteRequest, msg);

        creditBureauInterface.GetCreditScore(creditRequest,
                                        new OnCreditReplyEvent(OnCreditReply),
act);
    }

    private void OnCreditReply(CreditBureauReply creditReply, Object act)
    {
        ACT myAct = (ACT)act;

        Console.WriteLine("Received Credit Score -- SSN {0} Score {1} Length {2}",
                     creditReply.SSN, creditReply.CreditScore,
                     creditReply.HistoryLength);

        BankQuoteRequest bankRequest =
            LoanBrokerTranslator.GetBankQuoteRequest(myAct.loanRequest ,creditReply);
        bankInterface.GetBestQuote(bankRequest, new OnBestQuoteEvent(OnBestQuote),
act);
```

```
    }

    private void OnBestQuote(BankQuoteReply bestQuote, Object act)
    {
        ACT myAct = (ACT)act;

        LoanQuoteReply quoteReply = LoanBrokerTranslator.GetLoanQuoteReply
                                    (myAct.loanRequest, bestQuote);
        Console.WriteLine("Best quote {0} {1}",
                          quoteReply.InterestRate, quoteReply.QuoteID);
        SendReply(quoteReply, myAct.message);
    }
}
```

AsyncRequestReplyService를 상속한 LoanBroker는 요청 수신과 응답 전송이 상관관계를 갖게 한다. LoanBroker는 ProcessMessage 메소드를 재정의해 수신한 요청 메시지를 처리한다. ProcessMessage는 ACT 인스턴스를 생성하고 신용 평가 기관 게이트웨이를 호출해 신용 점수를 요청한다. 흥미롭게도 메소드는 여기서 끝난다. 신용 평가 기관 게이트웨이가 OnCreditReply를 호출할 때, 이후 실행이 계속된다. OnCreditReply는 ProcessMessage 메소드가 지정한 대리자다. 이 메소드는 ACT와 신용 평가 기관의 응답을 사용해 은행 견적 요청을 생성하고, 은행 게이트웨이를 호출해 은행 견적 요청 메시지를 발신하면서, 이번에는 콜백 대리자로 OnBestQuote 메소드를 지정한다. 모든 은행으로부터 견적 응답을 수신한 은행 게이트웨이는 대리자를 사용해 OnBestQuote 메소드를 호출하면서 ACT 인스턴스를 다시 돌려준다. OnBestQuote은 은행 견적과 ACT를 사용해 고객에게 전송할 응답을 만들고, 기본 클래스의 SendReply를 사용해 응답을 전송한다.

소스 코드에서 LoanBrokerTranslator 클래스는 메시지 포맷 변환을 도와주는 유용한 정적 메소드들을 제공한다.

LoanBroker 클래스는 구현 방법에 따른 득실을 잘 보여준다. LoanBroker 코드는 메시지 참조나 스레드 개념(AsyncRequestReplyService 상속 제외)으로부터 자유롭다. 그 결과 코드를 읽기 쉬워졌다. 그러나 주요 로직이 서로 직접적인 참조가 없는 세 메소드와 대리자에게 걸치게 된다. 그러므로 외부 컴포넌트들을 포함한 전체 구현을 고려하지 않으면 실행 흐름을 이해하기가 어렵다.

대출 모집인 리팩토링

대출 모집인의 동작 방식을 보면, 데이터와 기능이 분리되어 있음을 알게 된다. 우리는 ACT로 인해 여러 인스턴스를 모방하는 하나의 LoanBroker 클래스 인스턴스를 지닌다. ACT는 아주 유용하지만 객체에서 데이터와 기능을 분리함으로 객체 지향 프로그래밍 정신에 반하는 것처럼 보인다. 즉, 객체는 데이터와 기능 이렇게 두 부분으로 구성된다. 그러나 대리자를 더 나은 방법으로 사용하도록 LoanBroker 클래스를 리팩토링하면 ACT의 반복적인 조회를 피할 수 있다. 대리자는 본질적으로 형식 안전 함수 포인터로 특정한 객체를 가리킨다. 우리는 LoanBroker의 메소드 참조를 신용 평가 기관 게이트웨이와 은행 게이트웨이에 제공하기보다, 대리자를 사용해 특정 '처리 객체'를 가리키게 할 수 있다. 이 '처리 객체'는 ACT처럼 상태를 유지할 뿐만 아니라 대출 모집인의 처리 로직도 포함한다. 이 작업을 수행하기 위해, 우리는 ACT를 LoanBrokerProcess라는 새로운 클래스로 바꾸고 메시지 핸들러 함수를 LoanBrokerProcess 클래스로 이동시킨다.

```
internal class LoanBrokerProcess
{
    protected LoanBrokerPM broker;
    protected String processID;
    protected LoanQuoteRequest loanRequest;
    protected Message message;

    protected CreditBureauGateway creditBureauGateway;
    protected BankGateway bankInterface;

    public LoanBrokerProcess(LoanBrokerPM broker, String processID,
                        CreditBureauGateway creditBureauGateway,
                        BankGateway bankGateway,
                        LoanQuoteRequest loanRequest, Message msg)
    {
        this.broker = broker;
        this.creditBureauGateway = broker.CreditBureauGateway;
        this.bankInterface = broker.BankInterface;
        this.processID = processID;
        this.loanRequest = loanRequest;
        this.message = msg;

        CreditBureauRequest creditRequest =
            LoanBrokerTranslator.GetCreditBureaurequest(loanRequest);
        creditBureauGateway.GetCreditScore(creditRequest,
            new OnCreditReplyEvent(OnCreditReply), null);
```

```
    }

    private void OnCreditReply(CreditBureauReply creditReply, Object act)
    {
        Console.WriteLine("Received Credit Score -- SSN {0} Score {1} Length {2}",
            creditReply.SSN, creditReply.CreditScore, creditReply.HistoryLength);
        BankQuoteRequest bankRequest =
            LoanBrokerTranslator.GetBankQuoteRequest(loanRequest, creditReply);
        bankInterface.GetBestQuote(bankRequest, new OnBestQuoteEvent(OnBestQuote),
null);
    }

    private void OnBestQuote(BankQuoteReply bestQuote, Object act)
    {
        LoanQuoteReply quoteReply = LoanBrokerTranslator.GetLoanQuoteReply
                                (loanRequest, bestQuote);
        Console.WriteLine("Best quote {0} {1}",
                        quoteReply.InterestRate, quoteReply.QuoteID);
        broker.SendReply(quoteReply, message);
        broker.OnProcessComplete(processID);
    }
}
```

이제 메소드들은 더 이상 신용 평가 기관 게이트웨이나 은행 게이트웨이가 제공하는 ACT 파라미터를 참조하지 않는다. 참조에 필요한 모든 정보가 LoanBroker Process 객체에 저장되기 때문이다. 처리가 완료되면, LoanBrokerProcess 객체는 AsyncRequestReplyService를 상속한 LoanBrokerPM의 SendReply 메소드를 사용해 응답 메시지를 전송함으로 처리의 완료를 LoanBrokerPM에 알린다. 우리는 대리자를 사용해 알림을 구현할 수도 있었지만, 대신 모집인 참조를 사용하기로 결정했다.

LoanBrokerProcess 클래스를 사용하면 기본 대출 모집인 클래스가 단순해진다.

```
internal class LoanBrokerPM : AsyncRequestReplyService
{
    protected CreditBureauGateway creditBureauGateway;
    protected BankGateway bankInterface;
    protected IDictionary activeProcesses = (IDictionary)(new Hashtable());

    public LoanBrokerPM(String requestQueueName,
                    String creditRequestQueueName, String creditReplyQueueName,
                    String bankReplyQueueName,
                    BankConnectionManager connectionManager):
```

```
base(requestQueueName)
    {
        creditBureauGateway = new CreditBureauGateway(creditRequestQueueName,
                                                      creditReplyQueueName);
        creditBureauGateway.Listen();

        bankInterface = new BankGateway(bankReplyQueueName, connectionManager);
        bankInterface.Listen();
    }

    protected override Type GetRequestBodyType()
    {
        return typeof(LoanQuoteRequest);
    }

    protected override void ProcessMessage(Object o, Message message)
    {
        LoanQuoteRequest quoteRequest;
        quoteRequest = (LoanQuoteRequest)o;
        String processID = message.Id;
        LoanBrokerProcess newProcess =
            new LoanBrokerProcess(this, processID, creditBureauGateway,
                                  bankInterface, quoteRequest, message);
        activeProcesses.Add(processID, newProcess);
    }

    public void OnProcessComplete(String processID)
    {
        activeProcesses.Remove(processID);
    }
}
```

LoanBrokerPM은 기본적으로 포괄적인 *프로세스 관리자*(p375)다. 이 프로세스 관리자는 새 메시지가 도착하면 프로세스 인스턴스를 생성하고, 프로세스가 완료되면 활성 프로세스 목록에서 해당 프로세스 인스턴스를 제거한다. 프로세스 관리자는 프로세스 인스턴스마다 고유하게 할당된 프로세스 아이디를 메시지 아이디로 사용한다. 이제 우리는 LoanBrokerProcess 클래스를 수정해 대출 모집인의 동작을 변경시킬 수 있다. LoanBrokerProcess 클래스는 메시지 객체를 주변에 전달하는 것을 제외하고는 메시징에 대한 참조를 갖지 않는다. 적절한 캡슐화와 리팩토링에 주목한 것이 이런 결실을 맺은 것이다. 다음 클래스 다이어그램은 대출 모집인의 내부 구조를 요약한다.

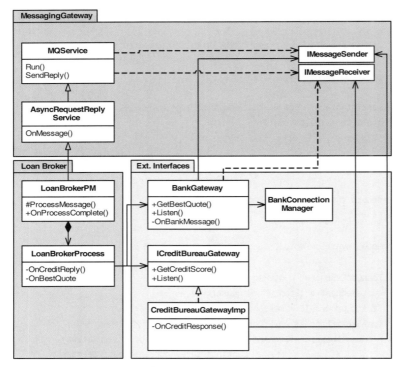

대출 모집인 클래스 다이어그램

모두 모으기

이제 유일하게 남은 조각은 테스트 클라이언트다. 테스트 클라이언트 설계는 신용 평가 기관 게이트웨이 설계와 비슷하다. 테스트 클라이언트는 반복할 요청 회수를 지정할 수 있고, 요청과 응답을 상관관계로 연결시킬 수 있다. 테스트 클라이언트는 모든 프로세스(은행, 신용 평가 기관, 대출 모집인)를 실행하고 나서 실행한다. 우리는 간단한 메인 클래스를 사용해 각 컴포넌트를 콘솔 애플리케이션으로 실행한다. 다음은 시스템을 거쳐 한 차례 메시지들이 흘러가는 활동을 보여주는 화면이다(그림 참조).

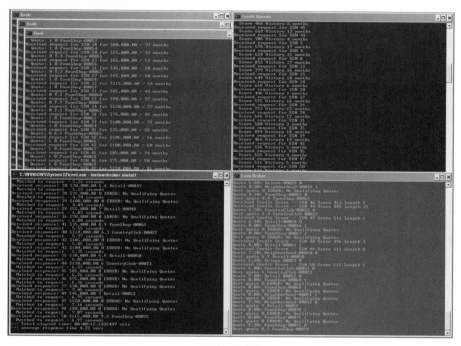

MSMQ 예 실행

성능 개선

실행되는 동기 구현과 비동기 구현을 가졌으므로 이제 우리는 처리량을 비교하는 몇 가지 성능 통계를 수집한다. 우리는 테스트 데이터 생성기를 사용해 임의로 생성된 50건의 요청을 대출 모집인에게 전송한다. 다음 화면은 테스트 데이터 생성기가 50건의 응답 메시지를 수신하는 데 33초가 걸렸다는 것을 보여준다.

```
Received response: 47 $65,000.00 7.3 Neighborhood-00015
  Matched to request - 26.80 seconds
Received response: 48 $110,000.00 5.6 CountryClub-00012
  Matched to request - 27.06 seconds
Received response: 49 $25,000.00 7.5 Retail-00016
  Matched to request - 27.55 seconds
Received response: 50 $110,000.00 0 ERROR: No Qualifying Quotes
  Matched to request - 27.78 seconds
=== Total elapsed time: 00:00:33.5627119 secs
=== average response time 15.31 secs
```

50건의 견적 요청 발신

각 요청은 33/50 = 0.6초가 걸렸다고 생각할 수 있을 것이다. 그러나 틀렸다! 대출 모집인의 처리량은 33초에 50건의 요청이지만, 일부 요청은 완료되는 데 27초나 걸

렸다. 시스템이 왜 이렇게 느렸던 걸까? 테스트 실행 중 갈무리한 메시지 큐 스냅샷을 살펴보자

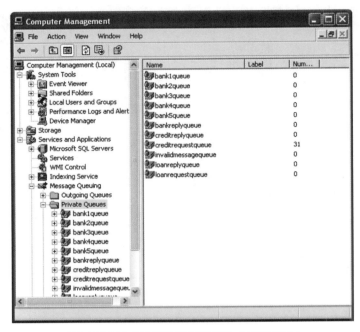

신용 평가 기관 요청 큐에 대기 중인 있는 31개의 메시지

31개의 메시지들이 신용 평가 기관 요청 큐에 대기하고 있다! 모든 견적 요청은 우선 신용 평가 기관을 거쳐야 하므로, 신용 평가 기관에서 병목이 발생했던 것이다. 우리는 느슨한 결합의 장점을 사용해, 신용 평가 기관 인스턴스를 두 개 더 추가했다. 이제 세 신용 평가 기관 서비스 인스턴스들이 병렬로 실행된다. 이것으로 병목이 해결돼야 한다. 정말로? 다음을 보자.

```
Received response: 47 $70,000.00 0 ERROR: No Qualifying Quotes
  Matched to request - 15.61 seconds
Received response: 49 $115,000.00 0 ERROR: No Qualifying Quotes
  Matched to request - 15.61 seconds
Received response: 48 $90,000.00 9 PawnShop-00098
  Matched to request - 16.02 seconds
Received response: 50 $45,000.00 0 ERROR: No Qualifying Quotes
  Matched to request - 16.43 seconds
=== Total elapsed time: 00:00:21.5595550 secs
=== average response time 8.63 secs
```

세 신용 평가 기관 인스턴스를 사용하는 50건의 견적 요청 전송

　　50건의 메시지를 처리하는 데 걸린 총 시간이 21초로 감소됐고, 가장 긴 요청 완료 시간은 16초가 됐다. 클라이언트의 응답의 수신 시간도 처음 테스트의 절반인 평균 8.63초 걸렸다. 이제 병목은 제거된 것 같지만, 메시지 처리량은 여전히 우리가 기대했던 것만큼 큰 폭으로 향상되지는 않았다. 하지만 이 예는 단일 CPU에서 모든 프로세스가 실행되므로 모든 프로세스가 동일 자원을 경쟁하고 있다는 점을 기억하자. 신용 평가 기관의 병목이 실제로 개선됐는지 다시 큐 통계를 살펴보자.

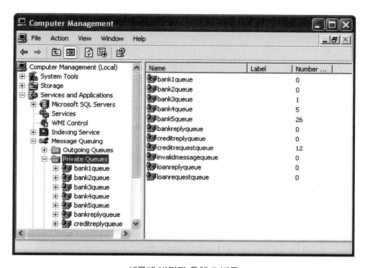

새롭게 발견된 은행 5 병목

　　병목을 하나 제거하니, 이번엔 은행 5가 병목이 됐다. 왜 은행 5인가? 은행 5는 전당포라서 모든 사람에게 대출을 제공하므로, 은행 5는 거의 모든 견적 요청들을 처리한다. 이 경우 우리는 은행 5 인스턴스를 여럿 실행하게 할 수도 있을 것이다. 그러나 전당포가, 우리 측 처리량을 개선시켜 주기 위해, 여러 인스턴스를 실행해 준다고 기대하는 것은 비현실적이다. 다른 방법은 은행에 요청하는 라우팅 로직을 변경하는 것이다. 전당포는 다른 은행들에 비해 상당한 프리미엄(할증료)을 요구하므로, 전당포의 견적은 다른 은행들이 견적을 제공하지 않아야 가장 낮은 견적가를 갖는 경향이 있다. 이런 관찰 결과를 고려하면, 다른 은행이 견적을 서비스하는 경우 전당포로 요청을 라우팅하지 않는다면 시스템의 효율성을 향상시킬 수 있을 것이다. 이 변경은 시스템의 전체 동작에 영향을 주지 않는다.

우리는 다른 은행이 서비스할 수 없는 견적 요청만 은행 5에 요청하게 Bank ConnectionManager를 변경한다. 수정된 BankConnectionManager는 다음과 같다.

```
internal class BankConnectionManager
{
    static protected BankConnection[] banks =
        {new Bank1(), new Bank2(), new Bank3(), new Bank4()};

    static protected BankConnection catchAll = new Bank5();

    public IMessageSender[] GetEligibleBankQueues(int CreditScore, int HistoryLength,
                                                  int LoanAmount)
    {
        ArrayList lenders = new ArrayList();

        for (int index = 0; index < banks.Length; index++)
        {
            if (banks[index].CanHandleLoanRequest(CreditScore, HistoryLength,
                                                  LoanAmount))
                lenders.Add(banks[index].Queue);
        }
        if (lenders.Count == 0)
            lenders.Add(catchAll.Queue);
        IMessageSender[] lenderArray = (IMessageSender [])Array.CreateInstance
                                        (typeof(IMessageSender), lenders.Count);
        lenders.CopyTo(lenderArray);
        return lenderArray;
    }
}
```

수정된 코드를 실행하면 다음 그림과 같은 결과가 출력된다.

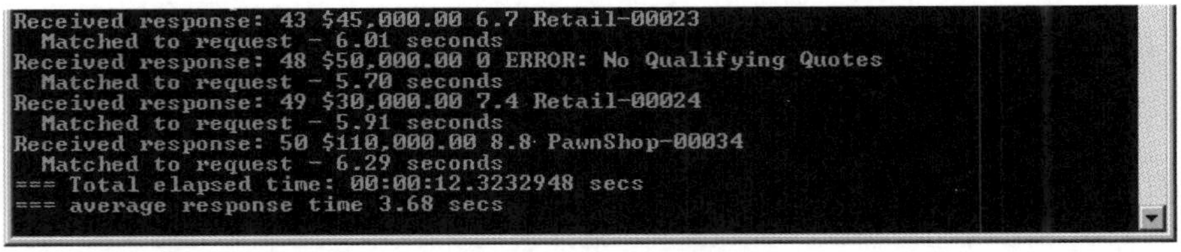

```
Received response: 43 $45,000.00 6.7 Retail-00023
  Matched to request - 6.01 seconds
Received response: 48 $50,000.00 0 ERROR: No Qualifying Quotes
  Matched to request - 5.70 seconds
Received response: 49 $30,000.00 7.4 Retail-00024
  Matched to request - 5.91 seconds
Received response: 50 $110,000.00 8.8 PawnShop-00034
  Matched to request - 6.29 seconds
=== Total elapsed time: 00:00:12.3232948 secs
=== average response time 3.68 secs
```

세 신용 평가 기관 인스턴스와 수정된 BankConnectionManager를 사용한 50건의 견적 요청 전송

테스트 결과 50건의 요청이 초기 버전의 절반인 12초 만에 서비스됐다. 더 중요한 것은, 대출 견적 요청 서비스의 평균 시간이 이제 4초 이내가 됐다는 것이다. 처음 테스트에 비해 4배나 개선됐다. 이 예는 *수신자 목록(p310)*을 이용하는 예측 라우팅의

장점을 잘 보여준다. 대출 모집인이 라우팅을 제어하므로, 외부 당사자들을 변경하지 않고도 라우팅 로직을 얼마든지 '지능적으로' 수정할 수 있다. 대신 이득에 따른 손실로 대출 모집인은 더욱 더 라우팅 대상들의 지식에 의존하게 된다. 예를 들어 원래 BankConnectionManager는 모든 은행을 동등하게 취급했지만, 수정된 버전은 다른 선택의 여지가 없는 경우만 은행 5에 접촉해야 한다는 사실에 의존한다. 이 경우 은행 5가 더 나은 이율을 제공하기 시작하더라도, 클라이언트는 이 최상의 거래를 확인하지 못할 수 있다.

이 화면은 응답 메시지가 반드시 요청된 순서대로 도착하지 않는다는 것도 보여준다. 화면에서 테스트 클라이언트는 요청 43에 대한 응답 직후 요청 48에 대한 응답을 수신했다. 어떤 응답도 누락되지 않았기 때문에, 이것은 테스트 클라이언트가 응답 43을 수신하기 전에 44부터 47까지의 응답들을 수신했다는 것을 의미한다. 어떻게 이 요청들은 요청 43보다 앞서 응답을 수신할 수 있었을까? 요청 43은 일반 소매 은행(은행 3)으로 라우팅된 것 같다. 일반 소매 은행은 전당포 다음으로 덜 제한적인 선택 기준을 가지고 있어, 그 외 다른 은행들보다 요청 수신 가능성이 낮다. 44부터 47까지의 요청도 일반 소매 은행의 기준에 부합됐다면, 요청 43의 견적 요청이 아직 bank3Queue에 대기하고 있는 동안엔, 은행 게이트웨이는 이 요청들의 응답도 마찬가지로 수신하지 못했을 것이다. (이 경우 44부터 47까지의 은행 견적들은 은행 견적 43 보다 bank3Queue에서 뒤에 위치하기 때문이다.) 대출 모집인은 이벤트 기반이므로, 대출 모집인은 모든 은행 견적들을 수신하는 즉시 대출 요청 클라이언트에 응답한다. 그런데 결과는 요청 44부터 47까지의 요청들의 은행 견적들이 요청 43의 은행 견적들보다 먼저 도착하면서, 대출 모집인도 이들 요청들의 응답 메시지를 요청 43의 응답보다 먼저 전송한 것이다. (즉, 44부터 47까지의 요청은 일반 소매 은행의 기준이 아닌 그 외 은행의 기준에 부합됐다.) 이 시나리오는 *상관관계 식별자*(p223)의 중요성을 보여준다. 테스트 클라이언트는 *상관관계 식별자*(p223)를 사용해 응답 도착 순서가 뒤바뀌었지만 요청에 대한 응답을 찾을 수 있었다.

비동기 메시지 기반 시스템을 조율하는 작업이 매우 복잡해질 수 있다. 우리 예는 병목을 식별하고 해결하는 가장 기본적인 기술들을 보여준다. 그러나 우리의 간단한 예에서도 하나의 문제(신용 평가 기관 병목)를 해결하면 또 다른 문제(은행 5 병목)가 발생하는 것을 봤다. 한편으로 우리는 비동기 메시징과 이벤트 기반 소비자의 이점을 볼 수 있었다. 비동기 구현은 50건의 견적 요청 처리에 12초 걸렸다. 반면 동기 구현은 같은 건의 요청에 8배에서 10배 정도 시간이 더 걸렸다.

테스트에 대한 간략한 설명

대출 모집인 예는 대출 모집인이 분산, 비동기, 이벤트 기반이 됨으로써, 간단한 애플리케이션이 얼마나 합리적으로 복잡해 질 수 있는지를 보여준다. 우리는 이제 수십 개의 클래스들을 가지고, 도처에 있는 대리자들을 사용해 비동기 메시지들을 이벤트 기반으로 처리한다. 복잡성이 증가했으므로 결함도 늘 수 있다. 비동기적 특징으로 결함 현상의 재현이나 문제 해결이 힘들 수 있다. 결함들이 시간 조건마다 따라 달라지기 때문이다. 이런 추가 위험들 때문에, 메시징 솔루션은 테스트에 매우 철저한 접근 방법을 필요로 한다. 우리는 메시징 솔루션의 테스트만으로도 책 한 권을 쓸 수 있지만, 지금은 테스트에 대해 실행할 수 있는 간단한 조언을 다음 세 규칙으로 정리한다.

- 인터페이스와 구현 클래스를 사용해 메시징 구현으로부터 애플리케이션을 분리한다.

- 비즈니스 로직은 단위 테스트를 마친 후, 메시징 환경에 올려 놓는다.

- 동기적으로 테스트할 수 있는 모의 메시징 계층 구현을 제공한다.

메시징 구현으로부터 애플리케이션을 분리하라. 단일 애플리케이션을 테스트하기는 메시징 채널로 연결된 분산 애플리케이션들을 테스트하기보다 훨씬 더 쉽다. 단일 애플리케이션은 전체 실행 경로를 추적할 수 있고, 컴포넌트들을 기동하는 복잡한 시작 절차도 필요하지 않고, 테스트마다 채널을 제거하지 않아도 된다(*채널 제거기*(p644) 참조). 테스트 시 외부 기능의 스텁을 사용하는 것도 유용하다. 예를 들어 은행 게이트웨이 테스트에, 실제 외부 신용 평가 기관 프로세스로 메시지를 전송하는 대신, 신용 평가 기관 게이트웨이 스텁을 사용하는 것이 더 낫다.

단일 애플리케이션에서 코드에 영향을 최소화하면서도 테스트의 장점을 얻으려면 어떻게 해야 할까? 우리 예에서는 *메시징 게이트웨이*(p536) 구현으로부터 인터페이스 정의를 분리했다. 이 방법으로 여러 구현은 한 인터페이스를 상속한다.

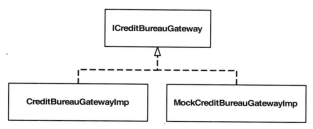

신용 평가 기관의 인터페이스와 구현 분리

신용 평가 기관 게이트웨이가 메시징 로직을 캡슐화하므로, 우리는 인터페이스를 간단하게 정의할 수 있다.

```
public interface ICreditBureauGateway
{
    void GetCreditScore(CreditBureauRequest quoteRequest,
                    OnCreditReplyEvent OnCreditResponse, Object ACT);
    void Listen();
}
```

이 인터페이스를 상속하면 메시지 큐를 연결하지 않고도 GetCreditScore 메소드에 지정된 대리자를 직접 호출하는 모의 신용 평가 기관 게이트웨이를 만들 수 있다. 이 모의 구현은 실제 신용 평가 기관과 동일한 로직을 포함하므로, 대출 모집인의 나머지 부분은 이 변화를 전혀 눈치채지 못한다.

```
public class MockCreditBureauGatewayImp : ICreditBureauGateway
{
    private Random random = new Random();

    public MockCreditBureauGatewayImp()
    { }

    public void GetCreditScore(CreditBureauRequest quoteRequest,
                            OnCreditReplyEvent OnCreditResponse, Object ACT)
    {
        CreditBureauReply reply = new CreditBureauReply();
        reply.CreditScore = (int)(random.Next(600) + 300);
        reply.HistoryLength = (int)(random.Next(19) + 1);
        reply.SSN = quoteRequest.SSN;
        OnCreditResponse(reply, ACT);
    }

    public void Listen()
```

```
    { }
}
```

단위 테스트로 비즈니스 로직을 테스트하라. 우리의 `CreditBureau` 클래스는 (기본 클래스가 캡슐화한) 메시징 기능과 (간단한 랜덤 생성기를 구현한) 비즈니스 로직을 깨끗하게 분리한다. 실제 시나리오에서는 비즈니스 로직이 좀 더 복잡할 것이다. 실제 시나리오에서는 `getCreditScore` 메소드와 `getCreditHistoryLength` 메소드까지 별도 클래스로 옮겨 메시징 계층에 대한 의존성을 완전히 없애야 한다. 잘 보이지 않을지 모르지만, 상속으로 인해 서브클래스는 여전히 기본 클래스와 관련 클래스들에 의존한다. 그래야 메시징에 대한 걱정 없이 nUnit(http://www.nunit.org) 같은 단위 테스트 도구를 사용해 테스트 케이스를 작성할 수 있을 것이다.

모의 메시징 계층 구현을 제공하라. `ICreditBureauGateway`의 모의 구현은 간단하고 효과적이다. 그러나 `CreditBureauGatewayImp` 클래스를 별도로 테스트하려면 신용 평가 기관 게이트웨이에 관련된 코드들을 모두 모의 구현으로 대체해야 한다. 메시지 큐에 대한 의존과 관련된 성능 저하를 제거하면서도 `CreditBureauGatewayImp` 클래스를 실행하고 싶은 경우, `IMessageReceiver` 인터페이스와 `IMessageSender` 인터페이스를 모의 구현한다. 이 간단한 모의 구현은 다음과 같을 수 있다.

```
public class MockQueue: IMessageSender, IMessageReceiver
{
    private OnMsgEvent onMsg = new OnMsgEvent(DoNothing);

    public void Send(Message msg){
        onMsg(msg);
    }

    private static void DoNothing(Message msg){

    }

    public OnMsgEvent OnMessage
    {
        get { return onMsg; }
        set { onMsg = value; }
    }

    public void Begin()
    {
```

```
    }

    public MessageQueue GetQueue()
    {
        return null;
    }

}
```

　모의 구현의 Send 메소드는 메시지 큐를 사용하지 않고 즉시 onMsg 대리자를 촉발시킨다. 신용 평가 기관 게이트웨이를 위해 모의 큐^{mock queue}를 사용하려면, 올바른 형식의 메시지를 응답해야 한다. 요청 메시지를 응답 메시지로 되돌리기만 해서는 안 된다. 여기에 구현을 보이지는 않았지만, 구현한다고 해도 그리 어렵지는 않을 것이다. 예를 들어 요청을 단순히 감싼 정도로 응답 메시지를 만들어서 응답할 수 있다.

이 예의 한계

이 절은 간단한 메시징 시스템조차 컴포넌트들의 비동기적 특성과 느슨한 결합으로 인해 매우 복잡해 질 수 있다는 점을 보여준다. (대출 모집인은 단지 신용 점수를 얻고 최상의 은행 견적을 얻는 두 단계만 실행한다.) 또한 이를 개선하는 지름길들도 찾았다. 그러나 이 예는 특히 다음과 같은 주제들을 다루지 않았다.

- 오류 처리

- 트랜잭션

- 스레드 안전

　이 예는 오류를 처리하는 관리 메커니즘이 없다. 컴포넌트들은 그저 콘솔 창으로 메시지를 출력한다. 즉, 상용 시스템에 적합한 구현은 아니다. 실제 구현에서는 통일된 방식으로 운영자가 알림을 확인할 수 있게, 오류 메시지를 중앙 콘솔로 라우팅해야 한다. 11장, '시스템 관리'의 시스템 관리 패턴들(예: *제어 버스*(p612))은 이런 요구들을 해결한다.

　이 예는 트랜잭션 큐를 사용하지 않는다. 예를 들어 은행으로 전송된 네 건의 견적 요청 메시지 중 두 건이 전송된 후 메시지 라우터가 다운됐다면, 두 은행은 견적 요청을 처리할 것이고 다른 두 은행은 견적 요청을 처리하지 않았을 것이다. 마찬가지로 모든 은행으로부터 견적 응답을 수신했지만, 클라이언트로 응답을 전송하기 전에 대출 모집인이 다운됐다면, 클라이언트는 응답을 수신하지 못했을 것이다. 현실 시스템에서는 해당 메시지들이 모두 전송될 때까지 메시지들이 수신되거나 소비되지 않게 작업을 트랜잭션으로 묶어야 한다.

대출 모집인은 단일 스레드로 실행되므로, 스레드의 안전을 걱정하지 않는다. 예를 들어 (MessageReceiverGateway에 숨겨진) 메시지 수신을 위한 BeginReceive 메소드는 이전 메시지의 처리가 완료돼야 비로소 호출된다. 이 정도면 애플리케이션 예로서는 훌륭하다. (게다가 동기 구현보다 훨씬 빠르다.) 그러나 더 빠른 처리가 필요한 경우 *메시지 디스패처*(p578)와 실행 스레드들을 사용할 수 있다.

요약

이번 장에서는 비동기 메시지 큐와 MSMQ를 이용해 대출 모집인 애플리케이션을 단계별로 차례차례 구현해 봤다. 우리는 비동기 메시징 애플리케이션 개발에 내재하는 실제적인 문제들을 드러내기 위해 의도적으로 상세하게 구현했다. C# 개발자가 아닌 개발자들도 이 예를 보면 도움이 될 수 있게, 우리는 특정 벤더의 메시징 API보다는 설계 득실에 더욱 더 초점을 맞췄다.

이 예는 간단한 메시징 애플리케이션일지라도 구현이 복잡할 수 있다는 것을 상기시켜준다. 비동기 메시징을 사용하면 단일 애플리케이션일지라도 이에 따른 고려 사항들(예: 메소드 호출 등)로 코딩이 상당량 추가될 수 있다. 다행히 디자인 패턴은 벤더 용어로 너무 깊이 내려가지 않고도 설계 득실을 설명할 수 있는 언어를 제공한다.

팁코 액티브엔터프라이즈를 이용한 비동기 구현

마이클 J. 레티그(Michael J. Rettig)

이전 두 구현에서 대출 모집인은 *메시지 채널*(p118)을 제공하는 통합 프레임워크를 사용했다. 예를 들어 아파치 액시스와 MSMQ는 모두 *메시지 채널*(p118)로 메시지를 발신하거나 수신하는 API들을 제공하지만, 그외 거의 모든 것은 애플리케이션이 직접 처리해야만 했다. 그리고 의도대로 자바 또는 C# 라이브러리를 사용해 어떻게 맨바닥부터 통합을 구현하는지도 보여주었다.

대부분의 상용 EAI 제품들은 통합 개발을 간소화하기 위해 실질적으로 많은 기능을 제공한다. 상용 제품들은 일반적으로 *메시지 변환기*(p143)와 *프로세스 관리자*(p375)를 끌어놓기로 설정할 수 있게 하는 시각적 개발 환경을 제공한다. 정교한 시스템 관리도 가능하고 메타데이터 관리 기능도 제공한다. 이 절에서는 팁코 액티브엔터프라이즈를 사용해 예를 구현한다. 이전 구현과 마찬가지로, 우리는 주로 설계 결정과 득실에 초점을 맞추고, 구현에 필요한 정도만 제품 특화 언어를 소개한다. 따라서 이전에 팁코 액티브엔터프라이즈를 사용해 보지 않은 독자들에게도 이 절은 유용하다. 제품에 대한 자세한 정보나 벤더 정보는 http://www.tibco.com을 참조한다.

이 예는 경매 스타일의 *분산기 집합기*(p360) 접근 방법을 사용해 통합을 설계한다는 점에서 이전 구현들과 다르다. 여기서는 대출 모집인이 은행들에 견적 요청을 전송하는 데 *수신자 목록*(p310) 대신 게시 *구독 채널*(p164)을 사용한다. 이런 유형의 *분산기 집합기*(p360) 패턴은 리스너들의 수에 상관없이 동적으로 *요청 응답*(p214)을 수행할 수 있게 한다. 팁코 *프로세스 관리자*(p375) 도구가 제공하는 비즈니스 프로세스 관리 기능도 사용한다.

솔루션 아키텍처

우리 애플리케이션은 간단한 은행 견적 요청 시스템이다. 고객은 대출 모집인 인터페이스로 견적 요청을 제출한다. 대출 모집인은 우선 수신한 견적 요청에 신용 점수를 획득해 추가한다. 그리고 나서 추가된 견적 요청을 은행들에 전송한다. 대출 모집인은 은행들로부터 견적을 수신해 그 중 최상의 견적을 고객에 반환한다(그림 참조).

시스템의 클라이언트는 대출 모집인에게 동기 방식의 *요청 응답*(p214) 인터페이스를 기대한다. 즉, 클라이언트는 견적 요청을 발신하고 대출 모집인으로부터 응답 메시지 수신을 기다린다. 대출 모집인도 신용 점수를 얻기 위한 신용 평가 기관과의 통신에 *요청 응답*(p214) 인터페이스를 사용한다. 클라이언트의 요청을 분산 동기 퍼사드^{facade}로 수신한 대출 모집인은 비동기로 작업 수행이 가능하다. 이를 사용해 대출 모집인은 은행들로부터 은행 견적을 얻는 데 게시 *구독 채널*(p164)을 사용하는 경매 스타일의 *분산기 집합기*(p360)을 이용할 수 있게 된다.

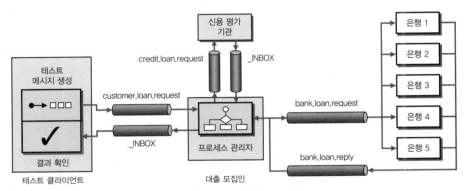

팁코 대출 모집인 솔루션 아키텍처

경매 순서는 관심 은행들이 견적 요청 메시지를 수신하고 자신의 이율을 제공할 수 있도록 견적 요청 메시지를 bank.loan.request 게시 *구독 채널*(p164)에 게시함으로 시작된다. 응답을 제출하는 은행들의 수는 알 수 없고 견적 요청마다 다를 수 있다. 경매는 은행들에 경매를 연 후 응답 메시지를 bank.loan.reply 채널로 정해진 시간 동안 기다리는 방식으로 운영한다. 입찰이 접수될 때마다 제한시간은 재설정된다. 이것은 가능하면 은행들이 다양한 입찰가를 제출할 수 있는 시간을 주기 위해서다. 이 경우 입찰가는 은행들에 공개되므로, 은행들은 실제 다른 은행의 입찰가를 확인하면서 원하는 경우 수정 입찰가를 제출할 수 있다.

대출 모집인은 견적 요청을 임의의 수신자들에게 브로드캐스트한다. 이 점은 미리 정의된 은행 목록으로 요청을 전송하는 *수신자 목록*(p310)과 매우 다르다. 대신 목록은 *수집기*(p330)의 완성 조건으로 반영된다. *수집기*(p330)는 이전 구현들처럼 각 은행으로부터 응답을 기다리는 대신 제한시간을 기준으로 경매를 종료한다. *수집기*(p330)는 경매 제한시간을 초과한 응답들을 무시한다. 제한시간 이내에 은행 응답이 하나도 없는 경우, *수집기*(p330)는 견적을 얻지 못했음을 나타내는 응답 메시지를 클라이언트에 전송한다.

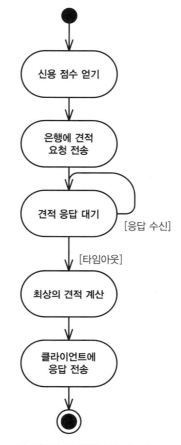

프로세스 관리자 액티비티 다이어그램

　이 구현에서 *내용 보탬이*(p399)와 *수집기*(p330)는 *프로세스 관리자*(p375) 컴포넌트 안에 구현된다. 결과적으로 하나의 컴포넌트 안에 모든 컴포넌트가 내장되므로, 솔루션 아키텍처 그림으로는 컴포넌트들의 세부 상호작용을 볼 수 없다. 대신 상호작용을 확인하려면 *프로세스 관리자*(p375)가 사용하는 프로세스 템플릿 정의를 표현하는 액티비티 다이어그램을 봐야 한다. 위의 액티비티 다이어그램은 대출 모집인의 명확한 역할을 정의하고 프로세스 템플릿의 기반을 제공한다. 이 다이어그램은 대출 모집인이 하는 일을 표시한다. 이 다이어그램은 이벤트들의 순서와 결정 경로를 시각적으로 표시하는 프로세스 다이어그램으로도 쉽게 변환될 수 있을 것이다.

구현을 위한 도구들

우리는 구현에 앞서 팁코 제품의 일부 기본 개념들을 소개하려고 한다. 팁코를 이용한 문제 해결 시 문제마다 적합한 도구들이 달라진다. 그러므로 우리는 최상을 선택해야 한다. 우리는 팁코 도구들 중 구현에 꼭 필요한 최소한의 기능들만 설명한다.

- TIB/랑데부 전송

- TIB/통합매니저 프로세스 관리자 도구

- 팁코 메타데이터 저장소

TIB/랑데부 전송 TIB/랑데부[TIB/RendezVous] 전송 계층은 팁코 메시징 제품군의 핵심이다. 랑데부는 정보 버스 위에서 팁코 메시지 전송 메커니즘을 제공한다. 팁코는 JMS, HTTP, FTP, 이메일 (기타 등등) 등을 포함한 다양한 전송 기능을 지원한다. 우리도 메시지 전송에 랑데부 전송을 사용한다. 랑데부 전송은 *포인트 투 포인트 채널*(p161)과 *게시 구독 채널*(p164)뿐만 아니라 동기와 비동기 메시지도 지원한다. 채널은 다음과 같은 서비스 수준을 갖는다.

- 신뢰 메시징[Reliable Messaging](RV): 고성능을 제공하지만 메시지가 누락될 수 있는 현실적인 위험이 있다.

- 인증된 메시지[Certified message](RVCM): 최소한 일회 전송.

- 트랜잭션 메시징[Transactional messaging](RVTX): 일회 보장 전송

팁코도 자바나 C++로 메시징 솔루션을 개발할 수 있도록 오픈 API와 개발 도구들을 제공한다.

TIB/통합매니저 프로세스 관리자 도구 TIB/통합매니저[TIB/IntegrationManager] 프로세스 관리자 도구는 워크플로우 설계를 위한 풍부한 사용자 인터페이스와 이를 실행하는 프로세스 관리자 엔진으로 구성된 팁코의 개발 도구다. GUI는 설정, 워크플로우, 팁코 저장소에 저장되는 구현 설정 등 연속되는 광범위한 인터페이스를 제공한다. 팁코 시스템은 저장소로 중앙의 설정 구조물을 사용한다. 이곳에 메타데이터, 워크플로우, 사용자 정의 코드를 보관한다.

워크플로우 컴포넌트를 이용한 구현은 코드 수준 구현과 차별화되는 측면이다. TIB/통합매니저는 서버 세션 상태[Server Session State][EAA], 워크플로우, 비동기 메시징,

동기 메시징을 대출 모집인에게 제공한다. TIB/통합매니저는 세 부분으로 나눌 수 있는데, 이 세 부분은 채널, 잡 생성기, 프로세스 다이어그램이다.

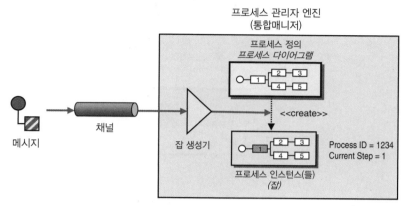

TIB/통합매니저의 컴포넌트들

TIB/통합매니저에서 프로세스들은 상태 유지에 중심이 되는 세션 객체를 제공하는 '잡^{job}'(또는 프로세스 인스턴스)을 생성한다. 이 잡 객체는 객체 저장 작업들뿐만 아니라 세션과 상호작용하는 유틸리티 메소드들을 포함하는 슬롯 환경을 제공한다. 팁코 개발자는 간단하게 GUI로 프로세스 정의(팁코에서는 프로세스 다이어그램이라 함)를 만들어, 잡이 실행하는 연속되는 태스크들을 지정할 수 있다. 프로세스 정의는 UML 스타일의 액티비티 다이어그램과 비슷하게 전이선$^{transition\ line}$으로 연결된 태스크들로 구성된다(다음 그림 참조). 그러나 다이어그램은 골격만 제공한다. 설정과 코드는 각 액티비티(즉, 다이어그램에서 상자) 뒤에 존재한다. 우리도 대출 견적 처리를 위해 코드를 추가할 것이다. TIB/통합매니저는 기본 언어로 ECMAScript(일반적으로 자바스크립트)를 사용한다.

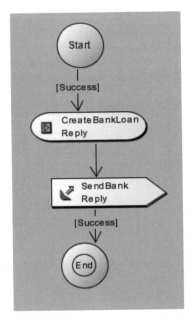

TIB/통합매니저 프로세스 다이어그램 예

프로세스 다이어그램은 연속되는 통합 태스크들을 포함한다. 포크, 동기화 막대나 의사결정 지점, 제어 태스크, 데이터 변환, 라우팅, 실행 태스크 같은 것들이 통합 태스크다. 여기 다이어그램에는 두 태스크가 있다. 이 두 태스크는 로직을 실행하는 ECMAScript 태스크와 채널에 메시지를 게시하는 시그널 아웃 태스크다. 태스크 전이에는 메시지 내용이나 기준에 따라 라우팅 로직이 포함될 수 있다.

팁코 메타데이터 저장소 통합과 메시징은 거의 항상 스스로를 설명하는 어떤 형태의 데이터를 요구한다(8장, '메시지 변환'의 '소개'를 참조한다). 팁코는 메타데이터 클래스를 액티브엔터프라이즈AE, ActiveEnterprise 객체로 팁코 저장소에 저장한다. 메시지 채널을 거쳐 전송되는 AE 객체는 메시지에 부합하는 클래스 정의를 가리키는 *포맷 표시자*(p239)를 포함한다.

메시지 메타데이터를 관리하는 일은 개발에 중요한 부분이다. 팁코 개발자는 메타데이터를 개발 환경에서 직접 정의할 수도 있고, (채널 어댑터(p185)에 설명된 메타데이터 어댑터를 이용해) 관계형 데이터베이스 같은 외부 시스템으로부터 추출할 수도 있고 또는 XML 스키마로 불러올 수도 있다. 시스템에서 메타데이터는 객체와 메시지 사이 명시적 계약을 제공한다. 팁코 저장소에 정의된 메타데이터 클래스는

ECMAScript로 객체로 생성하거나 사용할 수 있다.

```
// TIBCO AE 클래스의 인스턴스화
var bank = new aeclass.BankQuoteRequest();
bank.CorrelationID = job.generateGUID();
bank.SSN = job.request.SSN;51
```

그러나 ECMAScript는 컴파일 타임 형식 검사가 불가능한 동적 스크립트란 점을 기억해야 한다. 메타데이터 정의가 변경되면 시스템이 쉽게 손상될 수 있다. 그러므로 테스트나 개발에 적절한 관례가 없는 경우, 메시지 기반의 시스템은 무언가를 부술까 두려워 메타데이터를 변경하지 못하고 추가만 하는 '추가 전용' 시스템이 될 수 있다.

인터페이스

514쪽의 솔루션 아키텍처 그림에 등장하는 통합 솔루션은 다음과 같은 서비스들을 필요로 한다.

대출 모집인

- 대출 견적 요청 수신

- 신용 점수 획득

- 은행들 상대로 대출 견적 경매 개최

- 고객에게 최상의 대출 제안 반환

신용 서비스

- SSN에 기반한 신용 점수 제공

은행(들)

- 신용 등급과 대출 금액에 기반한 견적 제출

각 서비스는 외부 인터페이스를 거쳐 접속할 수 있다. 우리는 인터페이스에 대해 다음과 같은 설계 결정을 내려야 한다.

- 대화 스타일: 동기 대 비동기

- 서비스 수준

인터페이스의 대화 스타일은 솔루션 아키텍처에서 이미 결정했다. 대출 모집인과 은행들과의 통신은 비동기고 신용 서비스와의 통신은 동기다.

메시징 솔루션의 서비스 수준은, 특히 장애 복구 시나리오에 따라서는 매우 복잡해질 수 있다. 실패(제한시간 초과, 시스템 다운, 메시지 누락 등)가 발생했을 때, 원래 요청은 재요청될 수 있다(대출 모집인은 *멱등 수신자*(p600)다). 우리는 오직 이 지점을 사용해 견적을 얻는다는 것을 기억하자. 그렇더라도 완전히 구속력을 갖는 것은 아니다. 물론 이런 유형의 가정들은 시스템에 기록되고 관련 당사자들도 모두 이해해야 한다. 예를 들어 은행들은 견적 요청이 다시 제출될 수 있다는 것을 알아야 한다. 은행이 부정 감시를 위해 고객의 대출 요청 추적 기능을 요구하는 경우, *보장 전송*(p239) 등을 사용해 요청이 중복해서 전송되지 않도록 솔루션을 변경해야 한다.

동기 서비스 구현

대출 모집인 시스템은 동기 인터페이스를 두 군데서 사용한다. 고객과 대출 모집인 사이, 대출 모집인과 신용 평가 기관 사이다. 팁코는 *요청 응답*(p214)과 *명령 메시지*(p203)을 사용하는 메시징을 이용해 RPC 스타일의 작업을 구현한다. 기본적으로 이 RPC 스타일 작업은 하부 팁코 메시징 엔진의 동기 래퍼synchronous wrapper다. 우리는 팁코 작업을 호출하는 동안 버스를 통과하는 요청, 응답 메시지를 들을 수 있다. 요청 메시지는 지정된 채널(예를 들어 customer.loan.request)에 게시된다. 메시지는 응답을 위해 소위 INBOX 채널이라 불리는 *반환 주소*(p219)를 포함한다. 팁코는 비동기 처리와 관련된 상세를 RPC 스타일의 프로그래밍 모델 뒤로 숨긴다. TIB/통합매니저의 프로세스 모델링 도구는 AE 클래스로 정의된 신용 점수 얻기 같은 도메인 작업을 호출할 수 있다. 대출 모집인을 동기 인터페이스로 노출하려면 일부 구현 단계들을 수행해야 한다. 신용 평가 기관 서비스 구현도 비슷하다.

AE 클래스 정의 AE 클래스는 TIB/랑데부 채널을 거쳐 전송되는 메시지의 데이터 포맷을 정의한다. TIB/통합매니저에서의 클래스 정의는 일반적인 IDE에서의 클래스 생성과 많이 다르다. TIB/통합매니저 IDE에서 AE 클래스는 연속되는 대화 상자들을 사용해 정의된다(그림 참조). 이 대화 상자에서 AE 클래스의 이름과 필드들을 정의한다. 필드는 정수, 실수 같은 원시 자료형 값이나 다른 AE 클래스가 될 수 있다.

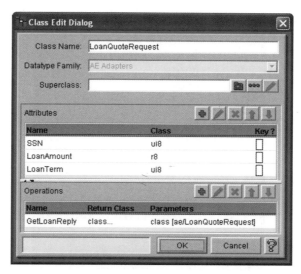

속성과 작업을 가진 AE 클래스 정의

AE 작업 정의 인터페이스에 메소드를 추가하는 것처럼, AE 클래스에 작업^{operation}을 정의할 수 있다. 파라미터와 반환 형식도 지정할 수 있다. 인터페이스를 True로 지정하면 구현은 제공하지 않는다. 구현은 나중에, 우리가 프로세스 인스턴스에 채널을 바인딩하기 위해 잡 생성기를 사용할 때, 바인딩된다.

프로세스 다이어그램 생성 프로세스 다이어그램은 작업의 구현을 제공한다. 이 예의 작업들에는 반환 파라미터가 필요하다. 일반적인 프로그램 메소드와 달리, 프로세스 다이어그램에는 '반환' 값이 없다. 대신에 우리는 잡에 반환 값이 배치될 슬롯을 지정한다. 우리는 잡 생성기에 반환 값을 지정하고, 이 값을 프로세스 다이어그램의 잡 슬롯에 적절히 할당해야 한다. 프로세스 다이어그램의 실제 구현을 뒤에서 자세히 설명한다.

클라이언트 채널 생성과 서버 채널 생성 전송, 메시지 정의, 서비스, 서브젝트^{subject}를 채널에 정의한다. 동기 작업은 클라이언트/서버 채널이 필요하다. 우리는 1단계에서 생성한 AE 클래스를 지정한다. 우리는 인터페이스 메시징에 랑데부를 선택했다. 메시징 설정은 적절한 옵션을 클릭하고 선택하면 된다(그림 참조).

채널 속성 정의

잡 생성기 설정으로 프로세스 다이어그램을 인스턴스화 잡 생성기^{job creator}는 잡을 생성하고, 환경 슬롯을 초기화하고, 채널에서 값을 찾아 프로세스 다이어그램에 전달한다. 잡이 생성되고 프로세스 다이어그램도 인스턴스화된다. 실행은 액티비티 다이어그램에 정의된 경로를 따른다. 처리가 완료되면, 잡 생성기는 채널로 응답을 반환한다. 잡 생성기 설정창에 우리 작업 이름이 보인다(그림 참조).

잡 생성기 설정

대출 모집인 프로세스

이제 우리는 준비된 동기 서비스들로 대출 모집인을 구현할 수 있다. 포함된 다이어그램은 대출 모집인 프로세스를 나타낸다. 이 프로세스는 대출 모집인 컴포넌트의 동작을 정의한다. 클라이언트가 메시지를 CreditRequest 채널에 제출했을 때 프로세스 다이어그램을 인스턴스화할 수 있도록, 우리는 이전 단계에서 AE 작업과 채널, 잡 생성기를 정의했다.

설계 고려 사항 설계 관점에서 우리는 프로세스 다이어그램에 포함할 것들에 주의해야 한다. 다이어그램이 커지고 복잡해지면 관리하기가 어려워진다. 다이어그램은 관심사의 분리를 효과적으로 적용해, 하나의 프로세스에 처리 로직과 비즈니스 로직을 혼합시키지 않게 한다. 처리 로직이 무엇이며 비즈니스 로직이 무엇인지를 정의하기는 쉽지 않다. 경험상 외부 시스템과의 상호작용은 처리 로직으로 볼 수 있다. 어떤 시스템에 연결하는가? 시스템을 사용할 수 없는 경우엔 어떻게 해야 하는가? 같은 것들이다. 비즈니스 로직은 일반적으로 도메인 특화 언어^{DSL, domain-specific language}를 포함한다. 주문은 어떻게 활성화하는가? 신용 점수는 어떻게 계산하는가? 은행 대출 견적을 계산하려면 어떻게 해야 하는가? 같은 것들이다. 일반적으로 복잡한 비즈니스를 구현하려면 완전한 기능을 갖춘 개발 언어가 필수적이다. TIB/통합매니저를 포함한 대부분의 프로세스 관리 도구들은 자바나 그 밖의 언어들과의 통합을 지원한다.

MVC (모델, 뷰, 컨트롤러) 개념(예를 들어 [POSA])을 잘 알고 있는 사람은 이 구현이 비슷한 맥락으로 보일 것이다. 그저 뷰를 워크플로우로 변경하면, 우리의 구현도 간결하게 정의된다.

- 워크플로우^{Workflow}: 워크플로우 시각화 모델.

- 컨트롤러^{Controller}: 메시지 버스에서 이벤트를 수신하고 프로세스 워크플로우의 적절한 컴포넌트를 실행하는 프로세스 엔진.

- 모델^{Model}: 하부 비즈니스 코드(ECMAScript, 자바스크립트, 자바, J2EE 등).

프로세스 모델 구현 다음 그림은 스크립트 실행 상자와 통합 작업을 수행하는 커스텀 태스크가 혼합된 다이어그램이다. 시각적 도구를 사용하는 프로세스 모델링의 가장 큰 장점 중 하나는 실행 '코드'가 솔루션 설계에 사용했던 UML 액티비티 다이어그램과 비슷하게 보인다는 점이다(515쪽 그림 참조).

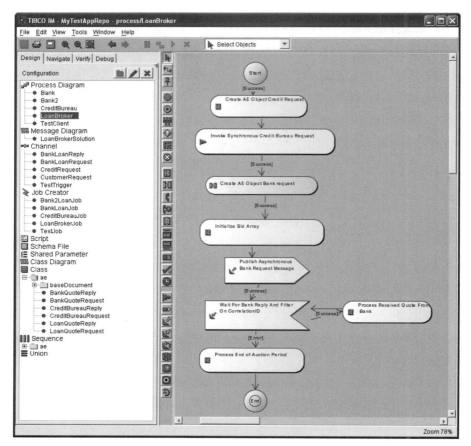

대출 모집인 프로세스 정의

태스크 아이콘마다 실제 코드나 설정 파라미터가 포함될 수 있으므로, 우리는 모든 태스크를 살펴보고 설명한다.

첫 번째 상자는 AE 객체를 인스턴스화하고 필드에 값을 할당하는 ECMAScript를 나타낸다.

```
var credit = new aeclass.CreditBureauRequest();
credit.SSN = job.request.SSN;
job.creditRequest = credit;
```

생성된 신용 요청credit request은 신용 평가 기관을 호출하는 동기 작업을 호출하는 다음 액티비티에 파라미터로 전달된다. 신용 평가 기관은 메시지를 수신하고 신용 점수를 반환하는 단일 ECMA 태스크로 별도의 프로세스 다이어그램으로 구현된다.

여기에서 동기 작업이란 대출 모집인 프로세스가 신용 평가 기관으로부터 응답 메시지가 도착할 때까지 실행을 중지하고 기다린다는 것을 의미한다.

대출 모집인이 신용 평가 기관으로부터 응답을 수신한 후, 견적 요청을 모든 참여 은행들에게 게시하기 위해 생성해야 할 또 다른 AE 객체가 다이어그램에 보인다. 우리는 이 기능의 구현에 원본 데이터 항목들을 시각적으로 매핑하는 Mapper 태스크를 사용한다. Mapper는 *메시지 변환기*(p143) 패턴의 시각적 구현이다. Mapper 태스크는 메타데이터 관리의 장점을 보여준다. TIB/통합매니저는 객체 구조를 정의하는 메타데이터를 사용할 수 있다. Mapper는 원본 객체와 목표 객체 구조를 표시하고 마우스를 이용해 필드 매핑을 시각적으로 설정할 수 있게 해준다. 입력 객체로부터 새로운 값을 가진 객체가 생성된다. 우리는 잡 객체의 generateGUID 메소드로 고유한 *상관 관계 식별자*(p223)을 생성해 bankRequest 객체의 Correlation 아이디 필드에 할당한다. 나중에 보겠지만, Correlation 아이디 필드는 동시에 하나 이상의 대출 요청을 처리할 수 있게 해준다.

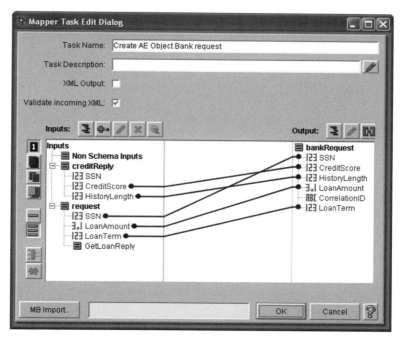

은행 요청 메시지를 생성하는 시각적 매퍼 태스크

우리는 시각적 Mapper 대신 ECMAScript 태스크를 사용해 같은 기능을 달성할 수도 있다. 이에 상응하는 코드는 다음과 같다. 이 코드는 BankQuoteRequest 객체가 어떻게 생성되고 원본 객체들로부터 필드들이 어떻게 할당되는지를 보여준다.

```
var bank = new aeclass.BankQuoteRequest();
// 트랜잭션을 고유하게 식별할 아이디 생성
// 응답에 포함됨
bank.CorrelationID = job.generateGUID();
bank.SSN = job.request.SSN;
bank.CreditScore = job.creditReply.CreditScore;
bank.HistoryLength = job.creditReply.HistoryLength;
bank.LoanAmount = job.request.LoanAmount;
bank.LoanTerm = job.request.LoanTerm;

job.bankRequest = bank;
```

시각적 Mapper 태스크를 사용할지, 아니면 *메시지 변환기*(p143) 기능을 구현하는 ECMAScript 태스크를 사용할지 여부는 매핑의 종류와 복잡성에 따라 달라진다. Mapper 태스크는 원본과 목표 객체 사이의 연결을 시각적으로 잘 보여주지만, 객체에 필드가 많은 경우 읽기가 어려울 수 있다. 한편 Mapper는 반복문 없이도 한 줄로 반복 필드(즉, 배열)를 매핑하는 특별한 기능도 제공한다.

다음은 간단한 ECMAScript 태스크로 수신할 은행 응답들을 담을 입찰 배열을 만든다. 이 스크립트는 다음과 같이 한 줄로 표현된다.

```
job.bids = new Array();
```

다음 태스크는 bank.loan.request 채널에 bankRequest 객체를 게시하는 Signal Out(시그널 아웃) 태스크다. 이 태스크는 비동기 작업이므로 프로세스는 응답을 기다리지 않고 다음 단계로 즉시 전이된다.

다음 태스크는 bank.loan.reply 채널에서 견적 응답 메시지 수신을 기다린다. 지정된 제한시간 이내에 메시지를 수신한 경우, 스크립트 태스크는 수신된 입찰 메시지를 배열에 추가한다.

```
job.bids[job.bids.length] = job.loanReply;
```

경매가 만료되면 프로세스는 Signal In(시그널 인) 태스크를 중단하고 최종 태스크로 전이한다. 최종 ECMAScript 태스크는 *수집기*(p330)의 수집 알고리즘을 구현해 모든 입찰로부터 최상의 견적을 선택한다. 이 코드는 LoanQuoteReply 인스턴스를

생성하고 SSN과 LoanAmount 필드를 요청 객체에서 응답 객체로 복사하고 bids 배열
에서 최상의 값을 찾는다.

```
var loanReply = new aeclass.LoanQuoteReply();
loanReply.SSN = job.request.SSN;
loanReply.LoanAmount = job.request.LoanAmount;

var bids = job.bids;
for(var i = 0; i < bids.length; i++){
    var item = bids[i];
    if(i == 0 || (item.InterestRate < loanReply.InterestRate)){
        loanReply.InterestRate = item.InterestRate;
        loanReply.QuoteID = item.QuoteID;
    }
}

job.loanReply = loanReply;
```

　ECMA Script의 마지막 줄은 고객에게 반환할 대출 응답 객체를 잡 슬롯에 넣는
로직이다. 우리는 대출 모집인 잡 생성기를 설정해 잡의 loanReply 속성을 응답 메
시지로 고객에게 반환하게 했다(그림 참조). 프로세스가 완료되면 잡 생성기는 잡의
loanReply 속성에 있는 메시지를 가져와서 클라이언트에 반환한다.

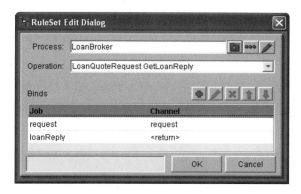

최상의 견적을 반환하기 위한 잡 생성기의 규칙 집합 설정

동시 경합 관리

경매를 구현하려면 일부 개발 장애물들을 넘어야 한다. 동시성은 여기에 복잡성을
더한다. 경매가 동작하려면 비동기 메시지를 게시하고 정해진 시간 동안 응답을 기
다려야 한다. 경매들이 동시에 발생한 경우, 각 대출 모집인은 모든 응답이 아닌 관심

응답만 수신해야 한다.

이 기능은 *상관관계 식별자*(p223)와 무관한 메시지를 무시하는 *선택 소비자*(p586)를 사용해 구현한다. 우리는 필터링이 프로세스 인스턴스가 아닌 채널 수준에서 발생하기를 원한다. 그러나 그러기 위해서는 프로세스 인스턴스가 실행될 때, 대기 중인 경매마다 채널 서브젝트를 동적으로 생성해야 한다. TIB/통합매니저는 이 접근 방법을 지원하지 않는다. 프로세스 다이어그램은 인스턴스화될 때, 설정된 서브젝트들을 등록한다. 실행 중인 프로세스 엔진은 등록한 서브젝트에서 메시지를 듣고 필요에 따라 메시지를 큐에 넣는다. 메시지를 큐로 관리하므로, 프로세스 다이어그램은 서브젝트에 요청을 게시하고 프로세스 전이를 사용해 응답을 수신하는 과정에 타이밍 버그에 걸리지 않는다. 일반적으로 비동기 세계에서는 전이가 너무 오래 걸리는 경우 구독하기 전에 응답이 먼저 수신될 수 있다. 따라서 프로세스 다이어그램은 동적 서브젝트를 허용하지 않는 대신 안전하게 메시지를 관리한다. 본 예의 요구 사항 정도면, 프로세스 수준의 필터링도 완벽하게 동작한다. *상관관계 식별자*(p223)는 프로세스에 할당된 고유 식별자로 은행 프로세스에 전달되고 응답에 포함된다. Signal In 태스크에서 필터링은 ECMAScript로 다음처럼 한 줄로 표현된다.

```
(event.msg.CorrelationID == job.bankRequest.CorrelationID)
```

실행

모든 준비가 끝났으므로, 우리는 이제 솔루션을 실행할 수 있다. 솔루션 실행은 TIB/통합매니저 엔진의 시작도 포함한다. 솔루션을 테스트하기 위해, 5초마다 대출 요청을 제출하는 간단한 테스트 클라이언트가 저장소에 포함된다. 신용 서비스와 은행의 구현에는 간단한 스텝이 사용된다. *게시 구독 채널*(p164)의 장점 중 하나는, 메시지 버스의 모든 메시지를 들을 수 있으므로, 메시지 흐름을 검사하기 쉽다는 점이다. 우리는 모든 메시지를 콘솔로 로깅하는 간단한 도구를 사용했다. 우리는 메시지에서 불필요한 내용을 덜어내고 포맷 식별 정보와 추적 정보를 제거해 관련 필드가 명확하게 표시되게 했다. 로그는 시간, 서브젝트, 메시지 수신함을 기록한다. 수신함[inbox]은 동기 서비스를 위한 반환 주소다.

```
tibrvlisten: Listening to subject >

2003-07-12 16:42:30 (2003-07-12 21:42:30.032000000Z):
subject=customer.loan.request,
reply=_INBOX.C0A80164.1743F10809898B4B60.3,
```

```
SSN=1234567890 LoanAmount=100000.000000 LoanTerm=360

2003-07-12 16:42:30 (2003-07-12 21:42:30.052000000Z):
subject=credit.loan.request,
reply=_INBOX.C0A80164.1743F10809898B4B60.4,
SSN=1234567890

2003-07-12 16:42:30 (2003-07-12 21:42:30.092000000Z):
subject=bank.loan.request,
SSN=1234567890 CreditScore=345 HistoryLength=456 LoanAmount=100000.000000
CorrelationID="pUQI3GEWK5Q3d-QiuLzzwGM-zzw" LoanTerm=360

2003-07-12 16:42:30 (2003-07-12 21:42:30.112000000Z):
subject=bank.loan.reply,
InterestRate=5.017751 QuoteID="5E0x1K_dK5Q3i-QiuMzzwGM-zzw" ErrorCode=0
CorrelationID="pUQI3GEWK5Q3d-QiuLzzwGM-zzw"

2003-07-12 16:42:30 (2003-07-12 21:42:30.112000000Z):
subject=bank.loan.reply,
InterestRate=5.897514 QuoteID="S9iIAXqgK5Q3n-QiuNzzwGM-zzw" ErrorCode=0
CorrelationID="pUQI3GEWK5Q3d-QiuLzzwGM-zzw"
```

우리는 customer.loan.request 채널에서 테스트 클라이언트의 요청 메시지를 본다. 이 메시지에는 고객의 사회 보장 번호(SSN)뿐만 아니라 원하는 대출 금액(LoanAmount)과 대출 기간(LoanTerm)(360개월 동안 10만 달러)이 포함되어 있다. 이 메시지는 테스트 클라이언트의 전용 응답 채널을 _INBOX.C0A80164로 지정한다. 1743F10809898B4B60.3는 대출 모집인에게 응답 메시지를 어디로 전송할지를 알리는 *반환 주소*(p219)다.

다음 메시지는 대출 모집인에서 신용 서비스로 향하는 요청을 나타낸다. 이 요청에는 *반환 주소*(p219)로 대출 모집인의 전용 수신함이 전달된다. 신용 서비스에는 사회 보장 번호만 필요하다. _INBOX 채널은 비공개 채널이므로, 우리의 로깅 도구로는 이 채널의 응답 메시지는 포착되지 않는다.

대출 모집인은 신용 점수를 수신한 후, bank.loan.request 채널에 메시지를 게시한다. 우리 예의 두 은행 스텁은 각각 즉시 이율을 응답한다. 각 은행은 고객이 나중에 응답을 다시 참조할 수 있게 응답에 고유한 QuoteID을 지정한다. 경매 시간은 대략 몇 초 이내다. 대출 모집인 프로세스에서 테스트 클라이언트로의 응답 메시지는 보이지 않으므로, 우리는 테스트 클라이언트가 더 낮은 이율을 수신했는지는 프로세스 관리자 엔진의 디버그 로그로 본다. 우리는 이 메시지에서 CorrelationID와 클래스의 *포맷 표시자*(p239)를 볼 수 있다.

```
reply= class/LoanQuoteReply {
    SSN=1234567890
    InterestRate=5.017751017038945
    LoanAmount=100000.0
    QuoteID=5E0x1K_dK5Q3i-QiuMzzwGM-zzw
}
```

결론

이 솔루션은 비교할 만한 몇 가지 흥미로운 점들을 제공한다. 시각적 워크플로우는 코드보다는 상대적으로 보기 쉽고 이해하기도 쉽지만 구현이 복잡해지면 종잡을 수 없이 혼란스러워 질 수 있다. *분산기 집합기*(p360)의 동적 특성은 게시 구독 인터페이스의 결합을 깨끗하게 제거할 수 있게 해준다. 대출 모집인은 구독 은행들에 대한 지식 없이 은행 대출 요청을 게시할 수 있다. 마찬가지로 *수집기*(p330)도 기대 응답들의 수를 알 필요가 없다. 이런 유연성의 잠재적인 단점은 잘못된 서브젝트 이름 지정이나 개발자 오류나 누락된 메시지로 인한 오류들이 잘 들어나지 않을 수 있다는 점이다.

팁코의 GUI 기반 구현은 코드 구현에 추가적인 접근 방법을 제공한다. 코드의 순전한 힘이나 유연성과 관련해서는 이론이 없지만, 시각적 환경은 복잡한 작업을 단순화해 줄 수 있다. 설정은 통합에서 매우 중요한 부분이며, 시각적 환경은 이를 잘 지원한다. 개발자는 코드 작성과 벤더 개발 도구 사용 사이에 선택해야만 하는 것처럼 보일 수 있다. 그러나 이들은 효과적으로 함께 사용될 수 있다. 예를 들어 통합 워크플로우 모델링에는 TIB/통합매니저를 사용하고 도메인 로직 구현에는 J2EE 세션 빈을 사용할 수 있다.

우리는 대출 모집인 시나리오가 번잡해지지 않게, 상대적으로 간단하고 이해하기 쉽게 만들었다. 그러나 현실은 이 정도로 간단하지 않다. 신속한 개발 도구는 빠른 초기 개발을 용이하게 할 수도 있지만 개발 방법을 제한할 수도 있다. 프로세스 관리 도구는 메시징의 복잡성을 숨겨주고 개발자들이, 이면에서 무슨 일이 일어나는 지에 대한 걱정 없이도, 통합 작업에 주력할 수 있게 도와준다. 그럼에도 불구하고 메시징 인프라에 무지하다면 프로젝트를 성공하기란 쉽지 않을 수 있다.

10장

메시징 엔드포인트

소개

3장, '메시징 시스템'에서 우리는 *메시지 엔드포인트*(p153)를 논의했다. 이것은 애플리케이션이 메시지를 발신하고 수신하기 위해 메시징 시스템에 연결하는 방법이다. 엔드포인트 코드를 개발한다는 것은 애플리케이션 프로그래머가 JMS나 System. Messaging 네임스페이스 같은 메시징 API를 사용해 프로그램을 작성한다는 것을 말한다. 일반적으로 상용 미들웨어 패키지들은 라이브러리나 도구를 제공해 개발자가 엔드포인트 코드를 개발하는 부담을 덜어준다.

발신 패턴, 수신 패턴

일부 엔드포인트 패턴들은 발신자와 수신자 모두에 적용된다. 일반적으로 이런 패턴들은 애플리케이션과 메시징 시스템을 관련시키는 방법에 관심을 갖는다.

메시징 코드 캡슐화: 일반적으로 애플리케이션은 통합에 *메시징*(p111)이 사용된다는 사실을 인식하지 않는다. 대부분의 애플리케이션 코드들은 메시징을 염두에 두고 작성되지도 않는다. 다만 애플리케이션들에는 각자의 통합 지점에 통합을 위한 얇은 코드 층이 있다. 메시징을 이용한 통합인 경우, *메시징 게이트웨이*(p536)는 애플리케이션을 메시징 시스템에 부착시키는 얇은 코드 층이다.

데이터 변환: 발신자 애플리케이션과 수신자 애플리케이션이 내부 데이터뿐만 아니라 메시지 포맷도 동일한 표현을 사용한다면 정말 좋을 것이다. 그러나 상황은 종종 그렇지 않다. 발신자와 수신자 중 하나는 데이터 포맷에 동의하지 않거나, (일반적으로 다른 발신자와 다른 수신자를 지원하기 위해) 독립적인 메시지 포맷을 사용한다. 이 경우 애플리케이션 포맷과 메시지 포맷 사이 데이터를 변환하는 *메시징 매퍼*(p619)를 사용한다.

외부에서 제어되는 트랜잭션: 메시징 시스템은 내부적으로 트랜잭션을 사용한다. 외부적으로도 개별 발신이나 개별 수신 메소드 호출은 기본적으로 트랜잭션 내에서 실행된다. 하지만 메시지 생산자나 소비자는 *트랜잭션 클라이언트*(p552)를 사용해 외부에서 트랜잭션들을 제어할 수 있다. *트랜잭션 클라이언트*(p552)는 메시지들을 함께 배치로 처리하거나 다른 트랜잭션 서비스와 메시징을 조율할 때 유용하다.

메시지 소비자 패턴

나머지 엔드포인트 패턴들은 모두 메시지 소비자에게 적용된다. 메시지 전송은 간단하다. 메시지를 발신할 때 결정해야 할 문제들이 있다. 무엇을 포함할 것이며, 수신자에게 자신의 의도를 어떻게 전달할 것인가를 결정해야 한다. 이것이 메시지 생성 패턴을 갖는 이유다(5장, '메시지 생성' 참조). 하지만 일단 메시지가 만들어지면, 메시지 전송은 쉽다. 반면 메시지 수신은 까다롭다. 따라서 많은 엔드포인트 패턴들이 메시지 수신에 대한 것들이다.

메시지 소비의 가장 중요한 주제는 흐름 조절throttling이다. 흐름 조절이란 애플리케이션이 메시지를 소비하는 속도를 제어하거나 조절하는 능력을 말한다. 이 책을 소개하는 부분에서 설명한 것처럼, 모든 서버가 직면하고 있는 잠재적인 문제는 다량의 클라이언트 요청들이 서버에 과부하를 줄 수 있다는 점이다. *원격 프로시저 호출*(p108)에서 서버는 클라이언트의 호출 속도에 많이 휘둘린다. *메시징*(p111)에서는 메시지 수신자가 메시지 발신자의 발신 속도는 제어할 수 없는 대신 메시지들의 수신 속도는 제어할 수 있다. 즉, 애플리케이션은 메시징 시스템의 전달 속도로 메시지를 수신하지 않아도 된다. *메시지 채널*(p118)이 선착순으로 처리되게 메시지를 큐에 줄 세우는 동안, 애플리케이션은 자신의 속도로 메시지들을 처리할 수 있다. 그러나 어쨌든 서버는 메시지들이 채널에 너무 많이 쌓이지 않게 빨리 처리해야 한다. 서버는 메시지 소비자들을 동시에 이용해 메시지의 소비량을 높일 수 있다. 그러므로 메시지 소비 속도를 제어하려는 애플리케이션은 메시지 소비자 패턴을 사용하라.

대부분의 메시지 소비자 패턴들은 엔드포인트에 쌍 단위로 선택 가능한 대안을 제시한다. 애플리케이션은 쌍 안의 한 가지 방법으로 엔드포인트로를 설계해야 한다. 엔드포인트는 쌍 안에서 한 대안만을 선택해야 하지만 다른 쌍에서 선택한 대안과는 서로 조합할 수 있다. 이렇게 대안들을 조합해 엔드포인트를 구현하면 선택의 폭은 넓어진다.

동기 또는 비동기 소비자: 한 가지 대안은 폴링 소비자(p563)나 *이벤트 기반 소비자*(p567)를 사용하는 것이다[JMS 1.1], [Hapner], [Dickman]. 폴링 서버는 바쁜 경우 더 이상 메시지를 요청하지 않고 메시지들을 큐에서 대기시키므로, 폴링은 가장 좋은 흐름 조절을 제공한다. 이벤트 기반의 소비자는 메시지가 도착하는 대로 빠르게 메시지를 처리하지만 서버를 과부하 상태로 만들 수 있다. 하지만 소비자는 한 번에 하나의 메시지만 처리할 수 있으므로, 소비자들의 숫자를 제한해 사실상 소비 속도를 조절할 수 있다.

메시지 할당 대 메시지 잡기: 또 다른 대안은 소비자들이 메시지들을 나누어 처리하게 하는 방법에 관한 것이다. 하나씩 메시지를 소비하는 소비자를 여럿 두면 동시에 메시지들을 처리할 수 있게 된다. 가장 간단한 접근 방법은 하나의 포인트 투 포인트 *채널*(p161)을 여러 소비자가 지니는 *경쟁 소비자*(p644)다. 이 경우 소비자는 임의의 메시지를 잡는다. 메시징 시스템이 메시지를 가져갈 소비자를 결정하기 때문이다. 소비자가 메시지를 할당하게 하려면 *메시지 디스패처*(p578)를 사용한다. *메시지 디스패처*(p578)는 단일 소비자로 수신한 메시지를 실행자들에게 위임한다. 애플리케이션은 소비자/실행자의 수를 제한함으로 메시지 부하를 조절할 수 있다. 또는 *메시지 디스패처*(p578) 컴포넌트에 디스패처의 흐름 조절을 명시적으로 구현할 수도 있다.

모든 메시지 수락 또는 필터링: 기본적으로 *메시지 채널*(p118)로 전송된 모든 메시지는 해당 메시지 채널을 듣고 있는 모든 *메시지 엔드포인트*(p153)들이 사용한다. 그러나 일부 소비자는 해당 채널의 모든 메시지가 아닌, 특정 형식이나 특정 설명의 메시지들만 소비하고 싶을 수 있다. 이런 차별적 소비자는 선택 소비자(p586)를 사용해 수신을 원하는 메시지 종류를 설명한다. 그러면 메시징 시스템은 설명에 부합되는 메시지만 해당 수신자에게 전달한다.

단절 중 구독: *게시 구독 채널*(p164)에 등장하는 문제로 구독자가 특정 채널에 게시됐던 데이터에 관심이 있고 앞으로도 다시 그럴 것이지만, 현재는 네트워크로부터 단절됐거나 유지보수를 위해 중지된 경우, 구독자는 어떻게 해야 하는 가에 대한 것이다. 단절된 애플리케이션은 구독 중이더라도, 연결이 끊긴 동안은 게시된 메시지를 놓쳐야 하는가? 기본적으로 구독은 구독자가 연결되어 있는 동안만 유효하다. 연결 사이로 게시된 메시지들의 누락을 방지하려면, 애플리케이션을 *영속 구독자*(p594)로 만든다.

멱등성: 때때로 같은 메시지가 두 번 이상 전달된다. 메시징 시스템이 메시지가 성공적으로 전달됐는지를 아직 확신 못하기 때문이거나, 성능 개선을 위해 *메시지 채널*(p118)의 서비스 품질을 낮췄기 때문이다. 반면 메시지 수신자는 메시지가 정확히 한 번 전달될 것이라 가정하는 경향이 있고, 반복된 메시지로 인한 반복된 처리는 문제를 일으키는 경향이 있다. 이 경우 *멱등 수신자*(p600)로 설계된 수신자는 우아하게 중복 메시지를 처리해 수신자 애플리케이션에 문제가 발생하지 않게 한다.

동기 또는 비동기 서비스: 다른 어려운 선택으로는 애플리케이션이 서비스를 (원격 프로시저 호출(p108)을 사용해) 동기적으로 호출되게 노출할지, 또는 (메시징 (p111)을 사용해) 비동기적으로 호출되게 노출하지를 결정하는 일이 있다. 클라이언트마다 선호하는 접근 방법이 다를 수 있고 상황마다 접근 방법이 달라질 수 있다. 이 방법만을 또는 저 방법만을 선택하는 것이 어렵기 때문에, 두 방법을 모두 지녀야 한다. 메시지가 수신될 때 서비스를 호출하려면, *서비스 액티베이터* (p605)를 사용해 *메시지 채널*(p118)을 애플리케이션의 동기 서비스에 연결한다. 동기 클라이언트는 간단하게 직접 서비스를 호출하고, 비동기 클라이언트는 메시지를 전송해 서비스를 호출한다.

메시지 엔드포인트의 논제들

10장의 또 다른 중요 논제는 다른 패턴들과 함께 사용되는 *트랜잭션 클라이언트* (p552)의 어려움이다. 일반적으로 *이벤트 기반 소비자*(p567)는 외부에서 트랜잭션을 제어할 수 없다. *메시지 디스패처*(p578)의 트랜잭션 제어도 신중하게 설계돼야 한다. 외부에서 트랜잭션을 관리하는 *경쟁 소비자*(p644)는 심각한 문제를 만날 수 있다. *트랜잭션 클라이언트*(p552)를 사용하기 위한 가장 안전한 도박은 단일 폴링 소비자 (p563)와 함께하는 것이다. 하지만 이것도 만족스러운 해결책이 되지 못한다.

JMS 스타일의 메시지 드리븐 빈^{MDB, message-driven bean}은 특별히 언급해야 한다. MDB는 엔터프라이즈 자바빈즈^{EJBs, Enterprise JavaBeans}의 한 유형이다[EJB 2.0], [Hapner]. MDB는 *게시 구독 채널*(p164)에 대한 *이벤트 기반 소비자*(p567)이면서, J2EE 분산 트랜잭션(예: XAResource)을 지원하는 *트랜잭션 클라이언트*(p552)인 메시지 소비자이고, *경쟁 소비자*(p644)로서 동적으로 폴링된다. 애플리케이션이 코드로는 직접 구현하기 어려운 이 기능들을 EJB 호환 컨테이너(BEA 웹로직이나 IBM 웹스피어 등)들은 기본적으로 내장한다. (MDB 프레임워크는 어떻게 구현됐을까? 본질적으로 컨테이너는 재사용되는 실행자들의 동적 풀을 가진 *메시지 디스패처*(p578)를 구현한다. 여기서 각 실행자는 자신만의 세션과 트랜잭션을 사용해 메시지를 자체적으로 소비한다.)

마지막으로 *메시지 엔드포인트*(p153)는 이번 장의 다른 패턴들과 당연히 잘 결합된다는 점에 유의한다. *경쟁 소비자*(p644) 그룹은 *선택 소비자*(p586)이기도 한 *폴링 소비자*(p563)로 구현할 수 있고, 애플리케이션 서비스의 *서비스 액티베이터*(p605) 역할도 할 수 있다. *메시지 디스패처*(p578)는 *이벤트 기반 소비자*(p567)와 *메시징 매퍼*(p619)를 사용하는 *영속 구독자*(p594)일 수 있다. 엔드포인트는 어떤 패턴을 구현하든 간에 *메시징 게이트웨이*(p536)여야 한다. 따라서 어떤 한 패턴이 아니라 패턴 조합을 사용한다고 생각해야 한다. 이것이 패턴으로 문제를 해결하는 아름다움이다.

애플리케이션을 *메시지 엔드포인트*(p153)로 만드는 데는 수많은 방법이 있다. 이번 장은 이런 방법들과 또 이런 방법들을 가장 잘 사용하는 법을 설명한다.

메시징 게이트웨이(Messaging Gateway)

애플리케이션은 *메시징*(p111)을 사용해 다른 시스템에 접근한다.

애플리케이션의 나머지 부분으로부터 메시징 시스템 접근을 캡슐화하려면 어떻게 해야 할까?

대부분의 애플리케이션들은 벤더에서 제공한 API를 사용해 메시징 인프라에 접근한다. 이런 API 라이브러리들은 다양한 기능을 노출하기도 하지만, 일반적으로 '채널 열기', '메시지 생성', '메시지 전송'과 같은 비슷비슷한 기능들을 노출한다. 애플리케이션이 채널로 메시지를 전송하기 위해 사용하지만, 이런 API로는 전송하는 메시지 데이터의 의도가 무엇인지를 나타내기란 쉽지 않다.

메시징 솔루션은 본질적으로 비동기다. 그러므로 메시징을 사용해 외부 기능에 접근하는 코드는 복잡해질 수 있다. 비동기를 사용하는 애플리케이션은, 예를 들어 신용 점수를 반환하는 GetCreditScore 메소드를 호출하는 대신, 요청 메시지를 발신한 후 응답 메시지가 도착하기를 기대해야 한다(*요청 응답*(p214) 참조). 애플리케이션 개발자는 메시지 수신 이벤트 처리보다 간단한 동기 기능을 더 선호할 수 있다.

애플리케이션들 사이 느슨한 결합은 메시지 포맷의 사소한 변경(즉, 필드 추가)에 대한 탄력성 같은 아키텍처 이점들을 제공한다. 일반적으로 느슨한 결합은 자바 클래스나 C# 클래스 같은 강형식이 아닌 XML 문서와 같은 데이터 구조를 이용해 달성한다. 그러나 이런 구조를 코딩에 사용하면 번거롭기도 하고 오류도 쉽게 발생한다. 이 경우 맞춤법이 잘못된 필드 이름이나 맞지 않는 자료형 감지에 더 이상 컴파일러의 형식 검증을 사용할 수 없기 때문이다. 일반적으로 유연한 데이터 포맷을 사용하면 할수록 애플리케이션 개발의 노력 비용도 따라서 증가한다.

때로는 메시징을 사용해 실행되는 간단한 기능에도 하나 이상의 메시지들이 필요하다. 예를 들어 고객 정보를 얻는 기능은 실제로 여러 메시지를 요구할 수 있다. 예를 들어 하나는 주소를 얻기 위해, 하나는 주문 내역을 얻기 위해, 하나는 개인 정보를 얻기 위해 각각 메시지를 요구할 수 있다. 게다가 이 메시지들은 각각 다른 시스템의 응답일 수 있다. 그런데 우리는 이 세 메시지들을 별도로 발신하고 수신하는 로직을 사용하느라 애플리케이션 코드를 더럽히고 싶지 않다. 이 경우 하나의 메시지를 수신해, 세 메시지로 나누어 발신하고, 다시 하나의 응답 메시지로 집계하는 *분산기집합기*(p360)를 사용하면 애플리케이션의 부담을 일부 줄일 수 있다. 그러나 메시징 미들웨어에 이런 기능을 추가할 수 있는 사치가 항상 가능한 것은 아니다.

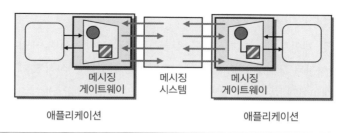

메시징 게이트웨이(Messaging Gateway)를 사용한다. 메시징 게이트웨이 클래스는 애플리케이션에 메시징 특화 메소드는 가리고 도메인 특화 메소드는 노출한다.

메시징 게이트웨이는 메시징 특화 코드(예: 메시지를 발신하고 수신하는 데 필요한 코드)를 캡슐화해 애플리케이션 코드의 나머지 부분으로부터 분리한다. 이렇게 메시징 게이트웨이의 코드만 메시징 시스템에 접근하고 애플리케이션 코드의 나머지 부분은 메시징 시스템에 접근하지 않는다. 메시징 게이트웨이는 애플리케이션의 나머지 부분에 비즈니스 기능을 제공한다. 메시징 게이트웨이는 애플리케이션에 `Message.MessageReadPropertyFilter.AppSpecific` 같은 메시징 속성의 설정은 요구하지 않는 대신 일반 메소드처럼 강형식 파라미터를 수락하는 `GetCreditScore`와 같은 의미 있는 메소드를 제공한다. 메시징 게이트웨이는 게이트웨이 패턴[EAA]의 메시징 전용 버전이다.

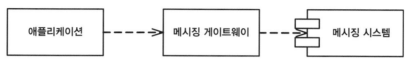

게이트웨이는 애플리케이션과 메시징 시스템 사이 직접적인 의존성을 제거한다

메시징 게이트웨이는 애플리케이션과 메시징 시스템 사이에 위치해 애플리케이션에 도메인 특화 API를 제공한다(이전 그림 참조). 애플리케이션은 메시징 시스템을 사용하고 있다는 것을 전혀 알지 못하므로, 게이트웨이는 메시징을 원격 프로시저 호출이나 웹 서비스 같은 다른 통합 기술로 교체할 수 있다.

일반적으로 메시징 게이트웨이는 다른 컴포넌트에 메시지를 발신하고, 응답 메시지를 기대한다(요청 응답(p214) 참조). 이런 메시징 게이트웨이는 두 가지 방법으로 구현된다.

1. 중지(동기) 메시징 게이트웨이

2. 이벤트 기반 (비동기) 메시징 게이트웨이

중지 메시징 게이트웨이는 메시지를 전송하고 애플리케이션에 제어를 반환하기 전에 응답 메시지의 도착을 기다린다. 게이트웨이는 응답을 수신하면 메시지를 처리하고 애플리케이션에 결과를 반환한다(다음 시퀀스 다이어그램 참조).

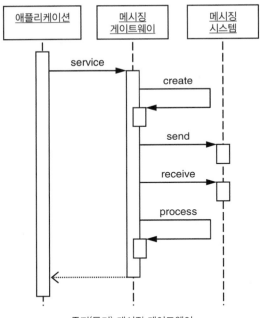

중지(동기) 메시징 게이트웨이

중지 메시징 게이트웨이는 메시징 상호작용의 비동기적 특성을 캡슐화하고 애플리케이션에 일반적인 동기 메소드만 노출시킨다. 따라서 애플리케이션은 통신의 비동기성을 인식하지 못한다. 예를 들어 중지 게이트웨이는 다음과 같은 메소드를 노출할 수 있다.

```
int GetCreditScore(string SSN);
```

이 접근 방법을 사용하면, 메시징 게이트웨이에 대한 애플리케이션 코드는 간단해지지만, 애플리케이션은 (다른 작업을 수행할 수 있는) 대부분의 시간을 응답 메시지를 기다리는 데 사용하게 되어, 이로 인한 성능 저하가 발생할 수 있다.

이벤트 기반 메시징 게이트웨이는 애플리케이션에 메시징 계층의 비동기적 특성을 노출시킨다. 애플리케이션이 메시징 게이트웨이에 도메인 특화 요청을 하면, 메시징 게이트웨이는 응답으로 도메인 특화 콜백을 제공한다. 제어는 애플리케이션에 즉시 반환된다. 응답 메시지가 도착하면, 메시징 게이트웨이는 응답 메시지를 처리한 후 콜백을 호출한다(다음 시퀀스 다이어그램 참조).

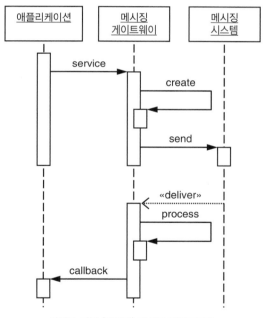

이벤트 기반 (비동기) 메시징 게이트웨이

예를 들어 C#에서 메시징 게이트웨이는 다음과 같이 대리자를 사용하는 퍼블릭 인터페이스를 노출시킨다.

```
delegate void OnCreditReplyEvent(int CreditScore);
void RequestCreditScore(string SSN, OnCreditReplyEvent OnCreditResponse);
```

RequestCreditScore 메소드는 응답 메시지가 도착할 때 호출할 콜백 메소드를 파라미터로 입력받는다. 이 콜백 메소드는 파라미터로 CreditScore를 갖는데 메시징 게이트웨이는 이 파라미터로 애플리케이션에 결과를 전달한다. 콜백은 프로그래밍 언어나 플랫폼에 따라 함수 포인터나, 객체 참조나, 대리자를 이용해 달성한다. 이렇게 이벤트 기반 특성을 가짐에도 불구하고, 인터페이스가 특정 메시징 기술에 의존하지 않는다는 점에 주목하자.

대체할 방법으로 애플리케이션은 결과의 도착 여부를 주기적으로 폴링할 수 있다. 이 접근 방법은 본질적으로 반동기/반비동기 패턴^{Half-Sync/Half-Async pattern}[POSA2]을 채용해 중지가 발생하지 않게 함으로 상위 인터페이스를 간단하게 한다. 이 패턴은 수신한 메시지를 저장하는 버퍼를 사용해 애플리케이션이 메시지의 도착을 편리한 때에 폴링으로 확인할 수 있게 한다. 이벤트 기반 메시징 게이트웨이의 문제 중 하나는 애플리케이션이 메소드 요청과 콜백 이벤트 사이에 상태를 유지해야 한다는 것이다. (중지 메시징 게이트웨이인 경우, 호출 스택이 이 일을 담당한다.) 메시징 게이트웨이가 애플리케이션 로직으로 콜백 이벤트를 호출할 때, 애플리케이션은 응답과 이전 요청을 상관시켜야만 정확한 실행을 이어서 처리할 수 있다. 메시징 게이트웨이가 요청 메소드 파라미터에 임의의 데이터를 참조할 수 있도록 허용한다면, 애플리케이션은 상태 유지가 쉬워진다. 메시징 게이트웨이는 콜백을 호출하면서 이 데이터를 애플리케이션에 다시 전달한다. 애플리케이션은 이런 식으로 비동기 콜백이 호출될 때 필요한 데이터를 얻는다. 이런 유형의 상호작용은 일반적으로 비동기 완료 토큰^{ACT,} ^{Asynchronous Completion Token}이라 불린다[POSA2].

ACT를 지원하는 이벤트 기반 메시징 게이트웨이의 퍼블릭 인터페이스는 다음과 같이 보일 수 있다.

```
delegate void OnCreditReplyEvent(int CreditScore, Object ACT);
void RequestCreditScore(string SSN, OnCreditReplyEvent OnCreditResponse, Object ACT);
```

RequestCreditScore 메소드는 추가로 Object 형식의 객체 참조를 파라미터로 제공한다. 메시징 게이트웨이는 응답 메시지의 도착을 기다리면서 이 참조를 저장한다. 응답이 도착하면 게이트웨이는 OnCreditReplyEvent 형식의 대리자를 호출하면서 작업의 결과뿐만 아니라 이 객체 참조도 함께 전달한다. 애플리케이션에 ACT의 지원은 매우 편리한 특성이지만, 메시징 게이트웨이가 객체 참조만 유지하고 기대 응답 메시지를 영원히 수신하지 못하는 경우, 메모리 누수의 위험이 발생할 수 있다.

게이트웨이 체인

메시징 게이트웨이를 여러 계층으로 만드는 것이 도움이 될 때가 있다. '저수준' 메시징 게이트웨이는 단순히, 예를 들어 SendMessage와 같은, 메시징 시스템의 구문을 추상화해 포괄적인 메시징 의미론을 유지한다. 예를 들어 기업이 MSMQ에서 웹 서비스로 메시징 기술을 변경할 때, 이런 메시징 게이트웨이는 애플리케이션의 나머지 부분을 보호한다. 여기에 포괄적인 메시징 API를 GetCreditScore 같은 도메인 특화 API로 변환시켜 메시징 의미론을 가리는 메시징 게이트웨이를 추가한다. MSMQ를 이용한 대출 모집인 예도 이 구성을 사용했다(다음 그림과 9장, '사잇장: 복합 메시징'에서 'MSMQ를 이용한 비동기 구현' 절 참조).

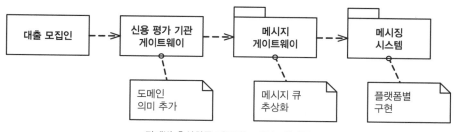

단계별 추상화를 제공하는 게이트웨이들

메시징 예외 처리

애플리케이션 코드를 간단하게 만드는 것 외에, 메시징 게이트웨이의 또 다른 목적은 애플리케이션 코드가 특정 메시징 기술을 의존하지 않게 하는 것이다. 이 목적은 메시징 게이트웨이 인터페이스 뒤로 메시징 관련 메소드 호출을 가림으로 쉽게 달성된다. 그러나 대부분의 메시징 계층은 메시징 관련 예외를 던진다. 예를 들어 JMS는 InvalidDestinationException 예외를 일으킨다. 그러므로 애플리케이션 코드가 메시징 라이브러리로부터 완전히 독립하려면, 메시징 게이트웨이는 메시징 예외를 잡아 대신하는 애플리케이션 (또는 포괄적) 예외를 던져야 한다. 이런 코드는 약간 지루할 수도 있겠지만, 예를 들어 하부 구현을 JMS에서 웹 서비스로 전환해야 하는 경우 큰 도움이 된다.

게이트웨이 생성

우리는 외부 자원이 노출한 메타데이터로부터 메시징 게이트웨이 코드를 자동으로 생성할 수 있다. 이것은 웹 서비스 세계에서 일반적이다. 거의 모든 벤더와 오픈 소스 플랫폼이 웹 서비스가 노출한 웹 서비스 기술 언어^{WSDL, Web Service Description Language}로 연결을 생성하는 `wsdl2java` 같은 도구를 제공한다. 이 도구는 지저분한 SOAP 코드들을 캡슐화하고 간단한 메소드를 노출하는 자바 (또는 C#, 또는 필요한 어떤 언어든) 클래스를 생성한다. 우리도 팁코 저장소에서 메시지 스키마 정의를 읽어 스키마 정의를 모방하는 자바 클래스 소스 코드를 생성하는 도구를 만든 적이 있었다. 이 도구를 이용해 애플리케이션 개발자는 팁코 API를 배우지 않고도 팁코 액티브엔터프라이즈 메시지를 전송할 수 있었다.

게이트웨이를 이용한 테스트

메시징 게이트웨이를 쓸만한 테스트 도구로도 이용할 수 있다. 메시징 게이트웨이는 도메인 특화 인터페이스 뒤로 메시징 코드를 가리므로, 우리는 쉽게 더미 구현을 만들 수 있다. 예를 들어 인터페이스와 구현을 분리하고 두 구현을 제공하는 경우, 하나는 메시징 인프라를 접속하는 '진짜' 구현이고, 하나는 테스트 목적에 맞는 '가짜'구현을 만든다(그림 참조). 가짜 구현은 서비스 스텁^{Service Stub}[EAA]처럼 행동하고, 메시징에 대한 의존 없이 애플리케이션을 테스트할 수 있게 한다. 이벤트 기반 메시징 게이트웨이를 사용하는 애플리케이션의 디버깅에 이런 서비스 스텁은 매우 유용하다. 예를 들어 이벤트 기반 메시징 게이트웨이를 위한 간단한 테스트 스텁은 요청 메소드의 콜백(또는 대리자)를 바로 호출할 수 있다. 테스트 스텁은 실질적으로 단일 스레드로 요청과 응답을 처리한다. 이 경우 단계별 디버깅은 아주 단순해진다.

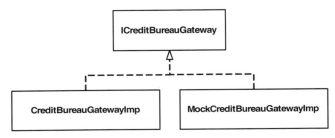

테스트 도구로서의 게이트웨이

예 MSMQ를 이용하는 비동기 대출 모집인 게이트웨이

다음 코드는 9장, '사잇장: 복합 메시징'('MSMQ를 이용한 비동기 구현' 절 참조)에서 소개한 대출 모집인 예의 한 부분이다.

```
public delegate void OnCreditReplyEvent(CreditBureauReply creditReply, Object ACT);

internal struct CreditRequestProcess
{
    public int CorrelationID;
    public Object ACT;
    public OnCreditReplyEvent callback;
}

internal class CreditBureauGateway
{
    protected IMessageSender creditRequestQueue;
    protected IMessageReceiver creditReplyQueue;

    protected IDictionary activeProcesses = (IDictionary)(new Hashtable());

    protected Random random = new Random();

    public void Listen()
    {
        creditReplyQueue.Begin();
    }

    public void GetCreditScore(CreditBureauRequest quoteRequest,
                               OnCreditReplyEvent OnCreditResponse,
                               Object ACT)
    {
        Message requestMessage = new Message(quoteRequest);
        requestMessage.ResponseQueue = creditReplyQueue.GetQueue();
        requestMessage.AppSpecific = random.Next();

        CreditRequestProcess processInstance = new CreditRequestProcess();
        processInstance.ACT = ACT;
        processInstance.callback = OnCreditResponse;
        processInstance.CorrelationID = requestMessage.AppSpecific;
        creditRequestQueue.Send(requestMessage);

        activeProcesses.Add(processInstance.CorrelationID, processInstance);
    }

    private void OnCreditResponse(Message msg)
    {
        msg.Formatter = GetFormatter();

        CreditBureauReply replyStruct;
        try
```

```
    {
        if (msg.Body is CreditBureauReply)
        {
            replyStruct = (CreditBureauReply)msg.Body;
            int CorrelationID = msg.AppSpecific;

            if (activeProcesses.Contains(CorrelationID))
            {
                CreditRequestProcess processInstance =
                    (CreditRequestProcess)(activeProcesses[CorrelationID]);
                processInstance.callback(replyStruct, processInstance.ACT);
                activeProcesses.Remove(CorrelationID);
            }
            else
            {
                Console.WriteLine("Incoming credit response does not match any
request");
            }
        }
        else
        { Console.WriteLine("Illegal reply."); }
    }
    catch (Exception e)
    {
        Console.WriteLine("Exception: {0}", e.ToString());
    }
  }
}
```

GetCreditScore 퍼블릭 메소드와 OnCreditReplyEvent 퍼블릭 대리자는 메시징에 대한 참조가 전혀 없다. 이 구현에서 애플리케이션은 GetCreditScore 메소드 호출 시 ACT로 객체 참조를 전달하면, CreditBureauGateway는 객체 참조를 요청 메시지의 *상관관계 식별자*(p223)로 색인된 사전에 보관하고, 응답 메시지가 도착하면 CreditBureauGateway는 발신 요청 메시지와 상관된 데이터를 검색한다. 그러므로 애플리케이션은 메시지들이 어떻게 상관되는지 걱정하지 않고 메소드를 호출한다.

메시징 매퍼(Messaging Mapper)

애플리케이션이 *메시징*(p111)를 사용할 때, *메시지*(p124) 데이터는 종종 애플리케이션의 도메인 객체로부터 파생된다. *문서 메시지*(p206)를 사용하는 경우, 메시지는 하나 이상의 도메인 객체를 나타낼 수 있다. *명령 메시지*(p203)를 사용하는 경우, 명령과 관련된 데이터 필드도 역시 도메인 객체에서 추출할 수 있다. 메시지와 객체는 뚜렷한 차이가 있다. 예를 들어 대부분의 객체에는 객체 참조와 상속 관계 형태의 연관성이 있다. 반면 대부분의 메시징 인프라는 이런 개념들을 지원하지 않는다. 메시징 인프라는 전혀 객체 지향적이지 않을 수 있는 애플리케이션들과도 통신할 수 있어야 하기 때문이다.

도메인 객체와 메시징 인프라의 독립성은 유지하면서, 이들 사이에 데이터를 이동시키려면 어떻게 해야 할까?

메시지를 도메인 객체처럼 보이게 해서 문제를 없앨 수 없는 것일까? 대부분의 경우 메시지 포맷은 *정규 데이터 모델*(p418)이나 공통 메시징 표준(예: ebXML)에 의해 정의되므로 제어하기 어렵다. 그래도 우리는 여전히 도메인 객체에 대응되는 포맷으로 메시지를 게시할 수도 있고, *메시지 변환기*(p143)를 사용해 메시징 계층의 공통 메시지 포맷으로 변환을 할 수도 있다. 일반적으로 변형을 허용하지 않는 벤더 시스템에 접속하는 어댑터(예: 데이터베이스 어댑터)들이 이런 접근 방법을 사용한다.

그 대안으로 도메인 계층이 별도의 *메시지 변환기*(p143) 없이 요구 포맷으로 메시지를 직접 생성하고 게시할 수도 있다. 이 방법은 변환 단계를 직접 포함하므로 성능을 높인다. 도메인 모델이 수많은 작은 객체들을 포함하는 경우, 하나의 메시지로 객체들을 결합하면 라우팅이 단순해지고 메시징 계층의 내부 효율성이 좋아진다. 그러나 추가적인 변환 단계를 사용해 도메인 객체를 모방하는 메시지를 만드는 것은 우리를 한계에 부딪치게 한다. 이 접근 방법은 도메인 로직과 메시지 포맷을 단단히 결합시키기 때문이다. 다시 말해 메시지 포맷이 변경되면 도메인 내 메시지 생성 로직도 변경돼야 하므로 유지보수가 어려워진다.

대부분의 메시징 인프라는 API의 일부로 '메시지' 객체 개념을 지원한다. 메시지 객체는 채널을 거쳐 전송될 데이터를 캡슐화한다. 대부분의 경우 메시지 객체는 문자열, 숫자, 날짜 같은 스칼라 자료형만 포함하고 상속이나 객체 참조는 지원하지 않는다. 이것은 RPC 스타일 통신(즉, RMI)과 비동기 메시징 시스템의 주요한 차이점들 중 하나다. 어떤 컴포넌트에 객체 참조를 포함하는 비동기 메시지를 전송한다고 가정해 보자. 이 경우 메시지를 처리하는 컴포넌트는 객체 참조를 해결해야 한다. 즉, 컴포넌트는 메시지의 출발지에서 참조된 객체를 요청해야 한다. 그러나 이와 같은 요청/응답 상호작용은 첫째로 비동기 메시징을 사용하는 동기(즉, 컴포넌트들 사이 느슨한 결합)를 좌절시킨다. 더 나쁜 경우, 출발지 시스템이 비동기 메시지를 수신할 때 참조된 객체가 더 이상 출발지 시스템에 존재하지 않을 수도 있다.

객체 참조의 문제를 해결하는 하나의 시도는 객체의 의존성 트리를 탐색하고 메시지에 모든 의존 객체들을 포함하는 것이다. 예를 들어 Order 객체가 다섯 OrderItem 객체를 참조하는 경우, 우리는 메시지에 다섯 객체를 포함한다. 이 방법은 수신자가 '루트' 객체가 참조하는 모든 데이터를 접근할 수 있게 한다. 그러나 서로 관련된 객체들이 수많은 도메인 객체 모델을 사용하는 경우, 메시지의 크기는 신속하게 폭발한다. 메시지에 무엇을 포함할지 말지를 조금 더 제어하는 것이 바람직할 수 있다.

잠시 도메인 객체는 완비되어 있고, 다른 객체들에 대한 참조도 가지고 있지 않다고 가정해 보자. 이 경우도 우리는 여전히 단순히 전체 도메인 객체를 메시지에 넣을 수 없다. 대부분의 메시징 인프라는 언어에 독립적이어야 하므로 객체를 지원하지 않기 때문이다. (JMS ObjectMessage 인터페이스와 닷넷의 System.Messaging 네임스페이스는 예외다. 이들 메시징 시스템은 언어[자바]나 플랫폼[닷넷 CLR]에 특화되어 있기 때문이다.) 우리는 객체를 문자열로 직렬화하고 'data'라는 문자열 필드에 저장하는 것을 생각해 볼 수 있다. 이 방법은 거의 모든 메시징 시스템에서 지원한다. 그러나 이 방법에는 단점이 있다. 첫째, *메시지 라우터*(p136)는 라우팅을 위해 객체의 속성을 사용할 수 없다. 메시징 계층은 data 문자열 필드를 '볼 수 없기' 때문이다. 그럼에도 보려고 한다면, 데이터 필드의 내용을 해독해야 한다. 이로 인해 테스트와 디버깅이 어려워진다. 게다가 메시지가 하나의 문자열 필드이므로, 메시징 인프라는 메시지 형식을 이용해 메시지를 라우팅할 수 없게 된다. 게다가 메시지의 데이터 필드 내부를 전혀 확인할 수 없으므로 메시지 포맷 확인도 어려워진다. 마지막으로 이런 표현은 언어들과도 호환되지 않아, 언어 런타임 라이브러리에서 제공하는 직렬화 도구도 사용할 수 없게 된다. 따라서 이 경우 우리는 자체적으로 직렬화 코드를 작성해야 한다.

일부 메시징 인프라는, 객체를 XML로 직렬화할 수 있게, 메시지에 XML 필드를 지원한다. 이 경우 단점은 일부 완화된다. 메시지는 해독하기 쉬워지고, 메시징 계층이 XML 문자열의 내부 엘리먼트들을 직접 접근할 수 있기 때문이다. 그렇더라도 메시지는 매우 장황해지고 자료형의 유효성 검사도 여전히 쉽지 않다. 또 객체를 XML로, XML을 객체로 변환하는 코드들을 작성해야 한다. 특히 리플렉션을 지원하지 않는 오래된 언어를 사용하는 경우에, 이 일은 매우 복잡할 수 있다.

도메인 객체로부터 매핑 코드를 분리하는 게 여러 가지 면에서 좋다. 첫째, 우리는 애플리케이션 로직과 저수준 언어 로직이 혼합되는 것을 원치 않는다. 대부분의 경우 우리는 도메인 로직에 초점을 맞춘 프로그래머 그룹과 메시징 계층 작업에 전념하는 프로그래머 그룹을 갖는다. 두 조각의 코드를 하나의 객체에 집어 넣는 것은 팀들이 병렬로 작업하는 것을 어렵게 만든다.

둘째, 매핑 코드를 도메인 객체 내부에 결합시키면 도메인 객체는 메시징 인프라에 의존하게 된다. 매핑 코드가 메시징 API(예: Message 객체를 생성하기 위해)를 호출하기 때문이다. 대부분의 경우 이런 의존성은 바람직하지 않다. 이 경우 메시징을 사용하지 않는 상황에서 도메인 객체를 재사용할 수 없게 되고, 다른 벤더의 메시징 인프라도 사용할 수 없게 되기 때문이다. 내부에 매핑 코드가 결합된 도메인 객체는 재사용이 어렵다.

우리는 종종 메시징 인프라 API를 감싸는 '추상 계층'을 작성하는 사람들을 보게 된다. 이 추상 계층은 메시징 API로부터 메시징을 독립적으로 다루게 해준다. 이와 같은 계층은 일정 수준의 간접성을 제공한다. 이 계층은 메시징 구현으로부터 메시징 인터페이스를 분리하기 때문이다. 따라서 메시징 계층이 다른 벤더의 메시징 계층으로 전환되더라도 메시징 관련 코드는 재사용될 수 있다. 이 경우 우리는 추상 계층은 그래도 둔 채 메시징 인터페이스만 새 API로 구현한다. 그러나 이 접근 방법도 메시징 계층에 대한 도메인 객체의 의존성은 해결하지 못한다. 이 경우 도메인 객체는 특정 벤더의 메시징 API가 아닌 추상화된 메시징 인터페이스에 대한 참조를 포함하게 된다. 하지만 이 경우도 여전히 메시징을 사용하지 않는 상황에서는 도메인 객체를 사용하지 못한다.

대부분의 메시지는 하나 이상의 도메인 객체들로 구성된다. 메시지는 객체 참조 대신 객체 값으로 채워야 한다. 객체 참조는 메시징 인프라로 통과될 수 없기 때문이다. 메시지는 객체들을 '의존 트리' 구조로 포함할 수 있다. 한 객체가 다른 객체들에 재귀적으로 참조되어 다른 메시지들의 일부가 될 수도 있다. 그러면 어떤 클래스가 매핑 코드를 보유해야 하는가? 이 질문에 쉬운 답은 없다.

메시징 인프라와 도메인 객체 사이의 매핑 로직을 포함하는 별도의 메시징 매퍼 (Messaging Mapper)를 만든다. 객체나 인프라 둘 다 메시징 매퍼의 존재를 인식하지 못한다.

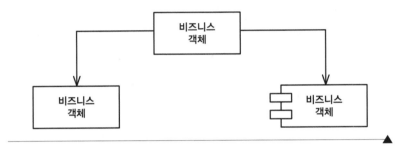

메시징 매퍼는 도메인 객체들을 액세스해 메시징 채널이 요구하는 메시지로 변환한다. 또 수신한 메시지에 따라 도메인 객체를 생성하거나 갱신하는 반대 기능도 수행한다. 메시징 매퍼는 도메인 객체(들)과 메시징 계층 모두를 참조하는 별도의 클래스로 구현되므로, 이 두 계층은 서로를 인식하지 못할 뿐만 아니라 메시징 매퍼도 인식하지 못한다.

메시징 매퍼는 매퍼 패턴^{Mapper pattern}[EAA]에서 분화됐다. 그러므로 데이터 매퍼^{Data Mapper}[EAA]와 비슷한 점들이 있다. O-R^{Object-Relational} 매핑 전략을 경험해 본 사람들은 다른 패러다임을 사용하는 계층들 사이에 데이터를 매핑한다는 것이 얼마나 복잡한 것인지를 잘 이해하고 있을 것이다. 메시징 매퍼도 마찬가지로 복잡하고 메시징 매퍼의 모든 측면을 논의하는 일은 이 책의 범위를 벗어나는 일이기도 하다. 메시징 매퍼 계층에 관심이 있다면 [EAA]의 데이터 소스 아키텍처 패턴들이 도움이 될 것이다.

메시징 매퍼는 메시징 API를 감싸는 추상 계층과는 개념이 다르다. 추상 계층의 경우 도메인 객체는 메시징 API를 알지 못하지만 추상 계층은 안다(추상 계층은 본질적으로 *메시징 게이트웨이*(p536)의 기능을 수행한다). 반면 메시징 매퍼의 경우 도메인 객체는 우리가 메시징을 처리하고 있다는 것을 전혀 모른다.

메시징 매퍼의 목적은 중재자Mediator[GoF]의 목적과 비슷하다. 중재자도 요소들을 분리하는 데 사용한다. 그러나 요소는 중재자는 인식하는 반면 메시징 매퍼는 인식하지 못한다.

도메인 객체나 메시징 인프라가 메시징 매퍼를 인식하지 못한다면, 메시징 매퍼는 어떻게 호출될 수 있는가? 대부분의 경우 메시징 매퍼는 메시징 인프라나 애플리케이션이 촉발한 이벤트를 사용해 호출된다. 어느 쪽도 메시징 매퍼에 의존하지 않기 때문에, 이벤트 알림은 별도 코드를 사용해서나 메시징 매퍼를 감시자 패턴[GoF]으로 만듦으로 발생된다. 예를 들어 메시징 인프라 인터페이스에 JMS API를 사용하는 경우, 우리는 `MessageListener` 인터페이스를 구현해 수신한 메시지를 통지받는다. 마찬가지로 도메인 객체 안에서 관련 이벤트를 통지받으려면, 감시자를 사용해 메시징 매퍼를 호출한다. 애플리케이션에서 직접 메시징 매퍼를 호출해야 하는 경우, 우리는 메시징 매퍼 인터페이스를 정의해 애플리케이션이 메시징 매퍼의 구현에 의존하지 않게 한다.

코딩 부담 줄이기

일부 메시징 매퍼 구현들에는 수많은 반복 코드가 들어 있다. 도메인 객체에서 필드를 가져와 메시지 객체에 저장한다거나, 필드를 이동하며 모든 필드가 완료될 때까지 반복하는 코드들이 있을 수 있다. 이것은 꽤 지루할 수 있고, 코드 중복 같은 의심스런 냄새도 난다. 우리는 이런 지루함을 방지하는 데 도움을 주는 많은 도구를 지니고 있다. 첫째, 우리는 리플렉션을 사용하는 포괄 메시징 매퍼를 작성해 포괄적으로 도메인 객체로부터 필드를 추출할 수 있다. 예를 들어 포괄 메시징 매퍼는 도메인 객체에 있는 모든 필드 목록을 탐색해 메시지 객체 안에 동일한 이름의 필드에 탐색한 필드 값을 저장할 수 있다. 이 접근 방법은 필드 이름이 확실히 매칭되는 경우만 작동한다. 객체 참조는 메시지에 저장할 수 없으므로, 객체 참조도 해결 방법을 마련해야 한다. 대안으로 메시징 매퍼 코드를 생성하는 설정 가능한 코드 생성기를 사용할 수 있다. 이 방법을 사용하면, (메시지 필드 이름과 도메인 객체 필드 이름이 서로 일치하지 않아도 되므로) 필드 명명 규칙이 조금 더 자유로워진다. 우리는 객체 참조 처리에 조금 더 똑똑한 방법을 고안할 수 있다. 코드 생성기의 단점은 테스트와 디버깅이 어려울 수 있다는 점이다. 하지만 우리가 코드 생성기를 충분히 포괄적이게 만든다면, 코드 생성기를 한 번만 작성하면 된다.

마이크로소프트 닷넷과 같은 일부 프레임워크에는 객체를 XML로, XML을 객체로 바꾸는 내장된 객체 직렬화 기능이 있어, 객체 직렬화에 필요한 단순한 작업들을 많이 줄여준다. 프레임워크가 객체를 메시지로 변환하는 지루한 일들을 일부 수행하더라도, 이 변환은 구문 수준의 변환으로 제한된다. 프레임워크가 모든 일을 할 수 있기를 바랄 수도 있지만, 프레임워크는 컴포넌트들에 도메인 객체에 대응되는 메시지를 일대일로 생성할 뿐이다. 앞서 설명했듯이, 메시지의 제약과 설계 기준은 도메인 객체의 제약과 설계 기준과 상당히 다르기 때문에, 이런 일대일 방법은 바람직하지 않을 수 있다. 대신 원하는 메시지 구조에 대응되는 '인터페이스 객체들'을 정의하고, 프레임워크가 메시지들과 이 객체들 사이를 변환하게 하는 것은 의미가 있을 수 있다. 이 경우 메시징 매퍼 계층은 도메인 객체들과 인터페이스 객체들 사이의 변환만을 관리하게 될 것이다. 인터페이스 객체는, 동기는 조금 다를 지라도, 데이터 전송 객체Data Transfer Objects[EAA]와 유사하다.

매퍼 대 변환기

메시징 매퍼를 사용하더라도, 여전히 *메시지 변환기*(p143)를 사용해, 메시징 매퍼가 생성한 메시지를 *정규 데이터 모델*(p418)에 호환되는 메시지로 변환하는 편이 합리적이다. 이것은 우리에게 추가 수준의 간접성을 제공한다. 우리는 객체 참조와 자료형의 변환과 같은 문제 해결에는 메시징 매퍼를 사용하고, 구조 매핑에는 메시징 계층의 메시지 변환기를 사용할 수 있다. 이 추가적인 결합 제거로 지불하는 대가는 추가 컴포넌트의 생성과 작은 성능 손실이다. 때때로 통합 벤더가 제공하는 끌어 놓기 기능의 '바보스런 도구'를 사용하는 것보다 프로그래밍 언어로 복잡한 변환을 수행하는 것이 더 쉬울 때가 있다.

메시징 매퍼와 *메시지 변환기*(p143)를 모두 사용하는 경우, 우리는 정규 데이터 포맷과 도메인 객체 사이에 추가적인 간접성을 얻는다. 컴퓨터 과학은 '단지 한 수준 이상의 간접성을 추가함으로 모든 문제가 해결될 수도 있다'는 말을 듣는 분야다. 그러면 이 규칙이 여기서도 적용되는가? 이 추가 간접성은 애플리케이션 코드를 손대지 않고도 메시징 계층 내부에서 정규 모델로 변경할 수 있게 한다. 또 이 추가 간접성을 사용하면 우리는 지루한 필드 매핑과 자료형 변경(예: 숫자인 ZIP_Code 필드를 영숫자 Postal_Code 필드로)을 이런 종류의 작업에 최적화된 메시징 계층의 매핑 도구에 맡겨 애플리케이션 내부의 매핑 로직을 단순화할 수 있다. 메시징 매퍼는 주로 객체 참조를 해결하고 불필요한 도메인 객체의 내용을 제거한다. 이 추가 수준의 간접성에 대한 명백한 단점은 도메인 객체의 변경이 이제 메시징 매퍼와 메시지 변환기 모두를 변경시킨다는 점이다. 그러나 메시징 매퍼 코드를 코드 생성기 등으로 자동화하는 경우, 이것은 문제되지 않는다.

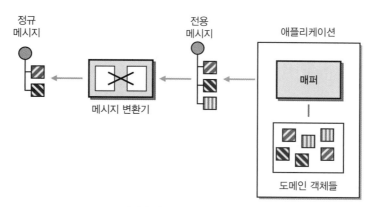

매퍼와 메시지와 변환기의 결합

예 JMS의 메시징 매퍼

수집기(p330) 패턴의 JMS 예에서 AuctionAggregate 클래스는 JMS 메시징 시스템과 Bid 클래스 사이에서 메시징 매퍼 역할을 한다. addMessage 메소드는 JMS 메시지를 Bid 객체로, getResultMessage 메소드는 Bid 객체를 JMS 메시지로 변환한다. 메시징 시스템과 Bid 클래스 모두 이 상호작용을 인식하지 못한다.

트랜잭션 클라이언트(Transactional Client)

메시징 시스템은 필요한 경우 내부적으로 트랜잭션을 사용한다. 외부 클라이언트가 트랜잭션 범위를 제어할 수 있다면 유용할 것이다.

클라이언트는 메시징 시스템과 함께 어떻게 트랜잭션을 제어할 수 있을까?

메시징 시스템은 내부적으로 트랜잭션을 사용해야 한다. 단일 *메시지 채널*(p118)도 여러 발신자와 여러 수신자를 지닐 수 있으므로, 메시징 시스템은 메시지를 조정해 발신자들이 서로 메시지를 덮어 쓰지 못하게 해야 하고, *포인트 투 포인트 채널*(p161) 수신자들이 동일한 메시지를 수신하지 못하게 해야 하고, *게시 구독 채널*(p164) 수신자들마다 메시지의 단일 사본을 수신하게 해야 한다. 이 모든 것을 관리하기 위해, 메시징 시스템은 메시지를 채널에 확실하게 추가하거나 추가하지 않게 하고 메시지를 채널로부터 확실하게 읽거나 읽지 않게 하는 트랜잭션들을 내부적으로 사용한다. 메시징 시스템은 또 발신자 컴퓨터에서 수신자 컴퓨터로 메시지를 복사하려면, 트랜잭션(즉, 2단계two-phase 분산 트랜잭션)을 사용해야 한다. 이 경우 특정 시점에 메시지는 이 컴퓨터에만 있든 저 컴퓨터에만 있든 하게 된다.

인식하지 못하더라도, 메시지를 발신하고 수신하는 *메시지 엔드포인트*(p153)도 트랜잭션을 사용한다. 채널에 메시지를 추가하는 발신 메소드는 채널에 메시지를 추가하거나 제거하는 동안, 동시에 다른 메시지가 채널에 추가되거나 제거되지 않게, 해당 메시지를 격리된 트랜잭션으로 동작시켜야 한다. 마찬가지로 수신 메소드도 트랜잭션을 사용한다. 수신 메소드의 트랜잭션은 동일한 메시지를 다른 포인트 투 포인트 수신자가 얻지 못하게 하고, 심지어 게시 구독 수신자가 동일한 메시지를 두 번 읽지 않는 것을 보장한다.

트랜잭션은 종종 ACID하다고 말한다. ACID는 원자성Atomic, 일관성Consistent, 고립성Isolated, 영속성Durable을 뜻한다. *보장 전송*(p239)의 트랜잭션은 영속성을 가지고, 메시지는 정의에 따라 원자성을 지닌다. 모든 메시징 트랜잭션에는 일관성과 고립성이 있어야 한다. 메시지는 채널 내에 일부만 있을 수는 없다. 즉, 메시지는 채널 내에 전부 있거나 아예 없게 된다. 또 애플리케이션의 메시지 발신과 수신은 동일한 채널로 메시지를 발신하거나 수신하는 다른 스레드이나 애플리케이션으로부터 고립성을 지녀야 한다.

단순히 하나의 메시지를 발신하거나 수신하기를 원하는 클라이언트는 메시징 시스템의 내부 트랜잭션만으로도 충분하다. 그러나 애플리케이션이 일부 메시지를 결합하거나 다른 자원들과 메시징을 협력하려면 폭넓은 트랜잭션이 필요할 수 있다. 이와 같은 시나리오는 일반적으로 다음과 같다.

- **발신/수신 메시지 쌍**: 요청 응답(p214) 시나리오나 *메시지 라우터*(p136)나 *메시지 변환기*(p143) 같은 메시지 필터를 구현하는 시나리오에서 메시지를 발신하고 수신한다.

- **메시지 그룹**: *메시지 순서*(p230)처럼 관련 메시지들의 그룹을 발신하거나 수신한다.

- **메시지/데이터베이스 조정**: 발신 또는 수신 메시지를 *채널 어댑터*(p185) 등을 사용해 데이터베이스 갱신과 결합시킨다. 예를 들어 애플리케이션은 제품 주문 메시지를 수신하고 처리할 때, 제품 재고 데이터베이스를 갱신해야 한다. 마찬가지로 *문서 메시지*(p206)의 발신자는 메시지를 성공적으로 발신한 경우에만 보존 문서를 삭제하고 싶을 것이다. 반대로 수신자는 메시지가 진정으로 소비된 것으로 간주되기 전에는 문서를 계속 보존하고 싶을 것이다.

- **메시지/워크플로우 조정**: 요청 응답(p214) 메시지 쌍을 이용해, 요청이 발신되지 않으면 작업 항목이 획득되지 않게 하고, 응답이 수신되지 않는 한 작업 항목은 완료되거나 중단되지 않게 한다.

이와 같은 시나리오는 하나 이상의 메시지들을 포함하는 원자적 트랜잭션을 요구하고 메시징 시스템 외 다른 트랜잭션 저장소도 포함할 수 있다. 시나리오 중 일부 (예: 메시지 수신)는 동작하는데, 일부(예: 데이터베이스 갱신이나 다른 메시지 전송)가 동작하지 않는 경우, 마치 아무 일도 없었던 것처럼 애플리케이션이 모든 시나리오를 롤백시키고 나서 재시도할 수 있게 하려면 트랜잭션이 필요하다.

메시징 시스템의 내부 트랜잭션 모델만으로는 애플리케이션이 메시지와 메시지 또는 기타 자원들과의 처리를 조정하기에 불충분한 경우, 필요한 것은 애플리케이션이 메시징 시스템의 트랜잭션을 외부에서도 제어하고 메시징 시스템 내부의 다른 트랜잭션 또는 기타 트랜잭션과도 조합할 수 있는 방법이다.

트랜잭션 클라이언트(Transactional Client)를 사용한다. 즉, 클라이언트가 트랜잭션 경계를 지정할 수 있게 클라이언트의 세션과 메시징 시스템을 트랜잭션으로 만든다.

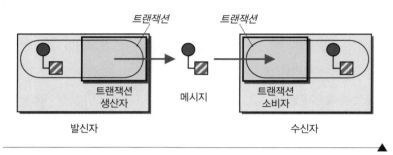

발신자와 수신자가 모두 트랜잭션에 포함될 수 있다. 발신자 측에서, 발신자가 트랜잭션을 커밋해야 메시지는 실제로 채널에 추가된다. 수신자 측에서, 수신자가 트랜잭션을 커밋해야 메시지는 실제로 채널에서 제거된다. 명시적 트랜잭션을 사용하는 발신자는 묵시적 트랜잭션을 사용하는 수신자와 더불어 사용될 수 있고, 그 반대도 가능하다. 단일 채널은 묵시적 트랜잭션 발신자들과 명시적 트랜잭션 발신자들을 조합시킬 수 있고, 수신자들에게 대상으로도 같은 방식으로 조합할 수 있다.

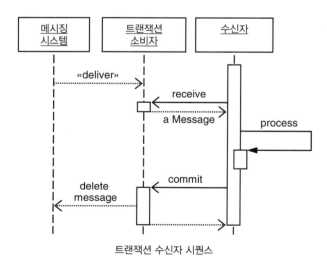

트랜잭션 수신자 시퀀스

트랜잭션 수신자로서 애플리케이션은 큐에서 메시지를 실제로 제거하지 않고도 메시지를 수신할 수 있다. 이 시점에 애플리케이션이 다운되면, 회복됐을 때 메시지는 여전히 큐에 있게 된다. 즉, 메시지가 손실되지 않는다. 메시지를 수신했다면, 이제 애플리케이션은 메시지를 처리할 수 있다. 메시지를 수신하고 소비할 확신이 서면, 애플리케이션은 트랜잭션을 커밋한다. 그러면 트랜잭션은 (성공한 경우) 메시지를 채널에서 제거한다. 이 시점에, 애플리케이션이 다운되면, 회복됐을 때 메시지는 더 이상 채널에 없을 것이다. 그러므로 이 시점의 애플리케이션은 반드시 메시지 사용을 완료해야 한다.

메시징 시스템의 트랜잭션을 외부에서 제어하는 것이 애플리케이션의 작업 조정에 어떻게 도움을 주는가? 다음은 앞에서 설명한 시나리오들에서 애플리케이션이 하려는 것들이다.

발신/수신 메시지 쌍

1. **사용**: 트랜잭션을 시작하고, 메시지를 수신하고 처리하고, 메시지를 생성하고 발신한 후, 커밋한다. (이런 행동은 종종 *요청 응답*(p214)과 *메시지 라우터*(p136), *메시지 변환기*(p143)에 구현한다.)

2. **동작**: 메시징 트랜잭션은 두 번째 메시지가 성공적으로 채널에 추가될 때까지 채널로부터 삭제될 첫 번째 메시지를 보관한다.

3. **트랜잭션 유형**: 두 메시지가 같은 메시징 시스템의 두 채널을 거쳐 전송되는 경우, 두 채널을 포함한 트랜잭션은 단순 트랜잭션이다. 그러나 두 채널이 *메시징 가교*(p191) 같이 서로 다른 두 메시징 시스템에 의해 관리되는 경우, 트랜잭션은 두 메시징 시스템을 조정하는 분산 트랜잭션이다.

4. **경고**: 단일 트랜잭션은 응답을 전송하는 수신자에게만 적용된다. 요청을 발신하고 응답을 기다리는 발신자는 단일 트랜잭션을 사용할 수 없다. 발신자가 이것을 시도하려는 경우, 요청은 실제로 발신되지 않을 것이고, 응답도 결코 수신되지 않을 것이다. 트랜잭션을 커밋해야 메시지가 발신되는데, 메시지 수신 대기가 커밋보다 앞서기 때문이다.

메시지 그룹

1. **사용**: 트랜잭션을 시작하고, 메시지들을 (메시지 순서(p230)와 같은) 그룹 단위로 발신하거나 수신한, 후 커밋한다.

2. **동작**: 그룹 단위로 메시지들을 발신할 때, 그룹의 모든 메시지는 성공적으로 전송될 때까지, 채널에 추가되지 않는다. 그룹 단위로 메시지들을 수신할 때, 그룹의 모든 메시지가 수신될 때까지, 어떤 메시지도 채널에서 제거되지 않는다.

3. **트랜잭션 유형**: 모든 메시지가 단일 채널로 발신 또는 수신되므로, 이 채널은 단일 메시징 시스템이 관리할 것이다. 그러므로 트랜잭션은 단순 트랜잭션이다. 일반적으로 메시징 시스템은 그룹 단위의 메시지들을 단일 트랜잭션으로 전송하면, 채널의 다른 쪽 끝에서 그룹 단위의 메시지들을 수신할 때, 그룹의 메시지들은 전송된 순서대로 수신되는 것을 지원한다.

메시지/데이터베이스 조정

1. **사용**: 트랜잭션을 시작하고, 메시지를 수신하고, 데이터베이스를 갱신한 후, 커밋한다. 또는 데이터베이스를 업데이트하고, 다른 애플리케이션들에 갱신 보고 메시지를 전송한 후, 커밋한다. (이런 동작은 종종 채널 어댑터(p185)로 구현한다.)

2. **동작**: 데이터베이스가 갱신되고 나서야 메시지가 삭제된다. (또는 메시지가 전송될 수 없는 경우, 데이터베이스의 변경은 받아들여지지 않는다.)

3. **트랜잭션 유형**: 메시징 시스템과 데이터베이스는 각각 자체적으로 트랜잭션 관리자를 가지므로, 이들을 조종하는 트랜잭션은 분산 트랜잭션이다.

메시지/워크플로우 조정

1. **사용**: 요청 응답(p214) 메시지 쌍을 사용해 작업 항목을 수행한다. 트랜잭션을 시작하고, 작업 항목을 획득하고, 요청 메시지를 전송한 후, 커밋한다. 또는 트랜잭션을 시작하고, 응답 메시지를 수신하고, 작업 항목을 완료하거나 중단한 후, 커밋한다.

2. **동작**: 요청이 전송되지 않으면, 작업 항목도 커밋되지 않는다. 작업 항목이 갱신되지 않으면, 응답도 삭제되지 않는다.

3. **트랜잭션 유형**: 메시징 시스템과 워크플로우 엔진은 각각 자체적으로 트랜잭션

관리자를 가지므로, 이들을 조종하는 트랜잭션은 분산 트랜잭션이다.

이런 보장 방법을 사용해, 애플리케이션은 수신한 메시지를 잃어버리지 않고, 발신할 메시지도 잊지 않는다. 무엇인가 중간에 잘못이 발생하더라도, 애플리케이션은 트랜잭션을 롤백하고 다시 시도한다.

이벤트 기반 소비자(p567)와 연동하는 트랜잭션 클라이언트는 예상대로 동작하지 않을 수 있다. 이벤트 기반 소비자는 일반적으로 애플리케이션에 메시지를 전달하기 전에 이미 메시지 수신 트랜잭션을 커밋해야 한다. 이 경우 애플리케이션은, 전달받은 메시지를 소비하고 싶지 않거나, 오류를 만나 소비 행위를 롤백하고 싶어도, 이미 트랜잭션에 접근할 수 없으므로 원하는 바를 할 수 없게 된다. 그러므로 이벤트 기반 소비자는 이벤트 기반 소비자의 클라이언트가 트랜잭션을 사용하든 안하든 관계없이 동일한 일을 하는 경향이 있다.

일부 메시징 시스템은 지원하지 못하지만, 일반적으로 메시징 시스템은 분산 트랜잭션에 참여할 수 있다. JMS 제공자는 XA 자원 역할을 할 수 있으며 자바 트랜잭션 API^{Java Transaction API}[JTA] 트랜잭션에 참여한다. 이 동작은 `javax.jms` 패키지에 XA 클래스들 특히 `javax.jms.XASession`과 `javax.transaction.xa` 패키지에 의해 정의된다. JMS 규격은 JMS 클라이언트가 분산 트랜잭션 처리를 직접 시도하지 말 것을 권고한다. 그러므로 애플리케이션은 J2EE 애플리케이션 서버가 제공하는 분산 트랜잭션 지원을 사용해야 한다. MSMQ도 XA 트랜잭션에 참여할 수 있다. 닷넷에서 이 동작은 `MessageQueue.Transactional` 속성과 `MessageQueueTransaction` 클래스에 노출된다.

앞서 논의한 것처럼, 트랜잭션 클라이언트는 *요청 응답*(p214) 그리고 *파이프 필터*(p128)의 메시지 필터, *메시지 순서*(p230), *채널 어댑터*(p185) 같은 패턴들의 일부로서도 유용하다. 마찬가지로 *이벤트 메시지*(p210)의 수신자는 채널에서 메시지를 완전히 제거하기 전에, 이벤트 처리를 완료하기를 원할 수 있다. 그럼에도 불구하고 트랜잭션 클라이언트는 *이벤트 기반 소비자*(p567)나 *메시지 디스패처*(p578)와는 잘 동작하지 않고, *경쟁 소비자*(p644)와도 문제를 야기할 수 있다. 대신 단일 폴링 소비자(p563)와는 잘 동작한다.

예 **JMS 트랜잭션 세션**

JMS의 클라이언트는 세션을 만들 때 트랜잭션을 정의할 수 있다[JMS 1.1], [Hapner].

```
Connection connection = // 연결 획득
Session session =
    connection.createSession(true, Session.AUTO_ACKNOWLEDGE);
```

createSession 메소드의 첫 번째 파라미터가 true로 설정됐으므로, 이 세션은 트랜잭션을 사용한다.

트랜잭션 세션을 사용하는 클라이언트는 발신과 수신을 실현하기 위해 명시적으로 커밋을 호출해야 한다.

```
Queue queue = // 큐 획득
MessageConsumer consumer = session.createConsumer(queue);
Message message = consumer.receive();
```

이 시점의 메시지는 소비자의 트랜잭션 관점에서만 소비됐을 뿐이다. 그러므로 다른 트랜잭션 관점을 가진 소비자들은 이 트랜잭션의 결과에 따라 이 메시지를 이용할 수도 있다.

```
session.commit();
```

이제 커밋된 메시지가 어떤 예외도 던지지 않았다고 가정하면, 소비자의 트랜잭션 관점은 메시징 시스템의 트랜잭션 관점과 일치하게 된다. 즉, 메시지는 이제 소비된 것으로 간주된다.

예 **닷넷 트랜잭션 큐**

닷넷에서 큐는 기본적으로 트랜잭션을 사용하지 않는다. 그러므로 트랜잭션 클라이언트가 되기 위해서는 큐를 생성할 때, 트랜잭션을 사용하게 설정해야 한다.

```
MessageQueue.Create("MyQueue", true);
```

큐가 트랜잭션을 사용하게 생성되면, 큐에 대한 클라이언트 작업(발신 또는 수신)은 트랜잭션을 사용하거나 트랜잭션을 사용하지 않을 수 있다. 트랜잭션 Receive는 다음과 같다.

```
MessageQueue queue = new MessageQueue("MyQueue");
MessageQueueTransaction transaction =
    new MessageQueueTransaction();
transaction.Begin();
Message message = queue.Receive(transaction);
transaction.Commit();
```

클라이언트가 메시지를 수신했더라도, 클라이언트가 트랜잭션을 성공적으로 커밋하기 전까지는 메시징 시스템은 큐에 있는 메시지를 사용할 수 없는 상태로 만들지 않는다[SysMsg].

예 MSMQ 트랜잭션 필터

다음 예는 *파이프 필터*(p128)에서 소개한 기본 필터 컴포넌트를 트랜잭션을 사용하게 향상시킨다. 이 예는 동일한 트랜잭션 내에서 메시지를 수신하고 발신하는 발신/수신 메시지 쌍 시나리오를 구현한다. 트랜잭션 사용을 위해, 코드 몇 줄이 필터에 추가된다. 트랜잭션 관리에 `MessageQueueTransaction` 변수를 사용한다. 입력 메시지를 소비하고 출력 메시지를 게시한 후 커밋하기 전까지 트랜잭션이 오픈된다. 예외가 발생한 경우, 트랜잭션을 중단한다. 즉, 메시지 소비와 게시 작업을 모두 롤백시키고, 큐로 입력 메시지를 반환해 다른 큐 소비자가 이 입력 메시지를 사용할 수 있게 한다.

```
public class TransactionalFilter
{
    protected MessageQueue inputQueue;
    protected MessageQueue outputQueue;
    protected Thread receiveThread;
    protected bool stopFlag = false;

    public TransactionalFilter (MessageQueue inputQueue, MessageQueue outputQueue)
    {
        this.inputQueue = inputQueue;
        this.inputQueue.Formatter = new System.Messaging.XmlMessageFormatter
                                (new String[] {"System.String,mscorlib"});
        this.outputQueue = outputQueue;
    }

    public void Process()
    {
```

```
        ThreadStart receiveDelegate = new ThreadStart(this.ReceiveMessages);
        receiveThread = new Thread(receiveDelegate);
        receiveThread.Start();
    }

    private void ReceiveMessages()
    {
        MessageQueueTransaction myTransaction = new MessageQueueTransaction();
        while (!stopFlag)
        {
            try
            {
                myTransaction.Begin();
                Message inputMessage = inputQueue.Receive(myTransaction);
                Message outputMessage = ProcessMessage(inputMessage);
                outputQueue.Send(outputMessage, myTransaction);
                myTransaction.Commit();
            }
            catch (Exception e)
            {
                Console.WriteLine(e.Message + " - Transaction aborted ");
                myTransaction.Abort();
            }
        }
    }

    protected virtual Message ProcessMessage(Message m)
    {
        Console.WriteLine("Received Message: " + m.Body);
        return m;
    }
}
```

우리의 트랜잭션 클라이언트가 의도한대로 작동하는지는 어떻게 확인할 수 있을까? 이를 위해 TransactionalFilter 기본 클래스를 상속한 Randomly FailingFilter 서브클래스를 만든다. 이 필터는 소비된 메시지마다 0과 10사이 임의의 숫자를 뽑아낸 후, 숫자가 3보다 작은 경우, 임의의 예외를 던진다. (이 예에서는 ArgumentNullException면 충분히 편리한 것처럼 보인다.) 이 필터를 *파이프 필터*(p128)에서 설명한 기본 비트랜잭션[nontransactional] 필터 위에 구현한다면, 대략 메시지들의 삼분의 일은 잃어버리게 될 것이다.

```
public class RandomlyFailingFilter : TransactionalFilter
{
```

```
Random rand = new Random();

public RandomlyFailingFilter(MessageQueue inputQueue, MessageQueue outputQueue)
  : base (inputQueue, outputQueue) { }

protected override Message ProcessMessage(Message m)
{
    string text = (string)m.Body;
    Console.WriteLine("Received Message: " + text);

    if (rand.Next(10) < 3)
    {
        Console.WriteLine("EXCEPTION");
        throw (new ArgumentNullException());
    }
    if (text == "end")
        stopFlag = true;
    return(m);
}
}
```

우리는 연속되는 메시지들을 입력 큐에 게시하고, 출력 큐로부터 정확한 순서대로 메시지를 수신하는 간단한 테스트 장치를 만들어 트랜잭션 버전을 사용할 때 메시지가 손실되지 않게 했다. 출력 메시지의 순서는 트랜잭션 필터가 단일 인스턴스로 실행한 경우만 유지된다. 필터들이 병렬로 실행되면, 메시지 순서는 뒤바뀔 수 있고 뒤바뀔 것이다 (*리시퀀서*(p409) 참조).

```
public void RunTests()
{
    MessageQueueTransaction myTransaction = new MessageQueueTransaction();

    for (int i=0; i < messages.Length; i++)
    {
        myTransaction.Begin();
        inQueue.Send(messages[i], myTransaction);
        myTransaction.Commit();
    }

    for (int i=0; i < messages.Length; i++)
    {
        myTransaction.Begin();
        Message message = outQueue.Receive(new TimeSpan(0,0,3), myTransaction);
        myTransaction.Commit();
```

```
            String text = (String)message.Body;
            Console.Write(text);
            if (text == messages[i])
                Console.WriteLine(" OK");
            else
                Console.WriteLine(" ERROR");
        }

        Console.WriteLine("Hit enter to exit");
        Console.ReadLine();
    }
```

폴링 소비자(Polling Consumer)

애플리케이션은 *메시지*(p124)를 소비하면서 소비하는 시간도 제어하고 싶다.

> 준비된 애플리케이션만 메시지를 소비하게 하려면 어떻게 해야 할까?

메시지 소비자는 한 가지 이유로 존재한다. 즉, 메시지를 소비하기 위해 존재한다. 메시지는 수행해야 할 작업을 나타낸다. 그러므로 소비자는 해당 메시지를 소비하고 작업을 수행해야 한다.

소비자는 새 메시지가 사용 가능할 때를 어떻게 알 수 있는가? 가장 쉬운 접근 방법은 소비자가 반복적으로 채널을 확인해 메시지의 가용 여부를 확인하는 것이다. 메시지가 사용 가능할 때, 소비자는 메시지를 소비한 후 다시 메시지 확인으로 돌아간다. 이 과정을 폴링^{polling}이라 부른다.

폴링의 아름다움은 소비자가 준비됐을 때만 메시지를 요청할 수 있다는 점에 있다. 소비자는 메시지가 채널에 도착하는 속도가 아닌 자신의 속도로 메시지를 채널에서 소비한다.

> 애플리케이션은 폴링 소비자(Polling Consumer)를 사용해야 한다. 폴링 소비자는 메시지 수신을 원할 때만 명시적으로 메시지를 수신한다.
>
>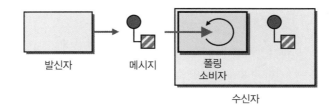

폴링 소비자는 동기 수신자로도 알려져 있다. 메시지가 수신될 때까지 수신자 스레드가 실행을 중지하기 때문이다. 우리가 폴링 수신자라고 부르는 이유는 이 수신

자는 메시지를 폴링하고, 처리하고, 다시 폴링하기 때문이다. 편리하게도 메시징 API
는 일반적으로 메시지가 수신될 때까지 실행을 중지하는 수신 메소드와 가용 메시지
가 없으면 즉시 반환하는 receiveNoWait()나 Receive(0)와 같은 메소드를 모두 제
공한다. 수신자가 메시지 도착보다 빠르게 폴링하는 경우, 이 차이는 분명해진다.

폴링 소비자는 애플리케이션이 명시적으로 메시지를 요청하고 수신하기 위해 사
용하는 객체다. 애플리케이션은 메시지에 대해 준비됐을 때 소비자를 폴링한다. 소비
자는 다시 메시징 시스템으로부터 메시지를 얻어 애플리케이션에 반환한다. (소비자
가 메시징 시스템으로부터 메시지를 얻는 방법은 구현마다 다르다. 폴링을 포함하거나 포함하
지 않을 수 있다. 애플리케이션이 알고 있는 것은 컴포넌트들에명시적으로 메시지를 요청해야
만 메시지를 얻을 수 있다는 것이다.)

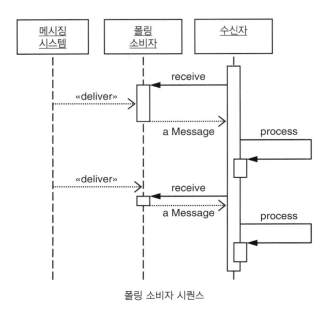

폴링 소비자 시퀀스

애플리케이션이 메시지를 폴링할 때, 소비자는 반환 메시지를 얻을 때까지 (또는
제한시간 같은 다른 조건이 충족될 때까지) 실행을 중지시킨다. 메시지를 수신하면, 애플
리케이션은 메시지를 처리한다. 메시지 처리를 끝내고 다른 메시지를 받기 위해 애
플리케이션은 다시 폴링한다.

폴링 소비자를 사용함으로, 애플리케이션은 폴링 스레드 수를 제한해 동시에 소비
되는 메시지 수를 제어할 수 있다. 이 방법은 수신 애플리케이션이 너무 많은 요청에

의해 압도되지 않게 도와준다. 여분의 메시지는 수신자가 처리할 수 있을 때까지 큐에 대기시킨다.

수신자 애플리케이션은 일반적으로 모니터링을 원하는 채널마다 (최소한) 하나의 스레드를 사용한다. 그러나 하나의 스레드로 여러 채널을 모니터링할 수도 있다. 그러면 빈번히 비어 있는 채널들을 모니터링할 때 스레드를 아낄 수 있다. 단일 채널을 폴링하려면, 메시지가 도착할 때까지 실행을 중지시키는 receive 메소드를 사용한다. 한 스레드로 여러 채널을 폴링하거나 메시지의 도착을 기다리는 동안 다른 작업을 수행하려면, 제한시간까지만 실행을 중지시키는 receive 메소드나 receiveNoWait() 메소드를 사용한다.

너무 많이 폴링하거나 너무 오래 스레드 실행을 중지시키는 소비자는 비효율적일 수 있다. 이 경우엔 *이벤트 기반 소비자*(p567)가 더 효율적일 수 있다. 폴링 소비자들은 *경쟁 소비자*(p644)일 수 있다. *메시지 디스패처*(p578)는 폴링 소비자를 사용해 구현할 수 있다. 폴링 소비자는 *선택 소비자*(p586)일 수 있다. 영속 구독자(p594)일 수도 있다. 폴링 소비자는 채널에서 메시지를 실제 제거할 때를 제어하기 위해 *트랜잭션 클라이언트*(p552)일 수 있다.

예 JMS 수신

JMS의 메시지 소비자는 MessageConsumer.receive를 사용해 메시지를 동기적으로 소비한다[JMS 1.1], [Hapner].

MessageConsumer는 세 가지 방법으로 메시지를 수신한다.

1. receive(): 메시지가 사용 가능할 때까지 실행을 중지한 후 반환한다.

2. receiveNoWait(): 메시지가 사용 가능하면 즉시 반환하고, 없으면 null을 반환한다.

3. receive(long): 메시지가 사용 가능할 때까지 실행을 중지한 후 반환하고, 메시지 없이 제한시간이 만료되면 null을 반환한다.

소비자를 생성하고 메시지를 수신하는 코드는 다음처럼 간단하다.

```
Destination dest = // 데스티네이션 획득
Session session = // 세션 생성
```

```
MessageConsumer consumer = session.createConsumer(dest);
Message message = consumer.receive();
```

예 닷넷 수신

닷넷의 소비자는 MessageQueue.Receive를 사용해 메시지를 동기적으로 소비한다
[SysMsg].

MessageQueue 클라이언트는 다양한 방법으로 수신한다. 그 중 가장 간단한 두 방법은 다음과 같다.

1. Receive(): 메시지가 사용 가능할 때까지 실행을 중지한 후 반환한다.

2. Receive(TimeSpan): 메시지가 사용 가능할 때까지 실행을 중지한 후 반환하고, 메시지 없이 제한시간이 만료되면 MessageQueueException을 던진다.

큐로부터 메시지를 수신하는 코드는 다음처럼 간단하다.

```
MessageQueue queue = // 큐를 획득
Message message = queue.Receive();
```

이벤트 기반 소비자(Event-Driven Consumer)

애플리케이션은 가능한 한 빨리 전달받은 *메시지*(p124)를 소비해야 한다.

애플리케이션은 어떻게 사용 가능한 메시지를 자동으로 소비할 수 있을까?

폴링 소비자(p563)의 문제는 채널이 비어있을 때, 소비자는 존재하지 않는 메시지를 폴링하느라 스레드의 실행을 중지시키면서 프로세스 시간을 소비한다는 점이다. 폴링 소비자는 소비 속도는 제어할 수 있지만 소비할 것이 없을 때는 자원을 낭비한다.

클라이언트가 소비할 메시지가 있는지를 지속적으로 채널에 묻기보다 채널이 메시지가 사용 가능한 때를 클라이언트에 말해줄 수 있다면 더 좋을 것이다. 이 문제를 해결하려면, 소비자가 메시지를 폴링하게 하는 대신 사용 가능한 메시지를 소비자에게 제공해야 한다.

애플리케이션은 이벤트 기반 소비자(Event-Driven Consumer)를 사용한다. 이벤트 기반 소비자는 채널에 전달된 메시지를 자동으로 넘겨준다.

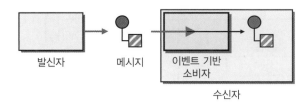

발신자   메시지   이벤트 기반 소비자   수신자

이벤트 기반 소비자로 불리는 이유는 메시지 전달이 수신자의 행동을 촉발하는 이벤트인 것처럼 수신자가 행동하기 때문이다. 이것은 또 비동기 수신자로 알려져 있다. 콜백 스레드가 메시지를 전달할 때까지 수신자가 실행 스레드를 가지지 않기 때문이다.

이벤트 기반 소비자는 메시지가 소비자 채널에 도착하면 메시징 시스템이 호출하는 객체다. 이벤트 기반 소비자는 애플리케이션이 API로 지정한 콜백으로 메시지를 애플리케이션에 전달한다. (메시징 시스템이 메시지를 획득하는 방법은 구현에 따라 달라지고, 이벤트 기반일 수도 이벤트 기반이 아닐 수도 있다. 소비자가 아는 것은, 메시징 시스템이 소비자를 호출해 메시지를 전달할 때까지, 자신은 활성 스레드를 가지지 않은 채 잠자고 있을 수 있다는 것이다.)

메시징 시스템이 호출한 이벤트 기반 소비자는 애플리케이션별 콜백을 호출한다. 이를 위해 애플리케이션은 메시징 시스템이 제공하는 API에 부합하는 이벤트 기반 소비자를 구현하고 콜백 참조를 제공한다.

이벤트 기반 소비자의 코드는 두 부분으로 구성된다.

1. **초기화**: 애플리케이션은 이벤트 기반 소비자를 생성하고 이 소비자를 특정 *메시지 채널*(p118)에 연관시킨다. 이 코드가 실행된 후, 소비자는 연속되는 메시지들을 수신할 준비가 된다.

2. **소비**: 소비자는 메시지를 수신해 애플리케이션에 전달하고, 애플리케이션은 메시지를 처리한다. 이 코드는 소비되는 메시지마다 실행된다.

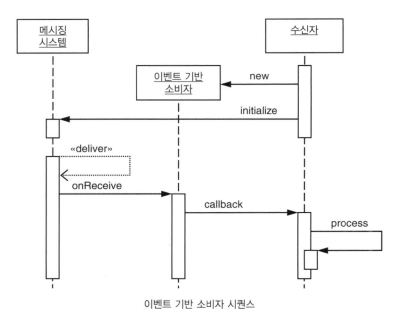

이벤트 기반 소비자 시퀀스

애플리케이션은 처리 소비자를 생성하고 채널에 연관시킨다. 초기화된 소비자(와 애플리케이션)는 스레드를 계속 실행하지 않고 메시지가 도착하면 호출될 수 있게 대기하면서 잠든다.

메시지가 전달되면, 메시징 시스템은 소비자의 메시지 수신 이벤트 메소드를 호출하고 파라미터로 메시지를 전달한다. 소비자는 애플리케이션의 콜백 API를 사용해 애플리케이션에 메시지를 전달한다. 이제 애플리케이션은 메시지를 갖게 되고 처리할 수 있게 된다. 메시지 처리를 완료한 다음, 애플리케이션과 소비자는 다음 메시지가 도착할 때까지 다시 잠든다. 일반적으로 메시징 시스템은 한 소비자를 위해 여러 스레드를 실행하지는 않는다. 그러므로 소비자는 메시지를 한 번에 하나씩 처리한다.

메시지가 사용 가능하면, 이벤트 기반 소비자는 자동으로 메시지를 소비한다. 소비 속도를 더욱 세밀하게 제어하려면, *폴링 소비자*(p563)를 사용한다. 이벤트 기반 소비자는 *경쟁 소비자*(p644)일 수 있다. 이벤트 기반 소비자는 *영속 구독자*(p594)일 수도 있다. *트랜잭션 클라이언트*(p552)는 *폴링 소비자*(p563)와 달리 이벤트 기반 소비자와는 작동하지 않는다. JMS 예를 참조한다.

예 JMS MessageListener

JMS에서 이벤트 기반 소비자는 `MessageListener` 인터페이스를 구현한 클래스다 [Hapner]. `MessageListener` 인터페이스는 `onMessage(Message)` 메소드를 선언한다. 소비자는 `onMessage`을 구현해 메시지를 처리한다. 다음은 JMS 실행자 예다.

```
public class MyEventDrivenConsumer implements MessageListener {
    public void onMessage(Message message) {
        // 메시지를 처리
    }
}
```

이벤트 기반 소비자의 초기화 부분은 원하는 실행자 객체(`MessageListener` 인스턴스)를 생성해 원하는 채널에 메시지 소비자로 연관시킨다.

```
Destination destination = // 데스티네이션 획득
Session session = // 세션을 생성
MessageConsumer consumer = session.createConsumer(destination);
MessageListener listener = new MyEventDrivenConsumer();
consumer.setMessageListener(listener);
```

이제 메시지가 해당 데스티네이션으로 전달되면, JMS 제공자는 MyEventDriven Consumer.onMessage를 호출하면서 파라미터로 메시지를 전달한다.

JMS에서 이벤트 기반 소비자는 *트랜잭션 클라이언트*(p552)로는 작동하지 않는다. 일반적으로 트랜잭션에서 코드가 예외를 던지면 트랜잭션은 롤백된다. 하지만 MessageListener.onMessage 메소드 서명에는 (JMSException 같은) 던져질 예외가 없다. 그리고 런타임 예외는 프로그래머 오류로 간주된다. 런타임 예외가 발생하면, JMS 제공자는 다음 메시지를 전달하는 식으로 반응하기 때문에, 예외를 발생시킨 메시지는 잃어버리게 된다[JMS 1.1], [Hapner]. 이벤트 기반 트랜잭션을 달성하려면 메시지 기반 EJB^message driven EJB를 사용한다[EJB 2.0], [Hapner].

예 닷넷 ReceiveCompletedEventHandler

닷넷에서 이벤트 기반 소비자의 실행자는 ReceiveCompletedEventHandler 대리자 메소드를 구현한다. 대리자 메소드는 두 파라미터를 수락한다. 이 두 파라미터는 MessageQueue와 ReceiveCompletedEventArgs다[SysMsg]. ReceiveCompletedEventHandler 메소드는 ReceiveCompletedEventArgs에서 메시지를 읽는다.

```
public static void MyEventDrivenConsumer(Object source,
    ReceiveCompletedEventArgs asyncResult)
{
    MessageQueue mq = (MessageQueue) source;
    Message m = mq.EndReceive(asyncResult.AsyncResult);
    // Process the message
    mq.BeginReceive();
    return;
}
```

이벤트 기반 클라이언트는 초기화 단계에서 큐의 ReceiveCompleted에 이벤트 처리 대리자 메소드를 추가한다.

```
MessageQueue queue = // 큐 획득
queue.ReceiveCompleted +=
    new ReceiveCompletedEventHandler(MyEventDrivenConsumer);
queue.BeginReceive();
```

이제 메시지가 큐에 전달되면, 큐는 ReceiveCompleted 이벤트를 발행한다. 그러면 이벤트 기반 소비자는 MyEventDrivenConsumer 메소드를 실행한다.

경쟁 소비자(Competing Consumers)

메시지 채널(p118)에서 메시지 수신 애플리케이션이 메시지가 채널에 추가되는 속도를 따라잡지 못하고 있다.

메시징 클라이언트가 여러 메시지를 동시에 처리하려면 어떻게 해야 할까?

메시지(p124)는 *메시지 채널*(p118)를 거쳐 순차적으로 도착하므로, 소비자는 자연적으로 메시지를 순차적으로 처리한다. 그러나 순차적 소비가 너무 느려 메시지들이 채널에 쌓이게 되면, 이것은 메시징 시스템에 병목을 일으키고 애플리케이션의 전체 처리량에도 해를 끼치게 된다. 이 문제는 많은 발신자 때문일 수도 있고, 네트워크 중단으로 나중에 한꺼번에 전달될지도 모를 메시지 밀림 현상 때문일 수도 있고, 수신자의 중지가 야기한 밀림 현상 때문일 수도 있고, 메시지의 생성과 발신보다 소비와 수행에 더 많은 노력이 들어가기 때문일 수도 있다.

애플리케이션이 여러 채널을 사용하더라도, 다른 채널은 모두 비었는데 한 채널만 병목이 될 수도 있고, 발신자의 편향적 발신 때문일 수도 있다. 그러나 이 경우 각 채널에 소비자를 연결함으로 메시지를 동시에 처리하게 하는 이점이 있다. 하지만 이 경우도 애플리케이션이 정한 채널 수는 여전히 처리량을 제한한다.

필요한 것은 채널이 여러 소비자를 지니기 위한 방법이다.

단일 채널에 경쟁 소비자들(Competing Consumers)을 만들어, 소비자들이 동시에 여러 메시지를 처리할 수 있게 한다.

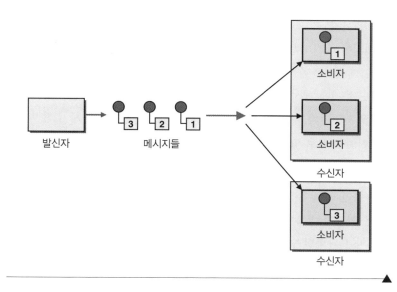

경쟁 소비자는 모두 하나의 *포인트 투 포인트 채널*(p161)에서 메시지를 수신하기 위해 생성된 소비자들이다. 채널이 메시지를 전달할 때, 그 중 어떤 소비자도 잠재적으로 메시지를 수신할 수 있다. 실제로 메시징 시스템이 메시지를 수신할 소비자를 결정하지만, 사실상 소비자들은 수신자가 되기 위해 서로 경쟁하게 된다. 메시지를 수신한 소비자는 메시지 처리를 돕는 애플리케이션의 나머지에 메시지를 위임할 수 있다. (이 해결책은 *포인트 투 포인트 채널*(p161)에서만 작동한다. *게시 구독 채널*(p164)의 소비자들은 각각 메시지 사본을 수신한다.)

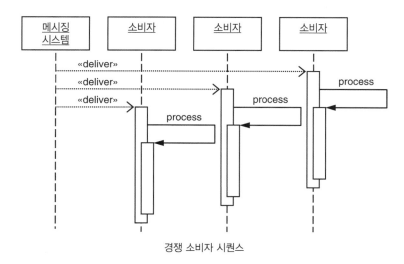

경쟁 소비자 시퀀스

경쟁 소비자들은 각각 독립된 스레드로 실행되므로, 모두 동시에 메시지를 소비할 수 있다. 채널이 메시지를 전달할 때, 메시징 시스템의 트랜잭션은 소비자 중 하나가 성공적으로 메시지를 수신하는 것을 보장한다. 소비자가 메시지를 처리하는 동안 다른 소비자도 동시에 메시지를 소비하고 처리할 수 있게, 채널은 다른 소비자에게 다른 메시지를 전달한다. 채널이 소비자마다 다른 메시지를 수신하게 소비자를 조정하므로, 소비자들은 서로 협력할 필요가 없다.

각 소비자들은 동시에 서로 다른 메시지를 처리하므로, 소비자가 메시지를 처리하는 시간이 아닌 메시지 공급 채널의 속도가 병목의 문제가 될 수 있다. 제한된 수의 소비자들은 여전히 병목이 될 수 있지만, 컴퓨팅 자원이 남아있는 한 소비자 수를 늘리면 이 제약은 완화될 수 있다.

동시에 실행되기 위해 소비자는 자신의 스레드를 가져야 한다. 폴링 소비자(p563)의 경우, 소비자들은 동시에 폴링을 수행하므로 모두 스레드를 지닌다. *이벤트 기반 소비자(p567)*의 경우도, 메시징 시스템은 동시 소비자마다 하나의 스레드를 (즉, 동시 소비자들의 수만큼 스레드들을) 지닌다. 그리고 이 스레드는 소비자에게 메시지를 전달하는 데 뿐만 아니라 소비자가 메시지를 처리하는 데도 사용된다.

정교한 메시징 시스템은 채널을 경쟁하는 소비자들을 감지하고, 메시지의 단일 소비자 전달을 보장하는 *메시지 디스패처(p578)*를 내부적으로 제공한다. 이 *메시지 디스패처(p578)*는 소비자들이 각각 자신들이 단일 메시지의 소비자라고 생각하는 경우 발생할 수 있는 충돌을 방지하는 데 도움을 준다. 덜 정교한 메시징 시스템은 동일한 메시지에 대해 여러 소비자의 소비 시도를 허용한다. 이런 상황이 발생하는 경우, 그 중 먼저 트랜잭션을 커밋하는 소비자가 승리를 거둔다. 그러면 나머지 소비자들은 자신의 트랜잭션을 성공적으로 커밋할 수 없고, 반드시 트랜잭션을 롤백해야 한다.

한 메시지에 대해 여러 소비자가 소비를 시도하도록 허용하는 메시징 시스템은 *트랜잭션 클라이언트(p552)*를 매우 비효율적으로 만들 수 있다. 클라이언트는 메시지를 가지고 있다고 생각하고 메시지를 소비하고 메시지 처리에 자원을 소모한 후 커밋을 시도하지만, 다른 경쟁자가 이미 해당 메시지를 소비한 경우 실패하고 만다. 경쟁 소비자 해결책의 핵심은 처리량을 증가시키는 것인데, 빈번하게 롤백되는 수행 작업은 처리량에 해를 끼친다. 따라서 경쟁하는 트랜잭션 소비자의 성능은 주의 깊게 측정돼야 한다. 성능은 메시징 시스템의 구현과 설정에 따라 상당히 달라질 수 있다.

경쟁 소비자는 소비 부하를 분산시키기 위해 단일 애플리케이션의 소비자 스레드들뿐만 아니라 애플리케이션들(프로세스들)도 사용할 수 있다. 이런 방법으로, 한 애플리케이션이 충분히 빠르게 메시지를 소비할 수 없는 경우, 여러 소비자 애플리케이션들로 (아마도 각 소비자 애플리케이션은 또다시 여러 소비자 스레드들을 이용하면서) 이 문제를 공격할 수 있다. 여러 컴퓨터에서 실행되면서 스레드들을 사용하는 애플리케이션들은 거의 무제한의 메시지 처리 용량을 제공한다. 여기에서 유일한 한계는 메시지를 채널로부터 소비자에게 전달하는 메시징 시스템의 능력이다.

경쟁 소비자를 조정하는 방법은 메시징 시스템마다 다르다. 클라이언트가 자체적으로 조정하려는 경우, *메시지 디스패처*(p578)를 사용한다. 경쟁 소비자는 폴링 소비자(p563)나 *이벤트 기반 소비자*(p567) 또는 이 둘의 결합일 수 있다. 경쟁하는 *트랜잭션 클라이언트*(p552)는 수신 작업을 성공적으로 커밋하지 못하고 롤백해야 하는 메시지들의 처리를 위해 상당한 노력을 낭비할 수 있다.

예 간단한 JMS 경쟁 소비자

이 예는 자바로 경쟁 소비자를 구현하는 방법에 대한 간단한 예다. (여기에 보이지 않는) 외부의 관리 객체가 경쟁 소비자들을 실행한다. 이 객체는 경쟁 소비자들을 각각 스레드로 실행시키고 stopRunning()을 호출해 멈추게 한다.

JMS 세션은 단일 스레드에서 사용해야 한다[JMS 1.1], [Hapner]. 세션은 메시지의 소비 순서를 직렬화한다[JMS 11], [Hapner]. 따라서 경쟁 소비자들이 자신의 스레드에서 제대로 작동하고 병렬로 메시지들을 소비할 수 있게, 각 경쟁 소비자는 자신의 Session(따라서 자신의 MessageConsumer)을 지녀야 한다. JMS 규격은 동시에 QueueReceiver(예: 경쟁 소비자)가 동작해야 하는 방법에 대한 의미를 지정하지 않고, 또 이 접근 방법이 잘 작동하는지를 따지지 않는다. 따라서 이 기법을 사용하는 애플리케이션은 이식성이 있다고 간주되지 않으며, 다른 JMS 제공자에게서는 다르게 동작할 수 있다[JMS 1.1], [Hapner].

소비자 클래스는 스레드로 실행될 수 있게 Runnable 인터페이스를 구현한다. 이를 사용해 소비자들은 동시에 실행될 수 있다. Connection은 모든 소비자가 공유하지만, Session은 단일 스레드만 지원하므로, 각 소비자는 자신의 Session을 만들어야 한다. 각 소비자는 반복적으로 큐에서 메시지를 수신하고 처리한다.

```java
import javax.jms.Connection;
import javax.jms.Destination;
import javax.jms.JMSException;
import javax.jms.Message;
import javax.jms.MessageConsumer;
import javax.jms.Session;
import javax.naming.NamingException;

public class CompetingConsumer implements Runnable {

    private int performerID;
    private MessageConsumer consumer;
    private boolean isRunning;

    protected CompetingConsumer() {
        super();
    }

    public static CompetingConsumer newConsumer(int id, Connection connection,
                                                String queueName)
        throws JMSException, NamingException {
        CompetingConsumer consumer = new CompetingConsumer();
        consumer.initialize(id, connection, queueName);
        return consumer;
    }

    protected void initialize(int id, Connection connection, String queueName)
        throws JMSException, NamingException {
        performerID = id;
        Session session = connection.createSession(false, Session.AUTO_ACKNOWLEDGE);
        Destination dispatcherQueue = JndiUtil.getDestination(queueName);
        consumer = session.createConsumer(dispatcherQueue);
        isRunning = true;
    }

    public void run() {
        try {
            while (isRunning())
                receiveSync();
        } catch (Exception e) {
            e.printStackTrace();
        }
    }

    private synchronized boolean isRunning() {
        return isRunning;
```

```
    }

    public synchronized void stopRunning() {
        isRunning = false;
    }

    private void receiveSync() throws JMSException, InterruptedException {
        Message message = consumer.receive();
        if (message != null)
            processMessage(message);
    }

    private void processMessage(Message message)
            throws JMSException, InterruptedException {
        int id = message.getIntProperty("cust_id");
        System.out.println(System.currentTimeMillis() + ": Performer #"
          + performerID + " starting; message ID " + id);
        Thread.sleep(500);
        System.out.println(System.currentTimeMillis() + ": Performer #"
          + performerID + " processing.");
        Thread.sleep(500);
        System.out.println(System.currentTimeMillis() + ": Performer #"
          + performerID + " finished.");
    }
}
```

이렇게 경쟁 소비자를 구현하기는 생각보다 쉽다. 이 예에서 주목할 점은 소비자를
Runnable로 만들어 스레드로 실행한다는 점이다.

메시지 디스패처(Message Dispatcher)

메시징(p111)을 사용하는 애플리케이션은 하나의 *메시지 채널*(p118)에 여러 소비자가 동작하도록 조종해야 한다.

> 한 채널에서 메시지를 처리하는 여러 소비자를 조종하려면 어떻게 해야 할까?

하나의 *포인트 투 포인트 채널*(p161)에서 소비자들은 *경쟁 소비자*(p644)처럼 행동한다. 이 경우 소비자를 바꿀 수 있다는 점은 장점이지만, 특정 소비자가 특정 메시지를 더 잘 소비하게 소비자를 전문화시킬 수 없다는 점은 단점이다.

하나의 *게시 구독 채널*(p164)에서 소비자들은 의도한대로 작동하지 않는다. 이런 소비자들은 메시지들의 부하를 분산시키기보다 오히려 소비자들의 노력을 중복시킨다.

선택 소비자(p586)를 전문화된 소비자로 사용할 수 있다. 그러나 모든 메시징 시스템이 이런 기능을 지원하지는 않는다. 그 중에는 심지어 메시지 본문에 기반한 선택도 지원하지 않는 메시징 시스템이 있다. *선택 소비자*(p586)의 선택문의 표현이 메시지를 구별하기에 너무 단순하거나 표현들의 반복된 평가는 처리 속도를 느리게 할 수 있다. 선택문들이 서로 빠지거나 겹쳐지지 않게 처리하려면, 신중하게 표현들을 조율해야 한다. 소비자가 처리하지 않았거나 선택되지 않은 값들을 위한 처리도 고려해야 한다.

데이터 형식 채널(p169)은 형식별로 메시지를 분리하고 소비자를 해당 메시지 형식에 특화한다. 그러나 형식 시스템이 형식마다 별도의 채널을 만드는 것을 정당화하기에는 너무나 크고 다양할 수 있다. 또는 형식이 정적인 채널 집합으로는 처리하기 어려운 역동적인 변경 기준에 기반을 둘 수도 있다. 기업은 이미 메시징 시스템에 부담을 줄만큼 수많은 채널을 요구하고 있을 수 있는데, 새로운 메시지 형식 때문에 다시 많은 채널을 배가시키는 것은 너무 과한 요구일 것이다.

　　소비자들이 협력한다면, 이런 문제들을 해결할 수 있다. 소비자들은 다른 소비자가 이미 일을 처리했는지를 인식함으로 작업의 중복을 방지할 수 있다. 소비자들은 자신의 전문 분야와 종류가 다른 메시지를 지니게 된 경우, 올바른 전문성을 가진 다른 소비자에게 메시지를 넘기게 전문화될 수도 있다. 채널을 너무 많이 사용하는 애플리케이션은 자신의 모든 소비자를 단일 채널을 공유하게 만듦으로써 채널을 절약할 수 있다. 이 경우 소비자들을 조정해 올바른 메시지가 올바른 소비자로 가는 것을 보장해야 한다.

　　슬프게도 소비자들은 조정하기 매우 어려운 독립 객체들이다. 메시지를 처리할 뿐만 아니라 넘기기도 하는 전문화된 소비자가 되게 하려면 설계와 처리 부담을 소비자에게 떠넘겨야 한다. 이런 소비자들은 작업을 넘기기 위해 서로 알고 있어야 하고 이미 다른 처리를 진행 중인 소비자에게 메시지 처리를 요구하지 않게 어떤 소비자가 바쁜지도 알고 있어야 한다. 소비자들을 협력시키려면 소비자 설계를 완전히 변경해야 한다.

　　이 경우 중재자 패턴^{Mediator pattern}[GoF]이 도움이 된다. 중재자는 소비자들이 서로 협력하는 방법을 알지 않아도 되게 객체들을 그룹별로 조정한다. 메시징에서 우리가 필요한 것은 채널의 소비자들을 조정하는 중재자다. 그러면 올바른 메시지를 올바른 소비자에게 전달하는 것을 보장하는 조정자를 사용해, 각 소비자는 특정 종류의 메시지 처리에 초점을 맞출 수 있게 된다.

채널에 메시지 디스패처(Message Dispatcher)를 만든다. 메시지 디스패처는 채널로부터 메시지를 소비해 실행자들에게 분배한다.

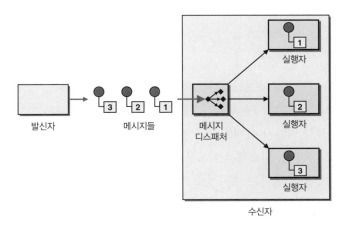

메시지 디스패처는 두 부분으로 구성된다.

1. **디스패처**^{Dispatcher}: 채널로부터 메시지를 소비하고 각 메시지를 실행자에게 분배하는 객체.

2. **실행자**^{Performer}: 디스패처로부터 메시지를 받고 처리하는 객체.

메시지를 수신하면 디스패처는 실행자를 얻고 실행자에게 메시지를 전달한다. 실행자는 메시지를 처리하고, 필요한 경우 메시지 처리를 다시 나머지 애플리케이션에 위임한다. 실행자는 디스패처가 생성할 수도 있고 가용 실행자 풀로부터 선택될 수도 있다. 각 실행자는, 메시지를 동시에 처리하기 위해, 독립 스레드로 실행될 수 있다. 디스패처는 메시지를 모든 실행자에게 고르게 분배할 수도 있고 메시지의 특성에 따라 전문화된 실행자들에게 분배할 수도 있다.

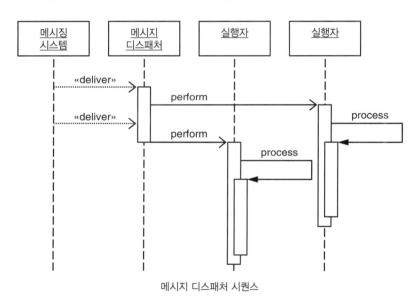

메시지 디스패처 시퀀스

메시지를 수신한 디스패처는 메시지의 처리를 가용 실행자에게 위임한다. 실행자가 디스패처의 스레드를 사용해 메시지를 처리하는 경우, 디스패처는 실행자가 메시지 처리를 완료할 때까지 실행을 중지한다. 반대로 실행자가 자신의 스레드에서 메시지를 처리하는 경우, 디스패처는 해당 스레드를 시작하고, 즉시 다른 메시지의 수신을 시작하고, 수신한 다른 메시지를 다른 실행자에게 위임해, 메시지들이 동시에 처리되게 한다. 이 방법을 사용하면 메시지들은 메시지가 처리되는 데 걸리는 시간에 관계없이 디스패처가 수신하고 위임하는 빠르기로 소비될 수 있다.

디스패처는 단일 채널과 실행자 그룹 사이를 일대다로 연결한다. 디스패처는 메시지를 가용 실행자와 매칭시키는 중매자 역할을 하고, 실행자가 자신의 스레드에서 실행되는 경우, 디스패처 자신은 실행을 중지하지 않는다. 실행자들이 작업의 대부분을 수행한다. 디스패처는 메시지를 수신한 후 메시지를 처리하는 실행자로 메시지를 전달한다. 디스패처는 상대적으로 작업을 조금만 수행하고 실행을 중지하지 않으므로 메시징 시스템이 메시지를 제공하는 속도로 메시지를 분배할 수 있다. 그러므로 디스패처는 병목을 방지한다.

이 패턴은 반응자 패턴$^{Reactor pattern}$[POSA2]의 간단한 메시징 버전으로, 메시지 디스패처는 반응자^{Reactor}고, 메시지 실행자는 구체 이벤트 핸들러$^{Concrete Event Handler}$다. *메시지 채널*(p118)은 디스패처가 한 번에 하나씩 메시지를 사용할 수 있게 하는 동기 이벤트 디멀티플렉서$^{Synchronous Event Demultiplexer}$ 역할을 한다. 메시지 자체는 핸들^{Handle}과 비슷하지만 훨씬 더 간단하다. 핸들은 자원 데이터의 참조^{reference}가 되는 경향이 있는 반면, 메시지는 데이터를 직접 포함한다. (그러나 메시지에 데이터를 직접 저장할 필요는 없다. 메시지 데이터는 외부에 저장되고 메시지는 번호표(p409)가 된 경우, 메시지는 데이터의 참조를 포함한다. 이 경우 메시지는 반응자 핸들과 조금 더 비슷하게 된다.) 핸들은 형식에 따라 고유한 구체 이벤트 핸들러를 선택한다. 반면 *메시지 채널*(p118)이 *데이터 형식 채널*(p169)인 경우, 채널의 모든 메시지(모든 핸들)는 동일한 형식이므로 오직 한 형식의 구체 이벤트 핸들러를 선택한다.

데이터 형식 채널(p169)은 메시지가 모두 동일한 형식이고, 소비자도 모두 동일한 형식의 메시지를 처리하게 설계된 채널인 반면, 반응자 패턴은 동일 채널에서 여러 실행자를 지닌 디스패처를 이용해 여러 메시지 형식을 지원할 수 있게 해준다. 이 경우 메시지는 디스패처가 감지할 수 있는 형식이 지정돼야 한다. 메시지 형식을 감지한 디스패처는 메시지를 해당 형식의 실행자에게 할당해 처리하게 한다. 전문화된 실행자들을 가진 디스패처는 이런 방식으로 *데이터 형식 채널*(p169)의 대안이 될 수 있으며, *선택 소비자*(p586)의 구현 대안이 될 수 있다.

메시지 디스패처(p578)와 *경쟁 소비자*(p644)의 차이점 중 하나는 복수 애플리케이션들로 분산될 수 있는 능력이다. *경쟁 소비자*(p644)들은 복수 프로세스들(예: 애플리케이션들)로 분산될 수 있는 반면, 실행자들은 일반적으로 디스패처와 (다른 스레드에서 실행될지라도) 동일한 프로세스 내에서 실행된다. 실행자가 디스패처와 다른 프로

세스에서 실행되는 경우, 디스패처는 *원격 프로시저 호출*(p108) 방식으로 실행자와 통신해야 한다. 그런데 이것은 *메시징*(p111)이 우선 방지하고자 했던 목표다.

디스패처는 단일 소비자이므로 *포인트 투 포인트 채널*(p161) 및 *게시 구독 채널* (p164)과 모두 잘 동작한다. 포인트 투 포인트 메시징을 사용하는 디스패처는 *경쟁 소비자*(p644)의 적절한 대안이 될 수 있다. 메시징 시스템이 여러 소비자를 잘 처리하지 못하는 경우, 또는 메시징 시스템들에 걸쳐있는 여러 소비자를 취급하는 데 일관성이 없는 경우, 이 대안이 바람직할 수 있다.

디스패처 자체는 이벤트 기반 또는 폴링 소비자(p563)가 될 수 있음에도, 디스패처는 실행자를 *이벤트 기반 소비자*(p567)처럼 동작하게 만든다. 따라서 *트랜잭션 클라이언트*(p552)의 일부로서 디스패처를 구현하기가 어려울 수 있다. 클라이언트가 트랜잭션을 사용하는 경우, 디스패처는 실행자가 메시지를 처리한 후 트랜잭션을 완료해야 한다. 디스패처는 실행자가 메시지 처리에 성공한 경우 트랜잭션을 커밋해야 한다. 실행자가 메시지 처리에 실패한 경우 디스패처는 트랜잭션을 롤백해야 한다. 이처럼 실행자가 트랜잭션을 사용하는 경우, 디스패처는 메시지 수신과 트랜잭션의 완료를 위해 해당 실행자의 세션을 알아야 한다. *이벤트 기반 소비자*(p567)는 일반적으로 트랜잭션 클라이언트와 잘 작동하지 않는다. 그러므로 *트랜잭션 클라이언트*(p552)의 일부로서 디스패처를 구현하는 경우, 디스패처는 *이벤트 기반 소비자* (p567)가 아니어야 하고 폴링 소비자(p563)여야 한다.

실행자를 *이벤트 기반 소비자*(p567)로 구현하면 편리하다. JMS에서 이것은 `MessageListener`로 실행자를 구현한다는 것을 의미한다. `MessageListener`는 `onMessage(Message)`라는 메소드를 갖는데, 이 메소드는 메시지를 수락하고 필요한 처리를 실행한다. 이 방법을 사용해 디스패처와 실행자 사이가 깨끗하게 분리된다. 마찬가지로 닷넷에서도, 디스패처가 실제로 ReceiveCompleted 이벤트를 발행하지는 않을지라도, 실행자는 `ReceiveCompletedEventHandler` 대리자다. 한편 이벤트 기반 접근 방법은 자체 스레드로 실행자를 실행해야만 사용할 수 있는 API와 호환되지 않을 수 있음에 주의한다.

직접 *메시지 디스패처*(p578)를 구현하는 수고를 피하려면, *데이터 형식 채널* (p169) 위에 *경쟁 소비자*(p644)를 사용하거나 *선택 소비자*(p586)를 사용한다. 메시지 디스패처는 폴링 소비자(p563)나 *이벤트 기반 소비자*(p567)일 수 있다. 메시지 디스패처로는 아주 좋은 *트랜잭션 클라이언트*(p552)를 만들 수 없다.

예 닷넷 디스패처

보통 메시지 디스패처는 실행자들에게 메시지를 전달한다(자바 예 참조). 그러나 닷넷에는 또 다른 옵션이 있다. 닷넷에서 디스패처는 엿보기^{Peek}를 사용할 수 있다. 엿보기를 이용하면 메시지를 감지하거나 메시지 아이디를 얻을 수 있다. 엿보기를 사용해 메시지 아이디를 얻은 디스패처는 (전체 메시지가 아닌) 엿본 메시지 아이디를 실행자에게 할당한다. 그러면 실행자는 ReceiveById를 사용해 할당된 메시지를 소비한다. 이 방법을 사용하면, 실행자를 메시지 처리가 아닌 메시지 소비만을 책임지도록 만들 수 있다. 그리고 이 방법은 특히 소비자가 *트랜잭션 클라이언트*(p552)인 경우 동시성 문제에 도움을 준다.

예 간단한 자바 디스패처

이 예는 자바로 디스패처와 실행자를 구현하는 방법을 간단하게 보여준다. 더욱 정교한 디스패처의 구현에서는 메시지 처리가 가능한 실행자를 추적할 수 있는 실행자들의 스레드 풀을 사용할 수 있다. 이 예는 풀은 사용하지 않고 대신 실행자들이 동시에 실행될 수 있게 각 실행자를 스레드로 실행한다.

여기에는 보이지 않지만 디스패처를 제어하는 관리자는 반복적으로 receiveSync()를 실행한다. 그럴 때마다, 디스패처는 다음 메시지를 receive() 한 후, 메시지를 처리하는 performer 인스턴스를 생성하고, 자체 스레드로 performer를 시작한다.

```
import javax.jms.Connection;
import javax.jms.Destination;
import javax.jms.JMSException;
import javax.jms.Message;
import javax.jms.MessageConsumer;
import javax.jms.Session;
import javax.naming.NamingException;

public class MessageDispatcher {

    MessageConsumer consumer;
    int nextID = 1;

    protected MessageDispatcher() {
```

```
        super();
    }

    public static MessageDispatcher newDispatcher(Connection connection,
      String queueName)
        throws JMSException, NamingException {
        MessageDispatcher dispatcher = new MessageDispatcher();
        dispatcher.initialize(connection, queueName);
        return dispatcher;
    }

    protected void initialize(Connection connection, String queueName)
    throws JMSException, NamingException {
        Session session = connection.createSession(false, Session.AUTO_ACKNOWLEDGE);
        Destination dispatcherQueue = JndiUtil.getDestination(queueName);
        consumer = session.createConsumer(dispatcherQueue);
    }

    public void receiveSync() throws JMSException {
        Message message = consumer.receive();
        Performer performer = new Performer(nextID++, message);
        new Thread(performer).start();
    }
}
```

performer는 자체 스레드로 실행될 수 있게 Runnable 인터페이스를 구현한다. Runnable의 run() 메소드는 processMessage()을 호출한다. 작업이 완료된 performer는 가비지 컬렉션이 가능해진다.

```
import javax.jms.JMSException;
import javax.jms.Message;

public class Performer implements Runnable {

    private int performerID;
    private Message message;

    public Performer(int id, Message message) {
        performerID = id;
        this.message = message;
    }

    public void run() {
        try {
            processMessage();
```

```
        } catch (Exception e) {
            e.printStackTrace();
        }
    }

    private void processMessage() throws JMSException, InterruptedException {
        int id = message.getIntProperty("cust_id");

        System.out.println(System.currentTimeMillis() + ": Performer #"
          + performerID + " starting; message ID " + id);
        Thread.sleep(500);
        System.out.println(System.currentTimeMillis() + ": Performer #"
          + performerID + " processing.");
        Thread.sleep(500);
        System.out.println(System.currentTimeMillis() + ": Performer #"
          + performerID + " finished.");
    }
}
```

간단한 디스패처와 실행자를 구현하기는 쉽다. 이 예에서 주목할 점은 실행자를 Runnable하게 만들어 스레드로 실행한다는 점이다.

선택 소비자(Selective Consumer)

메시징(p111)을 사용하는 애플리케이션은 메시지 채널(p118)에서 메시지(p124)를 소비하지만, 반드시 채널 위의 모든 메시지를 소비하고 싶은 것은 아니다. 즉, 컴포넌트들에 일부만 소비하고 싶은 것이다.

수신하려는 메시지만 선택하려면, 메시지 소비자는 어떻게 해야 할까?

기본적으로 메시지 채널(p118)의 소비자가 하나인 경우, 채널의 모든 메시지(p124)가 해당 소비자에게 모두 전달된다. 마찬가지로 채널에 경쟁 소비자(p644)가 여럿인 경우, 메시지는 이들 소비자에게 경쟁적으로 전달된다. 소비자는 일반적으로 소비하는 메시지를 선택하지 않는다. 소비자는 항상 어떤 메시지든 다음 메시지를 가져온다.

소비자가 채널에서 모든 메시지를 수신하려는 한 이 행동은 유효하다. 이것이 일반적인 경우다. 그러나 소비자가 특정 메시지를 소비하려는 경우에는 문제가 된다. 채널에서 어떤 메시지를 수신해야 하는지를 소비자가 제어할 수 없기 때문이다. 왜 소비자는 특정 메시지를 수신하려고 하는가? 대출 요청 메시지를 처리하는 애플리케이션을 생각해 보자. 이 애플리케이션은 금액이 10만 달러에서 100만 달러까지인 대출만 처리하려고 한다. 하나의 접근 방법으로 애플리케이션은 작은 대출용 소비자와 큰 대출용 소비자를 가질 수 있다. 그러나 소비자들은 어떤 메시지라도 구분 없이 수신하는데, 어떻게 애플리케이션에 올바른 메시지가 올바른 소비자로 이동하는 것을 보장해 줄 수 있다는 것인가?

가장 간단한 접근 방법으로 각 소비자는 종류에 상관없이 메시지를 소비하고 잘못된 종류의 메시지를 얻은 소비자는 해당 메시지를 어떻게든 적절한 종류의 소비자에게 건네게 할 수 있다. 하지만 이 접근 방법에는 어려움이 있다. 일반적으로 소비자 인스턴스들은 서로 알지 못하고, 메시지 처리에 바쁘지 않은 소비자를 찾기 또한 어렵다. 또는 소비자는 원하던 것이 아닌 메시지를 다시 채널에 넣을 수도 있을 것이다.

그러나 이 경우, 같은 소비자가 또 다시 해당 메시지를 소비할 가능성이 있다. 또는 모든 소비자는 메시지의 사본을 얻고 원하지 않는 메시지는 폐기할 수도 있을 것이다. 이 방법도 작동은 하겠지만 결과적으로 버려지는 메시지에 대해 수많은 중복과 불필요한 처리들을 야기한다.

메시징 시스템에 메시지 형식마다 별도의 채널을 정의할 수도 있을 것이다. 그런 다음 발신자는 각 메시지가 적절한 채널로 발신되는 것을 보장하고, 수신자는 바라던 종류의 특정 채널로부터 메시지가 수신되는 것을 보장할 수도 있을 것이다. 그러나 이런 해결책은 그리 역동적이지 않다. 시스템이 실행되는 동안 수신자들은 자신들의 선택 기준들을 변경할 수 있는데, 이것은 새로운 채널의 정의와 채널 위 메시지들의 재배포를 요구한다. 또 이것은 발신자가 수신자들의 선택 기준과 선택 기준의 변경 시기를 알고 있어야 한다는 것을 의미한다. 채널이 아닌 수신자의 속성이 기준일 필요가 있고, 메시지가 수신자의 충족 기준을 지정해야 한다.

그러므로 필요한 것은 다양한 기준의 메시지들이 동일 채널로 전송되고, 소비자들은 관심 기준을 지정하고, 각 소비자는 자신의 기준에 맞는 메시지만 수신하게 하는 방법이다.

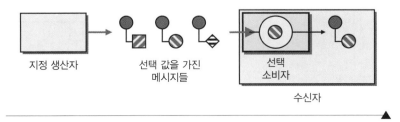

소비자를 선택 소비자(Selective Consumer)로 만든다. 선택 소비자는 채널이 전달한 메시지를 필터링해 자신의 기준에 부합되는 메시지들만 수신한다.

필터링 과정은 세 부분으로 이뤄진다.

1. **지정 생산자**: 메시지를 발신하기 전에 메시지에 선택 값을 지정한다.

2. **선택 값**: 메시지에 지정된 하나 이상의 값으로, 소비자는 이 값으로 메시지의 선택 여부를 결정한다.

3. **선택 소비자**: 자신의 선택 기준을 만족시키는 메시지만 수신한다.

메시지 발신자는 메시지를 발신하기 전에 메시지에 선택 값을 지정한다. 메시지가 도착하면, 선택 소비자는 메시지에서 선택 값을 테스트해, 이 값이 자신의 선택 기준을 충족하는지 확인한다. 기준을 충족하는 경우, 소비자는 메시지를 수신하고 처리를 위해 애플리케이션에게 전달한다.

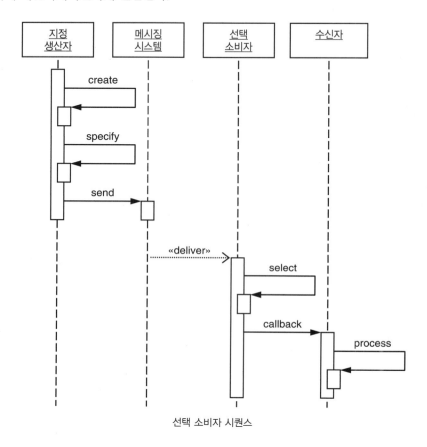

선택 소비자 시퀀스

발신자는 메시지를 생성할 때 메시지에 선택 값을 설정한 후 발신한다. 메시징 시스템이 메시지를 전달하면, 선택 소비자는 메시지의 선택 여부를 결정하기 위해 메시지의 선택 값을 테스트한다. 메시지가 테스트를 통과하면, 선택 소비자는 메시지를 수신하고 콜백을 사용해 애플리케이션에 메시지를 전달한다.

선택 소비자는 종종 그룹 단위로 사용된다. 즉, 어떤 소비자 필터는 이런 기준 집합을, 또 어떤 소비자 필터는 저런 기준 집합 등을 사용한다. 대출 처리 예에서, 한 소비자는 '금액 〈= 10만 달러'로 기준을 선택하고, 다른 소비자는 '금액 〉 10만 달러'로 기준을 선택하면, 각 소비자는 자신이 관심을 가진 종류의 대출들만 얻게 될 것이다.

선택 소비자들이 포인트 투 포인트 채널(p161)과 함께 사용되는 경우, 선택 소비자들은 효과적으로 선택 경쟁 소비자(p644)가 된다. 두 소비자의 기준이 중복되고 메시지의 선택 값이 이 두 기준을 모두 충족하는 경우, 둘 중 한 소비자가 메시지를 소비한다. 모든 소비자는 유효한 선택 값들을 모두 소비하게 설계돼야 한다. 부합되지 않는 선택 값을 가진 메시지는 결코 소비되지 않고 영원히 (또는 적어도 메시지 만료(p236)가 발생할 때까지) 채널을 더럽힐 것이다.

선택 소비자들이 게시 구독 채널(p164)과 함께 사용되는 경우, 메시지 사본이 모든 구독자에게 전달되지만 구독자는 기준에 맞지 않는 메시지 사본을 무시하기만 한다. 소비자가 메시지를 무시하기로 결정하면, 이 메시지는 제대로 전달은 됐지만 소비되지 않은 것이므로, 메시징 시스템은 이 메시지를 버릴 수 있다. 메시징 시스템은 소비자가 무시할 것임을 아는 메시지는 전달하지 않아, 생산 및 전송돼야 할 메시지 사본의 수를 줄임으로써, 이 과정을 최적화할 수도 있다. 무시된 메시지를 버리는 행동은 보장 전송(p239), 영속 구독자(p594), 메시지 만료(p236)의 설정과 상관없이 독립적으로 발생한다.

선택 소비자는 단일 채널을 데이터 형식 채널(p169) 역할을 하게 한다. 특정 형식에 전문화된 소비자만 해당 형식의 메시지를 수신하게, 다른 형식의 메시지들은 다른 선택 값들을 가질 수 있다. 이 접근 방법은 적은 수의 채널들을 사용해 많은 형식을 전송할 수 있게 한다. 또한 이 접근 방법은 메시징 시스템이 지원할 수 있는 것보다 더 많은 채널을 필요로 하는 기업이 채널을 절약할 수 있게 한다.

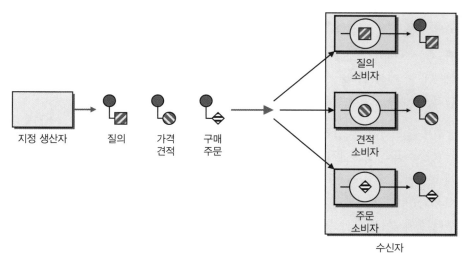

지정 생산자   질의   가격   구매   질의 소비자
                      견적   주문   견적 소비자
                                      주문 소비자
                                      수신자

경쟁하는 선택 소비자

특정 소비자 애플리케이션에 특정 형식의 메시지를 숨기기 위해 *데이터 형식 채널* (p169)를 사용하는 대신 선택 소비자를 사용하는 방법은 좋지 않다. 메시징 시스템은 권한이 부여된 애플리케이션만 채널에서 메시지를 성공적으로 수신하게 하는 반면, 애플리케이션들은 일반적으로 자신의 선택 기준에 권한을 부여하지 않아 채널 접근 권한을 가진 악의적인 소비자가 자신의 기준을 변경해 무단으로 메시지에 접근할 수 있기 때문이다. 메시지를 안전하게 보호하려면, 데이터 형식 채널을 사용해야 한다.

선택 소비자를 사용하는 대신 *메시지 디스패처*(p578)를 사용할 수 있다. 이 경우 선택 기준은 디스패처에 내장된다. 그러면 디스패처는 내장된 선택 기준을 사용해 각 메시지의 실행자를 결정한다. 메시지가 어떤 실행자의 기준과도 맞지 않는 경우, 디스패처는 메시지를 (채널을 어지럽히게) 채널에 남겨 놓거나 버리기보다 *무효 메시지 채널*(p118)로 다시 라우팅할 수 있다. *메시지 디스패처*(p578)와 *경쟁 소비자* (p644) 사이의 득실과 더불어, 메시징 시스템에 전달을 허용하게 하거나 직접 전달을 구현하는 것은 선택의 문제다. 메시징 시스템이 선택 소비자를 지원하지 않는 경우, *메시지 디스패처*(p578)를 사용하면 선택 소비자를 직접 구현할 수 있다.

앞서 언급한 바와 같이, 선택 소비자들의 선택문에 부합되지 않는 선택 값을 가진 메시지가 채널에 있는 경우, 이 메시지는 마치 채널에 수신자가 없는 것처럼 무시된다. 절차 프로그래밍에서 비슷한 문제로, 테스트 중인 어떤 값이 어떤 case 비교와도 부합되지 않는 경우, case 문은 case가 부합되지 않는 값을 부합시키는 default 비교를 지닌다. 이 접근 방법을 메시징에도 적용해, 부합되는 소비자를 갖지 않는 메시지를 위해 일종의 기본 소비자를 생성하려는 유혹이 있을 수 있다. 그러나 기본 소비자는 모든 선택 값을 부합시키는 선택문 표현으로 다른 소비자들과 경쟁하기 때문에, 원하는 대로 작동하지 않는다. 그러므로 default 옵션을 가진 case 문처럼, 부합하지 않는 메시지들을 기본 실행자로 실행하려면, 기본 소비자가 아닌 *메시지 디스패처*(p578)를 구현해야 한다.

선택 소비자의 또 다른 대안은 *메시지 필터*(p298)다. *메시지 필터*(p298)도 거의 동일한 목표를 달성하지만 방법이 다르다. 선택 소비자는 모든 메시지가 수신자에게 전달되고 수신자는 원치 않는 메시지를 무시한다. 반면 *메시지 필터*(p298)는 발신자로부터의 채널과 수신자로의 채널 사이에 위치하며 원하는 메시지만 발신자로부터의 채널에서 수신자로의 채널로 전송한다. 따라서 원치 않는 메시지는 수신자로의 채널로 전송되지 않으므로, 수신자는 무시할 메시지를 갖지 않는다. *메시지 필터*

(p298)는 수신자들이 원치 않는 메시지를 제거하는 데 유용하다. 선택 소비자는 특정 수신자는 특정 메시지를 수신하려 하지 않고 나머지 수신자들은 해당 메시지를 수신하려는 경우 유용하다.

고려해야 할 또 다른 대안은 *내용 기반 라우터*(p291)다. 이런 종류의 라우터는 필터처럼 수신자가 원하는 메시지만 채널이 얻게 한다. 그 결과 보안은 강화되고 소비자의 성능은 향상될 수 있다. 그러나 선택 소비자가 더 유연하다. *내용 기반 라우터*(p291)는 새로운 옵션마다 (시스템이 실행되는 동안에는 생성이나 사용이 어려운) 새로운 출력 채널과 새로운 출력 채널을 위한 새로운 소비자를 요구하는 반면, 필터링 옵션은 (시스템이 실행되는 동안에도 생성하기 쉬운) 새로운 선택 소비자만 요구하기 때문이다. 작은 대출이나 큰 대출과 다르게 중간 크기인 (5만 달러에서 15만 달러의) 대출에 대한 처리 요구가 생겼다고 생각해 보자. *내용 기반 라우터*(p291)를 사용하는 경우, 중간 대출을 위한 새 채널뿐만 아니라 이 채널에 소비자도 생성해야 하고, 라우터의 대출 구분 방법도 조정해야 한다. 또 변경을 적용할 때도 어떤 일이 일어날지를 걱정해야 한다. 이미 기존 채널들로 라우팅됐던 일부 메시지가 아직 소비되지 않았을 수 있고, 현재 잘못된 채널에 있을 수도 있기 때문이다. 선택 소비자를 사용하는 경우, (10만 달러 이하와 10만 달러 이상의) 두 형식 소비자들을 (5만 달러 이하와 5만 달러에서 15만 달러 사이와 15만 달러 이상의) 세 형식 소비자들로 교체하면 된다. 선택 소비자는 조금 더 동적이고, *내용 기반 라우터*(p291)는 조금 더 정적이다.

메시지의 선택 값은 선택 소비자가 메시지 본문을 분석하지 않고도 값을 비교할 수 있게 메시지 본문이 아닌 헤더에 지정하는 것이 이상적이다.

선택 소비자는 단일 채널을 *데이터 형식 채널*(p169) 역할을 하게 만든다. *메시지 필터*(p298)는 원치 않는 메시지가 다른 수신자들에게 전달되지 않게 하는 반면, 선택 소비자는 다른 수신자들도 메시지를 사용할 수 있게 한다. *내용 기반 라우터*(p291)보다 선택 소비자가 더 동적이다. 선택 소비자는 폴링 소비자(p563)나 *이벤트 기반 소비자*(p567)로 구현할 수 있으며, *트랜잭션 클라이언트*(p552)의 일부일 수는 있다. 필터링 동작을 직접 구현하려면, *메시지 디스패처*(p578)를 사용한다.

예 **형식 분리**

채널 수가 제한적인 주식 거래 시스템에서는 지수와 거래를 하나의 채널로 사용해야
할 수도 있다. 이 경우 지수를 처리하는 수신자는 거래를 처리하는 수신자와 매우 다
르다. 그럼에도 올바른 수신자가 올바른 메시지를 소비해야 한다. 발신자는 지수 메
시지에 선택 값을 QUOTE로 설정하고, 지수에 대한 선택 소비자는 해당 선택 값을
가진 메시지만 소비한다. 또 거래 메시지에도 거래 발신자와 거래 수신자가 사용하
는 선택 값으로 TRADE가 있다. 이런 방법으로 두 형식의 메시지는 성공적으로 하나
의 채널을 공유한다.

예 **JMS 메시지 선택문**

JMS의 `MessageConsumer`(`QueueReceiver`나 `TopicSubscriber`)는 메시지 속성 값
을 확인해 메시지를 필터링하는 메시지 선택문을 포함해 생성될 수 있다[JMS 1.1],
[Hapner]. 우선 발신자는 수신자가 메시지를 필터링할 수 있게 메시지에 속성 값을 지
정한다.

```
Session session = // 세션 획득
TextMessage message = session.createTextMessage();
message.setText("<quote>SUNW</quote>");
message.setStringProperty("req_type", "quote");
Destination destination = //get the destination
MessageProducer producer = session.createProducer(destination);
producer.send(message);
```

　수신자는 이 값을 필터링하기 위해 메시지 선택문을 설정한다.

```
Session session = // 세션 획득
Destination destination = // 데스티네이션 획득
String selector = "req_type = 'quote'";
MessageConsumer consumer =
    session.createConsumer(destination, selector);
```

　수신자는 요청 형식 속성이 quote로 설정되지 않은 메시지들은 데스티네이션으로
전달되지 않은 것처럼 무시해 버린다.

예 **닷넷의 Peek과 ReceiveById와 ReceiveByCorrelationId**

닷넷의 `MessageQueue.Receive`는 JMS 스타일의 메시지 선택문을 본질적으로 지원하지 않는다. 대신 수신자는 메시지를 엿보는 `MessageQueue.Peek`를 사용한다. 수신자는 메시지를 엿보다가 메시지가 원하는 기준을 충족하는 경우 `MessageQueue.Receive`를 사용해 큐에서 해당 메시지를 읽는다. 하지만 Receive 호출에 의해 반환된 메시지는 엿본 메시지와 동일하지 않을 수 있으므로, 이 방법은 별로 안정적이지 않다. 그러므로 소비자는 엿본 메시지를 (Receive를 사용하는 대신) 수신 희망 메시지의 아이디 속성 값을 지정할 수 있는 `ReceiveById`를 사용해 수신한다.

닷넷의 소비자는 수신하고자 하는 메시지의 `CorrelationId` 속성 값을 지정하는 `ReceiveByCorrelationId` 메소드를 사용할 수 있다. 특정 요청에 상응하는 응답 메시지를 수신하려는 메시지 발신자는 `ReceiveByCorrelationId` 메소드를 사용한다 (요청 응답(p214)과 상관관계 식별자(p223) 참조).

영속 구독자(Durable Subscriber)

애플리케이션은 *게시 구독 채널*(p164)에서 메시지를 수신한다.

수신 중지 중 발생할 수 있는 구독 메시지의 누락을 어떻게 방지할 수 있을까?

왜 이것이 문제가 되는가? *포인트 투 포인트 채널*(p161)에서 채널에 추가된 메시지는 소비되거나, 만료되거나(*메시지 만료*(p236) 참조), (*보장 전송*(p239)을 사용하지 않는다면) 시스템이 다운될 때까지 채널에 머무른다. 그러나 *게시 구독 채널*(p164)의 메시지는 다소 다르게 동작한다.

메시지가 *게시 구독 채널*(p164)에 게시되면, 메시징 시스템은 각 구독자에게 메시지를 전달한다. 메시징 시스템마다 구현 방법은 다르다. 예를 들어 수신하지 못한 구독자가 없을 때까지 메시지를 유지할 수도 있고, 각 구독자에게 메시지 사본을 전달할 수도 있다. 어떤 경우든, 메시지를 수신하는 구독자들은 메시지가 게시될 때 해당 채널에 가입된 구독자들이다. 메시지가 게시될 때 가입되어 있지 않거나, 게시 순간 이후에 가입한 수신자는 해당 메시지를 수신할 수 없다. (동일한 채널에 구독자 가입과 메시지 게시가 '거의' 동시에 일어나는 경우, 시점 문제가 발생한다. 구독자는 메시지를 수신하는가? 이 문제는 메시징 시스템마다 다르게 해결한다. 그러므로 구독자는 관심 메시지가 게시되기 전에 가입하는 것이 안전하다.)

실제로 구독자는 채널 접속을 종료함으로 채널로부터 탈퇴한다. 명시적 탈퇴 조치는 필요하지 않다. 구독자는 단지 연결을 닫으면 된다.

종종 애플리케이션은 연결이 끊어진 후 게시된 메시지들을 무시하는 것을 선호한다. 끊어졌다는 것은 게시된 것이 무엇이든 애플리케이션은 관심이 없다는 것을 의미하기 때문이다. 예를 들어 벽돌을 판매하는 B2B/C 애플리케이션은 구매자가 벽돌을 요청할 수 있는 채널에 가입할 수 있다. 애플리케이션이 벽돌 판매를 중지하거나 벽돌이 일시적으로 부족한 경우, 애플리케이션은 수행할 수 없는 요청의 수신하지 않기 위해 채널에 대한 연결을 끊을 수 있다.

그러나 이런 행동이 불이익을 가져다 줄 수도 있다. 이와 같은 '졸면, 놓치는'[1] 접근 방법을 사용하는 경우, 애플리케이션은 필요한 메시지를 놓칠 수도 있기 때문이다. 애플리케이션은 다운되거나 유지보수로 중단된 시간 동안 놓친 메시지들도 알고 싶어할 수 있다. 메시징의 사상은 발신자 애플리케이션, 수신자 애플리케이션, 네트워크가 모두 같은 시간에 작동하지 않는 경우에도 신뢰할 수 있는 통신을 만드는 것이다.

그러므로 애플리케이션들은 해당 채널로부터 더 이상 메시지를 원치 않으므로 연결을 끊는 경우도 있고, 짧은 시간 동안 연결을 끊었다가 다시 연결하면서 연결이 끊긴 동안 게시된 메시지들을 접근하고 싶은 경우도 있다. 구독자는 일반적으로 연결되어(가입되어) 있거나 연결이 끊어져(탈퇴되어) 있지만, 가능한 제3의 상태로 비활성일 수도 있다. 이 상태의 구독자는 연결은 끊어져 있지만 여전히 가입되어 있다. 연결이 끊어진 동안 게시된 메시지들도 수신하려 하기 때문이다.

구독자가 *게시 구독 채널*(p164)에 연결되어 있다가 메시지가 게시된 순간 연결이 끊어진 경우, 구독자가 다시 연결하면 메시지를 다시 전달하기 위해 필요한 메시지를 저장해야 한다는 것을 메시징 시스템은 어떻게 알 수 있을까? 다시 말해, 메시징 시스템은 연결이 끊긴 구독자와 비활성 구독자와 탈퇴한 구독자를 어떻게 구분할 수 있을까? 이를 위해서는 두 종류의 구독 방법이 필요하다. 구독자가 연결을 끊었을 때 탈퇴되는 구독과, 구독자가 연결을 끊더라도 구독은 지속되고 애플리케이션이 명시적으로 탈퇴할 때만 탈퇴되는 구독이다.

기본적으로 구독은 연결이 유지되는 동안만 지속된다. 그러므로 필요한 것은 연결이 끊기더라도 비활성으로 유지되는 또 다른 유형의 구독이다.

▼

영속 구독자(Durable Subscriber)를 사용한다. 영속 구독자는 메시징 시스템이 구독자가 연결이 끊어져 있는 동안 게시된 메시지를 저장하게 한다.

---

1 "You snooze, you lose." 토끼와 거북이 우화에서 달리기 시합 중 토끼가 졸아서 거북이에게 진 속담에서 온 말이다. – 옮긴이

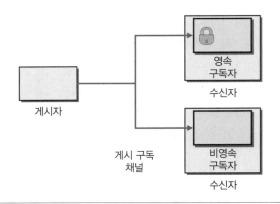

영속 구독은 비활성 구독자를 위해 메시지를 저장하고, 구독자가 다시 연결하면 저장된 메시지를 전달한다. 이런 방식으로 구독자는 연결이 끊어져도 메시지를 잃지 않는다. 영속 구독은 구독자가 활성인(예: 연결된) 동안엔 구독자나 메시징 시스템의 동작에 영향을 주지 않는다. 연결된 구독자는 구독자가 영속적이든 비영속적이든 동일하게 행동한다. 차이는 구독자가 연결이 끊어졌을 때 메시징 시스템이 작동하는 방식에 있다.

영속 구독자는 *게시 구독 채널*(p164)의 구독자일 뿐이다. 그러나 구독자가 메시징 시스템 연결을 끊을 때, 구독자는 비활성이 되고, 구독자가 다시 활성이 될 때까지, 메시징 시스템은 구독자 채널에 게시된 모든 메시지를 저장한다. 한편 같은 채널의 구독자라 하더라도 영속적이지 않을 수 있다. 즉, 같은 채널의 다른 구독자는 비영속 구독자일 수 있다.

구독자가 되기 위해, 영속 구독자는 채널에 구독을 수립해야 한다. 영속 구독자로 구독을 수립하고 나서 연결을 끊으면, 구독자는 비활성이 된다. 구독자가 비활성인 동안 게시자가 메시지를 게시하는 경우, 비영속 구독자는 메시지를 놓칠 것이고, 메시징 시스템은 영속 구독자를 위한 메시지를 저장한다. 구독자가 재구독할 때, 구독자는 다시 활성이 되고, 메시징 시스템은 큐에 대기된 메시지들을 (그리고 이 구독자를 위해 저장된 다른 것들도 모두) 전달한다. 구독자는 메시지를 수신하고 (아마도 애플리케이션에 위임해) 처리한다. 구독자는 메시지 처리를 마치고 더 이상 메시지를 수신하고 싶지 않은 경우 연결을 끊어 다시 비활성이 된다. 또 메시징 시스템이 자신을 위해 더 이상 메시지를 저장하지 않게 하려는 경우, 구독자는 게시 구독 채널을 탈퇴한다.

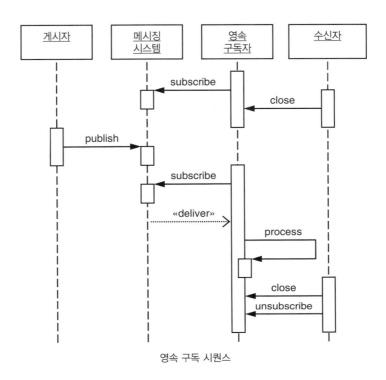

영속 구독 시퀀스

영속 구독자가 탈퇴하지 않을 경우엔 어떻게 될까? 비활성 영속 구독은 메시지들을 계속 유지할 것이다. 즉, 구독자가 다시 연결할 때까지, 메시징 시스템은 게시된 모든 메시지를 저장할 것이다. 그러나 구독자가 오랜 기간 동안 다시 연결하지 않는 경우, 저장되는 메시지들이 지나치게 많아 질 수 있다. 이 경우 *메시지 만료*(p236)가 문제를 완화시키는 데 도움을 준다. 일부 메시징 시스템은 비활성 구독으로 저장되는 메시지 수를 제한하기도 한다.

예 주식 거래

주식 거래 시스템은 주식 가격의 변경을 브로드캐스트하기 위해 *게시 구독 채널*(p164)을 사용할 수 있다. 주식 가격이 변경될 때마다 메시지가 게시된다. 어떤 구독자는 특정 주식의 현재 가격을 표시하는 GUI 애플리케이션일 수 있고, 어떤 구독자는 특정 주식의 하루치 거래를 저장하는 데이터베이스일 수 있다.

이 두 애플리케이션은 주식의 가격 변동 시 알림을 통지받는 가격 변경 채널을 구독한다. GUI의 구독은 현재 가격만 표시하므로 비영속적이면 충분하다. GUI가 다운되어 채널 연결이 끊어진 경우, GUI가 표시할 수 없는 가격 변경을 저장해 보았자 아무런 의미가 없다. 반면 거래 데이터베이스는 영속 구독자를 사용해야 한다. 데이터베이스는 연결이 끊기더라도 그 기간 동안 발생한 가격 변경도 빠짐없이 축적해야 하기 때문이다.

예 JMS 영속 구독

JMS는 토픽 구독자(TopicSubscriber)가 영속 구독자가 되는 것을 지원한다[JMS 1.1], [Hapner].

영속 구독에 대한 한 가지 도전은 재연결한 기존 구독자와 새 구독자를 구별하는 것이다. JMS에서 영속 구독은 세 가지 기준에 의해 식별된다.

1. 가입되는 토픽

2. 커넥션 클라이언트 아이디

3. 구독자의 구독 이름

커넥션 클라이언트 아이디는 커넥션 팩토리의 속성이다. 그리고 이 속성은 커넥션 팩토리를 생성할 때 메시징 시스템 관리 도구를 사용해 설정한다. 구독 이름은 구독자마다 (즉, 토픽과 클라이언트 아이디마다) 고유해야 한다.

영속 구독자는 Session.createDurableSubscriber 메소드를 사용해 생성한다.

```
ConnectionFactory factory = // 팩토리 획득
// client ID는 팩토리가 갖는다.
Connection connection = factory.createConnection();
// 팩토리와 연결은 같은 client ID를 갖는다.
Topic topic = // 토픽 획득
String clientID = connection.getClientID(); // 궁금하면 client ID를 확인해 보라.
String subscriptionName = "subscriber1"; // 구독을 위한 고유 아이디

Session session =
    connection.createSession(false, Session.AUTO_ACKNOWLEDGE);
TopicSubscriber subscriber =
    session.createDurableSubscriber(topic, subscriptionName);
```

구독자는 이제 활성 상태다. 구독자는 (비영속 구독자처럼) 토픽에 게시된 메시지를 수신한다. 구독자를 비활성으로 하려면 다음과 같이 구독자를 닫는다.

```
subscriber.close();
```

구독자는 현재 연결을 끊었으므로 비활성이다. 구독자 토픽에 게시된 메시지들은 구독자를 위해 저장되고 구독자가 다시 연결하면 전달될 것이다.

다시 구독을 활성화하려면 같은 클라이언트 아이디, 같은 토픽, 같은 구독 이름으로 새로운 영속 구독자를 만든다. 클라이언트 아이디, 토픽, 구독 이름이 이전과 동일해야 한다는 것만 제외하면 비영속 구독자 소스와 동일하다.

영속 구독의 수립과 재연결은 코드가 동일하므로, 메시징 시스템만이 영속 구독이 이미 수립된 것인지 새로운 것인지를 구분한다. 흥미로운 결과 중 하나는 구독을 재연결하는 애플리케이션이 이전에 연결을 끊은 애플리케이션이 아닐 수도 있다는 점이다. 새 애플리케이션이 기존 애플리케이션과 동일한 토픽, 동일한 커넥션 팩토리(그리고 동일한 클라이언트 아이디), 동일한 구독 이름을 사용하는 한, 메시징 시스템은 두 애플리케이션을 구별할 수 없으므로 전에 연결이 끊어져 기존 애플리케이션에 전달되지 않은 모든 메시지를 새 애플리케이션에 전달한다.

일단 애플리케이션이 토픽을 영속 구독하면, 애플리케이션은 연결을 끊더라도 (또는 다운되어 메시징 시스템이 해당 토픽의 구독자 연결을 끊더라도) 해당 토픽에 게시된 모든 메시지를 수신할 수 있는 기회를 갖게 된다. 메시징 시스템이 비활성 영속 구독자를 위한 메시지들의 큐 대기를 중지하게 만들려면, 애플리케이션이 명시적으로 영속 구독을 탈퇴해야 한다.

```
subscriber.close();
// 구독자가 이제 비활성화되었으므로 메시지가 저장된다.
session.unsubscribe(subscriptionName);
// 구독이 제거된다.
```

구독자가 탈퇴하면, 구독은 토픽에서 제거되고, 메시지는 탈퇴한 구독자에게 더 이상 전달되지 않는다.

멱등 수신자(Idempotent Receiver)

발신자 애플리케이션이 메시지를 한 번만 발신하더라도 수신자 애플리케이션은 한 번 이상 메시지를 수신할 수 있다.

메시지 수신자는 중복 메시지를 어떻게 처리할 수 있을까?

3장, '메시징 시스템'의 채널 패턴들에서 *보장 전송*(p239)를 사용해 신뢰할 수 있는 메시징 채널을 만드는 방법을 논의했다. 그러나 일부 신뢰할 수 있는 메시징 시스템조차 중복 메시지들을 만들 수 있다. 다른 시나리오로 통신이 본질적으로 신뢰할 수 없는 프로토콜에 의존하는 경우 *보장 전송*(p239)을 사용하지 못할 수 있다. 메시지가 HTTP를 사용해 인터넷으로 전송되는 수많은 B2B[business-to-business] 통합 시나리오들이 이런 경우다. 일반적으로 이런 경우 발신자는 수신자로부터 수신 확인[Ack]이 반환될 때까지 전송을 반복함으로 메시지 전송을 보장한다. 그러나 수신 확인도 신뢰할 수 없는 연결로 인해 손실된 경우, 발신자는 수신자가 이미 수신한 메시지를 다시 전송할 수 있다(그림 참조).

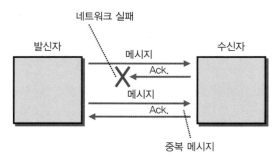

수신 확인 전송 문제로 인한 메시지 중복

일반적으로 메시징 시스템은, 애플리케이션이 중복을 걱정하지 않게, 중복 메시지 제거 메커니즘을 내장한다. 하지만 메시징 인프라 내 중복 제거는 추가 오버헤드를 야기한다. 수신자가 중복에 대해 본질적으로 탄력적인 경우, 예를 들어 질의 스타일의 *명령 메시지*(p203)를 처리하는 상태 비저장 수신자인 경우, 중복이 허용된다면 메시징 처리량은 증가할 수 있다. 이런 이유로 어떤 메시징 시스템은 적어도 한 번만 전달해 중복 메시지 처리를 애플리케이션에 맡기고, 어떤 메시징 시스템은 애플리케이션이 중복을 다룰지 여부를 정의하게 한다. (예를 들어 JMS 규격은 DUPS_OK_ACKNOWLEDGE 모드를 정의한다.)

중복 메시지를 생성할 수 있는 또 다른 시나리오는 실패한 분산 트랜잭션이다. 상용 어댑터를 거쳐 메시징 인프라에 연결되는 패키지 애플리케이션들은 분산 2단계 커밋에 참여하지 못한다. 애플리케이션들에 전송된 메시지가 이들 중 하나 이상에서 실패한 경우, 이런 일관되지 않은 상태를 복구하기가 어려울 수 있다. 수신자가 중복 메시지를 무시하게 설계하는 경우, 발신자는 그저 모든 수신자에게 메시지를 다시 전송할 수 있다. 이 경우 이미 원래 메시지를 수신하고 처리한 수신자는 단순히 재전송된 메시지를 무시할 것이고, 원래 메시지를 제대로 소비하지 못한 애플리케이션은 재전송된 메시지를 처리할 것이다.

> ▼
> 수신자를 멱등 수신자(Idempotent Receiver)로 설계한다. 멱등 수신자는 안전하게 동일한 메시지를 여러 번 수신할 수 있는 수신자다.
> ▲

멱등idempotent은 자신에 적용되는 경우 동일한 결과를 만드는 함수를 설명하기 위해 수학에서 사용하는 용어다. 즉, *f(x) = f(f(x))*라는 개념을 나타내는 용어다. *메시징*(p111)에서 멱등 개념은 한 번 또는 여러 번 수신해도 동일한 효과를 주는 메시지로 해석한다. 이것은 동일한 메시지를 중복해서 수신해도 수신자는 문제가 발생하지 않으므로 안전하게 메시지를 재전송할 수 있다는 것을 의미한다.

멱등성idempotency은 다음 두 방법을 사용해 달성될 수 있다.

1. 명시적으로 중복 메시지를 제거.

2. 멱등성을 지원하는 메시지 의미 정의.

수신자는 기수신한 메시지들의 추적을 유지함으로 명시적으로 중복 메시지를 제거할 수 있다. 이 경우 고유한 메시지 식별자를 사용하면, 작업이 단순해지고 수신한 메시지 중 동일한 내용의 메시지들의 탐지하기가 쉬워진다. 이를 위해 메시지 식별자 필드를 별도로 사용해 메시지 중복의 의미가 메시지 내용에 묶이지 않게 한다. 그런 다음 메시지마다 고유한 메시지 식별자를 할당한다. JMS 호환 메시징 시스템과 같은 메시징 시스템들은, 애플리케이션이 걱정하지 않도록, 메시지마다 고유한 메시지 식별자를 자동으로 할당한다.

메시지 식별자로 메시지 중복을 감지하고 제거하려면, 메시지 수신자는 기수신된 메시지 식별자들을 유지해야 한다. 이 경우 이력 유지 기간과 디스크 같은 영구 저장소에 이력 보존 여부를 설계에서 결정해야 한다. 이런 결정은 주로 발신자와 수신자 사이의 계약에 따라 달라진다. 가장 간단한 경우로, 발신자는 한 번에 하나씩 메시지를 전송하면서 수신자의 메시지 수신 확인을 기다린다. 이 시나리오에서 수신자는 수신 메시지 식별자를 이전 메시지 식별자와 비교하는 것만으로 충분하다. 수신자는 식별자가 동일한 경우 새 메시지를 무시한다. 이 시나리오의 수신자는 하나의 메시지 이력만 보관한다. 그러나 현실에서 특히 지연 시간 (발신자에게서 수신자로 메시지가 여행하는 시간)이 원하는 메시지 처리량에 비해 상대적으로 긴 경우, 이런 스타일의 통신은 매우 비효율적일 수 있다. 이런 상황에서 발신자는 각 수신 확인을 기다리는 않고 전체 메시지들을 한 번에 전송하려고 할 수 있다. 이것은 수신자가 이미 수신한 메시지들의 식별자 이력을 오래 유지해야 한다는 것을 의미한다. 수신자의 '메모리' 크기는 발신자가 수신자로부터 수신 확인을 받지 않고 전송할 수 있는 메시지 수에 따라 달라진다. 이 문제는 *리시퀀서*(p409)에서 논의한 고려사항과 비슷하다.

저수준 프로토콜인 TCP/IP도 메시지 중복 제거를 사용한다. IP 네트워크 패킷은, 네트워크를 거쳐 라우팅될 때, 중복 생성될 수 있다. TCP/IP 프로토콜은 각 패킷에 고유 식별자를 첨부해 중복 패킷의 제거를 보장한다. 발신자와 수신자는 수신자가 중복을 감지하기 위해 할당하는 '윈도우 크기$^{window size}$'를 협상한다. 이 메커니즘을 구현하는 방법에 대한 TCP/IP의 완벽한 논의는 [Stevens]를 참조한다.

때로는 비즈니스 키를 메시지 식별자로 사용해 영속 계층이 중복 제거를 처리하려는 유혹을 받을 수 있다. 예를 들어 애플리케이션이 수신한 주문을 데이터베이스에 보존한다고 가정해 보자. 주문마다 고유한 주문 번호가 포함되어 있고 주문 번호 필드를 고유 키로 사용하게 데이터베이스를 설계한 경우, 수신한 중복 주문 메시지는 데이터베이스의 삽입^{insert} 작업을 실패로 만들 것이다. 이 해결책은 우아한 것처럼 보인다. 우리가 중복 키 검출에 매우 효율적인 데이터베이스 시스템에 중복 검사를 위임했기 때문이다. 그러나 우리는 하나의 필드에 의미를 이중으로 연관시켰기 때문에 주의해야 한다. 우리는 비즈니스 필드(주문 번호)와 인프라 관련 의미(중복 메시지)

를 묶었다. 고객이 주문 번호는 같지만 서로 다른 메시지를 전송해 기존 주문을 수정하도록 비즈니스 요구가 변경된 경우를 상상해 보자. (이런 경우는 매우 일반적이다.) 이 경우, 고유 메시지 식별자와 비즈니스 필드가 묶였으므로, 우리는 메시지 구조를 변경해야 한다. 따라서 하나의 필드에 의미를 이중으로 부담을 지우는 일은 하지 않는 것이 가장 좋다.

　메시징 인프라 벤더가 제공한 데이터베이스 어댑터를 중복 제거에 사용하는 경우도 있지만, 이 어댑터만으로는 중복 제거가 쉽지 않은 경우가 더 많다. 그러므로 이 기능은 데이터베이스에 위임해야 한다.

　먹등성을 달성하기 위한 또 다른 접근 방법으로, 메시지 재전송으로 시스템이 영향 받지 않게 메시지의 의미를 정의하는 방법이 있다. 예를 들어 우리는 '12345 계정에 10달러를 더하라'와 같이 메시지를 정의하기보다, '12345 계정의 잔액을 110달러로 설정하라'라고 메시지를 변경할 수 있다. 현재 계정 잔액이 100달러인 경우, 이 두 메시지는 동일한 결과를 만든다. 이 중 두 번째 메시지는, 두 번 수신이 영향을 주지 않으므로, 먹등하다. 보다시피 이 예는 동시적 상황을 고려하지는 않았다. 동시적 상황이란 예를 들어 다른 메시지 '12345 계정의 잔액을 150달러로 설정하라'가 원본 메시지와 중복 메시지 사이에 도착하는 경우와 같은 상황을 말한다.

예　마이크로소프트 IDL

마이크로소프트 인터페이스 정의 언어$^{\text{MIDL, Microsoft Interface Definition Language}}$는 원격 호출 의미의 일환으로 먹등성 개념을 지원한다. 원격 프로시저는 [idempotent] 속성을 사용해 먹등하게 선언될 수 있다. MIDL 규정은 다음과 같이 기술한다. "[idempotent] 속성은 작업이 상태 정보를 수정하지 않고 수행될 때마다 동일한 결과를 반환함을 지정한다. 한 번 이상 루틴을 수행해도 한 번 수행하는 것과 같은 효과가 있다."

```
interface IFoo;
[
    uuid(5767B67C-3F02-40ba-8B85-D8516F20A83B),
    pointer_default(unique)
]

interface IFoo
{
```

```
    [idempotent]
    bool GetCustomerName
    (
        [in] int CustomerID,
        [out] char *Name
    );
}
```

서비스 액티베이터(Service Activator)

애플리케이션은 서비스를 제공하고 싶다.

메시징 기술과 비메시징 기술 모두를 사용해 호출되는 서비스는 어떻게 설계할까?

애플리케이션은 서비스 계층Service Layer[EAA]의 작업인 서비스의 호출 방법이 동기적이든 비동기적이든 선택하고 싶지 않을 수 있다. 즉, 애플리케이션은 같은 서비스를 두 가지 접근 방법으로 모두 지원하고 싶을 수 있다. 그러나 기술은 이 선택을 강제하는 것처럼 보일 수 있다. 예를 들어 EJB를 사용해 구현된 애플리케이션은 동기 고객을 지원하려면 세션 빈을 사용해야 하고 메시징 클라이언트를 지원하려면 MDB를 사용해야 한다.[2]

B2B 애플리케이션 같이 다른 애플리케이션들과 협력하는 애플리케이션을 설계하는 개발자들은 이들이 통신하려는 애플리케이션들과 또 이들 사이의 다양한 통신 방법을 모를 수 있다. 필요할 때마다 지원해야 할 메시징 기술과 데이터 포맷은 수없이 많다.[3]

메시지 수신과 처리는 여러 단계를 포함한다. 이 단계들을 구분하는 일이 어려울 뿐만 아니라 불필요하게 복잡할 수 있다. 게다가 이런 작업들(메시지 수신, 내용 추출, 작업 실행을 위한 내용 처리)이 뒤섞인 메시지 엔드포인트(p153) 코드는 재사용이 어려울 수 있다.

여러 통신 스타일의 클라이언트들에 서비스할 수 있도록 설계하려면, 스타일마다 서비스를 다시 구현해야 할 것 같기도 하고, 스타일마다 서비스에 성가신 새로운 지원을 추가해야 할 수도 있고, 서비스는 스타일마다 일관되지 않은 행동을 할 가능성도 커진다. 그러므로 필요한 것은 여러 스타일의 통신을 지원하는 단일 서비스에 대한 방법이다.

2　이 예는 마크 와이첼(Mark Weitzel)에게 감사 드린다.
3　이 예는 루크 호먼(Luke Hohmann)에게 감사 드린다.

서비스 액티베이터(Service Activator)를 설계한다. 서비스 액티베이터는 채널로 메시지와 서비스를 연결한다.

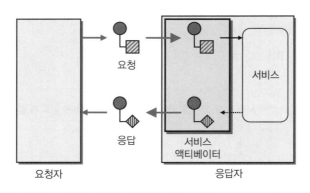

요청

응답

요청자

서비스

서비스
액티베이터

응답자

서비스 액티베이터는 단방향(요청)이거나 양방향(요청 응답(p214))일 수 있다. 서비스는 서비스 계층^{Service Layer}[EAA]의 일부인 로컬 동기 메소드 호출처럼 간단할 수 있다. 액티베이터는 항상 동일한 서비스를 호출하게 하드코딩할 수도 있고, 메시지가 가리키는 서비스를 호출하기 위해 리플렉션을 사용할 수도 있다. 액티베이터는 메시징에 대한 모든 세부 사항을 처리하고, 서비스가 메시징을 사용해 호출된다는 것조차 알지 못하게 일반적인 클라이언트처럼 서비스를 호출한다.

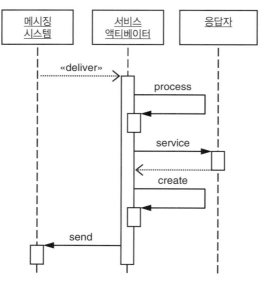

요청 응답을 위한 서비스 액티베이터 시퀀스

서비스 액티베이터는 (*폴링 소비자*(p563)나 *이벤트 기반 소비자*(p567)로서) 요청 메시지를 수신한다. 서비스 액티베이터는 메시지 포맷을 알고 있으며 호출할 서비스와 전달할 파라미터 정보를 메시지에서 추출한다. 그런 다음 액티베이터는 서비스의 일반적인 클라이언트처럼 서비스를 실행하고 서비스가 실행되는 동안 실행을 중지한다. 서비스가 완료되어 값을 반환하면, 액티베이터는 필요한 경우 반환 값을 포함한 응답 메시지를 생성해 요청자에게 반환한다. (이와 같은 응답 방법으로 서비스 호출은 *요청 응답*(p214) 메시징의 예가 된다.)

서비스 액티베이터 덕분에 서비스는 항상 동기적으로 호출된다. 액티베이터는 비동기 메시지를 수신하고, 어떤 서비스를 호출할지 서비스에 어떤 데이터를 전달할지를 결정한 후, 서비스를 동기적으로 호출한다. 서비스는 메시징이 없이도 동작하게 설계되고, 거기에 액티베이터는 메시징을 사용해서도 서비스가 쉽게 호출되게 한다. 서비스 액티베이터는 성공적으로 처리할 수 없는 메시지를 *무효 메시지 채널*(p173)로 옮긴다. 액티베이터가 메시지를 성공적으로 처리하고 서비스를 호출한 후, 실행 중인 서비스에서 발생한 오류는 애플리케이션의 의미론적 오류로 애플리케이션이 처리한다.

개발자들은, 그들이 제공하는 서비스가 무엇이고 무엇을 수행하는지를 알더라도, 서비스를 접근하려는 파트너들의 접근 방법을 모두 예측할 수는 없다. 이런 경우 다른 기술이나 포맷으로 접근하는 새로운 파트너를 위해 새로운 액티베이터를 구현한다. 이것이 직접 수정하는 것보다 쉽다.

서비스 액티베이터 패턴은 이 패턴이 원래 이름 지어진 [CoreJ2EE]에도 설명이 있다. 그곳의 패턴은 이곳의 패턴과 조금 다르다. [CoreJ2EE]의 액티베이터는 *이벤트 기반 소비자*(p567)고 액티베이터가 서비스에 추가될 수 있게 서비스는 이미 존재한다고 가정한다. 하지만 두 버전 모두 거의 비슷한 방식으로 동일한 문제에 대한 동일한 해결책을 제시한다. 서비스 액티베이터는 서비스 처리를 동기 계층과 비동기 계층으로 분리하는 반동기/반비동기 패턴^{Half-Sync/Half-Async pattern} [POSA2]과 관련된다.

서비스 액티베이터는 일반적으로 호출할 서비스를 설명하는 *명령 메시지*(p203)를 수신한다. 서비스 액티베이터는 서비스로부터 메시징 상세를 분리하는 *메시징 게이트웨이*(p536) 역할을 한다. 액티베이터는 *폴링 소비자*(p563)나 *이벤트 기반 소비자*(p567)일 수 있다. 서비스가 트랜잭션을 사용하는 경우, 메시지 소비가 서비스 호출과 같은 트랜잭션에 참여할 수 있게 액티베이터는 *트랜잭션 클라이언트*(p552)이

어야 한다. 액티베이터들은 *경쟁 소비자*(p644)이거나 *메시지 디스패처*(p578)에 의해
조정될 수 있다. 메시지를 성공적으로 처리할 수 없는 경우, 서비스 액티베이터는 *무
효 메시지 채널*(p173)로 메시지를 전송해야 한다.

예 J2EE 엔터프라이즈 자바 빈즈

J2EE에서 EJBs[EJB 2.0]를 생각해 보자. EJBs는 서비스를 세션 빈^{session bean}으로 캡슐
화한 후, 각 메시징 시나리오마다 MDB^{message driven bean}를 구현한다. 하나는 이런 포
맷의 메시지를 사용하는 JMS 데스티네이션에 대한 MDB고, 다른 하나는 저런 포맷
의 메시지를 사용하는 JMS 데스티네이션에 대한 MDB고, 또 다른 하나는 웹 서비스/
SOAP 메시지에 대한 MDB 등이다. 이 MDB들은 각기 메시지를 처리해 서비스를 호
출하므로 서비스 액티베이터들이다. 서비스를 동기적으로 호출하려는 클라이언트는
세션 빈을 직접 접근한다.

11장

시스템 관리

소개

메시징 솔루션을 개발하기도 쉽지 않지만 실제로 운영하기도 어렵다. 메시지 기반 통합 솔루션은 경우에 따라 하루에 수천 또는 수백만 메시지를 생성하고, 라우팅하고, 변환한다. 예외, 성능 병목, 참여 시스템의 변경에도 대응해야 한다. 엎친 데 덮친 격으로, 컴포넌트들은 분산된 플랫폼이나 장비들에 배포된다.

분산된 패키지나 애플리케이션들의 통합에 따르는 내재된 규모와 복잡성 문제에 더해, 느슨하게 결합된 아키텍처 장점은 시스템의 테스트와 디버깅을 도리어 더 어렵게 만든다. 마틴 파울러는 이를 "아키텍트의 꿈, 개발자의 악몽" 현상으로 설명한다. 느슨한 결합과 간접성의 아키텍처 원리는 시스템들이 서로에 대한 가정을 줄여 유연성을 제공하는 것이다. 그러나 메시지 생산자가 메시지 소비자를 인식하지 못하는 시스템을 테스트하기가 어려울 수 있다. 여기에 추가해, 메시징의 비동기적이고 임시적인 측면은 상황을 훨씬 더 복잡하게 만든다. 예를 들어 메시징 솔루션조차 메시지 생산자가 수신자(들)로부터 응답 메시지를 수신하게 설계되지 않았을 수 있다. 마찬가지로 메시징 인프라는 일반적으로 메시지의 전송은 보장하지만 전송 시간은 보장하지 않는다. 이것은 메시지 전송 완료에 의존하는 테스트 케이스 개발을 어렵게 한다.

메시징 통합을 모니터링할 때, 우리는 서로 다른 두 추상 수준에서 메시지 흐름을 추적할 수 있다. 일반적으로 시스템 관리 솔루션은 전송 중인 메시지들의 수나 메시지 전송 시간을 모니터링한다. 이런 모니터링 솔루션들은 주로 메시지 식별자나 *메시지 이력*(p623)과 같은 메시지 헤더 필드들만 일부 검사하고 메시지 데이터는 검사하지 않는다. 반면 비즈니스 활동 모니터링^{BAM, business activity monitoring} 솔루션은, 예를 들어 지난 시간 주문 금액의 총 합계를 알기 위해, 메시지에 포함된 페이로드 데이터에 초점을 맞춘다. 이 절에 소개된 패턴들은 어느 목적을 위해서도 사용될 수 있을 만큼 일반적이다. 그러나 BAM은 그 자체로 새로운 분야고 (우리가 지금까지 언급하지 않았던) 데이터 웨어하우징^{data warehousing}과 수많은 복잡성을 공유하므로, 우리는 시스템 관리 맥락에서만 패턴을 논의한다.

시스템 관리 패턴들은 이런 요구들을 해결하고, 복잡한 메시지 기반 시스템을 계속 실행하게 하는 도구들을 제공한다. 이번 장의 패턴들은 세 가지 범주로 나뉜다. 모니터링과 제어, 메시지 트래픽의 관찰과 분석, 테스트와 디버깅이다.

모니터링과 제어

제어 버스(p612)는 분산 솔루션을 관리하고 모니터링하기 위한 단일 제어 지점을 제공한다. *제어 버스*(p612)는 컴포넌트들을 중앙 관리 콘솔에 연결해, 중앙 관리 콘솔이 각 컴포넌트의 상태를 표시하고 컴포넌트들을 사용해 메시지 트래픽을 모니터링할 수 있게 한다. 이 콘솔은, 예를 들어 메시지 흐름을 변경하기 위해, 컴포넌트들에 제어 명령을 전송하는 데도 사용될 수 있다.

우리는 검증이나 로깅과 같은 추가 단계를 통과하게 메시지를 라우팅하고 싶을 수 있다. 이런 단계들은 성능 감소를 야기할 수 있으므로, 우리는 제어 버스를 거쳐 이들을 켜고 끌 수 있게 하고 싶을 수 있다. *우회기*(p619)가 이런 기능을 제공한다.

메시지 트래픽의 관찰과 분석

때때로 메시지 흐름에 영향을 주지 않으면서 메시지 내용을 검사하고 싶을 수 있다. *와이어 탭*^{Wire Tap}(p619)을 사용하면 메시지 트래픽을 엿들을 수 있다.

메시지 기반 시스템을 디버깅할 때, 메시지가 있었던 곳을 알면 큰 도움이 된다. *메시지 이력*(p623)은, 컴포넌트들 사이에 의존성을 만들지 않고, 메시지가 방문한 컴포넌트들에 대한 로그를 유지한다.

메시지 이력(p623)은 개별 메시지에 묶이는 반면, 중앙 *메시지 저장소*(p627)는 메시지들이 시스템을 거쳐 이동했던 완전한 이력을 제공한다. *메시지 이력*(p623)과 *메시지 저장소*(p627)를 결합하면, 메시지가 시스템을 거쳐 이동한 모든 경로를 분석할 수 있다.

와이어 탭(p619), *메시지 이력*(p623), *메시지 저장소*(p627)는 메시지의 비동기적 흐름을 분석하는 데 도움을 준다. 요청/응답 서비스에 전송한 메시지를 추적하려면,

메시지 흐름 안에 *스마트 프록시*(p630)를 삽입한다.

테스트와 디버깅

메시징 시스템은 운영 환경으로 배포하기 전에 테스트해야 한다. 그러나 테스트를 이것으로 끝내서는 안 된다. 실행중인 메시징 시스템이 계속해서 제대로 작동하고 있는지를 능동적으로 또 지속으로 확인해야 한다. 이 작업을 수행하려면 정기적으로 시스템에 *테스트 메시지*(p124)를 주입하고 그 결과를 확인해야 한다.

실패하거나 잘못 동작한 컴포넌트는 채널에 원치 않는 메시지를 남기며 끝나는 수가 있다. 그러므로 테스트가 진행되는 동안, 테스트 중인 컴포넌트들이 '남은' 메시지를 수신하지 않게, 채널에 남아있는 메시지들을 제거해야 한다. *채널 제거기*(p644)가 이 작업을 처리한다.

제어 버스(Control Bus)

일반적으로 기업 통합 시스템은 분산 시스템이다. 사실 기업 메시징 시스템을 정의하는 특성 중 하나는 이종 시스템들 사이 통신이 가능하다는 점이다. 메시징 시스템은 데이터가 시스템들 사이에서 교환될 수 있게 라우팅 및 변환을 위한 정보를 받아들인다. 대부분의 경우에 기업 애플리케이션들은 여러 네트워크 또는 여러 건물, 여러 도시, 여러 대륙으로 분산된다.

> ▼ ───────────────────────────
> 분산 환경에서 메시징 시스템을 효과적으로 관리하려면 어떻게 해야 할까?
> ─────────────────────────── ▲

느슨하게 결합된 분산 아키텍처는 유연성과 확장성을 고려한 것이지만, 동시에 시스템의 관리와 제어에 심각한 문제점들을 안겨준다. 예를 들어 모든 컴포넌트가 동작 중인지를 어떻게 알 수 있을까? 프로세스가 여러 컴퓨터에 걸쳐 분산되므로, 간단한 프로세스 상태로는 충분하지 않다. 또한 원격 시스템에서 상태를 얻을 수 없는 경우, 이것은 원격 컴퓨터가 작동하지 않는 것인가? 아니면 원격 컴퓨터의 통신이 방해받고 있는 것인가?

단지 시스템이나 컴포넌트가 작동하고 있는지를 확인하는 것뿐만 아니라, 시스템의 동적인 동작을 모니터링해야 할 필요도 있다. 예를 들어 메시지 처리량은 어떤지, 비정상적인 지연은 없는지, 채널은 가득 찼는지 등이다. 일부 정보는 컴포넌트들 사이 또는 컴포넌트들을 사용해 메시지가 이동한 시간을 추적해야 계산할 수 있다. 이를 실현하려면 하나 이상의 컴퓨터들로부터 정보를 수집하고 조합해야 한다.

컴포넌트에서 정보를 읽는 것만으로는 충분하지 않을 수 있다. 시스템이 실행되는 동안, 종종 설정을 조정하거나 변경해야 한다. 예를 들어 시스템이 실행되는 동안, 로깅 기능을 켜거나 끌 수 있다. 대부분의 애플리케이션들은 설정 정보를 위해 설정 파일을, 오류 상황을 보고하기 위해 오류 로그를 사용한다. 이런 접근 방법은 애플리케이션이 단일 시스템 또는 가능한 적은 컴퓨터들로 구성된 경우 잘 작동한다. 대형 분산 솔루션에서는 속성 파일을 파일 전송 메커니즘을 사용해 원격 시스템으로 복사해야 할 수 있다. 그리고 이것은 모든 컴퓨터의 파일 시스템을 원격으로 접근해야 가능하다. 그러나 이것은 보안 위험을 일으킬 수 있으며, 컴퓨터가 파일 매핑 프로토콜을 지원하지 않는 인터넷이나 광역 네트워크에 연결되어 있는 경우, 접근이 어려울 수 있다. 로컬 속성 파일도 신중하게 관리해야 한다. 즉, 관리 악몽이 기다리고 있을지도 모른다.

이런 작업에 메시징 인프라를 활용하는 게 자연스럽다. 예를 들어 컴포넌트의 설정을 변경하기 위해 컴포넌트에 메시지를 전송할 수 있다. 이런 제어 메시지는 일반 메시지처럼 전달되고 라우팅될 수 있다. 이 방법은 통신 문제는 해결하지만 새로운 도전을 야기한다. 설정 메시지는 일반 애플리케이션 메시지보다 엄격한 보안 정책을 따라야 한다. 예를 들어 잘못된 포맷의 제어 메시지는 쉽게 컴포넌트를 다운시킬 수 있다. 컴포넌트가 제대로 작동하지 않아, 설정 메시지가 메시지 채널에 대기하는 경우엔 어떻게 할 것인가? 컴포넌트를 재설정하기 위해 제어 메시지를 전송하는 경우, 제어 메시지가 다른 메시지들과 함께 큐에 밀려있어 문제 컴포넌트에 도달되지 못할 수도 있다. 일부 메시징 시스템은 메시지 우선순위를 지원해, 제어 메시지를 큐의 앞쪽으로 이동시킬 수 있게 한다. 그러나 모든 시스템이 이런 기능을 제공하는 것도 아니고, 큐가 가득 차서 다른 메시지를 더 이상 수락하지 못하는 경우, 우선순위는 도움이 되지 못한다. 마찬가지로 일부 제어 메시지는 애플리케이션 메시지보다 더 낮은 우선순위에 있을 수 있다. 컴포넌트가 주기적으로 상태 메시지를 게시하게 하는 경우, '동작 중'이란 제어 메시지를 지연시키거나 잃어버리는 것이 '백만 달러짜리 주문'을 지연시키거나 잃어버리는 것보다 훨씬 덜 중요하기 때문이다.

제어 버스(Control Bus)를 사용해 기업 통합 시스템을 관리한다. 제어 버스는 메시지 흐름에 참여한 컴포넌트를 관리하기 위해 별도 채널을 사용한다. 제어 버스가 사용하는 메시징 메커니즘은 애플리케이션 데이터가 사용하는 메시징 메커니즘과 동일하다.

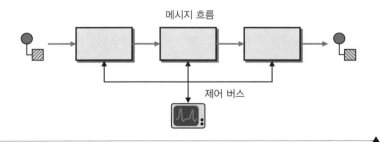

시스템의 각 컴포넌트는 두 하부 메시징 시스템에 연결된다.

1. 애플리케이션 메시지 흐름

2. 제어 버스

애플리케이션 메시지 흐름은 애플리케이션 메시지를 옮긴다. 컴포넌트들은 이들 채널에 가입하고 메시지를 게시한다. 컴포넌트는 제어 버스를 구성하는 채널로도 메시지를 전송하고 수신한다. 이 채널은 중앙 관리 컴포넌트에 연결된다.

제어 버스는 다음과 같은 유형의 메시지들을 옮기는 데 적합하다.

1. **설정**: 메시지 흐름에 관련된 각 컴포넌트는 필요에 따라 변경될 수 있는 설정 가능한 파라미터를 가져야 한다. 이 파라미터는 채널 주소, 메시지 데이터 포맷, 제한시간 등이 될 수 있다. 컴포넌트들은 이런 정보를 중앙 저장소에서 추출하기 위해 속성 파일보다 제어 버스를 사용한다. 중앙 저장소는 설정의 중앙 관리와 실행 중인 통합 솔루션의 재설정을 가능하게 한다. 예를 들어 *내용 기반 라우터*(p291)의 라우팅 테이블은 과부하나 컴포넌트 실패 같은 시스템 상황에 따라 동적으로 갱신될 수 있어야 한다.

2. **하트비트**: 중앙의 콘솔 애플리케이션이 컴포넌트들의 정상 작동을 확인할 수 있게, 각 컴포넌트는 제어 버스로 하트비트heartbeat 메시지를 정기적으로 전송할 수 있다. 하트비트는 처리한 메시지 수나 시스템의 사용가능 메모리 같은 컴포넌트 측정 항목들일 수 있다.

3. **테스트 메시지**: 하트비트 메시지는 컴포넌트가 아직 살아 있다는 것을 제어 버스에 알리기 위해 사용한다. 여기에 컴포넌트의 메시지 처리 능력 정보도 일부 제공할 수 있다. 우리는 컴포넌트가 하트비트 메시지를 정기적으로 게시하게 하는 것뿐만 아니라 컴포넌트의 메시지 스트림으로 테스트 메시지를 끼워 넣을 수도 있다. 나중에 이 메시지를 추출해 컴포넌트가 올바르게 메시지를 처리했는지를 확인한다. 이 접근 방법은 제어 버스와 애플리케이션 메시지 흐름의 정의를 혼란스럽게 하므로, 우리는 이 방법을 별도의 패턴으로 정의했다(*테스트 메시지*(p641) 참조).

4. **예외**: 컴포넌트는 평가된 예외 상황을 제어 버스로 전송할 수 있다. 심각한 예외는 운영자에게 경고해야 할 수도 있다. 예외 처리 규칙은 중앙 핸들러에 지

정한다.

5. **통계**: 컴포넌트는 처리된 메시지 수, 평균 처리량, 평균 메시지 처리 시간 등의 통계를 수집할 수 있다. 이 데이터들을 메시지 형식에 따라 세분화하면 시스템에 넘치는 메시지가 어떤 메시지들인지 확인할 수 있다. 일반적으로 이런 메시지는 다른 메시지보다 우선순위가 낮으므로, 제어 버스는 이를 위해 보장되지 않고 우선순위가 낮은 채널을 사용한다.

6. **실시간 콘솔**: 여기에 언급된 대부분의 기능들은 중앙 콘솔로 수집되어 표시될 수 있다. 이를 사용해 운영자는 메시징 시스템의 상태를 평가하고 필요한 경우 시정 조치를 취한다.

제어 버스가 지원하는 기능들은 네트워크 시스템을 모니터링하고 유지하기 위해 사용하는 네트워크 관리 기능들과 비슷하다. 제어 버스는 메시징 시스템 수준에서 이에 상응하는 관리 기능을 구현하게 한다. 제어 버스는 사실상 저수준인 IP 네트워크 수준에서 풍부한 메시징 수준까지 관리 기능을 향상시킨다. 관리 기능은 네트워크 인프라에서와 마찬가지로 메시징 인프라에서도 성공적인 운영을 위해 꼭 필요하다. 불행하게도 메시징 시스템에 대한 관리 표준 부재는 메시징 시스템을 위한 기업 규모의 재사용 가능한 관리 솔루션을 구축하기 어렵게 만든다.

메시지 처리 컴포넌트를 설계할 때, 우리는 세 인터페이스를 포함해 처리기를 설계한다(그림 참조). 수신 데이터 인터페이스는 메시지 채널로부터 애플리케이션 메시지를 수신한다. 발신 데이터 인터페이스는 처리한 애플리케이션 메시지를 발신 채널로 발신한다. 제어 인터페이스는 제어 메시지를 제어 버스에서 수신하고 발신한다.

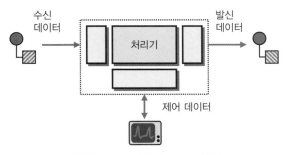

메시징 컴포넌트의 주요 인터페이스들

예 **대출 모집인**

12장, '사잇장: 시스템 관리 예'는 제어 버스를 사용해 9장, '사잇장: 복합 메시징'의 대출 모집인 예를 측정한다. 이 측정 예는 컴포넌트의 상태를 실시간으로 표시하는 간단한 관리 콘솔도 포함한다(12장의 "대출 모집인 시스템 관리" 참조).

우회기(Detour)

외부 요인에 따라 메시지 경로를 수정하고 싶을 때가 있다.

> 검증, 테스트, 디버깅 등을 수행하는 단계로 메시지를 통과시키려면 어떻게 라우팅해야 할까?

컴포넌트를 이동하는 메시지를 검증하는 것은 매우 유용한 디버깅 수단이 될 수 있다. 그러나 이런 추가 단계들은 항상 필요한 것도 아니고, 항상 실행될 경우 시스템을 느리게 만들 수도 있다.

중앙 설정을 기반으로 이런 단계들을 포함하거나 건너뛰게 할 수 있는 기능이 있다면, 이 기능은 매우 효과적인 디버깅 도구 또는 성능 조정 도구가 될 것이다. 예를 들어 우리는 시스템을 테스트하는 동안만 메시지를 추가 검증 단계로 통과시키고 싶을 수 있다. 운영 중에는 이 단계들을 무시해 성능을 향상시킬 수 있다. 이런 검증들은 디버깅 동안 실행되고 출시 후에는 실행되지 않는 소스 코드의 assert 문에 비교될 수 있다.

마찬가지로 문제를 해결하는 동안 로깅이나 모니터링하는 추가 단계로 메시지를 라우팅하면 유용하다. 추가 단계를 켜고 끌 수 있는 기능을 활용함으로 정상적인 상황에서 메시지 처리량을 극대화할 수 있다.

> 제어 버스를 거쳐 제어되는 상황 기반 라우터로 우회기(Detour)를 구성한다. 이 라우터는 한 상태에서는 수신 메시지를 추가 단계로 라우팅하고, 다른 상태에서는 수신 메시지를 목적지 채널로 직접 라우팅한다.

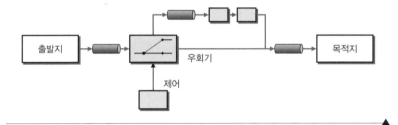

우회기는 두 출력 채널을 가진 간단한 상황 기반 라우터를 사용한다. 한 출력 채널은 원래 목적지까지 수정되지 않은 메시지를 전달한다. *제어 버스*(p612)에서 지시가 있으면, 우회기는 메시지를 다른 채널로 라우팅한다. 이 채널은 메시지를 검사 그리고/또는 수정할 수 있는 추가 컴포넌트로 메시지를 전송한다. 우회 경로의 마지막 컴포넌트는 동일한 목적지로 메시지를 라우팅한다.

우회 경로에 컴포넌트가 하나만 있는 경우, 필터로 우회기 스위치와 추가 컴포넌트를 결합하는 것이 더 효율적일 수 있다. 그러나 이 해결책은 우회 경로 상의 컴포넌트가 *제어 버스*(p612)로 제어되는 우회 로직을 포함하게 수정될 수 있다고 가정한다.

제어 버스(p612)를 거쳐 우회기를 제어하는 강점은 제어 콘솔에서 *게시 구독 채널*(p164)을 사용하는 *제어 버스*(p612)로 단일 명령을 게시함으로 모든 우회기를 동시에 활성화시키거나 비활성화시킬 수 있다는 점이다.

와이어 탭(Wire Tap)

포인트 투 포인트 채널(p161)은 종종 문서 메시지(p206)를 위해 사용된다. 포인트 투 포인트 채널(p161)은 메시지마다 하나의 소비자가 소비하는 것을 보장하기 때문이다. 그렇지만 테스트나 모니터링이나 문제 해결을 위해 채널을 거쳐 지나가는 모든 메시지를 검사할 수 있는 것도 유용할 수 있다.

포인트 투 포인트 채널을 지나는 메시지를 검사하려면 어떻게 해야 할까?

예를 들어 간단하게 디버깅하려고 하거나 메시지를 *메시지 저장소*(p627)에 저장하려고 할 때 어떤 메시지가 채널을 통과하는지 보는 것은 매우 유용할 수 있다. 포인트 투 포인트 채널(p161)에 다른 리스너를 추가하기는 불가능하다. 포인트 투 포인트 채널(p161)에서 메시지를 소비하면, 메시지가 이미 수신됐으므로 의도된 수신자가 메시지를 수신할 수 없기 때문이다.

대안으로 검사를 위한 별도의 채널로 메시지의 게시를 책임지는 발신자나 수신자를 만들 수 있다. 그러나 이 방법은 잠재적으로 수많은 컴포넌트를 강제적으로 수정하게 만든다. 게다가 패키지 애플리케이션인 경우 이런 수정은 불가능할 수 있다.

채널을 *게시 구독 채널*(p164)로 변경하는 것을 고려해 볼 수도 있다. 이 방법은 추가된 리스너가 메시지 흐름을 방해하지 않으면서도 메시지를 검사할 수 있게 한다. 그러나 *게시 구독 채널*(p164)은 채널의 의미를 변경한다. 예를 들어 *경쟁 소비자*(p644)들은 각 소비자가 유일한 메시지를 수신한다는 사실에 의존해 채널에서 메시지를 소비한다. 그런데 채널을 *게시 구독 채널*(p164)로 변경하면, 각 소비자는 동일한 메시지를 수신하게 된다. 예를 들어 수신 메시지가 주문을 나타내고 결과적으로 여러 번 처리된다면, 이것은 바람직하지 못할 것이다. 단일 소비자가 채널을 수신하더라도, *게시 구독 채널*(p164)을 사용하기는 포인트 투 포인트 채널(p161)을 사용하기보다 덜 효율적이고 신뢰성도 더 떨어질 수 있다.

많은 메시징 시스템들이 컴포넌트가 메시지를 소비하지 않고도 포인트 투 포인트

채널(p161)에서 메시지를 검사할 수 있는 엿보기 메소드를 제공한다. 하지만 이 접근 방법에는 한 가지 중요한 제한 사항이 있다. 소비자가 메시지를 소비하면, 엿보기 메소드로는 더 이상 소비된 메시지를 볼 수 없다. 따라서 이 접근 방법으로는 소비된 후의 메시지는 분석할 수 없다.

필요한 검사를 수행하는 컴포넌트를 ('인터셉터'의 형태로) 채널 안에 삽입할 수 있다. 이 컴포넌트는 수신 채널에서 메시지를 소비하고, 메시지를 검사하고, 출력 채널로 수정되지 않은 메시지를 전달한다. 그러나 이런 유형의 검사는 종종 (예: 메시지의 이동 시간을 측정하기 위해) 하나 이상의 채널로부터의 메시지들에 의존한다. 그러므로 이 기능은 단일 채널 내부에 단일 필터로는 구현될 수 없다.

채널에 와이어 탭(Wire Tap)을 삽입한다. 와이어 탭은 수신 메시지를 주 채널뿐만 아니라 보조 채널에도 각각 게시하는 간단한 수신자 목록 컴포넌트다.

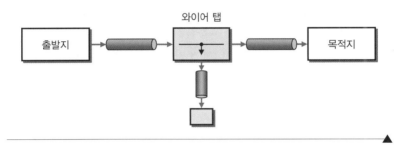

(티^{tee}로도 알려진) 와이어 탭은 두 개의 출력 채널을 가진 고정된 *수신자 목록*(p310)이다. 와이어 탭은 입력 채널에서 메시지를 소비하고 두 출력 채널로 수정되지 않은 메시지를 게시한다. 채널에 와이어 탭을 삽입하려면, 추가 채널을 생성하고 두 번째 채널에서 메시지를 소비하도록 목적지 소비자를 변경해야 한다. 별도의 컴포넌트가 분석을 수행하므로, 기본 채널의 동작을 의도하지 않게 수정하는 위험 없이, 어떤 채널에도 포괄적인 와이어 탭을 삽입할 수 있다. 이것은 재사용성을 향상시키고 기존 해결책에 추가함으로 발생할 수 있는 부작용도 거의 없다.

제어 버스(p612)를 거쳐 와이어 탭을 프로그램 가능하게 만들어 보조 채널('탭')을 켜거나 끄게 하는 것도 유용하다. 이 방법으로 테스트나 디버깅 동안 와이어 탭이 보조 채널로 메시지를 게시하게 지시할 수 있다.

와이어 탭의 주요 단점은 메시지를 소비하고 다시 게시함으로 추가적인 지연이 발생한다는 점이다. 많은 통합 제품들이 메시지를 수정하지 않고 다른 채널에 게시하는 경우에도 메시지를 자동으로 해독한다. 또 새 메시지는 원본 메시지와 다른 새 메시지 아이디와 새 타임스탬프를 받게 된다. 이런 작업들은 부하를 추가하고 기존 메커니즘을 깨뜨릴 수 있다. 예를 들어 원래 메시지 흐름이 원본 메시지의 메시지 아이디를 *상관관계 식별자*(p223)로 사용하는 경우, 다시 게시된 메시지의 메시지 아이디는 원본 메시지의 메시지 아이디와 다르므로, 이 해결책은 사용할 수 없다. 일반적으로 '*상관관계 식별자*(p223)로 메시지 아이디를 사용하는 것이 좋은 생각이 아니다'고 말하는 이유들 중 이것도 포함된다.

와이어 탭은 하나의 메시지를 서로 다른 두 메시지로 게시하므로, 두 메시지는 서로 메시지 아이디로 인한 상관관계를 갖지 말아야 한다. 주 채널과 보조 채널이 동일한 메시지를 수신하더라도, 대부분의 메시징 시스템은 자동으로 시스템에서 각 메시지에 새 메시지 아이디를 할당한다. 이것은 원래 메시지와 '중복' 메시지가 서로 다른 메시지 아이디를 가지고 있다는 것을 의미한다.

메시지 브로커(p384)의 메시지는 모두 중앙 컴포넌트를 통과하므로, *메시지 브로커*(p384)를 사용하는 경우 와이어 탭으로 역할을 확장하기는 어렵지 않다.

와이어 탭은 채널에 걸쳐 흐르는 메시지를 변경하지 않으므로, 메시지를 조작해야만 하는 경우 *우회기*(p619)을 사용한다.

예 대출 모집인

12장, '사잇장: 시스템 관리 예'에서 우리는 외부 서비스의 요청을 로깅하기 위해, 대출 모집인 예를 확장해 신용 평가 기관의 요청 채널에 와이어 탭을 삽입한다(12장의 '대출 모집인 시스템 관리' 참조).

예 와이어 탭을 여럿 이용한 메시지 이동 시간 측정

와이어 탭의 장점 중 하나는 와이어 탭을 여럿 결합해 중앙의 분석 컴포넌트로 메시지 사본을 전송할 수 있다는 점이다. 이 컴포넌트는 *메시지 저장소*(p627)거나 메시지들의 관계(예: 두 메시지의 경과 시간)를 분석하는 컴포넌트일 수 있다(그림 참조).

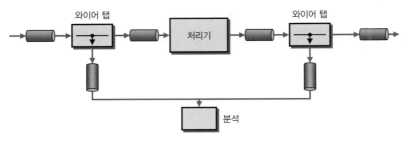

두 개의 와이어 탭을 이용한 메시지 이동 시간 분석

메시지 이력(Message History)

메시지 기반 시스템의 주요 장점 중 하나는 참여자들 사이 느슨한 결합이다. 즉, 메시지 발신자와 메시지 수신자가 서로의 정체에 대해 아무 것도 가정하지 않거나 하더라도 아주 적게 가정한다. 일반적으로 메시지 수신자는 메시지 채널에서 메시지를 추출할 때 어떤 애플리케이션이 채널에 메시지를 넣었는지 신경을 쓰지 않는다. 메시지는 정의에 따라 독립적이고 특정 발신자에게 관련되지 않는다. 이것은 메시지 기반 시스템 아키텍처의 강점 중 하나다.

그러나 이런 느슨한 결합의 속성은 도리어 디버깅과 의존성 분석을 어렵게 만들수 있다. 메시지가 어디로 가는지 확실하지 않은 경우, 메시지 포맷의 변경에 따른 영향을 평가하기란 쉽지 않다. 마찬가지로 문제를 가진 메시지를 게시한 애플리케이션을 알지 못하는 경우 문제 해결이 어렵다.

▼

느슨하게 결합된 시스템에서 메시지 흐름을 효과적으로 분석하고 디버깅하려면 어떻게 해야 할까?

▲

제어 버스(p612)는 메시지를 처리하는 컴포넌트의 상태를 모니터링하지만 메시지가 라우팅되는 경로에는 관심을 갖지 않는다. 컴포넌트를 수정해, 컴포넌트가 자신을 통과해 *제어 버스*(p612)로 전달되는 메시지에 고유한 메시지 식별자를 발행하게 할수 있다. 이 경우 발행 정보는 *메시지 저장소*(p627)인 공통 데이터베이스에 수집된다. 이 접근 방법에는 별도의 데이터 저장소와 같은 상당한 양의 인프라가 필요하다. 또 메시지의 이력을 조사해야 하는 컴포넌트는 중앙 데이터베이스에 질의해야 하는데, 이것은 데이터베이스에 병목을 야기할 수 있다.

시스템을 통과하는 메시지의 흐름을 추적하기는 보기만큼 간단하지가 않다. 이를위해 메시지에 고유한 메시지 아이디를 사용하는 것이 자연스러워 보일 수 있다. 그러나 컴포넌트(예: *메시지 라우터*(p136))가 메시지를 처리하고 출력 채널에 게시할 때, 결과 메시지는 컴포넌트가 소비했던 메시지와 연관되지 않은 새로운 메시지 식별자를 갖게 된다. 따라서 두 메시지를 나중에 연관시키려면, 수신 메시지에서 발신 메시지로 복사된 새 키를 식별해야 한다. 이 방법은 컴포넌트가 소비한 메시지마다 정확히 하나의 메시지를 게시해야 합리적으로 잘 작동한다. 그러나 이 방법은 *수신자 목록*(p310)이나 *수집기*(p330), *프로세스 관리자*(p375) 같은 컴포넌트들에서 잘 동작하지 않는다. 이 컴포넌트들은 일반적으로 하나의 입력 메시지에 대해 여러 응답 메시지들을 게시하기 때문이다.

메시지의 경로를 식별하는 대신, 메시지에 꼬리표를 달아 메시지 자신이 통과하는 컴포넌트들의 목록을 수집할 수 있다. 메시징 시스템에서 컴포넌트마다 고유한 식별자를 지니는 경우, 각 컴포넌트는 게시하는 메시지에 자신의 식별자를 추가할 수 있다.

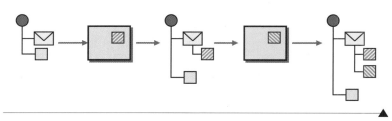

메시지에 메시지 이력(Message History)을 첨부한다. 메시지 이력은 메시지가 자신의 출발지로부터 통과한 모든 애플리케이션이나 모든 컴포넌트의 목록이다.

메시지 이력은 메시지가 통과한 모든 컴포넌트의 목록을 유지한다. 메시지를 처리하는 각 컴포넌트(출발 컴포넌트 포함)는 목록에 한 항목을 추가한다. 메시지 이력은 시스템의 제어 정보를 포함하므로 메시지 헤더에 포함된다. 메시지 이력은 헤더에 유지되므로 애플리케이션별 데이터를 포함하는 메시지 본문과는 분리된다.

컴포넌트가 게시하는 메시지가 모두 단일 메시지의 결과는 아니다. 예를 들어 *수집기*(p330)는 각각 독자적으로 이력을 가질 수 있는 여러 메시지로부터 정보를 수집해 단일 메시지로 게시한다. 메시지 이력에 이 시나리오를 표현하는 방법은 두 가지이다. 첫째, 전체 이력을 추적하려는 경우, 계층적 트리 구조가 되게 저장될 메시지 이력을 향상시킬 수 있다. 이 경우 트리 구조의 재귀적 특성으로, 단일 노드에 여러 메시지 이력이 저장될 수 있다. 둘째, 간단히 오직 하나의 수신 메시지의 이력을 유지하게 할 수 있다. 이 접근 방법은 하나의 수신 메시지가 다른 메시지들보다 결과에 더 중요한 경우 잘 동작한다. 예를 들어 경매 시나리오에서 우리는 '낙찰' 메시지의 이력만 전파되게 할 수 있다.

연속되는 메시지들이 특정 비즈니스 기능이나 프로세스에 협력하는 수많은 필터를 거쳐 흐르는 경우 메시지 이력은 아주 유용하다. 메시지의 경로 관리가 중요한 경우 *프로세스 관리자*(p375)가 유용하다. *프로세스 관리자*(p375)는 트리거 메시지를 수신하면 프로세스 인스턴스를 생성한다. 프로세스 인스턴스를 사용하면 컴포넌트들을 통과하는 메시지의 흐름을 메시지 이력 꼬리표 없이도 중앙에서 관리할 수 있다.

예 무한 루프 방지

게시 구독 채널(p164)을 사용해 이벤트를 전파할 때, 메시지가 이력을 장비하면 중요한 이점이 생긴다. *게시 구독 채널*(p164)을 거쳐 여러 시스템으로 주소 변경을 전파하는 시스템을 구현한다고 가정해 보자. 주소 변경은 모든 관심 시스템으로 브로드캐스트되고, 각 관심 시스템은 자신의 레코드를 갱신한다. 이 접근 방법은 새 시스템의 추가에 매우 유연하다. 즉, 새 시스템은 기존 메시징 시스템을 변경하지 않고도 게시된 메시지를 수신할 수 있다. 고객 관리 시스템이 애플리케이션 데이터베이스에 주소를 저장하는 시스템 중 하나라고 가정해 보자. 데이터베이스 필드의 변경은 모든 시스템에 변경을 촉발하는 알림 메시지를 야기한다. 게시 구독 패러다임의 성격으로 인해, 주소 변경 채널에 가입한 모든 시스템은 이벤트를 수신할 것이다. 그러나 고객 관리 시스템도 이 채널에 가입해야 한다. 예를 들어 자체적으로 서비스하는 웹 사이트를 거쳐 다른 시스템이 만든 갱신을 수신해야 하기 때문이다. 이것은 고객 관리 시스템이 자신이 게시한 메시지도 수신한다는 것을 의미한다. 수신된 메시지로 데이터베이스는 갱신될 것이고, 이것은 또 다시 다른 주소 변경 메시지를 촉발할 것이다. 이 경우 우리는 주소 변경 메시지들의 무한 루프에 빠져들 수 있다. 이런 무한 루프를 방지하려면, 구독 애플리케이션은 메시지 이력에서 메시지가 자신으로부터 유래됐는지를 검사해 그 경우 수신한 메시지를 무시해야 한다.

예 팁코 액티브엔터프라이즈

많은 EAI 통합 제품들이 메시지 이력을 지원한다. 예를 들어 팁코 액티브엔터프라이즈 메시지의 메시지 헤더에는 메시지가 통과한 모든 컴포넌트의 목록을 유지하는 추적 필드가 포함된다. 이런 맥락에서 팁코 액티브엔터프라이즈 컴포넌트는 출력 메시지에 소비한 메시지와 동일한 메시지 아이디를 지정한다는 점에 유의해야 한다. 이것은 여러 컴포넌트를 통과하는 메시지들을 추적하기 쉽게 만드는 반면, 메시지들이 동일한 아이디를 공유하므로, 시스템 내에서 메시지 아이디는 더이상 고유 속성이 아니게 된다. 예를 들어 *수신자 목록*(p310)을 구현할 때, 팁코 액티브엔터프라이즈는 소비된 메시지의 아이디를 발신 메시지들로 옮긴다.

다음 예는 OrderProcess와 VerifyCustomerStub이라는 통합매니저^{Integration} ^{Manager} 프로세스들을 포함해 여러 컴포넌트를 통과한 메시지 내용이다.

```
tw.training.customer.verify.response
{
  RVMSG_INT      2    ^pfmt^        10
  RVMSG_INT      2    ^ver^         30
  RVMSG_INT      2    ^type^        1
  RVMSG_RVMSG  108    ^data^
  {
    RVMSG_STRING  23   ^class^       "VerifyCustomerResponse"
    RVMSG_INT      4   ^idx^         1
    RVMSG_STRING   6   CUSTOMER_ID   "12345"
    RVMSG_STRING   6   ORDER_ID      "22222"
    RVMSG_INT      4   RESULT        0
  }
  RVMSG_RVMSG  150    ^tracking^
  {
    RVMSG_STRING  28   ^id^   "4OEaDEoiBIpcYk6qihzzwB5Uzzw"
    RVMSG_STRING  41   ^1^    "imed_debug_engine1-OrderProcess-Job-4300"
    RVMSG_STRING  47   ^2^    "imed_debug_engine1-VerifyCustomerStub-Job-4301"
  }
}
```

메시지 저장소(Message Store)

메시지 이력(p623)에서 설명한 것처럼, 느슨한 결합의 아키텍처 원리는 해결책에 유연성을 허용하지만 통합의 동적 행동에 대한 통찰을 얻기 어렵게 만들 수 있다.

> 메시징 시스템의 느슨한 결합과 임시 보관적 특성을 방해하지 않으면서, 메시지 정보를 보고하려면 어떻게 해야 할까?

메시징을 강력하게 만드는 속성은 관리를 어렵게 만들 수 있다. 비동기 메시징은 메시지의 전송은 보장하지만 메시지의 전달 시점은 보장하지 않는다. 하지만 실제 애플리케이션의 경우 시스템의 응답 시간이 중요할 수 있다. 비동기 메시징은 메시지를 개별적으로 취급하지만 여러 메시지에 걸친 정보(예: 특정 시간 동안 시스템을 통과한 메시지 수)가 유용할 수도 있다.

메시지 이력(p623) 패턴은 메시지의 '출발지'를 알리는 유용성을 보여준다. 우리는 이 데이터에서 메시지 처리량이나 이동 시간 통계 같은 흥미로운 것들을 도출할 수 있다. 유일한 단점은 정보가 각 메시지에 포함되어 있다는 점이다. 이 정보들은 메시지들에 산재되므로, 정보를 보고하기가 쉽지 않다. 메시지 수명이 매우 짧을 수도 있다. 메시지가 소비되면 더 이상 *메시지 이력*(p623)은 사용할 수 없게 된다.

의미 있는 보고를 수행하려면 메시지 데이터를 지속적으로 중앙 위치를 저장해야 한다.

> 중앙 위치에 메시지 정보를 갈무리하는 메시지 저장소(Message Store)를 사용한다.

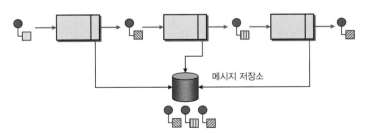

메시지 저장소

메시지 저장소를 사용하면 메시징 인프라의 비동기적 특성의 이점을 누릴 수 있다. 메시지를 채널로 전송할 때, 메시지 저장소가 수집하는 특별한 채널로 메시지 사본을 전송한다. 이 작업은 컴포넌트가 자체적으로 수행할 수도 있고 채널에 *와이어탭*(p619)을 삽입할 수도 있다. *제어 버스*(p612)에 메시지 사본을 전달하는 보조 채널을 추가하는 것도 고려할 수 있다. '보내고 잊기' 모드로 두 번째 메시지를 전송하면, 애플리케이션의 기본 메시지 흐름도 느려지지 않을 것이다. 하지만 네트워크 트래픽은 증가할 것이다. 그러므로 전체 메시지를 저장하기보다 메시지 아이디나 타임스탬프, 전송 채널과 같은 나중 분석을 위해 필요한 일부 주요 필드만 저장하는 것이 더 나은 방법이다.

저장할 정보를 결정하는 것은 실질적으로 중요하다. 물론 메시지에 대해 더 많은 데이터가 있다면 더 나은 보고를 할 수 있을 것이다. 여기에 제약 조건은 네트워크 트래픽과 메시지 저장소의 저장 용량이다. 메시지 데이터를 모두 저장하더라도 보고 능력은 여전히 제한적일 수 있다. 메시지는 일반적으로 동일한 메시지 헤더 구조를 공유하지만, 메시지 본문은 메시지 형식마다 다르게 구성되어 외부 애플리케이션들이 접근하기 어려울 수 있다. (예를 들어 메시지 본문은 직렬화된 자바 객체를 포함할 수 있다.) 이 경우 메시지 본문에 포함된 데이터 요소는 보고하기가 어려울 수 있다.

메시지 본문 데이터는 메시지 형식마다 서로 다른 포맷을 가지므로 서로 다른 저장 옵션을 고려해야 한다. 메시지 형식마다 별도의 저장 스키마(예: 테이블)로 내부 데이터를 생성하는 경우, 색인을 활용해 메시지 내용에 대한 복잡한 검색을 수행할 수 있다. 그러나 이것은 메시지 형식마다 별도의 저장 구조를 가지고 있다는 것을 가정한다. 이것은 신속하게 유지보수에 대한 부담을 초래할 수 있다. 대신 문자 필드에 메시지 데이터를 XML 포맷의 비정형 데이터로 저장할 수 있다. 이 방법은 포괄적인 저장 스키마를 사용할 수 있게 한다. 이 경우도 여전히 헤더 필드를 대상으로 질의할 수 있지만, 메시지 본문을 보고할 수 없을 것이다. 그러나 일단 메시지를 특정하고 나면 메시지 저장소에 저장되어 있는 XML 문서를 메시지로 다시 복원하기는 어렵지 않을 것이다. 메시지를 저장하기 위해 XML 저장소를 사용할 수도 있다. 이런 유형의 저장소들은 나중의 검색과 분석을 위해 XML 문서를 색인한다.

메시지 저장소는 매우 커질 수 있다. 이 경우 제거 메커니즘을 도입해 오래된 메시지 로그들을 백업 데이터베이스로 이동시키거나 삭제한다.

예 **상용 EAI 도구**

일부 기업 통합 도구들은 메시지 저장소를 제공한다. 예를 들어 MSMQ에서는 발신 또는 수신 메시지를 자동으로 저널 큐에 저장하게 할 수 있다. 마이크로소프트 비즈톡은 나중의 분석을 위해 SQL Server 데이터베이스에 모든 문서(메시지)를 저장하게 하는 옵션이 있다.

스마트 프록시(Smart Proxy)

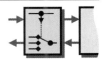

컴포넌트가 고정된 출력 채널을 가진 경우, 컴포넌트를 거쳐 흐르는 메시지들을 한 쌍의 *와이어 탭*(p619)을 사용해 추적할 수 있다. 그러나 일반적으로 서비스 컴포넌트들은 요청 메시지에 포함된 *반환 주소*(p219)가 지정하는 채널로 응답 메시지를 게시한다.

요청자가 지정한 반환 주소로 전송되는 응답 메시지는 어떻게 추적할 수 있을까?

서비스를 사용해 흐르는 메시지를 추적하려면 요청 메시지와 응답 메시지 모두를 포착해야 한다. *와이어 탭*(p619)를 사용해 요청 메시지를 가로채는 것은 상당히 간단하다. 그러나 서비스가 요청자가 지정하는 *반환 주소*(p219)에 따라 다른 채널로 응답 메시지를 게시하는 경우, 응답 메시지를 가로채는 것은 상당히 어렵다.

대부분의 *요청 응답*(p214) 서비스는 요청자가 응답 메시지가 전송될 채널을 지정할 수 있게 *반환 주소*(p219)의 지원을 필요로 한다. 고정된 채널로 응답 메시지를 게시하게 서비스를 변경하면, 요청자가 응답 메시지를 추출하기 어려워진다. 일부 메시징 시스템은 소비자가 응답 큐 내부의 메시지를 엿볼 수 있게 하지만, 이런 접근 방법은 구현마다 달라지고, 응답 메시지가 요청자가 아닌 제 3자에게 전송되는 경우에는 작동하지 않는다.

와이어 탭(p619)에서 논의한대로, 메시지를 검사하기 위해 컴포넌트를 수정하는 일이 항상 가능하지도 않고 실용적이지도 않다. 패키지 애플리케이션을 다루는 경우, 애플리케이션 코드를 수정하지 못할 수도 있고, 애플리케이션의 바깥에 해결책을 구현해야 할 수도 있다. 검사 기능을 독립적으로 유지해야 유연성과 재사용성, 테스트성이 향상되는 상황으로, 애플리케이션이 테스트 모드나 운영 모드에 따라 달리 동작해야 하더라도, 메시지 검사 로직을 애플리케이션에 직접 포함하지 말아야 할 수도 있다.

원 요청자가 제공한 반환 주소는 스마트 프록시(Smart Proxy)를 이용해 저장하고, 스마트 프록시의 주소로 반환 주소를 대체한다. 서비스가 응답 메시지를 전송하면, 스마트 프록시는 응답 메시지를 원래의 반환 주소로 라우팅한다.

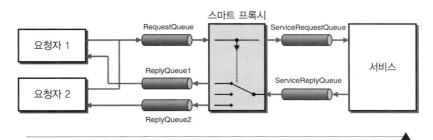

스마트 프록시는 *요청 응답*(p214) 서비스에서 요청 채널로 전송된 메시지를 가로챈다. 그리고 메시지의 원래 발신자가 지정한 *반환 주소*(p219)을 저장한다. 그런 다음 메시지의 *반환 주소*(p219)를 스마트 프록시가 수신 대기하는 응답 채널로 대체한다. 응답 메시지가 해당 채널로 들어오면, 스마트 프록시는 필요한 분석 기능을 수행하고, 저장된 *반환 주소*(p219)를 추출해, *메시지 라우터*(p136)로 수정되지 않은 응답 메시지를 원래 응답 채널로 전달한다.

스마트 프록시는 외부 서비스가 *반환 주소*(p219)를 지원하지 않고 고정된 응답 채널로 응답하는 경우에도 유용하다. 우리는 이와 같은 서비스를 *반환 주소*(p219)를 지원하는 스마트 프록시를 이용해 프록싱할 수 있기 때문이다. 이 경우 스마트 프록시는 분석 기능은 수행하지 않고 단순히 올바른 채널로 응답 메시지를 전달한다.

스마트 프록시는 수신한 응답 메시지를 *반환 주소*(p219)와 상관시켜 올바른 채널로 응답 메시지를 전달하기 위해 원 요청자가 제공한 *반환 주소*(p219)를 저장해야 한다. 스마트 프록시는 이 *반환 주소*(p219) 데이터를 둘 중 한 곳에 저장할 수 있다.

1. 메시지 내부

2. 스마트 프록시 내부

메시지 내부에 *반환 주소*(p219)를 저장하려면, 스마트 프록시는 *반환 주소*(p219)를 가진 새 메시지 필드를 메시지에 추가할 수 있어야 한다. *요청 응답*(p214) 서비스는 이 필드를 응답 메시지에 복사해야 한다. 스마트 프록시가 해야 할 일은 응답 메시지에서 이 특별한 메시지 필드를 추출하고, 응답 메시지에서 이 필드를 제거하고,

이 필드가 지정한 채널로 응답 메시지를 전달하는 것이다. 이 접근 방법은 스마트 프록시를 간단하게 하지만, *요청 응답*(p214) 서비스의 협력을 필요로 한다. *요청 응답* (p214) 서비스가 수정이 불가능한 경우, 이 방법은 사용할 수 없을 것이다.

스마트 프록시는 메모리나 관계형 데이터베이스 같은 전용 저장소에 *반환 주소* (p219)를 저장할 수 있다. 스마트 프록시의 목적은 요청과 응답 사이 메시지를 추적하는 것이므로, 스마트 프록시는 보통 요청 메시지부터 데이터를 저장한다. 요청 메시지와 응답 메시지를 상관시켜야 두 메시지를 공동으로 분석할 수 있기 때문이다. 그리고 스마트 프록시는 응답 메시지와 상응하는 메시지를 다시 상관시킨다. 대부분의 *요청 응답*(p214) 서비스는 요청 메시지에서 응답 메시지로의 *상관관계 식별자* (p223)의 복사를 지원한다. 원래의 메시지 포맷을 수정할 수 없는 스마트 프록시도 요청 메시지와 응답 메시지를 상관시키기 위해 이 접근 방법을 사용(남용)한다.

그러나 스마트 프록시가 자체적으로 *상관관계 식별자*(p223)를 구성하는 편이 더 좋다. 모든 요청자가 *상관관계 식별자*(p223)를 지정하는 것이 아닐 수도 있고, 제공된 *상관관계 식별자*(p223)의 고유성은 오직 한 요청자가 만든 요청들에서만 보장되고 요청자들 사이에서는 보장되지 않을 수도 있기 때문이다. 서비스로부터 스마트 프록시로 연결된 단일 서비스 응답 큐도 여러 요청자로부터 나오는 메시지들을 전달하므로, 원래의 *상관관계 식별자*(p223)를 사용하는 것은 신뢰할 수 없다. 그러므로 스마트 프록시는 원래의 *상관관계 식별자*(p223)와 원래의 *반환 주소*(p219)를 저장하고, 원래의 *상관관계 식별자*(p223)를 자체 *상관관계 식별자*(p223)로 대체하고, 응답 메시지가 도착했을 때 원래의 *상관관계 식별자*(p223)와 원래의 *반환 주소*(p219)를 추출한다.

일부 서비스는 응답 메시지에 요청 메시지의 메시지 아이디를 *상관관계 식별자* (p223)로 사용한다. 이 경우 서비스는 스마트 프록시로 전송할 응답 메시지에 스마트 프록시로부터 수신한 요청 메시지의 메시지 아이디를 복사한다. 이어서 서비스로부터 응답 메시지를 수신한 스마트 프록시는 요청자가 요청 메시지와 응답 메시지를 제대로 상관시킬 수 있게 응답 메시지의 *상관관계 식별자*(p223)를 원래의 요청 메시지의 메시지 아이디로 교체함으로 정상적인 처리를 가능하게 한다. 다음 그림은 이 과정을 보여준다.

다음 그림의 네 메시지들은 모두 하나의 '논리적' 메시지 흐름에 관련됨에도 불구하고, 모두 고유한 메시지 아이디를 지닌다는 점에 주목하자.

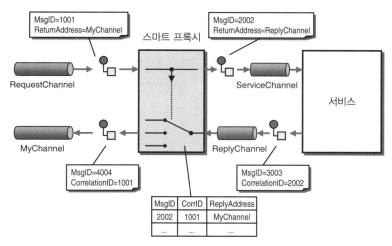

상관관계 식별자와 반환 주소의 저장과 교체

예 MSMQ와 C#의 간단한 스마트 프록시

스마트 프록시의 구현은 보기보다 복잡하지 않다. 다음 코드는 두 요청자와 스마트 프록시, 간단한 서비스로 구성된 시나리오를 구현한다. 스마트 프록시는 메시지 처리 시간을 제어 버스로 전달해 화면에 표시하게 한다. 요청자는 메시지 아이디나 Message 객체가 제공하는 AppSpecific 속성의 숫자를 상관관계로 사용한다.

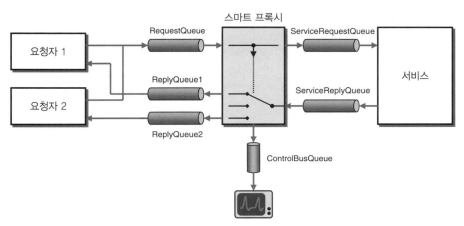

간단한 스마트 프록시 예

코딩의 편의를 위해, 우리는 이벤트 기반 메시지 소비자를 생성하는 코드를 캡슐화하는 기본 클래스 MessageConsumer를 정의한다. 이 기본 클래스를 상속하는 클래스는 가상 메소드 ProcessMessage를 재정의해 메시지를 처리하고 메시지 큐나 이벤트 관련 처리는 걱정하지 않는다. 이렇게 기본 클래스로 공통 코드를 분리하면 단지 몇 줄 코드로도 테스트 클라이언트나 더미 *요청 응답*(p214) 서비스를 생성할 수 있게 된다.

MessageConsumer

```
public class MessageConsumer
{
    protected MessageQueue inputQueue;

    public MessageConsumer (MessageQueue inputQueue)
    {
        this.inputQueue = inputQueue;
        SetupQueue(this.inputQueue);
        Console.WriteLine(this.GetType().Name + ": Processing messages from " +
                        inputQueue.Path);
    }

    protected void SetupQueue(MessageQueue queue)
    {
        queue.Formatter = new System.Messaging.XmlMessageFormatter
                            (new String[] {"System.String,mscorlib"});
        queue.MessageReadPropertyFilter.ClearAll();
        queue.MessageReadPropertyFilter.AppSpecific = true;
        queue.MessageReadPropertyFilter.Body = true;
        queue.MessageReadPropertyFilter.CorrelationId = true;
        queue.MessageReadPropertyFilter.Id = true;
        queue.MessageReadPropertyFilter.ResponseQueue = true;
    }

    public virtual void Process()
    {
        inputQueue.ReceiveCompleted +=
            new ReceiveCompletedEventHandler(OnReceiveCompleted);
        inputQueue.BeginReceive();
    }

    private void OnReceiveCompleted(Object source, ReceiveCompletedEventArgs
asyncResult)
    {
```

```
        MessageQueue mq = (MessageQueue)source;

        Message m = mq.EndReceive(asyncResult.AsyncResult);
        m.Formatter = new System.Messaging.XmlMessageFormatter
                        (new String[] {"System.String,mscorlib"});

        ProcessMessage(m);
        mq.BeginReceive();
    }

    protected virtual void ProcessMessage(Message m)
    {
        String text = "";
        try
        {
            text = (String)m.Body;
        }
        catch (InvalidOperationException) {};
        Console.WriteLine(this.GetType().Name + ": Received Message " + text);
    }
}
```

MessageConsumer 클래스를 시작으로 스마트 프록시가 만들어진다. 스마트 프록시는 MessageConsumer를 두 개 포함한다. 하나는 요청자로부터 오는 요청 메시지를 위한 SmartProxyRequestConsumer고 다른 하나는 *요청 응답*(p214) 서비스에서 반환되는 응답 메시지를 위한 SmartProxyReplyConsumer다. 스마트 프록시는 요청 메시지와 응답 메시지 사이에서 메시지 데이터를 저장하는 Hashtable을 정의한다.

SmartProxy

```
public class SmartProxyBase
{
    protected SmartProxyRequestConsumer requestConsumer;
    protected SmartProxyReplyConsumer replyConsumer;

    protected Hashtable messageData;

    public SmartProxyBase(MessageQueue inputQueue,
                    MessageQueue serviceRequestQueue,
                    MessageQueue serviceReplyQueue)
    {
        messageData = Hashtable.Synchronized(new Hashtable());
        requestConsumer = new SmartProxyRequestConsumer(inputQueue, serviceRequestQueue,
                                        serviceReplyQueue, messageData);
```

```
        replyConsumer = new SmartProxyReplyConsumer(serviceReplyQueue, messageData);
    }

    public virtual void Process()
    {
        requestConsumer.Process();
        replyConsumer.Process();
    }
}
```

SmartProxyRequestConsumer는 비교적 간단하다. 이 클래스는 요청 메시지에서 관련 정보들(메시지 아이디, *반환 주소*(p219), AppSpecific 속성, 현재 시간)을 실제 서비스로 발신할 새 요청 메시지의 메시지 아이디로 색인해 hashtable에 저장한다. 이 예의 요청/응답 서비스는 응답 메시지의 CorrelationID 필드에 메시지 아이디를 복사함으로 *상관관계 식별자*(p223)를 지원한다. 응답 메시지를 수신한 스마트 프록시는 CorrelationID 필드의 메시지 아이디로 저장된 메시지 데이터를 검색한다. SmartProxyRequestConsumer는 ResponseQueue 속성의 *반환 주소*(p219)를 응답 메시지를 수신 대기하는 스마트 프록시의 큐로 대체한다. 이 클래스는 서브클래스들이 원하는 분석을 수행할 수 있게 AnalyzeMessage 가상 메소드를 포함한다.

SmartProxyRequestConsumer

```
public class SmartProxyRequestConsumer : MessageConsumer
{
    protected Hashtable messageData;
    protected MessageQueue serviceRequestQueue;
    protected MessageQueue serviceReplyQueue;

    public SmartProxyRequestConsumer(MessageQueue requestQueue,
                                     MessageQueue serviceRequestQueue,
                                     MessageQueue serviceReplyQueue,
                                     Hashtable messageData) : base(requestQueue)
    {
        this.messageData = messageData;
        this.serviceRequestQueue = serviceRequestQueue;
        this.serviceReplyQueue = serviceReplyQueue;
    }

    protected override void ProcessMessage(Message requestMsg)
    {
        base.ProcessMessage(requestMsg);

        MessageData data = new MessageData(requestMsg.Id, requestMsg.ResponseQueue,
```

```
                                             requestMsg.AppSpecific);
    requestMsg.ResponseQueue = serviceReplyQueue;
    serviceRequestQueue.Send(requestMsg);
    messageData.Add(requestMsg.Id, data);
    AnalyzeMessage(requestMsg);
}

protected virtual void AnalyzeMessage(Message requestMsg)
{
}
}
```

SmartProxyReplyConsumer은 서비스 응답 채널에서 수신 대기한다. 이 클래스의
ProcessMessage 메소드는 SmartProxyRequestConsumer가 저장한 관련 요청 메시
지의 메시지 데이터를 추출하고 AnalyzeMessage 템플릿 메소드를 호출한다. 그런
다음 새 응답 메시지에 CorrelationID과 AppSpecific 속성을 복사하고, 새 응답 메
시지를 원래 요청 메시지에 지정된 *반환 주소*(p219)로 라우팅한다.

SmartProxyReplyConsumer

```
public class SmartProxyReplyConsumer : MessageConsumer
{
    protected Hashtable messageData;

    public SmartProxyReplyConsumer(MessageQueue replyQueue,
                                   Hashtable messageData) : base(replyQueue)
    {
        this.messageData = messageData;
    }

    protected override void ProcessMessage(Message replyMsg)
    {
        base.ProcessMessage(replyMsg);

        String corr = replyMsg.CorrelationId;
        if (messageData.Contains(corr))
        {
            MessageData data = (MessageData)(messageData[corr]);

            AnalyzeMessage(data, replyMsg);

            replyMsg.CorrelationId = data.CorrelationID;
            replyMsg.AppSpecific = data.AppSpecific;

            MessageQueue outputQueue = data.ReturnAddress;
```

```
            outputQueue.Send(replyMsg);
            messageData.Remove(corr);
        }
        else
        {
            Console.WriteLine(this.GetType().Name + "Unrecognized Reply Message");
            //send message to invalid message queue
        }
    }

    protected virtual void AnalyzeMessage(MessageData data, Message replyMessage)
    {
    }
}
```

우리는 SmartProxyBase 클래스와 SmartProxyReplyConsumer 클래스를 상속해
수집한 측정값을 제어 버스로 전송한다. 새로운 MetricsSmartProxy는 응답 메시지
를 소비하는 클래스인 SmartProxyReplyConsumerMetrics을 인스턴스화한다. 이 클
래스는 요청 메시지와 응답 메시지 사이의 경과 시간과 미처리된 메시지 수를 *제어
버스*(p612) 큐로 전송하는 구현을 포함한다. 더 복잡한 계산을 수행하게 메소드를 향
상시키는 것도 어렵지 않을 것이다. 이 예의 *제어 버스*(p612) 큐는 수신 메시지를 파
일에 기록하는 간단한 파일 기록기에 연결된다.

MetricsSmartProxy

```
public class MetricsSmartProxy : SmartProxyBase
{
    public MetricsSmartProxy(MessageQueue inputQueue,
                             MessageQueue serviceRequestQueue,
                             MessageQueue serviceReplyQueue,
                             MessageQueue controlBus) :
                        base (inputQueue, serviceRequestQueue, serviceReplyQueue)
    {
        replyConsumer = new SmartProxyReplyConsumerMetrics
                             (serviceReplyQueue, messageData, controlBus);
    }
}
```

SmartProxyReplyConsumerMetrics

```
public class SmartProxyReplyConsumerMetrics : SmartProxyReplyConsumer
{
    MessageQueue controlBus;
```

```
public SmartProxyReplyConsumerMetrics(MessageQueue replyQueue,
                                      Hashtable messageData,
                                      MessageQueue controlBus) :
                             base(replyQueue, messageData)
{
    this.controlBus = controlBus;
}

protected override void AnalyzeMessage(MessageData data, Message replyMessage)
{
    TimeSpan duration = DateTime.Now - data.SentTime;
    Console.WriteLine(" processing time: {0:f}", duration.TotalSeconds);
    if (controlBus != null)
    {
        controlBus.Send(duration.TotalSeconds.ToString() + "," + messageData.
Count);
    }
}
}
```

다음 클래스 다이어그램은 클래스들 간의 관계를 보여준다.

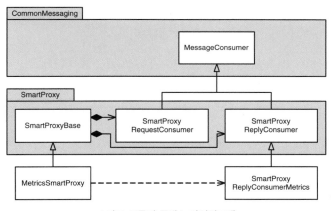

스마트 프록시 클래스 다이어그램

우리는 이 프록시를 테스트하기 위해 0에서 200ms^{밀리초} 사이의 임의 시간을 대기 하는 더미 요청/응답 서비스를 만들었다. 두 요청자가 스마트 프록시로 각각 100ms 동안 30개의 메시지를 게시하게 했다. *제어 버스*(p612) 큐에 대기하는 메시지를 로 그 파일로 갈무리했다. 로그 파일을 마이크로소프트 엑셀 스프레드시트로 읽어 차트 로 보기 좋게 만들었다.

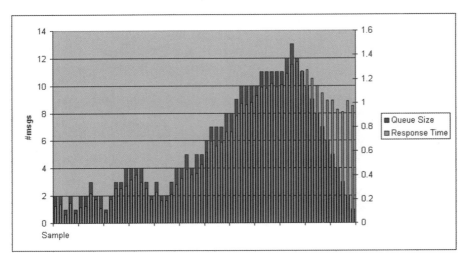

스마트 프록시가 수집하고 제어 버스 콘솔이 시각화한 응답 시간 통계

위 통계를 보면 13개의 메시지가 큐에 대기할 때까지 큐 크기와 응답 시간이 지속
적으로 증가했다. 이후 요청자들은 메시지 전송을 중단했고 큐 크기는 지속적으로
감소했다. 이후 감소한 응답 시간은 1초 정도를 유지했다. 메시지들이 처리가 시작될
때까지 요청 큐에서 약 1초 동안 대기했기 때문이다.

테스트 메시지(Test Message)

제어 버스(p612)는 메시지 처리 시스템의 상태를 모니터링하는 수많은 접근 방법들을 설명한다. 시스템의 각 컴포넌트는 자신의 활성 상태를 알리는 모니터링 메커니즘으로 *제어 버스*(p612)에 정기적으로 하트비트 메시지를 게시할 수 있다. 하트비트 메시지는 처리 메시지 수, 평균 메시지 처리 시간, CPU 사용률 같은 중요한 컴포넌트 통계를 포함할 수 있다.

> 컴포넌트가 메시지 처리 중 내부 오류로 인해 잘못된 메시지를 내보낸다면 어떤 일이 생길까?

하트비트 메커니즘은 컴포넌트 수준에서 작동하고 애플리케이션의 메시지 포맷은 인식하지 않으므로 이런 오류 상황을 감지하지 않는다.

> 메시지 스트림에 테스트 메시지(Test Message)를 주입해 메시지 처리 컴포넌트의 정상 유무를 확인한다.

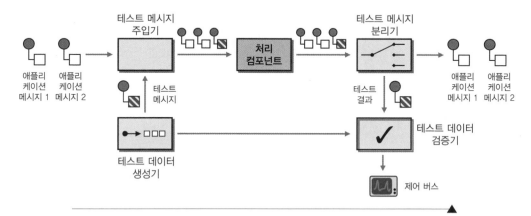

테스트 메시지 패턴은 다음과 같은 컴포넌트들에 의존한다.

1. **테스트 데이터 생성기**는 컴포넌트에 전송할 테스트 메시지를 생성한다. 테스트 데이터는 하드코딩되거나, 테스트 데이터 파일로부터 만들어지거나, 무작위로 생성될 수 있다.

2. **테스트 메시지 주입기**는 컴포넌트로 전송되는 데이터 메시지 흐름에 테스트 데이터를 주입한다. 주입기의 주요 역할은 실제 애플리케이션 메시지와 테스트 메시지를 구별할 수 있도록 메시지에 태그를 추가하는 것이다. 주입기는 메시지 헤더에 특별한 필드를 삽입한다. 메시지 구조를 제어할 수 없는 경우, 테스트 메시지임을 가리키는 특별한 값(예: OrderID = 999999)을 사용할 수 있다. 이 방법은, 애플리케이션 데이터(실제 주문 번호) 표시와 제어 정보(이것은 테스트 메시지다) 표시에 동일한 필드를 사용하므로, 애플리케이션 데이터의 의미론을 변경한다. 따라서 이 접근 방법은 다른 방법이 없을 때 최후 수단으로서 사용한다.

3. **테스트 메시지 분리기**는 출력 흐름에서 테스트 결과 메시지를 추출한다. 일반적으로 *내용 기반 라우터*(p291)를 사용한다.

4. **테스트 데이터 검증기**는 예상 결과와 실제 결과를 비교해 차이가 발견되면 예외를 표시한다. 테스트 데이터의 특성에 따라 원래 테스트 데이터를 접근해야 할 수도 있다.

테스트 중인 컴포넌트가 *반환 주소*(p219)를 지원하는 경우 테스트 메시지 분리기는 필요하지 않을 수 있다. 이 경우 테스트 메시지가 시스템의 다른 부분을 통과하지 않게 테스트 데이터 생성기는 테스트 메시지에 *반환 주소*(p219)로 테스트 채널을 포함시킨다. 이 *반환 주소*(p219)가 실질적으로 애플리케이션 메시지와 테스트 메시지를 구별하는 꼬리표 역할을 한다.

테스트 메시지의 메커니즘은 능동 모니터링^{active monitoring}으로 볼 수 있다. 수동 모니터링^{passive monitoring}과 달리, 능동 모니터링은 컴포넌트가 생성한 정보(예: 로그 파일이나 하트비트 메시지)에 의존하지 않고 능동적으로 컴포넌트를 조사한다. 능동 모니터링의 데이터는 애플리케이션 메시지와 동일한 처리 단계들을 거쳐 전달되므로 일반적으로 더 깊은 수준의 테스트를 달성할 수 있다. 이 점이 능동 모니터링의 장점이다. 이 패턴은 수동 모니터링을 지원하지 않는 컴포넌트에 적합하다.

　능동 모니터링의 한 가지 단점은 처리 단위에 추가되는 장치로 인해 가중되는 부담이다. 우리는 테스트 빈도와 성능 영향 최소화 사이에 균형을 찾아야 한다. 사용 기준으로 요금이 부과되는 컴포넌트를 이용하는 경우, 능동 모니터링은 비용을 발생시킬 수 있다. 예를 들어 고객의 신용 보고서를 서비스하는 외부 신용 점수 기관 컴포넌트는 요청할 때마다 비용이 발생한다.

　능동 모니터링이 모든 컴포넌트에 적용 가능한 것은 아니다. 상태 저장 컴포넌트인 경우, 실제 데이터와 테스트 데이터를 구별하지 못해 테스트 데이터도 데이터베이스에 항목으로 저장할 수 있다. 연간 매출 보고서에 테스트 주문이 포함되면 안될 것이다!

예 대출 모집인: 신용 평가 기관 테스트

12장, '사잇장: 시스템 관리 예'에서 우리는 외부 신용 평가 기관을 능동적으로 모니터링하기 위해 테스트 메시지를 사용한다.

채널 제거기(Channel Purger)

우리는 JMS 요청 응답 예(6장, '사잇장: 간단한 메시징' 참조)를 구현하는 과정에서 간단하지만 흥미로운 문제를 우연히 만났다. 이 예의 요청자는 두 포인트 투 포인트 채널 (p161), RequestQueue와 ReplyQueue를 사용해 응답자에게 요청 메시지를 발신하고 응답 메시지를 수신한다(그림 참조).

우리는 응답자를 실행하고 나서 요청자를 실행했다. 그런데 이상한 일이 일어났다. 요청자 콘솔 창에 응답자의 요청 수신 확인이 수신되기도 전에 응답이 먼저 수신된 것이다. 콘솔 출력의 지연 때문인가? 우리는 알 수 없었다. 우리는 응답자를 종료하고 요청자를 다시 실행했다. 이상하게도 요청자는 아직도 요청에 대한 응답을 수신했다! 마법인가? 아니다, 단지 영속 메시징의 부작용이었다. 이전 실패 등으로 인한 불필요한 메시지들이 ReplyQueue에 계속 존재했었던 것이다. 요청자는 실행될 때마다 RequestQueue에 새 메시지를 배치하고 후 즉시 ReplyQueue에 대기하고 있던 관계없는 응답 메시지를 추출했던 것이다. 우리는 이 응답 메시지가 요청자가 방금 만든 요청에 대한 응답이 아니란 것을 알지 못했다! 새 요청 메시지를 수신한 응답자는, 이 '마법'이 다음 테스트 동안에도 반복되게, 새 응답 메시지를 ReplyQueue에 배치했다. 영속 비동기 메시징의 가장 간단한 시나리오에서조차 사람들이 속을 수 있다는 것이 놀라웠다. 아니 놀랍도록 좌절감을 주었다.

> 테스트나 운영 시스템을 교란하지 않게 채널 위에 남겨진 메시지들을 관리하려면 어떻게 해야 할까?

메시지 채널(p118)은 수신 컴포넌트가 가용 상태가 아니더라도 안정적으로 메시지를 전달한다. 채널은 이를 위해 전달 과정을 따라가며 메시지를 보존한다. 이 유용한 기능은 테스트를 하는 중이나 컴포넌트 중 하나가 (트랜잭션 소비나 발신을 사용하지 않으면서) 오동작하는 경우에 혼란스러운 상황을 야기할 수 있다. 전에 설명했던 것처럼, 메시지는 채널에 신속하게 부착될 수 있다. 이 메시지들은 채널에 대기하며 자신들이 다 소비될 때까지 대기 순서가 뒤인 메시지가 시스템으로 전달되는 것을 막는다. 대기 중인 메시지가 몇 백만 달러짜리 주문인 경우는 좋은 일이다. 그러나 우리가 시스템을 테스트하거나 디버깅하면서 만든 질의 메시지들이나 응답 메시지들이 전체 채널을 가득 채운 경우, 꽤 큰 두통거리가 될 수 있다.

우리가 *상관관계 식별자*(p223)를 사용했다면 디버깅에 따른 고통이 일부 완화됐을 것이다. 요청자는 수신한 메시지가 실제로 전송한 요청에 대한 응답인지를 *상관관계 식별자*(p223)로 확인할 수 있었을 것이다. 그리고 오래된 응답 메시지는 포기하거나 *무효 메시지 채널*(p173)로 라우팅했을 것이다. 결론적으로 채널에 '들러붙은' 메시지들은 효과적으로 제거됐을 것이다. 그러나 중복이나 원치 않는 메시지를 감지하는 것이 쉽지 않은 시나리오가 있을 수 있다. 예를 들어 특정 메시지가 잘못되어 메시지 수신자가 실패한 경우, 잘못된 메시지가 제거되지 않는다면 수신자를 다시 시작해도 소용없게 된다. 수신자를 다시 시작하더라도 잘못된 메시지 때문에 수신자는 다시 실패할 것이기 때문이다. 물론 이런 수신자는 (잘못된 메시지가 수신자를 고장 내지 않게) 결함을 수정해야 하지만, 해당 메시지를 채널에서 제거한다면 결함이 수정될 때까지, (즉, 결함 수정 전이거나 수정 중이라도) 시스템은 다시 시작될 수 있을 것이다.

채널에 메시지를 남기지 않는 또 다른 방법은 임시 채널(예: JMS는 create TemporaryQueue 메소드를 제공한다)을 사용하는 것이다. 임시 채널은 요청/응답 애플리케이션을 위한 채널로 애플리케이션이 메시징 시스템에 연결된 임시 채널을 닫으면 채널과 채널 안 메시지가 모두 함께 사라진다. 이 접근 방법은 간단한 요청/응답에 국한되며 채널에 남는 영속적인 메시지를 보호하는 데는 사용될 수 없다.

메시지의 소비, 메시지의 처리, 메시지의 게시는 하나의 트랜잭션에 포함되므로, 트랜잭션 관리가 지금 설명 중인 메시지 시나리오를 제거할 수 있다고 가정하는 경우가 있다. 일반적으로 트랜잭션을 사용하는 컴포넌트가 메시지 처리 중 중단되면, 메시지는 소비되지 않은 것으로 간주된다. 컴포넌트가 최종적으로 커밋해야 메시지는 소비된다. 그러나 트랜잭션이 프로그래밍 오류로부터 우리를 보호하는 것도 아니다. 요청/응답 시나리오에서 요청자가 프로그램 오류로 ReplyQueue 채널로부터 응답을 읽지 못할 수 있다. 이 경우는 트랜잭션임에도 불구하고 메시지는 앞서 설명한 증상들을 유발하면서 해당 채널에 남게 된다.

채널에서 원치 않는 메시지를 제거하는 채널 제거기(Channel Purger)를 사용한다.

채널 제거기는 채널에서 모든 메시지를 제거하기만 한다. 일관성 있는 상태로 시스템을 재설정하려는 테스트 시나리오에서는 이 정도면 충분하다. 운영 시스템을 디버깅하는 경우, 메시지 아이디나 특정 메시지 필드의 값 등, 특정 기준에 따라 메시지(들)을 제거해야 할 수도 있다.

대부분의 채널 제거기는 채널에서 메시지를 삭제하고 폐기하는 것만으로 충분하다. 다른 경우로, 나중에 검사나 재현을 위해 채널 제거기는 제거된 메시지를 저장해야 할 수도 있다. 이 기능은 채널 위의 메시지들이 시스템에 오작동을 일으키는 경우 유용하다. 이 경우 작업을 계속하기 위해 메시지들은 제거되고, 문제가 해결 된 후, 시스템이 메시지 내용을 잃어버리지 않게 채널 제거기는 저장한 메시지(들)를 채널에 다시 주입한다. 메시지가 채널에 다시 주입되기 전에, 메시지 내용은 편집될 수도 있다. 이런 유형의 기능은 *메시지 저장소*(p627)와 채널 제거기의 특성을 결합한 것이다.

예 JMS의 채널 제거기

이 예는 자바로 구현된 간단한 채널 제거기를 보여준다. 이 예는 채널에서 모든 메시지를 제거한다. ChannelPurger 클래스는, (여기에 소스 코드가 보이지는 않지만) 다음 두 외부 클래스를 참조한다.

1. JMSEndpoint: 모든 JMS 참여자에게 사용할 수 있는 기본 클래스다. 이 클래스는 Connection 인스턴스와 Session 인스턴스를 위해 미리 초기화된 인스턴스 변수들을 제공한다.

2. JNDIUtil: JNDI를 통한 JMS 객체 조회를 캡슐화한 도우미 함수들을 구현한 클래스다.

```java
import javax.jms.JMSException;
import javax.jms.MessageConsumer;
import javax.jms.Queue;

public class ChannelPurger extends JmsEndpoint
{

    public static void main(String[] args)
    {

        if (args.length != 1) {
            System.out.println("Usage: java ChannelPurger <queue_name>");
            System.exit(1);
        }
        String queueName = new String(args[0]);
        System.out.println("Purging queue " + queueName);

        ChannelPurger purger = new ChannelPurger();

        purger.purgeQueue(queueName);
    }

    private void purgeQueue(String queueName)
    {
        try {
            initialize();
            connection.start();
            Queue queue = (Queue) JndiUtil.getDestination(queueName);

            MessageConsumer consumer = session.createConsumer(queue);

            while (consumer.receiveNoWait() != null)
                System.out.print(".");
            connection.stop();
        } catch (Exception e) {
            System.out.println("Exception occurred: " + e.toString());
        } finally {
            if (connection != null) {
                try {
                    connection.close();
                } catch (JMSException e) {
                    // 무시한다.
                }
```

```
                    }
            }
        }
    }
```

사잇장: 시스템 관리 예

대출 모집인 시스템 관리

이번 장은 11장에 소개된 시스템 관리 패턴들을 사용해 메시징 솔루션을 모니터링하고 제어하는 예를 보여준다. 이 예는 9장, '사잇장: 복합 메시징'의 C#과 MSMQ를 이용한 대출 모집인 예에 기반을 둔다('MSMQ를 이용한 비동기 구현' 참조). 우리는 원래예를 수정하기보다 보강한다. 그러므로 원래 예로 든 코드를 검토하는 게 그다지 중요하지 않다. 원래 구현과 마찬가지로, 이 예의 목적은 MSMQ 관련 API의 사용을 설명하는 데 있지 않고, 큐 지향 메시징 시스템을 이용해 이 책의 패턴들을 구현하는 방법을 설명하는 데 있다. 이 솔루션의 구조는 JMS 큐나 IBM 웹스피어 MQ를 이용해자바로 구현되더라도 거의 비슷하게 보일 것이다. 이번 장은 설계 결정과 득실 관계설명에 주로 초점을 맞췄으므로 C# 또는 MSMQ 개발자가 아닌 독자라도 읽으면 도움이 될 것이다.

대출 모집인의 구성 요소들

대출 모집인은 네 개의 주요 컴포넌트로 구성된다(그림 참조).

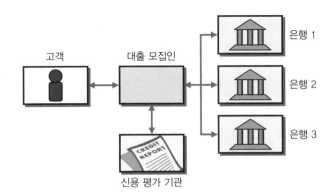

- 고객(또는 테스트 클라이언트)은 대출 견적을 요청한다.

- 대출 모집인은 중앙 프로세스 관리자 역할을 하고 신용 평가 기관 및 은행 사이 통신을 조정한다.

- 신용 평가 기관은 모집인에게 고객의 신용 점수를 계산하는 서비스를 제공한다.

- 은행은 대출 모집인으로부터 견적 요청을 수신하고 대출 파라미터에 따라 이율 견적을 제출한다.

대부분의 통합 시나리오에서 애플리케이션 내부는 외부로부터의 접근이 제한되고, 컴포넌트 모니터링과 관리는 외부로부터의 접근이 허용된다. 가능한 한 현실적인 예가 되게, 우리는 기존 컴포넌트들을 블랙박스로 취급한다. 이 제약을 염두에 두면서, 우리는 다음 요구들을 충족하는 관리 솔루션을 만든다.

- **관리 콘솔**: 컴포넌트들의 상태를 표시하고 일이 잘못되면 보완 조치를 취할 수 있는 단일 전단부 front end가 필요하다.

- **대출 모집인 서비스 품질**: 견적 요청에 대한 대출 모집인의 응답 시간을 모니터링하는 테스트 클라이언트를 개발하려 한다. 실제 운영 시나리오를 생각해 보면, 고객들은 우리를 위해 일부러 이 기능을 수행하지는 않을 것이다. (고객들은 언제나 시스템이 너무 느리다고 불평한다.) 따라서 우리는 이 정보를 솔루션에서 갈무리해 관리 콘솔에 전달하고 싶다.

- **신용 평가 기관 작동 확인**: 신용 평가 기관은 제 3자가 제공하는 외부 서비스다. 우리는 정기적으로 테스트 메시지를 전송해 이 서비스의 작동을 정확히 보장받고 싶다.

- **신용 평가 기관 장애 조치**: 신용 평가 기관이 오작동하는 경우, 일시적으로 신용 요청 메시지를 다른 서비스 제공 업체로 우회시키고 싶다.

관리 콘솔

시스템의 동작 상태를 평가할 수 있으려면 컴포넌트들로부터 단일 지점인 관리 콘솔로 측정값들을 수집할 수 있어야 한다. 관리 콘솔은 메시지를 라우팅하거나 컴포넌트의 장애를 해결할 수 있게 메시지 흐름과 컴포넌트 파라미터들도 제어할 수 있어야 한다.

관리 콘솔은 메시징을 사용해 개별 컴포넌트들과 통신한다. 관리 콘솔은 애플리케이션 데이터가 아닌 시스템 관리 메시지만 포함하는 별도의 *제어 버스*(p612)를 사용한다.

이 책은 사용자 인터페이스 디자인에 관한 책이 아닌 기업 통합에 관한 책이므로, 우리는 관리 콘솔을 아주 간단하게 유지한다. 일반적으로 벤더들은 화면에 실시간 데이터를 제공한다. 비주얼베이직과 엑셀과 같은 마이크로소프트 오피스 컴포넌트들을 이용하면 시각적인 기적도 달성할 수 있다. 운영체제나 프로그래밍 플랫폼들도 자바/JMX^{Java Management Extensions}나 마이크로소프트의 WMI^{Windows Management Instrumentation} 같은 독자적인 장치 프레임워크를 제공한다. 우리는 관리 기능을 구현하면서 벤더 API에 의존하지 않게 관리 콘솔을 직접 구축해 모니터링 시스템의 내부를 볼 수 있게 할 것이다.

대출 모집인 서비스 품질

관리 시스템에 대한 첫 번째 요구는 대출 모집인이 고객에게 제공하는 서비스 품질을 측정하는 것이다. 이런 유형의 모니터링은, 메시지의 비즈니스 내용(즉, 고객에게 제공되는 이율)이 아닌, 요청 메시지와 응답 메시지 사이의 경과 시간에 관심을 갖는다. 클라이언트가 *반환 주소*(p219)를 사용해 응답 채널을 지정한 경우, 두 메시지 사이 시간 추적은 어려울 수 있다. 고정된 채널로 응답이 수신되지 않기 때문이다. 다행히 *스마트 프록시*(p630) 패턴이 이 딜레마를 해결한다. *스마트 프록시*(p630)는 요청 메시지를 가로채, 클라이언트가 제공한 *반환 주소*(p219)를 저장하고, 고정된 응답 채널 주소로 *반환 주소*(p219)를 대체한다. 그 결과 서비스(이 경우 대출 모집인)는 한 채널로 모든 응답 메시지를 전송한다. *스마트 프록시*(p630)는 한 채널을 수신 대기하고, 수신한 응답 메시지와 저장된 요청 메시지를 상관시킨다. 그런 다음 *스마트 프록시*(p630)는 응답 메시지를 클라이언트가 지정한 원래 *반환 주소*(p219)로 전달한다(그림 참조).

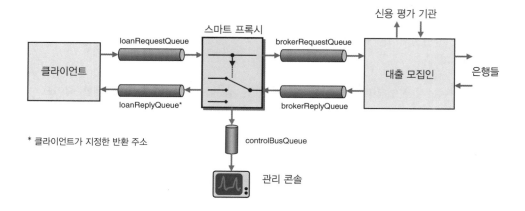

스마트 프록시(p630)는 클라이언트와 대출 모집인 사이에 끼워 넣는다(위 그림 참조). 스마트 프록시(p630)가 대출 모집인이 원래 수신 대기하던 loanRequest Queue 채널을 대신해 수신 대기하므로 스마트 프록시(p630)를 끼워 넣더라도 클라이언트는 영향을 받지 않는다. 그런 다음 loanRequestQueue 채널 대신 brokerRequestQueue 채널을 수신 대기하게 하는 새로운 파라미터로 대출 모집인을 시작한다. 스마트 프록시(p630)는 대출 모집인이 응답 메시지를 brokerReplyQueue 채널로 전송하게 지시한다. 스마트 프록시(p630)는 이 채널로부터 메시지를 클라이언트가 원래 지정한 올바른 *반환 주소*(p219)로 다시 전달한다.

우리는 대출 요청에 대한 응답 시간과 대출 모집인이 처리 중인 요청 건수를 모두 측정하는 스마트 프록시(p630)를 사용하고 싶다. 스마트 프록시(p630)는 요청 메시지의 수신 시간을 갈무리함으로 요청 메시지와 응답 메시지 사이의 경과 시간을 측정한다. 관련 응답을 수신한 스마트 프록시(p630)는 요청과 응답 사이의 경과 시간을 계산하기 위해 현재 시간에서 요청 시간을 뺀다. 스마트 프록시(p630)는 현재 미처리 상태인 요청 메시지들(즉, 아직 응답 메시지를 수신하지 못한 요청 메시지들)의 수를 셈으로써 현재 활성인 요청 건수를 예측한다. 스마트 프록시(p630)는 brokerRequestQueue 채널에 대기 중인 메시지들과 대출 모집인이 처리를 시작한 메시지들을 구분할 수 없다. 그러므로 측정값은 이 두 메시지들의 합이다. 우리는 요청 메시지 또는 응답 메시지를 수신할 때마다 미처리 요청 메시지들의 수를 갱신한다.

스마트 프록시(p630)는 모니터링과 분석을 위한 측정값 정보를 controlBusQueue 채널을 거쳐 관리 콘솔에 전달한다. 모든 메시지마다 통계를 전송할 수도 있겠지만, 그럴 경우나 많은 양의 메시지들을 처리하는 경우, 네트워크는 크게 어지럽혀질 것이다. 메시지 흐름에 스마트 프록시(p630)를 끼워 넣으면, 전송되는 메시지는 두 배로 늘어난다. (즉, 한 쌍의 요청 응답에 대해 두 쌍의 요청 응답이 발생한다.) 그러므로 우리는 요청 메시지마다 또 다른 제어 메시지를 전송하고 싶지 않다. 대신 스마트 프록시(p630)가 미리 정의된 주기로, 예를 들면 5초마다, 제어 버스(p612)로 측정값 메시지를 전송할 수 있게 타이머를 사용한다. 측정값 메시지에는 요약 결과(예: 최대, 최소, 평균 응답 시간)나 정의된 주기 동안 전달된 메시지들에 대한 정보가 포함될 수 있다. 측정값 메시지를 작게 하고 관리 콘솔을 간단하게 하기 위해, 우리는 요약 결과만 콘솔에 전달한다.

우리는 스마트 프록시(p630) 패턴에서 소개한 스마트 프록시의 기본 클래스들을 재사용해 대출 모집인 스마트 프록시(p630)를 구현한다. 대출 모집인 스마트 프록시(p630) 클래스는 SmartProxyBase, SmartProxyRequestConsumer, SmartProxyReplyConsumer 클래스를 상속한다(클래스 다이어그램 참조). 이 클래스들의 소스 코드는 스마트 프록시(p630) 패턴을 참조한다.

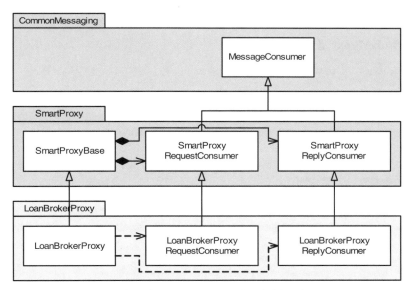

대출 모집인 스마트 프록시 클래스 다이어그램

SmartProxyBase 클래스처럼, LoanBrokerProxy 클래스도 두 메시지 소비자를 포함한다. 하나는 클라이언트(LoanBrokerProxyRequestConsumer)로부터 요청 메시지를 수신하는 소비자고, 하나는 대출 모집인(LoanBrokerProxyReplyConsumer)으로부터 응답 메시지를 수신하는 소비자다. 이 두 소비자 클래스는 각각 자신의 기본 클래스(`SmartProxyRequestConsumer`와 `SmartProxyReplyConsumer`)를 상속하고 `AnalyzeMessage` 메소드를 추가로 구현한다.

`LoanBrokerProxy` 클래스의 구현을 살펴보자. 이 클래스의 생성자는 `SmartProxyBase` 클래스의 파라미터들과 *제어 버스*(p612) 큐 참조, 초 단위 보고 주기를 파라미터로 입력받는다.

`LoanBrokerProxy` 클래스는 측정값들을 두 `ArrayList`를 이용해 유지한다. 이 둘은 `performanceStats`와 `queueStats`다. `performanceStats`는 초 단위 요청/응답 경과 시간을 수집한다. `queueStats`는 미처리 요청 메시지(`brokerRequestQueue`에서 대기 중이거나 대출 모집인에서 처리 중인 메시지)의 수를 수집한다. 프로그램된 타이머가 `OnTimerEvent` 메소드를 촉발하면, `OnTimerEvent` 메소드는 두 `ArrayList`에 있는 데이터를 순간적으로 갈무리한다. `ArrayList`들은 메시지가 수신될 때마다 계속해서 데이터가 추가되므로, 이후 분석을 위해서는 이렇게 순간 갈무리된 복사본을 사용한다.

LoanBrokerProxy 클래스

```
public class LoanBrokerProxy : SmartProxyBase
{
    protected MessageQueue controlBus;

    protected ArrayList performanceStats;
    protected ArrayList queueStats;

    protected int interval;
    protected Timer timer;

    public LoanBrokerProxy(MessageQueue inputQueue, MessageQueue serviceRequestQueue,
                        MessageQueue serviceReplyQueue, MessageQueue controlBus,
                        int interval) :
        base (inputQueue, serviceRequestQueue, serviceReplyQueue)
    {
        messageData = Hashtable.Synchronized(new Hashtable());
        queueStats = ArrayList.Synchronized(new ArrayList());
        performanceStats = ArrayList.Synchronized(new ArrayList());

        this.controlBus = controlBus;
        this.interval = interval;
```

```
    requestConsumer = new LoanBrokerProxyRequestConsumer(inputQueue,
        serviceRequestQueue, serviceReplyQueue, messageData, queueStats);
    replyConsumer = new LoanBrokerProxyReplyConsumer(serviceReplyQueue,
        messageData, queueStats, performanceStats);
}

public override void Process()
{
    base.Process();

    TimerCallback timerDelegate = new TimerCallback(OnTimerEvent);
    timer = new Timer(timerDelegate, null, interval*1000, interval*1000);
}

protected void OnTimerEvent(Object state)
{
    ArrayList currentQueueStats;
    ArrayList currentPerformanceStats;

    lock (queueStats)
    {
        currentQueueStats = (ArrayList)(queueStats.Clone());
        queueStats.Clear();
    }

    lock (performanceStats)
    {
        currentPerformanceStats = (ArrayList)(performanceStats.Clone());
        performanceStats.Clear();
    }
    SummaryStats summary = new SummaryStats(currentQueueStats,
                                            currentPerformanceStats);
    if (controlBus != null)
        controlBus.Send(summary);
    }
}
```

LoanBrokerProxy는 SummaryStats 구조체를 사용해 측정 시점의 최대값, 최소값, 평균값으로 각 데이터를 요약하고 요약된 데이터를 *제어 버스*(p612)로 전송한다. 우리는 메시지를 수신할 때마다 요약 통계를 갱신해 각 데이터가 아닌 요약된 데이터만 저장하도록 계산을 더욱 효율적으로 만들 수도 있었다. 그러나 우리는 계산을 뒤로 미루어 *제어 버스*(p612)에 게시할 세부 사항의 양을 변경할 수 있게 했다.

LoanBrokerProxyRequestConsumer 클래스는 수신한 요청 메시지를 처리한

다. SmartProxyRequestConsumer 기본 클래스는 messageData 해시 테이블에 관련 메시지 데이터를 저장한다. SmartProxyReplyConsumer 기본 클래스는 응답 메시지를 수신할 때마다 해시 테이블에서 메시지 데이터를 제거한다. 결과적으로 미처리 요청 메시지의 현재 수는 messageData 해시 테이블의 크기로부터 도출된다. LoanBrokerProxyRequestConsumer는 LoanBrokerProxy의 queueStats에 새 측정 데이터를 추가한다.

LoanBrokerProxyRequestConsumer 클래스

```
public class LoanBrokerProxyRequestConsumer : SmartProxyRequestConsumer
{
    ArrayList queueStats;

    public LoanBrokerProxyRequestConsumer(MessageQueue requestQueue,
                                          MessageQueue serviceRequestQueue,
                                          MessageQueue serviceReplyQueue,
                                          Hashtable messageData,
                                          ArrayList queueStats) :
        base(requestQueue, serviceRequestQueue, serviceReplyQueue, messageData)
    {
        this.queueStats = queueStats;
    }

    protected override void ProcessMessage(Message requestMsg)
    {
        base.ProcessMessage(requestMsg);
        queueStats.Add(messageData.Count);
    }
}
```

LoanBrokerProxyReplyConsumer는 응답 메시지가 도착하면 필요한 두 측정값을 수집한다. 첫째, 요청 메시지의 발신과 응답 메시지의 수신 사이 경과 시간을 performanceStats에 추가한다. 둘째, 미처리 요청(즉, messageData 해시 테이블의 크기) 건수를 갈무리해 queueStats에 추가한다.

LoanBrokerProxyReplyConsumer 클래스

```
public class LoanBrokerProxyReplyConsumer : SmartProxyReplyConsumer
{
    ArrayList queueStats;
    ArrayList performanceStats;

    public LoanBrokerProxyReplyConsumer(MessageQueue replyQueue,
```

```
                              Hashtable messageData,
                              ArrayList queueStats,
                              ArrayList performanceStats) :
        base(replyQueue, messageData)
    {
        this.queueStats = queueStats;
        this.performanceStats = performanceStats;
    }

    protected override void AnalyzeMessage(MessageData data, Message replyMessage)
    {
        TimeSpan duration = DateTime.Now - data.SentTime;
        performanceStats.Add(duration.TotalSeconds);

        queueStats.Add(messageData.Count);
    }
}
```

SummaryStats 구조체는 갈무리된 데이터를 기반으로, 최대값, 최소값, 평균값을 계산한다. SummaryStats 구조체는 측정 시점의 (메시지의 요청과 응답을 위해 수집된) 데이터들의 큐 크기로부터 측정 시점의 (메시지 응답을 위해 수집된) 처리된 데이터들의 수를 뺌으로써 요청 메시지들의 수를 도출한다. 이 구조체의 구현은 간단하므로 구현 코드는 책에 싣지 않았다.

메시지 흐름에 대출 모집인 프록시를 끼워 넣었으므로, 이제 성능 통계를 수집할 수 있게 됐다. 우리는 각각 50건의 대출 견적을 요청하는 두 테스트 클라이언트를 구성해 테스트 데이터를 수집했다. 수집된 결과들은 다음 표와 같았다. (우리는 controlBusQueue에 XML 포맷으로 게시된 측정값을 HTML 테이블로 렌더링하는 간단한 XSL을 사용했다.)

타임 스탬프	요청 개수	응답 개수	최소 처리 시간	평균 처리 시간	최대 처리 시간	최소 큐 크기	평균 큐 크기	최대 큐 크기
14:11:02.96 44424	0	0	0.00	0.00	0.00	0	0	0
14:11:07.97 18424	89	7	0.78	2.54	3.93	1	42	82
14:11:12.97 92424	11	9	4.31	6.43	8.69	83	87	91
14:11:17.98 66424	0	8	9.39	10.83	12.82	77	80	84
14:11:22.99 40424	0	8	13.80	15.75	17.48	69	72	76
14:11:28.00 14424	0	7	18.37	20.19	22.18	62	65	68
14:11:33.00 88424	0	6	22.90	24.83	26.94	56	58	61
14:11:38.01 62424	0	10	27.74	29.53	31.62	46	50	55
14:11:43.02 36424	0	9	31.87	34.47	36.30	37	41	45
14:11:48.03 10424	0	7	36.87	39.06	40.98	30	33	36
14:11:53.03 84424	0	9	41.75	43.82	45.14	21	25	29
14:11:58.04 58424	0	8	45.92	47.67	49.67	13	16	20
14:12:03.05 32424	0	8	50.86	52.58	54.59	5	8	12
14:12:08.06 06424	0	4	55.41	55.96	56.69	1	2	4
14:12:13.06 80424	0	0	0.00	0.00	0.00	0	0	0

엑셀 도표로 읽은 큐 크기 데이터는 다음과 같다.

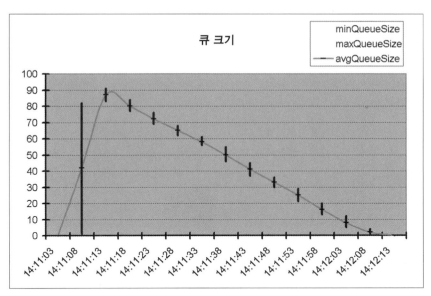

대출 모집인 스마트 프록시 통계

이 도표를 보면, 대기중인 요청의 최고치가 약 90건에 이를 정도로, 두 테스트 클라이언트가 대출 모집인을 꽤 많이 폭주시켰다는 것을 알 수 있다. 대출 모집인은 보통 초당 약 2건의 속도로 요청 메시지를 처리한다. 큐에 대기된 요청이 많기 때문에, 응답 시간은 거의 1분에 이를 정도로 아주 좋지 않다. 응답 시간이 매우 길다는 나쁜 소식이 있는 반면 대출 모집인이 갑작스런 수많은 요청도 정상적으로 처리한다는 좋은 소식도 있다. 응답 시간을 향상시키려면 대출 모집인과 신용 평가 기관을 여러 인스턴스로 실행하면 된다. (테스트에 사용된 신용 평가 기관 서비스는 9장, '사잇장: 복합 메시징'에 설명된 원래 구현으로 병목을 일으킨다.)

신용 평가 기관 작동 확인

관리 시스템에 대한 두 번째 요구는 외부 신용 평가 기관 서비스의 올바른 작동을 모니터링하는 것이다. 대출 모집인은 이 서비스로부터 대출 견적 요청 고객의 신용 점수를 얻는다. 은행은 정확한 대출 견적을 계산하기 위해 이 정보가 필요하다.

외부 신용 평가 기관 서비스의 올바른 작동을 확인하기 위해, 우리는 이 서비스로 정기적인 *테스트 메시지*(p641)를 전송하기로 결정했다. 신용 평가 기관 서비스는 *반환 주소*(p219)를 지원하므로, 우리는 기존 메시지 흐름을 방해하지 않으면서도 테스트 *메시지*(p641)를 쉽게 끼워 넣을 수 있다. 우리는 테스트 메시지 전용 응답 채널을 사용한다. 그러므로 테스트 메시지 구분자는 별도로 사용하지 않는다(그림 참조).

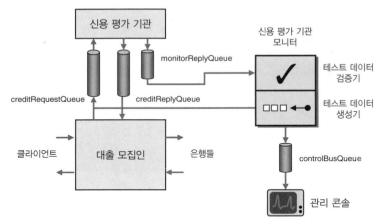

신용 평가 기관 서비스의 모니터링

    신용 평가 기관 서비스의 올바른 작동을 확인하려면 테스트 데이터 생성기와 테스트 데이터 검증기가 필요하다. 테스트 데이터 생성기는 테스트 중인 서비스로 전송될 테스트 데이터를 생성한다. 신용 평가 기관 테스트 메시지는 매우 간단하다. 필요한 유일한 필드는 사회 보장 번호[SSN]다. 우리는 테스트를 위해 가공 인물의 고정된 SSN을 사용한다. 우리는 이 정보를 활용해 미리 준비된 결과 데이터와 테스트 결과 데이터를 검증한다. 이 방법으로 우리는 응답 메시지의 수신을 확인할 수 있고 메시지 내용이 올바른지도 확인할 수 있다. 9장, '사잇장: 복합 메시징'의 예에 등장하는 신용 평가 기관 서비스는 수신한 SSN에 관계없이 임의의 결과를 반환하게 프로그램되어 있다. 따라서 테스트 데이터 검증기도 특정 결과 값을 검사하는 대신, 결과가 허용된 범위 안(예: 신용 점수가 300~900)에 있는지를 검증한다. 결과가 허용 범위 밖(예: 전산 오류로 점수가 0으로 설정된 경우)에 있는 경우 테스트 데이터 검증기는 메시지로 관리 콘솔에 알려준다.

    테스트 데이터 검증기는 외부 서비스의 응답 시간도 검사한다. 우리는 미리 설정된 시간 동안 응답 메시지를 수신하지 않은 경우도 관리 콘솔에 경고한다. 네트워크 대역폭을 최소화하기 위해, 테스트 데이터 검증기는 정상이 아닌 응답 지연이나 검증 실패만 관리 콘솔에 알려준다. 이 규칙에 대한 유일한 예외는 모니터가 오류 검출에 후속해 서비스로부터 올바른 응답 메시지를 수신했을 때 발생한다. 이 경우 신용 평가 기관이 다시 올바르게 작동한다는 것을 알리기 위해, 모니터는 관리 콘솔에 "서비스 OK" 메시지를 전송한다. 모니터는 시작하는 동안 자신의 존재를 알리는 메시지를 관리 콘솔에 전송한다. 이 메시지로 관리 콘솔은 모니터들을 '발견'할 수 있고 모니터들의 상태도 표시할 수 있다.

모니터는 타이머를 두 개 사용한다. 하나는 지정된 간격으로 *테스트 메시지*(p641)를 발신하기 위한 타이머고, 다른 하나는 응답이 제한시간 안에 도착하지 않은 경우 예외를 표시하기 위한 타이머다(그림 참조). 발신 타이머^{Send Timer}는 마지막 메시지의 수신이나 마지막 타임아웃 이벤트부터 다음 *테스트 메시지*(p641)의 발신까지의 시간 간격을 결정한다. 제한시간 타이머^{Timeout Timer}는 모니터가 요청 메시지를 발신할 때마다 시작된다. 응답 메시지가 지정된 제한시간 안에 도착하면, 제한시간 타이머는 재설정되고 다음 요청 메시지와 함께 다시 시작된다. 모니터가 지정된 제한시간 안에 응답을 수신하지 못하면, 제한시간 타이머는 OnTimeoutEvent 메소드 호출을 촉발한다. 이 메소드는 제어 버스로 오류 메시지를 전송한 후 새 요청 메시지를 발신하기 위해 새 발신 타이머를 시작한다. 실제 시나리오에서는 상대적으로 더 짧은 제한시간(몇 초)과 더 긴 발신 간격(예: 1분)을 사용할 것이다.

다음 그림은 두 타이머 사이의 의존성을 보여준다. 이 시나리오에서 모니터는 *테스트 메시지*(p641)를 발신하면서 제한시간 타이머를 시작했다. 그리고 응답 메시지는 제한시간 타이머가 경과하기 전에 도착했다. 그러므로 모니터는 제한시간 타이머를 취소하고 발신 타이머를 시작했다. 이후 발신 타이머가 경과됐고, 모니터는 다시 새 *테스트 메시지*(p641)을 발신하면서 새 제한시간 타이머를 시작했다. 이 후 응답 메시지가 도착하기 전에 제한시간 타이머는 만료됐고, 이로 인해 모니터는 *제어 버스*(p612)로 메시지를 전송했다. 그리고 동시에 모니터는 새 발신 타이머를 시작했다.

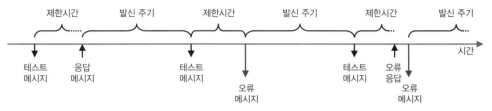

신용 평가 기관 서비스 모니터링

모니터는 클래스 하나로 구현된다. Monitor 클래스는 *스마트 프록시*(p630) 패턴에 소개된 MessageConsumer를 상속한다. 이 클래스는 수신 채널을 구성하고 메시지 수신을 위한 *이벤트 기반 소비자*(p567)를 시작한다. 메시지를 수신한 Monitor는 가상 메소드인 ProcessMessage 메소드를 호출한다. MessageConsumer를 상속한 클래스는 이 메소드를 재정의해 자신의 처리를 추가할 수 있다.

Process 메소드는 MessageConsumer에 메시지 소비를 지시한다. Monitor 클래스는 발신 타이머를 시작함으로써 이 메소드의 기본 구현을 확장한다. 발신 타이머는 OnSendTimerEvent 메소드 호출을 촉발한다. Process 메소드는 자신의 존재를 알리는 MonitorStatus 메시지를 *제어 버스*(p612)로 전송한다.

Monitor 클래스: 메시지 발신

```
public override void Process()
{
    base.Process();
    sendTimer = new Timer(new TimerCallback
                        (OnSendTimerEvent), null, interval*1000, Timeout.Infinite);

    MonitorStatus status = new MonitorStatus(
                MonitorStatus.STATUS_ANNOUNCE, "Monitor On-Line", null, MonitorID);
    Console.WriteLine(status.Description);
    controlQueue.Send(status);
    lastStatus = status.Status;
}

protected void OnSendTimerEvent(Object state)
{
    CreditBureauRequest request = new CreditBureauRequest();
    request.SSN = SSN;
    Message requestMessage = new Message(request);
    requestMessage.Priority = MessagePriority.AboveNormal;
    requestMessage.ResponseQueue = inputQueue;

    Console.WriteLine(DateTime.Now.ToString() + " Sending request message");
    requestQueue.Send(requestMessage);

    correlationID = requestMessage.Id;

    timeoutTimer = new Timer(new TimerCallback(OnTimeoutEvent), null,
                        timeout*1000, Timeout.Infinite);
}
```

OnSendTimerEvent 메소드는 새 요청 메시지를 생성한다. 이 요청 메시지의 유일한 파라미터는 고객의 SSN이다. 이 메소드는 고정된 SSN을 지정하고, 수신한 응답 메시지의 *상관관계 식별자*(p223)를 검증하기 위해 메시지 아이디를 저장한다. 마지막으로 이 메소드는 응답 메시지가 수신되지 않을 경우 모니터가 설정한 시간 간격 이후에 통지를 받을 수 있게 timeoutTimer을 시작한다.

이 메소드는 애플리케이션 메시지들이 밀려도 서비스가 비가용 상태처럼 보이지 않게 테스트 메시지의 Priority 속성을 애플리케이션 메시지보다 높게 AboveNormal로 설정한다. 그러면 메시지 큐는 높은 우선순위를 가진 *테스트 메시지*(p641)를 대기 중인 애플리케이션 메시지들보다 빨리 전달한다. 테스트 데이터 생성기는 크기도 작고 개수도 적은 *테스트 메시지*(p641)를 채널에 추가하므로 높은 우선순위의 메시지를 사용하더라도 안전하다. 그러나 우선순위가 높은 메시지들을 요청 채널에 너무 많이 주입하는 경우, 이 메시지들은 애플리케이션의 메시지 흐름을 방해하고, 관리 시스템의 최소 간섭의 원칙도 위반할 수 있다는 점에 주의해야 한다.

ProcessMessage 메소드는 Monitor 클래스의 핵심이다. 메소드는 수신한 응답 메시지를 평가하는 테스트 메시지 검증기를 구현한다. 메소드는 제한시간 타이머를 중지한 후 수신한 메시지에서 *상관관계 식별자*(p223), 메시지 본문의 자료형, 메시지 본문의 정당성을 검사한다. 검사들 중 하나라도 실패하면, MonitorStatus 구조체를 설정하고 이 구조체를 *제어 버스*(p612) 채널로 전송한다. lastStatus 변수의 상태도 추적한다. 상태가 error에서 OK로 변경된 경우 *제어 버스*(p612)에 알림을 전송한다.

Monitor 클래스: 메시지 수신

```
protected override void ProcessMessage(Message msg)
{
    Console.WriteLine(DateTime.Now.ToString() + " Received reply message");

    if (timeoutTimer != null)
        timeoutTimer.Dispose();

    msg.Formatter = new XmlMessageFormatter(new Type[] {typeof(CreditBureauReply) });
    CreditBureauReply replyStruct;
    MonitorStatus status = new MonitorStatus();

    status.Status = MonitorStatus.STATUS_OK;
    status.Description = "No Error";
    status.ID = MonitorID;
```

```
try
{
    if (msg.Body is CreditBureauReply)
    {
        replyStruct = (CreditBureauReply)msg.Body;
        if (msg.CorrelationId != correlationID)
        {
            status.Status = MonitorStatus.STATUS_FAILED_CORRELATION;
            status.Description =
            "Incoming message correlation ID does not match outgoing message ID";
        }
        else
        {
            if (replyStruct.CreditScore < 300 || replyStruct.CreditScore > 900 ||
                replyStruct.HistoryLength < 1 || replyStruct.HistoryLength > 24)
            {
                status.Status = MonitorStatus.STATUS_INVALID_DATA;
                status.Description = "Credit score values out of range";
            }
        }
    }
    else
    {
        status.Status = MonitorStatus.STATUS_INVALID_FORMAT;
        status.Description = "Invalid message format";
    }
}
catch (Exception e)
{
    Console.WriteLine("Exception: {0}", e.ToString());
    status.Status = MonitorStatus.STATUS_INVALID_FORMAT;
    status.Description = "Could not deserialize message body";
}

StreamReader reader = new StreamReader (msg.BodyStream);
status.MessageBody = reader.ReadToEnd();

Console.WriteLine(status.Description);

if (status.Status != MonitorStatus.STATUS_OK ||
    (status.Status == MonitorStatus.STATUS_OK &&
     lastStatus != MonitorStatus.STATUS_OK))
{
    controlQueue.Send(status);
}
lastStatus = status.Status;
```

```
        sendTimer.Dispose();
        sendTimer = new Timer(new TimerCallback(OnSendTimerEvent), null,
                            interval*1000, Timeout.Infinite);
}
```

지정된 시간 동안 메시지가 도착하지 않은 경우, timeoutTimer는 OnTimeout
Event 메소드를 호출한다. OnTimeoutEvent 메소드는 MonitorStatus 메시지를 *제
어 버스*(p612)로 전송하고, 새 요청 메시지가 시간 간격 이후에 발신되게 새 발신 타
이머를 시작한다.

Monitor 클래스: 타임아웃

```
protected void OnTimeoutEvent(Object state)
{
    MonitorStatus status = new MonitorStatus(
                        MonitorStatus.STATUS_TIMEOUT, "Timeout", null, MonitorID);
    Console.WriteLine(status.Description);
    controlQueue.Send(status);
    lastStatus = status.Status;
    timeoutTimer.Dispose();
    sendTimer = new Timer(new TimerCallback(OnSendTimerEvent), null,
                        interval*1000, Timeout.Infinite);
}
```

신용 평가 기관 장애 조치

이제 외부 신용 평가 기관 서비스의 상태를 모니터링할 수 있으므로, 우리는 이 데이
터를 이용해 신용 평가 기관 서비스가 실패하더라도 대출 모집인을 운영하기 위한
장애 조치 체계를 구현하고 싶다. *포인트 투 포인트 채널*(p161)이 이미 장애 조치의
기본 형태를 제공한다는 점에 주목하자. *경쟁 소비자*(p644)를 포인트 투 포인트 채널
(p161)에 사용하는 경우, 한 소비자가 실패하더라도 다른 소비자(들)가 작동하는 한
처리는 방해받지 않는다. 여러 활성 소비자들은 부하를 나누므로 결과적으로 간단한
부하 분산load-balancing 메커니즘도 구현한다. 그렇다면 왜 명시적으로 장애 조치 메커
니즘을 구현해야 하는가? 외부 서비스를 사용하는 경우, HTTP 위의 SOAP처럼 *경쟁
소비자*(p644)를 지원하지 않는 단순한 채널만 사용해야 하는 경우가 생긴다. 또 서비
스들이 부하 분산을 이루는 것을 원치 않을 수도 있다. 예를 들어 우리는 사용량이 할
당범위 이상인 경우 상당한 할인 혜택을 제공하는 주 서비스 제공 업체와 볼륨 계약
을 할 수 있다. 이 경우 트래픽을 두 업체로 분할하면 할인 혜택을 받지 못할 수 있다.
또 우리가 주 서비스 제공 업체와 같은 낮은 가격의 다른 제공 업체를 이미 사용하고

있다면, 해당 제공 업체가 실패할 경우만 주 서비스 제공 업체로 전환할 수도 있을 것이다. (라이선스에 의해 주도되는 아키텍처에 관한 훌륭한 내용은 [Hohmann]을 참조한다.)

명시적 장애 조치를 구현하기 위해, 우리는 신용 평가 기관 요청 채널에 *메시지 라우터*(p136)를 끼워 넣는다(그림 참조). 이 라우터는 요청을 주 신용 평가 기관 서비스(두껍고, 검은 화살표)나 보조 신용 평가 기관 서비스(얇고 검은 화살표)로 라우팅한다. 보조 서비스는 주 서비스와 다른 메시지 포맷을 사용할 수 있으므로, 우리는 한 쌍의 *메시지 변환기*(p143)로 보조 서비스를 감싼다. 이 라우터는 관리 콘솔이 *제어 버스*(p612)를 사용해 제어하는 상황 기반 *메시지 라우터*(p136)다. 관리 콘솔은 우리가 앞 절에서 설계한 신용 평가 기관 모니터로부터 모니터링 데이터를 얻는다. 모니터가 실패를 알리는 경우, 관리 콘솔은 *메시지 라우터*(p136)에 지시해 트래픽을 보조 서비스 제공 업체로 라우팅하게 한다(그림 참조).

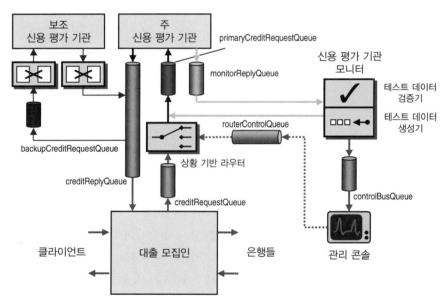

상황 기반 메시지 라우터를 이용한 명시적 장애 조치

요청 메시지들이 보조 서비스 제공 업체로 라우팅되는 동안, 모니터는 테스트 메시지를 주 서비스 제공 업체로 지속적으로 발신한다. 모니터가 서비스의 올바른 작동을 확인하면, 콘솔은 *메시지 라우터*(p136)에 지시해 요청 메시지를 주 제공 업체로 라우팅하게 한다. 보조 신용 평가 기관의 서비스 상태를 모니터링하는 두 번째 신용

평가 기관 모니터 인스턴스를 사용하기가 쉬우므로 다이어그램에 보조 서비스 제공
업체에 대한 모니터를 표시하지 않았다.

　상황 기반 *메시지 라우터*(p136) 구현을 살펴보자. `ContextBasedRouter` 클래
스는 수신 메시지를 처리하기 위해 `MessageConsumer` 기본 클래스를 상속한다.
`ProcessMessage` 메소드는 `control` 변수를 검사해 값에 따라 수신한 메시지를 주
또는 보조 출력 채널로 라우팅한다.

ContextBasedRouter 클래스

```
delegate void ControlEvent(int control);

class ContextBasedRouter : MessageConsumer
{
...
    protected override void ProcessMessage(Message msg)
    {
        if (control == 0)
        {
            primaryOutputQueue.Send(msg);
        }
        else
        {
            secondaryOutputQueue.Send(msg);
        }
    }

    protected void OnControlEvent(int control)
    {
        this.control = control;
        Console.WriteLine("Control = " + control);
    }
}
```

　`control` 변수는 `OnControlEvent` 메소드에서 지정된다. 이 메소드는 `Control
Receiver` 클래스가 호출한다. 이 클래스도 제어 채널로부터 메시지를 수신 대기하므
로 `MessageConsumer`를 상속한다. `ContextBasedRouter` 클래스는 제어 이벤트를 수
신했을 때 호출하는 `ControlEvent` 대리자를 `ControlReceiver`에 제공한다. 대리자
는 인터페이스 구현이나 함수 포인터 사용 없이도 콜백을 구현할 수 있게 하는 깔끔
하고도 형식 안정적인 구현 방법이다(대리자에게 대한 상세한 설명은 [Box]를 참조한다).

ControlReceiver 클래스

```
class ControlReceiver : MessageConsumer
{
    protected ControlEvent controlEvent;

    public ControlReceiver(MessageQueue inputQueue,
                         ControlEvent controlEvent) : base (inputQueue)
    {
        this.controlEvent = controlEvent;
    }

    protected override void ProcessMessage(Message msg)
    {
        String text = (string)msg.Body;
        Double resNum;

        if (Double.TryParse(text, NumberStyles.Integer,
        NumberFormatInfo.InvariantInfo, out resNum))
        {
            int control = int.Parse(text);
            controlEvent(control);
        }
    }
}
```

관리 콘솔 개선

첫 번째 버전의 관리 콘솔은 코드를 보여주는 데 어려움이 없을 정도로 간단했다. 이 관리 콘솔은 단지 메시지를 수신하고 (엑셀로 성능 그래프를 렌더링하는 것과 같은) 나중의 분석을 위해 메시지 내용을 파일로 저장한다. 이제 우리는 관리 콘솔에 좀 더 지능적인 기능을 추가하고 싶다. 첫째, 주된 신용 평가 기관 모니터가 실패를 알릴 때, 관리 콘솔은 상황 기반 *메시지 라우터*(p136)에 지시해 메시지를 보조 서비스 제공 업체로 라우팅하게 해야 한다. 모니터와 상황 기반 *메시지 라우터*(p136) 사이의 결합을 제거하기 위해, 우리는 이 기능을 관리 콘솔 안에 구현한다. 즉, 이 경우 관리 콘솔은 실질적으로 중재자^{Mediator}[GoF] 역할을 한다. 또 우리는 장애 조치 로직을 중앙에 구현함으로 시스템 관리 규칙들의 유지보수를 단일 지점에서 할 수 있게 된다. 일반적으로 상용 관리 콘솔은 *제어 버스*(p612)의 이벤트에 따라 적절한 시정 조치를 결정하는 설정 가능한 규칙 엔진을 포함한다.

둘째, 우리는 관리 콘솔에 시스템의 현재 상태를 표시하는 간단한 사용자 인터페이스를 구축하고 싶다. 메시징 시스템의 큰 그림을 보기란 상당히 어려울 수 있다. 특히 메시지 경로가 동적으로 변경되는 경우엔 더욱 그렇다. 일부 컴포넌트조차 메시지 흐름 조정을 어렵게 만들 수 있다. 그럼에도 불구하고, 우리의 사용자 인터페이스는 간단하지만 매우 유용하다. 우리는 컴포넌트들 사이의 상호작용을 표현하기 위해 이 책에 정의된 상징 언어를 사용한다. 이 사용자 인터페이스는 신용 평가 기관의 장애 조치 부분을 표시한다. 표시되는 부분은 상황 기반 *메시지 라우터*(p136)와 두 서비스다. 다음 그림을 참조한다.

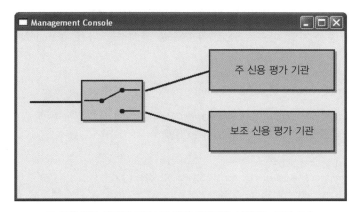

두 신용 평가 기관의 서비스가 정상 상태임을 보여주는 관리 콘솔

모니터가 실패를 감지하고 트래픽 전환을 라우터에 지시할 때, 우리는 사용자 인터페이스를 갱신해 새로운 상태를 반영하고 싶다(그림 참조). 라우터 아이콘은 요청 메시지에 대한 새 경로를 보여 주고, 주 신용 평가 기관 컴포넌트는 실패를 알리기 위해 색을 바꾼다.

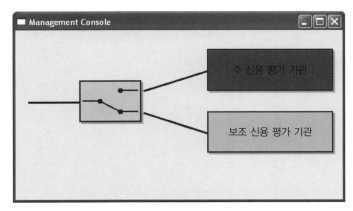

주 신용 평가 기관이 실패해 보조 신용 평가 기관으로 라우팅되고 있음을 보여주는 관리 콘솔

콘솔 코드를 간단히 살펴보자. 우리는 시스템 관리 코드에 집중하고 사용자 인터페이스 그림을 아름답게 렌더링하는 코드를 상세하게 살피지 않는다. 첫째, 관리 콘솔은 모니터 컴포넌트로부터 상태 메시지를 수신할 수 있어야 한다. 가능한 한 강력한 콘솔을 만들려면, XML 페이로드에서 개별 필드를 읽는 것처럼, 느슨하게 결합된 방식으로 메시지 내용에 접근할 수 있어야 한다. 이런 접근 방법은 컴포넌트들이 메시지 포맷에 새 필드를 추가하더라도 관리 콘솔이 정상적으로 작동할 수 있게 한다.

당연히 콘솔 클래스도 `MessageConsumer`를 상속한다. 그러므로 우리는 여기에 생성자와 `ProcessMessage` 메소드의 구현만을 보여준다. 이 메소드는 메시지의 `BodyStream`를 문자열 변수로 읽고, 이 변수를 분석하는 다른 컴포넌트에 전달하기만 한다.

ManagementConsole: ProcessMessage

```
public delegate void ControlMessageReceived(String body);
public class ManagementConsole : MessageConsumer
{
    protected Logger logger;
    public MonitorStatusHandler monitorStatusHandler;

    public ControlMessageReceived updateEvent;

    public ManagementConsole(MessageQueue inputQueue, string pathName) :
base(inputQueue)
    {
        logger = new Logger(pathName);
        monitorStatusHandler = new MonitorStatusHandler();

        updateEvent += new ControlMessageReceived(logger.Log);
        updateEvent += new ControlMessageReceived(monitorStatusHandler.
OnControlMessage);
    }

    protected override void ProcessMessage(Message m)
    {
        Stream stm = m.BodyStream;
        StreamReader reader = new StreamReader (stm);
        String body = reader.ReadToEnd();

        updateEvent(body);
    }
    ...
}
```

ManagementConsole 클래스는 대리자를 사용해 로거^{logger}와 MonitorStatus
Handler에 통보한다. 대리자를 사용하면 ProcessMessage 메소드를 변경하지 않고
도 제어 메시지를 수신하는 클래스를 쉽게 추가할 수 있다.

수신한 제어 메시지 데이터를 분석하는 컴포넌트들 중 하나는 Monitor
StatusHandler 클래스다. 이 클래스는 수신한 메시지 본문에 포함된 XML 문서에
<MonitorStatus> 루트 엘리먼트가 있는지 확인한다. 루트 엘리먼트가 있는 경우, 메
시지 본문을 XML 문서로 로드해 ID 엘리먼트와 Status 엘리먼트에서 관련 필드들
을 추출한다. 그런 다음 형식이 MonitorStatusUpdate 대리자인 updateEvent를 호
출한다. updateEvent 대리자는 MonitorStatus 메시지가 도착할 때마다 콜백 메소
드를 추가한 클래스들을 호출한다. 이 클래스들은 서명이 MonitorStatusUpdate인
메소드를 구현한다.

MonitorStatusHandler

```
public delegate void MonitorStatusUpdate(String ID, int Status);

public class MonitorStatusHandler
{
    public MonitorStatusUpdate updateEvent;

    public void OnControlMessage(String body)
    {
        XmlDocument doc = new XmlDocument();
        doc.LoadXml(body);

        XmlElement root = doc.DocumentElement;
        if (root.Name == "MonitorStatus")
        {
            XmlNode statusNode = root.SelectSingleNode("Status");
            XmlNode idNode = root.SelectSingleNode("ID");

            if (idNode!= null && statusNode != null)
            {
                String msgID = idNode.InnerText;
                String msgStatus = statusNode.InnerText;
                Double resNum;
                int status = 99;

                if (Double.TryParse(msgStatus, NumberStyles.Integer,
                            NumberFormatInfo.InvariantInfo, out resNum))
                {
```

```
                status = (int)resNum;
            }
            updateEvent(msgID, status);
        }
    }
}
```

이 예에서 MonitorStatusHandler가 촉발하는 MonitorStatusUpdate 이벤트를 처음 듣는 컴포넌트는 두 사용자 인터페이스 컨트롤이다. 이 컨트롤들은 사용자 인터페이스 폼에 주된 신용 평가 기관 서비스와 보조 신용 평가 기관 서비스를 표시한다. 각 컨트롤은 모니터링하는 컴포넌트의 고유한 식별자로 이벤트를 필터링한다. 모니터링하는 컴포넌트의 상태가 변경되면, 사용자 인터페이스 컨트롤은 해당 컴포넌트의 색상을 변경한다. 콘솔 폼의 초기화에서 신용 평가 기관 표시 컨트롤은 관리 콘솔의 monitorStatusHandler와 묶인다. 모니터로부터 상태 갱신 메시지를 수신한 콘솔은 컨트롤들의 OnMonitorStatusUpdate 메소드를 호출한다.

콘솔 폼 초기화

```
console = new ManagementConsole(controlBusQueue, logFileName);

primaryCreditBureauControl =
    new ComponentStatusControl("Primary Credit Bureau", "PrimaryCreditService");
primaryCreditBureauControl.Bounds =
    new Rectangle(300, 30, COMPONENT_WIDTH, COMPONENT_HEIGHT);

secondaryCreditBureauControl =
    new ComponentStatusControl("Secondary Credit Bureau", "SecondaryCreditService");
secondaryCreditBureauControl.Bounds =
    new Rectangle(300, 130, COMPONENT_WIDTH, COMPONENT_HEIGHT);

console.monitorStatusHandler.updateEvent += new
    MonitorStatusUpdate(primaryCreditBureauControl.OnMonitorStatusUpdate);
console.monitorStatusHandler.updateEvent += new
    MonitorStatusUpdate(secondaryCreditBureauControl.OnMonitorStatusUpdate);
```

MonitorStatusUpdate 이벤트를 듣는 또 다른 컴포넌트는 FailOverHandler다. 이 컴포넌트는 장애 조치 스위치의 설정 여부를 결정하기 위해 상태 메시지를 분석하는 눈에 보이지 않는 컴포넌트다. 모니터의 상태가 변경된 경우(우리는 ^ 연산자로 표시되는 XOR 논리를 사용한다), FailOverHandler는 지정된 명령 채널로 명령 메시지를 전송한다. 이 명령 채널은 앞에서 설명한 상황 기반 *메시지 라우터*(p136)에 연결

된다. 이 라우터는 명령 메시지에 따라 신용 점수 요청 메시지를 다른 신용 평가 기관
으로 라우팅한다.

FailOverHandler 클래스

```
public delegate void FailOverStatusUpdate(String ID, string Command);

public class FailOverHandler
{
    ...
    public void OnMonitorStatusUpdate(String ID, int status)
    {
        if (componentID == ID)
        {
            if (IsOK(status) ^ IsOK(currentStatus))
            {
                String command = IsOK(status) ? "0" : "1";
                commandQueue.Send(command);
                currentStatus = status;
                updateEvent(ID, command);
            }
        }
    }

    protected bool IsOK(int status)
    {
        return (status == 0 || status >= 99);
    }
}
```

   FailOverHandler는 형식이 FailOverStatusUpdate인 updateEvent 대리자를 호
출한다. MonitorStatusHandler와 비슷하게, FailOverStatusUpdate 형식의 메소
드를 구현한 컴포넌트도 등록했을 경우 FailOverHandler의 상태 변경을 갱신 알림
으로 수신받게 된다. 우리는 FailOverControl를 이와 같이 등록해 장애 조치 상태
가 변경될 때마다 사용자 인터페이스 폼을 다시 그리게 한다. 이 컴포넌트들의 연결
은 콘솔 사용자 인터페이스 초기화 루틴에서 수립된다.

콘솔 폼 초기화

```
failOverControl = new FailOverControl("Credit Bureau Failover",
"PrimaryCreditService");
failOverControl.Bounds = new Rectangle(100, 80, ROUTER_WIDTH, COMPONENT_HEIGHT);

FailOverHandler failOverHandler =
```

```
    new FailOverHandler(commandQueue, "PrimaryCreditService");
console.monitorStatusHandler.updateEvent +=
    new MonitorStatusUpdate(failOverHandler.OnMonitorStatusUpdate);

failOverHandler.updateEvent += new
    FailOverStatusUpdate(failOverControl.OnMonitorStatusUpdate);
```

대리자와 이벤트를 이용해 연결된 관리 콘솔의 개별 컴포넌트들은 느슨한 결합 아키텍처가 된다. 이런 아키텍처를 사용하는 컴포넌트들은 재사용이 가능하고, 앞서 소개한 *파이프 필터*(p128) 아키텍처와 비슷한 스타일로 다시 구성하는 것도 가능해진다. *제어 버스*(p612)에 도착한 메시지를 대리자들을 이용해 전달하는 것은 애플리케이션 내부에 *게시 구독 채널*(p164)을 만든 것과 비슷하다. 제어 버스 이벤트는 포인트 투 포인트 *채널*(p161)에 도착하므로, 단일 소비자를 사용해야 한다. 그러면 이 단일 소비자는 수신한 이벤트를 애플리케이션 내부의 관심 구독자들에게 게시한다.

다음 콜라보레이션 다이어그램^{collaboration diagram}은 관리 콘솔 안에서 컴포넌트들 사이 이벤트가 전파되는 모습을 보여준다.

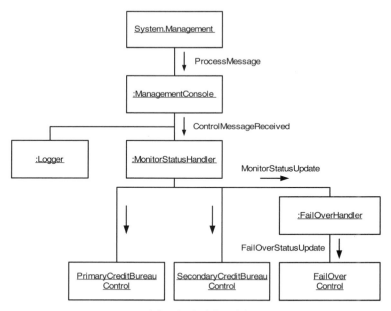

관리 콘솔 내 이벤트 전파

강력한 시스템 관리 도구는 컴포넌트들 사이 메시지 흐름을 시각화하기 위해 사용자 인터페이스 콘솔을 사용한다. 일부 벤더는 개발 도구를 제공해 시각적으로 컴포넌트들을 정렬하고 컴포넌트들의 입출력 포트들 연결해 분산된 메시지 흐름 애플리케이션을 설계할 수 있게 한다. 예를 들어 피오라노의 티포지^Tifosi (http://www.fiorano.com)는 GUI로 분산 솔루션을 설계하는 분산 애플리케이션 컴포저^Distributed Applications Composer를 제공해, 컴포넌트가 다른 시스템이나 플랫폼에서도 실행될 수 있게 한다. 이 도구는 *제어 버스*(p612)를 사용해 분산 컴포넌트들을 중앙 콘솔에 연결함으로 관리와 모니터링도 지원한다.

이 예에서 우리는 관리 콘솔에 표시되는 컴포넌트의 시각적 연결을 하드코딩했다. 예를 들어 장애 조치 라우터 아이콘와 신용 평가 기관 서비스 아이콘을 하드코딩으로 연결했다. 통합 도구들은 GUI 도구를 제공해 사용자가 처음부터 솔루션 설계에 사용할 수 있게 한다. 이런 접근 방법은 시스템 상태도 동일한 시각적 디자인으로 표시할 수 있게 한다.

우리는 기존의 메시징 시스템의 메시지 흐름을 분석해 시스템에 대한 시각적 표현을 만들 수도 있다. 이런 유형의 분석을 수행하는 기본적인 방법으로 정적 및 동적 방법이 있다. 정적 분석은 컴포넌트들이 게시하고 구독하는 채널을 분석한다. 정적 분석은 컴포넌트가 다른 컴포넌트가 구독하는 채널에 메시지를 게시하는 경우 이 두 컴포넌트 사이를 연결한다. 팁코 액티브엔터프라이즈 같은 EAI 제품들은 중앙 저장소에 이런 유형의 정보들을 저장해, 이런 분석을 훨씬 쉽게 만든다. 두 번째 접근 방법은 동적 분석으로 시스템을 사용해 흐르는 메시지들을 검사해 메시지의 도착지 컴포넌트와 출발지 컴포넌트 사이 연결을 역설계한다. 메시지가 *메시지 이력*(p623)을 포함하는 경우, 이 작업은 상당히 쉬워진다. *메시지 이력*(p623)의 도움이 없이도 메시지가 메시지 발신자를 가리키는 필드를 포함하는 경우, 메시지 흐름은 여전히 재구성될 수 있다 (일반적으로 시스템들은 인증을 위해 이런 필드를 포함한다).

이 예의 한계

우리는 예가 한 장 안에서 설명될 수 있도록 몇 가지 가정을 해야 했다. 예를 들어 장애 조치 메커니즘은 주된 신용 평가 기관 서비스가 실패했을 때 이미 큐에 대기 중인 메시지들은 처리하지 않는다. 즉, 이 메시지들은 서비스가 복구될 때까지 큐에 대기 상태로 남아있게 된다. 대출 모집인은 신용 평가 기관으로부터 수신한 응답 메시지와 자신의 응답 메시지를 상관시키므로 복구가 된다면 계속 처리될 것이다. 그러나 주된 신용 평가 기관 서비스 요청 큐에 '갇힌' 대출 견적 요청 메시지들은 주된 신용 평가 기관 서비스가 온라인으로 돌아올 때까지 처리되지 않을 것이다. 장애 조치 시나리오로 발생할 수 있는 응답 시간 문제를 개선하려면, 장애 서비스 앞에서 무한정 요청 대기하는 메시지들을 재전송하는 기능을 대출 모집인에 구현해야 한다. 또는 서비스의 마지막 정상 동작 이후 수신한 모든 요청 메시지들을 장애 조치 라우터에 저장해, 서비스 실패 시, 저장 중인 메시지를 재전송하게 구현할 수도 있다. 모든 메시지를 재전송하는 이유는 메시지들 중 일부가 제대로 처리되지 않았을 수도 있기 때문이다. 이 접근 방법은 요청 메시지들을 (그리고 관련 응답 메시지들을) 중복하게 하지만, 신용 평가 기관 서비스와 대출 모집인은 모두 *멱등 수신자*(p600)이므로 문제가 발생하지 않는다. 즉, 중복된 응답 메시지들은 그저 무시된다.

이 예는 이전 장에서 패턴으로 구현될 수 있는 시스템 관리 기능들의 극히 일부만을 보여 준다. 예를 들어 우리는 컴포넌트들을 통과하는 메시지 트래픽을 모니터링할 수도 있고, 성능 임계값을 설정할 수도 있고, 컴포넌트들이 하트비트 메시지를 전송하게 할 수도 있고, 다른 일들도 할 수 있다. 사실 분산 메시징 솔루션에 강력한 시스템 관리를 추가하는 일은 원래 솔루션을 설계하고 구현하는 만큼(또는 그 이상)의 노력이 들어가는 일일 수 있다.

13장

통합 패턴 실무

사례 연구: 채권 가격 시스템

조나단 사이먼(Jonathan Simon)

수많은 패턴이나 패턴 언어로부터 자신을 멀리하기는 어렵지 않다. 패턴은 재사용 양식에 대한 추상화된 개념이다. 패턴의 이런 포괄적 특성은 패턴의 유용성을 파악하는 데 종종 어려움으로 작용한다. 때때로 패턴을 이해하는 데 가장 도움이 되는 것은 실세계의 예다. 즉, 무엇이 일어날지에 대한 인위적인 시나리오가 아니라, 실제로 무엇이 일어나는지 또는 무엇이 일어날지에 대한 시나리오다.

이번 장에서는 문제 해결에 발견 과정을 사용해 패턴을 적용한다. 우리가 논의하려는 시스템은 초기 설계부터 운영까지 2년 동안 저자가 참여했던 채권 거래 시스템 bond trading system이다. 우리는 마주쳤던 시나리오들과 문제들을 패턴을 이용해 어떻게 해결했는지를 탐험할 것이다. 이 탐험에는 시스템의 요구에 맞게 패턴을 결합하고 조정했던 방법들과 패턴 선택의 과정들, 제약들 즉, 비즈니스 요구 사항, 고객의 결정, 아키텍처 및 기술 요구 사항, 기존 시스템과의 통합 등, 실제 시스템에서 발생할 수 있는 문제들에 대한 고려들이 포함된다. 이 과정을 사용해 독자는 실제 애플리케이션에 적용되는 패턴들을 조금 더 명확하게 이해할 수 있을 것이다.

시스템 구축

월 스트리트에 있는 한 대형 투자 은행은 채권 거래 부서의 업무 흐름을 간소화하기 위해 채권 가격 시스템bond pricing system을 구축하기로 결정했다. 현재 채권 트레이더는 거래 시장trading venue별로 별도의 사용자 인터페이스를 사용해 채권 가격을 여러 거래 시장으로 전송하고 있다. 이 시스템의 목표는 단일 사용자 인터페이스에서 고급 분석 기능을 사용해 채권 시장들의 채권 가격 결정 노력을 최소화하는 것이다. 이것은 컴포넌트들을 통합해야 하고 다양한 통신 프로토콜들도 사용해야 한다는 것을 의미한다. 이 시스템의 개략적 흐름은 다음과 같다.

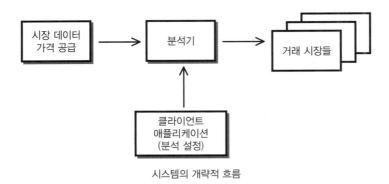

시스템의 개략적 흐름

먼저 시장 데이터^{market data}가 시스템으로 들어온다. 시장 데이터란 자유 시장에서 사람들이 채권의 매매 의지를 나타내는 채권의 가격과 기타 속성들에 관한 데이터를 말한다. 시장 데이터는 즉시 데이터를 수정하는 분석 엔진으로 전송된다. 분석기 Analytics는 채권의 가격과 기타 속성들을 변경하는 수학 함수들을 의미한다. 이 함수들은 입력 변수를 사용해 채권의 결과를 재단한다. 클라이언트 애플리케이션은 각 트레이더의 데스크탑에서 실행된다. 트레이더들은 클라이언트 애플리케이션을 사용해 분석 엔진에 자신만의 가격을 설정한다. 분석기가 시장 데이터에 적용을 완료하면, 수정된 데이터는 타사 트레이더들이 채권을 매매할 수 있게 거래 시장들로 전송된다.

아키텍처 패턴화

시스템의 개략적 데이터 흐름을 봤으므로, 이제 설계 과정에서 발생하는 아키텍처 문제들에 접근할 수 있다. 현재 우리가 알고 있는 것들을 살펴보자. 트레이더는 윈도우NT 및 솔라리스^{Solaris} 워크스테이션에서 동작 가능한 애플리케이션이 필요하다. 따라서 우리는 플랫폼 독립적이고 사용자 입력과 시장 데이터에 신속하게 반응할 수 있는 자바 언어로 클라이언트 애플리케이션을 구현한다. 서버는 기존 시스템의 C++ 컴포넌트들을 물려받아 계속 사용한다. 그리고 시장 데이터 컴포넌트들은 TIB 메시징 인프라를 사용해 통신한다.

우리는 다음과 같은 컴포넌트들을 물려받는다.

- 시장 데이터 가격 공급 서버: 수신한 시장 데이터를 TIB로 게시한다.

- 분석 엔진: 수신한 시장 데이터를 분석하고 수정된 시장 데이터를 TIB로 브로드캐스트한다.

- 불입금 서버: 거래 시장들과 통신한다. 거래 시장은 은행에 의해 통제되지 않는 타사 컴포넌트다.

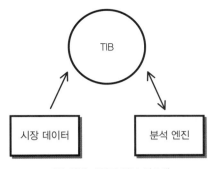

기존 시장 데이터 하부 시스템

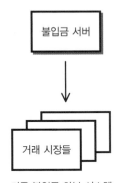

기존 불입금 하부 시스템

우리는 하부 시스템들(자바 클라이언트, 시장 데이터 컴포넌트, 불입금 서버)이 서로 통신하는 방법을 결정해야 한다. 자바 클라이언트를 기존 서버들과 직접 통신하게 하려면 클라이언트에 많은 비즈니스 로직을 추가해야 한다. 대신 우리는 기존 서버들과 통신할 자바 게이트웨이 쌍을 만든다. 즉, 시장 데이터 가격 게이트웨이와 거래 시장에 가격 전송을 위한 불입금 게이트웨이를 만든다. 이를 사용해 비즈니스 로직이

멋지게 캡슐화된다. 현재 시스템 컴포넌트들은 다음과 같다. "???"로 표시된 연결들
은 우리가 아직 컴포넌트들의 통신 방법을 알지 못하는 구간을 나타낸다.

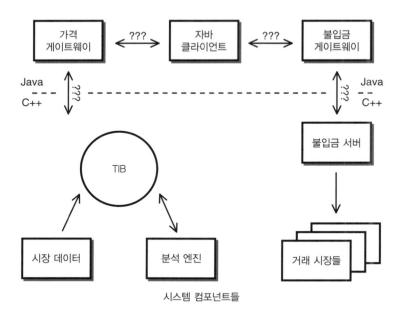

시스템 컴포넌트들

통신을 위한 첫 번째 질문은 자바 클라이언트와 두 자바 게이트웨이 컴포넌트의
데이터 교환 통합 방법이다. 책에 제안된 *파일 전송*(p101), *공유 데이터베이스*(p105),
원격 프로시저 호출(p108), *메시징*(p111) 통합 스타일을 모두 살펴보자. 우리는 클라
이언트와 데이터베이스 사이 추상 계층을 만들어 클라이언트가 데이터베이스를 직
접 접근하는 코드를 갖지 않게 하고 싶으므로, *공유 데이터베이스*(p105)는 즉시 배제
된다. 거래 시장들로 전송되는 가격은 지연을 최소화해야 하므로, *파일 전송*(p101)도
배제된다. 이제 우리는 *원격 프로시저 호출*(p108)과 *메시징*(p111)에서 선택해야 한
다.

자바 플랫폼은 *원격 프로시저 호출*(p108)과 *메시징*(p111)을 모두 다 잘 지원한다.
자바에서 RPC 스타일의 통합은 RMI나 CORBA나 EJB를 사용해 달성한다. JMS는 메
시징 스타일의 통합을 위한 공통 API다. 두 통합 스타일 모두 자바로 쉽게 구현된다.

이 프로젝트에서는 *원격 프로시저 호출*(p108)과 *메시징*(p111) 중 어느 것이 더 잘
작동할까? 가격 게이트웨이 인스턴스와 불입금 게이트웨이 인스턴스는 시스템에 각
각 하나씩만 존재하지만, 일반적으로 (특정 시간에 로그인하는 채권 트레이더들의) 수많

은 자바 클라이언트들이 이들 서비스에 동시에 접속한다. 더욱이 투자 은행은 가격 시스템이 포괄 시스템이 되어 다른 애플리케이션들도 가격 시스템을 활용할 수 있게 되기를 요구한다. 따라서 가격 게이트웨이를 사용하는 애플리케이션들은 자바 클라이언트들과 결정되지는 않았지만 수많은 애플리케이션일 것이다.

자바 클라이언트(또는 가격 데이터를 사용하는 다른 애플리케이션)가 가격 데이터를 가져오고 처리를 요청하기 위한 게이트웨이 호출에 RPC를 사용하기는 비교적 간단하다. 그러나 가격 데이터는 지속적으로 게시돼야 하고 특정 클라이언트만 특정 데이터에 관심을 가지므로, 관련 데이터를 적시에 적절한 클라이언트로 전달하는 일은 어려울 수 있다. 이를 위해 클라이언트는 게이트웨이를 폴링할 수도 있지만, 이 경우 많은 부하가 발생한다. 데이터가 사용 가능해 지면, 게이트웨이가 데이터를 클라이언트에 사용 가능하게 만드는 것이 더 나을 수 있다. 그러나 이 경우 게이트웨이는 현재 활성인 클라이언트들과 특정 데이터를 원하는 클라이언트들을 계속 파악하고 있어야 한다. 그리고 게이트웨이가 새 데이터를 얻었을 때 (초당 많은 데이터가 발생할 수 있다) 이 데이터를 각 관심 클라이언트에 RPC를 사용해 동시에 전달하려고 한다면, RPC 호출마다 각각 독립된 동시 스레드를 사용해야 한다. 그러므로 이 방법은 작동할지는 몰라도 구현은 만만치 않을 것이다.

메시징(p111)은 이런 문제를 크게 단순화시킨다. 우리는 가격 데이터 형식마다 채널을 정의한다. 그러면 게이트웨이는 새 데이터를 얻었을 때마다 데이터를 포함한 메시지를 해당 데이터 형식의 *게시 구독 채널*(p164)에 게시한다. 그리고 특정 형식의 데이터에 관심이 있는 클라이언트들은 해당 데이터 형식의 채널에서 수신 대기한다. 이런 방법을 사용하면 게이트웨이는 관심 애플리케이션들이 어디에, 어떻게, 얼마나 많이 있는지 몰라도 새 데이터를 관심 애플리케이션들에 전송할 수 있게 된다.

클라이언트는 게이트웨이의 동작도 호출할 수 있어야 한다. 지금까지는 두 게이트웨이만 있고 메소드가 호출되는 동안 클라이언트는 실행을 중지해도 괜찮았으므로 클라이언트의 게이트웨이 호출은 동기 호출 방식인 RPC를 사용했다. 그런데 우리는 게이트웨이의 클라이언트 통신에 메시징을 사용하기로 결정했으므로 클라이언트의 게이트웨이 통신도 메시지를 사용하는 것이 좋은 방법일 수 있다.

따라서 게이트웨이와 클라이언트 사이 통신을 모두 메시징을 사용하기로 한다. 모든 컴포넌트가 자바로 작성되므로, 메시징 시스템에 JMS를 사용하면 좋을 것이다. 이 방법을 사용하면 *메시지 버스*(p195)를 효과적으로 만들 수 있고 신구 시스템을 통합할 수 있는 아키텍처도 최소한의 변경으로 만들 수게 된다. 게다가 애플리케이션들도 시스템의 비즈니스 기능을 쉽게 사용할 수 있게 된다.

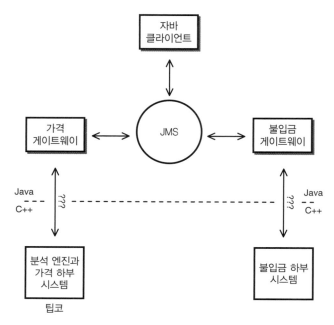

JMS로 통신하는 자바 컴포넌트들

JMS는 단지 규격이므로, 우리는 JMS 호환 메시징 시스템을 결정해야 한다. 이 은행은 IBM 웹스피어 애플리케이션 서버 및 기타 IBM 제품들을 사용하는 'IBM의 놀이터'이므로, 우리는 IBM MQSeries JMS를 사용하기로 결정한다. 결과적으로 MQSeries를 사용하는 것이다. 우리는 이미 이 제품의 사이트 라이선스와 준비된 지원 인프라를 가지고 있다.

다음 질문은 MQSeries 메시징 시스템과 C++ 기여 서버의 연결 방법, 그리고 팁코 기반 시장 데이터 컴포넌트와 분석 엔진 서버의 연결 방법이다. MQSeries 소비자가 TIB 메시지에 접근할 수 있어야 한다. 하지만 어떻게 해야 할까? 아마도 우리는 TIB 메시지를 MQSeries 메시지로 변환하는 *메시지 변환기*(p143) 패턴을 사용할 수 있을 것이다. 그런데 MQSeries의 C++ 클라이언트가 *메시지 변환기*(p143)로서 역할 하면, JMS 서버의 독립성이 훼손된다. 그리고 팁코는 자바 API를 지원하지만, 고객 아키텍트와 관리자가 이에 대한 사용을 거부하므로, *메시지 변환기*(p143)를 사용하는 접근 방법은 포기한다.

TIB 서버에서 MQSeries 서버로의 가교에는 C++와 자바 사이의 통신이 필요하다. 우리는 CORBA를 사용할 수 있다. 그럼 메시징은 어떻게 할 것인가? 메시지 변환기(p143) 패턴을 자세히 살펴보면, 통신 프로토콜의 사용에 있어서 메시지 변환기(p143)는 채널 어댑터(p185)와 관련된다는 것을 알 수 있다. 채널 어댑터(p185)의 핵심은 비메시징 시스템을 메시징 시스템에 연결하는 것이다. 메시징 가교(p191)는 두 메시징 시스템들을 연결하는 채널 어댑터 쌍이다.

메시징 가교(p191)의 목적은 메시지를 메시징 시스템들 사이로 전송하는 것이다. 이것이 바로 우리가 하려는 일이므로 자바와 C++ 사이의 통신이 필요하다. 우리는 채널 어댑터(p185)와 CORBA를 조합해 이종 언어 사이의 메시징 가교(p191)를 구현한다. 우리는 두 경량 채널 어댑터(p185) 서버를 구축한다. 하나는 TIB와 통신하는 C++ 서버고 하나는 JMS와 통신하는 자바 서버다. 그리고 각각 메시지 엔드포인트(p153)인 이들 두 채널 어댑터(p185)는 CORBA를 사용해 서로 통신한다. MQSeries 선택과 마찬가지로 CORBA가 이 회사의 표준이므로, 우리는 JNI(Java Native Interface)보다 CORBA를 사용한다. 메시징 가교는 호환되지 않는 메시징 시스템과 이종 언어 사이의 메시지 변환을 효과적으로 시뮬레이션한다.

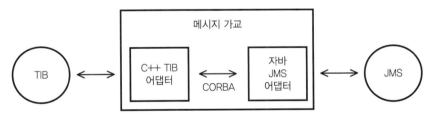

채널 어댑터를 이용한 메시징 가교

다음 그림은 게이트웨이들과 기타 컴포넌트들을 포함한 현재까지의 시스템 설계를 보여준다. 이 시스템 설계는 패턴 적용의 좋은 예다. 우리는 비메시징 프로토콜과 연동하는 두 채널 어댑터(p185)로 *메시징 가교*(p191) 패턴을 구현했다. 한 가지 패턴을 이용해 다른 패턴을 효과적으로 구현한 것이다. 즉, 우리는 메시징 시스템을 직접 비메시징 시스템에 연결하기보다 *채널 어댑터*(p185)를 응용해 두 메시징 시스템을 연결했다.

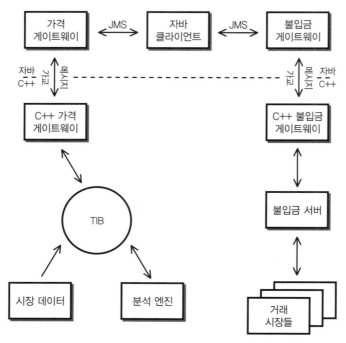

채널 어댑터들이 추가된 시스템

채널 구축

패턴 작업의 열쇠는 패턴의 사용 시기뿐만 아니라 패턴의 효과적인 사용 방법을 아는 것이다. 패턴을 구현하려면 설계기준뿐만 아니라 기술 플랫폼에 대한 세부 사항도 고려해야 한다. 이번 절에서도 발견 과정을 사용해 시장 데이터 서버와 분석 엔진 사이의 통신에 *게시 구독 채널*(p164)을 가장 효율적으로 사용하는 방법을 찾는다.

실시간 시장 데이터는 시장 데이터 공급 서버에서 비롯된다. 그리고 이 C++ 서버는 시장 데이터를 TIB에 브로드캐스트한다. 시장 데이터 공급 서버는 채권마다 독립된 *게시 구독 채널*(p164)을 사용해 가격을 게시한다. 채권마다 새 채널을 필요로 하므로, 이 방법은 좀 극단적인 것처럼 보일 수 있다. 그러나 팁코는 채널을 별도로 생성하지 않기 때문에, 이 방법이 그리 심각한 문제를 일으키지는 않는다. 오히려 채널은 서브젝트라 불리는 계층적 토픽 집합으로 참조된다. 팁코 서버는 서브젝트별로 필터링된 메시지 흐름을 매우 가벼운 단일 가상 채널로 전송한다.

우리는 채널들에 게시하는 시스템을 만들 수 있고, 구독자들은 관심 가격을 수신 대기할 수 있다. 구독자는 *메시지 필터*(p298)나 *선택 소비자*(p586)를 사용해 관심 채권 가격의 데이터 흐름을 필터링함으로써 수신 메시지의 처리 여부를 결정한다. 시장 데이터가 채권 전용 채널에 게시되는 것처럼, 구독자들도 채권들에 대한 연속되는 갱신들을 등록할 수 있다. 이를 사용해 구독자들은 수신 메시지를 필터링하기보다 관심 채널에 가입해 관심 갱신만 수신함으로 '필터링'을 더 효과적으로 할 수 있게 된다. 필터링을 방지하기 위해 여러 채널을 사용하는 것은 메시징 채널의 표준적인 사용이 아님에 주의한다. 팁코를 사용하더라도 너무 많은 채널을 사용하기보다 독립적인 필터를 구현하거나 팁코에 내장된 채널 필터링을 이용하는 것이 더 바람직할 수 있다.

우리가 설계할 다음 컴포넌트는 분석 엔진이다. 분석 엔진도 또 다른 C++/TIB 서버로 시장 데이터를 수정해 TIB에 다시 브로드캐스트한다. 이 서버는 우리의 자바/JMS 개발 범위를 벗어나지만, 우리는 C++ 팀과 이 서버 설계를 긴밀하게 협력한다. 우리가 분석 엔진의 주요 고객이기 때문이다. 현재 주어진 문제는 수정된 시장 데이터를 가장 효율적으로 다시 브로드캐스트하는 채널 구조를 발견하는 것이다.

우리는 이미 시장 데이터 가격 공급 서버로부터 물려받은 채권별 전용 *메시지 채널*(p118)을 갖고 있으므로, 시장 데이터를 수정한 후 수정된 데이터를 채권 전용 *메시지 채널*(p118)에 다시 브로드캐스트하는 것이 타당할 수도 있을 것이다. 그러나 채권 가격을 수정하는 분석 작업은 트레이더별로 발생하므로, 이 방법은 작동하지 않는다. 수정된 데이터가 *채권 메시지 채널*(p118)에 다시 브로드캐스트되는 경우, 일반 시장 데이터가 트레이더의 수정된 시장 데이터로 대체되어 데이터 무결성이 파괴된다. 이를 방지하기 위해, 우리는 동일 채널로 게시되는 트레이더의 데이터에 다른 메시지 형식을 부여할 수 있다. 메시지 형식을 이용하면, 가입자는 데이터 무결성을 파괴하지 않고도 관심 메시지를 결정할 수 있다. 그러나 이 경우도 클라이언트들은 메시지를 분리하기 위해 필터를 구현해야 하고 전달되는 메시지들의 증가로 클라이언트들에 불필요한 부담이 가중된다.

우리는 다음 방법들을 고려해 볼 수 있다.

1. **트레이더별 채널**: 트레이더마다 수정된 시장 데이터 채널이 별도로 있다. 이렇게 하면 원래 시장 데이터는 그대로 유지되고 트레이더 애플리케이션들은 트레이더별 *메시지 채널*(p118)를 수신해 가격을 갱신한다.

2. **채권별 트레이더별 채널**: 오직 해당 채권의 수정된 시장 데이터를 위해 채권별 한 트레이더이고, 트레이더별 *메시지 채널*(p118)을 만든다. 예를 들어 채권 ABC 의 시장 데이터는 '채권 ABC' 채널에 게시될 것이다. 반면에 트레이더 A의 수 정된 시장 데이터는 '트레이더 A, 채권 ABC' 채널에 게시될 것이고, 트레이더 B의 수정된 시장 데이터는 '트레이더 B, 채권 ABC' 채널에 게시될 것이다.

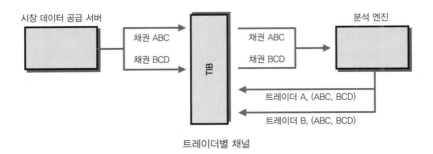

트레이더별 채널

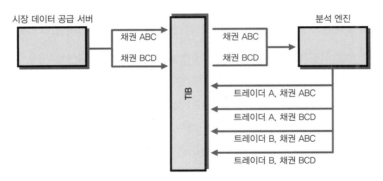

채권별 트레이더별 채널

각 접근 방법마다 장점과 단점이 있다. 예를 들어 채권별 트레이더별 접근 방법은 더 많은 *메시지 채널*(p118)을 사용한다. 최악의 시나리오에서 *메시지 채널*(p118)의 수는 채권들의 수에 트레이더들의 수를 곱한 수가 될 것이다. 우리는 생성할 채널 수 에 상한를 정할 수 있다. 우리는 약 20명의 트레이더가 있다는 것과 그들이 결코 수 백 개의 채권 가격을 결정하지 않을 것이란 것을 알기 때문이다. 이 상황은 1만개 이 내로 상한을 정하게 한다. 그리고 이 상한은 시장 데이터 가격 공급 서버가 사용하는 약 10만개의 *메시지 채널*(p118)에 비하면 상당히 적은 것이다. 우리는 TIB를 사용하 고, TIB는 *메시지 채널*(p118)을 상당히 저렴하게 사용하므로, *메시지 채널*(p118) 수 는 그리 심각한 문제가 아닐 수도 있다. 그러나 *메시지 채널*(p118) 수는 관리 관점에서 문제가 될 수 있다. 채권이 추가될 때마다, 트레이더들만큼 채널을 추가해야 한다. 아주 동적인 시스템에서는 이것이 심각한 문제가 될 수 있다. 하지만 우리 시스템은 본질적으로 정적이다. 게다가 우리는 자동으로 *메시지 채널*(p118)을 관리하는 인프라도 갖추고 있다. 기존 컴포넌트 아키텍처를 물려받아 비슷한 방법을 사용해 결합하는 접근 방법은 단점을 최소화한다. 이 접근 방법은 *메시지 채널*(p118)들을 불필요하고 과도하게 많이 만들어야 한다가 아니라 오히려 필요하다면 다수의 *메시지 채널*(p118)을 사용할 수 있다는 것을 말한다.

또 다른 고려 사항으로 로직의 위치가 있다. 트레이더별 접근 방법을 구현하려면, 분석 엔진은 입력 채널과 출력 채널을 그룹화하는 로직이 필요하다. 분석 엔진의 입력 채널은 채권별이고, 출력 *메시지 채널*(p118)은 트레이더별이므로, 분석 엔진은 채권들의 입력을 모두 모아 트레이더별 출력 *메시지 채널*(p118)로 라우팅해야 한다. 이런 사실은 분석 엔진을 *내용 기반 라우터*(p291)가 되게 한다.

메시지 버스(p195) 구조에 덧붙여서, 분석 엔진은 여러 시스템이 사용할 수 있는 포괄적인 서버다. 그러므로 우리는 시스템별 기능으로 분석 엔진이 모호하게 되는 것을 원하지 않는다. 한편으로 채권별 접근 방법은 무리가 없다. 채권 가격의 분석 출력을 담당하는 트레이더는 회사의 관행을 따르기 때문이다. 채권별 접근 방법은 *메시지 채널*(p118)이 추가되는 동안에도 시장 데이터 공급 서버의 *메시지 채널*(p118)은 영향받지 않는다. 클라이언트에 이르기 전에, 우리는 *내용 기반 라우터*(p291)가 채널들을 관리 가능한 수로 결합시키기를 원한다. 우리는 트레이더의 데스크탑에서 실행되는 클라이언트 애플리케이션이 수천 또는 수만 *메시지 채널*(p118)을 수신 대기하게 하고 싶지 않다. 이제 질문은 *내용 기반 라우터*(p291)를 넣을 곳이 어디인가다. 우리는 단일 *메시지 채널*(p118)의 가격 게이트웨이로 모든 메시지를 전달하는 C++/TIB *채널 어댑터*(p185)를 가질 수 있다. 이 방법은 두 가지 이유로 나쁘다. 이 방법을 사용하면 우리는 C++과 자바 사이 비즈니스 로직을 분리해야 하고, TIB 쪽의 데이터 흐름에서 있어서 이후 필터링을 방지하게 하는 *메시지 채널*(p118) 분리의 이익도 잃게 된다. 우리는 자바 컴포넌트들을 가격 게이트웨이와 클라이언트 사이에 배치하거나 가격 게이트웨이 안에 배치시킬 수 있다.

이론적으로 클라이언트에 이르는 모든 *메시지 채널*(p118)을 채권별로 분리하는 경우, 가격 게이트웨이는 가격 게이트웨이하고도 동일하고 분석 엔진과도 동일한 채널 구조로 가격 정보를 다시 브로드캐스트할 것이다. 이것은 모든 채권 전용 TIB 채널들이 JMS 안에 그대로 중복됨을 의미한다. 가격 게이트웨이와 클라이언트 사이에 중간 컴포넌트를 만드는 경우에도, 가격 게이트웨이는 여전히 JMS 채널들을 모두 중복해야 한다. 그러나 가격 게이트웨이에 직접 로직을 구현하면, 우리는 JMS에 수많은 채널을 중복하지 않아도 된다. 즉, 트레이더별 하나 정도로 적은 수의 채널을 생성하면 된다. 가격 게이트웨이는 C++/TIB *채널 어댑터*(p185)를 거쳐 자신을 트레이더들이 담당하는 채권들의 소비자로 등록한다. 그런 다음 가격 게이트웨이는 특정 트레이더와 관련된 메시지들만 특정 클라이언트에 전달한다. 이런 식으로 우리는 TIB 끝에서 분리의 이익을 극대화하는 동시에, JMS 끝에서 적은 수의 *메시지 채널*(p118)을 사용한다.

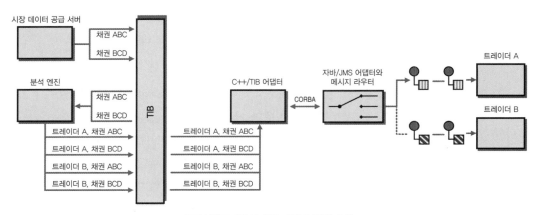

클라이언트까지의 시장 데이터 전체 흐름

메시지 채널(p118)의 배치 논의는 통합 패턴이 얼마나 중요한지를 보여주는 좋은 예다. 목표는 효율적으로 *메시지 채널*(p118)를 사용하는 방법을 알아내는 것이었다. 컴포넌트들에 패턴을 사용한다고 말하는 것으로는 충분하지 않다. 시스템에 주어진 문제를 해결하는 데 패턴을 사용하고 구체화하는 가장 좋은 방법을 찾아야 한다. 이 예는 실제적인 비즈니스 제약들을 보여준다. 어느 컴포넌트든지 비즈니스 로직을 구현할 수 있었다면, 우리는 트레이더별 접근 방법을 사용했을 것이고, 조금 더 간단한 방법으로 조금 더 적은 채널들을 가진 비즈니스 로직을 구현할 수 있었을 것이다.

메시지 채널 선택

자바/JMS 컴포넌트와 C++/TIB 컴포넌트 사이 통신 메커니즘을 알았고 일부 *메시지 채널*(p118)들의 구조도 봤으므로, 이제는 자바 컴포넌트가 통신을 위해 사용해야 할 JMS *메시지 채널*(p118)의 형식을 결정해야 한다. JMS에서 사용할 수 있는 *메시지 채널*(p118)들 중에서 하나를 선택하기에 앞서, 시스템의 메시지 흐름을 대략적으로 살펴보자. 우리에게는 고객과 통신하는 두 게이트웨이(가격과 불입금)가 있다. 시장 데이터는 가격 게이트웨이에서 클라이언트로 흐른다. 그리고 클라이언트는 시장 데이터를 불입금 게이트웨이에 전송한다. 클라이언트 애플리케이션은 채권의 가격 변경 분석을 위해 메시지를 가격 게이트웨이에 전송한다. 불입금 게이트웨이는 클라이언트 애플리케이션에 메시지를 전달하고, 클라이언트 애플리케이션은 가격 갱신의 상태를 거래 시장들에 전달한다.

시스템 메시지 흐름

JMS 규격은 두 *메시지 채널*(p118) 형식을 설명한다. Queue(*포인트 투 포인트 채널*(p161))와 Topic(*게시 구독 채널*(p164))이다. 게시 구독은 모든 관심 소비자들이 메시지를 수신하게 하기 위해, 포인트 투 포인트는 적합한 하나의 소비자가 특정 메시지를 수신하게 하기 위해 사용함을 기억하자.

일반적으로 시스템들은 메시지를 모든 클라이언트 애플리케이션들에 브로드캐스트하기만 하고, 각 클라이언트 애플리케이션에 메시지의 처리 여부를 맡긴다. 우리 애플리케이션은 이런 방법을 적용할 수 없다. 수많은 시장 데이터 메시지들이 개별 클라이언트 애플리케이션으로 전송되기 때문이다. 시장 데이터 갱신에 관심을 두지 않는 트레이더들에게 브로드캐스트하는 경우, 시장 데이터 갱신의 처리 여부 결정만큼의 불필요한 클라이언트 프로세서 사이클이 낭비된다.

포인트 투 포인트 채널(p161)은 좋은 선택 같다. 고객들은 메시지를 고유한 서버로 발신하고 수신하기 때문이다. 그러나 비즈니스 요구는 트레이더들이 동시에 여러 시스템에 로그인할 수 있어야 한다는 것이다. 한 트레이더가 동시에 두 워크스테이션에 로그인했고, 포인트 투 포인트 채널로 가격 갱신이 전송된 경우, 두 클라이언트 중

하나만이 메시지를 수신할 것이다. 포인트 투 포인트 채널(p161)에서는 한 소비자만이 특정 메시지를 수신할 수 있기 때문이다(다음 그림 참조). 그림을 보면, 각 그룹의 트레이더의 클라이언트 애플리케이션들 중 첫 번째 애플리케이션만이 메시지를 수신한다.

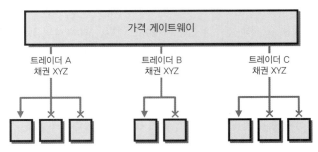

가격 갱신을 위한 포인트 투 포인트 메시징

수신자 목록(p310)을 사용해 이 문제를 해결할 수 있다. 수신자 목록(p310)은 메시지를 의도한 목록의 수신자들에게 게시해, 목록의 수신자들만이 메시지를 수신하게 한다. 이 패턴을 사용해, 시스템은 각 트레이더와 관련된 클라이언트 애플리케이션 인스턴스들의 수신자 목록을 만들 수 있다. 특정 트레이더에게 관련된 메시지를 전송하면, 이 메시지는 수신자 목록의 각 애플리케이션들에 차례로 전송된다. 이 방법으로 특정 트레이더와 관련된 모든 클라이언트 애플리케이션 인스턴스들은 메시지의 수신을 보장받는다. 이 방법의 단점은 수신자 목록 관리와 메시지 전달에 상당한 로직을 구현해야 한다는 점이다.

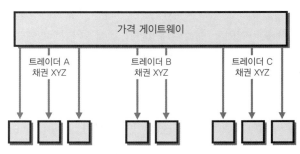

가격 갱신을 위한 수신자 목록

포인트 투 포인트가 작동은 하겠지만, 더 좋은 방법이 있는지 알아보자. 시스템은 게시 구독 채널(p164)을 이용해 메시지를 애플리케이션별 채널이 아닌 트레이더별 채널에 브로드캐스트할 수 있다. 이 방법으로 트레이더의 메시지를 처리하는 클라이언트 애플리케이션들은 관련 메시지들을 모두 수신하고 처리할 수 있게 된다(다음 그림 참조).

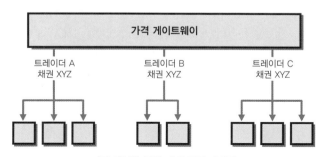

가격 갱신을 위한 게시 구독 메시징

게시 구독 채널(p164) 사용의 단점은 유일무이한 메시지 처리가 서버 컴포넌트들로 인해 보장되지 않는다는 점이다. 한 서버 컴포넌트를 여러 인스턴스로 생성하는 경우, 각 인스턴스는 동일한 메시지를 중복 처리하게 되어 무효한 가격들이 전송될 수 있다.

시스템의 메시지 흐름을 상기해 보면, 단방향 통신은 *메시지 채널*(p118)에 만족한다. 그리고 서버의 클라이언트 통신은 게시 구독에 만족하지만 클라이언트의 서버 통신은 게시 구독에 만족하지 못한다. 그리고 서버의 클라이언트 통신은 포인트 투 포인트에 만족하지 못하고, 클라이언트의 서버 통신은 포인트 투 포인트에 만족한다. 동일한 *메시지 채널*(p118)을 양방향으로 사용할 필요는 없으므로, *메시지 채널*(p118)을 단방향으로만 사용한다. 우리는 클라이언트의 서버 통신은 포인트 투 포인트로 구현하고, 서버의 클라이언트 통신은 게시 구독으로 구현한다. *메시지 채널*(p118)을 조합해 각 단점 없이 시스템은 포인트 투 포인트 메시징을 이용해 서버 컴포넌트들과 직접 통신하고, 서버 컴포넌트들은 게시 구독의 특성을 이용해 멀티캐스트한다.

메시지 흐름과 채널 형식

패턴을 이용한 문제 해결

패턴은 도구고 패턴 모음은 도구 상자다. 패턴은 문제 해결에 도움을 준다. 어떤 사람들은 패턴이 설계 시에만 유용하다고 생각한다. 도구 상자의 비유를 따르면, 이것은 '도구가 집을 지을 때만 유용하고, 집을 수리할 때는 유용하지 않다'고 말하는 것과 같다. 사실 패턴은 프로젝트 전체로 유용한 도구다. 다음 절에서 우리는 작동중인 시스템의 문제를 해결하기 위해 앞 절처럼 패턴의 발견 과정을 사용한다.

시장 데이터 갱신 깜빡임

트레이더는 새 채권 시장 데이터가 수신됐을 때 변경 사항을 명확하게 나타내게 깜빡이는 표시를 원한다. 자바 클라이언트는 새 데이터 메시지를 수신하면, 클라이언트 데이터 캐시의 갱신을 촉발하고, 마지막으로 테이블에 깜박임을 보인다. 문제는 갱신이 상당히 자주 수신된다는 점이다. 이 경우 GUI 스레드에 과부하가 발생할 것이고, 결국 클라이언트는 멈추게 될 것이다. 클라이언트가 사용자 입력에 반응하지 못하게 되기 때문이다. 우리는 일단 깜박임이 최적화되어 있다고 가정하고 갱신 프로세스를 통과하는 메시지의 데이터 흐름에 집중할 것이다. 성능 데이터는 클라이언트 애플리케이션이 갱신을 초당 여러 번 수신한다는 것을 보여준다. 갱신들이 밀리초 미만 사이로 발생할 수 있다. 메시지 흐름을 느리게 하는 데 도움을 줄 수 있을 것 같은 패턴은 *수집기*(p330)와 *메시지 필터*(p298)다.

첫 번째로 기준 메시지를 수신한 후에 짧은 시간 동안 수신한 갱신을 버림으로 메시지 흐름 속도를 제어하는 *메시지 필터*(p298)를 생각해 보자. 예를 들어 둘 사이가 5밀리초 이내인 메시지들은 무시한다고 가정해 보자. *메시지 필터*(p298)는 마지막 수신한 메시지의 시간을 캐시하고 다음 5밀리초 이내에 수신한 것들은 모두 무시한다. 다른 애플리케이션들은 이 정도의 데이터 손실을 견딜 수 없을지 모르지만, 우리 시스템은 이 정도의 가격 갱신 빈도는 완벽하게 수용한다.

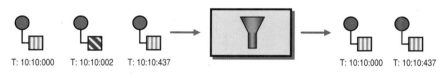

T: 10:10:000   T: 10:10:002   T: 10:10:437   T: 10:10:000   T: 10:10:437

T:분:초:밀리초

시간 기반 메시지 필터

이 접근 방법의 문제는 모든 데이터 필드가 동시에 갱신되지 않는다는 것이다. 채권에는 가격을 포함해 사용자에게 표시될 약 50개의 데이터 필드가 있다. 메시지의 모든 필드가 한꺼번에 갱신되는 것이 아니다. 그러므로 연속적으로 메시지들을 무시하면, 시스템이 중요한 데이터를 놓치는 경우가 발생할 수 있다.

관심을 가질 만한 또 다른 패턴은 *수집기*(p330)다. *수집기*(p330)는 메시지 흐름을 잠재적으로 감소시키기 위해 관련된 메시지들을 하나의 메시지로 집계하는 데 사용된다. *수집기*(p330)는 처음 집계된 메시지로부터 채권 데이터의 사본을 유지하면서, 다음 연속된 메시지들의 신규 또는 변경된 필드만을 갱신할 수 있다. 결국 집계된 채권 데이터는 하나의 메시지로 클라이언트에 전달된다. 지금은 *수집기*(p330)가 *메시지 필터*(p298)처럼 5밀리초마다 메시지를 전송한다고 가정하자. 나중에 다른 대안도 찾아볼 것이다.

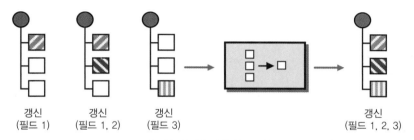

갱신   갱신   갱신   갱신
(필드 1)   (필드 1, 2)   (필드 3)   (필드 1, 2, 3)

부분 연속 갱신을 지원하는 수집기

수집기(p330)도 다른 패턴들처럼 (늑대 인간을 죽이는) '은 총알silver bullet'은 아니다. 이 패턴도 장점이 있고 탐구해야 할 만한 단점이 있다. 잠재적인 단점 중 하나로, *수집기*(p330)는 동일 채권에 대해 비교적 짧은 시간 안에 많은 메시지가 들어오는 경우만 많은 양의 메시지 트래픽을 줄여준다. 그러나 자바 클라이언트가 트레이더들의 관심 채권들에 대해 모두 다른 형식의 채권들을 수신하고 갱신 필드들도 모두 다를 경우, *수집기*(p330)는 아무 것도 달성해 주지 않는다. 예를 들어 특정 시간 동안 4개의 관심 채권들에 대해 1,000개의 메시지를 수신한 경우, 우리는 이 시간 동안 1,000개에서 4개까지 메시지 흐름을 감소시킬 수 있다. 반면 동일한 시간 동안 750개의 관심 채권들에 대해 1,000개의 메시지들을 수신한 경우, 우리는 1,000개에서 750개까지 메시지 흐름을 감소시킬 수 있다. 이 경우는 노력에 비해 상대적으로 이득이 작다. 그러므로 메시지 갱신에 대한 분석을 사용해 자바 클라이언트가 동일한 채권의

필드들을 갱신하는 메시지들을 많이 수신한다는 것을 확인해야 한다. 이 경우만 *수집기*(p330)가 좋은 결정이기 때문이다.

이제 남은 일은 집계한 메시지의 발신 시점을 *수집기*(p330)가 아는 방법을 결정하는 일이다. 패턴은 *수집기*(p330)가 메시지의 전송 시점을 아는 방법에 대해 몇 가지 알고리즘을 설명한다. 이 알고리즘들은 *수집기*(p330)가 데이터 집합 안에 모든 필수 입력 필드들이 완료되고 일정 시간이 경과된 후에 내용물을 발신하게 하는 것 등을 포함한다. 이런 접근 방법들의 문제점은 클라이언트가 아닌 *수집기*(p330)가 메시지 흐름을 제어한다는 점이다. 그런데 우리의 경우는 메시지 흐름이 아니라 클라이언트가 주요 병목이다.

수집기(p330)는 여전히 수집한 메시지의 소비자(이 경우 클라이언트 애플리케이션)가 *이벤트 기반 소비자*(p567)이거나 외부 소스로부터 발생하는 이벤트에 의존하는 소비자라고 가정한다. 그러나 소비자는 병목을 방지하기 위해 *폴링 소비자*(p563)이거나 지속적으로 메시지를 확인하는 소비자가 돼야 한다. 그래야 클라이언트 애플리케이션이 메시지 흐름을 제어할 수 있다. 우리는 백그라운드 스레드를 생성해 이 작업을 수행할 수 있다. 스레드는 일정 주기로 마지막 반복 이후 발생한 채권들의 변경을 갱신하고 깜빡이게 한다. 클라이언트는 이 방법으로 메시지 수신 시점을 제어하고 결과적으로 빠른 갱신 주기의 메시지로 인한 과부하 발생도 방지한다. 갱신의 개시는 *수집기*(p330)에 *명령 메시지*(p203)를 전송함으로 쉽게 구현할 수 있다. *수집기*(p330)는 갱신 필드들을 포함하는 *문서 메시지*(p206)로 응답하고, 클라이언트는 이 *문서 메시지*(p206)를 처리한다.

우리가 *메시지 필터*(p298)가 아닌 *수집기*(p330)를 선택한 것은 전적으로 시스템의 비즈니스 요구에 따른 것이다. 이 둘 모두 성능 문제를 해결하는 데 도움을 주지만, *메시지 필터*(p298)는 시스템 데이터의 무결성을 희생시킨다.

운영 시스템 다운

깜박임 성능을 해결하고 난 우리는 시스템을 운영 중이었다. 그러던 어느 날 전체 시스템이 다운됐다. MQSeries가 다운됐고 그로 인해 컴포넌트들도 따라서 다운됐다. 우리는 잠시 이 문제와 싸웠고, 마침내 MQSeries의 죽은 편지 큐(죽은 편지 채널 (p177)의 구현)까지 추적해 갔다. 큐는 전체 서버를 다운시킬 만큼 너무 커져 있었다. 죽은 편지 큐의 메시지들을 조사한 후, 우리는 그것들이 모두 만료된 시장 데이터 메시지임을 알게 됐다. 이 문제는 '느린 소비자' 또는 충분히 빠르게 메시지를 처리하지 않는 소비자에게 의해 발생한다. 메시지들은 처리되기를 기다리는 동안 제한시간을 초과((메시지 만료(p236) 패턴 참조)해 죽은 편지 채널(p177)로 전송됐다. 죽은 편지 큐위의 만료된 시장 데이터 메시지들의 과도한 수는 메시지 흐름이 너무 많았다는 것을 가리킨다. 즉, 대상 애플리케이션이 소비도 하기 전에, 메시지가 만료된 것이다. 우리는 메시지 흐름을 수정해야 하고 메시지 흐름 속도를 개선하는 패턴들도 조사해야 한다.

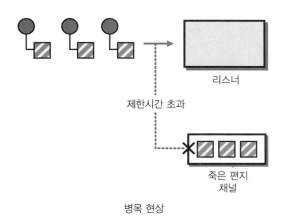

병목 현상

합리적인 첫 번째 단계는, 우리가 최근에 깜박이는 시장 데이터 문제 즉, 제어 속도 문제를 해결하기 위해 수집기(p330) 패턴을 사용한 것처럼, 이 문제 해결을 위해 수집기(p330)를 검토해 보는 것이다. 그런데 이 시스템은 거래 시장들에 시장 데이터 갱신 메시지들을 즉시 전달하는 클라이언트 애플리케이션들에 의존한다. 이것은 시스템이 메시지들을 수집하고 집계하기 위해 대기할 수 없다는 것을 의미한다. 그러므로 수집기(p330)는 포기한다.

메시지들의 동시 소비 문제를 처리하는 다른 패턴들로 경쟁 소비자(p644)와 메시지 디스패처(p578)가 있다. 경쟁 소비자(p644)부터 시작해 보자. 이 패턴의 이점은 수신한 메시지들의 병렬 처리다. 이것은 동일한 채널에 여러 소비자를 사용해 완수한다. 소비자들은 각각 서로 경쟁하며 메시지를 하나씩 처리한다. 그러나 우리는 서버의 클라이언트 통신에 게시 구독 채널(p164)을 사용하므로, 경쟁 소비자(p644)는 우리를 위해 잘 작동하지 않는다. 게시 구독 채널(p164) 위에 경쟁 소비자(p644)는 모든 소비자가 동일한 수신 메시지를 처리하는 것을 의미한다. 이 방법은 어떤 이득도 없이 더 많은 일을 하게 하고, 패턴의 목표도 완전히 놓치는 결과를 가져온다. 그러므로 이 방법도 포기한다.

메시지 디스패처(p578)는 풀에 여러 실행자를 추가하는 방법이다. 각 실행자는 자신의 스레드에서 실행될 수 있다. 하나의 소비자는 *메시지 채널*(p118)을 수신 대기하고, 풀 안에 대기 중인 실행자에게 메시지를 위임하고, 즉시 돌아가 다시 채널을 수신 대기한다. *메시지 디스패처*(p578)는 *경쟁 소비자*(p644)의 병렬 처리 이점을 그대로 가지면서도 *게시 구독 채널*(p164)과도 작동한다.

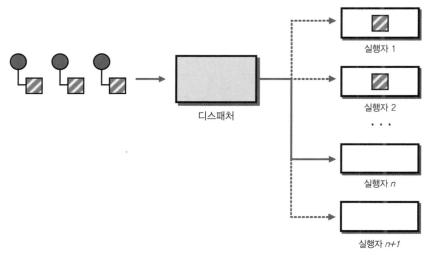

메시지 디스패처 적용

우리 시스템에 *디스패처*(p578)를 구현하기가 어렵지 않다. 우리는 Dispatcher라 불리는 단일 MessageListener를 생성한다. 그리고 MessageListener는 Performer라 불리는 다른 MessageListener들을 포함한다. Dispatcher의 onMessage 메소드가 호출되면, onMessage 메소드는 메시지를 실제 처리하는 Performer들을 차례로 선택하고, 처리를 위임하고, 즉시 반환한다. 이 방법은 메시지 흐름 속도에 상관없이 메시지 처리의 지속성을 보장한다. *디스패처*(p578)는 *포인트 투 포인트 채널*(p161) 뿐만 아니라, *게시 구독 채널*(p164)에서도 동등하게 작동한다. 이 인프라를 사용해, 클라이언트 애플리케이션은 거의 어떤 속도로든 메시지들을 수신할 수 있다. 메시지를 수신한 클라이언트 애플리케이션이 그래도 메시지 처리에 여전히 느린 경우, 애플리케이션은 지연된 처리와 처리 중 만료된 시장 데이터를 스스로 다뤄야 한다.

시스템 다운에 *메시지 디스패처*(p578)를 이용한 해결은 패턴 적용의 한계에 대한 훌륭한 예다. 처음의 설계 결함으로 즉, 클라이언트가 메시지를 병렬로 처리하지 못하는 결함으로 성능 문제가 발생했다. 이에 대해 패턴을 적용해 문제를 크게 감소시켰지만 문제를 완전히 해결하지는 못했다. 실제 문제는 클라이언트의 병목이었기 때문이다. 이 문제는 패턴만으로는 해결할 수 없었다. 우리는 나중에 가격 게이트웨이에서 불입금 게이트웨이로 메시지를 직접 라우팅하게 메시지 흐름 아키텍처를 리팩토링해 문제를 해결했다. 그러므로 패턴은 시스템 설계와 유지보수에 도움을 주지만 이미 선행된 설계 부실을 보상해주지는 않는다.

요약

우리는 이번 장에서 프로젝트의 초기 설계 문제부터 운영 시스템의 다운 문제까지 채권 거래 시스템의 여러 측면에 패턴을 적용해 봤다. 우리는 타사 제품들, 기존 컴포넌트들, JMS와 팁코 메시징 시스템들에 이미 패턴들이 존재한다는 것도 봤다. 이 곳의 문제들은 우리가 시스템을 설계하고 유지보수하면서 직접 경험한 아키텍처, 기술, 비즈니스 문제들이었다. 우리는 독자들이 우리가 시스템에 적용했던 패턴들을 사용해 패턴이란 것을 더 잘 이해하고 자신들의 시스템에도 패턴들을 적용할 수 있기를 기대한다.

14장

맺음말

기업 통합에 떠오르는 표준과 미래

숀 네빌(Sean Neville)

데이터가 메시징 채널을 거쳐 시스템이나 도메인 경계를 넘어 흐르고, 개발자와 아키텍트들이 메시징 시스템에 적용되는 패턴에 숙달되어감에 따라, 새로운 표준과 제품이 등장할 것이고 패턴의 전술적 범위도 확대되어 갈 것이다. 패턴은 시간이 지나면서 강화되거나 조금씩 변경되지만, 패턴의 구현 전략은 빠르게 진화하며 더 큰 규모의 복잡성에도 패턴을 적용할 수 있게 해준다. 예를 들어 *메시지*(p124) 패턴은 전자 문서 교환[EDI, Electronic Data Interchange]에서 메시지 지향 미들웨어, XML 및 SOAP 기반웹 서비스, 글로벌 비즈니스 프로세스 실행 언어[BPEL, Business Process Execution Language]까지 적용 범위가 확대되고 있고 또 그 이상으로 성장해 가고 있다.

이번 장에서는 애플리케이션 개발자들이 2000년대 중반 쯤 만날 표준들의 관점에서 메시지 기반 기업 통합의 미래를 살펴본다. 이 표준들은 많이 사용되지는 않지만 현재 광범위하게 업계의 지원을 모으고 있으며 특히 서비스 지향 아키텍처[SOA, service oriented architecture]의 통합 패턴 구현의 기초 역할을 할 가능성이 높다. 이 표준들은 대부분 이 책에서 제시한 유형의 패턴들을 지원하기 위해 웹 서비스 기술을 확장한다. 우리는 디자인 패턴과 관련해 표준들이 중요한 이유와, 어떤 단체가 표준을 만들고 있으며, 표준을 만들고 있는 단체들의 표준 작업 방식을 살펴본다. 그리고 일부 가장 유망한 웹 서비스와 자바 표준들이 제공을 목표로 하는 비즈니스 프로세스 통합을 위한 기술 방안도 간단히 요약한다.

표준과 디자인 패턴

오늘날 두 정신적 산물이 소프트웨어 아키텍처에 있어서 최고 수준의 추상화를 제공한다. 이들은 객체 지향 프로그래밍, 서비스 지향 프로그래밍, 포괄적 프로그래밍과 같은 지향 프로그래밍들과 이 책의 설명과 같은 패턴 언어들이다. 지향^{orientation}이나 디자인 패턴^{design pattern}이 유용하다고 증명되고 해당 상황이 자주 재발하는 경우, 패턴을 구현하기 위해 사용되는 전술과 전략은 일반적으로 비슷하다. 다중 플랫폼과 패키지 제품과 애플리케이션들에 대한 패턴 해결책은 결과적으로 거의 차이가 나지 않게 된다. 그러나 실망스럽게도 사소한 차이들이 성장 억제제로서 작용하고 규모의 복잡성도 방해한다. 합의된 공식 표준들은 이런 차이들을 제품과 플랫폼에서 제거시키며 패턴 적용도 확장시키는 경향이 있다.

패턴의 전술이나 구현 전략이 표준화되면, 패턴은 유용성의 훼손 없이 해당 표준으로 대체된다. 또는 그 반대 현상도 일어난다. 포도주 숙성 통을 두른 강철 고리처럼 강한 패턴은 적용 수준이 높아지고, 적용 상황들이 넓어지면서, 스스로 지속적으로 성장한다. 이런 규모의 성장은 패턴이 구현된 사례들이 서로 상호작용하므로 발생한다. 예를 들어 전형적인 메시지 지향 J2EE 애플리케이션만 보더라도 *파이프 필터*(p128) 패턴이 여러 수준에서 존재한다. *파이프 필터*(p128) 패턴은 개발자 애플리케이션에, 애플리케이션을 호스트하는 서버에, 컨테이너와 서비스에, 메시징 하부 시스템을 구성하는 필터와 컴포넌트 등에 재귀적으로 계속해서 존재한다.

패턴을 사용하는 개발자들이 확대됨으로 떠오르는 메시징 및 웹 서비스 표준들도 이 책의 패턴을 강화하는 데 기여할 것이다. BPEL과 웹 서비스 신뢰성^{Web Services Reliability}(WS-Reliability) 같은 표준들은 바이너리나 언어나 제품을 넘어 사람과 시스템 중심의 유스케이스와 요구들을 유용하게 결합시키면서 외연을 넓혀 가고 있다. 애플리케이션 개발자들은 응답과 응답에 상응하는 요청의 검색이더라도 *상관관계 식별자*(p223)를 사용하지 않을 수도 있고, 비동기 메시지 발신자들과 수신자들로 구성된 프로세스 컴포넌트들을 상관시키기 위해 *상관관계 식별자*(p223)를 사용할 수도 있다. 메시징 표준을 이용하지 않는다면, 자바 개발자는 프로그래밍으로 XML 메시지를 특정 서비스나 필터로 전달하기 위해 메시지 내용을 코드 수준에서 분석하는 *메시지 라우터*(p136)를 구현해야 할 것이다. 떠오르는 워크플로우 표준과 코레오그래피^{choreography}[1] 표준은 프로세스 구성 사이의 워크플로우 라우팅에 높은 수준으로

---

1 무용에서는 안무라는 의미로 쓰이고, 전산에서는 웹 서비스들 사이의 협력이라는 의미로 쓰인다 – 옮긴이

추상화된 *메시지 라우터*(p136) 패턴을 적용할 수 있게 해준다. 여기서 프로세스 구성이란 XML 문서의 원시 섹션들이 아닌 비즈니스 프로세스 컴포넌트들의 전술적 산물이다. 즉, *메시지 라우터*(p136) 패턴은 애플리케이션 개발자가 도메인 경계를 넘는 비즈니스 프로세스나 서비스들을 연결하는 프로토콜을 위해 소비하는 시간과 비즈니스 연결을 위해 소비하는 시간을 절약할 수 있게 해준다.

　복잡한 시스템을 개발하기 위한 디자인 패턴과 프로그래밍 지향의 유용성은 공통 및 상호 운용 구현 전술과 전략을 구사하는 애플리케이션 개발자의 능력에 비례한다. 현재 J2EE 관점에서 보면 메시징 패턴 구현 전략은 JMS나 JCA, JAX-RPC 등이 될 수 있다. 미래에는 애플리케이션 구현 전략이 모델 주도^{model-driven} 기술이나 스키마 기반^{schema-based} 기술, 애스펙트^{aspect}, 의도^{intention} 등이 될 수도 있다. 그리고 패턴의 상황 정의와 관련 표준들이 적절하게 채택되는 경우 구현 전략의 변화는 패턴의 중요성을 배가시킨다. 표준은 소프트웨어 아키텍트가 디자인 패턴에 전문성을 발휘함에 있어서 현재 우리가 알고 있는 가장 좋은 공통 방법을 제공한다.

표준화 절차와 표준화 단체

대중의 냉소와는 달리, 표준이라는 것은 실제 애플리케이션 개발과 동떨어져 맘대로 만드는 것이 아니다. 표준은 애플리케이션 개발자들이 발견하고 개발한 구현 방법들을 개선하고 통합하기 위해 계획된다. 독자들은 규격 워킹 그룹에 직접 참여하지는 않더라도 이 책의 디자인 패턴을 사용함으로써 표준의 발전에 이바지할 수 있을 것이다. 규격 워킹 그룹을 감독하는 단체들과 컨소시엄들이, 비록 그것이 목적이긴 하지만, 항상 구현 방법들을 이해하고 융합하는 일만 하는 것은 아니다.

　표준은 창안자나 창안자 모임에서 표준 단체에 정식으로 제안할 때 공식적으로 탄생한다. 일반적으로 이를 위해서는 표준 단체에 회원으로 가입해야 한다. 표준 단체는 제안을 표준화하기 위해 자체적인 절차를 시행하고, 회원은 단체의 규칙을 준수할 의무가 있다. 회원들은 단체의 관리 절차에 따라 워킹 그룹이나 위원회를 구성하고, 규격을 개발하고, 최종 승인을 받는다. 지적 재산권과 라이선스 정책은 종종 이런 단체들 사이에 있어서 뜨거운 주제로, 표준 단체마다 심지어 같은 표준 단체의 워킹 그룹마다 다를 수 있다.

　메시징과 웹 서비스 표준을 만드는 주요 표준 단체들은 다음과 같다.

W3C: 월드 와이드 웹 컨소시엄World Wide Web Consortium (http://www.w3c.org)은 다른 표준 단체가 빌딩 블록으로 사용하는 수많은 기본 웹 기술들을 개발한다. 세계 각국의 연구자와 엔지니어들에 의해 관리되고 기업 회원들, 컨텐츠 제공자들, 정부들, 연구소들, 기타 단체들 등의 큰 그룹으로 구성된다. W3C에서 활동하는 워킹 그룹의 검토 절차는 서로의 협력 아래 개방적으로 진행된다. 그리고 이어서 해당 결과물들은 일반적으로 높은 수준의 반복을 거치면서 오랫동안 일반에게 공개된다. 일반적으로 회원들은 W3C에서 개발한 기술들을 대상으로 지적 재산권을 주장하지 못한다. W3C 기술은 모든 주요 XML 규격들을 포함하고 SOAP와 WSDL 규격도 포함한다. W3C 코레오그래피 워킹 그룹Choreography Working Group은 상충하는 비즈니스 프로세스 규격들을 해결하고 웹 서비스를 이용한 통합의 명확한 기초를 제공한다.

OASIS: W3C가 개발한 기술들을 토대로 세워진 단체들 중 하나로 정보 구조 표준 발전을 위한 단체OASIS, Organization for the Advancement of Structured Information Standards (http://www.oasis-open.org)다. SGML 개발 지침을 촉진하기 위해 조직된 벤더들의 비영리 연합체다. 지금은 글로벌 e-비즈니스 표준 채택을 이끄는 데 초점을 맞추고 있다. OASIS 기술 위원회는 ebXML과 WS-Reliability 같은 떠오르는 웹 서비스 표준들을 만들고 있다. OASIS는 xml.org도 운영한다.

WS-I: 웹 서비스 상호운용성 단체Web Services Interoperability Organization (WS-I)(http://www.ws-i.org)는 웹 서비스 기술과 표준들을 사용해 비즈니스들이 포괄적이고 상호운용 가능한 방식으로 협력할 수 있게 되는 것을 목표로 하고 있다. 이 단체는 시스템과 플랫폼, 언어에 걸쳐 적용될 수 있는 웹 서비스 프로토콜과 관례를 촉진한다. 이런 목표들을 달성하는 주요 전술은 WS-I 기본 프로필WS-I Basic Profile 이다. WS-I 기본 프로필은 웹 서비스 표준들의 사용 관례 뿐만 아니라 버전 번호로 웹 서비스 표준들을 지정한다. 첫 번째 프로필은 XML 스키마 1.0, SOAP 1.1, WSDL 1.1, UDDI 1.0이다. 따라서 WS-I는 애플리케이션 개발자에게 이익을 주는 방식으로 웹 서비스 개발에 관여된 다양한 벤더가 함께 작업할 수 있도록 이들을 통합하는 역할을 한다. 마이크로소프트, IBM, 비이에이 시스템즈, 오라클 등을 포함한 주요 웹 서비스 벤더들이 WS-I를 설립했으며 관리하고 있다.

JCP: 자바 커뮤니티 프로세스JCP, Java Community Process (http://www.jcp.org)는 다른 단체들이 개발한 웹 서비스 표준과 메시징 표준 등의 기술들에 대한 자바 언어 바인딩과 J2EE API를 만든다. 썬마이크로시스템즈가 주도하고 있으므로, JCP는 역사적으로 개방된 절차가 없었다. JCP의 전문가 그룹과 제안 절차는 다른 표준 단체들과 비슷하지만, 지적 재산권은 일반적으로 썬마이크로시스템즈가 보유하고 권리는 자바와 J2EE 플랫폼 벤더들에게 수수료를 받고 허가된다. 대부분의 JSR 전문가 그룹을 썬의 엔지니어들이 주도하고 있다. JCP는 다른 단체들에 대한 개방성은 부족하지만 썬이 외부 의제들에 다소 제약을 받지 않고 주목함으로 혜택을 누리고 있다.

벤더 컨소시엄: 다가올 웹 서비스 기술 지배권 확립을 위한 경주에서, 특히 기업 통합을 위해, IBM과 마이크로소프트 같은 전통적인 경쟁자들은 경우에 따라 표준 단체들에 제출하지 않고 서로 연합해 표준을 공개한다. WS-* 규격 대부분이 이 범주에 속한다. 이런 표준을 벤더 컨소시엄이 먼저 개발한 다음에 표준 단체들에 제출한다. 예를 들어 전도유망한 BPEL도 OASIS에 제출되기 전에 마이크로소프트와 IBM이 처음 만들고 발전시킨 것이다. 지적 재산권 유지를 위한 관심이 이런 특별한 방식의 작업을 위한 촉매제처럼 보인다. 이런 규격들은 라이선스 개방 없이 상호운용성을 달성한다. 그리고 이 방법은 종종 마이크로소프트나 IBM 플랫폼을 사용해 애플리케이션을 통합하는 개발자들에게 만족을 준다. 이런 규격들이 진정으로 '공개 표준'인지에 관해 많은 논쟁이 있다.

비즈니스 프로세스 컴포넌트와 인트라 웹 서비스 메시징

아리스토텔레스처럼 철학적인 개발자들은 객체 지향 프로그래밍object-oriented programming과 구조적 분해structural decomposition와 도메인 모델링domain modeling에 영향을 주는 것에 만족하지 않고, 짓궂게도 지금까지 소프트웨어 아키텍처를 괴롭히는 가장 영향력 있는 수사학적 질문들 중 하나를 제기한다. '세상은 연속되는 프로세스들processes로 이뤄졌는가 아니면 연속되는 객체들objects로 이뤄졌는가?'라는 질문이다.

메시징 표준은 선禪을 수행 중인 제자처럼 예라고 대답한다. 세상은 일반적으로 객체들을 서로 관련시키고 맞물리게 하는 프로세스들을 가장 중요한 특성으로 하는 연속되는 객체들이다. 프로세스는 종종 가장 중요한 것이라고 볼 수 있는 자신의 내부 구성보다 다른 객체들과 관련된 객체의 행위다. 이와 같은 객체/프로세스 혼합 관점에 해당하는 것이, 웹 서비스와 기업 통합 분야에서는 비즈니스 프로세스 컴포넌트다. 비즈니스 프로세스 컴포넌트는 연속되는 서비스들이 하나로 묶인 단위 로직이다. 이 단위 로직은 뛰어난 확장성과 로직과 데이터의 탄력적 흐름을 위해 메시징을 사용해 다른 단위 로직들과 상호작용한다. 프로세스와 객체, 상호작용 패턴들을 하나의 비즈니스 프로세스 컴포넌트로 합체시키는 것은 많은 웹 서비스 벤더들과 표준 단체들이 바라는 메시징의 미래다.

프로세스 컴포넌트는 특히 기업 통합에 관련된 서비스들의 집합체로 거시적 관점의 서비스다. 비기술적인 예로, 인간은 자동차를 운전할 수 있고, 인간과 자동차 모두가 굉장히 복잡한 시스템이다. 그럼에도 불구하고 인간과 자동차에 대한 프로세스 관점은 이들을 상호작용으로 정의된 단일 컴포넌트로 본다는 것이다. 인간 또는 차의 구성을 주목하기 위해 상호작용을 배제하지도 않는다. 더 나아가 프로세스 컴포넌트 관점은 컴포넌트의 내부 구성에는 관심이 없고 컴포넌트들의 상호작용에만 관심을 갖는다. 이것은 외부로 인터페이스를 제공하기만 하는 일과는 다르다. 여기에는 인터페이스 사이의 행위를 지배하는 규칙도 포함된다.

비즈니스 프로세스 컴포넌트는 내부 웹 서비스들과 이들 사이들 메시지 흐름으로 정의로 단일 컴포넌트다. 웹 서비스들과 메시지 목적지들은 메시징 패턴을 따라 상호작용하는 더 큰 구성을 만들기 위한 빌딩 블록이다. 다시 말해 애플리케이션을 구성하는 프로세스 컴포넌트들과 이들의 연결은 모두 메시징 패턴을 따른다. 비즈니스 프로세스 표준들은 웹 서비스들 사이의 메시지 상관관계, 오류, 트랜잭션, 데이터 교환 등, 실행 흐름을 생성하기 위한 행위들을 다룬다.

다음 그림은 서비스 작업들로 구성된 컴포넌트가 구매 주문 프로세스를 처리하는 비즈니스 과정을 보여주는 예다.

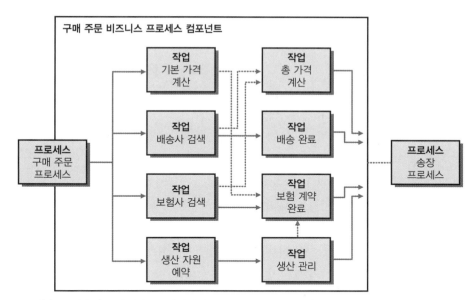

코레어그래피된 내부 웹 서비스들 대신 단일 목적지 엔드포인트를 노출하는 비즈니스 프로세스 컴포넌트

이 예는 다음과 같은 특징과 액티비티들을 포함한다.

- 구매 주문 비즈니스 프로세스 컴포넌트는 작업을 웹 서비스로 노출한다. 작업 웹 서비스들은 외부 협력사 호스트에서 운영될 수 있다.

- 구매 주문이 수신되면, 네 작업이 동시에 호출되고, 일부 작업에는 동기적으로 처리되는 의존성이 있다(그림에서 점선 화살표는 의존성을 나타낸다).

- 이 의존성들은 최종 비용을 계산하기 위해 배송 비용과 보험 비용이 필요하다는 것을 보여주고, 제조사가 생산에 자원을 투입하기 전에 구속력 있는 보험 계약이 수신돼야 한다는 것도 보여준다.

- 서비스 작업들이 비동기적으로 완료되면, 구매 주문도 완료된다. 메시징 클라이언트를 이런 서비스들과 각각 상호작용하게 하고 서비스들의 의존성을 관리하게 하기보다, 다시 말해 클라이언트를 *프로세스 관리자*(p375)로 만들기보다, 대신 프로세스 컴포넌트가 서비스 엔드포인트를 노출하고 메시징과 서비스 의존성을 내부적으로 관리하므로, 클라이언트의 작업은 단순해진다.

- 구매 주문 비즈니스 프로세스 컴포넌트는 다시 송장 비즈니스 프로세스 컴포넌트에 연결된다.

비즈니스 프로세스 컴포넌트 분야와 통합 분야에 네 표준이 선도적이고 전도유망하다. 이 표준들은 ebXML 표준과 두 경쟁 제안들인 비즈니스 프로세스 실행 언어BPEL, Business Process Execution Language, 웹 서비스 코레오그래피 인터페이스Web Services Choreography Interface, 동일한 기능들을 조금 더 상세하고 구체적으로 조각들로 만든 WS- 접두사를 가진 개별 규격들이다.

ebXML과 ebMS

SOAP와 WSDL의 폭발적인 인기 전에도, 비즈니스 협업과 B2B 통합 프로젝트에 참여했던 많은 똑똑한 사색가들은 XML 메시징을 사용해 비즈니스 정보를 교환하기 위해 개방되고 안전한 상호운용 인프라가 필요하다고 느꼈었다. ebXMLElectronic Business using eXtensible Markup Language2 기치 아래 개발된 일부 규격과 초기 계획들이 이에 해당된다. 그리고 SOAP 같은 기술들이 인기를 얻음에 따라, ebXML은 이 기술들도 포함하고 또 이를 바탕으로 성장했다. ebXML은 OASIS와 국제 연합United Nations의 UN/CEFACT가 주도하고 공동으로 관리한다. UN/CEFACT는 EDI 표준을 만들었던 글로벌 그룹이고, ebXML은 EDI의 발전에 있어서 (EDI를 대체할 수 있는) 다음의 논리적 단계를 대표한다.

ebXML은 기업들이 자신의 비즈니스 프로세스를 알리는 방법과, 자신의 잠재적 파트너들을 찾는 방법, 파트너들이 동의한 통신을 시작하는 방법, 검색을 용이하게 하기 위한 레지스트리의 이용 및 비즈니스 대화의 초기화, 대화들을 용이하게 하기 위해 필요한 메시징 인프라의 동작 등의 규격들을 포함한다. 특히 마지막 규격은 굉장한 관심을 모으고 있다. 다른 ebXML 규격들을 활용하는 이 규격은 메시징 패턴에 초점을 맞추기 위해 별도로 언급한다.

ebMSElectronic Business Messaging Service3는 여기에 언급된 다른 표준들처럼 '떠오르는' 표준은 아니다. ebMS는 이미 비즈니스 프로세스를 통합하고, EDI 시스템을 보강하고, 웹 서비스에 신뢰성과 보안을 제공하기 위해 SOAP을 확장하는 수단으로 크게 성공을 이뤘기 때문이다. OASIS는 1999년에 시작해 3년 이상 ebMS를 발전시켰다. ebMS는 현재도 다른 비즈니스 프로세스 표준들의 개발에 영향을 미치고 있다.

ebMS의 목표는 XML 틀로 비즈니스 메시지 교환을 쉽게 하는 것이다. 하지만 이

---

2 '확장 마크업 기술을 사용한 전자적 업무 처리'라는 뜻 – 옮긴이
3 '전자적 업무 처리를 위한 메시징 서비스'라는 뜻 – 옮긴이

틀에는 XML이 아닌 다른 메시지 페이로드^{payload}도 사용할 수 있다. 즉, 페이로드는 전통적인 EDI 형식뿐만 아니라 바이너리 형식을 비롯해 어떤 형태라도 취할 수 있다. 따라서 ebMS는 기존의 메시징 시스템들을 캡슐화할 수 있고, *메시지 변환기*(p143) 들을 포함하는 유연한 가교 기술 역할을 한다. 이 기술은 엑스트라넷이나 비즈니스 파트너들 사이의 B2B 통신을 통합하는 데 특히 유용하다. ebMS의 주요 활용처는 기업들 사이의 독점적 MOM 시스템들을 결합하는 곳이었으며, 벤더들과 개발자들은 상당한 테스트를 진행해 ebMS의 상호운용성을 확인했다. 이런 접근 방법을 사용해 ebMS는 기업이 웹과 XML의 특성을 도입해 EDI의 단점을 보완하면서 EDI의 오랜 투자를 활용할 수 있게 기존 EDI 시스템을 지원한다.

ebMS는 EDI의 호환을 유지하면서 SOAP 기반 서비스 표준들을 정교하게 개선한다. ebMS 시스템에서 전송에 사용하는 XML 문서는 SOAP 봉투로 구성된다. SOAP 봉투의 SOAP 헤더는 고유 메시지 식별자, 타임스탬프, 디지털 서명, 메시지 페이로드의 메타데이터 등을 포함한다. 따라서 ebMS는 SOAP의 헤더 메커니즘을 사용해 메시지 라우팅 패턴, *멱등 수신자*(p600), 순차적 전송 보장 같은 메시징 엔드포인트 패턴을 구현한다.

ebMS는 페이로드 전송을 위해, 이메일 메시지에 첨부를 추가하는 것처럼, SOAP 봉투에 페이로드를 첨부하는 표준을 제공한다. 여기에 사용되는 페이로드는 어떤 포맷도 가능하다. 즉, XML 데이터, 바이너리 데이터, 외부 데이터 참조 등이 될 수 있다. 페이로드는 자체 전자 서명도 가질 수 있고, 인증 및 권한 부여도 ebMS 구현자가 제공할 수 있다.

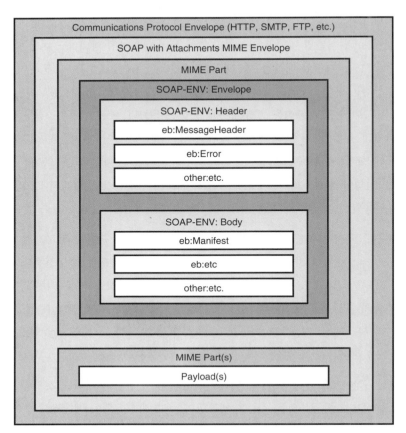

SOAP 메시지를 첨부한 ebMS 메시지

ebMS는 비동기 메시지 전달이 기본이지만, 동기 전달도 가능하다. 오류 처리 메커니즘은 상당히 복잡하고 구현에 따라 SOAP 오류 정보와 페이로드 전용 오류 메시지를 제공한다.

ebXML 메시지 서비스 핸들러라 불리는 ebMS의 핵심 구현은 신뢰성을 제공하기 위해 전송이 완료될 때까지 메시지를 보존한다. 개발자는 개별 메시지 또는 메시지 그룹별로 '단 한 번' 또는 '저장과 전달' 같은 의미를 지정할 수 있다. ebMS는 순차적 전달을 관리하는 서비스도 지정한다. 이 서비스는 *제어 버스*(p612)의 메시지 상태 서비스를 사용해 구현된다. 이 서비스는 ebMS 시스템으로 이전에 전송했던 메시지의 상태를 요청할 수 있는 기능을 제공한다. 그리고 내부는 *메시지 이력*(p623)와 관련 패턴들로 구현된다.

ebXML에 대한 자세한 내용을 http://www.ebxml.org/에서 참조하라. ebMS 규격은 http://www.ebxml.org/specs/ebMS2.pdf에서 참조하라.

웹 서비스 비즈니스 프로세스 실행 언어

비즈니스 프로세스 컴포넌트들과 이들의 상호작용을 정의하기 위한 인기 있는 떠오르는 표준은 웹 서비스 비즈니스 프로세스 실행 언어[BPEL4WS, Business Process Execution Language for Web Services]다. 종종 비펠[bee-pel]이라고 발음하거나 더 나쁘게는 비펠포우스[bee-pel for wuss]로 발음한다. 이 표준은 IBM과 마이크로소프트의 두 경쟁 제안을 합친 것이다. IBM 웹 서비스 흐름 언어[WSFL, Web Services Flow Language]는 웹 서비스 워크플로우를 코레오그래피(안무)하기 위해 서비스 엔드포인트들을 생성하고 연결하는 수단을 지정한다. 반면 마이크로소프트 XLANG은, 마이크로소프트 비즈톡 서버 제품에 실현된 것으로서, 워크플로우 컴포넌트들을 생성하기 위한 구문과 개발 모델을 제공한다. BPEL4WS는 둘 모두를 약간씩 제공한다. BPEL4WS는 기존 서비스들로부터 프로세스를 구성하기 위한 구문과 워크플로우에서 프로세스들을 연결하기 위한 프로세스 인터페이스 설명 구문을 포함한다. BPEL4WS는 비이에이 시스템즈, IBM, 마이크로소프트가 협력해 만들어 OASIS에 제출했다.

BPEL의 설계에는 파트너[partner]라 불리는 웹 서비스들의 연계[linkage]가 필요하다. XML 메시지를 컨테이너[container]라 불리는 메시지 저장소에 넣거나 빼는 일은 액티비티[activity]라 불리는 규칙을 따른다. 서비스 연계들, 메시지 컨테이너들, 액티비티들의 논리 집합은 하나의 비즈니스 프로세스 컴포넌트를 구성한다. BPEL 규격은 기본적으로 선언적 XML 구문을 기반으로 *회람표*(p364), 영속 구독자(p594), *데이터 형식 채널*(p169) 등을 만드는 프로세스 *관리자*(p375)를 정의한다. 개발자는 (705쪽의 그림에 표시된 것과 같은) 비즈니스 프로세스 컴포넌트들을 만들기 위해 (아마도 시각적 도구의 도움을 받아) XML로 동작을 선언한다. 서비스들 사이의 메시지를 프로그램적으로 생성할 필요는 없다.

WSDL 문서는 BPEL에서 매우 중요하다. BPEL 컴포넌트는 WSDL 문서에 기반한 웹 서비스들로 구성되며 또한 이들을 관리한다. 비즈니스 프로세스는 WSDL 문서에 선언된 서비스 엔드포인트로 메시지를 생성해 라우팅한다. 그리고 서비스들은 WSDL 메시지 선언에 지정된 포맷으로 메시지를 포맷한다. BPEL 구문은 portType과 웹 서비스 작업들을 연결한다. 이 연결은 WSDL 파일을 가져와서 서비스 메시지에 대한 (메시지를 어디로 전송할지, 언제 어떻게 응답할지, 다른 웹 서비스들을 언제 호출할지 등의) 수신과 사용 순서들을 선언함으로 확립된다.

애플리케이션 개발자는 컴포넌트를 구성하는 웹 서비스의 WSDL과 BPEL의 serviceLinkType 엘리먼트로 파트너 관계를 정의함으로 서비스들의 연계를 확립한다. serviceLinkType 엘리먼트는 흐름에 포함된 웹 서비스의 portType과 프로세스에 관련된 파트너 역할을 참조한다. 개발자는 serviceLinkType과 파트너 역할을 참조해 웹 서비스의 메시지 입출력을 선언한다.

서비스들 사이의 관계를 선언한 후, 개발자는 서비스들이 입력과 출력으로 사용하는 메시지를 포함하는 컨테이너를 만든다. 컨테이너는 WSDL에 정의된 메시지 형식의 *데이터 형식 채널*(p105)과 비슷하다. 공유 *데이터베이스*(p105) 통합의 관점에서 보면, 컨테이너는 근본적으로 추가적인 캡슐화와 내장된 협업 의미론을 지녔다고 볼 수 있다. 즉, 컨테이너는 서비스들이 사용하는 공유 데이터 저장소다. 컨테이너는 BPEL 엘리먼트를 사용해 서비스에 연결되고 내용은 XPath를 이용해 접근한다.

BPEL 컴포넌트는 WSDL을 사용해 단일 인터페이스로 자신의 입출력 지점을 노출한다. 웹 서비스들과 동일한 방식이다. 그러나 비즈니스 프로세스 컴포넌트의 WSDL과 웹 서비스의 WSDL 문서 사이에는 조그만 차이가 있다. 비즈니스 프로세스의 WSDL은 portType으로 프로세스 입출력을 정의하고 웹 서비스의 WSDL는 분리된 메소드로 입출력을 정의한다.

BPEL 컴포넌트의 행위[behavior]는 액션[action]들의 집합으로 선언된다. 액션 안의 비즈니스 프로세스는 서비스(이 경우, 웹 서비스를 피호출 파트너[invoked partner]라 한다)로 메시지를 발신하거나, 서비스(이 경우, 서비스를 클라이언트 파트너[client partner]라 한다)로부터 메시지를 수신하거나, 클라이언트 파트너가 전송한 메시지에 응답하거나, 논리적인 규칙에 따라 메시지를 발신할지 수신할지를 결정하거나, 계획된 시간 동안 기다리거나, 오류를 보고하거나, 메시지를 이 장소에서 저 장소로 복사하거나, 아무 것도 하지 않는다.

BPEL XML 문법은 이런 기본 액션들을 각각 반영한다. 개발자는 메시지를 피호출 파트너에게 전송하기 위해 invoke 엘리먼트를 사용하고, 클라이언트 파트너로부터 수신하고 응답하기 위해 receive와 reply를 사용한다. flow와 pick과 같은 엘리먼트들은 병렬의 이벤트 기반 실행 채널들로 로직을 포크한다. throw 엘리먼트는 오류보고를 용이하게 하고 `wait`, `empty`, `terminate` 엘리먼트들은 실행을 중지 또는 중단시킨다. 액티비티를 구축하는 엘리먼트는 `while`, `sequence`, `pick`을 포함하고, 조건부는 XPath 문을 사용해 선언한다.

비즈니스 프로세스를 구성하는 서비스들을 정의하는 XML 소스 파일을 생성하고, 서비스들이 사용하는 메시지 컨테이너들을 선언하고, 메시지 교환에 관련된 연속되는 작업들을 선언한 개발자는 비즈니스 프로세스 컴포넌트를 배포할 수 있다. 여기가 BPEL의 런타임 애스펙트가 활동하기 시작하는 곳이다.

서비스 관계와 메시지 흐름이 선언되는 BPEL 디스크립션은 BPEL4WS 엔진의 실행 파일이기도 하다. BPEL4WS 엔진은 BPEL 디스크립션 파일을 해석하고 비즈니스 프로세스의 웹 서비스들을 연결하는 연속되는 메시징 구조물들을 설정해, 애플리케이션 개발자가 사용할 수 있게 한다. BPEL4WS 런타임은 *프로세스 관리자*(p375)로서 서비스들 사이에서 메시지 흐름을 관리하고 상관시킨다. BPEL4WS 엔진은 필요한 모든 문서를 수락해 메시징 인프라를 동적으로 생성하고 관리한다.

BPEL 규격을 http://www-106.ibm.com/developerworks/webservices/library/ws-bpel/에서 참조한다.

웹 서비스 코레오그래피 인터페이스

웹 서비스 코레오그래피 인터페이스WSCI, Web Service Choreography Interface(종종 위스키whiskey로 발음된다)는 BPEL과 동일한 문제 영역을 해결한다. 이 두 경쟁 규격은 처음에는 경쟁 벤더 연합들로 나뉘어 지원을 받았었다. (비이에이만 예외로 두 규격 모두에 기여함으로 양쪽 걸치기를 하는 것으로 보인다.) WSCI는 썬, 인탈리오Intalio, 쌥SAP, 비이에이BEA가 지원했고, W3C에 제출됐다. 그러나 일부 지지 벤더들이 BPEL에 대한 지원으로 선회하고 있다.

WSCI는 비즈니스 프로세스 모델링 언어BPML, Business Process Modeling Language에 영향을 받았다. BPML은 통합 패턴과는 관련이 없지만, WSCI의 역사적 맥락을 위해 언급한다. BPML은 프로세스 모델링에 사용되는 XML 기반 메타 언어로 비즈니스 프로세스를 나타낸다. BPML 워크플로우 측면은 대부분 WSCI의 일부이지만, BPML은 그래픽 표기법과 질의 언어도 포함한다.

BPEL과 마찬가지로, WSCI도 기업 통합을 웹 서비스로 호출되는 단일 작업이라

기보다 복합적인 서비스들과 긴 대화들이 포함된 작업으로 인식한다. WSCI는 작업에서 프로세스로 서비스 메시지를 연결하는 방법을 제공한다. 이 과정에서 메시지는 비즈니스 규칙에 따라 적절한 순서대로 발신되거나 수신되는 것을 보장받는다. 필요에 따라 트랜잭션 방식으로 전송될 수도 있고, 단일 전역 프로세스로 관리될 수도 있다. WSCI는 전통적인 독점 MOM 제품 위에서 웹 서비스의 장점을 활용한다. WSCI는 동적 서비스 발견, 이기종 프로토콜, 분산 워크플로우 등이 가능하다.

BPEL과 마찬가지로, WSCI도 서비스 엔드포인트, portType, 작업, 메시지 형식의 노출을 WSDL에 의존한다. 코레오그래피choreography 안에서 WSCI 액션은 노출된 서비스 WSDL의 작업에 직접 매핑된다. WSCI 구문은 WSDL 파일 안에 직접 내장된다. 선언들은 WSDL 문서 안에 놓이거나, 별도의 WSDL 파일 안에 놓인다. WSCI 엘리먼트들은 WSDL definitions 엘리먼트 안에 포함된다.

WSCI는 액션에서 웹 서비스 메시징이 발생한다. 액션들은 프로세스 엘리먼트에 그룹화되며, 순차적으로 또는 병렬적으로, 반복해서, 조건으로 실행되게 선언된다. 프로세스 집합은 인터페이스 선언으로 그룹화된다. 인터페이스 엘리먼트는 프로세스 컴포넌트의 인터페이스고 웹 서비스의 WSDL 정의 안에 내장된다. 액티비티 엘리먼트들은 BPEL과 유사하고 BPEL과 마찬가지로 XPath 표현식을 지원한다.

WSCI 규격을 http://www.w3.org/TR/wsci/에서 참조한다.

자바 비즈니스 프로세스 컴포넌트 표준들

JCP는 자바 언어 API와 자바 밖의 표준과의 바인딩을 만든다. JCP는 특히 객체 관리 그룹OMG, Object Management Group과 W3C가 개발했던 표준들을 많이 바인딩했다. JCP는 WS-I 같은 그룹들이 개발한 최근의 웹 서비스 표준들에도 이 접근 방법을 사용하고 있다. 그 중 두 JSR이 현재 떠들썩하게 비즈니스 프로세스 컴포넌트들을 위한 자바 바인딩으로 새롭게 고려되고 있다. 이 둘은 비이에이가 제출한 자바 프로세스 정의Process Definition for Java(JSR-207)와 썬마이크로가 제출한 자바 비즈니스 통합JBI, Java Business Integration(JSR-208)이다. 언뜻 보기에 이 두 제안은 서로 겹쳐 보이지만, 실제로는 서로가 상당히 보완적이다. JSR-207은 개발자가 자바 코드에 메타데이터를 부착해 쉽고 빠르게 메시징 또는 프로세스 컴포넌트를 만들 수 있는 방법을 기술한다. JSR-208은 컴포넌트들이 컨테이너, J2EE, 웹 서비스 등 나머지 세계와 상호작용하는 방법을 기술한다. 그러므로 JSR-207은 다소 미시적 관점에서 JSR-208은 거시적 관점에서 프로세스 컴포넌트들에 대한 자바 메시징 표준화를 제안한다.

자바 프로세스 정의(JSR-207) 비이에이 시스템이 제출한 자바 프로세스 정의^{Process} $^{Definition\ for\ Java}$(JSR-207)는 자바/J2EE 환경에서 비즈니스 프로세스 생성을 위한 메타데이터와 인터페이스, 런타임 모델을 정의하는 것을 목표로 하고 있다. 이 JSR은 자바 언어와 자바독^{Javadoc} 같은 메타데이터 표기법$^{metadata\ annotation}$을 사용해 비즈니스 프로세스 컴포넌트를 만드는 표준 방법의 지정을 목표로 한다. J2EE의 확장으로도 제안됐다. 이 메커니즘은 BPEL4WS나 WSCI나 W3C 코레오그래피 워킹 그룹이 개발한 비즈니스 프로세스 제안을 자바 구현으로 만드는 데도 사용될 수 있다.

이 기술은 자바 언어 메타데이터 기술$^{Java\ Language\ Metadata\ technology}$(JSR-175)을 기반으로 간단한 구문으로 비즈니스 프로세스를 기술한다. 메타데이터는 자바 소스 코드에 직접 적용돼 처리 행위를 동적으로 생성하고 바인딩한다. 처리 행위에는 비동기 메시징, 병렬 실행, 메시지 상관관계, 메시지 라우팅, 오류 처리, 기타 공통 흐름 액티비티 등이 있다. 그러므로 메타데이터의 의미론은 메시징 인프라를 동적으로 설정하기 위해 컴포넌트들의 컨테이너가 필요로 하는 파라미터들을 충분히 지원해야 하고, 컴포넌트 배치는 5장, '메시지 생성'의 소개에 기술된 문제들을 해결해야 한다.

JSR-207은 비즈니스 프로세스 컴포넌트들이 반드시 J2EE 안에 구축돼야 함을 요구하지 않는다. 물론 J2EE 안에 구축하는 것도 가능하다. 그러나 매우 낮은 수준까지 메시징 패턴을 적용하는 작업에는 많은 노력이 필요하고 워크플로우 유지에도 많은 비용이 든다. 이 규격은 프로세스 컴포넌트 생성의 단순화를 목표로 함으로 개발자들이 더 높은 수준으로 개발을 추상화할 수 있게 해준다. 이 경우 개발자들은 더욱 강력한 애플리케이션들을 더욱 빠르게 개발할 수 있게 되고, 이렇게 개발된 애플리케이션들은 시간이 지나도 진화와 관리에 더 적을 비용을 쓰게 된다.

자바 프로세스 정의에 대한 자세한 내용을 http://www.jcp.org/en/jsr/detail?id=207에서 참조한다.

자바 비즈니스 통합(JSR-208) 썬은 WSCI와 BPEL4WS와 W3C의 코레오그래피 워킹 그룹이 만든 제안 규격들을 위한 비즈니스 통합 환경을 만드는 서비스 제공자 인터페이스$^{SPI,\ service\ provider\ interface}$를 정의할 목적으로 JSR-208에서 자바 비즈니스 통합$^{JBI,\ Java\ Business\ Integration}$을 제안했다. 새로운 자바 API나 새로운 어노테이션을 제안하지는 않지만, JBI는 새로운 배포 및 패키징 메커니즘을 포함한다. JBI는 개발자를 위한 API를 추가하는 대신, 통합 인프라에 초점을 맞추고, 제품 벤더들에게 SPI를 제공한다. 벤더는 SPI 구현을 공급해 자바 환경에서 통합 작업을 수행하는 메시징 및 프로세스 컴포넌트 모델을 제공한다. JBI 전문가 그룹은 W3C의 코레오그래피 워킹 그룹의 선례를 따르고 워킹 그룹의 작업을 J2EE 플랫폼에 원활하게 맞추는 것을 목표로 하고 있다.

JBI는 상당히 높은 목표를 가지고 있다. JBI의 목표는 다양한 시스템과 프로토콜 표준들을 서로에게 그리고 J2EE에게 매핑하는 것이다. 여기서 프로토콜이란 표준 구문, 자체 구문, 벤더별 구문, 프로세스들의 관계 기술 구문 등을 말한다. JBI는 하부 메시지나 프로세스의 종류와 상관없이 메시지 코레오그래피를 위한 자바 바인딩을 제공한다. 또 JBI는 J2EE 환경에서 JBI 컴포넌트의 배포를 지원하기 위해 J2EE 패키징(WAR, JAR, RAR, EAR 같은)을 확장하는 새 패키징 메커니즘을 정의한다.

JBI는 프로세스 컴포넌트들의 지원에 세 주요 역할을 인식한다. 바인딩binding, 머신machine, 환경environment이 그것이다. 바인딩은 통신 포맷에 대한 것으로, BPEL과 같은 워크플로우 포맷 주변으로 우산을 형성할 뿐만 아니라, 메시지 포맷과 네트워크의 매핑을 가진 네트워크 전송도 포함한다. 머신은 비즈니스 프로세스들을 호스팅하고 관리하는 서비스나 프로세스 컨테이너다. 환경은 서로 이질적인 머신들과 바인딩들을 연결하는 프로세스 관리 시스템이다. JBI는 통합 시스템의 핵심인 환경에 초점 맞추고, 머신들과 바인딩들이 상호작용하는 방법을 지정한다. JBI 패키징과 배포 메커니즘은 프로세스들을 환경에 표준 방법으로 배포하는 수단의 제공을 목표로 하지만 컴포넌트의 실제 생성은 규격의 범위에 포함되지 않는다.

JBI는 프로세스 컴포넌트를 구성하는 방법으로 위에 언급한 자바 프로세스 정의(JSR-207)를 인식한다. 그리고 이들 컴포넌트들을 호스팅하는 실행 환경은 JBI 머신의 범주에 속한다. 이 머신에는 *메시지 변환기*(p143), *서비스 액티베이터*(p605), *봉투 래퍼*(p393)가 구현돼야 하고, 통합 환경과도 통합될 수 있게, JBI를 사용해 포맷과 프로토콜을 노출하기 위한 패턴들도 구현돼야 한다.

JBI에 대한 자세한 내용은 http://www.jcp.org/en/jsr/detail?id=208를 참조한다.

WS-*

지금까지 설명한 프로세스 통합 규격들보다는 덜 야심차지만, 신뢰성, 보안, 상태 저장, 서비스 품질을 웹 서비스에 포함시켜 SOAP-와 WSDL- 기반 웹 서비스들을 확장하게 하는 많은 웹 서비스 규격들이 등장하고 있다. 일반적으로 WS- 접두사로 식별되는 이 규격들은 W3C 기술 위에 구축된 것들이고 이것들은 각각 상당히 특정한 문제를 다룬다.

불행하게도 웹 서비스 표준 환경은 여러 경쟁 벤더 연합들이 뒷받침하는 여러 경쟁 버전들로 뒤범벅되고 있다. 이런 경쟁으로 인해, 아마도 많은 표준이 야생에서 거의 구현조차 되지 못할 것이다. 표준들에 대한 구조조정은 이미 나타나고 있다. 그럼에도 불구하고 이런 규격들은 주목할 가치가 있다. 이들의 특성과 전술들은 메시징 기반 기업 통합에 SOAP과 WSDL 같은 웹 서비스 기술을 적용하는 애플리케이션 개발자에게 유용할 수 있기 때문이다. 그리고 이런 표준들은 IBM, 비이에이, 마이크로소프트, 오라클 제품 등, 표준을 제안한 벤더 제품 속에 둥지를 틀 수도 있다.

이 범주에서 조금 더 중요한 일부 규격은 트랜잭션, 신뢰성, 라우팅, 대화 상태, 보안 등을 다루는 것들이다. 계속해서 이들을 설명한다.

WS-Coordination과 WS-Transaction 가장 인기 있는 웹 서비스의 전송 프로토콜은 상태 비저장으로 신뢰할 수 없으므로 트랜잭션이 필요한 프로세스가 요구하는 서비스 품질을 제공하지 못한다. 이 결점으로 매우 중요한 문제가 꽃핀다. 실제로 이것은 개발자가 웹 서비스 기반 통합 메커니즘을 사용하고자 하는 경우, 해당 개발자는 이런 통합 메커니즘 안에서 자체적으로 트랜잭션 체계를 해결해야 한다는 것을 의미한다. 비동기 메시징을 사용해 발생하는 연속되는 서비스 호출들도 하나로 묶을 수 있어야 한다. 즉, 서비스 호출들은 한 번에 성공하거나 롤백될 수 있는 단위여야 하고 실패 시 어떤 형태의 보상이 촉발될 수 있는 단위여야 한다. 독점적 MOM 시스템에서는 이런 기능이 일반적이다. 웹 서비스 조정^{Web Services Coordination}과 웹 서비스 트랜잭션^{Web Services Transaction} 규격은 웹 서비스를 위해 이 문제를 해결한다.

비이에이, 마이크로소프트, IBM이 초안을 작성한 WS-Coordination은, 모든 서비스가 비동기적으로나 계단식으로 변하는 시간 간격에서도조차도 흐름에 참여함으로, 콘텍스트 정보를 생성하고 전달하는 방법을 지정한다. 이 규격은 애플리케이션들과 서비스들의 액션들을 조정하는 프로토콜을 만들기 위한 확장 프레임워크를 기술한다. 이 조정 프로토콜은 SOAP 메시지로 전달되고 상호작용하는 모든 엔드포인트에 위치한 조종자^{coordinator}가 사용하는 XML 기반 콘텍스트를 생성하고 등록하는 기능을 한다.

이 콘텍스트는 분산 트랜잭션의 결과에 대해 일관된 합의가 필요한 애플리케이션 동작들을 지원할 목적으로 사용될 수 있다. 따라서 WS-Transaction 규격은 서비스 호출들에 걸치는 분산 트랜잭션 기능을 구현하기 위해 WS-Coordination을 사용한다.

WS-Transaction은 흐름 위에 있는 액션의 성공 또는 실패를 모니터링하고 평가하는 방법을 정의한다. 실질적으로 이것은 SOAP 메시지가 엔드포인트에 도착했을 때 조정 콘텍스트를 포함한 SOAP 헤더는 메시지로부터 필터링되고 추출돼 (이 작업을 위해 *내용 필터*(p405)와 *분할기*(p320) 패턴을 사용할 수 있다) 해석을 위해 트랜잭션 조정자에게 전송된다는 것을 의미한다.

다음에 보이는 SOAP 봉투의 조정 콘텍스트는 WS-Transaction를 사용해 SOAP 작업을 트랜잭션으로 만든다. 이 콘텍스트 정보는 참여, 2단계 커밋 준비, 롤백, 커밋 같은 트랜잭션 이벤트를 수신하기 위해 애플리케이션을 등록하는 조정자에게 의해 사용된다.

```
<SOAP-ENV:Envelope xmlns:SOAP-ENV="http://www.w3.org/2001/12/soap-envelope">

  <SOAP-ENV:Header>

    <wscoor:CoordinationContext
           xmlns:wscoor="http://schemas.xmlsoap.org/ws/2002/08/wscoor"
           xmlns:wsu="http://schemas.xmlsoap.org/ws/2002/07/utility"
           xmlns:myTransactableApp="http://foo.com/baz">

     <wsu:Identifier>http://foo.com/baz/bar</wsu:Identifier>
     <wsu:Expires>2004-12-31T18:00:00-08:00</wsu:Expires>

     <wscoor:CoordinationType>
       http://schemas.xmlsoap.org/ws/2002/08/wstx
     </wscoor:CoordinationType>

     <wscoor:RegistrationService>
       <wsu:Address>
         http://foo.com/coordinationservice/registration
       </wsu:Address>
     </wscoor:RegistrationService>

     <myTransactableApp:IsolationLevel>
       RepeatableRead
     </myTransactableApp:IsolationLevel>
```

```
        </wscoor:CoordinationContext>

    </SOAP-ENV:Header>

    <!-- SOAP BODY (snipped) -->

</SOAP-ENV:Envelope>
```

WS-Transaction 규격은 개발자가 애플리케이션에서 사용할 수 있는 두 조정 형식을 정의한다. 원자적 트랜잭션[AT, atomic transaction]과 비즈니스 액티비티[BA, business activity]다.

원자적 트랜잭션은 XA 같은 전통적인 분산 트랜잭션 기술과 잘 매핑된다. 원자적 트랜잭션은 자원(데이터 소소나 스레드 같은)의 잠금이 용인되는 상대적으로 단시간 작업들과 절대 롤백이 의미를 갖는 작업들에 유용하다. WS-Transaction은, 2단계 커밋의 지원을 포함해, 독점적 XA 구현을 웹 서비스에 연결하는 수단을 제공한다.

비즈니스 액티비티는 일반적으로 수많은 원자적 트랜잭션들로 이뤄진 장시간 프로세스다. 일반적으로 비즈니스 액티비티에서는 원자적 트랜잭션이 실패하더라도 전체 롤백은 바람직하지 않다. 대신 다른 서비스를 호출하거나 메시지 교환을 촉발해야 한다. 이 경우 메시지 교환에는 비즈니스 액티비티의 일부 이력을 보존하는 방식으로 오류 복구를 보상하는 기술이 포함될 수 있다. 예를 들어 사용자가 이삼 일에 걸쳐 이용할, 비행기 예약, 자동차 대여, 호텔 방 예약, 극장 예약을 포함하는 처리가 비즈니스 액티비티다. 이 흐름에서 각 액티비티는 원자적 트랜잭션일 수 있으며, 이벤트들 중 하나가 실패할 경우, 전체 여행 일정을 만드는 비즈니스 액티비티는 모든 원자적 거래들을 롤백시키기보다 보상을 사용해 조정해야 한다.

WS-Coordination과 WS-Transaction 규격은 서비스를 메시징하는 동안 실패가 일어난 경우 신뢰할 수 있는 동작 시도들을 포함한다. 이 규격들이 제품 형태로 만들어지기 시작함에 따라, 이들은 메시지 기반 서비스 애플리케이션에서 스스로 트랜잭션을 해결하기 위해 콘텍스트 서비스를 만들어야 하는 개발자들의 부담을 덜어준다.

WS-Transaction에 대한 정보를 http://msdn.microsoft.com/en-us/library/ms951262.aspx 에서 참조한다.

WS-Reliability와 WS-ReliableMessaging 웹 서비스의 메시지 기반 상호작용이 영속 메커니즘이나 재전송 의미론을 포함해 네트워크나 애플리케이션, 컴포넌트 장애를 무룹쓰고 메시지 전송의 신뢰성을 보장하는 것은 일반적이다. 그러나 가장 인기 있는 웹 서비스 기술들조차 이와 같은 신뢰성을 제공하지 않는다. 예를 들어 확장되지 않은 SOAP는 종합적으로 볼 때 일반적인 기업 메시징 시나리오에는 유용하지 않다. SOAP의 가장 인기 있는 바인딩이 메시지 전송의 신뢰성을 보장하지 않기 때문이다.

일반적으로 애플리케이션 개발자가 이와 같은 신뢰성을 보장하려면 SOAP 헤더를 이용해 웹 서비스 메커니즘을 확장 구현해야 했다. 애플리케이션 개발자가 이런 구현을 하지 않아도 되게, 새로운 표준들이 웹 서비스의 안정성을 해결하기 위해 등장하고 있다. 이런 규격들이 웹 서비스 신뢰성^{Web Services Reliability}(WS-Reliability)과 웹 서비스 신뢰 메시징^{Web Services Reliable Messaging}(WS-ReliableMessaging)이다. 웹 서비스 표준들의 세계가 다들 그런 것처럼, 이 두 표준도 동일한 문제 영역을 대상으로 서로 다른 벤더 그룹들이 지원하면서 서로 경쟁하고 있다.

WS-Reliability는 SOAP 기반 웹 서비스에 전송과 순서를 보장하고 중복도 없게 비동기적으로 메시지를 교환할 수 있는 기능을 제공한다. 이 기능은 메시지의 수집과 순서를 관리하는 SOAP 표준이며, 그 중에서도 *보장 전송*(p239)과 *리시퀀서*(p409) 패턴을 구현하는 표준적인 전술을 제공한다. WS-Reliability는 SOAP 헤더 메커니즘을 활용해, SOAP 메시지에 헤더 엘리먼트로 `MessageHeader`, `ReliableMessage`, `MessageOrder`, `RMResponse`를 추가한다. 이 엘리먼트들은 그룹 아이디, 일련번호, 타임스탬프, 생존 시간, 메시지 형식, 발신자 및 수신자 정보, 수신 확인 콜백 정보 등 메시지를 식별하는 값들이다. 썬, 오라클, 소닉을 포함한 수많은 벤더가 WS-Reliability를 만들었으며, OASIS에도 제출됐다. WS-Reliability는 ebMS의 기능으로부터 많은 영향을 받았다.

WS-Reliability를 준수하는 SOAP 메시지 수신자는 실패나 수신 확인을 SOAP 헤더의 <RMResponse> 엘리먼트 사용해 응답해야 한다. 수신 확인이 수신되지 않는 경우, 발신자는 동일한 메시지 식별자의 동일한 메시지를 재전송한다. 발신자는 생존 시간이 만료되거나 수신 확인이나 실패가 발생할 때까지 메시지를 보존해야 한다. 수신자도 애플리케이션 계층까지 안전하게 전달될 수 있을 때까지 메시지를 보존해야 한다.

메시지 동작의 일회성을 강제적으로 보장하기 위해, WS-Reliability는 애플리케이션의 요구에 기반해 사용될 수 있는 일련번호 메커니즘을 제공한다. 수신자는 그룹화된 메시지들을 동일한 그룹 식별자로 공유할 수도 있고 애플리케이션에 전달하기 전에 SOAP 헤더에 자신의 일련번호를 포함해 메시지들을 재정렬할 수도 있다.

WS-Reliability 규격을 http://www.oasis-open.org/committees/documents. php?wg_abbrev=wsrm에서 참조한다.

WS-ReliableMessaging 규격은 메시지가 분산 애플리케이션들 사이에서 실패를 극복하며 안정적으로 전달될 수 있는 프로토콜을 기술한다. 이 프로토콜은 다양한 네트워크 전송 기술에 바인딩될 수 있게 독립적인 방식으로 기술된다. 이 규격은 SOAP에 대한 특정 바인딩을 포함하지 않는다. 비이에이, IBM, 마이크로소프트가 지원하고 있으며, 아직 표준 단체에 제출되지 않았다.

WS-ReliableMessaging은 WS-Reliability와 동일한 원칙으로 동작한다. 이 규격도 수신 확인, 콜백, 식별자를 비슷하게 사용한다. 영속 메시지 캐시도 비슷하게 사용하고, 오류 메시지도 제공한다. 이 규격은 네 가지 기본 전달 보장 중 한가지로 메시지 전달을 보장한다. 이 네 가지는 최대 한 번, 적어도 한 번, 정확히 한 번, 순차적으로다. 다음 그림은 WS-ReliableMessaging을 사용해 전달되는 메시지의 순차적 전송 예다.

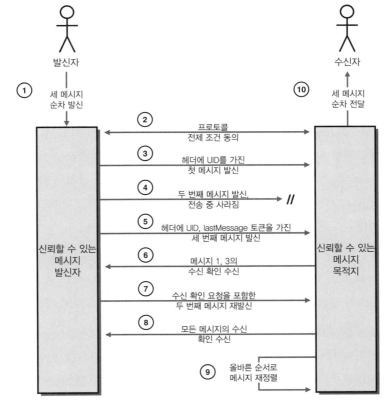

WS-ReliableMessaging은 SOAP 헤더의 고유 아이디(UID) 엘리먼트에 의존하는 연속되는 수신 확인 콜백을 사용해 순차적 보장 전송을 제공한다

이 두 경쟁적 신뢰성 규격들 사이의 주요 차이는 WS-ReliableMessaging은 WS-Security와 WS-Addressing 같은 다른 중요한 웹 서비스 규격들도 사용한다는 점에 있다. 다시 말해 WS-ReliableMessaging은 신뢰성을 제공하기 위해 다른 표준들을 사용하는 반면, WS-Reliability는 신뢰성을 지원하기는 하지만 아직은 다른 새로운 표준들의 사용은 고집하지 않는다.

WS-ReliableMessaging에 대한 자세한 내용을 http://specs.xmlsoap.org/ws/2005/02/rm/ws-reliablemessaging.pdf에서 참조한다.

WS-Conversation 웹 서비스 대화Web Services Conversation(WS-Conversation)는 두 SOAP 엔드포인트에서 발신자와 수신자 사이의 상태 저장 비동기 메시지 교환을 관리하는 프로토콜 표준이다. 여러 파트너의 상태 저장 메시지 교환에는 비즈니스 프로세스 컴포넌트의 캡슐화가 필요하지만, 이 제안은 단일 클라이언트와 단일 서비스(클라이언트도 서비스가 될 수 있다) 사이 상태 저장 비동기 메시지 교환을 위한 간단한 수단들을 제공한다.

이 프로토콜은 SOAP 헤더 메커니즘을 활용해 식별자나 토큰 아이디를 포함한 SOAP 메시지를 전송한다. 상태 저장 대화를 시작할 때, StartHeader 엘리먼트를 사용해 대화 식별자와 콜백 URI를 제공한다. 이후 메시지들은 요청과 응답에 추가적으로 ContinueHeader와 CallbackHeader 엘리먼트를 사용한다. 이 엘리먼트들은 대화 시작에서 지정한 식별자를 포함한다.

플랫폼을 넘나드는 클라이언트와 서비스를 위해서는 표준 메커니즘을 구축하는 것이 유용하기는 하지만, SOAP 헤더 메커니즘은 표준 메커니즘들을 사용하지 않고도 패턴을 구현하할 수 있게 한다. 이것은 메시지들을 단일 세션으로 매핑하는 *상관 관계 식별자*(p223)를 사용하는 *수집기*(p330) 패턴과 *복합 메시지 처리기*(p357) 패턴의 형식화다.

규모가 큰 통합 프로젝트에서는 상태 관리에 프로세스 컴포넌트나 코레오그래피를 사용하고 서비스나 컴포넌트는 블랙 박스처럼 간주하는 것이 더 효율적이다. 그러나 서비스와 클라이언트를 제어할 수 있다면 WS-Conversation도 적용할 수 있다.

WS-Security WS-ReliableMessaging, WS-Coordination, WS-Addressing 같은 표준들은 메시지 발신자를 식별하는 다양한 메커니즘을 제공하지만, 이런 규격들 중 어느 것도 발신자가 주장하는 신원identity을 실제로 보장하지 않는다. WS-I Basic

Profile의 XML 스키마, SOAP, WSDL, UDDI는 신원 검증이나 신원 보장, 메시지 무결성 방법을 언급하지 않는다. 웹 서비스의 초기 적용자들은 이 간격을 메우기 위해 그들의 서비스를 방치하거나 독점적 보안 프로토콜들을 개발했다. 그런데 독점적이고 비공개적인 프로토콜은 메시지의 발신자와 수신자 사이를 바람직하지 않게 결합시켰고, 그렇지 않았으면 비동기적으로 느슨하게 결합됐을 메시지 노드들도 괴롭혔다.

웹 서비스 보안 언어^{Web Services Security Language}로 지칭되는 WS-Security가 이런 문제들을 해결하는 표준 수단으로 제안됐다. 모든 WS-* 규격들 중, 아마도 WS-Security가 주요 웹 서비스 플랫폼 벤더들 사이에 가장 광범위한 합의를 이끌어 낸 규격일 것이다. 마이크로소프트, IBM, 베리사인^{VeriSign}으로 구성된 컨소시엄이 만들었으며, 이제는 OASIS의 일부다. WS-Security는 썬, 비이에이, 인텔, 쌥^{SAP}, 아이오나^{IONA}, 알에스에이^{RSA} 등의 벤더들로부터도 신임 투표를 받았다.

WS-Security는 새로운 보안 기술을 제안하지 않고, 오히려 SOAP와 기존 보안 기술 사이에 다리를 놓는다. 이 규격은 보안 토큰을 SOAP 메시지에 연결해 SOAP 엔드포인트들로 전파시키는 포괄적이고 확장적인 수단을 제공한다. 또 SOAP 메시지에 디지털 인증서^{digital certificate}와 커버로스 티켓^{Kerberos ticket}과 같은 바이너리 보안 토큰을 인코딩하는 표준 방법도 지정한다. 이 규격은 특정 프로토콜을 기술하지 않고 신뢰 도메인, 서명 포맷, 암호 기술을 포함한 보안 프로토콜의 구현 메커니즘을 기술한다. 다시 말해 디지털 인증서, 다이제스트^{digest}, 피케이아이^{PKI}, 커버로스^{Kerberos}, 에스에스엘^{SSL}과 같은 익숙한 인터넷 보안 기술 등을 SOAP 엔드포인트에 적용하는 방법들이다.

WS-Security는 발신자 신분 확인과 더불어 W3C XML 서명과 XML 암호화 표준을 활용해 메시지 보호를 위한 무결성 방법도 제공한다 즉, 전송 중에 중간에서 엿보는 눈으로부터 메시지를 보호한다. 그렇더라도 중간에 다른 행위자나 서비스가 개입하지 않는다면, 사용하기 쉬운 HTTPS가 SOAP 메시지를 보호하는 일반적인 대안일 것이다.

보안 모델은 SOAP 메시지 발신자가 신원, 그룹, 권한 같은 연속되는 주장을 만드는 방법을 지정한다. 이런 주장들은 서명된 보안 토큰 형태로 수집된다. 메시지 수신자는 주장을 확인할 책임을 진다. 토큰과 서명은 SOAP 헤더 블록, 특히 WS-Security 네임스페이스의 security 헤더 엘리먼트 하부에 담겨 운반된다. 수신자는 주장을 확인할 때, 오류가 발생하면 이 오류는 두 가지 유형 중 하나일 것이다. 엔드포인트가 특정 토큰이나 암호 알고리즘을 지원하지 않는다는 것을 가리키는 미지원 오류거나, 무효 토큰이나 서명 오류 등 대부분의 오류를 가리키는 실패 오류일 것이다. 규격은 실패 오류의 보고를 강제하지 않는다. 공격의 결과일 수도 있기 때문이다. 오류들은 보고될 때, 규격에 정의된 오류 코드를 가진 SOAP Fault의 형태를 취한다.

WS-Security 규격을 마이크로소프트 http://msdn.microsoft.com/en-us/library/ms951273.aspx와 공동 저작 중인 벤더들의 웹 사이트에서 찾을 수 있다.

WS-Addressing, WS-Policy, 기타 WS-* 규격들 현재도 수많은 WS-* 규격들이 다양한 지원과 지지를 받으며 제안되고 있다. 이들 중에는 메시지에 웹 서비스 엔드포인트를 식별하는 XML 엘리먼트를 정의하는 WS-Addressing처럼 범위가 매우 좁은 규격들도 있다. 이 규격은 엔드포인트 매니저, 프록시, 방화벽, 게이트웨이 같은 중간물들을 통한 메시징을 전송 중립적인 방식으로 지원하는 것을 목표로 하고 있다. WS-Addressing에서는 기본적으로 메시지 발신자를 ('From:')으로 메시지 수신자를 ('To:')로 표시한다. 이 규격은 SOAP 기반 웹 서비스를 *수신자 목록*(p310) 패턴에 끼워 넣을 수 있는 방법을 제공한다. 이 규격은 응답이 향할 곳을 지정하는 수단들을 제공하므로, *반환 주소*(p219)에서 제기된 문제들을 해결하기 위한 표준 웹 서비스 접근 방법으로도 사용될 것으로 보인다.

서비스에 메타데이터를 제공하는 수단인 웹 서비스 정책 프레임워크^{Web Services Policy Framework}(WS-Policy)는 웹 서비스의 정책을 기술하기 위한 구문을 제공한다. 서비스 요구, 선호, 능력, 서비스 품질 정책을 메타데이터로 지정한다. 더불어 웹 서비스 정책 주장 언어^{Web Services Policy Assertions Language}(WS-PolicyAssertions)는 메시지나 서비스 엔드포인트가 지원하는 특정 정책을 주장하는 방법을 기술한다. 이 규격은 정책을 찾기 위해 WS-Policy 선언들을 조사한다. 마지막으로 웹 서비스 정책 첨부^{Web Services Policy Attachment}(WS-PolicyAttachment)는 이런 정책 표준들이 기존 웹 서비스 기술들과 어울리게 하는 방법을 기술한다. 이 규격은 정책 표현을 WSDL 형식 정의와 UDDI 개체에 연관시키는 방법과 구현 정책을 WSDL portType의 전부 또는 일부에 연관시키는 방법을 정의한다.

현재 관련 벤더들은 새로운 WS-* 규격들에 대해, 중요한 웹 서비스를 대상으로 지적 재산권도 주장하면서, 애플리케이션 개발자들이 따를 구현 사례들을 공식화하기 위해 경주 중이다. 현명한 애플리케이션 개발자는 흥미로운 표준들을 계속 지켜볼 것이고 이들로부터 유용한 용례들을 골라낼 것이다. 그러나 메시지 기반 애플리케이션에 있어서 용례가 아닌 패턴이 가장 중요하다는 점을 잊어선 안 된다. WS-* 표준들은 상호운용 가능한 기업 메시징 시스템의 구현에 아직은 필요한 단계가 아니다. 도리어 이 표준들은 방해되고 산만할 수 있다. 그러므로 성숙될 때까지 대담하게 무시해야 한다.

결론

표준들은 최선을 다해 동일한 패턴을 다르게 구현하고 상호 운용함으로써 디자인 패턴의 범위를 확장한다. 웹 서비스 표준들은 메시징 패턴의 확장에 많은 노력을 기울이고 있다. 대부분의 표준들은 비즈니스 프로세스 컴포넌트라 불리는 워크플로우 컴포넌트의 구성과 동작에 초점을 맞춘다. BPEL, WSCI, WS-* 같은 규격들은 구현 문제들을 해결하기 위해 이 책에 설명된 패턴 언어를 사용한다.

떠오르는 표준들은 가끔 서로 충돌하고 여전히 혼란스러울 수도 있다. 이들이 모두 황금 시간대를 준비하지는 않는다. 패턴을 적용할 때, 애플리케이션 개발자는 표준 때문에 늪에 빠져서는 안 되며, 손에 잡을 수 있는 사용 사례에 초점을 맞춰야 한다. 문제에 접근하는 확실한 표준을 찾아야 하고, 구현 도중이라도 의미 있거나 도움이 된다면 용례적 전술 패턴을 이용해 구현해야 한다. 즉, 접근 방법이 이미 벤더 제품에 표준화되어 있는지 여부에 상관없이, 개발자는 표준들이 단지 학문적 연습이거나 벤더의 훈련이 아닌 실질적으로 유용한 것들이 되게 도전하거나 비판하거나 지지해야 한다. 표준들은 점점 성숙해 가고 있다. 현명한 아키텍트들은 기업 통합에 더 광범위하고, 덜 위험하고, 더 적은 비용으로, 더욱 세련되게 표준들을 어떻게 사용할지를 고민해야 한다.

참고 문헌

[Alexander]

『A Pattern Language: Towns, Buildings, Construction』, Christopher Alexander, Sara Ishikawa, & Murray Silverstein; Oxford University Press 1977, ISBN 0195019199

패턴 관련 작품들 중에서 가장 많이 인용되는 책일 것이다. 나는 사실 인테리어 아키텍처 클래스를 위한 비치 하우스를 설계하면서 알렉산더의 패턴을 사용했다. 건축을 해부하고 구성 가능한 구조들의 집합으로 설계하려 했던 알렉산더의 바람은 그가 한 수학 공부에서 비롯됐다는 것이 흥미롭다. 「Notes on the synthesis of form」으로 발표한 논문에서 그는 IBM 7090 어셈블리 코드로 개발한 자신의 프로그램을 인용한다. 그러므로 소프트웨어 산업에서 알렉산더 패턴의 엄청난 성공은 우연이 아니다.

[Alpert]

『The Design Patterns Smalltalk Companion』, Sherman Alpert, Kyle Brown, & Bobby Woolf; Addison-Wesley 1998, ISBN 0201184621

Design Patterns[GoF] 내용을 재검토해 공통 클래스 라이브러리와 가비지 컬렉션이 동작하는 가상 머신 환경을 사용하는 개발자를 위해 쓴 책이다. 스몰토크에 적용되는 책이지만, 이 책의 통찰력은 자바와 닷넷/C#에도 적용된다.

[Box]

『Essential .NET, Volume 1: The Common Language Runtime』, Don Box; Addison-Wesley 2002, ISBN 0201734117

CLR의 내부 동작을 더 알고 싶다면 참조한다.

[BPEL4WS]

「Business Process Execution Language for Web Services, Version 1.0」, BEA, IBM, Microsoft; July 31, 2002, http://www.ibm.com/developerworks/webservices/library/ws-bpel1/

BPEL4WS 1.0 규격.

[CoreJ2EE]

『Core J2EE Patterns: Best Practices and Design Strategies (2nd edition)』, Deepak Alur, John Crupi, & Dan Malks; Prentice Hall PTR 2003, ISBN 0131422464

자바를 활용한 기업 애플리케이션 아키텍처 패턴 책으로 매우 유용하다.

[CSP]

「Communicating Sequential Processes」, C. A. R. Hoare; Communications of the ACM, 1978

이 문서의 텍스트 버전은 ACM 온라인 도서관에 접속해 확인한다.

[Dickman]

『Designing Applications with MSMQ』, Alan Dickman; Addison-Wesley 1998, ISBN 0201325810

이 책의 'Solutions to Messaging Problems' 장은 상관관계, 이벤트 기반 소비자, 객체 직렬화 및 역직렬화를 훌륭하게 설명한다. 불행히도 모든 예가 COM 기술과 비주얼베이직, C++로 작성됐다.

[Douglass]

『Real-Time Design Patterns』, Bruce Powel Douglass; Addison-Wesley 2003, ISBN 0201699567

이 책은 도메인들 사이 전송 패턴을 보여준다. 이 책의 신뢰성 패턴들은 기업 메시징에도 매우 유용하다.

[EAA]

『Patterns of Enterprise Application Architecture』, Martin Fowler; Addison-Wesley 2003, ISBN 0321127420

애플리케이션 아키텍처 패턴에 대한 가장 포괄적인 책이다. 51개 패턴을 포함하지만 기술적으로 정확하고 쉽고 재미도 있다.

[EJB 2.0]

『Enterprise JavaBeans Specification, Version 2.0』, Sun Microsystems; August 14, 2001, http://java.sun.com/products/ejb/docs.html

EJB 2.0 규격.

[Garlan]

『Software Architecture: Perspectives on an Emerging Discipline』, Mary Shaw & David Garlan; Prentice Hall 1996, ISBN 0131829572

이 책은 파이프 필터와 아키텍처 스타일들에 대한 훌륭한 내용을 포함한다.

[GoF]

『Design Patterns: Elements of Reusable Object-Oriented Software』, Erich Gamma, Richard Helm, Ralph Johnson, & John Vlissides; Addison-Wesley 1995, ISBN 0201633612

패턴에 대해 두 번째로 가장 많이 인용되는 책이다.

[Graham]

『Building Web Services with Java: Making Sense of XML, SOAP and UDDI』, Steve Graham, Simon Simeonov, Toufic Boubez, Glen Daniels, Doug Davis, Yuichi Nakamura, & Ryo Nyeama; SAMS Publishing 2002, ISBN 0672321815

자바와 웹 서비스를 합치는 방법을 잘 설명한 책이다.

[Hapner]

『Java Messaging Service API Tutorial and Reference』, Mark Hapner, Rich Burridge, Rahul Sharma, Joseph Fialli, & Kim Haase; Addison-Wesley 2002, ISBN 0201784726

JMS 규격을 쓴 저자가 JMS에 대해 설명한다.

[Hohmann]

『Beyond Software Architecture: Creating and Sustaining Winning Solutions』, Luke Hohmann; Addison-Wesley 2003, ISBN 0201775948

이 책은 얼마나 많은 아키텍처 결정들이 기술이 아닌 비즈니스나 라이선스, 기타 다른 외부 요인에 의해 주도되는지를 상기시켜 준다.

[JMS]

Java Message Service (JMS), Sun Microsystems; 2001-2003, http://java.sun.com/products/jms/

자바 메시지 서비스 API. 자바 2 엔터프라이즈 에디션(J2EE) 플랫폼의 일부다.

[JMS 1.1]

「Java Message Service (the Sun Java Message Service 1.1 Specification)」, Sun Microsystems; April 12, 2002, http://java.sun.com/products/jms/docs.html

JMS 1.1 규격.

[JTA]

Java Transaction API (JTA), Sun Microsystems; 2001-2003, http://java.sun.com/products/jta/

자바 트랜잭션 API. 자바 2 엔터프라이즈 에디션(J2EE) 플랫폼의 일부다.

[Kahn]

「The Semantics of a Simple Language for Parallel Programming」, G. Kahn, Information Processing 74: Proc. IFIP Congress 74, North-Holland Publishing Co., 1974

[Kaye]

『Loosely Coupled: The Missing Pieces of Web Services』, Doug Kaye; RDS Press 2003, ISBN 1881378241

웹 서비스를 신선하게 바라보는 책이다. 이 책은 API를 헤집고 다니는 대신 서비스 지향 아키텍처의 핵심 작동 원리를 전문 용어 없이 기술 중립적인 방식으로 설명한다. 이 책은 SOAP 호출을 사용하고 싶어 몸이 근질근질한 개발자에게는 맞지 않는다. 이 책은 개념들을 비기술적으로 설명해야 하는 기술 매니저나 아키텍트에게 이상적이다.

[Kent]

『Data and Reality』, William Kent; 1stBooks 2000, ISBN 1585009709

컴퓨터 시스템 내부에 현실을 모델링하는 것이 왜 어려운지를 설명하는 고전이다. 이 책이 처음 출판된 해는 1978년이다.

[Lewis]

『Advanced Messaging Applications with MSMQ and MQSeries』, Rhys Lewis; Que 2000, ISBN 078972023X

[Leyman]

『Production Workflow: Concepts and Techniques』, Frank Leyman & Dieter Roller; Prentice-Hall PTR 1999, ISBN 0130217530

[MDMSG]

「Multiple-Destination Messaging」, Microsoft; February 2003, http://msdn. microsoft.com/library/en-us/msmq/msmq_about_messages_8aqv.asp
　　메시지를 하나 이상의 목적지에 전송하는 MSMQ 3.0의 새로운 기능을 설명한다.

[MicroWorkflow]

「Micro-Workflow: A Workflow Architecture Supporting Compositional Object-Oriented Software Development」, Dragos Manolescu; University of Illinois 2000, http://micro-workflow.com/PhDThesis/phdthesis.pdf

[Monroe]

「Stylized Architecture, Design Patterns, and Objects」, Robert T. Monroe, Drew Kompanek, Ralph Melton, & David Garlan; 1996, http://www-2.cs.cmu.edu/afs/cs/project/compose/ftp/pdf/ObjPatternsArch-ieee97.pdf

[Monson-Haefel]

『Java Message Service』, Richard Monson-Haefel & David A. Chappell; O'Reilly 2001, ISBN 0596000685
　　아마도 가장 잘 알려진 JMS 책일 것이다.

[MQSeries]

「WebSphere MQ (formerly MQSeries)」, IBM; http://www.software.ibm.com/ts/mqseries
　　가장 오래되고 가장 잘 알려진 메시징 및 통합 제품들 중 하나다.

[MSMQ]

「Microsoft Message Queuing (MSMQ)」, Microsoft; http://www.microsoft.com/windows2000/technologies/communications/msmq/

윈도우2000, 윈도우-XP, 윈도 서버 2003에 내장된 메시징 제품이다.

[PatternForms]

「Pattern Forms」, Wiki-Wiki-Web, Cunningham & Cunningham; last edited on August 26, 2002, http://c2.com/cgi/wiki?PatternForms

일반적으로 사용되는 패턴 양식들과 그 차이들의 목록이다.

[PLoPD1]

『Pattern Languages of Program Design』, James Coplien & Douglas Schmidt (Editors); Addison-Wesley 1995, ISBN 0201607344

PLoP 컨퍼런스의 첫 번째 산출물이다. 이 산출물은 나중에 [POSA] 같은 책의 기초가 된 많은 논문을 포함한다. 이 책에는 프랭크 부쉬먼[Frank Buschmann]의 「A System of Patterns」와 레지니 머니어[Regine Meunier]의 「The Pipes and Filters Architecture」, 다이엔 뮬라츠[Diane Mularz]의 「Pattern-Based Integration Architectures」가 들어있다.

[PLoPD3]

『Pattern Languages of Program Design 3』, Robert Martin, Dirk Riehle, & Frank Buschmann (Editors); Addison-Wesley 1998, ISBN 0201310112.

PLoP 컨퍼런스(PLoP, EuroPLoP, 등. http://hillside.net/conferencesnavi gation.htm 를 참조한다)의 세 번째 책이다. 이 책은 [POSA2]의 기초가 된 패턴들을 포함한다. 포함된 패턴들은 억셉터와 커넥터[Acceptor and Connector], 비동기 완료 토큰[Asynchronous Completion Token], 그리고 이중 확인 잠금[Double-Checked Locking]이다. 이 책의 저자들 패턴도 둘 포함돼 있는데, 널 객체[Null Object]와 형식 객체[Type Object]다.

[POSA]

『Pattern-Oriented Software Architecture』, Frank Buschmann, Regine Meunier, Hans Rohnert, Peter Sommerlad, & Michael Stal; Wiley 1996, ISBN 0471958697

아키텍처와 디자인 패턴에 관한 좋은 책이다.

[POSA2]

『Pattern-Oriented Software Architecture, Vol. 2』, Douglas Schmidt, Michael Stal, Hans Rohnert, & Frank Buschmann; Wiley 2000, ISBN 0471606952

이 책은 분산 시스템과 동시성 문제에 초점을 맞춰 패턴들을 설명한다.

[Sharp]

『Workflow Modeling: Tools for Process Improvement and Application Development』, Alec Sharp & Patrick McDermott; Artech House 2001, ISBN 1580530214

워크플로우 모델링 측면에 초점을 맞춘 책이다. 분석가나 비즈니스 아키텍트가 흥미롭게 읽을 만하다.

[SOAP 1.1]

「W3C Simple Object Access Protocol (SOAP) 1.1 Specification」, World Wide Web Consortium; W3C Note, May 8, 2000, http://www.w3.org/TR/SOAP/

SOAP 1.1 규약.

[SOAP 1.2 Part 2]

「SOAP Version 1.2, Part 2: Adjuncts」, World Wide Web Consortium; W3C Recommendation, June 24, 2003, http://www.w3.org/TR/soap12-part2/

SOAP 1.2 규격의 '추가 부분'.

[Stevens]

『TCP/IP Illustrated, Volume 1: The Protocols』, W. Richard Stevens; Addison-Wesley 1994, ISBN 0201633469

[SysMsg]

「System.Messaging namespace」, .NET Framework, version 1.1, Microsoft; http://msdn.microsoft.com/library/en-us/cpref/html/cpref_start.asp

[Tennison]

『XSLT and XPath on the Edge』, Jeni Tennison; John Wiley & Sons 2001, ISBN 0764547763

[UML]

『UML Distilled: A Brief Guide to the Standard Object Modeling Language (3rd edition)』, Martin Fowler; Addison-Wesley 2003, ISBN 0321193687

UML 다이어그램이 무엇이며 무엇을 의미하는지에 대한 훌륭한 학습 자료다.

[UMLEAI]

「UML Profile for Enterprise Application Integration」, Object Management Group; 2002, http://www.omg.org/technology/documents/modeling_spec_catalog.htm

[Wright]

『TCP/IP Illustrated, Volume 2: The Implementation』, Gary R. Wright & W. Richard Stevens; Addison-Wesley 1995, ISBN 020163354X

[WSAUS]

「Web Services Architecture Usage Scenarios」, World Wide Web Consortium; W3C Working Draft, May 14, 2003, http://www.w3.org/TR/ws-arch-scenarios/
　　웹 서비스의 사용 방법과 규격 이행에 필요한 것들에 대한 W3C의 최신 생각이다.

[WSDL 1.1]

「Web Services Description Language (WSDL) 1.1」, World Wide Web Consortium; W3C Note March 15, 2001, http://www.w3.org/TR/wsdl
　　WSDL 1.1 규격.

[WSFL]

「Web Services Flow Language(WSFL) 1.0」, IBM; May 2001, http://www-3.ibm.com/ software/solutions/webservices/pdf/WSFL.pdf
　　WSFL 1.0 규격.

[WSMQ]

『WebSphere MQ Using Java (2nd edition)』, IBM; October 2002, http://publibfp.boulder.ibm.com/epubs/pdf/csqzaw11.pdf
　　IBM 웹스피어 MQ 메시징 제품[MQSeries] 사용을 위한 자바 개발자 가이드다.

[XML 1.0]

「Extensible Markup Language (XML) 1.0 (2nd edition)」, World Wide Web Consortium; W3C Recommendation, October 6, 2000, http://www.w3.org/TR/REC-xml
　　XML 1.0 규격.

[XSLT 1.0]

「XSL Transformations (XSLT) Version 1.0」, World Wide Web Consortium; W3C Recommendation, November 16, 1999, http://www.w3.org/TR/xslt

　　XSLT 1.0 규격.

[Waldo]

「A Note on Distributed Computing」 (Technical Report SMLI TR-94-29), Jim Waldo, Geoff Wyant, Ann Wollrath, & Sam Kendall; Sun Microsystems Laboratories, November 1994, http://citeseer.nj.nec.com/waldo94note.html

[Zahavi]

『Enterprise Application Integration with CORBA』, Ron Zahavi; John Wiley & Sons 1999, ISBN 0471327204

찾아보기

에이콘출판의 기틀을 마련하신 故 정완재 선생님 (1935-2004)

기업 통합 패턴 Enterprise Integration Patterns
기업 분산 애플리케이션 통합을 위한 메시징 해결책

인 쇄 | 2014년 9월 23일
발 행 | 2014년 9월 30일

지은이 | 그레거 호프 • 바비 울프
옮긴이 | 차 정 호

펴낸이 | 권 성 준
엮은이 | 김 희 정
　　　　박 진 수
　　　　권 보 라
표지 디자인 | 한국어판_최광숙
본문 디자인 | 공 종 욱

인 쇄 | (주)갑우문화사
용 지 | 다올페이퍼

에이콘출판주식회사
경기도 의왕시 계원대학로 38 (내손동 757-3) (437-836)
전화 02-2653-7600, 팩스 02-2653-0433
www.acornpub.co.kr / editor@acornpub.co.kr

Copyright ⓒ 에이콘출판주식회사, 2014, Printed in Korea.
ISBN 978-89-6077-612-8
http://www.acornpub.co.kr/book/enterprise-integration-patterns

이 도서의 국립중앙도서관 출판시도서목록(CIP)은 서지정보유통지원시스템 홈페이지(http://seoji.nl.go.kr)와
국가자료공동목록시스템(http://www.nl.go.kr/kolisnet)에서 이용하실 수 있습니다.(CIP제어번호: CIP2014027137)

책값은 뒤표지에 있습니다.

기업 통합 패턴

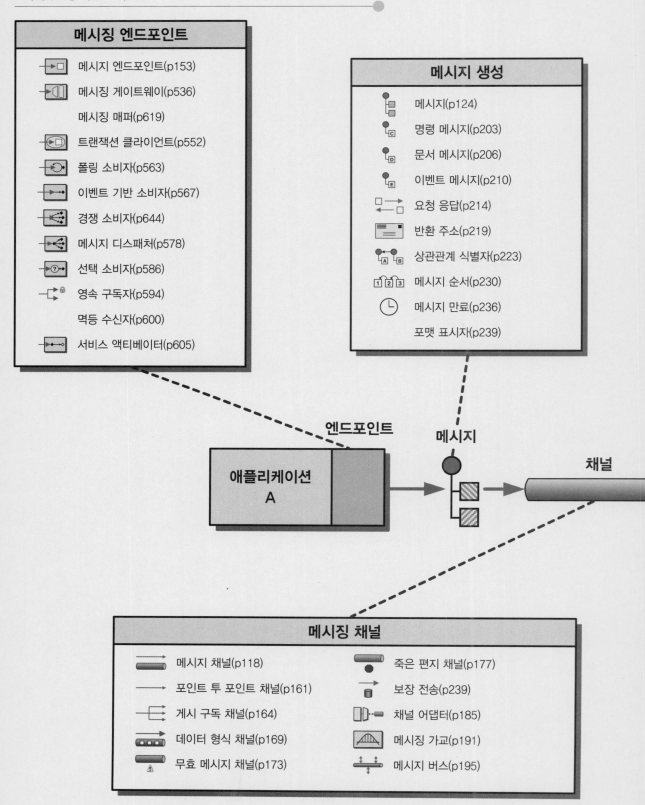

메시징 엔드포인트

- 메시지 엔드포인트(p153)
- 메시징 게이트웨이(p536)
- 메시징 매퍼(p619)
- 트랜잭션 클라이언트(p552)
- 폴링 소비자(p563)
- 이벤트 기반 소비자(p567)
- 경쟁 소비자(p644)
- 메시지 디스패처(p578)
- 선택 소비자(p586)
- 영속 구독자(p594)
- 멱등 수신자(p600)
- 서비스 액티베이터(p605)

메시지 생성

- 메시지(p124)
- 명령 메시지(p203)
- 문서 메시지(p206)
- 이벤트 메시지(p210)
- 요청 응답(p214)
- 반환 주소(p219)
- 상관관계 식별자(p223)
- 메시지 순서(p230)
- 메시지 만료(p236)
- 포맷 표시자(p239)

엔드포인트

애플리케이션 A

메시지

채널

메시징 채널

- 메시지 채널(p118)
- 포인트 투 포인트 채널(p161)
- 게시 구독 채널(p164)
- 데이터 형식 채널(p169)
- 무효 메시지 채널(p173)
- 죽은 편지 채널(p177)
- 보장 전송(p239)
- 채널 어댑터(p185)
- 메시징 가교(p191)
- 메시지 버스(p195)

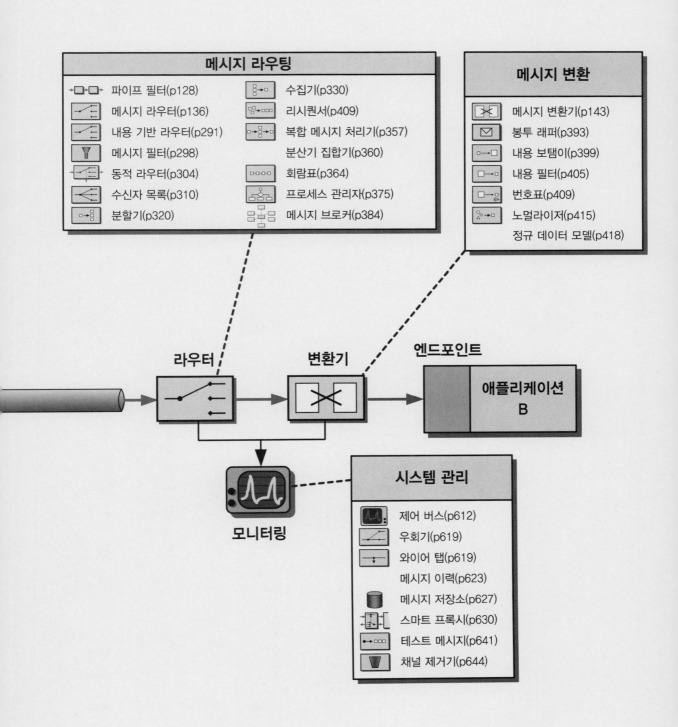

메시지 라우팅

- ⊶□⊸□⊸ 파이프 필터(p128)
- 메시지 라우터(p136)
- 내용 기반 라우터(p291)
- 메시지 필터(p298)
- 동적 라우터(p304)
- 수신자 목록(p310)
- 분할기(p320)
- 수집기(p330)
- 리시퀀서(p409)
- 복합 메시지 처리기(p357)
- 분산기 집합기(p360)
- 회람표(p364)
- 프로세스 관리자(p375)
- 메시지 브로커(p384)

메시지 변환

- 메시지 변환기(p143)
- 봉투 래퍼(p393)
- 내용 보탬이(p399)
- 내용 필터(p405)
- 번호표(p409)
- 노멀라이저(p415)
- 정규 데이터 모델(p418)

라우터

변환기

엔드포인트

애플리케이션 B

모니터링

시스템 관리

- 제어 버스(p612)
- 우회기(p619)
- 와이어 탭(p619)
- 메시지 이력(p623)
- 메시지 저장소(p627)
- 스마트 프록시(p630)
- 테스트 메시지(p641)
- 채널 제거기(p644)